U0235127

Chemistry in Context
Applying Chemistry to Society

化学与社会

（原著第八版）

[美] 凯瑟琳·米德尔坎普 等编著
Catherine H. Middlecamp

段连运 等译

化学工业出版社

·北京·

《化学与社会》译自麦格劳希尔出版的"Chemistry in Context：Applying Chemistry to Society"第八版，原著由美国化学会组织编写，参加编写者均为美国化学界活跃的化学教育家。

本书集趣味性与知识性为一体，围绕当今社会热点问题和人们普遍关注的话题，讨论了其中的化学基本知识及化学所发挥的作用。对环境问题，如空气污染、全球变暖、水资源、酸雨、能源等问题，提出了形成的根源及化学解决途径；对于目前大家都关注的能源问题，介绍了新能源，如核能、氢能、太阳能、电池等；对于与我们日常生活密切相关的问题，如塑料、药物、食物、营养、基因等，介绍了一些基础化学知识，让读者能更好地了解并对其潜在性和危险性做出合理的评判。

本书可作为非化学专业的大学普通化学教材，其主要读者对象为高中生和大学一二年级学生，还可以作为对化学感兴趣的人群的科学普及读物。

图书在版编目(CIP)数据

化学与社会/（美）凯瑟琳·米德尔坎普（Catherine H. Middlecamp）等编著；段连运等译. —北京：化学工业出版社，2018.5（2023.1重印）
书名原文：Chemistry in Context: Applying Chemistry to Society
ISBN 978-7-122-31430-7

Ⅰ．①化…　Ⅱ．①凯…②段…　Ⅲ．①化学-关系-社会生活-研究　Ⅳ．①O6-05

中国版本图书馆CIP数据核字（2018）第013276号

责任编辑：李晓红　　　　　　　　　　　　装帧设计：王晓宇
责任校对：边　涛

出版发行：化学工业出版社(北京市东城区青年湖南街13号　邮政编码100011)
印　　装：北京建宏印刷有限公司
787mm×1092mm　1/16　印张38　字数850千字　2023年1月北京第1版第2次印刷

购书咨询：010-64518888　　　　　　　　售后服务：010-64519661
网　　址：http://www.cip.com.cn
凡购买本书，如有缺损质量问题，本社销售中心负责调换。

定　　价：268.00元　　　　　　　　　　　　　　版权所有　违者必究

译者的话

化学的本质是创造新物质,化学的魅力在于探索奥妙无穷的微观世界。今天,化学已渗透到人类社会的各个方面,从衣食住行到太空探险,从纸墨笔砚到高端计算机等等,无一不和化学有着密切的关系。能源、环境、材料、生命和信息等社会各界普遍关注的热点问题,其产生、发展乃至最终解决,都离不开化学。没有化学,现代社会是无法想象的!然而,近年来,化学的成就被某些以化学为基础的领域所产生的成就掩盖了,甚至在个别地方化学被妖魔化了。全世界莫名其妙地滋生了一种淡化化学的思潮。因此,使公众客观、全面、准确地了解化学以及它在社会发展中的作用是化学工作者义不容辞的责任。

为此,美国化学会于1994年组织编写了《Chemistry in Context:Applying Chemistry to Society》,出版后在美国广受欢迎。该书以社会普遍关注的能源、材料、环境、生命和健康等话题为切入点,精选素材,深入浅出地介绍其中最基本的化学概念和原理。通过对一个问题进行多方位探讨,引导读者积极思考自然科学和社会科学的关系。该书给出了大量生动的图片和链接资料,展现错综复杂的社会问题与丰富多彩的化学世界。在以举例的方式阐明自然科学和社会科学互动关系的同时,作者指出,某些政策和法规的制定都具有明显的科技背景。该书强调,化学作为一门自然科学,是福是祸,在于人们如何利用和操控它,在于有关法律法规是否合理和有效,在于公民的科学素质与公德意识。第八版在更宽泛的层面上描述了化学与社会的联系,突出了"化学——为了可持续发展"这一主题,其中涉及的很多问题是全人类迄今乃至未来都需共同面对的问题。

继翻译原著第五版后,我们又翻译了第八版,旨在继续广泛宣传和普及化学知识,使公众认识到化学对于社会可持续发展的巨大促进作用,进一步唤起人们特别是青少年对化学的兴趣,激励他们学习化学、应用化学、研究化学的积极性和动力。若达此目的,我们就感到很欣慰了。

在翻译过程中,我们深感作者团队具有丰富的科学知识和强烈的社会责任感。然而,鉴于原著的服务对象主要是美国读者,作者自然是立足于美国的国情,针对美国的现实而选取和组织内容,有些内容难免令中国读者感到陌生,有些问题与中国的现实也不尽相同,有的观点更值得商榷。因此,我们在忠实于原著的基础上,对个别内容从语气和表述形式上做了适当调整。关于物理量单位,译稿基本上尊重原著的表述,附录1有关于物理量单位的换算。"他山之石,可以攻玉",在我国已跨入快速发展但仍面临着许多科学技术和社会问题的历史时期,敞开胸怀,借鉴别人的经验,可扬长避短,促进我们自己的可持续发展。

本版翻译教师有:段连运(第0、3、4章),卞江(第1、2章),朱志伟(第5、6章),王颖霞(第7、8章),吕华(第9、10章),张文彬(第11、12章)。由于时间仓促以及我们知识面有限,译文中肯定有疏漏或欠妥之处,期望读者朋友们批评指正。

前　言

亲爱的读者们，

　　本书的标题是《化学与社会》(CHEMISTRY in CONTEXT)，"社会情景"(CONTEXT)一词具有多重含义。

　　CONTEXT！你们知道这个源自拉丁文的词，其意是"编织"吗？书本封面上的蜘蛛网图像就传达了化学与社会之间的联系。在没有社会问题的情况下，所谓化学也就不存在了。同样，如果没有教师和学生愿意并有足够的勇气涉足这些问题，那么社会中也不可能有化学。化学已成为当今人类社会面临的几乎所有问题的组成部分。

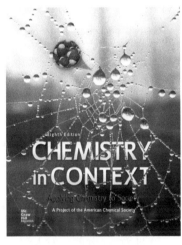

　　CONTEXT！你们喜欢关于我们生活的这个世界的那些好故事吗？如果喜欢，请阅读本书里边的内容，所描述的故事包括谋略、挑战，甚至可能激励你们以新的或不同的方式行事。在几乎所有情况下——地方、区域和全球，部分故事仍在展现。今天，你们和别人所做出选择的方式将决定未来所讲述的故事的性质。

　　CONTEXT！你们是否意识到，在研究人们如何学习的支持下，使用真实世界的环境来吸引人们参与是一个有高度影响力的实践？《化学与社会》提供了真实世界的背景情况，通过它可以在多个层面上吸引学习者——个人、社会和全球。鉴于这些情景性质的迅速变化，《化学与社会》也为教师们提供了与他们的学生们一起学习的机会。

可持续性——终极情景

　　全球可持续性发展不仅仅是一个挑战，而且是本世纪的决定性挑战。为此，《化学与社会》第八版旨在帮助学生迎接这个挑战。开篇之章"化学，为了未来可持续发展"为其后的12章奠定了基础。优先介绍可持续性，将其确立为本化学课程的核心和规范性部分。

　　可持续发展为《化学与社会》增加了新的复杂程度。产生这种复杂性的部分原因是，可持续性可以通过两种方式来概念化，即作为一个值得研究的课题和一个值得解决的问题。作为一个课题，可持续发展提供了新的内容供学生掌握。例如，公地悲剧、三重底线、从摇篮到摇篮的概念等都是其中的一部分。作为一个值得解决的问题，可持续性带来新的问题让学生去思考和发问，帮助他们想象并实现可持续的未来。例如，学生将会提出有关减少温室气体排放（或不采取行动）的风险和好处的问题。

　　纳入可持续性，要求对课程进行更审慎的反思。作者采用何种方法？与大多数一般化学课本不同，这个课本所涵盖的情景是丰富的。作者已经具备必要的手段来传达可持续性概念——关于能源、食物和水的丰富的现实情景。然而，与可持续性的联系并不总是显而易见的。实际上，需要为读者把这些问题联系起来。以下是一些如何完成的例子：

第1章，"我们呼吸的空气"，课文更强烈地提醒读者：空气是一种共同的资源，我们都必须呼吸，没有人占有它。因此，空气污染成为介绍公地悲剧这一概念的完美手段。

公地悲剧是一种资源被大家所共有，被许多人所使用，但没有人专门负责的情况。其结果，该资源可能被过度使用，从而破坏了所有使用它的资源。

第2章，"保护臭氧层"，现在更清楚地指出，氯氟烃（CFCs）的老式替代品虽然对臭氧层无害，却是强效温室气体。本章以一个决定性的行动呼吁而结束："我们所有人今天在这个星球上呼吸，有潜力必须保证其未来，要迅速而果断地行动。我们无权推迟，我们没有浪费时间的奢侈。"

第3章，"全球气候变化中的化学"，提供了更多关于全球气候变化中的化学数据，要求学生评估（温室气体导致的）地球上发生的变化以及这些变化所产生的后果。

第5章，"生命之水"，现在更好地将淡水稀缺、水资源可持续管理和水污染关联起来。这些主题与第11章讨论的食品生产是呼应的。

第7章，"核裂变之火"，向学生介绍日本发生的核危机，同时要求他们将核电作为可持续的资源进行评估。

第8章，"电子转移释能"，重新撰写，以更好地显示我们的能源需求和现有技术之间的匹配。在第0章介绍的"从摇篮到摇篮"的可持续性概念与电池设计关联起来。

第11章，"营养：发人深省的粮食"，仍然描述你吃什么东西会影响你的健康。然而，现在它将你所吃的食品与地球的健康更紧密地联系起来，让学生追踪食物的生产和消费。

绿色化学——可持续发展的一种手段，仍然是《化学与社会》的一个重要主题。和以前的版本一样，每章都重点介绍绿色化学的例子。在这个新版本中，收入了更多的例子。这就扩大了覆盖范围，使读者对我们的化学过程实现绿色化的必要性和重要性有了更好的认识。为了更容易获悉，绿色化学的核心思想被列在书本的封二上。

对现有内容的更新

人们有时会问我们："你们为什么如此频繁地发布新版本？"的确，我们的再版周期很快，每三年发布一个新版本。这样做，是因为社会环境中化学的内容随着时间的演变而发展、变化很快。

实际上，每一个新版本，作者团队都会对每章的内容进行重写和更新，以反映新的科学发展、政策变化、能源趋势和当前的全球性事件。这些更新的实施是不平凡的。有些要撰写新内容，其他则要绘制新的图形和数据表。例如，自第七版问世以来，日本福岛的悲剧已经影响了核电产业和政策。大气中二氧化碳的浓度增加到400 ppm以上。最后

一个例子来自美国农业部发布的新的饮食指南。

另外，我们所选择的在章节开头"勾住"读者的那些问题都是逐版重新撰写的。第9章"聚合物和塑料的世界"就是一个例子。新版本开始时引用了一位化学家参与合著的书，该化学家对本章的评论极大地影响了我们的思想："大自然没有设计问题，人们就是这样做的。"（William McDonough 和 Michael Braungart，*Cradle to Cradle*，2002）。

聚合物的故事以蜘蛛网为例展开，并指出蜘蛛可能每天都会建立新的蜘蛛网。那么，一只蜘蛛是如何做到旋转这么多的丝却还能生存的呢？最简单的回答是，它回收。圆蛛有能力摄食旧蜘蛛丝，并从中恢复原材料。于是，在整章中将回收（循环使用）作为主题。

教与学

新版《化学与社会》沿用以前的版本中用过的编写方案，该方案经受了时间的考验。前六章均以世界面临的现实问题（如空气、水和能源）为主题，为后续章节中的化学概念铺垫了基础。例如，在前面的章节中介绍了元素、化合物和元素周期表。在后面的章节中，基于这些化学概念来讨论其他背景和化学内容。第7章和第8章考虑更多的能源——核电、电池、燃料电池和氢气。第9~12章以碳为基础，集中介绍聚合物、药物、食品生产和基因工程。这为学生提供了探讨感兴趣的问题的机会。若时间允许，还可探讨核心话题之外的问题。

新版本是整个团队努力的结果

再次说明，我们有幸为读者提供了《化学与社会》新版本。但是这项工作不是由一个人完成的，而是许多有才华的人的共同贡献。第八版是建立在由 A. Truman Schwartz、Conrad L. Stanitski 和 Lucy Pryde Eubanks 领导的先前作者团队的工作基础上的。如今他们都从长期而成功的化学教学职业中退休了。

这个新版本是由下列人员组成的作者团队完成的：Cathy Middlecamp、Michael Mury、Karen Anderson、Anne Bentley、Michael Cann、Jamie Ellis 和 Katie Purvis-Roberts。与其配套的实验室手册由 Jennifer Tripp 和 Lallie McKenzie 修订，并由 Teresa Larson 审查。虽然每个人带到编写项目中的专业知识不同，然而，每个人都怀着善意、希望和梦想，以无限的热情，将真实世界的化学融入课堂和读者的生活中。

美国化学会教育委员会主任 Mary Kirchhoff（玛丽·基尔霍夫）领导了编著工作。她支持写作团队，为将化学和可持续性相关联而努力，甚至撰写了第0章的部分内容。此外，她和美国化学会 K-12 科学项目助理主任 Terri Taylor 任命 Michael Mury 担任生产经理，使其他能够在项目中发挥更大的作用。他将所有相关方面（作者团队、出版商和美国化学学会）集结在一起的能力是无与伦比的。

McGraw-Hill（麦格劳-希尔）团队在这个项目的各个方面都非常出色，特别感谢 Jodi Rhomberg 自始至终指导这个项目。副总裁兼总经理 Marty Lange、常务董事 Thomas Timp、品牌经理 David Spurgeon 博士、发展总监 Rose Koos、数字内容开发总监 Shirley Hino 博士，以及发展编辑 Jodi Rhomberg 带领导着这个杰出的团队。Heather Wagner 担任执行市场经理。项目经理Sandra Schnee协调内容授权专家Carrie Burger、设计师Tara McDermott和采购Nichole Birkenholz的制作团队。该团队还受益于Carol Kromminga的精心编辑以及Kim Koetz和Patty Evers的校对。

作者团队确实从广泛的社区专业知识中受益。我们要感谢下列人们，他们为智能学习（LearnSmart）编写和/或审核了面向学习目标的内容：

加利福尼亚州立大学富勒顿分校的Peter de Lijser
北卡罗来纳大学教堂山分校的David G. Jones
哥伦布州立社区学院的Adam I. Keller

我们还要感谢北卡罗来纳大学的David McNelis，他为准备手稿提供了技术专长。

教授此课程的教师们的意见对于每个新版本的发展都是非常宝贵的。我们感谢以下参加《化学与社会》讲座的老师：

Sana Ahmed	*Boca Raton Community High School*（博卡拉顿社区高中）
Nikki Burnett	*Baldwin High School*（鲍德温高中）
Donghai Chen	*Malone University*（马龙大学）
Tammy Crosby	*Hillsborough High School*（希尔斯伯勒高中）
Mohammed Daoudi	*University of Central Florida*（中央佛罗里达大学）
Sidnee-Marie Dunn	*Saint Martins University*（圣马丁大学）
Kimberly Fields	*Florida Southern College*（佛罗里达南部学院）
Tam'ra Kay Francis	*University of Tennessee*（田纳西大学）
Andrew Frazer	*University of Central Florida*（中央佛罗里达大学）
Song Gao	*Nova Southeastern University*（诺瓦东南大学）
Carmen Gauthier	*Florida Southern College*（佛罗里达南部学院）
Myung Han	*Columbus State Community College*（哥伦布州立社区学院）
Al Hazari	*University of Tennessee*（田纳西大学）
Sandra Helquist	*Loyola University Chicago*（洛约拉大学芝加哥分校）
Martha Kellner	*Westminster College*（威斯敏斯特学院）
Todd Knippenberg	*High Point University*（高点大学）
Candace Kristensson	*University of Denver*（丹佛大学）
Shamsher-Patrick Lambda	*Young Men's Preparatory Academy* (M-DCPS)（青年预备学院）
Laura Lanni	*Newberry College*（纽伯里学院）
Devin Latimer	*University of Winnipeg*（温尼伯大学）
Toby Long	*Rollins College*（罗林斯学院）
Sara Marchlewicz	*University of Illinois at Chicago*（芝加哥伊利诺伊大学）
Jessica Menke	*University of Wisconsin—Whitewater*（威斯康星大学-怀特沃特分校）
Mark Mitton-Fry	*Ohio Wesleyan University*（俄亥俄卫斯理大学）
Mark Morris	*University of Tampa*（坦帕大学）
Jung Oh	*Kansas State University at Salina*（萨利纳堪萨斯州立大学）
Tatyana Pinayayev	*Miami University*（迈阿密大学）
Kresimir Rupnik	*Lousiana State University*（路易斯安那州立大学）

Indrani Sindhuvalli *Florida State College at Jacksonville*（杰克逊维尔佛罗里达州立学院）

Jose Vites *Eastern Michigan University*（东密歇根大学）

祝我们的读者好

1993年首次出版的时候，《化学与社会》是"打破传统模式的书"。与当时的书籍不同，它并没有把化学与人隔离开来，也没有把化学与人们面临的现实世界问题隔离开来。同样，它也没有为了"涵盖它"作为课程的一部分而引入一个事实或概念。相反，《化学与社会》将每个化学原理与诸如空气质量、能源或水的应用等现实世界问题密切联系起来。

我们非常高兴为读者提供这个具有继续打破化学模式特点的新版本。我们选择了一些有吸引力且适时的话题，我们希望不仅能在今天为你们服务，而且还能在未来几年内为你们服务。

我们希望你们在阅读、探索问题时，彼此友好地（以及和作者）争论，最重要的是，用你学到的知识来实现你的梦想。

来自作者团队美好、诚挚的祝福！

Cathy Middlecamp

高级作者和主编

2013年6月

目　录

第0章　化学，为了未来可持续发展

"蓝色弹珠，从外太空看到的我们的地球"

"第一天左右，我们都指向我们各自的国家。第三天或第四天，我们指向我们各自的大陆。到了第五天，我们才知道只有一个地球。"

沙特阿拉伯宇航员苏丹·苏尔曼·萨尔曼·苏德王子，1985 年只有一个地球。从外太空的有利位置来看，我们称之为家园的地球确实是壮观的水、土地和云彩的"蓝色大理石"。1972年，阿波罗17号宇宙飞船的船员拍摄了相距大约28000 mi（45000 km）的地球。用苏联宇航员阿列克谢·列奥诺夫的话来说，"地球很小，浅蓝色，孤零零的"。

我们在宇宙中孤单吗？这有可能。不过，我们在地球上并不孤单。我们与其他大大小小的生物共存。生物学家估计，除了我们自己以外，地球上还有150万种以上生物。有些生物供我们食用以维持我们的基本生存；有些有助于我们生活得更幸福；还有一些（如蚊子）则给我们带来烦恼，甚至令人厌恶。

我们也与超过70亿的其他人分享这个星球。过去一个世纪以来，地球上的人口已经增加了3倍，是我们这个星球历史上前所未有的增长。到2050年，人口可能再增加20亿甚至30亿。

大的和小的，我们星球上的所有物种都以某种方式联系起来。但是，这些情况究竟是怎么发生的，对我们来说可能不那么明显。例如，肉眼看不见的微生物将氮从一种化学形式转变为另一种形式，为绿色植物的生长提供营养。这些植物在光合作用过程中摄取了太阳的光能。利用这种能量，它们将二氧化碳和水转化为葡萄糖，同时将氧气释放到空气中供我们呼吸。而且我们人类是无数微生物的宿主，这些微生物栖身于我们的皮肤和内脏。

大的和小的，这些联系正以惊人的速度断裂。

第6章描述氮的循环。第4章描述光合作用。

我们的观点发生了变化。今天，我们习惯于阅读关于鱼类种群减少和濒危物种的报告。你是否已碰到了**转移底线**这个术语？它是指人们期望在我们这个星球上"正常"的想法随着时间的推移而变化，特别是在生态系统方面。曾经是丰富的鱼类和野生动物，不再在今天的人们的记忆中传承。同样，我们中的许多人不再记得没有车辆堵塞的城市。没有多少人记得确实可永久看到的晴朗的夏天。

显然，我们人类是勤劳的生物。我们种植农作物，修筑河流大坝，燃烧燃料，建造建筑结构，跨越时区。当我们进行百万次这样的活动时，我们就改变了我们呼吸的空气的质量、我们的饮用水和我们居住的地方。随着时间的推移，我们的行动改变了我们星球的面貌。它曾经是什么样的？你可以通过做下一个活动，看看会发现什么。

所有章节中都有**想一想**活动。这些活动使你有机会利用你正在学习的知识做出明智的决定。例如，它们可能会要求你考虑反对的观点，或者做出并维护个人的决定。它们可能会要求进行另外的研究。

想一想 0.1　改变底线

寻找你所在社区中的一位长者。这个人可能是朋友、亲戚，甚至可能是一位社区历史学家。

a. 想想当前一片面包、一加仑汽油或一个糖果条的价格。然后调查用于成本的东西是什么。人们期待如何"正常"改变？

b. 这是一个更困难的问题。看看当地的河流、空气质量、植被和/或野生动物。在和老年人交谈时，你是否能够至少找出一个已经被改变的"正常"的情形。可能没有人会记得。

底线？我们今天认为"正常"的东西在过去是不正常的。虽然我们不能扭转时钟倒回，但我们仍然可以做出选择，促进我们和我们的地球现在和未来的健康。化学知识可以帮助。我们面临的全球性问题及其解决方案与化学专业知识和良好的人类智慧密切相关。

0.1　我们今天的选择

个别看来，我们的行为似乎对我们这样大的行星系统影响不大。毕竟，与飓风、干旱或地震相比，我们每天做的事情似乎都是无关紧要的。如果我们骑自行车而不是驾驶汽车，使用可重复使用的布袋而不是丢弃一个塑料袋，或者食用本地生长的食物而不是消耗那些从几百甚至数千公里运来的食物，那么情况会有什么不同呢？

大多数人类活动，包括骑自行车、驾驶车辆、使用任何种类的包装袋以及吃饭，都有两个共同点：需要消耗自然资源及造成浪费。驾驶汽车需要由原油炼制而来的汽油，燃烧汽油会从排气管中排出废气。虽然骑自行车是一个更加生态的选择，但就像汽车一样，所有的自行车仍然需要制造和处理金属、塑料、合成橡胶、纤维和油漆。无论是纸袋还是塑料袋，都需要原材料生产它们。之后，这些袋子成为废品。种植作物（以制成食品）、收获并运送到市场，需要水和能量。另外，食品生产可能需要肥料，使用杀虫剂和除草剂。

关于原油及其炼制的更多知识参见第4章。寻找更多关于从排气管中排放的物质参见第1章。

你可以看到这里正在进行着什么。任何时候我们制造和运输东西，我们消耗资源并产生废物。不过，很显然，一些活动消耗的资源较少，产生的废品也比其他活动少。骑自行车比驾驶汽车产生的废物少；重复使用布袋产生的废物比持续抛弃塑料袋更少。虽然，从整体上看，你所做的一切可能是微不足道的，但是70亿人的所作所为却并非如此。我们的集体行动不仅造成我们的空气、水和土壤的局部变化，而且也伤害了区域和全球的生态系统。

我们需要考虑几十亿人。单独一个烹饪炉火？那没问题；除非它意外地烧毁住宅。但是，设想在几十亿人的地球上每个人都有一个单独的烹饪火炉。使用炉灶、砖头炉和户外烤架烹饪的人在添加炉火。这燃烧了很多燃料！每种燃料燃烧时将废物排放到大气中。其中一些废物——人们较了解的空气污染物，对我们的肺、眼睛非常有害，当然还有我们的生态系统。

第1、3、4、6章都在探讨燃料和它们燃烧时释放的废物之间的关系。

今天，我们释放的废物，在规模上、在降低我们的生活质量、甚至在缩短我们的寿命方面的潜在影响，都是前所未有的。例如，在一个大城市，像纽约、新德里、墨西哥城或北京，你会发现，住院率和死亡率与空气污染程度相关。虽然健康风险小于肥胖或吸烟引起的健康风险，但由于人们一辈子暴露于室内和室外空气污染物中，所以公共卫生问题很大。

令人担忧的是，我们几十亿人释放废物，破坏了地球上其他物种的栖息地。当然，灭绝是一种自然现象，但今天的速度比预期的由自然原因引起的速度快许多倍。我们破坏当地的特殊栖息地，特别是植物的栖息地，已经导致了这些物种的灭绝。

支撑我们大部分废物生产的是能源。开发清洁和可持续发展的能源是本世纪的主要挑战。目前，我们正在消耗可再生和不可再生资源，并以无法持续的速度向大气、土地和水域排放废物。这毫不奇怪。时间是决定资源是可再生还是不可再生的关键因素。**可再生资源**是那些随着时间的推移补充比消耗更快的资源。可再生资源的例子包括太阳能和生物质，如树木和农作物等。**不可再生资源**是供应有限或消耗比生产更快的资源。金属矿石和化石燃料（煤、石油和天然气）是不可再生资源的例子。

任何问题都有机会找到解决方案。我们希望你们问问自己，"我可以做些什么？""我如何在我的社区有所作为？"当你们提出这些问题时，请记住将化学考虑在内。的确，化学被誉为"中心科学"。今天，在可持续利用资源方面，化学家处于行动的中心。化学家面临着挑战，利用他们的知识，承担着保护人类健康和环境的责任。当然，对你们来说也是如此。在这本书中，我们支持你们学习，鼓励你们利用掌握的知识，在维护我们的地球方面负起责任。

0.2　为了我们的未来所需要的可持续实践

以可持续的方式使用我们地球的资源意味着什么？我们希望你们能够回答这个问题——至少部分——是根据你们已经在其他课程中学到的知识。包括经济学、政治学、工程学、历史学、护理学和农业学在内的许多学科的学者都对可持续发展实践起着重要的作用。而且，正如你们将在本课文中学到的，化学在创建一个可持续发展的世界中发挥着重要作用。

因为有许多群体都使用**可持续性**一词，所以它具有不同的含义。我们选择了经常引用的一个定义："满足现在的需要，而不损害子孙后代满足他们自己需要的能力"。这个定义来自联合国环境与发展委员会1987年的报告："世界共同未来"。在表0.1中，我们从"我们的共同未来"的前言中摘录了一部分，以便你们可以在其原始背景下阅读其具有挑战性的话语。

我们的共同未来也被称为布伦特兰报告。它以格罗·哈莱姆·布伦特兰（她主持该委员会）的名字命名。

表0.1　我们的共同未来（摘自前言）

"全球变化议程"——这是联合国大会紧急呼吁，要求"世界环境与发展委员会"制定的。

归根结底，我决定接受这个挑战。面对未来的挑战，维护后代的权益。

在全球合作十年半的停滞甚至恶化之后，我相信，为了更高的期望，为了共同追求的目标，为了增加处理我们共同未来的政治意愿，时机已经到来。

本十年的特点是退出来自社会的关切。科学家们带来了关注生存的紧迫而复杂的问题：一个变暖的地球、对地球臭氧层的威胁、农田的消耗（沙漠化）。

人口问题——人口压力、人口和人权问题以及这些相关问题与贫困、环境和发展之间的联系——是我们不得不进行斗争的难点之一。

但首先和最重要的，我们的信息是针对人民，他们的福祉是所有环境与发展政策的最终目标。特别是，委员会正在告诉年轻人，世界各地的教师将在向他们传达这份报告方面发挥关键作用。

如果我们不能把我们的紧急信息传达给今天的父母和决策者，那么我们有可能会破坏我们的孩子享有健康、改善生活环境的基本权利。

归根结底，这就是相当于：在一个分裂的世界中，显然需要深化共同的理解和共同的责任精神。

格罗·哈莱姆·布伦特兰，奥斯陆，1987

布伦特兰的话语向教师和学生传达了信息。她写道："特别是，委员会正在告知年轻人，世界各地的教师在向他们传达该报告方面将发挥关键作用。"我们同意这个意见。为此，我们希望你们的化学课程将激励课堂内外的讨论。其中一个这样的讨论是关于不可持续的问题。例如，你们将在第4章学习化石燃料，了解为什么它们的应用是不可持续的。但不要就此止步。你们还需要讨论，解决我们今天面临的问题你们能做些什么。应用你们学过的关于空气质量的知识，行动起来以提高当地的空气质量，尽公民义务，提出明智的主张，以更广泛地改善它（第1章）。同样，应用你们学过的水溶性和废水的知识，评估与水质相关的公共政策（第5章）。

2000年，联合国通过了千年发展目标。该目标旨在通过改善妇幼保健以及消除贫困和饥饿等努力来帮助世界穷人。8个目标之一聚焦于环境的可持续性，确保环境可持续发展的4个目标是：

（1）将可持续发展原则纳入国家政策和计划，扭转环境资源的流失。

（2）逆转生物多样性丧失，到2010年实现损失率显著降低。

（3）到2015年，无法持续获得安全饮用水和基本卫生设施的人口比例减半。

（4）到2020年，实现至少1亿贫民窟居民的生活得到显著改善。

在实现这些目标中取得了重大进展，目标3（在饮用水方面）和目标4正在进行中。但是，错过了生物多样性目标。科学和技术在实现千年发展目标和其他可持续发展努力方面仍然是至关重要的。

全球科学社会都认识到动员其成员将知识和专长用来应对可持续发展挑战的重要性。美国化学会"可持续发展与化学企业"政策声明指出：

保持地球的宜居住性及其为后代兴旺提供所需资源的能力是人类的一项基本义务。社会现在有必要发声，应对有限的资源和人口不断扩大的挑战，以及技术成果对人类健康和生态系统可行性的意想不到的影响。应对这些挑战的最佳方法是将人类的发展转向可持续发展之路，这将使人类能够"在不影响子孙后代的进步和成功的情况下满足当前的环境、健康、经济和社会的需求"（WCED，1987；NRC，1999；NRC，2005）。

> WCED，1987年，我们的共同未来（"布伦特兰报告"），世界环境与发展委员会，牛津大学出版社，英国牛津。
>
> NRC，1999年，我们的共同之旅：迈向可持续发展的转型，国家研究委员会，国家科学院出版社，华盛顿特区。
>
> NRC，2005年，化学工业可持续发展，国家研究委员会，国家科学院出版社，华盛顿特区。

化工企业——由化学和相关行业、它们的行业协会、能够产生科学知识和必要的科学技术能力的教育和专业机构（学校、学院、大学、研究机构、政府实验室、专业学会）组成——在推动可持续发展方面发挥着至关重要的作用。

在本书中，我们将探讨科学和技术特别是化学对世界可持续发展的贡献。下一节将描述三重底线，这是一个超越利润来评估企业成功与否的范例。

0.3 三重底线

科学家并不是唯一对地球的可持续发展负责的人。如果你的专业是商业或经济学，你就会很清楚，商界人士已将可持续性纳入了公司议程。事实上，可持续发展的做法可以在市场上提供竞争优势。

在商界，底线总是包括赚取利润，最好是大的利润。然而，今天的底线却不止于此。例如，企业在公平和有益于工人和更大的社会方面被认为是成功的。他们取得成功的另一个措施就是很好地保护环境的健康，包括空气、水和土质。

总而言之，这种以经济、社会和环境效益为基础的使企业成功的三项措施被称为三重底线。表示三重底线的一种方法是使用图0.1所示的重叠圆圈。经济一定要健康发展，即年度报告需要表现出盈利。但经济不是孤立存在的，而是与社区有关，社区成员需要健康。反过来，社区健康需要健康的生态系统。因此，图中不止一个，而是三个圆圈相连接。这些圆圈的交叉处便是"绿色区域"，它表示满足三重底线的条件。

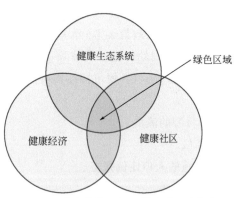

图0.1 三重底线的表示"绿色区"（实现了三重底线）位于这三个圆的交叉点

三重底线有时被缩写为3Ps：利润、人和地球。

在图0.1的任何一个圈子中发生的危害将最终转化为对企业的伤害。相反，取得的成功可以马上以及在未来的岁月为企业提供竞争优势。企业可以赚取利润；同时，它们可以通过使用更少的能源和更少的资源，产生更少的废品，获得良好的宣传效应（并尽可能减少伤害）。
三赢！

最近的新闻稿记录了正在发生的变化。请阅读这篇新闻稿的摘录，它解释了如何使用可堆肥塑料将有机废物从垃圾填埋场转移到堆肥堆中。资料来自美国化学会周刊：化学与工程新闻（C & EN）。

休斯敦曾经有这样一个问题。城市的堆肥方案要求居民把剪下的碎草和树叶装入聚乙烯袋，留在路边。收集袋子的环卫工人必须将其打开并将碎草和树叶倒入卡车后置箱。这是费力和耗时的。

该城市决定结束该项计划并停止堆积院子里的废物。回忆起休斯敦固体废物管理部总监及回收经理如里·里奥多（Gary Readore）的话："一切都要去垃圾填埋场。"那个系统也不便宜。休斯敦每年收集6万吨剪草，将其输送到垃圾填埋场。以每吨25美元收费，每年花费150万美元。

2010年，休斯敦恢复了收集院子废品，但现在居民们将其放在可堆肥塑料袋中。袋子是半透明的，使工人能细细察看里边，以了解居民是否作弊，将常规垃圾与树叶混在一起。除了节省倾倒费用外，该城市还从"生活地球技术"堆肥承包商那里每吨材料获得5.00美元。该公司将袋子与其余废物一起堆肥，不需要特殊处理。

休斯敦的经验说明了可堆肥塑料的价值。这种材料并不意味着使塑料废物的问题消失。但他们旨在帮助市政当局通过参与方便消费者的堆肥方案将有机废物从垃圾填埋场转移到堆肥堆中（C & EN，2012年3月19日）。

想一想 0.2　可堆肥与可回收利用

塑料通常指可堆肥塑料或可回收利用塑料。但是有区别吗？用你自己的话解释，可堆肥的塑料与可回收的塑料之间的差异。堆肥和回收利用对于塑料的命运有什么好处？

要点是什么？是关于如何"绿色化"的争论，它可能会持续超过你的一生。争论的这些问题不是新的；它们也不可能很快得到解决。《化学与社会》将鼓励你们探讨这些问题，为你们提供需要的知识，以便更有创造力地形成自己的应对。

"一个可持续发展的社会是一个具有远见卓识、足够灵活、足够明智的社会，不破坏其自然或社会制度。"

多纳拉·梅多斯（Donella Meadows），1992

多纳拉·梅多斯（1941—2001）是一位科学家和作家。她的著作包括《增长的局限与全球公民》。

0.4 从摇篮到哪里?

你可能听说过从摇篮到坟墓的表达方式,即分析物品生命周期的一种方法,从原材料开始,到最终处置(丢弃)的地方(想必在地球上)。这个流行的短语提供了一个参考框架,从中提出有关消费物品的问题。该物品从哪里来?当你用完后物品会发生什么?个人、社区和公司比以往任何时候都认识到提出这些问题的重要性。从摇篮到坟墓意味着要思考过程中的每一步。

公司应该承担起责任,就像你们一样,要考虑用来制造物品的自然资源从地面、空气或水中被取出的那一刻,到物品最终被"处理"的那一刻。要考虑像电池、塑料水瓶、T恤、清洁用品、跑步鞋、手机等等任何你们购买并最终丢弃的物品。

> 关于电池的更多信息请参见第8章,有关塑料的更多信息参见第9章。

从摇篮到坟墓的思考显然有其局限性。作为例证,让我们追踪超市为你们购买的杂货提供的一种塑料袋。这些袋子的原料是石油。因此,这个塑料袋的"摇篮"最有可能是我们星球上某处的原油,例如,加拿大的油田。假设石油从阿尔伯塔省的一口油井抽出,然后运到美国的炼油厂。在炼油厂将原油分离成各种馏分。然后,将其中一个馏分裂解成乙烯——聚合物的起始材料。接着将乙烯聚合并制成聚乙烯袋。这些袋子被打包成捆,然后用卡车运送到杂货店(燃烧柴油——另一个炼油产品)。最终,你购买了杂货,并使用塑料袋把它们带回家。

> 第4章解释了原油为什么以及如何被裂解成馏分。第9章解释了聚乙烯是如何由乙烯制成的(及为什么)。

2002年出版的这本书
名为《从摇篮到摇篮》

如上所述,这并不是从摇篮到坟墓的情景。相反,它是从摇篮到你厨房的几个步骤,绝对没有任何墓地。那么你使用这个塑料袋后发生了什么事情?它变成垃圾吗?术语"坟墓"描述物品最终结束的地方。超市每年都会使用一万亿个塑料袋,只有约5%回收利用,其余的都在我们的橱柜里,或我们的垃圾填埋场,或者散落在地球上。作为垃圾,这些袋子开始1000年的循环,缓慢分解成二氧化碳和水。

从摇篮到一个坟墓(地球上的某个地方),对于超市包装袋来说,是一个计划不周的情况。如果一万亿个塑料袋中每一个都作为新产品的起始材料,那么我们将会有一个更可持续的状况。从摇篮到摇篮是20世纪70年代出现的一个术语,指的是使用一种物品的生命周期结束与其他物品的生命周期开始时相吻合的物品的再生方法,所以一切物品都是重复使用而不是作为废物处理掉。在第9章中,我们将研究塑料瓶的不同循环再利用情形。但是现在,你们可以在下一个活动中进行自己的从摇篮到摇篮的思考。

练一练 0.3　　易拉罐（盛饮料的铝罐）

人们倾向于认为铝罐可以在超市货架上开始，在回收站结束。还有更多的故事！

a. 地球上哪里有铝矿（铝土矿）？

b. 矿石从地面开采出，通常在矿区附近精炼成氧化铝。然后将氧化铝输送到生产铝金属的设施。会发生什么？

c. 回收后，铝罐会发生什么事情？

答案：

a. 世界上几个地方都有铝土矿，包括澳大利亚、中国、巴西和印度。

b. 矿石必须经过电解精炼才能生产金属铝。这个过程是能源密集型的，在全球许多地方进行。

本书所有章节都设计了**练一练**活动。它们为你们提供了一个机会，你们可以练习刚刚在课文中介绍的新技能或计算方法。答案在**练一练**之后或在**附录4**中给出。

从这些例子可以看出，不仅仅是制造商的决定很重要，你们的决定也是如此。你购买什么，丢弃什么，如何丢弃，这些都值得注意。我们做出的选择，个人的和集体的，都有关系。

我们提醒你们，有重蹈覆辙的风险。我们消耗地球上不可再生的资源，将废物排放到空气、土地和水中的现状是不可持续的。在下一节中，我们将说明，为什么本书要为你们安排一个阶段来探讨化学课题。

0.5　你的生态足迹

你们可能已经知道如何估算车辆的燃油里程。同样，你们也能估算消耗了多少卡路里热量。你们怎么估计支持你们生活需要的地球自然资本是多少？显然，这更加困难。幸运的是，其他科学家已经解决了如何计算的问题。他们以一个人生活加上维持这种生活方式所需的可用再生资源为基础进行计算。

虽然你们可能不知道一天中呼吸多少空气，第1章可帮助你们进行估算。

考虑足迹的比喻。你可以看到你在沙滩或雪地上留下的脚印。你也可以看到你的靴子留在厨房地板上的泥泞的轨迹。同样，人们可能会认为，你的生活在地球上留下足迹。要了解这个足迹，你需要考虑以公顷（ha）和英亩（acres）为单位。生态足迹是估算支持特定生活水平或生活方式所必需的生物空间（土地和水）数量的一种手段。

编辑注：公顷和英亩非我国法定计量单位，使用时注意换算为法定计量单位。$1 \, ha = 10^4 \, m^2$；$1 \, acres \approx 4047 \, m^2$。

生态足迹考虑到水土资源的利用；碳足迹则是基于化石燃料燃烧释放的温室气体。将在3.9节中更多地了解碳足迹。

2007年，美国公民人均生态足迹估计约为8.0 ha。换句话说，如果你住在美国，平均而言，需要8.0 ha的土地来提供资源供你吃、穿、交通、向你提供一个习惯而舒适的住所。如图0.2所示，美国人的生态足迹相对较大，2007年世界生态足迹的平均水平估计为每人2.7 ha。

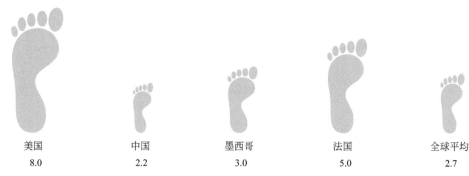

美国	中国	墨西哥	法国	全球平均
8.0	2.2	3.0	5.0	2.7

图0.2　生态足迹的比较，按全球人均公顷数计

资料来源：生态足迹图集，2010

我们这个星球上有多少具有生物生产力的土地和水？可以通过包括农田和养殖区而省略沙漠和冰盖区来估算。目前，估计土地、水和海面约为120亿公顷，约为地球表面的四分之一。这是否足以使地球上的每个人维持和美国人一样的生活方式？下一个活动可以让你自己看看。

练一练 0.4　你个人的地球份额

如前所述，估计在我们这个星球上有120亿公顷的生物生产力土地、水和海洋。

a. 引用资料来源，找出目前世界人口的估计数。

b. 利用这一估计数与生物生产性土地计算理论上可用于世界每个人的土地数量。

答案：

a. 2012年，地球人口在70亿~71亿之间。

b. 每人约1.7 ha。

为什么这很重要？自20世纪70年代以来，我们已经超越了地球能够满足我们需求的能力。人均足迹超过约1.7 ha的国家超过了地球的"承载能力"。以美国为例，我们再做一个计算，看看是多少。

练一练 0.5　有多少地球？

2007年，美国的人均生态足迹约为8.0 ha（120亩）。

a. 引用资料来源，估计目前美国的人口。

b. 计算美国目前这个人口规模所需要的生物生产性土地的数量。

c. 地球上约120亿公顷的生物生产空间可用的百分数为之多少？

答案： b. 估计美国人口为3.15亿，每人估计使用8.0 ha，则需要约25亿公顷。

假设地球上的每个人都像美国的普通公民一样生活，那么按2012年世界人口计算如下：

（70亿人×8.0 ha/人）×1个地球/120亿公顷＝4.7个地球

因此，为了维持这个地球上所有人的同样的生活水准，除了我们目前的地球之外，还需要更多的地球！

"只有一个地球。"在这个地球上，过去几百年中，人口急剧上升。经济发展也是如此。

结果，（估计的）全球生态足迹正在上升，如图0.3所示。2003年，我们估计人类使用了相当于1.25个地球。预计到21世纪30年代，我们将使用2个地球。显然这个消费速度不能持续下去。

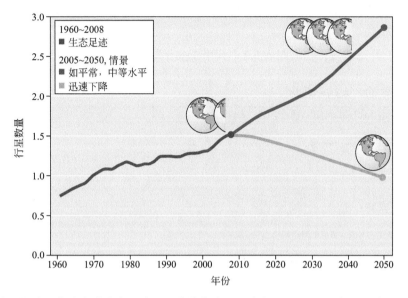

图0.3　当前和预计未来的人类生态足迹。目前的估计，足迹在1.0以上，即高于地球所能承受的能力
注意：上面的预测假设"像往常一样适度"。下面的估计是假设改变了可持续发展的做法。来源：全球足迹网络提供的数据

通过学习和研究化学，我们希望你们学会如何减少生态足迹或将其保持在较低水平上。下一节将介绍，化学家如何帮助使这一过程在某些方面发挥作用（你们或许未曾想到）。

0.6　我们作为公民和化学家的责任

我们人类有特别责任关照我们的星球。然而，履行这一责任被证明是不容易的。《化学与社会》每一章都突出了一个有趣的问题，如空气质量、水的质量或营养。这些问题不仅影响到你个人，而且也会影响到你所在的更广泛的社区居民的健康和福祉。对于每一个问题，你将完成两个相关的任务：（1）了解这个问题；（2）制订建设性的行动方案。

ACS Green Chemistry Institute
（美国化学会绿色化学研究所）

化学家如何应对可持续发展的挑战？部分答案在于"绿色化学"——最初由美国环境保护署（EPA）的人士提出，现由美国化学学会（ACS）积极追求和推行的一套原则。绿色化学是减少或消除有害物质的使用，设计的工艺过程要减少有害物质的产生。期望的结果是减少废物特别是有毒废物的产生，并消耗更少的资源。

 从全书中寻找用此图标指定的绿色化学实例。

绿色化学是实现可持续发展的工具，而它本身不是目的。正如2000年发表的化学与工程新闻 "Color Me Green" 一文所述："绿色化学代表了支撑我们未来可持续发展的支柱。对于未来的化学工作者，向他们传授绿色化学的价值是至关重要的。"实际上，我们认为也必须向公民传授绿色化学的价值。这就是为什么《化学与社会》这本书通篇收集了如此多的关于绿色化学的应用问题。

为了让你们开始学习，我们在表0.2中列出了关于绿色化学的六大核心理念。

表0.2 绿色化学的六大核心理念

1. 阻止废物生成比它形成后再来处理或清除更好。

2. 最好减少生产产品所用材料的数量。

3. 最好使用和产生无毒的物质。

4. 最好消耗更少的能量。

5. 从技术和经济意义上考虑，最好使用可再生材料。

6. 最好采用最终能降解成无害产品的材料。

来源：绿色化学十二项原则，保罗·阿纳斯塔斯和约翰·华纳（Paul Anastas and John Warner）改编。

根据美国环境保护署（EPA）的环境设计计划 启动了绿色化学，使空气、水和大地更清洁，资源消耗更少。化学家正在设计新的工艺（或改造旧工艺），使其更环保，我们称之为"设计良性"。每个绿色创新并不一定都要成功地实现所有这6个核心理念。但是，实现其中的几个就是通往可持续发展道路上的很好的一步。

例如，减少废物的一个明显的方法是设计在第一步就不产生废物的化学过程。 一种方法是将反应物中的大部分或全部原子最终变为目标产物分子的一部分。虽然这种"原子经济"法不适用于所有化学反应，但已被用于许多产品的合成，包括药物、塑料和农药。该方法节省资金，使用较少的起始材料，减少浪费。绿色化学与三重底线之间的联系应该是明显的！

VOC 代表挥发性有机化合物。在第1章"呼吸空气"中寻找更多关于与空气污染有关的挥发性有机化合物。

现在，许多化学制造工艺使用创新的绿色化学方法。例如，你们将在第1章看到，绿色化学的应用导致了低挥发性有机物（VOC）涂料的生产更加便宜，浪费更少，毒性更小。你们还将看到应用于原棉加工和干洗方法的绿色化学关键思想（第5章），以及应用于经济和健康的植物油加工方法的关键思想（第11章）。

绿色化学的努力得到了回报！化学科研人员、化学工程师、小型企业、大型公司和政府实验室的遴选团体获得了总统绿色化学挑战奖。这个总统级别的奖励始于1995年，它肯定了化学家和化学工业的革新旨在减少污染。这些奖项表彰在"更清洁，更便宜和更智能化学"工作中的创新。

0.7 回到蓝色弹珠

在进入第1章之前，我们重新审视1987年联合国文件"我们的共同的未来"。此前，我们从这份文件中引出了关于可持续发展的定义："满足我们现在的需求，而不损害子孙后代满足他们自身需求的能力"。本报告的前言是由格罗·哈莱姆·布伦特兰主席撰写的。她还写了下面一些话，呼吁我们回看开启本章的地球的形象：

在20世纪中叶，我们第一次从太空看到了我们的星球。历史学家最终可能会发现，这个景象对思想的影响比16世纪的哥白尼革命更大。它通过揭示地球不是宇宙的中心，破坏了人类的自身形象。从太空，我们看到一个小而脆弱的球，它不是由人类活动和大厦主导，而是以云、海洋、绿地和土壤为主导。人类无法将其活动纳入这种模式，从根本上改变行星系统。许多此类变化伴随着危及生命的风险。这个无处可逃的新现实必须得到承认和应对。

我们认同这些话。必须认识到新的现实，无法回避。我们所有人——学生和老师——都扮演着重要的角色。通过《化学与社会》这本书，我们将尽可能为你们提供可以使你们的生活和他人的生活发生变化的化学信息。我们希望你们利用它，配合对化学的深入了解，来应对今天和明天的挑战。

习题

1. 本章以沙特宇航员苏丹王子的著名引言开头。在2005的采访中，他说："成为一个宇航员，对我产生了巨大的影响。从黑色空间的视角来看地球，这让你感到很奇怪⋯"。苏丹王子继续讲述他感到奇怪的事情。 我们没有转载他的话，而是希望你们自己能够写出来。

   a. 写一篇三段落短文。第一段，简要介绍自己。第二段，描述当你开始学习化学时，对你来说重要的是什么。第三段，说明你最想知道的与地球相关的事情是什么。

   b. 按照老师的指导，在课堂上与其他人分享你的自我介绍。

2. 当你看到地球的照片——"蓝色弹珠"时，你的第一印象是什么？

3. 将下列能源分为可再生和不可再生能源：风力发电、矿物质、水、生物燃料、天然气。

4. 阅读布伦特兰报告的前言全文（通过网络搜索容易找到）。它只有几页，包含一些最有说服力的语言。选择其中一小部分，写一个片段，与你关注的内容联系起来。你可以选择同意或不同意的立场。

5. 本章介绍了这样一种思想，即我们这个星球上的所有物种都是相互联系的（有时方式不明显）。从你在其他领域的学习中找出三个例子，说明生物是如何联系在一起的或者以某种方式彼此相互依存的。

6. 绿色化学关键思想之一是能源。本章指出，发现"清洁、可持续的能源可以说是本世纪的主要挑战"。

   a. 为什么我们目前的能源——化石燃料——既不清洁也不可持续？

b．为什么用清洁、可持续的能源代替目前的能源是如此重要？

7．本章介绍了"从摇篮到坟墓"的概念，你在后面的章节中也将遇到。

　　a．解释"摇篮"的含义。

　　b．对于这些物品，指出它们的"摇篮"名称：塑料袋、纸杯、棉T恤。

　　c．解释"坟墓"是什么意思。

　　d．对于b小题中列出的每个物品，提出它们的可能的"坟墓"。

8．选择你在学校使用的物品，描述其资源的"从摇篮到坟墓"的途径。说明如何将资源周期改为"从摇篮到摇篮"。

9．图0.1示出了三重底线的一种可能表示。下图是另一种表示。说明这两个图之间的相似之处和差异。

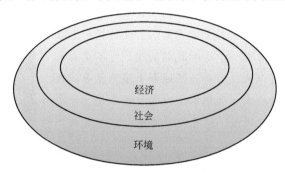

10．提出可以遵循三重底线的商业实践（惯例）。

11．本章还介绍了"转移底线"的概念。

　　a．用你自己的话说明"改变基线"的意思。

　　b．举出一个过去20年中发生的改变基线的例子。

12．随时使用任何可用的网站计算你的生态足迹。

13．一辆大学校园公共汽车的外侧印有这样的标志："减少你的足迹，乘坐公共汽车"。请解释此标志的双重意义。

14．根据你的经验，你为什么认为化学是"中心科学"？

15．考虑你参加的活动所产生的废物：

　　a．描述此活动以及随之而产生的废物。

　　b．当越来越多的人参与此活动时，生产的废物是否成为关注点？解释为什么是或为什么不是。

16．用你自己的话定义可持续性。描述你目前参加的、可以使其更有持续性的两个活动。

17．说明千年**发展目标4**——"到2020年实现至少1亿贫民窟居民生活的重大改善"——所取得的进展。

18．提出你个人可以降低生态足迹的一些方法。

19．　你认为绿色化学最重要的一个关键思想是什么？为什么？

20．选择公司，访问其网站，找出表述该公司在可持续性和/或企业责任方面所做努力的页面。供选者包括可口可乐、沃尔玛、埃克森美孚和汉堡王。报告你的发现。

21．已退休的数学教授和塑造未来的建筑之一梅尔·乔治（Mel George）指出，新的本科科学、技术、工程与数学教育期望（国家科学基金）表明："把一个人放在月球上并不要求我做任何事情。相比之下，我们都必须做些事情来拯救地球。"描述你可以做的5件事情，说明你是谁和你的学习领域。

22．　虽然绿色化学的关键思想是为了指导化学家而撰写的，但你可能会发现，这些概念与你也是有关的。也许你是经济学专业的，或者你打算成为护士或教师。也许你把时间花在园艺上，或者你喜欢骑自行车上下班。选择绿色化学中的两个关键思想，描述它们与你的生活和/或预期职业相关联的方式。

23．报刊及杂志广告经常宣称企业或公司如何"绿色化"。找一个广告并仔细阅读。你怎么看？这是否是"绿色洗涤"的一个案例，其中一家公司正试图以其他废物桶中的一个微小的绿色水滴作为卖点？还是真正改进而显著减少了废物流量？请注意：可能很难说清楚。例如，消除 7 t 废物可能听起来很大，除非你知道实际的废物流量在数十亿吨。

24. 美国化学学会是世界上最大的科学学会，它的使命是"促进更广泛的化学企业及其从业者为地球及其人民造福"。解释这一陈述中的"地球及其人民的利益"如何与本章所用的可持续性的定义相联系。

25. 神学家和文化史学家托马斯·贝里（Thomas Berry，1914—2009）在他的著作"伟大作品"（1999年）中描述了人类如何面对从当前地质时代（新生代）到未来时代的工作。他把这个反映人类塑造世界面貌的巨大力量的年代称为"生态化"。"大学必须决定是否继续在衰落的新生代期间培养人临时生存，还是开始教育学生为新兴生态系统时代……，现在不是大学继续否认或者将责任归咎于大学的时候，而是大学重新思考自己和正在做什么的时候了。"

a. 对未来的时代你看到什么？请描述它。如果你不喜欢"生态时代"这个词，可自己提出一个。

b. 到目前为止，你的学习如何为未来的世界做准备？

c. 你认为以什么方式学习化学可为未来世界做准备？

26. 选出本章中引起你注意的思想。

a. 你选了哪种思想？用几句话展开表述。

b. 引起你关注的这种思想的内涵是什么？请予以说明。

第1章 我们呼吸的空气

加州蔚蓝的天空，太浩湖地区

"古希腊人把空气与土、火、水看作自然界的基本元素。加州人如何看空气……呃，也许换个说法会更清楚：加州人看了太多不该看的东西。他们也会感受到呼吸的影响，这经常让他们注意到日常的呼吸行为。"

大卫·卡尔，《加州空气导论》，2006，第 xiii 页人类很早就已经注意到自己呼吸的空气，并对空气感到好奇。古希腊人把气（空气）与土、火、水一起并称为自然的基本元素。几百年以后，化学家通过实验对空气的组成有了更多的认识。今天，我们已经能在外太空俯瞰地球大气层。每个夜晚，我们与古人一样，能透过夜空看到闪烁的繁星。

大气层是一层薄纱，把我们与外太空分隔开来。本章讲的是地球大气中的气体，它们支持着地球上的生命系统。下一章将讲述平流层中的臭氧，它保护我们免遭太阳辐射中的紫外线伤害。第3章介绍温室气体，它们把我们与极冷的外太空隔开。准确地讲，大气是一种无价资源。我们的目的就是传达大气之美、大气的广袤以及大气的脆弱性。

正如我们在本章中将要学到的，人类的活动已经改变了大气组成。这丝毫也不令人惊讶，考虑到目前地球上生活着70亿人。在随后几十年里，人口总数甚至可以达到90亿至100亿。下面的小活动可以帮助读者认识到我们的行为——无论是个人的还是集体的——如何改变了我们的空气。

想一想 1.1　空气中的足迹

远足的靴印、沥青路面和玉米地，都是人类留下的"大地印记"的实例，因为它们都改变了地表的外观。与此类似，人类活动也会留下"空气印记"，导致大气成分的变化。

a. 说出三件能在室内空气中留下印记的事情。

b. 以上三件事中（1）哪些降低了空气质量，（2）哪些提高了空气质量，以及（3）哪些你不清楚有什么影响。请逐一说明。

c. 针对户外空气印记，重复a和b。

答案：

a. 养殖花草，点燃蜡烛，使用涂料。

b. 绿色植物可吸收二氧化碳并生成氧，这两点都可以改进空气质量。有些植物会产生花粉，对于部分人群来说，这使得空气质量下降。点燃蜡烛会放出二氧化碳和烟灰。某些涂料会释放挥发性有机物。因此后两种都降低了空气质量。

作为人类，我们对保护地球空气质量负有特殊责任。肩负这种职责注定不是一件轻松的事情。事实上，我们曾犯下过若干悲剧性的错误，造成人员、动物和植物的死亡。正如在第0章所提到的，我们的职责最终是，我们今天的生活不应以我们自己的健康或子孙后代的健康为代价。保持空气清洁就是这份职责中的一部分。

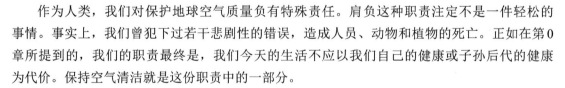

1948年，宾夕法尼亚州多诺拉附近发生的烟雾事件造成20人死亡，超过5000人生病。1952年，大伦敦地区的烟雾事件造成数千人死亡。

在本章中，你将更多地了解到你所呼吸的空气以及它对人类生活的重要性。我们希望，你也会认识到对空气质量做出选择的重要性，无论是作为个人还是社会的一分子。请从现在开始，展现你的智慧。

1.1 呼吸中有什么？

首先请你做一件每天都自动地和无意识地做过成千上万次的事情——呼吸一次。当然你并不需要我们告诉你才开始呼吸！也许某位医生或护士曾经协助你做了人生的第一次呼吸，但是自那以后大自然就接管了一切。甚至当你因恐惧或焦虑而暂时屏住呼吸的时候，不久你就会本能地深吸一口那些看不见的、我们称之为空气的东西。实际上，如果没有呼吸到新鲜的空气，你只能生存几分钟。

想一想 1.2　呼吸一次

你一天呼出多少空气呢？尽管猜一下。首先，测定你的一次"正常"呼吸会呼出多少空气，然后测定你每分钟的呼吸次数。最后，算出你在一天（24 h）之内呼出多少空气。描述一下你的计算，列出你的测量数据，指出所有你认为会影响结果准确性的因素。

你对自己每天呼吸的空气数量感到吃惊吗？成年人每天呼吸的空气超过11000 L（约3000 gal）。如果你骑一天自行车或划一天皮艇，这个数值会更高。

尽管不能直接看出来，但你呼吸的空气不是纯物质，而是一种混合物，即由两种或两种以上的纯物质以不同数量混合在一起。混合物是我们在地球上遇到的两种物质形式之一（图1.1）。另一种形式是纯物

图1.1　物质可分为纯物质和混合物两大类

质。本节我们把注意力放到构成大气主要成分的纯物质上：氮气、氧气、氩气、二氧化碳和水汽。它们都是无色气体，肉眼看不见。

一些混合物是由气体组成的，而汽油是一种液体混合物（1.10），土壤则是由固体和液体共同组成的混合物。

我们称之为"空气"的混合物的组成成分取决于你身处何处。在一间拥挤的房子里，氧气会比较稀薄；而在市区，污染物会比较多；呼出的空气与吸入的空气在成分上略有不同。此外，空气中的痕量物质也会因地点不同而发生变化。例如，丁香花的香气会弥漫在空气中；煮咖啡的香味会把你吸引到厨房。事实上，人的鼻子是一个极为灵敏的气味传感器。在某些情况下，一丁点儿东西就能触发鼻腔内的负责检测气味的受体。因此，微量物质不仅会影响我们的鼻子，同时也会影响我们的情绪。

想一想 1.3　你的鼻子知道

松林、面包房、意大利餐厅和挤奶场的空气是不一样的。即使蒙上眼睛，你也能闻出它们之间的差别。我们的鼻子能提醒我们空气中有多种痕量物质。

a. 分别说出能反映空气中少量物质存在的三种室内气味和三种户外气味。

b. 鼻子能警告我们避开某些东西。举三个能说明存在有害物质的气味的例子。

在过去一千年里，大气的组成并非恒定不变。例如，氧的浓度在不断变化。

图1.2分别用饼图和柱图表示空气的组成。饼图强调组分占总体的比例，而柱图则强调各组分间的相对大小。无论怎样表示数据，你呼吸的空气里主要是氮气和氧气。进一步说，按照体积计，空气由78%的氮气、21%的氧气和1%的其他气体组成。百分数（%）表示"每一百份"。这里的每一份既可以是分子，也可以是原子。

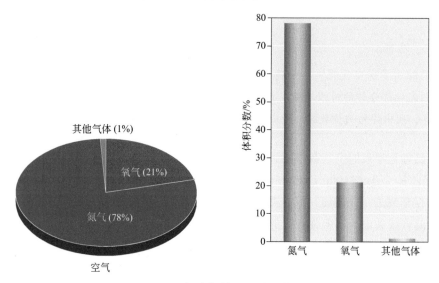

图1.2　干燥空气的组成（按体积）

动感图像！看到这个图标时，请访问Connect TM获取动感图像！在本书中寻找这个图标。

图1.2中的体积分数是干燥空气的数据，里面不包括水汽，因为水汽的浓度随地点变化较大。在沙漠的干燥空气中，水汽的浓度几乎为0%。反之，在温暖的热带雨林，空气中水汽的浓度可达5%。无论浓度高低，水汽都是肉眼无法看见的无色气体。尽管你可以看到海上的浓雾以及天上的云朵，但它们不是由水汽组成的，而是由微小的水滴或冰晶组成的（图1.3）。

图1.3　云由微小水滴组成，上升气流使之可悬浮在空中

（云的重量可达数百万磅，1 lb≈0.45 kg）

水汽就是我们称为"湿度"的气体。

6.9节将介绍大气中的氮气如何通过循环成为活着的动植物的一部分。

氮是空气中最丰富的物质,占我们所呼吸的空气的78%。氮气无色、无臭、不易发生化学反应,可以出入我们的肺部而不发生任何变化(表1.1)。尽管氮是生命必需元素,而且是生物的组成部分,但多数动植物从其他来源摄取氮,而不是直接从大气获得。

表1.1 吸入和呼出空气的典型组成

物　质	吸入空气[①]/%	呼出空气[①]/%
氮	78.0	75.0
氧	21.0	16.0
氩	0.9	0.9
二氧化碳	0.04	4.0
水汽	可变	可变

① 体积百分数。

尽管在大气中氧气不如氮气多,但在我们的星球上,氧气仍然发挥着举足轻重的作用。我们体内的血液通过肺部吸收氧气,然后氧气与我们吃的食物进行反应释放能量,进而驱动体内的各种化学过程。氧气也是其他化学过程所必需的,包括燃烧和腐蚀过程。作为H_2O中的"O",氧是人体内按质量计算含量最高的元素。氧也广泛存在于岩石和矿物中,是地壳中丰度最高的元素。由于氧的分布非常广泛,有点令人惊讶的是,直到1774年人们才首次分离得到纯氧。但一经发现,氧对于年轻的化学学科的建立具有重大意义。

第11章将进一步介绍食物中的能量成分。元素这个名词将在1.6节解释。

想一想1.4　再来点氧气?

人类对含21%氧气的大气比较适应。在这种大气里,一根纸梗火柴可以在1 min之内完全燃尽,壁炉在约20 min之内烧掉一块小松木,我们在1 min内呼吸约15次。如果大气中氧的浓度加倍,地球上的生活将非常不同。请列出至少4种影响。

每次呼吸,我们都会向大气排出二氧化碳。表1.1显示了吸入干燥空气与呼出空气成分之间的差别。其中明显发生了一些变化:消耗了部分氧气、释放出二氧化碳和水。在**呼吸**过程中,食物进行新陈代谢生成二氧化碳和水。每次呼吸时,体内的水分通过肺部的潮湿组织挥发出去。

呼吸过程也为体内的化学反应供应能量。第4章将进一步介绍呼吸过程。

大气中还有其他气体(见图1.2),例如,氩占空气总体积的0.9%。氩的名称在希腊语中意为"懒惰",表示氩的化学性质惰性。如表1.1所示,你吸入的氩将全部呼出来。

我们用于描述大气组成的百分比是根据体积计算得到的,而体积是气体占据空间的大小。如果愿意,我们可以将78 L氮气、21 L氧气和1 L氩气(78%氮气、21%氧气和1%氩气)混合,近似得到100 L干燥空气。

1升(L)= 1.057 夸脱(qt),附录1中有单位换算。

也可用分子或原子的个数表示空气的组成。在相同温度和相同压强的条件下，相同体积的气体具有相同的分子数。因此，如果有100个空气分子或原子（这种只有极少数分子的情况其实很难遇到），其中78个为氮分子，21个为氧分子，以及1个氩原子。换言之，当我们说空气中21%是氧气，就是指每100个空气分子或原子中有21个氧分子。我们随后会讲到氮和氧为什么是分子而氩是原子。

1.7节将进一步介绍分子和原子。

你现在已经知道空气中含有氮气、氧气、氩气、二氧化碳，通常还有水汽。正如你将要看到的，故事还远未结束。

1.2 呼吸中还有什么？

无论你在生活在什么地方，你的每次呼吸中都有除氮和氧以外的微量气体，其中多数浓度低于1%。二氧化碳就是这种情况，这是一种既吸入也呼出的气体。2012年，大气中二氧化碳的浓度达到0.0393%。由于我们使用化石能源，该数值一直在缓慢但却稳定地上升。

第3章将提供大气中二氧化碳浓度的信息。

尽管可以将0.0393%表示为每100个空气分子和原子中有0.0393个二氧化碳分子，但是0.0393个分子实在是太奇怪了。低浓度时，使用百万分数（ppm）更方便。1%（百分之一）是1 ppm的10000倍。转换关系如下：

0.0393%　　　为　　　　每百份含0.0393份

　　　　　　　　　　　　每千份含0.393份

　　　　　　　　　　　　每万份含3.93份

　　　　　　　　　　　　每十万份含39.3份

　　　　　　　　　　　　每百万份含393份

所以，1000000个空气分子和原子中含有393个二氧化碳分子。于是，二氧化碳的浓度为393 ppm，或0.0393%。

 将小数点向右移动4位，即可将%转换为ppm。在动感图像！里将提供练习。

怀疑派化学家 1.5　　　真是百万分之一吗？

有人说，百万分之一相当于12天中的1秒（s）。这个类比正确吗？如果说相当于568英里（译注：1英里 = 1.609 km）中的一步呢？检验这两个类比是否成立，阐述你的推理过程，并提供一个新的类比。

练一练 1.6　　　使用 μL/L

a. EPA规定8 h内接触一氧化碳的平均浓度上限为9 μL/L。用百分数表示该数值。

b. 呼出的空气中一般含有78%的氮气。请用 μL/L 表达此数值。

答案：a. 0.0009%；b. 780000 μL/L。

空气中的低浓度物质有一部分是空气污染物。尽管在地球的任何地方都能发现它们，但你最有可能在大都市遇到它们。例如，图1.4显示智利圣地亚哥附近的烟雾，这是一个拥有600万人口的城市，图中后景是连绵的山脉。其他大城市，如洛杉矶、墨西哥城、孟买和北京等地的空气也常常很糟。前面我们已经注意到人类活动可以在室内和户外留下"空气印记"。当做饭和开车的人数众多时，就会污染空气。

图1.4 智利圣地亚哥11月里阳光明媚的春天

今天，这个星球上超过一半的人口居住在城市。相比之下，在1900年这个比例只有10%~15%。

本章的重点集中于4种地表空气的污染气体上。4种气体之一是没有气味的一氧化碳，另外3种分别是：臭氧、二氧化硫和氮氧化物，都有特征气味。接触这些污染气体，即使它们的浓度低于 1 μL/L，也会对健康造成危害。以上气体以及颗粒物（PM）是地表附近最具危害的空气污染物。下面让我们逐一来看看它们的影响。

（1）一氧化碳（CO） 素以"沉默杀手"闻名，因为它无色、无臭、无味。一旦吸入，它会进入血液，影响血红蛋白的载氧能力。吸入一氧化碳，人首先会感到头晕、恶心或头痛，这些症状很容易被误认为是其他疾病。但持续吸入可导致严重疾病甚至死亡。汽车和炭火烤架都是一氧化碳的来源。丙烷野营炉（图1.5）也会产生一氧化碳，如在室内使用，则需要适当的通风装置。

图1.5 丙烷野营炉

（2）臭氧（O₃） 有强烈的气味，在电极或焊接设备附近可以闻到。即使浓度很低，臭氧也会降低肺功能。吸入臭氧的症状包括胸痛、咳嗽、打喷嚏或肺水肿。臭氧还可使

图1.6　被臭氧损伤的雪松针叶
（承蒙Missouri Botanical Garden PlantFinder惠赠）

谷物的叶子长斑以及使松针变黄（图1.6）。在地表附近，臭氧肯定是有害物质。但是在海拔高的地方，它在屏蔽紫外辐射方面发挥着重要作用。

（3）二氧化硫（SO_2）　具有强烈的、令人不愉快的气味。如果吸入，它会溶解在肺部潮湿的组织中形成酸。老年人、青少年和患有肺气肿、哮喘的人群最易受到二氧化硫的毒害。目前，空气中二氧化硫的主要来源是煤的燃烧。例如，1952年那场造成超过1万人死亡的伦敦烟雾，部分起因于烧煤炉的排放。死亡原因包括急性呼吸衰竭、心脏病（有相关病史）和窒息。一些幸存者遭受到永久性肺损伤。

（4）二氧化氮（NO_2）　呈特征的红棕色。与二氧化硫一样，二氧化氮也与潮湿的肺部组织结合生成酸。大气中的二氧化氮主要来自于另一种无色气体污染物——一氧化氮。任何具有高温的东西在空气中都可能形成一氧化氮，如汽车发动机和烧煤的电厂。氮氧化物，如NO和NO_2，也可以在谷仓中自然形成，不小心吸入的农民可能受到伤害甚至导致死亡。

> SO_2和NO_2溶于水分别形成硫酸和硝酸。第6章将进一步介绍这些酸和酸雨。

（5）颗粒物（PM）　是由微小固体颗粒以及液滴组成的复杂混合物。在以上污染物中，我们对PM的了解最少。颗粒物根据大小而不是组成分类，因为颗粒大小决定了它们对健康的影响。PM_{10}包括平均直径为10 μm或更小的颗粒。$PM_{2.5}$是PM_{10}的一部分，包括平均直径小于2.5 μm的颗粒。这些更微小、也更致命的颗粒有时也被称为微粒。颗粒物的来源很多，包括汽车发动机、烧煤的电厂、野火以及浮尘。有时颗粒物是可见的，如煤烟或烟雾（图1.7）。然而，受到更多关注的是那些小到无法看见的颗粒：PM_{10}和$PM_{2.5}$。一

图1.7　加利福尼亚圣何塞附近2004年发生的野火
大火向空中释放颗粒物，其中部分是可见的，如浓烟

旦吸入，这些颗粒物将深入肺部，刺激肺部组织。最小的颗粒可通过肺部进入血液，引发心脏病。

> 1微米（μm）是一米的百万分之一，$1 \text{ μm} = 10^{-6} \text{ m}$。

我们用一个令人吃惊的事实结束这一节：上面提到的所有污染物都可以自然形成。例如，野火（图1.7）可产生颗粒物和一氧化碳，闪电能产生臭氧和氮氧化物，火山释放二氧化硫。污染无论来自于自然界还是人类活动，它们的危害是相同的。你的健康会有什么风险呢？我

们现在就开始讨论这个话题。

1.3　空气污染与风险评估

风险是生活的一部分。即使不能完全避开风险，但我们仍然努力使风险最小化。比如，违法行为所承担的风险将令人难以承受。其他还有高风险行为，例如烟盒上印有吸烟可能诱发肺癌的警告标识，酒瓶标签上也印有酒精可导致生育缺陷和机械操作失能的警告。然而，即使没有警告标识，也不一定保证安全。可能只是因为风险已经低到不值得标识，也可能是风险显而易见或难以避免，又或收益远远大于风险。

警示信息出现时，并非表示某人必然受到影响，而只是表示可能性。比如，每行驶3万英里（译注：1 mi = 1.61 km）的交通事故死亡率为百万分之一。也就是说，从平均意义来讲，每行驶3万英里的一百万人中就会有一人死于交通事故。这个预测不是简单的猜测，而是**风险评估**的结果。风险评估是一种按照一定程序对发生概率的预测以及对科学数据的评价方法。

什么时间呼吸空气会有风险？幸运的是，空气质量标准能为你提供指导。我们称之为指导，是因为这些标准是一整套经过科学家、医学专家、政府机构和政治家之间复杂互动的产物。人们不一定同意这些标准必然是合理的或者安全的。由于可能出现新的科学发现，因此标准也会随时间变化。

在美国，1970年建立的国家空气质量标准是清洁空气法案的产物。如果污染物水平在标准以下，则空气可能是健康的，适于呼吸的。我们说"可能"，是因为空气质量标准一直在随时间变化，通常变得更加严格。放眼世界，你会看到世界各地的空气质量法规的严格性和执行力度都有较大差别。

空气污染物产生的风险与以下两个因素有关：**毒性**，即污染物自身的健康危害；**曝量**，接触污染物的量。毒性很难精确评估，原因很多，其中包括做人体实验是不道德的。即便能获得人体数据，还需要针对不同人群确定可以接受的风险水平。尽管复杂性很高，但是政府部门已经成功建立起主要空气污染物的曝量上限。表1.2是美国环境保护署（EPA）建立的国家环境空气质量标准。其中，**环境空气**指我们周围的空气，通常指户外空气。随着认识的增长，我们会不断改进标准。例如，2006年对$PM_{2.5}$施行了更严格的标准。同样，2008年降低了臭氧的许可水平，2010年新增了NO_2的标准。

表1.2　美国国家环境空气质量标准

污染物	标准 /ppm	标准的近似等价浓度 / (μg/m³)
一氧化碳		
8 h平均	9	1×10^4
1 h平均	35	4×10^4
二氧化氮		
1 h平均	0.100	200
年平均	0.053	100

污染物	标准/ppm	标准的近似等价浓度/（μg/m³）
臭氧		
8 h平均	0.075	147
颗粒物[①]		
PM$_{10}$，24 h平均	3/4	150
PM$_{2.5}$，年均	3/4	15
PM$_{2.5}$，24 h平均	3/4	35
二氧化硫		
1 h平均	0.075	210
3 h平均	0.50	1300

① 颗粒物的单位不用ppm。

资料来源：美国环境保护署。

注：有铅的标准，但这里没有给出。PM$_{10}$指直径等于10 μm或更小的空气颗粒物，PM$_{2.5}$指直径为2.5 μm或更小的颗粒物。

美国环境保护署是由理查德·尼克松总统于1970年批准建立的。早期的一些参议员在立法方面也起到了关键作用。

曝量的评估比毒性更方便直接，因为曝量所依据的因素更易于测量。这些因素包括：

（1）空气中的浓度 污染物的毒性越大，规定的浓度上限就越低。如表1.2所示，浓度既可以用ppm表示，也可以用微克每立方米（μg/m³）表示。前面提到过微米（μm），表示百万分之一米（10^{-6} m）。类似地，一微克（1 μg）就是百万分之一克（10^{-6} g）。

1 μg大致相当于书里一个点的质量。

（2）时长 人对高浓度污染物的耐受时间很短。一种污染物可有若干种不同的标准，分别对应于不同时长。

（3）呼吸速率 体力工作者，如运动员和工人，呼吸速率较高。如果空气质量较差，减少户外活动是降低曝量的途径之一。

假设在一条城市街道收集一个空气样品。随后对该样品进行分析，结果显示每立方米空气含有5000 μg一氧化碳（CO）。这个浓度的CO对呼吸有害吗？我们可以利用表1.2回答这个问题。一氧化碳有两个标准，分别是1 h曝量和8 h曝量。其中1 h曝量的规定较高（$4×10^4$ μg CO/m³），因为短时间内人可耐受较高浓度。

两种浓度都用科学计数法表示，即记为一个数字与一个10的幂的乘积。使用科学计数法可避免在小数点前面或后面写一串零。例如，$1×10^4$等于10000。为理解这个变换，可以简单地数一下10000中1右侧的零的个数。共有4个。将1乘以10^4得到$1×10^4$ μg CO/m³。同样，$4×10^4$ μg CO/m³等于40000 μg CO/m³。当遇到大数时，科学计数法会更有用。例如，一次呼吸中有200000000000000000000000个分子。用科学计数法，该数值记为$2×10^{22}$个分子。

如果你在使用科学计数法时需要帮助，请查阅附录2。

使用科学计数法，5000 μg CO/m³可表示为$5×10^3$ μg CO/m³。显然，这个数值低于表中的两个标准。对于8 h曝量，$5×10^3$低于$1×10^4$。同样，对于1 h曝量，$5×10^3$低于$4×10^4$。以

上数值的单位都是 $\mu g\ CO/m^3$。

表1.2也可以让我们评估污染物的相对毒性。例如，可以比较一氧化碳和臭氧的8 h曝量标准：9 ppm 和 0.075 ppm。计算一下，臭氧的呼吸的危害相当于一氧化碳的130倍！但是，一氧化碳仍然极其危险。作为一名"沉默杀手"，它可在你觉察到危险之前削弱你的判断力。

练一练 1.7 评估毒性

a. 表1.2的污染物中哪一种毒性最大？

b. 看一下污染物的标准。前面我们提到，"微粒"$PM_{2.5}$比粗粒PM_{10}更为危险。用表1.2中的数据证明这个说法。

答案：

a. 这个问题不易回答，因为各污染物之间没有一个共同的时长进行比较。不过很明显，CO不是毒性最大的，因为它的标准数值较高。也不可能是NO_2，因为SO_2有比NO_2更低的1 h平均标准。比较SO_2和O_3，臭氧的8 h平均值比SO_2的平均值更低。

尽管空气污染标准用 ppm 表示，但二氧化硫和二氧化氮的浓度用 ppb 表示更为方便。1 ppb 意为十亿分之一，或百万分之一的千分之一。

二氧化硫　　0.075 ppm = 75 ppb

二氧化氮　　0.100 ppm = 100 ppb

如上所示，将 ppm 变换为 ppb 意味着小数点向右移动三位。

练一练 1.8 "居"于下风

冶炼铜矿石可以获得铜，而这个过程会释放出二氧化硫（SO_2）。一位居住在冶炼厂下风处的妇女在1 h内通常吸入44 $\mu g\ SO_2$。

a. 如果她的肺每小时处理625 L（0.625 m^3）空气，她是否会超过国家环境空气质量中SO_2的1 h平均标准？通过计算说明。

b. 如果她在这个浓度下曝露3 h，她会超过3 h平均标准吗？

在本节结束时，我们还要提示，我们对风险的认知也是一个重要因素。例如，乘车的风险远超过坐飞机。美国每天超过100人死于汽车事故，但仍有很多人因害怕坠机而不愿坐飞机。同样，一些人害怕住在休眠火山附近。但正如一些众所周知的飓风所证明的那样，住在海岸边是一个更危险的选择。不管是否认识到风险，空气污染都代表着真实的危害，无论对这一代还是对下一代都是如此。下一节我们将为你提供评估这些危害的工具。

1.4　空气质量与你

你呼吸到的空气质量与你居住的地方有关。一些地方的空气质量总是很好，另一些地方的空气质量中等，还有一些地方多数时间的空间质量不佳。我们将会看到，上述差别与该地区的人口、他们的活动、地理特点、主要气候类型以及相邻地区人们的活动有关。

为改进空气质量，许多国家已经立法。例如，我们已经引用过美国清洁空气法案（1970），这个法案促进了空气质量标准的建立。像很多环境法一样，该法案关注于为有害物质的曝露设定上限。它也被称为"指挥与控制法"，或"末端治理方案"，因为它意图限制有害物质的扩散或者在扩散后进行清理。

在清洁空气法案之后，防止污染法案（1990）是一项重要的立法。它重点防止有害物质的形成，并称"一有可能就应在源头防止或减少污染"。表达方式的转变具有重大意义。与其试图控制现有的污染物，不如一开始就不制造它们！有了防止污染法案，从源头减少或消除污染物就成为了国家政策。

防止污染法案推动了绿色化学的发展。第0章介绍了绿色化学。

练一练 1.9   防止的逻辑

在门口脱掉沾满泥的鞋，而不是事后清洗地毯。列出三个"常识"实例，说明与其事后清理不如事先防止空气污染。

提示：重看想一想"空气中的印记"。

美国空气污染物的下降幅度非常显著（图1.8）。一部分改进是通过法律和法规实现的，就像前面刚刚提到的那样，另有一些来自于地区的决定。例如，一个社区兴建了新的公共交通系统，或者一个产业安装了更现代化的设备。还有一些是由于化学家的智慧，特别是一系列"绿色化学"实践。在本书中，通过绿色化学图表可以找到绿色化学的实例。

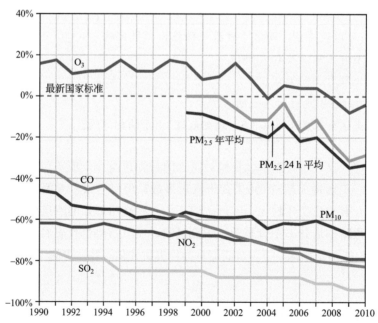

图 1.8 美国平均污染物水平与国家环境空气质量标准的比较（1990—2010）

资料来源：EPA

本教材采用的绿色化学实例包括著名的美国总统绿色化学奖部分得主的获奖工作。

然而，图1.8中的累计数据会掩盖一些地方的人们仍在呼吸不清洁空气的事实。尽管总体上空气质量在改进，但某些大城市的人们仍在呼吸着含有不健康水平污染物的空气，参见表1.3。

表1.3 美国部分主要城市的空气质量数据

城市	不良空气的天数[①]/年	
	O$_3$	PM$_{2.5}$
波士顿	0	8
芝加哥	10	0
克利夫兰	10	1
休斯敦	21	0
洛杉矶	43	0
菲尼克斯	11	4
匹兹堡	14	1
萨克拉曼多	35	13
西雅图	2	0
华盛顿	21	2

① 污染物AQI超过100的天数；五年平均值（2006—2010）。
资料来源：EPA, Air Trends: Air Quality Index Information.

西雅图经常下雨，因此污染天数极少。1.12节描述了天气与烟雾形成之间的联系。

表1.4 空气质量指标（AQI）水平

AQI所处范围	空气条件	颜色标识
0～50	良好	绿
51～100	中等	黄
101～150	敏感人群不宜	橙
151～200	健康不宜	红
201～300	非常不宜	紫
301～500	有害	褐

资料来源：EPA。

标记"健康不宜"正如其本意。如前所述，空气污染物是造成生物伤害的元凶。为帮助你尽快评估危害程度，美国环保署建立了一套用颜色表示的空气质量指标（AQI），如表1.4所示。指标范围1~500，其中，污染物的国家标准是100。绿色和黄色（≤100）表示良好和中等质量；橙色表示对某些特定人群不宜；而红色、紫色、褐色则表示对所有人空气都是不健康的。

一些报纸只提供总体空气质量报告。例如，城市的空气质量"中"。这可能表示只有一项污染物达到中等水平，也可能表示所有污染物都达到中等水平。有时报告使用数字表示而不是总体概述。例如，存在两种污染物，一个数值是85，另一个数值是91，因此当天的数值报告为91。

不过，越来越多的大城市开始分开报道每一种污染物。这非常有帮助，因为你将怎样行动取决于有何种污染物。例如，图1.9列出了亚利桑那州菲尼克斯市冬季某个晴天的空气质量预报，包括一氧化碳、臭氧和颗粒物。主要污染物$PM_{2.5}$来自于木材燃烧产生的烟雾。因此人们被建议"限制或避免户外运动，如慢跑或骑自行车等"。

预报 日期 空气污染	昨天 12/24/2011 星期六 AQI数据/地点	今天 12/25/2011 星期天	明天 12/26/2011 星期一	后天 12/27/2011 星期二
O_3	30 蓝点	32 良好	30 良好	32 良好
CO	22 南凤凰城和 西凤凰城	32 良好	20 良好	15 良好
PM_{10}	60 西凤凰城	52 中等	46 良好	35 良好
$PM_{2.5}$	141 南凤凰城	156 健康不宜	85 中等	42 良好

图1.9　菲尼克斯的空气质量预报，时间为2011年12月25日（参考表1.4中的颜色代码）

资料来源：Arizona Department of Environmental Quality

1.5　我们生活的地方：对流层

如前所述，大气的组成随地点不同略有变化。按照质量，75%的空气位于对流层（troposphere），这是大气近邻地表的最下层。我们就生活在其中。Tropos在希腊语中意为"旋转"或"变化"。对流层有气流和湍流风暴，使空气旋转并混合。

对流层的高度随季节和地点不同而不同。高度从赤道的12英里（20 km）到极地的4英里（6 km）不等。

对流层中的飓风清晰地表明了希腊语tropos（＝旋转或变化）的含义。

对流层的暖空气通常位于地面，因为太阳首先使地面升温，后者再使位于其上面的空气升温。越高空气越冷，你去高海拔地区时会观察到这种现象。但是，当冷空气被暖空气包裹时就会出现空气反转。空气污染物可在反转层聚集，特别是当一段时间内反转层保持稳定的时候。这种情况经常出现在周围被群山环绕的城市，例如盐湖城（图1.10）。

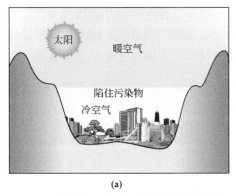

图 1.10　(a) 空气反转陷住污染物；(b) 犹他州盐湖城的空气反转陷住了空气中的烟雾层

空气污染物也许最好被称为"人烟"。一百年前，全世界只有20亿人口。而现在已经超过70亿，其中多数生活在城市。人口的增长伴随着资源消耗和废物产生的大幅度增加。我们贮藏在大气中的废物就是空气污染。

空气污染为我们提供了第一个用于讨论**可持续性**的情境。可持续性是本书的核心主题。正如在第0章所说的，我们需要作出决定，不仅关注今天的收益，也要关注未来的需求。因此，避免产生可能影响我们健康和幸福的污染物是合情合理的。听上去耳熟吗？这就是1990年防止污染法案的逻辑，立法机构呼吁：与其减少接触污染，不如防止污染。

防止污染法案推动了**绿色化学**的发展。绿色化学是用于指导化学领域里所有人的一整套理念，包括教师和学生。绿色化学是"良性设计"，它呼吁设计能减少或消除使用和产生有害污染物的化学产品或化学方法。目标是消耗更少的能量、产生更少的废物、使用更少的资源、利用可再生资源。绿色化学是实现可持续性的工具，而不是目标。

绿色化学的核心理念列于本书的封二。

创新的"绿色"化学方法已降低或消除了化学工业过程使用或产生的有毒物质。例如，现在已经有更便宜且更节约的方法生产布洛芬、杀虫剂、抛弃型尿不湿和隐形眼镜。已经有新的干洗方法和可循环利用的集成电路硅基晶片。研发这些方法的化学家和化学工程师已经获得了总统绿色化学奖。从1995年开始，这项总统奖用于表彰对减少世界污染作出创新贡献的化学家。从1996年起，在"化学不是问题，而是问题的答案"主题下设立五个奖项。

绿色化学奖授予五个领域：绿色合成途径、绿色反应条件、绿色化合物设计、小企业和学术。

想一想 1.10　绿色化学

回顾绿色化学的两个理念："节能"；"与其在废物形成后进行治理或清理，不如防止废物生成。"

a.　为什么要节能？举两个实例说明能量使用与空气污染产生之间的联系。

b.　选择一种空气污染物。举两个例子说明防止污染物产生比从空气中清除污染物更行得通。

底线：没有人想要污染的空气。它会令你生病、降低生活品质，甚至可能导致死亡。但问题是很多人已经适应呼吸污染的空气，以至于没有注意到污染。回想一下第0章提到的**转移底线**这个概念。目前，烟雾如此普遍，以至于我们已经忘记天气晴朗的日子，而我们曾经认

为将一直看到这样的晴朗天空。眼部刺痛和呼吸道不适已经如此普遍，以至于我们已经忘记从前不是这样。我们已经习惯生活在一千万以上人口的**大城市**中，如东京、纽约、墨西哥城和孟买。在人口稠密地区，木材燃烧产生的烟雾、汽车尾气、工业排放常常产生污染物，它们在超大城市的对流层中富集。

显然，我们有问题了！你的化学知识可以帮助你做出更好的选择来应对这些问题。无论是个人还是团体。下两节将帮助你掌握一些化学基本名词。然后我们将用这些名词来更详细地了解空气污染问题。

1.6　物质分类：纯物质、元素和化合物

在描述空气和空气质量时，我们已经用过几个化学名词。例如，在1.1节里指出氮、氧、氩和水气是组成大气主要成分的4种纯物质。我们给出了一些低浓度污染物的名称：臭氧、二氧化硫、一氧化碳和二氧化氮，同时也包括化学式：O_3、SO_2、CO 和 NO_2。还提到原子和分子。例如，空气是由不同分子（以及少量原子）组成的混合物。本节将进一步介绍原子和化合物。在下一节，将集中于这些元素和化合物所包含的原子和分子。

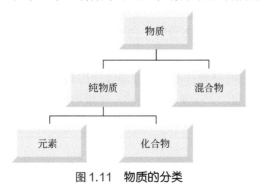

图1.11　物质的分类

物质由元素和化合物组成，同种元素组成的纯物质称为单质（译者补充）。如图1.11所示。元素是指构成各种化合物的一百多种物质中的一种（译注：截至2016年12月，IUPAC共命名了118种元素）。正如即将看到的那样，单质只含有一种原子。氮（N_2）、氧（O_2）和氩（Ar）都是单质的实例。臭氧（O_3）也是单质，它是氧的另一种形式。相比之下，化合物是由两种或两种以上不同元素以某一特定组合形成的纯物质。化合物中有两种或两种以上不同种类的原子。例如，水（H_2O）是氢和氧的化合物，同样，二氧化碳（CO_2）是碳和氧的化合物。

地球上大约有90种天然元素，且就我们所知，它们也存在于地外宇宙之中。其余元素则是通过核反应利用现有元素制造出来的。钚（Pu）是最广为人知的人造元素，不过在自然界钚的确有痕量存在。常温常压（译注：常压为译者补加）下，大多数元素以固体形式存在；氮、氧、氩以及其他8种元素是气体；只有溴和汞是液体。

钚可用于核反应堆或核武器。第7章将进一步介绍。

化学符号是元素的单字母或双字母缩写。这些符号根据国际协议制订而成，在全世界范围内广为使用。某些符号的含义对于讲英语或相关语言的人们来说是非常明显的。例如，氧（oxygen）为O，氮（nitrogen）为N，碳（carbon）为C，硫（sulfur）为S，Ni为镍（nickel）。其他一些符号来自其他语言。如，Fe为铁（iron），Pb为铅（lead），Au为金（gold），以及Hg为汞（mercury）。这些古人已知的金属都早已命名。它们的符号来源于拉丁名称，例如，ferrum表示铁，plumbum表示铅，aurum表示金，hydrargyrum表示汞。

化学符号也称元素符号。

元素的命名依据性质、行星、地点以及人物。氢（H）的含义是"成水"，因为氧（O_2）在氢（H_2）中燃烧会生成化合物水。镎（Np）和钚（Pu）是根据当时最新发现的两颗太阳系行星命名的。锫（Bk）和锎（Cf）是向首先发现这两个元素的研究小组所在的伯克利实验室表示敬意。鈇（Fl）和鉝（Lv）是新命名的元素，且都以发现它们的实验室命名。当时只得到了几个原子。

2006年，冥王星（译注：元素钚以冥王星命名）失去了太阳系九大行星之一的地位。

门捷列夫当然应该拥有以他自己命名的元素，因为目前最常用的元素排列方式就是在这位19世纪俄国化学家建立的周期体系基础上发展起来的。封三有一份门捷列夫手写稿的复印件，其中按照元素性质的相似关系有序排列各个元素。我们将在第2章进一步说明。

与门捷列夫同时，德国化学家迈尔（Lothar Meyer）也发展了一个周期表。

练一练 1.11   空气中的纯物质

a. 氢（0.54 ppm）、氦（5 ppm）和甲烷（17 ppm）是大气的成分，其中两种是单质，是哪两种？

b. 写出空气中的五种物质，并按单质和化合物分类。

c. 用百分比表示a中物质的浓度。

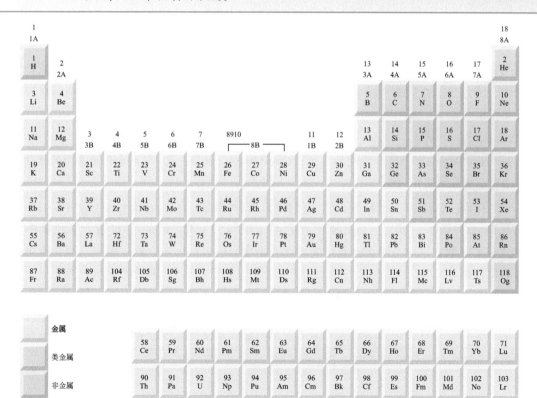

图1.12　简化版元素周期表，显示了金属、类金属和非金属的位置

资料来源：Raymond Chang, General Chemistry: The Essential Concepts, Third Edition.　Copyright 2003 McGraw-Hill Education, New York, NY.
国际纯粹与应用化学联合会（IUPAC）推荐使用1~18族的分类方法，然而该方法并未得到广泛使用。在本书中，我们使用美国标准的族名（1A~8A和1B~8B）。

图1.12是一个按照原子序数排列的简化版元素周期表，不过没有标出原子量。浅绿色代表**金属**，它们是具有金属光泽、导电、导热的元素，其中有人们熟悉的物质如铁、金和铜。较少的是**非金属**，它们不导电、不导热、没有共同的外观特征。这些元素用浅蓝色表示，包括硫、氯和氧。**类金属**只有8个元素，它们位于周期表中金属和非金属之间，很难清晰地归入金属或非金属元素。类金属用浅灰色表示。半导体硅和锗都是半金属的实例。

5.6节将讨论金属、非金属以及它们的离子。8.7节将解释什么是半导体。

元素按竖列称为**族**。元素从左向右按同族共性排列并编号。某些族还有名称，例如，**卤素**是7A族高化学活性的非金属元素，包括氟（F）、氯（Cl）、溴（Br）和碘（I）。同样，**惰性气体**是8A族极少参与化学反应的元素。前面已经提到过惰性气体氩是大气的成分之一。氦也是惰性气体，由于密度小于空气，可用于气球。氡是一种放射性惰性气体，这在8A元素中独一无二。

2016年，IUPAC命名了一种的新的惰性气体元素——氭（Og）——也具有放射性。

1.13节将会看到氡对室内空气的影响。第7章将介绍更多的放射性物质。

尽管只有一百多种元素，但已有超过2千万种化合物被分离、鉴定和定性了。其中，一些是非常熟悉的天然物种，如水、食盐、蔗糖。很多已知的化合物都是人工合成的。也许你想知道，那么少的元素怎样才能形成2千万种化合物。简单地讲，元素具有以多种不同方式进行组合的能力。

截至2017年6月，美国化学文摘社（CAS）的物质登录号已超过1.3亿个。

例如，二氧化碳是碳与氧的化合。按照质量，所有纯的二氧化碳总是含有27%的碳和73%的氧。因此，100 g的二氧化碳总是含有27 g碳和73 g氧，它们通过化学组合形成特定的化合物。无论二氧化碳的来源如何，这些数值都不会改变。这说明每一种化合物都有固定的特征化学组合。

一根曲别针重约1 g。

如果水中含有可溶性气体或矿物质，水就会有味道。在第5章中了解水作为溶剂的性质。你将会看到，水几乎没有"纯"的。

一氧化碳（CO）是另一种碳与氧的化合物。按照质量，纯的一氧化碳样品中有43%的碳和57%的氧。因此，100 g一氧化碳中含有43 g碳和57 g氧。因此，100 g一氧化碳中含有43 g碳和57 g氧，组成不同于一氧化碳。这并不令人吃惊，因为一氧化碳和二氧化碳是两个不同的化合物。

我们将会发现，每一种化合物都有自己的一组性质。如，水（H_2O）按质量含11%氢和89%氧。室温下，水是无色、无味的液体。在海平面高度，水在100 ℃沸腾，在零度结冰。所有的纯水样品都具有相同的性质。水由分子组成，分子这个名词我们已经遇到过多次。下一节将使你更自信地使用原子和分子这些名词。

1.7　原子和分子

我们刚刚给出的元素和化合物的定义对物质的性质未作任何假设。今天，已经确立了元素由原子组成。原子是能够稳定存在的、独立的元素最小单位。原子这个名词源自希腊语，意为"不可分割"。尽管今天我们知道，原子由更小的粒子组成，原子可以通过高能过程"分裂"。然而在化学和机械意义上，原子是不可分的。

原子极小，比任何我们肉眼看到的东西都小数十亿倍。由于体积很小，在任何我们能够看见、触摸或常规手段测量的样品中都包含数量巨大的原子。例如，在1滴水中你可以找到5×10^{21}个原子，大约相当于地球上70亿人口的1万亿倍，1滴水近乎相当于分给每个人1万亿个原子。

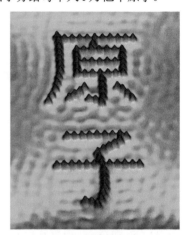

图1.13 利用扫描隧道显微镜获得的铜表面铁原子排列图像（图中为汉字"原子"）

如图1.13所示，近年来人们已经能够通过显微镜看到单个原子。IBM阿尔马登研究中心的科学家使用扫描隧道显微镜，将铁原子在铜的表面上排列起来，拼出汉字"原子"。纳米技术是指在原子和分子（纳米）尺度上进行工作：1 nm = 1×10^{-9} m。2.5亿个这样大小的字母可以铺满1根头发的横截面，相当于90000页中字母的个数。

运用原子概念，可以更好地解释单质和化合物。单质由同种原子组成。例如，单质碳只含有碳原子。相比之下，化合物由两种或两种以上元素的原子组成。例如，二氧化碳中有两类原子：碳和氧。同样，水由氢和氧两种原子组成。

但是我们需要谨慎地使用语言。二氧化碳中的碳和氧原子不是以原子形式存在的，而是通过碳、氧化合形成二氧化碳分子，即两种或两种以上的原子通过化学键按一定空间排布组合在一起。更为独特的是，两个氧原子（红）与一个碳原子（黑）形成一个二氧化碳分子。我们用化学式CO_2表示这个分子。类似地，水分子H_2O中有两个氢原子（白）和一个氧原子（红）。

水分子

二氧化碳分子

3.3节解释了为什么这两个分子的形状不同。

原子的颜色编码如下：

| 黑 | 红 | 黄 |
| 白 | 蓝 | 浅蓝 |

化学式是物质元素成分的符号表达形式。它既表示了元素，也显示了元素之间的个数比。如CO_2中，两种元素之比为一个碳原子比两个氧原子。类似地，水的化学式H_2O表明两个氢原子比一个氧原子。请注意，当某一原子在化学式中只有一个时，可忽略它的下标1。

单质也有化学式。某些单质以单原子形式存在，如氦或氡。我们将它们分别表示为He和Rn。其他单质以分子形式存在，如大气中的氮和氧分子表示为N_2和O_2，都是双原子分子，即每个分子中含有两个原子。以上表达形式清楚表明了二者的区别。

氧分子　　　　　　　氮分子　　　　　　氩原子

表1.5总结了元素、化合物和混合物的描述方式。它不仅列出了实验观察性质，也列出了用于解释发生在极小原子尺度上变化的理论。

表1.5 物质的分类

物质	实例	描 述	含 有
单质	O_2，氧 Ar，氩	尽管单质的存在形式或许不同，如O_2和O_3，但都是由单一元素组成 （译注：译者改写。原句为"不能分解成更简单的物质"，不成立）	一种元素
化合物	H_2O，水	具有固定组成，但可进一步分解为元素	两种或两种以上元素
混合物	空气	可分为两种或两种以上组分，其组成可变	多种原子、分子

我们现在把这些概念应用到空气这种混合物中去。它的某些组分，如氮、氧和氩为单质；而其他一些组分，如二氧化碳和水则是化合物。到目前为止，我们提到的化合物都以分子形式存在（例如CO_2和O_2）。但单质则没有那么简单。在对流层里，氮和氧基本上以双原子分子存在（N_2和O_2），而氩和氦则以单原子形式存在。

干燥空气主要由元素氮和氧组成，即N_2分子和O_2分子。若天气潮湿，空气中会增加一些以H_2O分子形式存在的水蒸气。干燥空气仅还有不到1%的Ar（氩）原子，以及微量的He（氦）、Xe（氙）和极少量的Rn（氡）。同时记住，还要加上二氧化碳的浓度，即400 ppm或在1×10^6个组成空气的分子和原子中有400个CO_2分子。这是2013年的数据。

怀疑派化学家 1.12　　草坪护理的化学

我们应当以批判的眼光看待新闻和广告的准确性。例如，某草坪护理服务广告肯定地讲某肥料是"一种由氮、磷、钾平衡组成的混合物。它们具有有机性质，由碳分子组成。这些肥料可以被生物降解并转化为水。"重写这段广告，修改其中的化学错误。

1.8　命名与化学式：化学的词汇

假如化学符号是化学的字母，那么化学式就是化学的单词。化学语言就像其他语言一样，也有拼写和语法规则。本节将帮助你用化学式和化学命名来"说化学"。你将会看到，每一个命名对应于一个化学式，但一个化学式可能对应于不止一个命名。而且，一些化合物有多个名称。

在本节，我们遵循必需原则，即你只需学习理解相关主题所需的命名法，而除非有必要，不必考虑其他命名规则。现在，你只需知道与空气有关的化合物的化学名称和化学式。我们只需完成这个任务。

5.7节介绍了离子化合物的命名规则。

我们已经命名了空气中的一些纯物质，包括一氧化碳、二氧化碳、二氧化硫、臭氧、水和二氧化氮。在上述化合物的名称中，既有系统命名也有俗名。

记住，臭氧（O_3）不是化合物。

化合物的系统命名遵循一套相当明确的规则。由两个非金属元素组成的化合物的命名原则如下：

（1）写出化学式中每个元素的名称，将第二个元素的后面加"化"（英文尾缀改为-ide）。例如，氧（oxygen）改为氧化（oxide），硫改为硫化（sulfide）。

（2）用前缀表示化学式中原子的个数（表1.6）。例如，di-表示二，二氧化碳（carbon dioxide）表示其中有一个碳和两个氧。

（3）如果化学式中第一个元素只有一个原子，可忽略前缀一（mono-）。例如，CO写为一氧化碳，而不是一氧化一碳。

（4）如果从化合物的名称写出化学式，记住化学式中不用下标1。因此，二氧化碳为CO_2，而不是C_1O_2。同样，一氧化碳为CO，不是C_1O_1。下面做些练习。

表1.6 用于命名化合物的前缀

前缀	含义	前缀	含义
一（mono）	一个	六（hexa-）	六个
二（di-或bi-）	两个	七（hepta-）	七个
三（tri-）	三个	八（octa-）	八个
四（tetra-）	四个	九（nona-）	九个
五（penta-）	五个	十（deca-）	十个

练一练 1.13　硫和氮的氧化物

a. 写出一氧化氮、二氧化氮、一氧化二氮和四氧化二氮的化学式。

b. 写出SO_2和SO_3的化学名称。

答案：a. NO、NO_2、N_2O和N_2O_4

注：NO和N_2O也可分别称为氧化氮和氧化亚氮。

某些命名（"俗名"）不遵循一定规则，水就是其中之一。也许你认为H_2O应该叫一氧化二氢。的确没错！但水的叫法远早于人们认识氢和氧。化学家很理性，没有重新命名水，而是像所有人一样，用俗名称呼这个每天饮用以及可以在其中游泳的东西。俗名不是推理出来的，你必须记住它们或查找到它们。

在下两节，我们将空气质量与燃料联系起来。遵循必需原则，这里还需要介绍几种烃类化合物的名称，即由碳和氢形成的化合物。烃类的命名与前面介绍的规则不同。

甲烷（CH_4）是最小的烃。其他较小的烃还有乙烷、丙烷和丁烷。尽管甲烷看上去不像系统命名，但如果你能接受用甲表示1个碳原子，那么它的确是。同样，乙代表2个碳原子，C_2H_6就是乙烷。丙代表3个碳原子，丁代表4个碳原子。因此丙烷为C_3H_8，丁烷为C_4H_{10}。就像一、二、三、四一样，甲、乙、丙、丁也用于计数。第4章将说明烷烃的定义以及化学式中碳和氢的数目关系。

烃类名称前缀：			
甲	1个C原子	丙	3个C原子
乙	2个C原子	丁	4个C原子

更多的烃类化合物参见4.4节。

这些新的前缀使用起来相当灵活，既可放在名称之前，也可放在中间。

练一练 1.14　　妈妈吃花生酱（mother eats peanut butter）

一代又一代的学生利用"mother eats peanut butter"来帮助记住meth-（甲）、eth-（乙）、prop-（丙）、but-（丁）。使用上述或其他你选择的辅助记忆手段说出下列化合物中碳原子的个数。

　　a. 乙醇（汽油添加剂）

　　b. 二氯甲烷（脱漆剂成分，有时是室内污染物）

　　c. 丙烷（液化石油气主要成分）

　　答案：b. 亚甲基（methylene）中的甲（methyl）说明化学式中只有1个C原子。

随后将会看到，烃类分子中的碳原子可以超过50个！较小的烃类分子命名，可用表1.6中的前缀。例如，辛烷含8个碳原子。

这是到目前为止的化学命名和化学式。下一节将开始学习使用化学词汇。

1.9　化学变化：氧在燃烧中的作用

地球生命贴着氧的标签。大气、人体以及岩石和土壤中都有含氧化合物。为什么？答案是很多元素都能与氧化合。其中之一就是碳。前面介绍过一氧化碳（CO），这是表1.2中列出的一种污染物。幸运的是，大气中的CO相当稀少。尽管二氧化碳（CO_2）更多，但也只有400 ppm。即便如此，这个浓度的CO_2仍然是重要的温室气体。本节将讲述CO_2和CO是如何被排放进入大气的。

大气的CO_2浓度正在上升，参见第3章。

你知道，人每次呼吸都会呼出CO_2。呼吸是大气中CO_2的天然来源之一。人类燃烧燃料时也会产生CO_2。燃烧过程是燃料与氧发生快速反应，同时以热和光的形式释放能量的过程。当含碳化合物燃烧时，碳与氧结合生成CO_2。当氧气量不足时，也会生成CO。

关于燃烧过程参见4.1节。

燃烧是**化学反应**的主要类型之一。化学反应是一个将某些被称为**反应物**的物质转化为另一些被称为**产物**的物质的过程。**化学方程式**是一种用化学式表示化学反应的方法。对学生而言，化学方程式也许更熟悉的叫法是"里面有个箭头的那个东西"。化学方程式是化学语言中的句子。它们由化学符号（相当于字母）构成，而后者又经常组合为化合物的化学式（化学的"单词"）。化学方程式就像句子一样传达有关化学变化的信息。但是，就像我们将会看到的，化学方程式也必须服从某些同样适用于数学方程式的限制性条件。

在最基本的水平上，化学方程式是对化学反应的定性描述：

$$反应物(s) \longrightarrow 产物(s)$$

根据定义，反应物总是写在左侧，而产物总是在右侧。箭头表示化学变化，读为"转变为"或"生成"。

图1.14中碳（焦炭）燃烧生成二氧化碳的反应可以表示为若干种方式。其中之一是用化学名称：

$$碳 + 氧 \longrightarrow 二氧化碳$$

图1.14 焦炭在空气中的燃烧

更常见的形式是用化学式：

$$C + O_2 \longrightarrow CO_2 \qquad [1.1]$$

这种紧凑的符号表达传达了大量的信息。方程1.1可以表达为："一个原子的碳与一个分子的氧反应生成一个分子的二氧化碳化合物"。若我们用黑球表示碳原子，用红球表示氧原子，有关的原子和分子可以表示为：

原子颜色的表示方法与分子模拟软件及其他模型软件包一致。

化学方程式与数学方程式相似，左侧原子的种类和个数必须等于右侧原子的种类和个数：

$$左侧：1\,C + 2\,O \longrightarrow 右侧：1\,C + 2\,O$$

在化学反应中，原子既不会产生也不会消失。尽管反应前后成键方式会改变，但原子不会变化。这就是**物质和质量守恒定律**。在化学反应中，物质和质量不变。消耗的反应物质量等于生成物的质量。

一个类比：建造一个仓库的建筑材料（反应物）可被拆下用于建造三座房子和一个车库（产物）。

再看一个例子。用黄球表示硫，就可以表示硫在氧气中燃烧生成空气污染物二氧化硫的过程。

$$S + O_2 \longrightarrow SO_2 \qquad [1.2]$$

方程已平衡：箭头两侧的原子类型和个数相等，但原子发生了重排。这就是化学反应的本质！

通过标出反应物和产物的物理态可以在化学方程式中加入更多的信息。固体用(s)表示，液体用(l)表示，气体用(g)表示。由于在常温常压下，碳和硫为固体，氧气、二氧化碳和二氧化硫为气体，因此，化学方程式1.1和式1.2变为：

$$C(s) + O_2(g) \longrightarrow CO_2(g)$$
$$S(s) + O_2(g) \longrightarrow SO_2(g)$$

当物理态的信息特别重要时，就要标出它们，但为简洁起见我们将忽略它们。

在一个正确配平的化学方程式中，一些东西必须相等，而其他则不必。表1.7做了一个总结。

表1.7 化学方程式的特征

总是恒定	可能变化
反应物中的原子 = 产物中的原子	反应物中的分子数可能不同于产物中的分子数
反应物中的原子数 = 产物中的原子数	反应物的物理态（s, l 或 g）可能不同于产物的物理态
反应物的质量 = 产物的质量	

化学方程式1.1描述了纯碳在充足氧气中的燃烧，但是情况并非总是如此。若氧气供给不足，产物中就会有CO。让我们假设在极端情况下，产物只有一氧化碳。

$$C + O_2 \longrightarrow CO \text{（未配平的方程式）}$$

这个化学方程式没有配平，因为方程式的左侧有两个氧原子，而右侧仅有一个。你可能试图通过在产物一侧简单加入一个氧原子配平这个方程式。一旦写出了反应物和产物的正确化学式，就不能改变它们。我们所能做的就是利用各化学式之前的整数系数（或者偶尔用分数系数）来配平方程式。对于这个简单的反应，可以通过简单的尝试法很容易地找到这个系数。如果我们在CO的左侧加一个2，即表示有两个一氧化碳分子，对应于两个碳原子和两个氧原子。在箭头的左侧也有两个氧原子，因此氧原子已经配平了。

$$C + O_2 \longrightarrow 2\,CO \text{（仍未配平）}$$

但是碳原子现在还没有配平。幸运的是，通过在C之前加一个2可以很容易地进行修正。

> 下标放在化学符号后面，例如O₂或CO₂。系数放在化学式前面，如2C或2CO。

$$2\,C + O_2 \longrightarrow 2\,CO \text{（配平的方程式）} \qquad [1.3]$$

比较化学方程式1.1和式1.3，可以明显看到，相对而言，生成CO_2比生成CO需要更多的O_2。这与我们提到过的一氧化碳形成条件相吻合，即氧气供应不足的时候。

当你得知空气污染物一氧化氮（又称氧化氮）的来源或许会很惊讶。它是由空气中的氮和氧反应形成的！在某些高温条件下，如汽车引擎或森林火灾中，这两种气体将会化合。

> 氮和氧都是双原子分子。

$$N_2 + O_2 \xrightarrow{\text{高温}} NO \text{（未配平的方程式）}$$

该方程式没有配平：左侧有两个氧原子，而右侧仅有一个。氮原子也是如此。在NO的左侧加一个2，就会有两个氮原子和两个氧原子，现在方程式配平了。

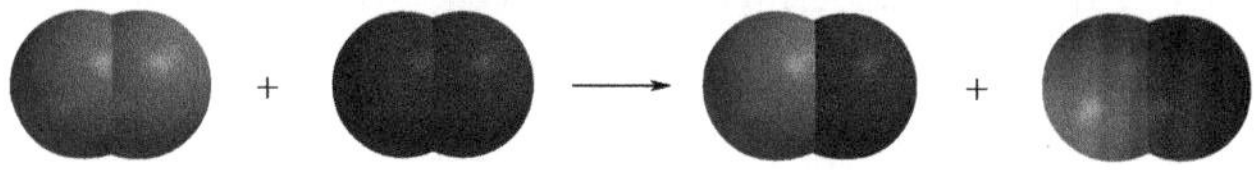

$$N_2 + O_2 \xrightarrow{\text{高温}} 2\,NO \text{（配平的方程式）} \hspace{2cm} [1.4]$$

练一练 1.15   化学方程式

配平下列方程式，并用类似于方程式1.4的彩球方程式表示。注意H_2O和NO_2分别以O和N作为中心原子。

a. $H_2 + O_2 \longrightarrow H_2O$

b. $N_2 + O_2 \longrightarrow NO_2$

注：H_2O和NO_2都是弯曲形分子，参见第3章。

答案：

a. 配平的方程式：$2\,H_2 + O_2 \longrightarrow 2\,H_2O$

想一想 1.16   祖母的办法

对于花园里令人讨厌的毛毛虫，祖母会提供如下办法："在树干上距地面一英尺高的地方钉一些铁钉，铁钉之间相距3~5 in。"按照祖母的解释，铁钉可以把树汁（一种含有碳、氢和氧原子的含糖物质）转变为氨（NH_3），而毛毛虫受不了氨这种物质。请评价祖母的化学的精确性（假设铁钉的确起作用，而不管她关于毛毛虫的解释）。

1.10 火与燃料：空气质量与烃类燃料

如前所述，烃类是碳和氢的化合物。我们今天使用的烃类物质主要从石油中提取。甲烷（CH_4）是最简单的烃，也是天然气的主要成分。汽油和煤油都是烃的混合物。

其他燃料的实例参见第4章。

如果氧气供应充足，烃燃料会完全烧掉。你或许听说过"完全燃烧"。原理上，烃分子中所有的碳原子都可与空气中的O_2分子化合形成CO_2。同样，所有氢原子与O_2形成H_2O。例如，甲烷完全燃烧的化学方程。这个方程式使你第一次看到为什么碳基燃料的燃烧会向大气释放二氧化碳。

$$CH_4 + O_2 \longrightarrow CO_2 + H_2O \text{（未配平的方程式）}$$

注意，O同时出现在两个产物之中，即 CO_2 和 H_2O。当配平这类方程式时，最简单的做法是从那些只在一种物质中存在的元素开始，此处就是C和H。若从C开始，我们注意到方程式对于C已经配平。现在，为配平H必须在 H_2O 的前面加一个2。

$$CH_4 + O_2 \longrightarrow CO_2 + 2\,H_2O \text{（仍未配平）}$$

最后配平O原子。方程式右侧现在有4个O原子，而左侧仅有2个O原子。我们通过在 O_2 前面加上2配平O原子的数目。

$$CH_4 + 2\,O_2 \longrightarrow CO_2 + 2\,H_2O \text{（配平的方程式）} \qquad [1.5]$$

化学方程式的一个好处是，你总是可以通过计算箭头两侧每一种原子的个数来检查它们是否配平。此处，方程已配平，因为每一侧都有1个C原子、4个H原子和4个O原子。

大多数汽车都使用被人们称为汽油的复杂烃类混合物作为燃料。辛烷是该混合物中的一种纯物质（C_8H_{18}）。若向汽车发动机提供充足的氧，则辛烷燃烧时生成二氧化碳和水。

$$2\,C_8H_{18} + 25\,O_2 \longrightarrow 16\,CO_2 + 18\,H_2O \qquad [1.6]$$

这两种产物从发动机经由排气管进入空气。肉眼能看见这些燃烧产物吗？通常不能。水汽和二氧化碳都是无色气体。但是如果你恰好在冬天的户外，水汽会凝结为水雾或微小冰晶，这样你才会看到。有时，冰冻的水汽被困在大气反转层会形成冰雾（图1.15）。

图1.15　阿拉斯加费尔班克斯的冬季冰雾

当供氧不足时，汽油的烃类混合物燃烧不完全（"不完全燃烧"），则会生成 CO_2、CO 和 H_2O。极端情况下，只生成 CO 和 H_2O。辛烷不完全燃烧的化学方程式如下：

$$2\,C_8H_{18} + 17\,O_2 \longrightarrow 16\,CO + 18\,H_2O \qquad [1.7]$$

比较方程式1.7中 O_2 的系数17和方程式1.6中 O_2 的系数25。不完全燃烧需要的氧气较少，因为CO的氧含量低于 CO_2。

练一练 1.17　配平方程式

通过计算箭头两侧每种原子的个数来证明化学方程式 1.6 和式 1.7 是配平的。

答案： 化学方程式 1.6 两侧各含有 16 个 C、36 个 H 和 50 个 O。

汽车汽油燃烧的混合产物到底是什么？这不是一个简单问题，因为产物随燃料类型、发动机以及工作条件变化。可以放心地说，汽油燃烧的主要产物是 H_2O 和 CO_2，但也会产生 CO 和烟灰。尾管排出的烟灰、CO 和 CO_2 的量反映了燃料燃烧的效率，进而反映了发动机的工作状况。美国部分地区用 CO 检测器监测汽车尾气（图 1.16），并将尾气中的 CO 浓度与法定标准进行比对，例如，明尼苏达的标准是 1.20%。如果 CO 排放超标，将被强制维修。

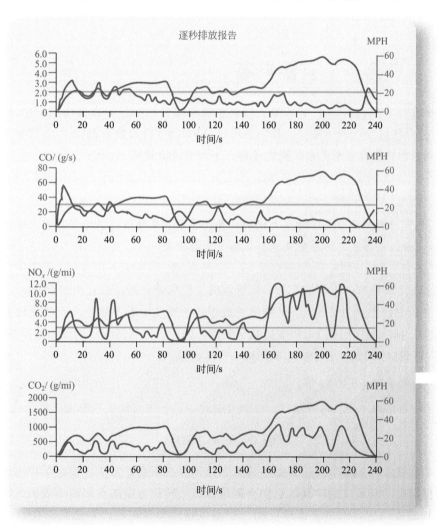

图 1.16　汽车尾气检测报告（蓝线代表车速，红线代表排放，绿线代表排放标准）

CO_2 排放还没有规定。参见第 3 章。

想一想 1.18　　汽车尾气检测报告

a. 图1.16报告了NO_x的每英里排放克数。NO_x是氮的氧化物的统称。对于$x=1$和$x=2$，请分别写出相应的化学式并给出名称。

b. NO是尾气中的初级氮氧化物。这个化合物是如何产生的？

提示：参考方程1.4。

c. CO_2的检测图中没有绿线，而其他化合物都有。请简要说明原因。

答案：

a. NO，一氧化氮；NO_2，二氧化氮。

b. 在该监测进行的年份，CO_2尚未被列入污染气体。因此图中没有绿线。

1.11　空气污染：直接来源

本节将介绍空气污染的两个来源：汽车和烧煤的电厂。它们直接排放SO_2、CO、NO和PM，我们将再次讨论这些污染物。我们也将讨论VOCs（挥发性有机物），尽管它本身不是污染物，但却与污染物有紧密关系。我们还将在下一节讨论臭氧。

练一练 1.19　　汽车尾气

汽车尾气中有哪些物质？请列表说明，并在学习本节的过程中逐步完善这张表。

提示：进入发动机的部分空气也会从排气管排出来。

二氧化硫排放也与电厂烧煤有关。尽管煤的主要成分是碳，但它也含有1%～3%的硫以及少量矿物质。硫燃烧生成SO_2，矿物质变成细小的粉尘。若不除去，二氧化硫和颗粒物将直接上升进入烟囱。由于美国每年烧掉数亿吨煤，因此数以百万吨计的废物被排放到空气中。在第6章将看到SO_2可溶于云中的水滴形成酸雨落回地面。

煤和煤的化学组成参见4.3节。

故事还没有结束。一旦进入空气，二氧化硫可以进一步与氧反应形成三氧化硫（SO_3）。

$$2\ SO_2 + O_2 \longrightarrow 2\ SO_3 \qquad [1.8]$$

尽管通常非常缓慢，但这个反应在微小粉尘颗粒物存在下会非常快。粉尘颗粒物也有助于另外一个过程发生。若湿度足够高，它们会促进水蒸气转化为由微小水滴形成的气溶胶。**气溶胶**由颗粒物组成，既可以是液体颗粒物，也可以是固体颗粒物，它们悬浮在空气中而不沉降。来自营火或香烟的烟雾就是一种熟悉的气溶胶，它由微小的固体或液体颗粒组成。

在这里，我们感兴趣的是一种由微小的硫酸（H_2SO_4）颗粒形成的气溶胶。它的形成是由于三氧化硫易溶于水滴形成硫酸。

$$SO_3 + H_2O \longrightarrow H_2SO_4 \qquad [1.9]$$

6.12节将介绍硫酸气溶胶如何形成烟雾。

若呼入这种气溶胶，由于它们很小，易于被肺部组织吸收，因此将造成严重伤害。

有好消息吗？在美国，二氧化硫的排放正在下降（图1.8）。例如，1985年，煤的燃烧排放接近2000万吨SO_2。而今天，这个数值下降到900万吨。这一下降明显可归功于1970年的**清洁空气法案**，该法案要求烧煤的电厂减少排放。在1990年的**清洁空气法案**修正案以及防止污染法案里制定了更严格的规定。例如，汽油和柴油中都曾含有少量的硫，但允许的含量分别于1993年和2006年大幅度降低。不过，持续的进步并非没有成本。让老旧污染的小电厂清洁起来一点也不便宜，而允许它们继续排放又会让人民健康和生态环境付出代价。

练一练 1.20 采矿业的二氧化硫

烧煤不是二氧化硫的唯一来源。正如你在前面**练一练1.8**里看到的，矿石熔炼生产金属的过程是另外一个来源。例如，金属银和铜可以从它们的硫化物矿石生产。请写出配平的反应方程式。

a. 硫化银（Ag_2S）与氧气一起加热生产银和二氧化硫。

b. 硫化铜（CuS）与氧气一起加热生产铜和二氧化硫。

答案：a. $Ag_2S + O_2 \longrightarrow 2\,Ag + SO_2$

由于拥有超过2.5亿辆汽车（人口超过3亿），美国的人均汽车拥有量超过任何国家。所有这些汽车的排气管都排放二氧化硫吗？幸运的是，回答是否定的，因为大多数小汽车都使用汽油内燃机。我们已经讨论过汽油中辛烷燃烧生成二氧化碳和水气的反应（方程式1.6），以上二者都由排气管排放。由于汽油含有极少或不含硫，因此汽油燃烧很少或不产生二氧化硫。然而，排气管仍会喷出空气中的污染组分。无所不在的汽车会增加大气中一氧化碳、挥发性有机物、氮氧化物和颗粒物的浓度。

一氧化碳污染主要来自于汽车。请考虑所有车辆，而不要只考虑小汽车。其中包括重型卡车、SUV和3M（摩托车、小型摩托车、机动自行车），还有农用拖拉机、推土机和摩托艇。所有的汽油和柴油发动机的排气管都排放一氧化碳。

练一练 1.21 其他排气管

访问EPA网址上的"非公路用发动机、设备和车辆"（Nonroad Engines, Equipment, and Vehicles），并回答以下问题：

a. 文中提到拖拉机、推土机和船舶。请写出五种非公路用发动机驱动的机器或车辆。

b. 选一种你感兴趣的机器或车辆。如何降低它们的排放？降低排放的时间范围是多少？

尽管汽车的数量增加了，但是CO的排放却大幅度下降了。根据EPA在全美超过250个地点的监测，自1980年以来，CO浓度下降了约60%（图1.8）。如果不包含野火，今天的CO水平是过去30年里最低的。这个下降有几个因素，包括更好的发动机设计、能更好地调节油/气比的数控传感器以及一个最重要的因素，从20世纪70年代中期开始，所有的新车必须安装三元催化剂（图1.17）。三元催化剂通过催化CO燃烧得到CO_2降低尾气中的CO浓度。它也能催

化氮氧化物生成N_2和O_2降低NO_x的排放。一般来说，**催化剂**是一类参与化学反应、改变化学反应速率但自身不发生永久变化的化学物质。车载三元催化剂一般使用金属（例如铂）作为催化剂。

> 每年CO排放的10%来自野火。

汽车不仅以一氧化碳形式排放碳，也以未烧尽的烃类形式排放。因此促使我们来关注到VOCs，即挥发性有机化合物。**挥发性物质易转变为蒸气，即易于挥发**。汽油和指甲油清除剂都是挥发性的。当你洒出几滴时，它们会快速蒸发。当你刷清漆的时候，每次刷动你都会闻到挥发出来的化合物的气味。有机化合物总是含有碳，几乎总是含有氢，也可能有氧和氮。有机化合物包括烃类，如前面提到的甲烷和辛烷，还有在C、H以外含氧的化合物，比如醇和糖。

> 第4章将进一步介绍有机化合物。

因此，挥发性有机化合物（VOCs）是易于挥发的含碳化合物，它们的来源多样。例如，你在松林中能闻到天然VOCs。当然，排气管产生的VOCs则没有那么令人愉悦，因为它们是不完全燃烧的汽油分子或分子碎片。尾气中也有在发动机中未燃烧掉的氧气。1.12节将介绍VOCs与臭氧形成之间的联系。不过这里我们将讨论VOCs与NO_2形成之间的关联。

在**想一想1.18**中曾提到，一氧化氮和二氧化氮统称为NO_x。NO_2呈红棕色，形成特征的红棕色烟雾。回顾N_2和O_2化合生成无色NO气体的反应（方程1.4）。但NO_2是如何产生的呢？下面是一种可能方式：

$$2\,NO + O_2 \longrightarrow 2\,NO_2 \tag*{[1.10]}$$

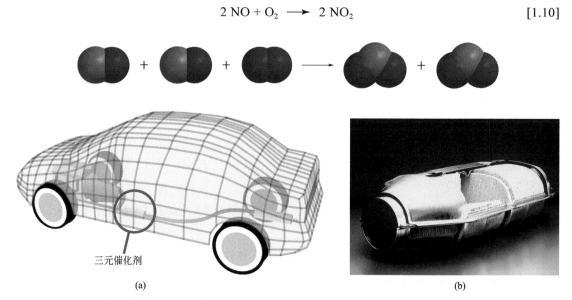

图 1.17　(a) 三元催化剂在汽车里的位置；(b) 三元催化剂的剖面图（在陶瓷颗粒表面覆盖有金属铂和铑）

但是，该反应不会在短时间内发生。事实上，NO_2的生成经历了一个更复杂的过程。下面是一个在易于出现NO的城市地区发生的反应。在一些城市，由于被车辆排放的NO消耗，该反应立即降低了沿高速公路的臭氧浓度。

$$NO + O_3 \longrightarrow NO_2 + O_2 \tag{1.11}$$

令问题更为复杂的是，在晴朗的天气里，部分NO_2返回到NO。在下一节将会看到，这是为什么人们称之为NO_x而不是NO或NO_2的原因。

从NO向NO_2的变化与空气中VOCs的分解有关。这时，一个新的参与者加入进来，这就是羟基自由基·OH。无论是否有污染，这个活泼物种都以微量存在与空气中。

$$VOC + \cdot OH \longrightarrow A$$
$$A + O_2 \longrightarrow A'$$
$$A' + NO \longrightarrow A'' + NO_2 \tag{1.12}$$

这里，A、A'和A''共代表由·OH和VOCs形成的反应分子。

·OH中的点代表一个未成对电子。在第2章还会遇到其他带有未成对电子的高反应活性物种。

还有完没完呢？大气化学非常复杂，涉及众多物种。你已经见过其中几个，如NO、NO_2、O_2、O_3、VOCs和·OH。

美国在限制NO_x排放方面只取得了有限的成功，因此，在下一节将会看到，这也意味着限制臭氧的有限成功。然而，由于车辆数量的增加，NO_x的任何下降都是令人印象深刻的。尽管汽车企业早先声称满足新的排放标准是不可能的（或太费钱了），但汽车企业还是通过改进催化剂、发动机和汽油配方限制了排放。

想一想 1.22　　**忘掉路怒**

汽油消耗越少，尾气排放就越少。哪一种驾驶方式更省油？哪一种方式更耗油？思考一下摩托车手在高速公路、城市街道和停车场的行为。对每一种情况列出至少3种更省油的方式。

提示：思考如何加速、滑行、挂空挡、刹车和停车。

答案：可以考虑停车。例如，如果你健康状况良好，你可以停的稍远一点然后走过去，而不是四处寻找一个更近的停车地点。将车停在你可以直接开走的地方。这样你在离开时就不需要倒车和转弯，从而达到省油的目的。

第8章介绍了非汽油动力车辆。

颗粒物的大小不一，但只有微小颗粒（PM_{10}和$PM_{2.5}$）属于污染物。这种大小的颗粒能深入肺部，进入血液，刺激心血管系统。美国分别于1990年和1999年开始收集PM_{10}和$PM_{2.5}$的数据（见图1.8）。2006年，$PM_{2.5}$的日空气质量标准从65 μg/m³下降到35 μg/m³，因为这些颗粒物被证明比原先预想的更具危害。

2012年国家癌症研究所的研究显示，曝露在柴油烟雾中的矿工罹患癌症的风险上升。

颗粒物的来源较多。夏季，野火可将颗粒物浓度升高到有害水平。冬季，木柴炉子有相同的影响。在几乎任何地区的任何时间，卡车和公共汽车上的老式柴油机不断冒出黑烟。拖拉机也是如此。在建筑工地上，矿山和未铺的路面会产生灰尘。颗粒物也可以在大气中形成。

例如，农业用的氨，可在空气中形成硫酸铵和硝酸铵，它们都是$PM_{2.5}$。

氨（NH_3）是一种具有刺激性气味的无色气体。氨冷凝为液体后施放于土壤作为化肥。第6章将介绍氨。

在所有这些污染中，颗粒物是最难控制的一种。尽管这样，据2010年EPA报告，从2000年到2010年，年均$PM_{2.5}$浓度下降了27%。不过，仍然有10%的监测点显示颗粒物污染上升。再重复一遍，你呼吸的空气质量如何取决于你住在什么地方。

想一想 1.23　　呼吸你周边的颗粒物一次

这是一张2011年10月8日的美国大陆$PM_{2.5}$数据图。

a. 按照空气质量，图中的绿色、黄色、橙色分别表示什么？

b. 哪一类人群对颗粒物最敏感？

c. 访问美国肺脏联合会的网址State of the Air（各州空气）。你所在的州每年有多少天颗粒物污染的"橙色天气"？多少"红色天气"？二者有何差别？

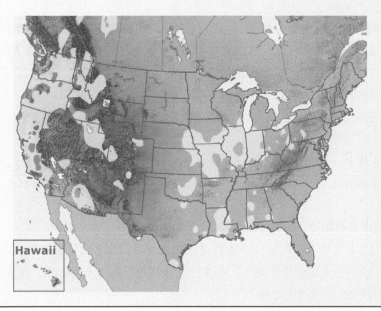

资料来源：AIRNow.gov.

1.12　臭氧：次级污染物

臭氧肯定是对流层中的不利因素。即使分子浓度较低，在户外锻炼期间，臭氧可以降低人的肺功能。臭氧影响植物的生长，伤害树木的树叶。但是，臭氧并非来自于汽车排气管或在烧煤发电时产生。那么臭氧是怎样产生的呢？在我们继续之前，请做**练一练 1.24**里的问题。

今天，背景对流层的臭氧水平约为40 ppb。在工业化之前，臭氧水平约为10 ppb。

练一练 1.24 臭氧在一天内的变化

如图1.18所示，臭氧浓度在一天内随时间变化。

a. 哪个城市附近的空气对一个或多个人群有害？

提示：回顾AQI色度（表1.4）。

b. 什么时间臭氧水平达到峰值？

c. 日落以后臭氧能维持中等水平（黄色）吗？假设 6 am 日出，8 pm 日落。

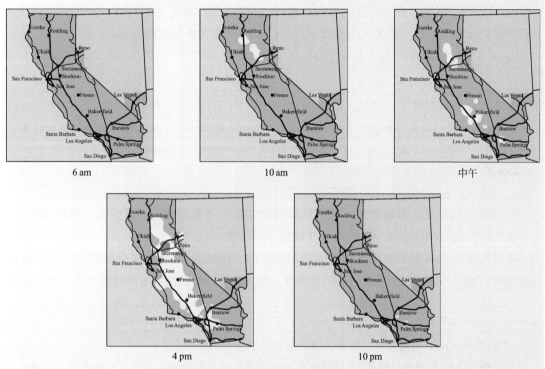

图1.18 2006年7月，加利福尼亚夏季某天臭氧污染的空气质量指标（AQI）图（AQI色度参见表1.4）

答案：c. 没有阳光的时候，臭氧水平不能维持长久。日落后，臭氧水平下降。

前面的练习题提出若干问题。为什么某些地区臭氧比其他地区更多？阳光在臭氧形成的过程中起到了什么作用？我们下面来回答这些问题。

与1.11节介绍的污染物不同，臭氧是**次级污染物**。它是由一个或多个污染物的化学反应产生的。对于臭氧而言，它来自VOCs和NO_2。回想1.11节，直接从排气管或烟囱出来的是NO，而不是NO_2。但在有VOCs和·OH的情况下，随着时间的推移，大气中的NO转化为NO_2。

回顾1.11节，·OH是羟基自由基。

大气中的二氧化氮有几种反应路径。我们最感兴趣的一个出现在太阳当空的时候。阳光提供了打断NO_2分子一根键的能量：

$$NO_2 \xrightarrow{\text{阳光}} NO + O \qquad\qquad [1.13]$$

得到的氧原子随后与氧分子反应生成臭氧。

$$O + O_2 \longrightarrow O_3 \qquad\qquad [1.14]$$

这解释了臭氧形成为何需要阳光。阳光打开NO_2释放O原子，O原子与O_2反应生成O_3。因此，一旦太阳落下，臭氧浓度迅速下降，如图1.18所示。臭氧到底发生了什么？在仅仅几个小时时间里，臭氧分子与很多东西发生了反应，包括动物和植物的组织。

注意方程1.14中含有三种不同形式的氧：O、O_2和O_3。所有这三种形式在自然界都存在，但O_2是反应性最低的，也是目前为止最丰富的，大约占空气体积的1/5。大气平流层中天然含有微量保护型臭氧。在上层大气也存在氧原子，它的反应性甚至比臭氧还高。

"好"臭氧在平流层，"坏"臭氧在对流层。

想一想 1.25 O_3 的总结

总结你所学到的关于臭氧形成过程的知识，按先后顺序排列下列各项，并相互联系起来：O，O_2，O_3，VOCs，·OH，NO，NO_2。你可以随意安排各化合物出现的次数。也可以在需要时加入阳光。

由于阳光与臭氧的形成有关，地面臭氧的浓度随季节和纬度不同而变化。高浓度的臭氧更可能出现在连日晴朗的夏天，特别是在拥挤的城市里。

停滞的空气也有利于空气污染物的蓄积。例如，回顾表1.3中不同城市的空气质量数据。臭氧通常是拥有明媚夏天的城市污染的肇事者。相比之下，经常刮风下雨的城市臭氧水平较低。

练一练 1.26   臭氧与你

EPA的AIRNow网站提供了有关美国地面臭氧水平的大量信息。

a. 假设臭氧水平为"橙色"，这实际上是许多美国城市夏季的常见情况。如果你身体健康，经常进行户外锻炼，这种空气质量是否对你有影响？

b. 仍然假设你积极参加户外活动。你所在州的空气质量与其他州相比如何？

加拿大也发布了每日臭氧地图（图1.19）。某些加拿大的空气污染来自美国，从俄亥俄、宾夕法尼亚和纽约的人口稠密中心向东北吹过去。污染没有国界！

这是"公地悲剧"的一个实例。这类悲剧发生于当资源为所有人共有共用，但却无人对它负责的时候。结果，由于过度使用，资源被耗尽，最终令所用使用这项资源的人遭受损失。例如，个人不能声称拥有空气，它属于所有人。如果废物被排入空气，会导致所有人处于不健康状态。没有或几乎没有影响空气的个人仍要承担与污染制造者相同的结果，成本共担。在随后各章，我们将看到其他公地悲剧的实例，它们与水、能源和食物有关。

加莱特·哈丁（Garrett Hardin）首先提出"公地悲剧"这个说法。在他1968年发表的一篇论文中，他指出个人使用公共资源将有可能摧毁资源，最终导致无资源可用。

空气污染，曾经是一个地方性问题，现在已经成为国际问题。世界上很多城市的臭氧水平较高。汽车加上阳光的城市，很可能具有不能接受的臭氧水平。其中一些城市更糟。由于天气较冷且有雾,伦敦的臭氧水平并不高。相比之下,臭氧在墨西哥城成为严重问题。

臭氧损害橡胶,引起汽车轮胎老化。是否应当把车停在车库里以减少可能的轮胎损失呢?更进一步讲,当户外的臭氧水平危害健康时是否应该留在室内呢?下一节将谈谈室内空气质量。

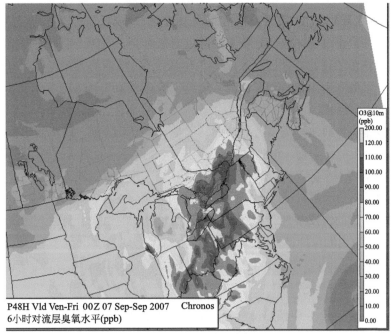

图 1.19　2007年9月7日的对流层臭氧地图
资料来源: Environment Canada

1.13　室内空气质量的情况

在《奥兹国的巫师》(《绿野仙踪》)里,多萝西抱住她的小狗托托叫到:"世上没有一个地方像家一样!"她当然是对的,但是当面对空气质量的时候,家并不总是最好的地方。室内空气污染物的水平可能高于户外。由于大多数人在室内睡觉、工作、学习和做游戏,因此需要了解一下我们称之为家的地方的空气。

室内空气可有上千种低浓度物质。如果身处一个有人吸烟的房间里,还会再增加上千种。室内空气里有一些我们熟悉的坏蛋:VOCs、NO、NO_2、SO_2、CO、O_3和PM。这些污染物既可能是外面的空气带进来的,也可能就是在室内产生的。

某些复印机和空气清新剂产生臭氧,使室内臭氧水平上升。

让我们从上一节的问题开始。你是否应该进入室内以避开外面的臭氧?一般来说,如果污染物反应性高,它就很难维持到被传入室内。因此,高反应性分子O_3、NO_2和SO_2在室内的水平较低。的确如此,室内空气的臭氧浓度一般比户外空气低10%～30%。同样,室内二氧化硫和二氧化氮的水平也比较低,虽然下降幅度没有O_3那么大。

CO 却是另外一件事。由于反应性较低，CO 在大气中的寿命长到足以自由穿过建筑物的门、窗和通风系统。某些 VOCs 也一样，但一些高反应性的 VOCs 则不同，例如松林气味分子。如果想呼吸黄松树皮散发出的香味挥发性化合物，最好还是去树林附近。

黄松树皮散发出具有奶油糖果味的化合物。

某些污染物可被建筑物加热或制冷系统的过滤器捕获。例如，很多空调系统都装有能除去较大颗粒物和花粉的过滤器。因此，那些患有季节性过敏症的人可以躲到室内。同样，野火附近的居民可以躲入室内避开刺鼻的烟雾颗粒。但是，像 O_3、CO、NO_2 和 SO_2 等不能被多数通风系统的过滤器拦截。

今天，很多建筑物的建设需要考虑节能。这是一项双赢措施，既降低了供暖费用，也减少了供暖过程中产生的污染物。但也有负面作用，气密性过好的建筑阻碍了新鲜空气的进入，导致室内空气污染物水平的上升。因此，最初本来是一件好事（较高的能效）却可能带来较高风险（升高的污染物水平）。某些情况下，糟糕的通风会使得室内污染物达到有害水平，成为"大楼病综合征"的诱发条件。显然这不是我们想得到的结果。目前，建筑师和建筑商正在寻找既能提高能效也能保持良好通风的办法。

大楼病综合征有多种诱因，其中多数与空气质量有关。不良空气既可能来自建筑内部，也可能来自外部，或二者兼而有之。

即使通风良好，室内活动也可影响空气质量。例如，烟草的烟雾就是一种严重的室内空气污染物，其中包含一千多种化学物质。尼古丁是其中比较知名的一种，其他还有苯和甲醛。总体而言，烟草烟雾是一种致癌物，可能诱发癌症。

含碳燃料的燃烧也会产生一氧化碳和氮氧化物。例如，酒吧里吸烟产生的一氧化碳浓度可达 50 ppm，已达不健康范围。吸烟时，NO_2 浓度可超过 50 ppb。所幸，吸烟者通过过滤嘴而不是直接吸入香烟烟雾。

练一练 1.27 室内雪茄聚会

2007 年，一群学生研究者参加了一个在纽约时代广场举办的雪茄聚会暨展览会。他们携带隐藏的检测器，测得大厅内的颗粒物浓度为 1193 mg/m³。

a. 新闻里没有提到颗粒物到底是 $PM_{2.5}$ 还是 PM_{10}。不管是哪一种，该数值是否已经超出美国空气质量标准？

提示：参考表1.2。

b. 假设学生测量的是 $PM_{2.5}$，那么对健康意味着什么？

点燃蜡烛可以柔化照明或烘托气氛。然而，蜡烛会消耗室内的氧气，同时产生烟灰、一氧化碳和 VOCs。同样，人们有时也会由于某种原因在家里点燃香料或烧香。大气科学家斯提芬·韦伯（Stephen Weber），一位研究欧洲教堂燃烧香料的研究人员，发现"香料和蜡烛烟雾中的污染物比汽车尾气中的颗粒物危害更大。"

蜡烛或香料燃烧产生烟雾的速度比通风系统或开窗通风除去烟雾的速度更快。下面的练习将使你进一步了解室内污染的来源。

练一练 1.28　室内活动

说出10种可在室内产生VOCs的活动。为帮助你起步，图1.20中给出了两种。请记住，某些污染物没有可觉察的气味。

图1.20　造成室内空气污染的活动

如图1.20所示，涂料（油漆和清漆）是VOCs的来源。刷漆时，鼻子会提醒你这一点，而且你还可能感到头痛。尽管单位体积的油漆释放的VOCs在数量上有很大差别，但油基涂料和清漆一定比水基涂料更高。检查一下油漆桶上印的VOCs排放值。范围从低VOC涂料的零到某些户外用油漆的每升超过600 g VOCs不等。如果能找到每升少于350 g VOCs的油漆，你应该感到幸运。

今天的消费者可以买到无毒无味的高质量油漆。例如，看一下图1.21中油漆的标签。这种"零VOCs"水基涂料排放的VOCs每升不到5 g。该油漆获得"绿标"认证，表明它的VOCs排放低于每升50 g，同时也不含有毒金属，如铅、汞和镉。低或零VOC涂料在户外同等重要。在美国，建筑、桥梁和铁路使用的涂料曾每年释放超过700万磅VOCs。由于涂料配方的改进，2005年，这个数值已经下降到400万磅以下。

图1.21　优乐（Yolo）涂料的所有原料都是"零VOCs"

在解释如何从涂料中除去挥发性化合物之前，我们首先需要说明为什么最初涂料要加入它们。一些VOCs是涂料干燥时挥发的添加剂。例如，表1.8列出了两种防冻剂。防冻剂（"二醇类"）使生活在寒冷地区的人们不必担心贮存在地下室的涂料被反复冷冻和融化。防冻剂也使油漆可以在寒冷气候下使用，同时具有较长的"窗口时间"，使油漆不至于过快干燥。

表1.8　部分涂料释放的VOCs

类　　型	VOCs
二醇（防冻剂）	乙二醇
	丙二醇
成膜剂（乳胶）	2,2,3-三甲基-1,3-戊二醇单异丁酸酯（商品名：Texanol）
有害空气污染物（溶剂和防腐剂）	苯
	甲醛
	乙苯
	二氯甲烷
	氯乙烯

乳胶涂料使用的另一种添加剂是成膜剂。**成膜剂**是一种用于软化涂料中乳胶颗粒的化学物质，目的是使颗粒分散形成厚度均一的连续薄膜。归根结底，你希望涂料能刷匀！当涂料干燥硬化时，成膜剂挥发进入空气。每100 gal涂料一般加2~3 gal挥发性的成膜剂。简单算一下，美国每年排放超过1亿磅成膜剂，约为世界其他地区的3倍。

油基涂料当然含油。其中多数是植物油，如亚麻籽油。这些油脂与空气中的氧缓慢反应，随时间推移逐渐向空气释放各种挥发性化合物。油基涂料中还含有溶剂（稀料），当涂料干燥时，它们会挥发到空气中。

第11章将介绍植物中的油脂。

怀疑派化学家 1.29　清漆冒烟

一罐缎纹地板清漆上标记VOCs含量不超过450 g/L。一个消费者组织计算后得出，该清漆使用时每加仑释放不到4 lb VOCs。这个计算正确吗？

更严格的VOCs排放的政府规定已经促使涂料生产商研制新的乳胶涂料配方。2005年，阿彻丹尼尔斯米德兰公司（简称ADM公司）由于研发非挥发性成膜剂而获得美国总统绿色化学挑战奖。该公司研发的成膜剂与空气中的氧反应，使之与乳胶形成化学键。这样，成膜剂成为涂料层的一部分，而不是挥发进入大气。

这种新型成膜剂的另一个优点是它们用蔬菜油（可再生资源）生产，而不用石油（不可再生）。它们的生产过程更节能、产生废物更少，既环保又节约成本，且质量没有下降，蔬菜油配方的涂料达到或超过了传统涂料的性能。它们具有气味小、耐擦洗以及更好的遮蔽性能。这些环境、经济和社会效益代表了三重底线的复兴吗？这里再次强调，这是可持续性的核心。

如果你去过汽车美容店，你很有可能闻到过涂料中VOCs的气味。许多国家都实施了更严格的法律法规，促使生产商重新设计底漆和上光剂的配方。多数传统底漆都是由两种成分混合得到，保质期短。喷漆后需要在烘箱内消耗大量能量烘干。BASF公司研发了一种单组分底漆，可降低50%的VOCs排放，且可在阳光下或UV-A灯下快速干燥，为此BASF获得了2005

年的美国总统绿色化学挑战奖。这一产品大大减少了底漆的生产和干燥时间。同样，降低成本、减少废物排放、节能以及更高的效率等价于改进的三重底线。

UV-A灯是长波紫外灯，类似于烤灯。

练一练 1.30 把绿色带回家

回顾绿色化学六大核心理念，AMD公司研发的新型成膜剂满足了哪几条核心理念？BASF的新型底漆呢？请列表说明。

氡是一种惰性气体（8A族），也是室内空气污染的一个特殊来源。氡在自然界中丰度极低，通常不会引起问题。但在地下室、矿井和岩洞中可能达到有害水平。像所有惰性气体元素一样，氡无色、无臭、无味，化学性质惰性。但它具有放射性。氡是另一种放射性元素铀的衰变产物。由于铀在岩石中可达 4 ppm 的浓度，因此可以说氡无处不在。根据公寓楼的构造，含铀岩石产生的氡可能渗透进入地下室。氡可诱发肺癌，是仅次于烟草烟雾的第二大诱因。由于其他污染物的存在，很难精确评估氡的危险临界值。图 1.22 中的氡检测包可用于测量室内氡的浓度。

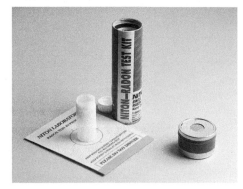

图 1.22 家用氡检测包

无论室内外，我们都需要呼吸健康的空气。每次呼吸，都会吸入大量的分子和原子。我们将回顾这些分子和原子。

第 7 章将介绍铀及其天然衰变系。

1.14 回到呼吸——在分子水平上

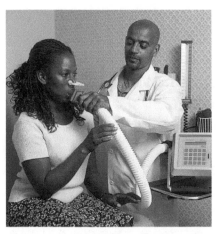

图 1.23 用于测量人体肺活量的肺活量计

空气质量标准允许的污染物最大浓度似乎很小（见表 1.2）。的确，9 ppm CO 是极微小的量！但即便如此，这种低浓度的 CO 也含有大量一氧化碳分子。这种看似矛盾的说法是因为分子的质量很小。回顾**练一练 1.1：呼吸一次**。若你是一个身材中等的健康成年人，你的肺活量大约是 5~6 L。当然，你不可能在每一次呼吸中都交换这么多体积的空气。当你读到这里的时候，你每次呼吸正在吸入大约 500 mL 空气，或者大约半夸脱空气。

可以借助于肺活量计精确测量你吸入和呼出空气的量（图 1.23）。测定这个体积中分子和原子的个数是一项更困难的任务，不过仍然可以做到。根据实验，我们知道一次典型的500 mL呼吸含有约2×10^{22}个分子，如N_2和O_2，还有少量Ar和不确定量的H_2O分子（湿度）。

应用上述分子和原子数目（2×10^{22}），我们现在就可以计算这次呼吸中CO分子的数量。我们假设这次呼吸含有2×10^{22}个分子，而空气中CO的浓度为9 ppm。因此，每一百万（1×10^6）个空气分子和原子中有9个CO分子。为计算一次呼吸中CO分子的数目，用CO分子的含量乘以空气分子的总数。

$$\text{CO分子数} = 2\times10^{22}\text{个空气分子和原子}\times\frac{9\text{个CO分子}}{1\times10^6\text{个空气分子和原子}}$$

$$= \frac{2\times9\times10^{22}}{1\times10^6}\text{个CO分子}$$

$$= \frac{18}{1}\times\frac{10^{22}}{10^6}\text{个CO分子}$$

在写出上述计算步骤时，我们小心地保留了各个数字的单位。这样做不仅可以提醒我们它们的物理含义，也能引导我们正确地解题。单位"个空气分子和原子"相互抵消，就得到了我们想得到的：个CO分子。

但是，我们需要用10^{22}除以10^6得到最后答案。当10的幂指数相除时，只需将它们的指数简单相减。在这里，

$$\frac{10^{22}}{10^6} = 10^{(22-6)} = 10^{16}$$

所以，一次呼吸含有18×10^{16}个CO分子。

前面的答案在数学上是准确的，但在科学计数法中通常只在小数点左侧保留一位数字。而这里我们有两位数字：1和8。因此，我们的最后一步是将18×10^{16}重写为1.8×10^{17}。我们能够完成这次变换是由于$18 = 1.8\times10$，后者等价于1.8×10^1。在10的幂指数相乘的时候，我们将指数相加。于是，18×10^{16}个CO分子等于重写为$(1.8\times10^1)\times10^{16}$个CO分子，后者等于一次呼吸中有$1.8\times10^{17}$个CO分子。若你觉得所有这些有关指数的应用来得有点太快，也可以参考附录2。

也许会令你吃惊，但是若对答案进行约化将更准确，最后报告为2×10^{17}个CO分子。当然，1.8×10^{17}看上去似乎更准确，但是我们在计算中使用的数据并不是非常精确。此次呼吸中含有2×10^{22}个分子，但也可能是1.6×10^{22}或2.3×10^{22}，或者其他数目。专业的表达是，2×10^{22}表示该物理性质为"一位有效数字"，即该数字准确表达了已知实验数据的精度。既然只有一位有效数字，2.3中只有2被保留下来，从而使2×10^{22}仅有一位有效数字。因此，这次呼吸中分子的数目更接近于2×10^{22}而不是1×10^{22}或3×10^{22}。若超出这个精度水平，我们则没有确切把握。

类似地，一氧化碳的浓度只有一位有效数字，9 ppm。2×9等于18当然在数学上是正确的，但是我们关于CO的计算是基于物理数据。答案1.8×10^{17}个CO分子中有两位有效数字，即1和8。两位有效数字意味着一个无法证实的认识水平。计算的总精度受计算中最低精度的数据的限制。这里，CO的浓度和一次呼吸中分子和原子的个数都只有一位有效数字（分别是9和

2）；答案里的两位有效数字无法得到证实。这里一个简单规则就是，你不能通过常规数学计算如乘法和除法来提高实验测量的精度。因此，答案只能有一位有效数字，即 2×10^{17}。

练一练 1.31 臭氧分子

当地新闻刚刚报道今日地面臭氧含量处于可以接受的水平，0.12 ppm。那么每次呼吸的空气中有多少臭氧（O_3）分子？假设每次呼吸中含有 2×10^{22} 个分子和原子。

答案：

从每次呼吸中分子和原子的个数开始。若 O_3 的浓度为 0.12 ppm，则每 10^6 个空气分子和原子中有 0.12 个 O_3 分子。用 O_3 浓度乘上一次呼吸中分子和原子的个数：

$$\frac{2 \times 10^{22} \text{个空气分子和原子}}{\text{一次呼吸}} \times \frac{0.12 \text{个} O_3 \text{分子}}{1 \times 10^6 \text{个空气分子和原子}}$$

$$= 2.4 \times 10^{15} \text{个} O_3 \text{分子／次呼吸}$$

$$= 2 \times 10^{15} \text{个} O_3 \text{分子／次呼吸（约化到一位有效数字）}$$

你或许会质疑所有这些关于有效数字的讨论的意义。我们知道，"数字不会撒谎，但说谎的人可以计算"。数字经常赋予报纸和电视内容真实的氛围，因此大众出版物中充满了数字。其中一些是有意义的，但另一些则不是。受过良好教育的公民应当可以区分这两者。例如，关于大气中二氧化碳的浓度是 400.6537 ppm 的声称应当受到极大地怀疑。401 ppm 或 400.7 ppm（3 位或 4 位有效数字）能更好地表达我们真正可测量到的数据；任何包含有 7 位有效数字的断言是完全错误的。

练一练 1.32 一氧化碳测量计

既可以用于居室也可以用于办公室的一氧化碳测量计已可以在市场上买到。图 1.24 中显示了一个手持 CO 测量计，读数是 35 ppm。

a. 若读数为 35.0388217 ppm 会更有帮助吗？说明理由。

b. 35.0388217 ppm 会更正确吗？简述理由。

答案：

a. 不是。不会更有帮助。问题是 CO 是否会超过某一数值，例如在 8 h 时段内 9 ppm，在 1 h 时段内 35 ppm。额外的小数位没有用。

图 1.24 一氧化碳测量计

空气中 CO 的浓度很小，仅为 9 ppm。但是一次呼吸中 CO 分子的数目仍然庞大，约为 2×10^{17}。这些数字表明不可能从空气中完全除去污染物。"零污染"只是一个不能实现的目标。目前，最灵敏的化学分析方法能检测一万亿分之一的目标分子。一万亿分之一对应于：在日地之间 9300 万英里的距离上移动 6 in（约 15 cm）；或 320 个世纪中的 1 s；或在 10000 t 土豆片中加入一撮盐。

空气中总是有痕量无法检测的杂质。一次呼吸中有数百种、也许上千种不同化合物。其中多数浓度极低。它们的来源既可能是天然的，也可能是人类活动产生的。对所有的化合物来说，"天然"并不必然好，"人工的"也不必然坏。曝量和毒性才重要。

缺少证据不等于没有。物质可以存在，只是熟练少到无法检测。

练一练 1.33　**人均CO分子个数**

为帮助你理解一次呼吸中2×10^{17}个CO分子的数量大小，假定将它们平均分配给全世界70亿（7×10^9）人。计算每个人得到CO的分子个数。

答案：

用CO分子的总数除以总人数：

$$每人的份额 = \frac{2 \times 10^{17}个CO分子}{7.0 \times 10^9 人}$$

约化到一位有效数字，每人的份额是3×10^7（或30000000）个CO分子。

除了体积小之外，呼吸中的微观粒子还具有其他显著特征。首先，它们是不断运动的。在室温和常压下，氮分子每秒钟运动1000 ft（约305 m），并与其他分子之间经历4000亿次碰撞。但是相对而言，分子间距离很大。组成空气的微小分子的真实体积仅有气体总体积的1/1000。若将呼吸中的半升空气中分子都挤压在一起，它们的体积将只有0.5 mL或少于1/4茶匙。有时候人们甚至误以为空气是空无一物的空间。空气中99.9%的体积是空的，但是它里面所包含的却是生死攸关的内容！

此外，我们与其他生命物质进行持续不断地交换同样是重要的。我们呼出的二氧化碳被植物利用来制造我们的食物，而植物释放的氧气对我们的生存来说是必需的。我们的生命通过难以捉摸的空气媒介联系在一起。每一次呼吸，我们相互之间交换数以百万计的分子。当你读到这里的时候，你的肺中含有4×10^{19}个曾经被别人呼吸过的分子，6×10^8个被某个特别的人呼吸过的分子，比如说儒略·恺撒、圣雄甘地或圣女贞德。实际上，你的肺中含有一个曾经出现在恺撒最后一息中的分子的概率同样很高。这个结果会令你呼吸加速！

怀疑派化学家 1.34　**凯撒的最后一息**

我们刚刚宣称你的肺里肯定含有一个来自恺撒最后一息中的分子。该论断基于某些假设和一个计算。这些假设合理吗？我们不打算请你重新算一次，但是请指出我们用到的假设和论据。

提示：计算要假设恺撒最后一息中的分子在大气中均匀分布。

想一想 1.35　**今日空气质量**

空气污染不是一夜之间产生的。至少从工业革命开始，这个问题就开始逐渐形成了。为什么今天，不论是一个国家还是作为世界共同体，开始逐渐关注这个问题了呢？指出至少4个使空气污染成为当前重要议题的因素。

结束语

我们呼吸的空气会影响我们的健康，也会影响这个星球的健康。大气中有生命所依赖的两种生命元素（氧和氮），以及两种化合物（水和二氧化碳）。人类在地球上的生存取决于是否有大量相对清洁无污染的空气。

但是空气可能被一氧化碳、臭氧、二氧化硫和氮氧化物污染。大城市的空气尤其严重，而城市正是现在大多数人生活的地方。急诊的就诊人数反映了糟糕的空气质量，呼吸短促、喉咙嘶哑和眼睛刺痛等也反映了同样的起因。多数造成伤害的污染物都是简单的化学物质。它们的产生与我们依赖煤炭发电、汽油内燃机和取暖烧饭用的燃料有关。

在过去30年里，政府的管理、企业的参与和现代科技已经减少了多种污染物。汽车三元催化剂和排放限制功不可没。但是在第一现场阻止"人烟"的形成更为重要。这是绿色化学的贡献。通过设计不产生空气污染的新工艺，避免了后续的污染清理。

无论在室内还是在室外，我们所呼吸的含氧空气当然非常接近于地球表面。但是地球的大气层向上延伸到相当高的高度，而且其中包含对于这个星球上的生命所必需的其他物质。在下两章，我们考虑两种物质：平流层臭氧和二氧化碳。我们将会看到人类足迹与这两种气体的惊人联系。

本章概要

每条后面括号里的数字表示该主题所在的节。在学完本章后，你应该可以：
- 说明健康与呼吸之间的联系（全章）。
- 按照空气的主要成分、它们的相互关系以及随地点和区域空气组成的变化来描述空气（1.1~1.3）。
- 列出主要的空气污染物并描述其中每一种污染物对于健康的影响（全章）。
- 按照污染物存在的可能性和污染物的来源比较和对照室内和室外空气（1.3，1.13）。
- 解释空气质量数据，包括对每种污染物分别设定空气质量标准的原因（1.3）。
- 评价某一特定活动的风险-收益（1.4）。
- 说明绿色化学理念，以及为什么与其事后清理不如防止污染产生是更合理的做法（1.5）。
- 联系并区分下列名词：物质、纯物质、混合物、元素、化合物、金属和非金属（1.6）。
- 讨论周期表的性质和周期表的族（1.6）。
- 理解原子和分子的不同，并指出差别（1.7）。
- 命名与空气污染有关的化学元素和化合物（1.7）。
- 配平并说明与空气污染有关的化学方程式（1.9~1.10）。
- 理解氧在燃烧中的作用，包括烃类如何燃烧形成二氧化碳、一氧化碳和煤灰（1.9，1.10）。
- 描述臭氧的形成，包括与此有关的阳光、NO、NO_2 和 VOCs（1.12）。
- 确认室内空气污染的来源和性质（1.13）。
- 说明"无污染"空气的不合理性（1.14）。
- 在分子水平上解释空气的性质（1.14）。

● 在基本计算中运用科学计数法和有效数字（分别在1.4和1.14）。

● 根据你所知道的，谈谈可使空气更干净的生活方式（全章）。

习题

习题分为三类：

· **强调基础**　这些习题使你有机会演练本章所学到的基本技能。这类习题与**练一练**中的练习最为接近。

· **注重概念**　这类习题难度较高，且与社会问题向关联。它们综合和应用了化学概念。这类习题最接近于本章中的**想一想**练习。

· **探究延伸**　这类问题超出了课文的内容，因此是对你的一个挑战。

题号为蓝色的习题答案在附录5中。

 标有这个图标的习题与绿色化学有关。

强调基础

1. a. 计算一个人在8 h内吸入（或呼出）空气的体积。设每次呼吸的气体体积为0.5 L，每分钟呼吸15次。

   b. 由上述计算可知呼吸涉及大量空气。说出五件能改进空气质量的事。

2. 大气既可以定义为支持生命系统的轻薄面纱，也可以看做是几英里厚的化学物质。说明为何上述说法都是正确的。解释每一种说法中强调了大气的哪个特点？又忽略了哪个问题？

3. 对流层中发现有如下气体：Rn、CO_2、CO、O_2、Ar和N_2。

   a. 按照在对流层中的丰度排列这些气体。　　b. 哪些气体的浓度方便用ppm表达？

   c. 其中有哪些属于你所在地区的空气污染物？　d. 哪些是惰性气体（8A族）？

4. 请举出空气中三种颗粒物的例子。$PM_{2.5}$和PM_{10}在大小上有何区别？在对健康的影响上有何区别？

5. 氡是周期表中8A族惰性气体元素之一。它与其他惰性气体有何共性？它又有何独特之处？

6. a. 空气中氩的浓度接近0.9%。请用ppm表示。

   b. 吸烟者从肺部呼出的空气中有浓度为20~50 ppm的CO。而不吸烟的人呼出的空气中仅有0~2 ppm的CO。用百分比表示上述浓度。

   c. 在热带雨林里，水汽的浓度可达50000 ppm。用百分比表示。

   d. 在干燥的极地地区，水汽仅有10 ppm。请用百分比表示。

7. 下图用不同颜色和大小表示两种原子。指出下图中每种组合是单质、化合物还是混合物。说明理由。

　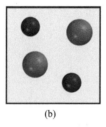　　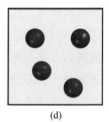

      (a)　　　　　　　　(b)　　　　　　　　(c)　　　　　　　　(d)

8. 请看下面氮气与氢气反应生成氨（NH_3）的反应表达式。

   a. 反应物的质量是否等于产物的质量？说明理由。

   b. 反应物与产物分子的个数是否相同？请说明。

   c. 反应物的原子总数是否等于产物的原子总数？请说明。

9. 使用科学计数法表达下列数字。

   a. 1500 m，竞走的距离。

   b. 0.0000000000958 m，水分子中 O 原子与 H 原子之间的距离。

   c. 0.0000075 m，一个红细胞的直径。

   d. 15000 mg CO，每天呼吸的大约数量。

10. 按照"常规"数字写出下列数值。

    a. 8.5×10^4 g，一个普通房间的空气质量。

    b. 2.1×10^8 gal，2010 年墨西哥湾泄漏原油的体积。

    c. 5.0×10^{-3}%，一条城市街道中 CO 的浓度。

    d. 1×10^{-5} g，推荐的维生素 D 每日摄入许可量。

11. 通过气味检测 NO_2 的浓度下限是 0.00022 g/m^2 空气。

    a. 用科学计数法表示。

    b. 你是否预计 CO 的气味检出限有类似的数值？

    c. 说出另一个具有刺鼻气味、易于检出的污染物。

12. 全球各地都有野火发生。下图是一张在一架航班上拍摄的亚利桑那菲尼克斯北部的照片。

    a. 树木燃烧的产物是什么？

    b. 大火至少释放三种污染物。其中哪些可以看到？哪些看不到？

13. 考虑周期表的一部分以及其中带阴影的两族。

    a. 每个阴影部分的族数是多少？

    b. 给出每一族里各个元素的名称。

    c. 给出每一族元素的通性。

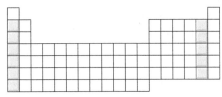

14. 考虑下面的空白周期表。

    a. 将周期表中的金属元素区间用阴影表示出来。

    b. 有六种常见金属，分别是铁、镁、铝、钠、钾和银。请分别写出它们的元素符号。

    c. 给出五种非金属（阴影部分以外的元素）的名称和化学符号。

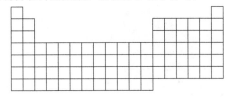

15. 将下列物质分为单质、化合物或者混合物。

    a."笑气"样品（一氧化二氮）　　　　　　　b. 一锅沸水所产生的蒸汽

    c. 一条香皂   d. 一块铜

    e. 一杯蛋黄酱   f. 填充气球的氦气

16. 下列气体在大气中浓度很低：CH_4、SO_2 和 O_3：

    a. 化学式表达了关于原子种类和原子个数的何种信息？

    b. 写出每个化合物的名称。

17. 烃类是重要的燃料。

    a. 什么是烃？

    b. 按碳原子个数由小到大排列下列烃类化合物：丙烷、甲烷、丁烷、辛烷、乙烷

    c. 我们曾建议用"mother eats peanut butter"作为前四种烷烃的辅助记忆工具。请你另外提出一种记忆辅助方法，还要将五（pent-）加进去。

18. 用配平方程式表示以下反应：

    a. 氮气与氧气反应得到一氧化氮   b. 臭氧分解为氧气和氧原子（O）

    c. 硫与氧气反应生成三氧化硫

19. 仿照化学方程式1.8，用圆球方程式表示习题18中的反应。

20. 下列方程是烃类的燃烧反应。

    a. LPG（液化石油气）主要成分是丙烷，C_3H_8。配平以下化学方程式。

$$C_3H_8(g) + O_2(g) \longrightarrow CO_2(g) + H_2O(g)$$

    b. 打火机使用丁烷气，C_4H_{10}。写出配平的燃烧反应方程式，设氧气充足，燃烧充分。

    c. 当氧气不足时，丙烷和丁烷不完全燃烧生成一氧化碳。写出两个反应的配平方程式。

21. 配平下列乙烯（C_2H_4）在氧中燃烧的化学方程式。

    a. $C_2H_4(g) + O_2(g) \longrightarrow C(s) + H_2O(g)$ b. $C_2H_4(g) + O_2(g) \longrightarrow CO(g) + H_2O(g)$

    c. $C_2H_4(g) + O_2(g) \longrightarrow CO_2(g) + H_2O(g)$

22. 比较习题21中各反应方程式里氧的系数。根据产物的不同它如何变化？

23. 通过计算箭头两侧原子的个数，证实下列方程式已经配平。

    a. $2\,C_3H_8(g) + 7\,O_2(g) \longrightarrow 6\,CO(g) + 8\,H_2O(l)$

    b. $2\,C_8H_{18}(g) + 25\,O_2(g) \longrightarrow 16\,CO_2(g) + 18\,H_2O(l)$

24. 铂、钯、铑用于车载三元催化剂。

    a. 每种金属的元素符号是什么？

    b. 这些金属位于周期表的什么位置？

    c. 已知它们的上述用途，你能从中推测出这些金属具有何种性质？

25. 将指甲油清洗剂洒到一间 6 m×5 m×3 m 的房间里。测量结果显示房间内共有 3600 mg 的丙酮气体。计算房间内每平方米有多少微克的丙酮。

注重概念

26. 本章开头提到了"空气印记"。看下面两张照片。第一张是从夏威夷希洛海滩的一所住宅拍摄的美景。第二张是东京成田国际机场薄雾下的停机坪。请对每张照片列出三种显示空气印记的方式。提示：有些印记看不到，但照片中有提示。

27. AIRNow网站（EPA）讲道："空气质量意味着生活质量"。用两个污染物来证明这句话的智慧。

28. 在**想一想**1.2里，你计算了一天内呼出空气的体积。这个体积与你的化学教室相比较如何？请用计算说明。提示：请使用最方便的单位，并测量或估算教室的大小。

29. 根据表1.1，吸入空气中二氧化碳的浓度低于呼出空气中的浓度，但吸入氧气的浓度高于呼出的浓度。如何解释这种变化。

30. 小汽车不像人一样呼吸。但是，进入小汽车的空气与排出的气体不同。在**练一练**1.19中列出了排气管排出的气体。讨论进入汽车的空气与尾管排出的气体之间的差别。哪些化学物质增加了？又有哪些减少了？

31. 阿拉斯加《安克雷奇日报新闻》（2008年1月17日）的标题："一家人在车内一氧化碳中毒昏迷。汽车冲入雪堤，消防人员救回五人。"
    a. 如果汽车在雪堤里，而发动机仍在运转，CO可能在车内聚集。但一般来说，CO不会在车内聚集。请说明CO在车内聚集的原因。
    b. 为什么乘客没有察觉到CO？

32. 在明尼苏达圣保罗《先锋报》（Pioneer Press）（2008年1月8日）标题："一男子死于毒气，另五人一氧化碳中毒。"
    a. 说出室内CO的两个可能来源。
    b. 测得CO浓度为4700 ppm，用百分比表示。
    c. 该数值与EPA制订的美国环境空气质量标准比较如何？
    d. 说出幸存者可能出现的三个症状。
    e. 是否应该在家里安装CO探测器？注：通常不建议放在炉边。

33. **想一想**1.4里，你思考了如果氧的浓度增加一倍地球生命将如何变化的问题。现在请考虑相反的情况：如果氧的浓度仅有10%，地球生命将如何变化？举出两个特定实例。

34. 一氧化碳被称为"沉默杀手"。为什么？指出另外两种不能应用这个名称的污染物，并解释为什么不能。

35. 未稀释的香烟烟雾中含有2%～3%的一氧化碳。
    a. 用ppm表示。
    b. 该数值与国家环境空气质量标准1 h和8 h时间的比较如何？
    c. 说出一个理由解释吸烟者为何没有死于一氧化碳中毒。

36. 北半球的臭氧季节在五月一日至十月一日之间。为什么冬季没有有关臭氧水平的报告？

37. EPA称臭氧"好的远在天边，坏的近在眼前"。请简要说明这句话。

38. 下图为2011年7月4日～13日佐治亚州亚特兰大的臭氧空气质量数据，主要污染物是臭氧。

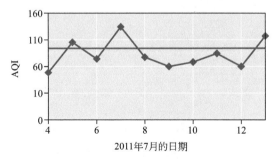

资料来源：www.AIRNow.gov

    a. 一般来说，哪个人群对臭氧最敏感？
    b. 美国环境保护署认为空气指数超过100时空气是有害的。参见上图，指出哪几天的空气是有害的？
    c. 臭氧水平晚上下降。请解释为什么。

   d. 在白天，7月7日之后，臭氧水平急剧下降。请给出两个能说明这一现象的原因。

   e. 图中未给出12月的数据。你预计12月的臭氧水平是高于还是低于7月的水平。说明原因。

39. 下图是加州莫德斯托于2011年12月21～31日之间的空气质量。主要污染物是PM_{10}。

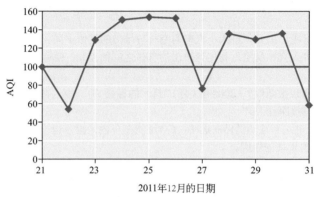

2011年12月的日期

资料来源：www. AIRNow.gov

   a. 一般来说，哪个人群对颗粒物最敏感？

   b. 哪几天空气是有害的？

   c. PM的水平在夜间不像臭氧那样下降，请说明原因。

   d. 颗粒物水平在12月23日迅速上升。请给出两个能解释该现象的原因。

40. 在1990年以前，美国柴油中含约2%的硫。新的法规改变了这种情况，今天多数柴油都是超低硫柴油（ULSD），含有不到15 ppm的硫。

   a. 用百分比表示15 ppm，用ppm表示2%。ULSD比原有柴油配方低了多少倍？

   b. 含硫柴油燃烧会污染空气。写出有关化学方程式。

   c. 柴油含有烃$C_{12}H_{26}$。写出柴油燃烧释放二氧化碳的反应方程式。

   d. 按照可持续性要求讨论柴油，包括如何改进以及如何应用。

41. 某城市臭氧水平在1 h时段内是0.13 ppm，而允许值是0.12 ppm。你既可以报告臭氧水平超过上限0.01 ppm，也可以说超出上限8%。比较这两种说法之间的差别。

42. 下图是2011年7月1日美国峰值臭氧数据图。

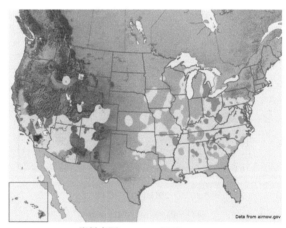

资料来源：www. AIRNow.gov

   a. 这些数据表明，臭氧污染一般出现在加利福尼亚、丹佛、德克萨斯、中西部和东海岸。为什么这些地区的臭氧污染更严重？

   b. 德克萨斯东部夏季臭氧水平较高，但这一天并不高。给出一个合理解释。

    c. 为什么加州内陆地区，如萨克拉门托，具有比加州海岸地区更糟的空气质量？

43. 查一下两个城市的臭氧空气质量数据，一个城市炎热干燥，另一个城市阴冷多雨。解释你查到的数据。提示：利用 State of the Air，美国肺脏协会的网站。

44. 智利圣地亚哥这座美丽城市的居民，在一年里的某些时候，会呼吸到全世界最糟糕的空气。

    a. 圣地亚哥已经严格限制私家车出行。这会如何改善空气质量？

    b. 尽管圣地亚哥的人口与其他城市相当，但它的空气质量却更差。指出可能的地理因素。

45. a. 解释室外慢跑（相对于坐在室外）为什么会增加你与污染物的接触。

    b. 室内慢跑会降低你与某些污染物的接触，但是又会增加与其他污染物的接触。试解释之。

46. 消费者现在可以买到VOCs排放较低的涂料。但是消费者为什么要买这种涂料？

    a. 你会在标签上印上什么来说明低VOC涂料是一个好主意？

    b. 桥梁、建筑和栅栏都要刷漆。讨论粉刷过程中释放的VOCs对环境的影响。

    c. 说明低VOC涂料的生产为何满足了三重底线。

47. 一旦一氧化碳浓度超标，一氧化碳检测器会立刻发出警报。相比之下，多数氡检测系统在报警之前需要一段时间采集空气样本。为什么存在这种差别？

48. 选择一个你愿意从事的职业。说出至少一种这个职业的人可以改进空气质量的方式。

探究延伸

49. "空气污染是一个不断扩散的问题，是许多排放者共同的错误。这是公地悲剧的经典实例。"（资料来源：*Introduction to Air in California* by David Carle, 2006.）解释什么是"公地悲剧"，以及为何空气污染是一个经典案例。

50. 汞是本章没有介绍的另一种严重空气污染物。如果你要写一本教材，你打算如何介绍汞的排放？怎样将汞排放与资源的可持续使用联系起来？按照本书的风格写几段。

51. EPA负责管理美国总统绿色化学奖。利用EPA网站找到该项目开始的时间，并找到最近一批美国总统绿色化学奖得主的名单。从中选择一位获奖者，用你自己的话来总结绿色化学的重要进展，并说明为何这些进展应当获奖。

52. 休闲呼吸器潜水者通常使用与空气组分相同的压缩空气。一种这类混合物被称为Nitrox。它的组成是什么？为什么使用它？

53. 下面是颗粒物的两张扫描电子显微镜照片，由亚利桑那大学国家科学基金会提供。第一张是土壤颗粒，第二张是橡胶颗粒。两个颗粒的直径均为10 μm左右。

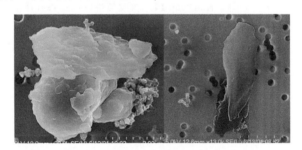

    a. 指出橡胶颗粒的一种可能来源。再说出另外两种能产生PM的物质。

    b. 土壤颗粒主要是硅和氧。在地壳的岩石和矿物中还有什么常见元素？

    c. 这些照片说明颗粒将如何影响血管？

54. 超细颗粒的直径小于0.1 μm。根据来源和健康影响，这些颗粒与$PM_{2.5}$和PM_{10}比较将会怎样？使用互联网了解最新信息。

55. 多数割草机没有用三元催化剂（至少在本书出版的时候）。割草机的尾管会排放什么物质？为什么在割草机上加三元催化剂会有争议？限制这种排放的短期利益是什么？长期利益呢？

56. 下图是吸入一氧化碳对人体的影响。

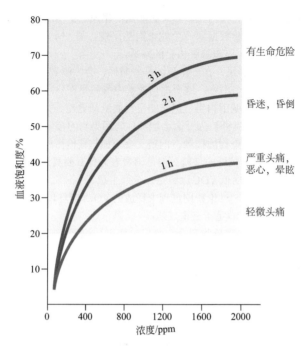

a. CO对人体的毒性与曝量以及曝露时间有关。试用上图解释原因。

b. 使用图中信息为家庭用一氧化碳检测包写一段有关一氧化碳气体危害的介绍。

57. **想一想1.3** 请你考虑如果大气氧含量增加一倍世界将会变成怎样。将你的回答写成一篇短文。标题可以是"在……的一小时";并描写事情会变得如何不同。如果一小时实在太短,可以换成"……的一个早晨""……的一天",等等。

58. 你可能非常喜欢硬木地板。这类地板用聚脲作为表漆,因为它可耐清漆和虫漆。直到不久前,聚脲仍是油基涂料。但是最近,拜耳公司研发成功水基聚脲,可降低50% ~ 90%的VOCs。2000年,拜耳由于该项进展获得总统绿色化学奖。写一篇该成果的综述。去商店看看是否可以买到水基聚脲。

59. 复合板是用胶将木片(通常是废木片)粘起来做的。如胶合板、颗粒板、纤维板。

a. 许多胶放出甲醛,一种挥发性化合物。它有什么危害?

b. 俄勒冈州立大学李开成(音译,Kaicheng Li)教授与哥伦比亚森林产品公司合作开发了一种大豆基的黏合剂,获得2007年美国总统绿色化学奖。写一篇综述介绍这项成果。

第2章 保护臭氧层

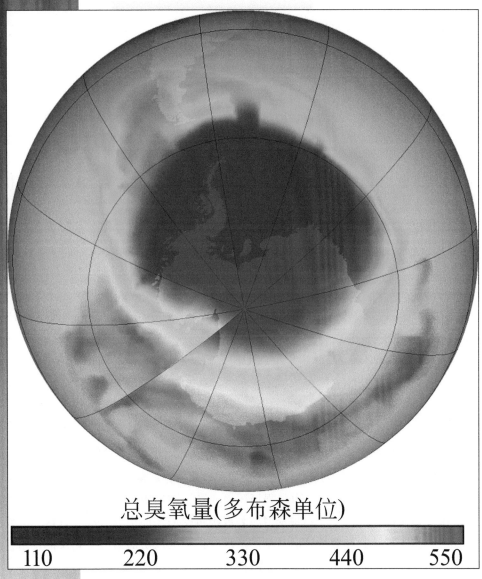

总臭氧量(多布森单位)

| 110 | 220 | 330 | 440 | 550 |

2012年南极洲上空的臭氧"洞"。蓝色和紫色是臭氧浓度最低的区域。9月22日，空洞面积达到最大值，2120万平方公里。历史最高纪录出现在2000年，为2990万平方公里。

资料来源：NASA Ozone Watch

"好的远在天边，坏的近在眼前"。要想了解臭氧，就要想想地点。在对流层，臭氧是一种污染物，在阳光下由其他大气污染物形成。日落后，臭氧就会消失。臭氧会迅速与其他东西反应，在黄昏时分浓度下降。假如太阳不再升起，我们就不必担心呼吸到臭氧（但我们将会面临其他一些问题）。

而在平流层，臭氧的故事完全不同。高空中的臭氧是自然形成的。与地表臭氧不同的是，平流层臭氧在保护我们免遭太阳辐射危害中起到了重要作用。可以说，它是地球的太阳镜。

20世纪70年代，化学家发现某些化学物质可以进入上层大气，破坏那里起防护作用的臭氧。从那时起，科学家与政策制定者以及全世界关注这个问题的人们一直在努力控制和恢复被破坏的臭氧。有点儿令人惊讶的是，南极上空最严重的臭氧层破坏已经过去，每年的臭氧洞照片已经成为最广为人知的科学图片。在本章，你将有机会了解这段历史，提高对南极臭氧层的认识。

你或许想要知道这个故事与你有什么联系，因为我们上次的调查表明，居住在南极的大学生并不太多。尽管臭氧层损耗的现象首先在那个遥远的地区得到证明，但在地球上其他很多地方也同样观测到较小的臭氧浓度下降。你居住的地区和季节都会影响你头顶上平流层臭氧的含量以及它的保护作用。请你自己寻找一下有关的重要数据。

想一想 2.1　　　　你头顶的臭氧水平

当你读到这里的时候，卫星上的仪器正在测量平流层的臭氧含量。访问NASA网站，www.nasa.gov，回答以下问题。

a. 你所在地区的当前柱状臭氧（DU，多布森单位）是多少？用三年数据的平均值。

b. 找到南极同期数据。与你所在地的臭氧数据相比如何？

注：当你用9月或10月的数据进行比较时，可能会看到最大差距。

---

1 DU（多布森单位）表示每10亿个空气分子或原子中有1个臭氧分子。

是什么引起臭氧洞？为什么浓度下降如此严重？请在随后的各节中寻找答案。

在讨论臭氧损耗问题时，也将强调预警原则。该原则强调，即使缺少科学数据，在对人类健康的副作用或对环境的影响变得显著或不可挽回之前采取行动的智慧。世界共同体的确在行动。整体行动的智慧是显而易见的，因为保护臭氧层的措施正在发挥作用。然而，在本章末尾，又有一个警报响起，这就是全球气候变化——第3章的主题。

2.1　臭氧：是什么和在哪里？

如果你曾经在一辆发出火花的电动机旁边或曾经身处强雷电天气里，那么你可能已经嗅到过臭氧的气味。臭氧的气味是不会被弄错的，但却难以表述。一些人认为它与氯气的气味相似，而另一些人则说这个气味使他们想到新割过的草坪。人可以察觉浓度低至 10 ppb（十亿分之十）的臭氧。**臭氧**（ozone）的名称非常恰当，这个词来源于希腊语，意为"闻到"。

臭氧和氧分子只差一个原子。

氧分子，O_2

臭氧分子，O_3

分子结构的差别对化学性质有重要影响。二者的差别之一是臭氧的化学性质远比氧气活泼。在第5章，臭氧可用于杀死水中的微生物。臭氧还被用于漂白纸浆和纤维。有时，臭氧甚至可以用作空气除臭剂。但是，这类应用只有在除臭过程中没有人呼吸到含臭氧的空气时才适用。相比之下，你每天可以安全地呼吸氧气（必须地）。尽管氧气的化学反应性不低，但不足以漂白纸浆或使水消毒。

臭氧既可以自然形成也可来自人类活动。由于反应活性高，臭氧的存在时间不长。如果不是新形成的，将难以发现臭氧，除非在化学实验室里。

臭氧可以由氧气制得，这个过程需要能量。该过程可用一个简单化学方程式概括：

$$能量 + 3\,O_2 \longrightarrow 2\,O_3 \qquad [2.1]$$

这个方程式可以解释从氧气生成臭氧为何需要放电，无论是来自电火花还是闪电。

臭氧在接近地球表面的大气对流层中的浓度相当低（图2.1）。空气中每十亿个分子或原子中只有20～100个臭氧分子。地表有时会有不健康浓度的臭氧，主要来自于化学反应，并使它成为光化学烟雾的成分之一。不过它们的浓度很低。如上一章所述，2012年美国地表空气质量标准8 h均值为0.075 ppm，相当于每十亿个分子中有75个臭氧分子。

但是，即使浓度很低，在大气的一个区域里有害的物质，也可能在大气的另一个区域里成为必不可少的物质。臭氧的过滤功能主要在平流层实现，在这里臭氧将太阳辐射中的某一类紫外线过滤掉。平流层中的臭氧

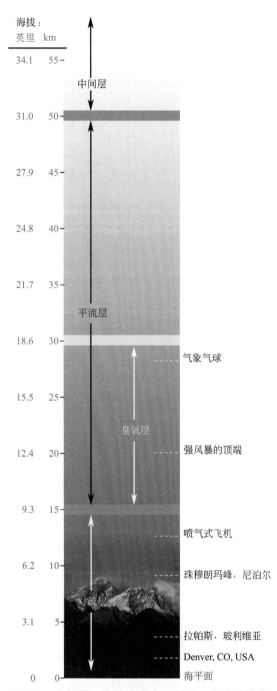

图2.1 **大气层，海拔高度为近似值，高度随纬度变化而变化**

资料来源：Environmental Protection Agency

浓度比对流层要高几个数量级，不过仍然很低。在平流层，臭氧浓度最高可达到每十亿个空气分子中含12000个臭氧分子。

地球上的多数臭氧，约90%都集中在平流层。臭氧层指平流层中臭氧浓度最高的特定区域。图2.2显示对流层和平流层的臭氧浓度。

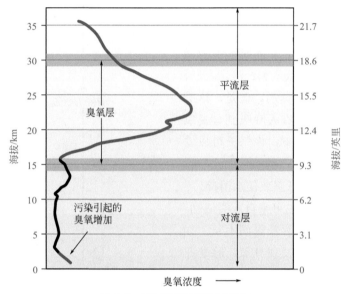

图2.2　不同海拔的臭氧浓度

来源：Global Ozone Research amd Monitoring Project Report No.49, 1998; World Meteorology Organization (WMO).

练一练 2.2　　臭氧层

利用图2.2和本书里的数据回答以下问题。

a. 最高臭氧浓度出现在海拔高度多高的地方？

b. 在平流层里，每十亿个空气分子和原子中所包含的臭氧分子个数最高是多少？

c. 每十亿个空气分子和原子中满足EPA 8 h限值的臭氧分子个数最高是多少？

答案：a. 约23 km（14英里）

由于存在高浓度臭氧的海拔区间很宽，因此"臭氧层"这个概念有点误导。在平流层里并不存在一个厚厚的、蓬松的臭氧毯子。在出现最高臭氧浓度值的海拔处，大气相当稀薄，所以臭氧的总量非常小。若将大气里的全部臭氧分离出来，然后置于地球表面的常温常压（101325 Pa和15 ℃）下，它所形成的气体层将只有小于0.5 cm（或0.2 in）的厚度。从全球范围来看，这是一个微小的量。然而，这个护罩保护着地球表面和它的居民们免受紫外线的有害影响。

在某一体积已知的垂直柱体内臭氧的总量可以较为容易地测定。该测定可以通过在地球表面测量抵达检测器的紫外线的量来实现，测得的紫外辐射强度越低，则该柱体内的臭氧含量越高。牛津大学的一位科学家G.M.B.多布森开创了这种测量方法。在1920年，他发明了第一台定量测量大气臭氧总量的仪器，这种测量结果的单位就以他来命名。

想一想 2.3　　解释臭氧数值

你的一位同学使用NASA网站发现，她的俄亥俄老家的臭氧柱体值在4月10日为417 DU，5月10日为386 DU。上述发现使这位同学恢复了信心，她得出结论，紫外辐射伤害的防护已经得到了改善。你同意她的结论吗？为什么？

科学家将持续使用地面观测、气象气球和高空飞行器来测量和评估臭氧水平。但是从20世纪70年代以来，已经可以在大气层上方测定臭氧总量。卫星携带的探测器可以记录上层大气散射的紫外线强度，然后将这个结果与大气所含O_3总量关联起来。

哥伦比亚号航天飞机测试了一种监控臭氧的新方法。航天飞机上搭载的仪器是沿着地球的曲面、从稠密的对流层上面升起的蓝色薄雾的侧面看过去，而不是从卫星垂直向下俯视地球。该区域被看作是地球的"边缘"，因此这项新技术被称为"边缘观察"。该技术可以搜集各种高度大气层的可靠信息，特别是使科学家对平流层下部区域发生的化学过程有了进一步了解。2004年1月，美国国家航空航天局（NASA）决定启动一项被称为**地球观测系统**（EOS）**奥拉**（Aura）的计划，用来搜集更多的关于地球平流层臭氧层变化的数据。

NASA的EOS Aura计划同时也搜集对流层空气质量（第1章）和关键的气候参数（第3章）的数据。

臭氧保护我们免遭太阳辐射伤害的过程与物质-太阳能之间的相互作用有关。为理解这个过程，我们首先从物质的微观观点开始。

2.2　原子结构和周期律

O_2和O_3分子都由氧原子组成。对于原子，我们知道些什么呢？在20世纪，科学家在探索原子内部结构方面取得了重大进展。物理学家已经取得了太大的成功，他们已发现200多种亚原子粒子。令人庆幸的是，解释大多数化学现象仅用到其中的3种。

我们现在知道，每个原子在中心处有一个很小但密度很高的核。原子核由被称为质子和中子的粒子组成。质子带正电荷，而中子为电中性，然而二者具有几乎完全相同的质量。实际上，原子核里的质子和中子的质量占据了原子总质量的绝大部分。原子核外为电子，电子划定了原子的外部边界。电子的质量比质子或中子小得多。此外，电子带有负电荷，电子电荷与质子电荷大小相等、符号相反。表2.1总结了上述微观粒子的电荷和质量。

表2.1　亚原子粒子的性质

粒子	相对电荷	相对质量	实际质量/kg
质子	+1	1	1.67×10^{-27}
中子	0	1	1.67×10^{-27}
电子	-1	0[①]	9.11×10^{-31}

① 电子的相对质量实际上不为零，但是当表示为最邻近的整数时，因它的数值太小而表现为零。

核内的质子个数决定了原子的身份。**原子序数**这个词指原子核内质子的个数。例如，每个氢（H）原子含有1个质子，因此原子序数为1。氦（He）的原子序数为2，因此氦有2个质子。依此类推，元素的原子序数依次增加。例如，第92号元素的原子核内有92个质子。

练一练 2.4　　原子书签

参考周期表，指出下列元素中质子和电子的数目。
a. 碳（C）　　　　　b. 钙（Ca）　　　　　c. 氯（Cl）　　　　　d. 铬（Cr）

答案：a. 6个质子，6个电子　b. 20个质子，20个电子

我们希望能给出一个典型原子的图像。然而，表达原子并不容易，多数教科书的描绘充其量只是一些过度简化的图像。例如，核与原子的相对大小就对绘图者构成重要困难。若氢原子核看作是本页上的一个点，则氢原子中的电子最可能出现在距这个点10 ft（约3 m）的地方。电子也不会沿着特定的圆周轨道运动。不管你在以前的科学课程里学过什么，但实际上原子并不是一个缩微化的太阳系。更准确地说，电子在原子中的分布最好使用概率和统计概念来描述。

也许上面的说法令你感到茫然，其实你并不是唯一有这种感受的人。常识和我们对于常规事物的经验对于我们努力想象原子的内部结构并没有特别帮助。作为替代办法，我们被迫求助于数学和隐喻。需要的（一个被称为量子力学领域的）数学知识令人望而生畏。主修化学的学生在高年级的时候才会接触到这个领域。虽然我们不能与你充分分享原子的奇特量子世界的奇异之美，但是在这里我们可以提供一些有用的推论。

在周期表里，原子的排列按照原子序数依次增加的顺序。周期表也将那些具有相似化学和物理性质的元素放在同一列（族）里。因此，锂（Li，原子序数3）、钠（Na，11）、钾（K，19）、铷（Rb，37）和铯（Cs，55）同处一列且都是高反应活性的金属。那么是什么基本特征令它们拥有这些共性呢？

今天，我们知道，**元素性质的周期律**主要是原子中电子排布的结果。当类似的性质重复出现时，就表明电子排布形式重复出现。

实验和计算都证明，电子在核附近按照能级进行排布。处于最内层的电子受到带正电的原子核的最强烈地吸引。电子与核的间距越大，则二者之间的吸引力越弱。我们说，较远的电子处于较高的能级，意思是说这个电子具有较多的势能。

> 这里所说的能级指的是"壳层"，类似于早期的原子结构和行星模型。第4章将介绍势能。

每个能级都有可容纳电子的最大数目，在能级被电子完全占据时体系特别稳定。最内层的能级能量最低，只能容纳两个电子。第二层能级最大可容纳数是8个，第三层能级在含有8个电子时也会特别稳定。

表2.2显示了前18种元素的中性原子中电子的某些重要信息。每个原子的电子总数用蓝色表示，外层电子数用棕色表示。外层（价）电子可以说明有关元素的很多化学和物理性质。观察族的归属（1A，2A，等等）与A族元素外层电子数目的对应关系，这是周期表排列方式的主要规则之一。

周期表还有副族元素。表2.2中未包括这些元素，因为副族从第四周期才开始。

再看一下表2.2的第一列。尽管锂和钠原子具有不同的电子总数，但是它们每个原子都只有一个外层电子。这个事实解释了为什么这两个碱金属具有共同的化学性质。这一点也使得这两个元素被置于周期表的1A族（1代表有一个外层电子）。此外，关于钾、铷以及其他1A族元素的每个原子中也只有一个外层电子的假设应该是正确的。它们都是金属，且易于与氧、水以及很多其他化合物发生化学反应。图2.3是1A族元素的照片。

表2.2 前18种元素的电子总数和外层电子数

1A	2A	3A	4A	5A	6A	7A	8A
1							2
H							He
1							2
3	4	5	6	7	8	9	10
Li	Be	B	C	N	O	F	Ne
1	2	3	4	5	6	7	8
11	12	13	14	15	16	17	18
Na	Mg	Al	Si	P	S	Cl	Ar
1	2	3	4	5	6	7	8

注：原子符号上方的蓝色数字为原子序数、核内质子数，也是中性原子的电子总数。原子符号下方的红色数字为中性原子的外层电子数。

锂（贮存于煤油里）　　钠（贮存于煤油里）　　钾（在玻璃封管中）　　铷（在玻璃封管中）

图2.3 几个1A元素

周期表是电子排布的一个有用指南。在以"A"标记的各族元素中，前面的数字指示每个原子的核外电子数。在第1章里，我们已经介绍了碱金属、碱土金属、卤素和惰性气体。我们现在将它们与族号联系起来。

（1）碱金属（1A族）——有1个外层电子的高活性金属。

（2）碱土金属（2A族）——有2个外层电子的活性金属。

（3）卤素（7A族）——有7个外层电子的活性非金属。

（4）惰性气体（8A族）——有8个外层电子的非活性非金属。

氦是最小的惰性气体，价电子数是2而不是8。

练一练 2.5　　外层电子

使用周期表，指出下列元素的中性原子的族数和外层电子数。

a. 硫（S）　　　　b. 硅（Si）　　　　c. 氮（N）　　　　d. 氪（Kr）

答案：a. 6A族；6个外层电子　b. 4A族；4个外层电子

练一练 2.6　　族的特征

a. 氟（F）、氯（Cl）、溴（Br）和碘（I）的原子结构具有何种共同特征？它们属于哪一族？

b. 元素铍（Be）以及其他2A族元素都有2个外层电子。写出具有2个外层电子的其他A族元素的中文名称和元素符号。

答案：a. 这些元素都有7个外层电子。它们属于7A族，即卤族。

除电子和质子以外，原子里还有中子。（唯一）一个例外是在氢的最常见形式H原子里只有一个电子和一个质子。但即使在纯氢里，每6700个原子中就有1个原子的核里也包含1个中子。这种形式的氢被称为氘。氚是氢的一种在自然界罕见的放射形式，核内有两个中子。氢、氘、氚是同位素的实例。同位素是指同种元素（质子数相同）具有两种或两种以上的形式，各自具有不同的中子数，因而也具有不同的质量。

同位素可以通过**质量数**进行鉴别，所谓质量数是指一个原子中的质子数与中子数之和。同种元素的质量数不一定相同，而元素的原子序数不会改变。例如，一个完整的原子符号 ^1_1H 代表着氢的最常见同位素形式。因为氢的原子序数总是1，所以左侧的下标经常忽略不写，于是氢的最常见同位素符号简化为 ^1H。氢同位素的资料总结于表2.3。

表2.3　氢的同位素

同位素	同位素符号	质子数	中子数	质子数与中子数之和
氢，H-1	^1_1H	1	0	1
氘，H-2	^2_1H	1	1	2
氚，H-3	^3_1H	1	2	3

元素既有稳定同位素，也有放射性同位素。例如，H-3（氚）有放射性，而H-1、H-2没有。第7章将进一步介绍放射性。

练一练 2.7　　质子和中子

请指出下列每种核里质子和中子的数目。

a. 碳-14（$^{14}_6C$）　　　　b. 铀-235（$^{235}_{92}U$）　　　　c. 碘-131（$^{131}_{53}I$）

答案：a. 6个质子，8个中子　　　b. 92个质子，143个中子

所有元素都有同位素，但是稳定和不稳定同位素的数目却变化很大。每个元素的原子量

都考虑了该元素各种同位素的质量和相对丰度。按照我们的一般规则，即只有在需要时才介绍，我们将在第3章讨论原子量。

质量数为某一同位素的质子数与中子数之和。而原子量是指某一元素各种天然存在的同位素质量数的权重平均值。

2.3　分子与模型

在对原子进行了简短了解之后，我们现在来到分子中成键的问题，进而我们才能理解臭氧洞。

让我们从最简单的分子H_2开始。每个氢原子有1个电子。如果两个氢原子成键，两个电子就会成为共有财产。如果用圆点表示一个电子，则两个氢原子可表示如下：

$$H \cdot 和 \cdot H$$

两个原子结合在一起得到一个分子，可以表达为下列形式。

$$H \cdot\cdot H$$

每个原子都会共享这两个电子。由此形成的H_2分子具有比两个独立的氢原子能量之和更低的能量，因此原子之间成键变成分子比两个分立的原子更稳定。两个共享的电子形成了共价键。共价这个名称恰当地反映了"共享力量"的含义。

显示原子或分子外层电子的表达式称为路易斯（Lewis）结构，并以首先使用这种表达方式的美国化学家吉尔波特·牛顿·路易斯（1875—1946）来命名。路易斯结构，也叫圆点结构，可以遵循一套简单易行的规则预言很多简单分子的结构。我们首先以一个简单分子氟化氢（HF）为例来说明这个方法。

（1）首先标出每个原子的外层电子数（请记住，周期表是一个有用的指南）。

$$H \cdot \quad\quad 1\,H原子 \times 1外层电子/原子 = 1外层电子$$
$$\vdots\!F\!\cdot \quad\quad 1\,F原子 \times 7外层电子/原子 = 7外层电子$$

（2）将所有原子的外层电子相加得到外层电子的总数。

$$1 + 7 = 8个外层电子$$

（3）以电子对形式排布外层电子。排布电子使分子达到最高稳定性，即通过电子对共享使每个原子的外层充满电子：氢原子需要2个电子，其他绝大多数原子需要8个电子。

$$H\!:\!\ddot{\underset{\cdot\cdot}{F}}\!:$$

我们在F原子周围放了8个圆点，分为4对。氢与氟之间的一对圆点表示将氢原子和氟原子连接在一起的成键电子对。其余三对圆点是未与其他原子共享的电子，因此没有参与成键。它们被称为"未成键"电子或"孤对"电子。

若一个共价键中只有一对共享电子，则这个键称为单键。可用一根短横代替形成共价单键的电子对。用这个短横连接两个原子的元素符号。

$$H—\overset{\displaystyle ..}{\underset{\displaystyle ..}{F}}:$$

有时在路易斯结构中去掉未成键的电子，进一步简化为下式。该式称为结构式，用于表示分子中原子的连接方式。

$$H—F$$

请记住，这根短横代表一对共享电子。无论是否在图中特别显示出来全部电子，上述两个电子再加上三对未成键电子的6个电子表明氟原子总共有8个外层电子。同样也请记住，除一对与氟原子共享的电子以外，氢再没有其他电子，它的最大容量就是2个电子。

在很多分子中，电子的排布使得分子中每个原子（除氢以外）通过共享拥有8个电子，这个规律被称为**八隅体规则**。这项归纳可以用于预测化合物的路易斯结构和化学式。以元素氯的双原子分子Cl_2为例。由周期表可知，氯与氟相似，位于7A族，表明每个氯原子有7个外层电子。使用上面HF的步骤，我们首先计算并加和得到Cl_2的外层电子总数。

$$2个Cl原子\overset{\displaystyle ..}{\underset{\displaystyle ..}{Cl}}\cdot \times 7个外层电子/原子 = 14个外层电子$$

为使Cl_2分子存在，两个原子间必须有一个键。其余12个电子组成6对未成键电子分布在两个氯原子周围，使每个氯原子拥有8个电子（2个成键电子和6个未成键电子），从而满足八隅体规则。因此，Cl_2的路易斯结构如下。

$$:\overset{\displaystyle ..}{Cl}—\overset{\displaystyle ..}{\underset{\displaystyle ..}{Cl}}:$$

练一练 2.8　　双原子分子的路易斯结构

画出下列分子的路易斯结构

a. HBr　　　　　　b. Br_2

答案：

a. 1个 H原子（H·）× 1个外层电子/原子 = 1个外层电子

　 1个 Br原子（$:\overset{\displaystyle ..}{Br}\cdot$）× 7个外层电子/原子 = 7个外层电子

　　　　　　　　　　　　　总数 = 8个外层电子

HBr 的路易斯结构为：　　　　　$H:\overset{\displaystyle ..}{\underset{\displaystyle ..}{Br}}:$　或　$H—\overset{\displaystyle ..}{\underset{\displaystyle ..}{Br}}:$

到目前为止，我们只讨论了仅有两个原子的分子。但八隅体规则也可用于较大分子。以水（H_2O）为例。遵循与双原子分子相同的步骤，我们首先计算和加和外层电子。

$$2个H原子H\cdot \times 1个外层电子/原子 = 2个外层电子$$

$$1个O原子\cdot\overset{\displaystyle ..}{O}\cdot \times 6个外层电子/原子 = 6个外层电子$$

$$电子总数 = 8个外层电子$$

像水这样的分子有一个单原子与两个或两个以上其他原子（或元素）成键，这个**单原子**就是**中心原子**。虽然有例外，但这是一个有用的规则。由于氧是H_2O中的"单个原子"，我们将代表氧原子的O放在中心形成路易斯结构，并将8个电子（圆点）分布在O的周围以满足八隅体规则。每个氢原子与氧原子以一对电子成键，用掉4个电子。剩余的4个电子也放在氧上，作为2对未成键电子对。

$$H \overset{\cdot\cdot}{\underset{\cdot\cdot}{O}} H$$

快速数一下可以确定O周围有8个圆点，代表八隅体规则所预言的8个电子。作为另一种选择，我们也可以用短横代表单键来画出水分子。

$$H - \overset{\cdot\cdot}{\underset{\cdot\cdot}{O}} - H \quad 或 \quad H - O - H$$

每个氢原子只成一根键（两个共享电子）。由于氧可以形成两根键，因此是中心原子。

化学式显示了分子中原子的类型和比例。相比之下，路易斯结构指示了原子之间是如何连接在一起的，同时也显示了非键电子对。注意，路易斯结构并没有直接表明分子的形状。从刚刚给出的水分子结构来看，水分子的所有原子似乎排成直线。而事实上，这个分子是弯曲的。

1.7节有水的比例模型。第3章将解释水分子为何是弯曲形。

另一个实例是甲烷（CH_4）。我们可以计算价电子：

$$4个 H原子 H\cdot \times 1个外层电子/原子 = 4个外层电子$$

$$1个 C原子 \ \cdot\overset{\cdot}{\underset{\cdot}{C}}\cdot \ \times 4个外层电子/原子 = 4个外层电子$$

$$电子总数 = 8个外层电子$$

C代表碳原子，位于分子中心，周围有8个电子，使碳具有八隅体电子结构。4个氢原子中的每一个都用2个电子与碳形成一对共享电子对，总共形成4个共价单键。

$$
H\overset{H}{\underset{H}{\overset{\cdot\cdot}{\underset{\cdot\cdot}{C}}}}H \quad 或 \quad H - \overset{\displaystyle H}{\underset{\displaystyle H}{C}} - H
$$

在1.10节里讨论了甲烷的燃烧。第3章将描述甲烷分子的几何结构。

请记住，H仅能容纳一对电子。下面的练习让你有机会练习其他分子。

练一练 2.9　　更多的路易斯结构

画出如下分子的路易斯结构。它们符合八隅体规则。

a. 硫化氢（H_2S）　　　　　　b. 二氯二氟甲烷（CCl_2F_2）

答案：

a. $2个H原子 H\cdot \times 1个外层电子/原子 = 2个外层电子$

$1个S原子 \ \cdot\overset{\cdot\cdot}{\underset{\cdot\cdot}{S}}\cdot \ \times 6个外层电子/原子 = 6个外层电子$

$电子总数 = 8个外层电子$

因此H_2S的路易斯结构为：

$$H \overset{\cdot\cdot}{\underset{\cdot\cdot}{S}} H \quad 或 \quad H - \overset{\cdot\cdot}{\underset{\cdot\cdot}{S}} - H$$

除了中心原子不同以外，H_2S和H_2O的路易斯结构完全相同。

在某些结构里，共价单键不足以满足八隅体规则，例如氧分子（O_2）。此处我们有12个电子，每个6A族的氧原子提供6个电子。若仅仅共用一对电子，就没有足够的电子分给每个原子。但是，如果这两个原子可以共享4个电子（两对电子），就可以满足八隅体规则。含有两对共享电子的共价键称为双键。可用4个圆点或两个短横表示这种化学键。

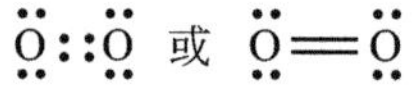

$$\ddot{\text{O}}::\ddot{\text{O}} \quad \text{或} \quad \ddot{\text{O}}=\ddot{\text{O}}$$

相同原子间的双键比单键更短、强度更高，也更难被破坏。对O_2分子键长和键强的实验测定表明，这是一个双键。但是，O_2具有与刚才画的路易斯结构不一致的一个奇特性质。当把液氧从强磁铁的两极间倾倒下来的时候，它会像铁屑一样吸附在那里。这种磁性行为表明O_2中有未成对电子，即分子中的电子不像八隅体规则所要求的那样完全配对。不过这个矛盾不太可能成为抛弃一个有用规则的理由。毕竟，简单的科学模型不可能解释所有的科学现象，但它们仍是有益的近似。还有其他一些常见的例子表明，直接使用八隅体规则会导致与实验事实之间的矛盾。在所有的科学领域里，每当遇到实验事实与现有理论模型不符的时候，则会促进发展更好的模型。

三键是由三对共享电子组成的共价键。相同原子间的三键比双键更短、强度更大、更难被破坏。例如，氮分子（N_2）含有一个三键。每个5A族的氮原子贡献5个外层电子，因此总数为10。若两个氮原子之间共享6个电子（三对），余下4个电子组成两对未成键电子，每个氮原子一对，则10个电子就可以排布为符合八隅体规则的形式。

$$:\text{N}\vdots\vdots\text{N}: \quad \text{或} \quad :\text{N}\equiv\text{N}:$$

N_2气分子中N原子之间三键的稳定性有助于理解对流层里氮的相对化学惰性。

臭氧分子则引入了另一种结构特征。我们仍从八隅体结构开始。三个氧原子中的每一个都贡献6个电子，总数为18个电子。这18个电子可以按两种方式排布：每一种方式都使分子中每个原子拥有8个电子。

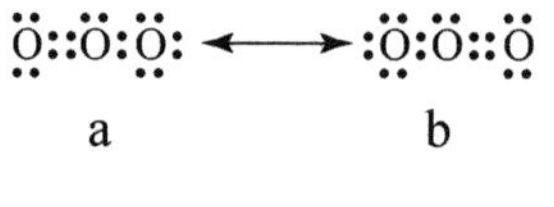

$$\ddot{\text{O}}::\ddot{\text{O}}:\ddot{\text{O}}: \longleftrightarrow :\ddot{\text{O}}:\ddot{\text{O}}::\ddot{\text{O}}$$
$$\text{a} \qquad\qquad\qquad \text{b}$$

结构a和b预言该分子含有一个单键和一个双键。结构a中，双键位于中心原子的左侧，而结构b中则在右侧。但是实验表明，O_3分子中两个键的键长和键强相等，介于单键和双键之间。结构a和b被称为共振式，这两个路易斯结构所表达的电子排布并不真实存在，而是假想的电子排布的两种极端形式。臭氧分子的实际结构类似于上述两个共振式的混合体。通常用双箭头连接不同结构式来表示共振现象。

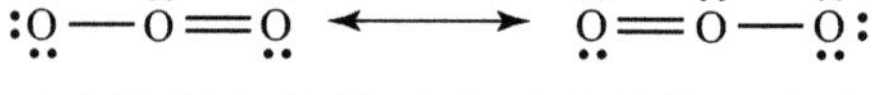

$$:\ddot{\text{O}}-\ddot{\text{O}}=\ddot{\text{O}}: \longleftrightarrow \ddot{\text{O}}=\ddot{\text{O}}-\ddot{\text{O}}:$$

共振只是化学家创造的、用于表达复杂的微观分子世界的又一个模型化概念。它并非指这是"真实的"，而仅是描述那些不符合八隅体规则模型的分子结构的一种方法。图2.4中比较了本章和其他章节中涉及的几种含氧化学物种的路易斯结构。

$$\cdot\ddot{\text{O}}\cdot \qquad \ddot{\text{O}}=\ddot{\text{O}} \qquad :\ddot{\text{O}}-\ddot{\text{O}}=\ddot{\text{O}} \qquad \cdot\ddot{\text{O}}-\text{H}$$
氧原子 　　氧分子 　　 臭氧分子 　　 　羟基自由基

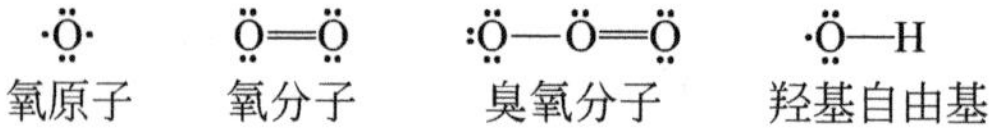

图2.4　几种含氧化学物种的路易斯结构

第1章提到羟基自由基与光化学烟雾形成之间的联系。

微观世界的实验结果表明，O_3分子并不像前面画的简单路易斯结构所表明的那样是线形的。请记住，路易斯结构只是告诉我们分子中原子的连接方式，而并不一定显示分子的几何结构。O_3分子的结构实际上是弯曲的，如下所示。

$$\ddot{O}=\overset{\cdot\cdot}{O}-\overset{\cdot\cdot}{O}: \longleftrightarrow :\overset{\cdot\cdot}{O}-\overset{\cdot\cdot}{O}=\ddot{O}$$

第3章将解释为什么O_3分子是弯曲的。这里我们更关注O_2和O_3的成键如何影响它们与阳光的相互作用。

请注意，O_3和H_2O都是弯曲的分子，且都以O作为中心原子。

练一练 2.10　多重键的Lewis结构

画出下列化合物的路易斯结构。它们都符合八隅体规则。

a. 一氧化碳（CO）　　　　b. 二氧化硫（SO_2）

答案：

a. 1个C原子（$\cdot\dot{C}\cdot$）× 4个外层电子/原子 = 4个外层电子

　　1个O原子（$\cdot\ddot{O}\cdot$）× 6个外层电子/原子 = 6个外层电子

　　　　　　　　　　　　电子总数 = 10个外层电子

路易斯结构为：　　　　:C⋮⋮O: 或 :C≡O:

观察可知CO有10个外层电子。N_2分子也有10个外层电子，且也形成三键。

2.4　光波

每一秒钟太阳都在发射光，并在一段时间后抵达地球。其中一些光我们可以看到，而另一些我们看不到。棱镜和雨滴可以折射光形成光谱。有时我们简单地称它们为紫、靛、蓝、绿、黄、橙、红。有时我们会用更修饰性的名词来区分色彩，如樱桃红或森林绿。

另一种描述颜色的方法是用波长。波长这个名词准确地表明光就像水波一样。**波长**是两个相邻峰值之间的距离，用长度单位表示，以希腊字母λ作为符号。波也具有**频率**，即每秒钟通过某一固定点的波的个数。频率的符号是希腊字母ν。图2.5显示两个不同波长和频率的波。

频率和波长的关系可以用公式来表达。其中，ν为频率；c代表光和其他辐射传播的速率，$3.00 \times 10^8 \text{ m} \cdot \text{s}^{-1}$。

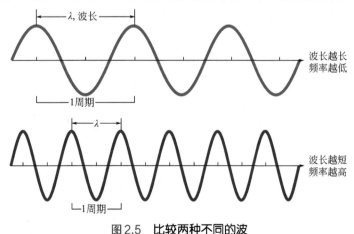

图2.5　比较两种不同的波

$$频率（\nu）= \frac{c}{\lambda} \tag{2.2}$$

当波长↑时，频率↓。

方程式2.2表明波长与频率互为反比：当λ值下降时，ν值就会上升，反之亦然。

也许令人感兴趣并略感自卑的是，在广阔的辐射能量区域里，我们的眼睛仅仅能感受到总区域里很微小的一部分：波长处于700×10^{-9} m（对映于红光）和400×10^{-9} m（对映于紫光）之间。这些波长非常短，因此我们一般用纳米来表示它们。**1纳米（nm）**定义为十亿分之一米（m）。

$$1 \text{ nm} = \frac{1}{1000000000} \text{ m} = \frac{1}{1 \times 10^{9}} \text{ m} = 1 \times 10^{-9} \text{ m}$$

我们可以利用上述等式把米变换为纳米。例如，700×10^{-9} m相当于多少纳米？

$$波长（\lambda）= 700 \times 10^{-9} \text{ m} \times \frac{1 \text{ nm}}{1 \times 10^{9} \text{ m}} = 700 \text{ nm}$$

单位米相互抵消，于是我们得到目标单位——纳米。

想一想 2.11　**分析彩虹**

彩虹里水滴的作用就像棱镜，可以将可见光分散成它的各种颜色组分。

a. 图2.6中，哪一种颜色波长最长？哪一种频率最高？

b. 绿光波长为500 nm。用米表示。

答案：b. 500×10^{-9} m。用科学计数法，则为5×10^{-7} m。

图2.6　彩虹

波的集合被称为电磁波谱，范围包括从能量极低的无线电波到能量很高的X射线和伽马射线。可见光只是全部波谱范围中一个很窄的带。**辐射能**这个名词表示不同电磁辐射的全部能量之和，其中每一种辐射都有各自的能量。图2.7显示电磁波谱中各种波的类型、它们的相对波长（未按比例绘制），以及帮助你了解波长范围的一些例子。

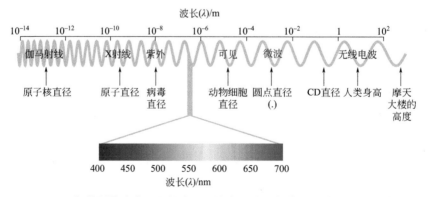

图2.7　电磁波谱（从伽马射线到无线电波的波长变化没有按照比例绘制）

动感图像！

本章我们最关注的是**紫外（UV）区**，紫外线波长短于可见光的紫色光。波长更短的还有用于医学诊断和晶体结构测定的X射线，以及源自放射性过程的伽马射线。在波长长于可见光的区域，我们首先遇到的是不可见的但却可以感知的**红外光（IR）区**。用于雷达和快速烹饪食物的微波具有厘米水平的波长。波长更长的波谱区间有我们熟悉的用于传送你所喜爱的AM和FM收音机和电视节目的无线电波。

第3章将讨论光谱的红外区。

我们本地的恒星，也就是太阳，发射出多种形式的辐射能，但是在强度上并不相等。由图2.8可以清楚地看到，太阳辐射的强度随波长变化而变化。这个变化曲线是在大气层上方，即在太阳辐射与大气分子发生相互作用之前测定的。峰值的位置表明，最高辐射强度出现在可见光区。但是太阳向地球总辐射能的53%为红外辐射。这也是地球热量的来源。此外，我们看到的阳光中还有39%的可见光和8%的紫外线（在图2.8的曲线下方标出了百分比）。尽管百分含量很少，但是太阳的**紫外辐射**对于地球生命有可能造成最大伤害。为理解其中原因，我们需要了解电磁辐射的能量。

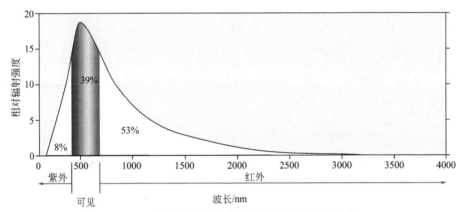

图2.8 地球大气层上方太阳辐射随波长的分布

资料来源：An Introduction to Solar Radiation by Muhammad Iqbal, Academic Press, 1983. CopyrightElsevier 1983.

练一练 2.12 　相对波长

有四种电磁辐射：红外线、微波、紫外线和可见光。

提示：参见图2.7。

a. 按照波长增大的顺序将它们排序。

b. 无线电波的波长近似为X射线波长的多少倍？

答案：a. 紫外线＜可见光＜红外线＜微波

2.5 辐射与物质

辐射可以按照类似波的性质进行描述，这个思想已经得到证实并且被证明是有帮助的。

然而在20世纪初，科学家发现若干现象与这个模型相抵触。1909年，一位名叫马克斯·普朗克的德国物理学家认为，图2.8中的能量分布曲线只能按照辐射物体的能量为许多微小但分立的能级之和进行解释。换言之，能量分布实际上不是连续的，而是由很多独立的能量台阶组成的。这种能量分布称为量子化。一个经常被引用的类比是，辐射物体的量子化能量就像量子化的楼梯台阶（不能有分数台阶），而不像一个允许任何步幅的斜坡。五年之后，阿尔伯特·爱因斯坦（1879—1955）在为他赢得诺贝尔奖的工作中提出，辐射本身应该被看作是由大量单独的、被称为光子的能量组成的。我们可以将这些光子看作是"光的粒子"，当然它们不是通常意义上的粒子。例如，它们没有质量。这些思想构成了量子理论的基础。

> 普朗克和爱因斯坦都是小提琴演奏业余爱好者，并曾同台演奏二重奏。

尽管量子理论的进展，但电磁辐射的波动模型仍然有用，波动性和粒子性二者都是辐射的正确描述。辐射能的这种双重本质似乎与常识相悖，如何同时按照波和粒子这两种不同的方式描述光呢？针对这个非常合理的问题却没有简单的答案，因为这就是自然的方式。这两种观点可通过近代科学中最重要的方程之一联系起来。这也是与大气臭氧洞有关的一个方程。

$$能量（E）= \frac{hc}{\lambda} \qquad [2.3]$$

上式中，E代表单个光子的能量；h和c是常数，h是普朗克（Planck）常数，c是光速。因此上述公式表明，E与波长λ成反比。故当辐射波长变短时，能量增加。这种定量关系对臭氧损耗的故事是关键。

练一练 2.13　　颜色与能量的关系

按照光子能量上升的顺序排列下列可见光区的各种颜色：绿色、红色、黄色、紫色。
答案：红色<黄色<绿色<紫色

用公式2.3，可得到UV辐射光子的能量，近似为无线电波光子能量的一千万倍。以上两种光子能量之间巨大差异的一个结论是，你听收音机不会伤害自己的皮肤，但曝露在UV辐射下则会。无论你是否已经打开收音机，你都处于无线电波的狂轰滥炸之下。你的身体不能感受到它们，不过你的收音机则会。正如我们刚刚已经知道的，每个无线电波的光子能量非常低，不足以造成皮肤色素（黑色素）的局部增加。皮肤变黑的过程涉及一个量子跳跃，一个电子跃迁所需的能量远高于无线电波光子可以提供的能量。

太阳用无数的光子——极微小的能量包轰击地球。大气、地表和地球生命都会吸收这些光子。太阳光谱中的红外辐射使地球及其海洋温度上升、促进分子运动、转动和振动。我们的视网膜细胞适于可见光的波长。不同波长的光子被吸收并被用于"激发"生物分子中的电子。电子跃迁到较高能级后引发一系列复杂的化学反应，并最终产生视觉。与动物比较，绿色植物捕捉更狭窄区间的可见光光子（对映于红色光）。光合作用是一个通过绿色植物（包括藻类）和某些细菌捕集阳光能量将二氧化碳和水转化为葡萄糖和氧的过程。

> 参见3.2节和3.5节中有关光合作用在气候变化和碳循环中的作用。

请记住，当光的波长下降的时候，光子的能量上升。紫外辐射区的光子能量足以从中性分子中除去一个电子，并将它转变为一个正电物种。波长更短的紫外光子可以破坏化学键，导致分子瓦解。在生命体系中，这类变化破坏正常细胞，并可能造成基因缺陷和癌症。UV辐射与化学键的作用示于图2.9。

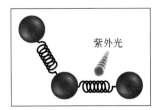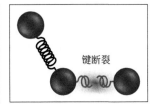

图2.9 紫外辐射可以破坏部分化学键，而不是全部。这里用弹簧代表化学键，它们将原子连接在一起，但允许原子相对运动

这是大自然所展现迷人对称性的一部分。即辐射与物质的相互作用既能解释紫外辐射可能导致的伤害，也可以解释保护我们免于伤害的大气机理。下面我们转过头来了解一下平流层氧和臭氧所提供的紫外屏蔽作用。

2.6 氧／臭氧屏障

我们通过名字认识可见光，如红、蓝、黄，等等。同样，紫外光也有不同的名字。但不得不承认，它们的名字没有那么丰富多彩：UV-A、UV-B和UV-C。UV-A离可见光的紫色最近，能量最低，它还有一个名字，叫"黑光"。相比之下，UV-C能量最高，紧邻电磁波谱的X射线区。表2.4显示了各种UV光的特点。

想一想 2.14 太阳紫外辐射入门

a. 按照波长增加的顺序排列上述三个紫外区？

b. 能量增加的顺序与频率增加的顺序相同吗？请解释。

c. 你会购买一种声称可以防护UV-C的防晒产品吗？为什么？

答案：c. 不会。不必防护UV-C，因为这部分紫外光被平流层吸收。

表2.4 紫外辐射的种类和特性

辐射	波长范围/nm	相对能量	注　释
UV-A	320~400	能量最低	抵达地球表面的量最多，造成的伤害最小
UV-B	280~320	能量高于UV-A，但低于UV-C	造成的伤害比UV-A大，但小于UV-C，多数被臭氧层吸收
UV-C	200~280	能量最高	三类紫外辐射中最具伤害力的，但由于完全被平流层的氧和臭氧吸收，因此不会引起问题。

正如在上述练习中看到的，UV-C辐射在到达地面以前就被上层大气吸收。氧和臭氧都

吸收这种波长的光。我们在第1章知道，大气中含有21%的双原子氧。只有那些波长等于或小于242 nm（$\lambda \leqslant 242$ nm）的光子才具有足够的能量来打破O_2分子的成键。这些波长属于UV-C区。

$$3\,O_2 \xrightarrow[\lambda \leqslant 242\,nm]{UV\,光子} 2\,O_3 \qquad\qquad [2.4]$$

如果O_2是大气中唯一吸收紫外线的物质，那么地表和地球生物仍然会受到242-320 nm区间的紫外辐射伤害。这里O_3起到了关键的保护作用。O_3分子比O_2更容易被破坏。请回顾O_2分子中的两个原子由一个牢固的双键连接在一起，而O_3的共价键无论按照键长还是键能都介于单键和双键之间。从而使得O_3中的化学键在能量上弱于O_2中的双键。因此，较低能量的光子（波长更长）应该足以引起O_3分解。事实上就是这样，当辐射波长等于或短于320 nm时，就会发生下面的反应。

$$2\,O_3 \xrightarrow[\lambda \leqslant 320\,nm]{UV\,光子} 3\,O_2 \qquad\qquad [2.5]$$

想一想 2.15　　能量与波长

如前所述，波长$\leqslant 242$ nm的高能紫外辐射可以破坏O_2的双键。已知O_3中化学键的强度比O_2弱，因此较低能量（波长$\leqslant 320$ nm）的光子可以破坏那些化学键。242 nm光子的能量比320 nm光子的能量究竟大多少呢？

提示：有一种方法可用于计算242 nm光子与320 nm光子的能量，并用波长进行比较。普朗克常数和光速见附录1。

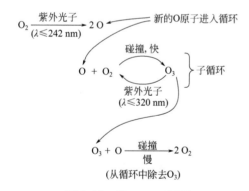

图2.10　Chapman循环

方程式2.4、式2.5以及式2.1（从O_2得到O_3）是平流层中发生的部分化学反应。每天都有300000000 t（3×10^8 t）臭氧在平流层形成和分解。与任何化学变化相同，该过程中物质既不会产生也不会消失，而只是改变了它们的化学或物理形式。在这个自然循环中，臭氧的总体浓度维持恒定不变。这个过程是稳态的一个实例，所谓稳态，是指某一反应体系处于动态平衡之中，因此各主要反应物种的浓度没有净变化。当若干化学反应，特别是竞争反应相互平衡的时候，就会形成稳态。如图2.10所示，查普曼（Chapman）循环表示平流层臭氧的第一组天然稳态反应。在这个自然循环中既包含臭氧的形成也有臭氧的分解。

这组反应以1929年首次提出该循环的物理学家查普曼（Sydney Chapman）命名。

在下一节里，我们将考虑当引起臭氧保护层破坏的查普曼循环受到扰动时会发生什么。

由于O_2和O_3在平流层的存在，只有某些UV波长能到达地球表面。然而，它们仍可能引起伤害，这是下一节的主题。

练一练 2.16 臭氧层

 a. 氧原子与氧分子形成臭氧。写出化学反应方程式。

 b. 平流层中氧原子的来源是什么？

 c. 平流层中，一个臭氧分子的寿命从数天到数年不等。例如，臭氧层中的 O_3 分子可维持数月。平流层臭氧分解后生成什么？

 d. 形成鲜明对照的是，在地表，臭氧分子几分钟就会反应，而不是几个月。为何有此差别？

 答案：

 d. 在对流层，空气更致密（"更稠"），臭氧分子与其他分子快速碰撞发生反应。例如，你碰巧呼吸到含臭氧的空气，O_3 与肺部组织快速反应，造成肺部损伤。

2.7 紫外辐射的生物影响

NASA，美国国家航空航天局

下面的场景出自一个令人意外的信息来源。

2065 年，地球臭氧层的将近三分之二消失了——不仅在南极，而是在所有地方。南极上空的臭氧洞，在20世纪80年代被发现，每当南极天际出现晨曦的时候，开始一年一度的修复。中纬度城市的紫外（UV）辐射很强，在 5 min 内就会灼伤皮肤。可导致DNA变异的UV辐射上升了650%，对植物和动物造成伤害，人类皮肤癌患病率急剧上升。

这是某个科幻小说对未来的晦暗描绘吗？绝对不是！

这段文字引自美国联邦机构NASA。这些结论基于2009年科技期刊论文的发现，描述了我们将要生活的世界，假如我们不采取行动修补臭氧洞的话。

感谢关于臭氧层破坏物质的蒙特利尔公约——世界史的惊人一页——我们没有也不会生活在一个充满危险水平紫外辐射的世界里。但是为了理解为何20世纪80年代发现的臭氧洞拉响了全球警报，你需要了解UV辐射对动植物的影响。因此，下面我们转向这个问题。

> 2.11节详细介绍了蒙特利尔公约。

如上一节学到的，抵达地球表面的阳光中含有不同类型的光，包括UV-A和UV-B。当这些辐射照射在皮肤上并被吸收时，会发生一系列事件。首先，UV光子的能量会储存在细胞内。然后，如果能量足够高，可使附近分子的化学键断开。在图2.9，你已经看到断键过程的表示。多数情况下，身体可修复损伤，否则细胞死亡。根据肤色，皮肤可能晒黑或灼伤，不过你可能永远都不会得皮肤癌。

然而，还存在另外一种可能。尽管很多分子都可断键，但皮肤细胞中DNA分子的断键是最令人担心的，因为DNA变异可能引发癌症。关于皮肤癌的要点有：

（1）大多数皮肤癌与晒太阳有关。

（2）尽管任何年龄都可能得皮肤癌，但在老年人中更为常见。在反复且过量的阳光照射停止多年后，仍可能患皮肤癌。

（3）阳光中的UV-B是主要原因，UV-A也起了一定作用。

（4）不同类型的皮肤细胞都可患癌。基底细胞和鳞状细胞中的癌变最为常见，但死亡率很低。相比之下，黑色素细胞癌（黑色素瘤）更为致命。

> DNA是脱氧核糖核酸。第12章将介绍DNA化学。

想一想 2.17　　相对生物敏感度

皮肤细胞DNA敏感度随紫外辐射波长下降而上升。

a. 你如何解释这个现象？

b. 一旦波长进入UV-C区间，UV光不再可能引发皮肤癌。解释原因。

尽管人们已经认识到UV辐射的危险，但在所有国家皮肤癌的发病率仍缓慢上升。图2.11表示美国皮肤癌的趋势。尽管所有人都可患皮肤癌，但可以看到，图中显示白人更常见，尤以白人男性为最高。也可以看到，皮肤癌的发病率比较稳定，或略有上升。图中没有显示的是，美国肺癌和结肠直肠癌的发病率一直在缓慢下降。

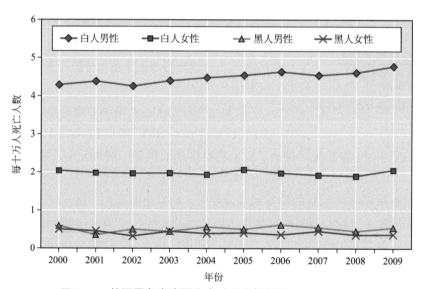

图2.11　美国黑色素瘤死亡率（所有年龄段2000—2009）

注：所有人群，包括西班牙裔

资料来源：National Cancer Institue, SEER Fast Stats, 2012.

> 每年肺癌和结肠直肠癌十万人死亡率分别接近170人和50人。

练一练 2.18   皮肤癌趋势

图2.11中的黑色素瘤死亡率趋势，没有说明死亡总人数。

a. 估算2000年和2009年美国黑色素瘤死亡人数。2000年和2009年的十万人死亡率分别是2.7人和2.8人。死亡人数增加或减少了多少人？

提示：假定美国人口在2000年和2009年分别是2.81亿和3.07亿。

b. 为什么你得到的人数与美国每年12000死于皮肤癌的数据不一致？

答案：

a. 根据图2.11，2000年和2009年每十万人的死亡率都近似为7.5人。如果查阅SEER的实际数字，发现分别为7.4人和7.5人。用人口总数估算，2000年死亡7600人，2009年死亡8600，死亡人数上升1000人。

b. 以上数据只是黑色素瘤的数据，没有包括基底细胞癌和鳞状细胞癌的数据。

怀疑派化学家 2.19   白人男性和女性的皮肤癌

根据资料来源（以及研究的赞助者），数据不总是能经受得住时间的考验。考虑图2.11存在错误的可能性，即白人女性的皮肤癌死亡率高于白人男性。为什么这种情况是可能的？自己检索数据，使用多种资料来源，检验上述说法的可能性。说明你为什么采纳或弃用某个数据来源。

像本节开场白所提到的，通过世界各国的协同行动，我们避免了皮肤癌发病率的上升。

当前，罹患皮肤癌的风险与化学、物理、生物、地理以及人类心理学的共同影响有关。影响因素包括你居住的地方、当阳光强烈时你如何保护自己、你是否做室内日光浴以及如何响应早期皮肤癌检测的公共卫生运动。基因构造是我们无法改变的另一个重要因素。

根据澳大利亚卫生和老年部（2007）资料，澳大利亚具有世界最高的皮肤癌发病率。

美国疾病控制和预防中心（CDC）警告说，使用阳光浴房、阳光浴床和太阳灯很危险，特别对于青年人。理由很简单：阳光房使用UV-A和UV-B，与阳光中的危险波长相同。日光色是皮肤晒伤的结果。CDC指出："晒出本色"的概念不像人们想象的那样美好。保护皮肤，避免阳光过度照射是更聪明的做法。

想一想 2.20   日光浴疗法

室内日光浴行业发起公关运动，宣传室内阳光浴的积极作用，使之成为健康生活方式的一部分。与这些宣传相反的是公共卫生运动，宣称任何皮肤都不可能做到"安全日光浴"，调查至少两个资料来源，了解双方的观点，列出支持双方观点的证据。阐述你推荐的做法。

涂防晒油是减少皮肤癌风险的一种方法。这类产品含有可在某种程度上吸收UV-B以及UV-A的化合物。美国皮肤学会推荐皮肤防护因子（SPG）介于15~30之间的防晒油。但是涂防晒油并不表明你就可免于来自太阳紫外线的危险。由于防晒油可以使你在较长时间的日晒

下不至于被灼伤，因此它们最终反而可能导致更严重的皮肤伤害。

涂防晒霜是另一种办法。这些产品以物理方式阻挡阳光照射到皮肤，就像致密的衣服。防晒霜乳液反射阳光，其中一些也吸收UV光。为人熟知的一种是泳池和海滩救生员使用的一种白色乳液（"救生鼻子"）。这种防晒霜含微小的白色颗粒状ZnO（氧化锌）和/或TiO_2（二氧化钛），并且有长期安全性的跟踪记录。

但是，含有纳米ZnO和TiO_2的"透明"配方更易引起争议。由于ZnO和TiO_2的颗粒微小，它们不会散射光。结果，防晒霜是透明的，这对于涂抹这些产品的人来说是一件好事。纳米产品的涂抹更均匀，更节省，在吸收和反射紫外辐射方面非常有效。但是，如果纳米颗粒渗入皮肤则会造成风险。消费者和政府部门一直在呼吁进一步研究这类产品以更好地量化风险。无论是否存在争议，防晒霜在抵御紫外辐射中发挥了重要作用。

1.7节定义了纳米技术。第8章将介绍纳米颗粒。

你要涂防晒油吗？美国国家气象局发布的紫外指数预测为评价阳光射线的强烈程度提供了便利方案。从0~15，UV指数值基于皮肤伤害多久会发生。注意这是个相反关系：数字越大，皮肤灼伤所需时间越短。下面是色标图。

资料来源：EPA

表2.5 UV指数标度

类别	指数	避免有害UV照射的建议
低	<2	如果皮肤敏感、容易被晒伤，穿上外套，使用防晒霜
中	3~5	阳光最强时留在室内
高	6~7	10 am ～ 4 pm之间减少阳光照射。穿外套，戴太阳镜，涂防晒霜
高	8~10	白色沙子和光滑表面反射UV，会增加光照。10 am ～ 4 pm之间尽可能避免阳光照射
极高	11+	晒伤最高警报。几分钟即可晒伤。10 am ～ 4 pm避免阳光照射

资料来源：EPA，2009。

表2.5中是UV指数，也包括如何避免皮肤和眼睛被阳光灼伤的建议。

尽管UV指数把重点放在皮肤伤害方面，但是皮肤伤害不是紫外辐射对人体的唯一生物影响，眼睛也可能受到伤害。例如，无论肤色深浅，每个人都可能遭受紫外辐射引起的眼睛问题。过度UV-B辐射曝照也可引起白内障，即眼睛晶状体浑浊。据估计，臭氧层减少10%可以导致全球增加两百万白内障病例。不过，只要经常随时随地涂抹防晒霜，就可以减少皮肤伤害，戴符合光学质量的太阳镜能阻挡至少99%的UV-A和UV-B，这是一个保护眼睛的简易方法。在下面的练习中了解太阳镜。

想一想 2.21　　保护你的眼睛

　　太阳镜远不止是一种时尚。它们可以保护你的眼睛免遭紫外线的伤害。请检查二至三家生产商，找出他们在广告中所强调的自己产品的功效。什么运动特别需要好的 UV 眼睛保护？汇报你的发现。

　　就像你可能已经预料到的，紫外光不仅会影响人的皮肤和眼睛，也会伤害植物、动物和微生物。影响程度随特定动物和植物而不同，而且波长越短，伤害越大。病毒和微生物特别敏感，实际上，UV-C 可用于表面和医疗器械消毒。紫外辐射也会伤害水面附近海洋生物的幼仔，如漂浮的鱼卵、鱼苗、虾苗和小鱼。

　　由于过多紫外辐射会造成伤害，你现在可以理解为何 20 世纪 80 年代观测到的平流层臭氧浓度下降拉响了全球警报。随后两节将介绍臭氧洞以及它们出现的原因。

　　UV 光波长越短，伤害能力越高。

2.8　平流层臭氧破坏——全球观测和起因

　　瑞士拥有世界上最长的臭氧水平连续观测记录。从 1926 年开始，瑞士计量研究所已经在测量 O_3 浓度。更近一些，从 1979 年开始，人们利用卫星上的探测器搜集许多地点的臭氧数据。这些测量显示平流层 O_3 的天然浓度在全球并不均一，并且随时间变化。

　　一般来说，离两极越近，O_3 浓度越高，除了南极上空季节性的臭氧"洞"以外。在查普曼循环中，当 O_2 分子吸收一个 UV-C 光子之后，分裂成两个 O 原子，随后 O 原子与 O_2 反应生成 O_3。

$$O_2 \xrightarrow[\text{($\lambda \leqslant 242$ nm)}]{\text{UV-C}} 2\,O \qquad\qquad [2.6a]$$

$$O + O_2 \longrightarrow O_3 \qquad\qquad [2.6b]$$

　　因此，臭氧浓度随平流层辐射强度的上升而增加，而后者与地球相对于太阳的角度以及二者之间的距离有关。在赤道最高辐射强度时期出现在昼夜平分点（三月和十月），太阳在头顶的时候。离开赤道，太阳永远也不会在头顶，因此最高辐射强度出现在夏至（北半球六月，南半球十二月）。地球与太阳的角度决定了臭氧的产生和季节。但是，每年一月初日地距离最近时比每年七月日地距离最远时到达地球的太阳能略有增加（约7%）。而且，太阳的辐射量与太阳黑子的活动有关。每 11 年或 12 年一个循环。这个变换也会影响 O_3 浓度，不过只有 1%~2%。平流层的气流模式（风）也会引起臭氧浓度变化，一些与季节有关，另一些则依赖一个更长的循环。还有一些随机变化经常发生，使问题更加复杂。

　　3.9 节介绍了太阳辐照，可与地球能量平衡以及全球变暖联系起来。

　　就像本章开头展示的非凡地球影像中，用彩色表示平流层臭氧的浓度。在观察到最低臭氧浓度的地区用深蓝色和紫色表示。地表的总体臭氧水平用多布森单位（DU）表示。赤道的典型数值为 250~270 DU。离开赤道时，随季节变化，数值介于 300~350 DU。在北纬最高点，可达400 DU。

特别令人感兴趣的是南极上空，随季节变化，会出现臭氧稀薄（"臭氧洞"）。这些变化的确非常显著，以至于1985年英国探测队在哈雷湾首次观测到这个数值时，他们还以为是仪器出了故障。臭氧水平低于220 DU的区域被定义为臭氧"洞"。从20世纪90年代中期开始，每年臭氧洞的面积大致相当于北美洲的总面积，有时还会更大。

看一下图2.12中南极附近观测到的平流层臭氧的急剧下降。近年来，最低值约为100 DU。请记住，南极臭氧浓度总是存在季节性变化，最低值出现在九月末或十月初——南极的春天。不过，在过去几十年里，已经观测到臭氧最低浓度的大幅度下降。

想一想 2.22 今年的臭氧洞

每年，科学家们从九月开始检查南极上空的臭氧洞数据。

NASA把数据放在了网站上。请查看最近一年的数据：

a. 臭氧洞的面积是多少？与近年数据相比如何？

b. 臭氧的最低读数是多少？与往年相比怎样？

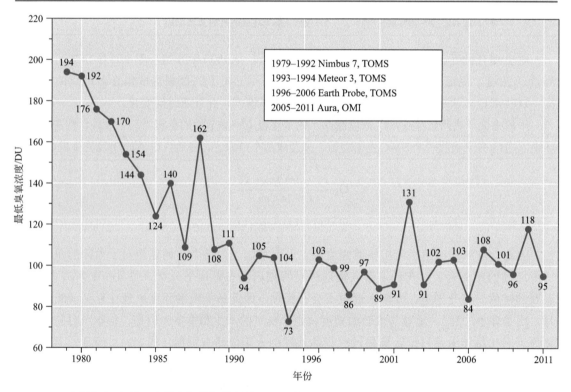

图2.12 南极每年春季平流层臭氧数据最低值，所用仪器是TOMS（臭氧总量测量谱仪）和OMI（臭氧检测仪）

注：2002年的高值是由于测量中将南极空气与中纬度空气分开的涡旋的提前瓦解所致。1995年没有数据。

资料来源：NASA Ozone Watch

空气污染物NO（一氧化氮）反应活性很高，这是它能造成肺部损伤的原因。相对之下，N_2O（一氧化二氮，或"笑气"）是很稳定的分子，可以存在几十年。

　　无论地球上什么地方发生的臭氧破坏，它们的一个主要自然起因与一系列水蒸气及其裂解产物有关。大量的水分子从海洋和湖泊蒸发，然后以降雨或降雪形式落回到地球表面。不过其中一些到达了平流层，在平流层H_2O的浓度为5 ppm。在这个高度下，紫外辐射的光子启动了水分子分解为氢自由基（H·）和氢氧自由基（·OH）。**自由基**是一种不稳定的、含有未成对电子的化学物种。未成对电子通常用圆点标示如下：

$$H_2O \xrightarrow{\text{光子}} H \cdot + \cdot OH \qquad [2.7]$$

由于有未成对电子，自由基易于发生反应。因此，H·和·OH自由基参与了多种反应，包括某些最终将O_3转化为O_2的反应。这是在50 km高空中摧毁臭氧的最有效机理。

　　本书在几个地方讨论了自由基。第1章：·OH，NO_2与对流层臭氧的形成；第6章：·OH，酸雨中SO_3的形成；第7章：·OH和$H_2O\cdot$，核辐射对细胞的伤害；第9章：·OH，R·，乙烯的加成聚合。

　　水分子及其裂解产物不是造成臭氧自然分解的唯一原因。还有一个就是·NO（一氧化氮自由基）。平流层中的大多数NO是自然界产生的。当一氧化二氮（N_2O）与氧原子反应就产生了NO。N_2O是在土壤和海洋中由微生物产生的，并逐渐迁移到平流层里。尽管在对流层里N_2O很稳定，但在平流层里它可与O原子反应生成·NO。事实上几乎没有办法或者没有理由来控制这一过程。我们将在第6章看到，这是地球上氮化合物循环的一部分。

练一练 2.23　自由基

　　a. 画出·OH自由基的路易斯结构。未成对电子数放在O原子上。

　　b. 画出·NO自由基的路易斯结构。未成对电子放在N原子上。

　　注：在第1章空气污染部分，我们直接写作NO。

　　c. 与自由基不同，N_2O没有未成对电子。画出它的路易斯结构。

　　提示：把一个N放在中间。

　　人类活动会改变NO的稳态浓度。这是为什么在20世纪70年代化学家开始关注建造大量超音速运输飞机（SST）所引起的NO增加。按照设计，这些飞机将在15～20 km的高空飞行，即臭氧层所在的区域。如你在第1章学到的，发动机高温尾气中有部分NO。喷气式飞机在起飞、降落和飞行过程中都会产生NO。

$$N_2 + O_2 \xrightarrow{\text{高温}} 2\,NO \qquad [2.8]$$

　　科学家们进行了各种实验和计算，从而得到SST的净影响。结果表明风险超过了受益，因此美国决定不建造SST，这个决定部分上是建立于科学论证的基础之上。直到2003年，英法协和式飞机是曾经在这个高度上飞行的唯一商用飞机。2003年10月24日，协和式飞机完成了最后一次飞行。安全方面的关注和经济因素在终结这些性能卓越的喷气式飞机方面起到了重要作用。

即使在平流层的模型中包括水、一氧化氮和其他天然化合物的影响，测定的臭氧浓度仍然低于模型所预测的数值。世界范围的测量表明，臭氧浓度在过去20多年里持续下降。虽然数据存在起伏，但趋势非常清楚。中纬度（南纬60°或北纬60°）地区的平流层臭氧浓度下降了8%。这些变化不能用太阳辐射强度的变化来解释，我们必须再看看其他方面以得出更全面的解释。因此是时候把我们的注意力转向氯氟烃了。

2.9 氯氟烃：性质、用途以及与臭氧的相互作用

通过出色的科学研究，F·舍伍德·罗兰、马里奥·莫利纳和保罗·克鲁岑揭开了平流层臭氧损耗的主要原因，他们获得了1995年的诺贝尔奖。他们搜集和分析了大量的大气数据，研究了数以百计的化学反应。尽管与多数化学研究结果一样，这个结论仍有一些不确定性，但是目前压倒性的证据指向一类不太可能的化合物：氯氟烃。

如它们的名字所表明的，**氯氟烃（CFCs）**是含有元素氯、氟和碳的化合物（但不含氢）。氟（F）和氯（Cl）属于同一族，即卤素。卤族元素还有溴（Br）和碘（I）（图2.13）。

所有卤素都是双原子分子，但只有氟和氯是气体。图2.13中未显示氟，因为它太活泼，会与玻璃容器发生反应。但CFC分子非常惰性。

| 氯 | 溴 | 碘 |

图2.13　一些7A族元素（卤素）

先看一下两个CFC分子的实例。

$$\overset{\displaystyle :\ddot{F}:}{\underset{\displaystyle :\ddot{C}l:}{:\ddot{C}l-C-\ddot{C}l:}} \qquad 和 \qquad \overset{\displaystyle :\ddot{F}:}{\underset{\displaystyle :\ddot{C}l:}{:\ddot{C}l-C-\ddot{F}:}}$$

三氯氟甲烷　　　　二氯二氟甲烷
氟里昂-11　　　　　氟里昂-12

请注意，这两种化合物的科学名称基于甲烷（CH_4）。前缀"二"和"三"指出取代氢原子的卤素原子的个数。这两个CFCs的商品名分别是氟里昂-11和氟里昂-12，也叫CFC-11和CFC-12，这是杜邦公司的化学研究人员于20世纪30年代建立起来的一套命名体系。

甲烷是最小的烷烃，参见第1章。更多氟里昂的命名参见本章习题第53题。

自然界没有CFCs，它们是人工合成化合物。这是在辩论CFCs在平流层臭氧损耗中作用的一个重要证据。正如在上一节所看到的，其他破坏臭氧层的物质，如·OH和·NO自由基，既有天然来源也有人类活动产生的。

CCl_2F_2在20世纪30年代被用作制冷剂，这项发展在当时立刻受到热烈欢迎，并且被视为化学的重大成功，以及在消费者安全方面的一项重要进展。这种合成物质取代了氨和二氧化硫这两种有毒和腐蚀性制冷剂。CFC-12在很多方面都曾经（或仍然）是一个理想的替代产品。它无毒、无色、无味、不燃烧，而且CCl_2F_2化学性质稳定，与很多化合物都不发生反应。

由于CFCs有利的无毒性质，它们很快获得了很多应用。例如，CCl_3F常被吹入高分子混合物用于生产泡沫垫和泡沫绝缘体。其他CFCs用作气溶胶喷雾罐的推进物质以及作为油脂的无毒溶剂。

第9章讨论高分子和塑料。用于"吹起"塑料使之成为泡沫的气体被称为吹剂。

哈龙是CFCs的表兄弟。像CFCs一样，哈龙也是惰性、无毒、含有氯或氟（或二者兼有，但无氢）的化合物。不过，它们还含有溴。例如，下面是溴代三氟甲烷（$CBrF_3$，又称哈龙-1301）的路易斯结构。

$$\ddot{:}\overset{\displaystyle :\ddot{F}:}{\underset{\displaystyle :\ddot{F}:}{\overset{|}{\underset{|}{:\ddot{Br}-C-\ddot{F}:}}}}$$

哈龙是灭火剂，特别适用于消防水龙或洒水车不适用的场合，例如图书馆（尤其是珍稀藏书室）、油火（水会使火势蔓延）、化学品仓库（部分化学品与水反应）、飞机（用水浇驾驶舱肯定是个坏主意）。

哈龙的组成有不同的定义，取决于你在哪里看到它们。有时会根据用途定义哈龙（比如灭火剂），而不是根据组成。

无论好坏，CFCs的合成对我们的生活都有着重要的影响。由于CFCs无毒、不可燃、价廉和用途广泛，它们彻底改变了空调领域，使空调可以安装在美国的家庭、办公楼、商店、学校和汽车里。当使用低廉的CFCs制冷剂时，令人难以忍受的夏日高温和潮湿就变得可以轻松应付了。在美国南部，从20世纪60和70年代开始，使用CFCs的空调促进了一些位于炎热、潮湿地区的城市蓬勃发展。上述城市中有一些已经成为美国人口最多的大都市。因此，以CFCs为基础的技术改变了全球范围的经济和商业潜能，引起了重要的社会变迁。

在美国，CFCs促进了炎热、潮湿地区城市的发展，如亚特兰大、休斯敦、坦帕和孟菲斯。

具有讽刺意味的是，使CFCs成为一类理想应用产品的特性——化学惰性——却成为对环境的威胁。CFCs中的碳-氯键和碳-氟键都很强，因此这些分子在长时间内都可以保持稳定。例如，据估计CCl_2F_2分子在大气中被分解前平均可以保持120年。许多CFC分子只需5年就可以到达平流层。

在1973年，罗兰和莫利纳主要受好奇心驱使，开始研究平流层CFC分子的反应机理。他们知道，当海拔增加时氧和臭氧的浓度下降，紫外辐射的强度增加。因此他们推论得出，在平流层，光子如波长220 nm或波长更短的紫外光子可以打断碳-氯键。方程式2.8显示了这个从CFC-12释放氯原子的反应。

$$F—\overset{\overset{\text{Cl}}{|}}{\underset{\underset{\text{F}}{|}}{C}}—Cl \xrightarrow[\lambda \leqslant 220 \text{ nm}]{\text{UV光子}} F—\overset{\overset{\text{Cl}}{|}}{\underset{\underset{\text{F}}{|}}{C}}\cdot + \cdot Cl \qquad [2.9]$$

氯原子有7个外层电子，其中1个未配对。我们将氯原子写作Cl·是为了强调其中的未配对电子。氯原子具有强烈的与其他原子化合并共享电子从而达到稳定八隅体结构的趋势。罗兰和莫利纳以及随后的研究人员提出假说，认为氯原子的反应性将引起一个链反应。虽然存在若干种CFCs破坏平流层臭氧的途径，我们将仅描述其中一种已知发生在极地区域的典型过程。

首先，Cl·自由基从O_3分子中拉出一个氧原子，形成一氧化氯（ClO·），放出O_2分子。该方程式中的系数2未消掉，因为我们在下一步（方程式2.10）中要用到它。

$$2 \text{ Cl}\cdot + 2 \text{ O}_3 \longrightarrow 2 \text{ ClO}\cdot + 2 \text{ O}_2 \qquad [2.10]$$

溴原子进行类似的反应，启动另一个臭氧分解的循环。Br·在破坏O_3方面比Cl·的效率高10倍。

ClO·是另一个自由基，它有13个外层电子（7 + 6）。最新的实验证据指出，75%～80%的平流层臭氧损耗与ClO·合并成为ClOOCl有关。

$$2 \text{ ClO}\cdot \longrightarrow \text{ ClOOCl} \qquad [2.11]$$

然后，ClOOCl按照两步分解。

$$\text{ClOOCl} \xrightarrow{\text{紫外光子}} \text{ClOO}\cdot + \text{Cl}\cdot \qquad [2.12a]$$

$$\text{ClOO}\cdot \longrightarrow \text{Cl}\cdot + \text{O}_2 \qquad [2.12b]$$

我们可以把这一系列化学方程式按照数学方程式进行处理，并把它们加和。加和结果如下。

$$2 \cancel{\text{Cl}}\cdot + 2 \text{ O}_3 + 2 \cancel{\text{ClO}}\cdot + \cancel{\text{ClOOCl}} + \cancel{\text{ClOO}}\cdot \longrightarrow$$
$$2 \cancel{\text{ClO}}\cdot + 2 \text{ O}_2 + \cancel{\text{ClOOCl}} + \cancel{\text{ClOO}}\cdot + \cancel{\text{Cl}}\cdot + \cancel{\text{Cl}}\cdot + \text{O}_2 \qquad [2.13]$$

如数学方程式的做法一样，我们可以从化学方程式的两侧消去重复的Cl·、ClO·、ClOO·和ClOOCl。剩余部分就是臭氧转变为氧气的方程式（式2.14）。

$$2 \text{ O}_3 \longrightarrow 3 \text{ O}_2 \qquad [2.14]$$

因此，臭氧与氯原子的复杂相互作用为臭氧的分解提供了一个途径。

注意，Cl·既是反应物（方程式2.13）也是产物（方程式2.12a和式2.12b）。这表明Cl·在循环过程中既被消耗也被重新生成，因此它的浓度没有净变化。这种性质是催化剂的特性，这是一类参与化学反应并影响反应速率但不发生永久变化的物质。氯原子通过循环除去更多的臭氧分子同时自身不断重新生成而起到催化作用。平均而言，一个Cl·在它被风带到低层大气之前可以催化分解约 1×10^5 个 O_3 分子。

1.11 节在讨论三元催化剂时定义了催化剂。

有趣的是，平流层CFCs破坏臭氧的机理并不是罗兰和莫利纳最初提出的那一个。他们的最初假说是 $Cl \cdot$ 与 O_3 反应生成 $ClO \cdot$ 和 O_2。建议的第二步是 $ClO \cdot$ 与氧原子反应形成 O_2 并重新生成 $Cl \cdot$ 原子。

$$Cl \cdot + O_3 \longrightarrow ClO \cdot + O_2 \qquad [2.15]$$

$$ClO \cdot + O \longrightarrow Cl \cdot + O_2 \qquad [2.16]$$

尽管这个机理被证明不是平流层中的正确机理，但是它的确为关于为什么循环有限的氯原子可以分解大量的臭氧分子提供了一个合理的解释。就像科学领域里常做的一样，假说需要根据实验证据进行修正。

氯原子也可与不破坏臭氧的稳定化合物结合。氯化氢（HCl）和硝酸氯（$ClONO_2$）就是在海拔30 km以下较易形成的这些"安全"化合物中的两个。因此，氯原子被相当有效地从臭氧浓度最高的区域（约20~25 km）除去。氯原子导致的最大臭氧破坏出现在海拔约40 km的高空，在这个高度通常臭氧浓度非常低。

令人庆幸的是，平流层中的氯几乎都不是以活性形式 $Cl \cdot$ 或 $ClO \cdot$ 存在，而是形成了不能破坏臭氧的稳定化合物。氯化氢（HCl）和硝酸氯（$ClONO_2$）就是其中两种化合物。它们在30 km高度以下非常稳定。因此，氯原子可被该区域（20~25 km）里高浓度的臭氧相当有效地除去。在第5章将会看到，这些气体是水溶性的。因此，在对流层里，它们被降水从空气中除去。

尽管HCl和$ClONO_2$不能破坏臭氧层，但是它们仍然是 $Cl \cdot$ 的潜在来源。例如，HCl可与羟基自由基（$\cdot OH$）反应产生 $Cl \cdot$。

练一练 2.24 溴也行

尽管我们一直用氯原子讨论，但溴原子也起同样作用。

a. 用溴代替氯，重写方程式2.10和式2.15。

b. 溴的浓度远低于氯。请给出一个原因。

答案：

b. 破坏臭氧层的物质中较少含溴。这些化合物，如 $CBrF_3$（哈龙-1301）。

罗兰是加州大学欧文分校的教授，而莫利纳那时是罗兰实验室的一位博士后。他们于1974年在科学杂志《自然》上发表了关于CFCs的第一篇论文。几乎同时，其他科学家也正在搜集平流层臭氧损耗和CFCs的第一批实验证据。结论很麻烦，它暗示必须停止使用CFCs。这些最初的报告受到了质疑，正如所预料的那样，特别是关系到经济利益的时候。但是预警原理最终占了上风：必须在臭氧层破坏更严重之前采取行动减缓臭氧层的损耗。

也许关于氯和一氧化氯破坏平流层臭氧的最有说服力证据示于图2.14。这个图包含两个南极数据图：一个是 O_3 浓度的，另一个是 $ClO \cdot$ 浓度的。两个图都按照实验测量地点的纬度绘制。当平流层O_3浓度下降时，$ClO \cdot$浓度上升。两个曲线几乎互为完美镜像。当接近南极的时候，主要的效应是臭氧的下降和一氧化氯的上升。由于$ClO \cdot$、$Cl \cdot$和O_3通过反应方程式2.10联系在一起，因此结论具有说服力。图2.14有时被称为平流层臭氧损耗的"冒烟的枪"。

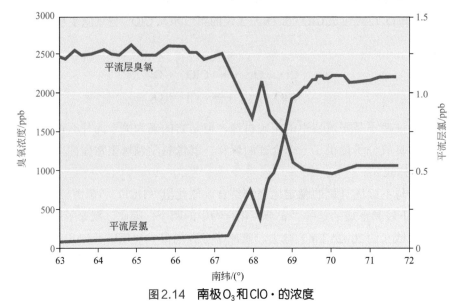

图2.14　南极O_3和$ClO \cdot$的浓度

资料来源：美国环境保护计划。数据来自http://www.unep.org/ozone/oz-story

　　并不是所有的破坏平流层臭氧的氯都来自于CFCs。另有一些氯代烃来自于自然界，如海水和火山。但是大多数来自于自然界的氯是水溶性的。因此，任何天然来源的氯都远在它们到达平流层之前被降雨从大气中冲刷掉。NASA和国际研究人员搜集到的数据中特别有意义的是，高浓度的HCl（氯化氢）和HF（氟化氢）总是同时出现。尽管某些HCl可能来自于自然界，但HF的唯一合理来源是CFCs。

　　苏珊·所罗门博士，化学家，人类首次搜集南极平流层$ClO \cdot$和臭氧数据的探险队队长。这些数据巩固了CFCs与臭氧洞之间的因果关系。当时她刚刚30岁。

想一想 2.25　　广播脱口秀观点

　　"假如史前人类被太阳灼伤了，那么我们怎么可能有机会用空调、空气清新剂去摧毁臭氧层，从而使所有人都患癌症呢？显然我们没有……，我们不可能……，那是一场骗局。有关臭氧层损耗的证据一直在增加。如果的确发生了损耗，那也不足以达到令人惊慌的程度。"首先考虑对于以上言论你打算问这位脱口秀节目主持人的第一件事是什么。请记住，为赢得播放时间你需要提出简短而有的放矢的问题。

资料来源：*Limbaugh, R*. 1993. *See, I Told You So*. New York: Pocket Books.

2.10　南极臭氧洞：靠近观察

平流层里四处都有消耗臭氧的气体。而且，由于全球大气的循环模式，CFCs在低纬度地区的相对浓度要高于两个半球。那么为什么最严重的平流层臭氧损耗出现在南极上空？如果破坏臭氧层的气体主要在较发达的北半球排放出来，为什么它们的影响在南半球最为强烈？

南极有特殊条件。其中之一是南极的平流层较低且具有地球上最低的温度有关。6月到9月是南极的冬季，围绕南极的气旋使较温暖的空气无法进入这个地区。温度可以降到-90 ℃。在这些条件下，少量的水蒸气可以形成稀薄的平流层冰云，成为**极地平流云（PSCs）**。在这些云中颗粒的表面发生了化学反应，这些反应将对臭氧层没有破坏性的安全分子如$ClONO_2$和HCl转化为反应活性更高的物种如HOCl和Cl_2。

无论HOCl还是Cl_2在黑暗的冬季里都不会造成任何损害。但是当阳光在九月底重返南极时，如果Cl·这种能大量破坏臭氧层的物种增加，臭氧洞就开始形成。请注意臭氧洞形成的条件：非常冷而且没有风，从而在一段时间内使冰晶成为化学反应发生的表面；黑暗以及随后迅速增加的阳光。图2.15显示了季节变化以及北极和南极最低温度的比较。你会发现，南极经常具备这些必要条件。

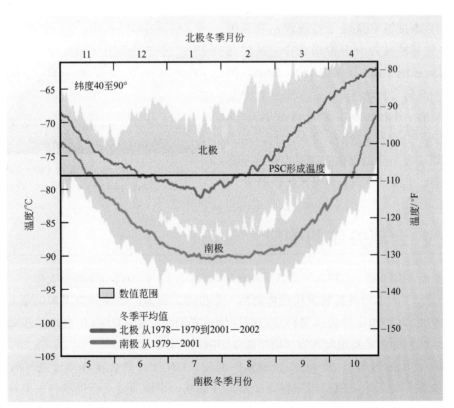

图2.15　**极地低平流层的最低气温。**极地平流云（PSCs）是在极低温度下形成的、薄薄的冰云

来源：*Scientific Assessment of Ozone Depletion: 2002,* World Meteorological Organization, United Nations Environmental Programs.

南极上空的臭氧变化紧随着季节温度的变化。在南极的春季（9~11月初）一般会出现臭氧含量的迅速下降。当阳光使平流层温度上升时，冰云挥发，从而阻止了PSCs上发生的化学反应。然后空气从较低纬度流入极地地区，补充了损耗的臭氧浓度。到11月底，臭氧洞大部分已得到补充。尽管南极上空臭氧水平的最大下降发生在春季，但是英国南极考察队的研究人员最近发现，臭氧损耗可能开始得更早，在南极的边缘地区，包括南美洲的南部地区，在冬季中期臭氧损耗就已经开始。

这里又提供了一个公地悲剧的实例——一种所有人使用的公共资源，却没有人为它负责。结果，资源被摧毁使所有人遭受损失。此处，公共资源就是臭氧层。下降的南极平流层臭氧水平使抵达地球的UV-B水平上升。结果，澳大利亚和智利的皮肤癌发病率上升。

澳大利亚科学家相信，由于紫外辐射的增加，小麦、高粱和豌豆的产量下降了。类似的影响也出现在智利南部的彭塔阿雷纳斯地区以及南美最南端的火地岛。智利卫生部长已经警告火地岛的120000名居民在春季（译者注：原文误写为秋季）的上午11点到下午3点之间不要出门，此时臭氧损耗达到峰值。

北半球臭氧损耗的程度不如南半球严重。两个半球臭氧总量变化差别的主要原因是北极的气温通常没有南极那么冷。虽然北极也观测到极低平流云（图2.16），例如，图2.16中的"珠母"极地平流云摄于瑞典拉普兰（Lapland）的一个村庄波尔尤斯（Porjus）。但是，这些云不会引发臭氧洞。不管如何，在太阳亮到足以引发更多的就像在南极观察到的臭氧分解之前，北极的空气已经开始扩散出去。

图2.16 北极的极地平流云（摄于瑞典北部）
摄影: Ross J. Salawitch, University of Maryland

2.11 对全球关注的响应

一旦更好地理解合成CFCs在臭氧层破坏中的作用，人们的反应快得令人吃惊。个别国家已经采取了一些朝着扭转臭氧损耗趋势的第一个步骤。例如，1978年美国和加拿大禁止在喷罐里使用CFCs，1990年停止在塑料发泡剂里使用它们。但是，CFCs的生产以及随后的排放是一个全球性问题，若要采取有效行动则需要国际间合作。

1977年，作为对日益增加的实验证据的回应，UNEP（联合国环境计划）召集各国领导人。与会国同意采取臭氧层国际行动计划，并成立一个协调委员会以指导未来行动。第二步发生于1985年，通过了保护臭氧层的维也纳协定。与会国，最终包括联合国的所有成员国，签署并批准了一个协定，为保护臭氧层提供一个框架。一个重要进展就是在1987年签署了为逐步退出CFCs生产设定时间表的协定：关于臭氧层损耗物质的蒙特利尔议定书。所有国家都签署了这份议定书，并需要得到各国批准。到2009年为止，联合国所有成员国都已批准。

想一想 2.26 　　传递信息的涂鸦

　　a. 这幅漫画出现于20世纪70年代中期，它的幽默来源是什么？

　　b. 这幅漫画仍然与今天的臭氧损耗问题相关吗？请解释你的理由。

　　c. 如果你对绘画有兴趣，请你也就臭氧层损耗问题创作一幅自己的漫画。请注意，要保证漫画的化学内容是正确的。

　　如图2.17所示，全球CFCs产量急剧下降。发达国家的CFCs使用逐渐减少，并于2010年完全停止使用。哈龙，这个CFCs的含溴表兄弟，也被停止使用。

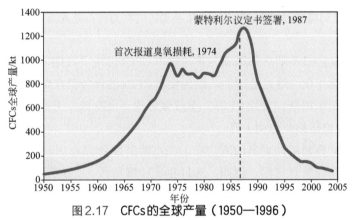

图2.17　CFCs的全球产量（1950—1996）

来源：United Nations Environmental Programs, report of May 20, 1999.

　　停止生产CFCs和哈龙并不意味着氯在平流层中的浓度会立即下降。多数地球系统，包括大气的各种系统，都非常复杂而且对外在变化的响应缓慢。实际上，即使有蒙特利尔议定书及随后的修正案的限制，破坏臭氧气体的大气浓度在整个20世纪90年代稳步上升。许多CFCs在大气中有很长的寿命，据估计约为100年或在某些情况下更长。

　　然而，仍然有一些令人鼓舞的迹象表明蒙特利尔议定书已经发挥了显著作用。已经观察到有效平流层氯含量的下降，有效平流层氯包括了平流层中的含氯和含溴气体。这个数值考虑了在破坏平流层臭氧过程中比氯的影响更大但浓度更低的溴。图2.18显示了有效平流层氯过去的浓度以及预测的未来浓度。

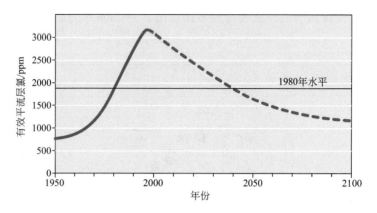

图2.18　有效氯的浓度，1950—2100（黄色带的高度范围代表预测数值的不确定性）

来源：*Scientific Assessment of Ozone Depletion: 2002*, World Meteorological Organization, United Nations Environmental Program.

　　平流层氯水平在20世纪90年代末期达到峰值。科学家估计，即使对破坏臭氧层的化学品采取最严格的国际控制，平流层氯的浓度很多年也不会下降到2000 ppb。这个浓度是有历史意义的，因为南极臭氧洞被首次记载时有效平流氯就是这个浓度。

想一想 2.27　过去和未来的有效氯水平

　　应用图2.17和图2.18回答以下问题。

　　a. 大约哪一年有效氯浓度达到峰值？这一年的数值是多少？

　　b. 有效氯浓度的峰值与CFCs生产的峰值年相同吗？为什么是或为什么不是？

　　尽管蒙特利尔议定书及随后的调整为停止生产CFCs设定了日期，但是现有库存的销售和材料的循环使用仍然存在。这是必须的，因为使用CFCs的设备仍在使用中。例如，1996年以前美国生产的车载和家用空调使用CFCs。不过你可能不会吃惊，无论是申报材料的工作量还是合法获得CFCs的价格都在急剧上升。

　　在大的方面，蒙特利尔议定书的成功在于能不断举行会议设定新的目标和修改原有目标。例如，2011年在印度尼西亚巴厘岛举行了第23次会议，2012年在瑞士日内瓦举行了第24次会议。在早期的会议中，科学家、环境专家、化工厂商和政府官员很快认识到蒙特利尔议定书不够严格。随后的每次会议都制订了修正案，加强限制。

MONTREAL PROTOCOL
25
1987-2012

资料来源：UNEP

　　2012年是蒙特利尔议定书25周年。为避免一个紫外辐射上升的世界，这是一个值得庆祝的年份。尽管如此，前方仍有若干挑战：

　　（1）获得资金资助发展中国家逐步放弃破坏臭氧层的物质；

　　（2）打击被禁化学品的非法贸易；

　　（3）逐步放弃CFCs替代品，因为它们是温室气体。

　　下一节，我们将从HCFCs开始讨论CFCs的替代物。

2.12 CFCs 和哈龙的替代

在寻找CFC替代物的过程中，没有人愿意重新将氨和二氧化硫这些有毒气体用于家用制冷设备中。同样，也没有人愿意完全放弃空调。结果是，化学家开始制备新的与无毒CFCs相似、但对平流层臭氧没有长期影响的化合物。

练一练 2.28 家用冰箱

氨和二氧化硫都是很好的制冷气体。但在家用冰箱和空调中使用比较危险。

a. 二氧化硫（SO_2）是第1章提到的空气污染物之一。即使浓度很低，它对健康有何影响？

b. 尽管氨不是户外空气污染物，但属于室内污染物。如果你刚刚用氨水清扫房间（图2.19），你或许会被氨的气味呛到。为什么氨作为制冷气体有危险？

答案：

b. 如果偶然泄漏，氨能快速溶于水，包括湿润的肺部组织。氨水呈碱性，会对肺部组织造成伤害，严重时可引起死亡。家用氨水，尽管不是纯氨，但仍须在通风良好的空间使用，并避免接触到皮肤和眼睛。

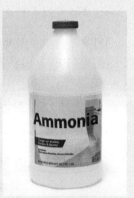

图2.19 家用氨水不是一种制冷气体，而是氨（NH_3）的水溶液

任何CFCs的替代物必须能使三个不利因素最小化：毒性、可燃性和较长的大气寿命。同时，它的沸点应当与现有制冷剂相当，一般介于-10~-40 ℃之间。寻找替代物绝对是一种精妙的平衡！

我们降低CFC大气寿命的策略是用一个C—H键取代一个C—Cl键。与C—Cl键不同，C—H键易于受到羟基自由基（·OH）的进攻，因此在低层大气中分解更快。但是，用1个氢原子取代提高了化合物的可燃性，这是不利因素。引入较轻的氢原子，也降低了沸点，因此需要重新研发设备。尽管如此，这种策略得到了一些非常有用的替代物。

> 1.11节介绍的羟基自由基被称为对流层的天然"真空清道夫"。

当用1个氢原子取代CFC的一个氯原子时，就得到**氢氯氟烃（HCFCs）**，一种由氢、氯、氟和碳（无其他元素）组成的化合物。例如，CCl_2F_2中的一个氯原子被氢取代，得到$CHClF_2$。

$$
\begin{array}{c}
\text{Cl} \\
| \\
\text{F—C—Cl} \\
| \\
\text{F}
\end{array}
\qquad
\begin{array}{c}
\text{:F:} \\
| \\
\text{H—C—:F:} \\
| \\
\text{:Cl:}
\end{array}
$$

CCl₂F₂   CHClF₂

CFC-12或R-12   CFC-12或R-12

另一种用于生产电容器和发泡绝缘体的HCFC

该化合物的大气寿命为12年，而CFC-12，也称R-12或氟里昂-12，其寿命约为120年。由于$CHClF_2$大多在低层大气中分解，因此不会在平流层中积聚。它损耗臭氧层的能力只相当于CCl_2F_2的约5%，肯定是向正确的方向迈出了一步。但氢氯氟烃仍然含氯，仍可破坏臭氧层。因此，它们还不是最佳方案，正如下一节将要看到的。

即便如此，相对于CFCs，HCFCs仍然是显著的进步。某一时期，$CHClF_2$（也称R-22）是使用最多的HCFC。它适用于多个领域，包括空调和生产快餐盒的吹剂。从1996年起，美国车载空调使用HCFCs代替CFCs。

9.5节将可以看到更多用于快餐盒的泡沫塑料和吹剂。

1998年，弗吉尼亚门罗的派罗库尔（Pyrocool Technologies）公司，由于研发了派罗库尔灭火泡沫（FEF）而获得总统绿色化学奖。派罗库尔FEF是一种水基环境友好泡沫，且比哈龙更高效。例如，世贸中心双塔受袭倒塌后，派罗库尔FEF曾用于控制底部楼层的火势，防止蔓延（图2.20）。这种泡沫也用于保护大型制冷设备的制冷气体储罐。派罗库尔FEF泡沫还有冷却作用，有助于室内和户外灭火。

图2.20　使用派罗库尔FEF水基泡沫扑灭世贸中心北塔底层余烬（2011年9月30日）

想一想 2.29　　哈龙-1301的另一个替代物

氟仿（CHF_3），也称HFC-23，可用于替代哈龙-1301（$CBrF_3$）。

a. 观察哈龙-1301和HFC-23的分子式，由此你是否能判断这两个灭火剂是否会破坏臭氧层？

b. 哈龙-1301目前处于什么阶段？

c. 为什么氟仿（HFC-23）也不太可能被长期使用？

答案：

b. 所有哈龙类产品，包括哈龙-1301，都在2010年退出市场了。

CFCs的退出和替代物的持续发展也有经济方面的考量。在高峰时，全球CFCs市场达到20亿美元，但这只是冰山一角。仅在美国，使用CFCs的产品和以CFCs为原料生产的产品总

值达到每年280亿美元。尽管转向使用CFC替代物增加了有关的费用，但对美国经济的整体影响很小。而且，这一转变为基于绿色化学核心理念制造环境友好物质的创新合成提供了市场机遇。这是当前也是未来的胜利。

在发达国家，CFCs在提高生活品质中发挥着重要作用。几乎没有人愿意放弃冰箱的便利和健康利益以及空调的舒适。发展中国家面对——持续面对——不同的经济问题和优先问题。可以理解，全世界数以百万计的人们渴望过上这种生活。但是，如果发展中国家被禁止使用较便宜的CFC技术，他们可能就用不起替代品。"我们的发展战略不应因为西方对环境的破坏而牺牲，"印度环境小组成员克萨尔（Ashish Kothar）断言。最初印度和中国都拒绝签署蒙特利尔议定书，因为他们认为发展中国家受到了歧视。为赢得这些人口大国的参与，发达国家建立了一个由世界银行管理的基金。基金的目的是帮助一些国家在不影响自身经济的情况下停止使用臭氧损耗物质。（译者注：这一段过度赞扬了发达国家的贡献，而没有提到当前的全球污染其实基本上是由所谓发达国家在过去几个世纪造成的。）

如本节所看到的，退出CFCs不易，但无论如何，我们已经做到了。而且，不仅CFCs要被取代，HCFCs也要被取代。这是必须的，因为HCFCs也含氯。另一个原因是，人们发现它们都是温室气体。具体情况见下节。

2.13 替代物的替代物

人们对冷藏的需要以及希望室内保持凉爽已经引发了始料未及的后果。

C&EN，2010年12月5日，第31页

当首次应用的时候，CFCs看上去是理想的制冷剂。不过出人意料的是，它们也被发现部分参与了地球臭氧层的破坏。当HCFCs替代CFCs时，它们只是一种过渡解决方案，因为它们也会影响臭氧层，尽管程度较低。

通过蒙特利尔议定书以及随后的修正案，多数HCFCs被规定了日程表，即在2030年以前逐步退出。目前，发达国家已不再生产HCFCs。尽管这应该会降低大气中HCFCs的浓度，但直到2010年，$CHClF_2$（R-22）的浓度仍在上升。由于世界范围对R-22的需求较高，包括家用空调系统，因此这个结果并不令人吃惊。高需求也带来了高价格。例如，在2012年格外炎热的夏季，据报道，美国R-22短缺，销售价格达到平日的数倍。

旧设备中的R-22必须回收，循环利用或销毁。严禁排放到大气中。

随着HCFCs的淡出，用什么来替代它们呢？氢氟烃（HFCs），一种含氢、氟和碳的化合物（没有其他元素），似乎是一类可供选择的替代物，因为它们是相似的化合物且不含氯。下面是两个例子。

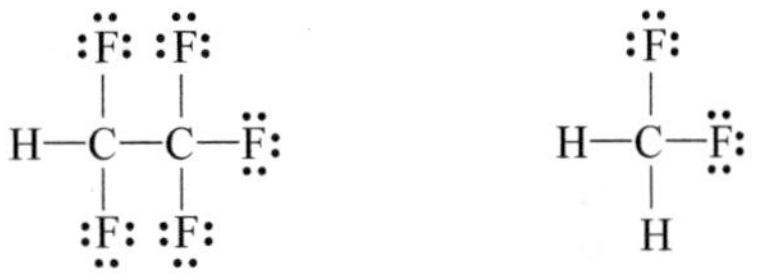

五氟乙烷
HFC-125

二氟甲烷
HFC-32

它们既不会消耗平流层臭氧，大气寿命也不太长。

从HCFCs向HFCs的转换已经开始。有时也用混合HFCs替代$CHCl_2F_2$（R-22），而不是用单一HFC。应用最为广泛的是R-410a，一种C_2HF_5与CH_2F_2的混合物。尽管如此，使用混合物需要更换设备，同时使之能顺畅工作。新设计的空调从一开始就用R-410a，而不再使用上一代的HCFC——R-22。另外一种化合物，HFC-134a，也称R-134a，广泛用于家用冰箱和车载空调。

想一想 2.30　　HFC混合物

R-407c是三种化合物的混合物：HFC-125，HFC-32和HFC-134a。前面已经给出了前两个化合物的化学式、名称和路易斯结构。第三个化合物的化学式是$C_2H_2F_4$。

　　a. 这三个化合物与CFCs有何差别？与HCFCs相比呢？制作一张表格来说明这些差别。

　　b. 画出HFC-134a的路易斯结构，每个碳上接两个氟。

但是HFCs遇到了另外一个始料未及的问题。HFCs是温室气体！实际上，HCFCs和CFCs都是温室气体，参加图2.21。与二氧化碳一样，HFCs吸收红外辐射，吸收大气热量，促进全球变暖。特别是，HFC-23最令人感兴趣，因为它是合成HCFC-22（亦称R-22）的副产物，而后者是世界上应用最广的制冷剂，如上一节所述。因此或早或晚，HFCs作为替代物是有问题的。那什么能替代HFCs呢？

第3章将介绍温室气体。

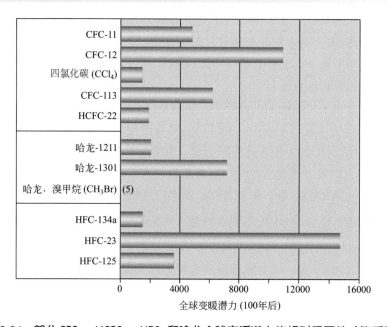

图2.21　部分CFCs、HCFCs、HFCs和哈龙全球变暖潜力的相对重要性（等质量）

资料来源：摘自 D.W. Fahey, 2006, Twenty Questions and Answers About the Ozone Layer—2006 Update, a supplement to Scientific Assessment of Ozone Depletion: 2006, the World Meteorological Organization Global Ozone Research and Monitoring Project—Report No. 50, released 2007, and reproduced here with the kind permission of the United Nations Environment Programme.

图2.21的 x 轴是全球变暖潜力，3.8节将解释这个名词。

从CFCs、HCFCs和HFCs一路看过来，但下面还有。最新一类制冷剂是HFOs，即氢氟烯。首先看一下名称。

HFO-1234yf

（1）氢（hydro）表示化合物中含C—H键，如氢氟烃和氢氯氟烃。

（2）氟（fluoro）表示化合物中含C—F键，如氢氟烃和氢氯氟烃。

（3）烯（olefin）表示化合物中含C=C双键。

将三个部分合起来，得到一种HFO（HFO-1234yf）的结构式。

在HFO-1234yf中，1代表1个双键，2表示2个H原子，3表示3个C原子，4表示4个F原子。

尽管它也吸收红外辐射，但其中的C=C缩短了它的大气寿命。因此，它在大气中的停留时间不长，它的全球变暖潜力很低，以至于极少出现在图2.21这样的图中。该化合物可燃，因为其中含C—H键，所以并不出人意料。

2007年，霍尼韦尔（Honeywell）和杜邦联合发布HFO-1234yf。三年后，实现了商业生产。到2012年，该化合物已被欧洲、美国和日本批准上市。2013年，通用汽车采用HFO-1234yf作为美国车载空调制冷剂。方便的是，它实际上可以直接替代HFC-134a。

想一想 2.31　　意想不到的结果

我们会不会没有注意到氢氟烯对环境的危害呢？在本书英文版付印的时候，有人表达了对自然水系中三氟乙酸（TFA）浓度上升的关注。TFA是氢氟烯的环境降解产物之一。另一个关注是它燃烧后会产生氟化氢（HF）。

a. HFO-1234yf的应用最初受到了一些国家的反对，例如德国。现在还是这样吗？为什么是或为什么不是？

b. 除TFA和HF以外，应用HFO-1234yf是否还会有其他问题？

另外两个制冷剂值得关注。一个是R-744，它的一个广为熟知的名称是二氧化碳。在19世纪这种气体就用于制冷系统，但不利之处是需要用高压压缩，有时需要100个大气压。随后基本被取代，首先是氨，然后是CFCs。尽管今天已经有重新启用二氧化碳作为制冷剂的兴趣，但仍未出现转机。

第二种是另一种天然化合物，丙烷，第1章曾经提到过的一个小的烃类化合物（C_3H_8）。尽管价格低廉、无毒，就像所有烃类一样，但它易燃。作为制冷剂，丙烷的性质与R-22相似。随着HFOs的出现，同样比以前的产品更易燃，因此丙烷有机会重回市场。

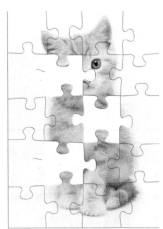

在结束本章的时候，一个类比浮现在脑海中，这是在2011年臭氧层损耗和全球气候变化大会上，诺贝尔奖得主马里奥·莫利纳用的一个类比。他提到有人将科学比喻为纸牌屋：如果一部分受到干扰，整个房子就倒了。他建议用一个更好的比喻，也就是小猫拼图：即使弄丢几片，你仍然可以看到一只小猫。

但平流层臭氧损耗不是这种情况。即使只丢了几片，仍然难以看清图像。尽管在化学协助下可以看到图像，显然还不够充分。最终，在政府和公民中关于如何最好地保护平流层臭氧的争论将决定全球政治舞台的发展。

想一想 2.32　　历史仍在书写

每一年，各国都聚集一堂，继续讨论蒙特利尔议定书及其修正案。今年的会议在哪里召开？综述会议成果和矛盾点。

结束语

化学与臭氧损耗的过程密切相关。化学家创造了具有几近完美性质的氯氟烃，只是在近年以来才揭示了它们破坏平流层臭氧的黑暗一面。化学家通过国际合作发现了CFCs破坏臭氧层的机理并发出紫外辐射上升的警告。化学家还将继续合成最终取代CFCs及其他有关化合物所需要的替代物。

尽管化学必然是解决方案的必要组成部分，但它却不是全部。2005年，在塞内加尔达卡举行的臭氧损耗物质蒙特利尔议定书会议上，执行秘书长马尔科·冈萨雷斯（Marco González）提醒与会代表，全球合作的最后20%将是最艰难的部分。各国国内立法进度的差异将有损信誉的积累，使远期目标陷于危险。在复杂性上，经济、社会和政治问题与科技问题不分上下。

因此，臭氧损耗问题将大量不同背景的参与者汇聚起来追求一个共同的目标。化学家提供了臭氧损耗的起因和影响。工业界面对限制条例做出了响应，以比起初预料更快和更廉价的方式研发出替代品，而且充分参与了进一步淘汰的讨论。非政府组织（NGOs）和媒体是通讯和教育的重要渠道。各国政府共同合作，耐心地协商一份众多国情、目标和资源不同的国家可以接受的协议——在科学证据完全清晰之前将预防措施付诸实施，这显示了他们的勇气和远见。

2007年，在蒙特利尔议定书签署20周年大会上，希腊的乔治斯·苏夫利亚斯（Georgios Souflias）在致辞时指出，我们不能对环境无动于衷，因为环境是我们的家园。"环境不仅为人们提供了更好的生活品质，也是生活本身。"

请记住这句话，然后我们将进入下一个主题，全球气候变化的化学。

本章概要

学过本章之后，你应该能够：

- 区分有害的地表臭氧和有益的平流层臭氧（2.1）。
- 描述臭氧的化学，包括臭氧如何在大气中形成（2.1，2.6，2.8~2.10）。
- 描述臭氧层，用几种不同的方式定义（2.1，2.6，2.8~2.10）。
- 应用原子结构基本知识描述某一特定元素的原子（2.2）。

- 理解周期表同族元素的关系（2.2）。
- 区分原子序数和质量数，并用后者定义同位素（2.2）。
- 写出具有单键、双键和三键的小分子的路易斯结构（2.3）。
- 按频率、波长和能量描述电磁波谱（2.4，2.5）。
- 用波长和能量图解释辐射和生物损害以及臭氧层损耗（2.4~2.8）。
- 理解平流层臭氧如何防护有害紫外辐射（2.6，2.7）。
- 在不同方面比较和对比UV-A、UV-B和UV-C辐射（2.6，2.7）。
- 讨论辐射与物质的相互作用，以及这些作用引起的变化，包括生物敏感性（2.6，2.7）。
- UV指数的含义与应用（2.7）。
- 写出氯原子、溴原子以及一些自由基的路易斯结构。能解释为何自由基如此活泼（2.8）。
- 认识到搜集平流层臭氧损耗准确数据的复杂性，并能正确解释这些数据（2.8，2.9）。
- 理解CFCs的化学性质及其在平流层臭氧损耗中的作用（2.9，2.10）。
- 解释南极季节性臭氧损耗的独特因素（2.10）。
- 总结蒙特利尔议定书及修正案的成果（2.11，2.12）。
- 评价平流层臭氧损耗的绿色化学替代物的文章（2.12）。
- 讨论有助于恢复臭氧物质的绿色化学替代物的文章（2.12）。
- 解释CFCs的替代物HCFCs需要被替代。然后解释替代HCFCs的HFCs仍需要被替代（2.13）。
- 如本节开头指出的，"我们对凉爽住所和办公室的渴望带来了始料未及的结果。"用证据证明这个说法（2.13）。

习题

强调基础

1. 臭氧的化学式与氧气有何不同？在性质上又有何不同？
2. 请解释为何在雷暴之后或在发电机附件能闻到臭氧的刺激性气味？
3. 书中称臭氧的气味即使在10 ppb的浓度下也可检测到。你能在如下空气样本中闻到臭氧的气味吗？
   a. 0.118 ppm的臭氧，这是城区臭氧的浓度。
   b. 25 ppm臭氧，这是平流层中臭氧的浓度。
4. 一名记者写道："南极点上空10英里盘旋着巨大的平流层补丁，裹挟着可吸收辐射的臭氧，令人忧心，浓度低的令人忧心。"
   a. 这块盘旋的补丁有多大？
   b. 10英里高准确吗？用千米单位表示。
   c. 臭氧吸收什么类型的辐射？
5. 曾有人建议用"臭氧屏障"代替"臭氧层"来描述平流层中的臭氧。两个名词各有何利弊？
6. 说出对流层和平流层空气的三个不同点。请参考第1章和第2章的材料。
7. a. 多布森单位是什么？
   b. 320 DU和275 DU的两个读数中哪一个指示着更高的臭氧总量？
8. 利用周期表确定下列每种元素的质子数、电子数和中子数。
   a. 氧（O）　　　　b. 氮（N）　　　　c. 镁（Mg）　　　　d. 硫（S）
9. 考虑下面周期表。

　　a. 阴影部分的族数是多少？

　　b. 这一族中有哪些元素？

　　c. 该族中每个元素的中性原子有几个电子？

　　d. 该族中每个元素的中性原子有几个外层电子？

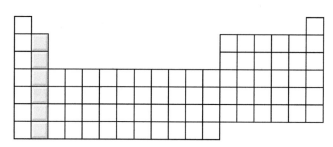

10. 给出下列已知质子数的元素的名称和元素符号。

　　a. 2　　　　　　　b. 19　　　　　　　c. 29

11. 给出下列元素的质子、中子和电子的数目。

　　a. 氧-18（$^{18}_{8}$O）　　　b. 硫-35（$^{35}_{16}$S）　　　　　c. 铀-238（$^{238}_{92}$U）

　　d. 溴-82（$^{82}_{35}$Br）　　　e. 氖-19（$^{19}_{10}$Ne）　　　　f. 镭-226（$^{18}_{8}$Ra）

12. 写出下列元素的符号，同时在符号上指示出原子序数和质量数。

　　a. 9个质子，10个中子（一种用于放射医学的同位素）

　　b. 26个质子，30个中子（该元素的最稳定同位素）

　　c. 86个质子，136个中子（在某些家庭中发现的放射性气体）

13. 写出下列原子的路易斯结构。

　　a. 钙　　　　　　　b. 氮　　　　　　　　c. 氯　　　　　　　d. 氩

14. 设八隅体规则成立，写出下列每种分子的路易斯结构。

　　a. CCl_4（四氯化碳，一种曾用于干洗剂的物质）

　　b. H_2O_2（过氧化氢，一种温和的杀菌剂；原子键合顺序为：H—O—O—H）

　　c. H_2S（硫化氢，一种具有难闻的臭鸡蛋气味的气体）

　　d. N_2（氮气，大气的主要成分）

　　e. HCN（氢氰酸，太空中发现的一种分子，一种有毒气体）

　　f. N_2O（一氧化二氮，"笑气"；原子键合顺序为：N—N—O）

　　g. CS_2（二硫化碳，用于毒杀啮齿动物；原子键合顺序为：S—C—S）

15. 几种不同的含氧物种都与平流层的化学反应过程有关，其中有氧原子、氧气、臭氧和氢氧自由基。请画出每一物种的路易斯结构。

16. 考虑下面两个表示电磁波谱不同部分的波。按下列物理量进行比较。

波1　　　　　　　　　　　　波2

　　a. 波长　　　　　　　b. 频率　　　　　　　c. 速率

17. 利用图2.7确定下列每个波长所处的电磁波谱区间。提示：在比较之前将波长单位变换为米。

　　a. 2.0 cm　　　　　　b. 400 nm　　　　　c. 50 μm　　　　　d. 150 mm

18. 计算练习17中每个光子的能量。哪个波长具有最高能量的光子？

19. 按照能量上升的顺序排列下列各种辐射类型：伽马射线，红外辐射，无线电波，可见光。

20. 家用微波炉的微波的频率为$2.45 \times 10^9 \, s^{-1}$。该辐射与无线电波相比能量高还是低？与X射线相比如何？

21. 紫外辐射分为UV-A、UV-B和UV-C三类。按照如下性质的上升顺序排列这三种辐射。

    a. 波长

    b. 能量

    c. 造成生物伤害的可能性

22. 画出任何三种CFCs的Lewis结构。

23. CFCs可用于发型喷剂，冰箱、空调和塑料泡沫。哪些性质令CFCs如此受欢迎？

24. a. 一个含氢的分子属于CFCs吗？

    b. HCFC与HFC有何差别？

25. a. 多数CFCs基于甲烷（CH_4）或乙烷（C_2H_6）。用结构式表示这两个化合物。

    b. 用氯和氟原子同时取代甲烷中的全部氢原子，问甲烷可以形成多少种不同的CFCs？

    c. 在b中你列出的化合物中，哪一种是最成功的？

    d. 为什么以上这些化合物不是同样成功？

26. 下列自由基在催化臭氧损耗反应中发挥了重要的作用：Cl，NO_2，ClO和HO。

    a. 计算这些物种的外层电子数，并画出Lewis结构。

    b. 自由基具有何种共性使它们具有高度反应活性？

27. a. 南极上空一氧化氯的增加和平流层臭氧损耗的最初测量是如何做的？

    b. 今天如何做这些测量？

28. 下面两个图中哪一个表明UV-B辐射的增加与南极上空平流层臭氧浓度的下降有关？

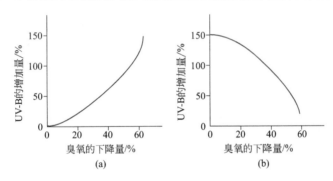

注重概念

29. EPA在若干面向公众的印刷品中使用过一个口号："臭氧：好的远在天边，坏的近在眼前"。这句口号传达了何种信息？

30. 诺贝尔奖得主舍伍德·罗兰将臭氧层称为地球大气的阿基里斯之踵。解释这个隐喻。

31. 在一份2007年的谈话摘要中，诺贝尔奖得主舍伍德·罗兰写道："太阳UV辐射在大气中建立了臭氧层，后者反过来又吸收了太阳辐射的大部分能量。"

    a. UV辐射中能量最高的部分是什么？

    b. 太阳UV辐射怎样"建立了臭氧层"？

32. 在本章总结里，我们引用了乔治斯·苏夫利亚斯在蒙特利尔议定书20周年纪念大会上的发言："我们所有今天在这个星球上呼吸着的并有能力行动的人，都必须快速而且果断地确保地球的未来。我们没有权力拖延；我们没有时间可以挥霍。"

    a. 拖延会带来什么危险？

    b. 回顾可持续性的定义。他的话与可持续性的联系是什么？

33. 参考图2.10中的查普曼循环。

    a. 理解氧原子的来源。

    b. 这个循环在对流层上能发生吗？

34. 下图是西德尼·哈里斯漫画。为什么画中提出的臭氧损耗解决方案不可行？

"哦，看在圣徒的份上，
弄些烟雾来，送回到上边去！"

资料来源：ScienceCartoonsPlus.com. 经授权许可

35. "我们正在冒着解决一个全球环境问题，同时又加重另一个的风险，除非能找到其他替代物。"这是一位美国官员2009年在谈到停止使用HCFCs时说的话。

    a. HCFCs在2009年被什么化合物替代了？

    b. 替代的风险是什么？

36. 可以写出臭氧的3个共振结构，而不仅仅是书里的两个。证明所有这3个结构都满足八隅体规则，并解释为什么三角形结构是不合理的？

$$\ddot{O}=\overset{..}{O}-\overset{..}{\underset{..}{O}}: \quad \longleftrightarrow \quad :\overset{..}{\underset{..}{O}}-\overset{..}{O}=\ddot{O} \quad \longleftrightarrow \quad \overset{..}{\underset{..}{O}}\overset{\overset{..}{O}}{\triangle}\overset{..}{\underset{..}{O}}$$

37. 氧-氧单键的平均键长为132 pm。氧–氧双键的平均键长为121 pm。你预计臭氧中氧-氧键长是多少？臭氧中的两个氧–氧键长相等吗？请解释你的预测。

38. 如何区分氧的同素异形体与氧的同位素？请解释你的依据。

39. 尽管你的皮肤色素很少，但是你为什么不能在收音机前晒黑呢？

40. 晨报报道的紫外指标为6.5。这意味着你应当如何安排日常活动呢？

41. 所有关于紫外辐射伤害的报道都集中于UV-A和UV-B辐射。为什么媒体的注意力没有放到UV-C对我们皮肤的影响上面？

42. 若每天都有3×10^8 t平流层臭氧形成和分解，那么平流层臭氧如何保护我们免遭紫外辐射？

43. CCl_2F_2（氟里昂-12）的化学惰性既非常有用也会引起问题。为什么会这样？

44. 请解释为何Cl·浓度的小变化（测量单位为ppb）可以引起O_3浓度（测量单位为ppm）的很大变化。

45. 平流层臭氧洞的发展在南极上空最为显著。南极的哪些条件有助于说明为何该地区适于研究平流层臭氧浓度的变化？这些条件不适于北极吗？为什么？

46. 自由基CF_3O·生成于HFC-134a的分解过程。

    a. 画出这个自由基的路易斯结构。

    b. 请解释为何CF_3O·不会引起臭氧损耗。

47. 一个破坏南极地区臭氧的机理与BrO·自由基有关。一旦形成之后，它与ClO·反应生成BrCl和O_2。BrCl反过来与阳光反应分解为Cl·和Br·，这两个产物都可与O_3反应形成O_2。

    a. 用一组类似于查普曼循环的方程式表达上述信息。

    b. 该循环的总方程式是什么？

48. 考极地平流云（PSCs）在平流层臭氧损耗中起到重要作用。

    a. 为什么PSCs在南极出现的频率高于北极？

    b. 在PSCs表面发生的反应比在大气中更快。其中一个反应是氯化氢与硝酸氯（$ClONO_2$）的反应，这两个物种不会破坏臭氧层，而是生成氯分子和硝酸（HNO_3）。写出化学反应方程式。

    c. 氯分子也不破坏臭氧层。但当太阳在春季回到南极时，氯分子可生成破坏臭氧层的物种。用化学方程式表示该过程。

49. 下图显示1950—2100年之间含溴气体在大气中的丰度。

    a. 哈龙-1301是$CBrF_3$，哈龙-1211是$CClBrF_2$。当初为什么要生产这些化合物？

    b. 比较哈龙-1211和哈龙1301的变化趋势。为什么哈龙-1301的下降没有那么快？

    c. 2005年，除了关键领域外，美国停止使用溴甲烷。请解释为什么根据预测CH_3Br的大气丰度变化是一条直线而不是逐渐下降。

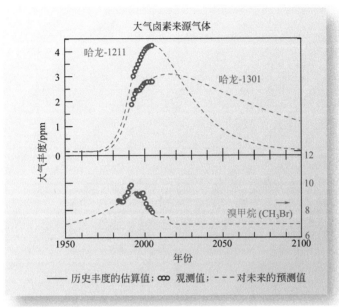

来　源：*Scientific Assessment of Ozone Depletion: 2002*, World Meteorological Organization, United Nations Environmental Program.

探究延伸

50. 第1章讨论了一氧化氮（NO）在形成光化学烟雾中的作用。NO在平流层臭氧损耗中起了什么作用？如果有作用，平流层中NO的来源于对流层中NO相同吗？

51. 共振结构可用于解释中性分子和带电基团的成键情况。硝酸根（NO_3^-）在外层电子数之外具有1个由氮和氧原子贡献的额外电子。这个额外电子使离子带电。画出共振式，证明它们都符合八隅体规则。

52. 尽管氧以O_2和O_3存在，但是氮仅以N_2存在。提出一个解释说明这个事实。提示：试画出N_3的路易斯结构。

53. 单个CFCs的化学式，如CFC-11（CCl_3F）可以利用代码写出。解释CFCs代码的一个快捷方法是在该数字上加上90。在这里，90 + 11 = 101。加和中的第1个数字为碳原子的个数，第2个为氢原子的个数，第3个为氟原子的个数。CCl_3F中有1个碳原子，没有氢原子，有1个氟原子。所有余下的键都设为氯。

    a. CFC-12的化学式是什么？

    b. CCl_4的代码是什么？

    c. 上述"90"方法适用于HCFCs吗？利用HCFC-22（$CHClF_2$）解释你的回答。

    d. 上述方法适用于哈龙吗？利用哈龙-1301（CF_3Br）解释你的回答。

54. 市场上有很多不同类型的空气、水、甚至食物的臭氧消毒发生器。它们在销售时经常采用像下面一条来自一家联营店的口号："臭氧，世界上最强大的消毒剂！"

    a. 用于净化空气的臭氧发生器要求什么？

    b. 使用这些装置有何风险？

55. 化学物质对臭氧层的影响可用一个称为臭氧损耗潜力（ODP）的数值来衡量。这是一个用于评价平流层臭氧在受到某一定量物质破坏时所能存在的寿命的数值标度。所有数值都以CFC-11为基准，后者的ODP定义为1.0。使用以上事实考虑下列问题。

    a. 说出两个影响化合物ODP值的因素，并解释理由。

    b. 多数CFCs的ODP值在0.6～1.0之间。你预计HCFCs的范围是多少？请解释你的理由。

    c. 你预计HFCs的ODP值是多少？请解释你的理由。

56. 最近的实验证据表明，ClO·最初反应形成Cl_2O_2。

    a. 写出该分子的合理Lewis结构。设原子排布顺序为：Cl—O—O—Cl。

    b. 该证据对于理解ClO·催化分解臭氧的机理有何影响？

第3章　全球气候变化中的化学

　　这群黑猩猩对全球气候变化贡献最小或根本无贡献，它们也不可能讨论这个问题。然而，他们必须适应将要发生的气候变化。

与人类不同，黑猩猩和其他动物以及植物并不互相争论关于气候变化的问题。它们只是试图适应世界的不断变化，这种变化会影响它们的生存方式，包括获取食物、水和栖息地。例如，随着气候的变化，食物供应在变化，从而迫使动物，比如黑猩猩，为了获得足够的热量维持生存而适应这种变化。由于天气变化模式不同，这些（气候）变化也会影响它们的栖息地。

气候变化和全球变暖不是同一个术语，但密切相关。本章中这两个术语都将被使用。

虽然，海洋（构成地球的大部分）中的咸水没有发出声音，但它仍然响应着气候的变化，也有故事可讲。在寒冷的气候中，当气温下降时，它悄然冻结形成海冰。随着春天的到来，气温回升，海冰也许喧闹地开裂、消融。这种冻结-融化循环已经持续了数千年，随着地球上温度的变化，逐渐形成或多或少的冰。然而，近年来，冻结-融化循环更加明显，北极水的无冰期加长。

二氧化碳可能是北极变化的罪魁祸首吗？植物和动物种群及其栖息地的变化如何？毫无疑问，你听说过CO_2的消息。作为一种温室气体，二氧化碳在保持地球温暖舒适、维持生命过程中起着作用，但这里可能把好事情说得太多。在本章，我们将会看到，二氧化碳并不是唯一一起作用的气体。我们还将讨论其他气体，如甲烷和水蒸气，看看它们是如何产生温室效应的。

关于CO_2，你已经知道什么？下一个活动让你有机会评估你现在的知识。

想一想 3.1　　　新闻中的二氧化碳

a. 关于CO_2，你已经了解了哪些事实？列一个清单，并将其保存以供将来参考。

b. 正如这幅漫画指出的，汽车向我们的空气排放CO_2。除了车辆外，还有什么使大气中CO_2增加？再列一个清单并保存它。

c. 车辆从排气管也排放出其他气体，包括空气污染物。当你降低二氧化碳排放量时，你也会降低其他空气污染物的排放量。说出两种空气中污染物的名称。

提示：重温练一练1.19。

我的车只向空气排放一点点CO_2

正如**想一想3.1**所指出的，二氧化碳是由车辆排放出的。你在本章及下一章将看到，当碳氢化合物（烃）和其他含碳燃料燃烧时，二氧化碳连同其他空气污染物一起产生。没有人否认存在着这些气体的排放。不过，他们不同意可以释放多少，而不会对地球的气候造成显著的负面影响，即使应该关注这些排放。

为了做出有关排放的明智决定，我们首先需要考察地球的能量平衡。我们将通过探索如何改变这种平衡来做到这一点，例如，通过研究温室气体，诠释从地球冰川的冰芯收集的数据等。我们还将解释本章中的关键化学概念，如能量平衡、温室气体和温室效应、分子的形状、分子的振动、碳循环、原子质量、摩尔、大气气体以及气溶胶等，以帮助你们评估气体的排放对气候的影响。

为了评估排放对气候的影响，我们不能超越自己。是否想过为什么地球不会太热或太冷以维持生命？我们通过讨论地球大气的能量平衡开始思考气候变化。

3.1　在温室中：地球能量平衡

当我们开始了解全球气候变化的旅程时，我们需要首先了解地球是如何加热和冷却的。加热地球的能量主要来自太阳。然而，这不是整个问题的全部。根据地球到太阳的距离以及太阳的辐射量计算，地球上的平均温度应为 –18 ℃，海洋应该常年冻结。然而，幸运的是，事实并非如此。现在地球的平均气温约为 15 ℃。

金星（图 3.1）是另一个其温度与它到太阳的距离不匹配的行星。许多人认为，除了月亮，金星是夜空中最明亮、最美丽的物体。金星的平均温度约为 450 ℃。然而，根据它到太阳的距离，其平均温度应为 100 ℃，即水的沸点。

用什么共同点可解释地球和金星都有的这些差异？他们处于大气氛围中。为了解我们周围的大气所起的作用，我们现在研究当太阳辐射到达地球时会发生什么。

地球能量平衡过程示于图 3.2。地球几乎接收了所有来自太阳的能量（橙色箭头），主要以紫外线、可见光和红外线辐射的形式。这些入射辐射中的一部分（25%）通过悬浮在我们周围的大气中的灰尘和气溶胶颗粒反射回空间（蓝色箭头）。这种入射辐射的其他部分（6%）

图 3.1　金星由伽利略飞船拍摄

被地球本身的表面反射，特别是那些白色的有雪或海冰的地区。因此，从太阳接收的辐射的 31% 被反射回去。

这些及其他类型的电磁辐射已在 2.4 节中介绍。

剩余的 69% 的太阳辐射被大气吸收（23%）或被陆地和海洋吸收（46%）。由此可说明，所有的太阳辐射 = 反射加吸收的辐射：31%+69% = 100%。

练一练 3.2　　太阳光

考虑这三种类型的辐射能量：太阳发射出的辐射、红外辐射、紫外及可见辐射：

a. 按波长增加的次序排列。

b. 按能量增加的次序排列。

答案：a. 紫外、可见、红外。

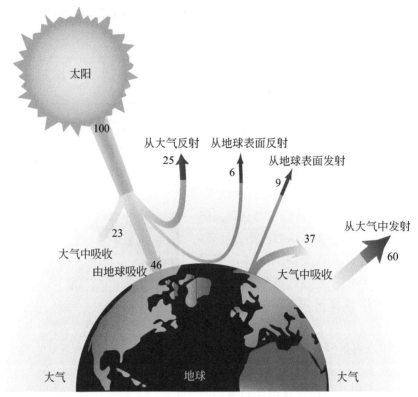

图3.2 地球能量平衡 橙色代表混合波长，蓝色表示短波长，红色表示长波长
（数值以太阳总入射辐射量的百分比给出）

为了保持地球的能量平衡，所有从太阳吸收的辐射都必须最终回到太空。图3.2 表明：

（1）46%的太阳辐射被地球吸收。

（2）地球以较长的波长（IR）重新发射它吸收的全部辐射。

（3）地球发射的一部分辐射逃逸到太空（9%）。

（4）其余部分被大气吸收（37%）。

（5）54%的太阳辐射被大气吸收（23%）、从大气中反射（25%）或从地球表面反射（6%）。被大气吸收的60%的辐射（直接来自太阳的有23%，来自地球表面的有37%）最终被发射到太空以完成能量平衡。

再次说明，地球吸收的46%的太阳辐射最终会被发射出去，不过在其发射到太空之前有37%被大气层吸收。吸收过程向地球大气层增加热量，因为辐射导致相邻分子之间的碰撞，使大气变暖。在任何时候，地球发射的辐射的80%（或37 ÷ 46 ×100%）被大气吸收。正如我们希望你可以看到的，地球大气层中的气体像一个温室！

动感图像！访问动感图像！以了解更多关于电磁谱、地球能量平衡和温室效应。

如果你把一辆汽车停在一个阳光明媚的地方并关闭车窗，你可能已经感受了温室是如何捕获热量的。有玻璃窗的汽车，与植物生长的温室有相似的行为方式。玻璃窗可透过可见光和少量的来自太阳的紫外线。这种能量被汽车的内部吸收，特别是被任何黑暗的表面吸收。然后，这种能量的一部分变为波长更长的红外辐射（热）发射出来。与可见光不同，红外光不容易透过玻璃窗，因而"被捕获"在车箱里面。当你重新进入车辆，一股热空气向你扑来。在夏天某些时候，汽车内的气温可以超过49 ℃（120 ℉）！虽然车窗的物理屏障与地球的大气层不是一个确切的类比，但使汽车内部变暖的效果类似于使地球的变暖。

温室效应是大气捕获大部分（约80%）由地球发出的红外辐射的自然过程。

再次说明，地球的年平均气温15 ℃（59 ℉）是大气气体捕获热能的结果。然而，金星的气氛也有类似的行为，它甚至捕获更多的热量。这是因为它由接近96%的二氧化碳构成，正如我们将看到的，它比地球大气中的浓度高得多。

练一练 3.3　　　地球能量平衡

参考图3.2回答下列问题。

a. 入射的太阳辐射（100%）被吸收或被反射。根据能量平衡的要求，从地球到空间的出射辐射也是（100%）。请说明如何计算的。

b. 出射辐射中有百分之多少被地球的大气层吸收？通过将大气中吸收的入射太阳辐射的百分比与从地球表面辐射后吸收到大气中的太阳辐射的百分比相加来进行计算。这个值与大气排放的百分比比较如何？

c. 说明采用不同的颜色表示入射和出射辐射的理由。

CO_2是存在于地球和金星的大气中的温室气体。**温室气体**是能够吸收和发射红外辐射、从而使大气变暖的气体。除二氧化碳外，其他如水蒸气、甲烷、一氧化二氮、臭氧和氯氟烃等也是温室气体。这些气体的存在对于使我们的星球的温度维持在可居住的范围内是至关重要的。大气捕获热量的能力是法国数学家吉恩－巴蒂斯特·约瑟夫·傅里叶（Jean-Baptiste Joseph Fourier，1768—1830）于1800年左右首先提出来的，但科学家花了60年时间才识别出这些产生温室效应的分子。爱尔兰物理学家约翰·廷达尔（John Tyndall，1820—1893)首次证明了二氧化碳和水蒸气吸收红外辐射。我们将在3.4节解释这个过程。

水蒸气是我们大气中最丰富的温室气体。然而，与天然来源的水蒸气相比，来自人类活动的水蒸气的贡献可忽略不计。

在关于能量平衡的讨论中，我们已表明，地球吸收的太阳辐射的80%被排放到大气中。在地球、大气和太空之间的能量交换导致了地球的稳定状态和平均温度的持续。然而，今天发生的温室气体浓度的增加正在改变能量平衡并导致了地球变暖。术语**增强的温室效应**是指大气捕获并返回地球辐射的热能的80%以上的过程。温室气体浓度的增加很可能意味着超过80%的辐射能量将被返回到地球表面，伴随着全球平均温度的增加。**全球变暖**这个常用术语通常用于描述由增强的温室效应引起的全球平均温度的增加。

另一个稳态过程——Chapman 循环，已在2.6节讨论。

为什么大气中温室气体的含量在增加？一种解释是人类活动如工业、交通、采矿和农业等对环境的影响。这些活动需要碳基燃料，燃烧时产生二氧化碳。19世纪末，瑞典科学家Svante Arrhenius（1859—1927）考虑了这个问题，他认为，工业化的增加可能引起大气中CO_2增加。他的计算结果是，CO_2的浓度增加一倍，将导致地球表面的平均温度升高5~6 ℃。

人们是如何向大气中添加二氧化碳的？

1.9节介绍了燃烧的化学。第4章将介绍更多关于煤炭（化石燃料）的知识。

想一想3.4   蒸发煤矿

在伦敦、爱丁堡和都柏林哲学杂志的写作中，斯万特·阿累尼乌斯（Svante Arrhenius）描述了这样一种现象："我们正在将煤矿蒸发到空气中"。虽然这句话在1898年有效地引起了人们的关注，但你认为，在讨论空气中二氧化碳的含量增加时，他真正指的是什么过程？解释你的理由。

为了进一步探究全球气候变化，我们需要回答几个重要问题。例如，大气中温室气体的浓度是如何随时间变化的？类似地，全球平均温度是如何变化的以及我们如何测量这种变化？我们能够判断温度和温室气体的变化是否相关吗？我们能够区分自然气候变化和人类的影响吗？在下一节中，我们将提供一些数据以帮助回答这些问题。

3.2   收集证据：时间的证词

在过去45亿年（地球的大致年龄）中，地球和大气层的气候都有很大的变化。地球的气候直接受到地球轨道形状和地轴倾斜的周期性变化的影响。这种变化被认为是在过去一百万年中经常发生的冰河时代的原因。甚至太阳本身也发生了变化。5亿年前的能源产出比今天少25%~30%。此外，大气中温室气体浓度的变化影响地球的能量平衡，从而影响气候。大气中的二氧化碳曾经是今天的20多倍。化学过程通过将大量CO_2溶解在海洋中或者将其掺入岩石（例如石灰石）中降低了其浓度。光合作用的生物过程还通过去除CO_2和产生氧彻底改变了我们的大气组成。某些地质事件，如火山爆发，向大气释放了数百万吨的CO_2和其他气体。

虽然这些自然现象将继续影响着地球的大气及其在未来几年的气候，但我们也必须评估人类活动正在发挥的作用。随着现代工业和运输的发展，人类已经将大量的碳从煤、石油和天然气等陆地来源转移到大气中，形式为CO_2。为了评估人类活动对大气的影响，从而评估任何增强的温室效应，重要的是要调查这种大量非自然流入的二氧化碳的命运。的确，在过去半个世纪中，大气中的二氧化碳浓度显著增加。最好的直接测量数据取自夏威夷的Mauna Loa天文台（图3.3）。图中，红色曲线显示月平均浓度，4月份小幅增加，10月份小幅下降。黑线是12个月的移动平均线。注意，年平均值从1960年的315 ppm稳定增加到2012年的395 ppm以上。本章后面将探讨，二氧化碳的大量增加与燃烧化石燃料（其中最常见的煤、石油和天然气）之间的关系。

在石灰石中发现，离子化合物碳酸钙（$CaCO_3$）和碳酸镁（$MgCO_3$）都不溶于水。在第5章中将更多地介绍溶解度知识。

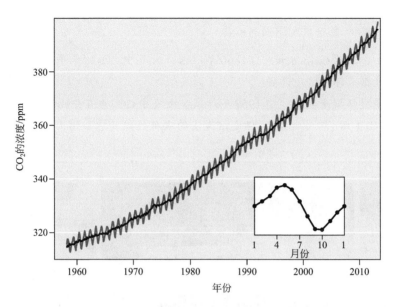

图 3.3　于夏威夷 Mauna Loa 测量的从 1958 年到 2012 年二氧化碳浓度的变化
其中小插图：一年内每月的变化。
资料来源：Scripps 海洋学研究所，NOAA 地球系统研究实验室，2012

练一练 3.5　　Mauna Loa 的循环

　　a. 计算最近 50 年中 CO_2 浓度增加的百分数。
　　b. 估算在任何给定年份内 CO_2 浓度（ppm）的变化。
　　c. CO_2 的平均浓度每年 4 月高于 10 月，解释原因。
答案：
　　c. 光合作用从大气中去除 CO_2。在北纬，春天从 4 月开始；在南纬，春天从 10 月开始。但是北半球的陆地（和绿色植物的数量）更大，所以北半球的季节控制着浓度的波动。

　　我们如何获得以前更远时间的大气组成的数据？许多相关信息来自对冰芯样本的分析。地球上具有永久被冰雪覆盖的地区，这些地区含有反映大气层信息的历史遗迹（埋在冰层中）。图 3.4a 示出了来自秘鲁安第斯山脉的年冰层的戏剧性例证。地球上最古老的冰位于南极洲，科学家在那里钻探和采集冰芯样品已超过 50 年（图 3.4b）。被困在冰中的气泡（图 3.4c）提供了大气历史的垂直时间线；钻得越深，探索可得到信息的时间越久远。

　　相对较浅的冰芯的数据显示，最后一千年的前 800 年，CO_2 浓度相对恒定在约 280 ppm。图 3.5 将 Mauna Loa 数据（红点）与来自南极 Siple 站的 200 m 深冰芯的数据（绿色三角形）以及同样来自南极洲 Law Dome 的更深岩心的数据（蓝色方块）集中在一起。大约从 1750 年开始，随着工业革命的开端和化石燃料的燃烧，CO_2 以不断增加的速度在大气中积累。

怀疑派化学家 3.6   验证CO₂增加的事实

a. 最近一份政府报告指出，自1860年以来，大气中CO_2的水平已经增加了30%。应用图3.5中的数据来评价这一说法。

b. 全球变暖怀疑者指出，自1957年以来，大气中CO_2的百分比（增长）只有从1860年到现在百分比（增长）的一半。评论该说法的准确性以及它如何影响潜在的温室气体排放政策。

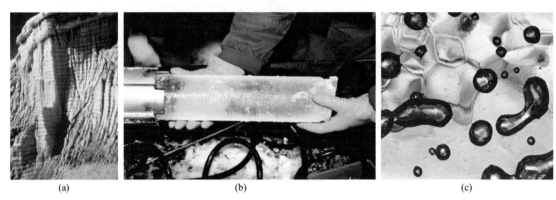

(a)   (b)   (c)

图3.4　(a)显示年度层次的Quelccaya冰帽（秘鲁安第斯山脉）；(b) 可用于确定温室气体浓度随时间变化的冰芯；(c）冰中的微气泡

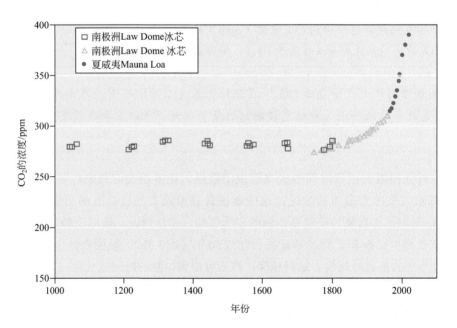

图3.5　从南极冰芯（□和△）和Mauna Loa天文台（·）测量的过去一千年的二氧化碳浓度

资料来源："全球碳循环的气候反馈"，"全球变化的科学：人类活动对环境的影响"，美国化学学会系列研讨会，1992年

　　进一步追溯历史，情况如何？俄罗斯、法国和美国科学家在南极的沃斯托克站进行钻探，钻取了40万年来积雪的一英里冰芯。40万年前大气中二氧化碳的浓度如图3.6所示，插图中的

数据来自图3.5。图中最明显的是，二氧化碳的浓度进行着高低周期性循环，大致间隔为10万年。虽然图中没有显示出，但对其他冰芯的分析表明，这些周期性规律至少回溯到100万年。从这些数据可以得出两个重要的结论。第一，当前大气中CO_2的浓度比上一百万年中的任何时候高约100 ppm。第二，在那段时间内，二氧化碳的浓度从未像今天这样上升得如此之快。

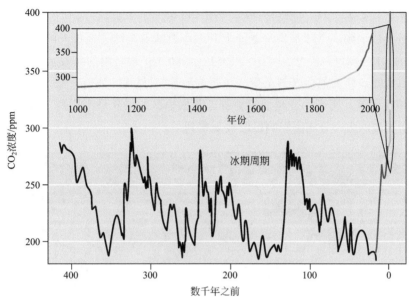

图3.6　最近40万年CO_2浓度（插入来自图3.5的数据，以便比较）

全球气温如何？测量表明，在过去120年中，地球某些地方的平均气温上升了0.4~0.8 ℃（0.7~1.1 ℉）。图3.7示出从1880—2006年地球表面气温的变化。自1880年以来，十年中最热的九年是2000年以来发生的。一些科学家正确地指出，在我们这个星球的45亿年的历史中，一两个世纪只是一瞬间。他们提醒，就短期温度波动，阅读得太多了。厄尔尼诺现象和拉尼娜事件等大气环流模式的短期变化肯定涉及一些观测到的温度异常。

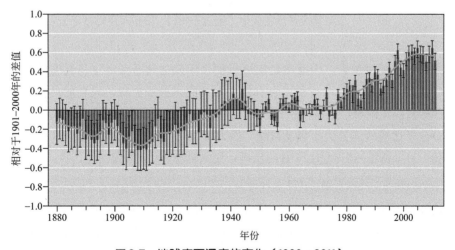

图3.7　地球表面温度的变化（1880—2011）

红条表示每年的平均温度；而黑误差条表示每年的温度变化范围；蓝线表示5年移动平均值

资料来源：国家海洋和大气局的国家气候数据中心

　　图3.7还示出了每年的温度变化范围（黑色误差条）以及长期变化趋势（蓝色曲线）。尽管过去50年来的总体趋势一般都是随二氧化碳浓度的增加而变化，但每年的温度数据却不太一致。温度升高是否是二氧化碳浓度增加的结果无法绝对确定。

　　厄尔尼诺和拉尼娜是热带太平洋海洋大气系统的自然周期性变化的名称。厄尔尼诺导致中纬度地区海洋的温度升高，而拉尼娜循环则使海洋变得较冷。

　　重要的是要认识到，全球平均气温的上升并不意味着全球各地每天的温度比1970年高出了0.6 ℃。2011年全球气温变化（℃）与1951—1980年平均气温的比较示于图3.8。许多地区经历了一点点变暖，而其他地区甚至变冷（蓝色地带）。然而，还有一些地区（深红色地区），特别是在高纬度地区，比平均变暖情况更甚。北极地区的增长最为剧烈，这并不奇怪，在这里气候变化所导致的大部分实际影响已经被观察到了。

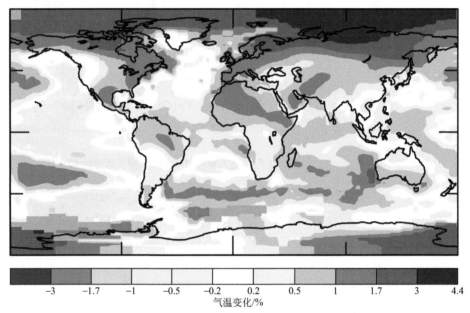

图3.8　2011年全球气温变化（相对于1951 - 1980年平均水平）

资料来源：NASA

　　由于冰中存在氢同位素，因而冰芯也可以提供用来估计更久远年代温度的数据。含有最丰富形式的氢原子（^1H）的水分子比含有氘（^2H）的水分子更轻。较轻的H_2O分子比较重的H_2O分子容易蒸发。结果，与海洋相比，在大气的水蒸气中的^1H比^2H含量高。同样，大气中较重的H_2O分子比较轻的分子更容易凝结。因此，从大气水汽中冷凝的积雪富含^2H。富集度取决于温度。可以测量冰芯中^2H与^1H的比例，用来估算下雪时的温度。

　　氢和其他元素的同位素已在2.2节中讨论。

　　当我们回顾过去，我们看到，全球气温已经经历了很有规律的循环，与二氧化碳浓度的升高和降低相当明显地一致（图3.9）。其他数据显示，高温时期也是以另一个重要温室气体（甲烷）在大气中的浓度较高为特征的。这些数据的精度不允许判断因果关系。很难得出增加温室气体是否会导致温度升高的结论，反之亦然。然而，很明显的是，目前的二氧化碳和甲烷的浓度远远高于过去一百万年中的任何时期。请注意，从最热到最冷的变化只有约20 ℉，我们今天所处的温和气候与冰雪覆盖的北美、北欧和欧亚大陆北部的差距也是如此，如同2万年前最高冰期最大值的情形。

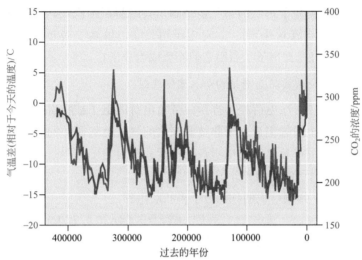

图3.9　来自冰芯数据的过去40万年的二氧化碳浓度（蓝色）和全球气温（红色）
资料来源：环境保护基金

在过去一百万年间，地球经历了10个主要的冰川活动期和40个小的冰川活动。毫无疑问，全球气候的周期性波动涉及温室气体浓度以外的因素（机制）。这种温度的一些变化是由地球轨道的微小变化引起的，这些微小变化影响到地球到太阳的距离以及太阳光照射到地球的角度。然而，这个假设不能完全解释所观察到的温度波动。最有可能是轨道效应加上地面事件，例如反射、云层、空气中的灰尘以及CO_2和CH_4浓度的变化。将这些效果结合在一起的反馈机制是复杂的，并未完全被了解，但是它们的效果可能是**叠加的**。换句话说，自然气候循环的存在并不排除温室气体浓度的增加对全球气候的影响。

我们距金星温室遥远，面临着艰难的判断。了解温室气体与电磁辐射相互作用以产生温室效应的机制，将更好地理解这些判断。为此，我们必须采取物质的亚微观观点。

3.3　分子的形状是如何构建的

二氧化碳、水和甲烷都是温室气体，而氮气和氧气不是。为什么会有此区别？答案部分归结于分子的形状。在本节，我们将帮助你们用路易斯结构知识来预测分子的形状。下一节，我们将把分子的形状与分子的振动联系起来，这可以帮助我们解释温室气体和非温室气体之间的差异。

> 译者注：空气由78%的氮气和21%的氧气组成。还有少量其他气体。

在第2章中，你们已经用路易斯结构知识来预测电子在原子和分子中是如何排列的。形状并不是主要考虑因素。即使如此，在少数情况下，路易斯结构确实可决定分子的形状，例如双原子分子O_2和N_2。它们的形状是明确的，因为分子必须是线形的。

$$:N::N: \quad 或 \quad :N≡N: \quad 或 \quad N≡N$$

$$\ddot{O}::\ddot{O} \quad 或 \quad \ddot{O}=\ddot{O} \quad 或 \quad O=O$$

较大的分子可能有几种不同的几何形状，即便如此，路易斯结构知识仍然可以帮助我们预测它们的形状。因此，预测分子形状的第一步是画出其路易斯结构式。如果整个分子服从八隅体规则，那么每个原子（氢除外）将与4对电子相关联。虽然一些分子包含非成键的孤对电子，但所有分子必须含有成键电子，否则它们不会成为分子！

> 回想一下第2.3节讨论过的路易斯结构和八隅体规则。

异性电荷相互吸引，同性电荷相互排斥。带负电荷的电子被吸引到带正电荷的原子核周围。然而，电子都具有相同的电荷，因此彼此在空间尽可能远离，同时仍保持着对带正电荷的原子核的吸引力。一组带负电荷的电子彼此排斥。**最稳定的排布是相互排斥的电子尽可能远离**。这决定了分子中原子的排列和分子的形状。

以甲烷（温室气体）为例，说明预测分子形状的步骤。

（1）确定分子中每个原子的外层电子数　碳原子（4A族）有4个外层电子；4个氢原子中，每一个原子贡献一个电子。共计8个（4＋4×1）外层电子。

（2）成对排列外层电子以满足八隅体规则　这可能需要单键、双键或三键。对于甲烷分子，8个外层电子在中心碳原子周围形成4个单键（4个电子对）。这就是其路易斯结构。

这种结构似乎意味着CH_4分子是平面型的，但不是。事实上，甲烷分子是四面体形的，我们将在下一步中看到。

> 八隅体规则适用于大多数原子。例外包括氢和氦。

图3.10　音乐架的腿和竖直支架近似于四面体分子（如甲烷）中的化学键的几何排列

（3）假定最稳定的分子形状的成键电子对尽可能分开　（注意：在其他分子中，我们还需要考虑非成键电子，但CH_4没有。）CH_4分子中碳原子周围的4个成键电子对彼此排斥，在它们最稳定的排布中，彼此尽可能远离。结果，4个氢原子也尽可能相互远离。这种形状便是**四面体**，氢原子在四面体的4个顶点（角）上。该几何形状具有4个相等的三角形，有时称为三角锥。

描述CH_4分子形状的一种方法是与折叠音乐架的基座类比。4个C—H键对应于3个均匀分布的支腿和支架的竖杆（图3.10）。每两个键之间的夹角为109.5°。CH_4分子的四面体形状已被实验证实。实际上，它是自然界中最常见的原子排列方式之一，特别是在含碳分子中。乐谱支架的支腿和竖杆接近于像甲烷一样的四面体分子中的化学键的排列。

想一想 3.7 甲烷：平面构型还是四面体构型？

a. 如果甲烷分子真的是平面构型，就像二维路易斯结构似乎表明的那样，则H—C—H 的键角度是多少？

b. 请提出理由，说明为什么四面体形状而不是二维平面形状更有利于这个分子。

c. 考虑图3.10所示的音乐架，在使用音乐架的形状类比中，碳原子在什么位置？每个氢原子在哪里？

答案：a. 90°（直角）。彼此相对的两个H原子将为180°。

化学家用几种不同的方式表示分子。当然，最简单的方法是分子式。甲烷的分子式是 CH_4。另一种是路易斯结构式，但是，它只是提供了有关外层电子信息的二维表示。图3.11示出了这两种表示以及其他两种（外观）三维表示。一种三维表示中具有楔形线，它表示按一定角度朝向读者而离开纸面的化学键。同一结构式中的虚楔形线表示离开读者指向纸面另一侧的化学键。实线表示在纸面内的化学键。另一种三维表示是空间填隙模型，用分子建模程序绘制。空间填隙模型包括电子在原子或分子中占据的体积。在课堂或实验室中查看和操纵物理模型也可以帮助你形象地分析分子结构。

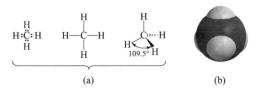

图3.11 CH_4 分子结构图示
(a) 路易斯结构及结构式；(b) 原子填隙（堆积）模型

不是所有的外层电子都是成键电子。在某些分子中，中心原子具有未成键的电子对（也称孤电子对）。例如，图3.12所示的氨分子，其中氮原子用3个成键电子对和一个孤电子对形成八隅体结构。

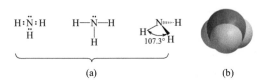

图3.12 NH_3 分子结构图示
(a) 路易斯结构及结构式；(b) 原子填隙（堆积）模型

2.9节曾讨论了作为制冷剂气体的 NH_3（它已被氟氯烃替代）。氨在氮循环中的作用是6.9节讨论的主题。11.12节将阐述 NH_3 在农业中的重要作用。

孤对电子比键对电子占有较大的空间，因此，孤对电子与键对电子之间的排斥作用比键对电子相互间的排斥作用强。这种排斥力越强，键对电子相互间靠得越近，导致∠HNH键角小于正常四面体的夹角（109.5°）。实验值为107.3°，接近四面体夹角，这再次表明我们的模型是合理、可靠的。

分子的形状是由原子而不是电子的排列来描述的（表3.1）。NH_3分子中的氢原子与在它们上方的氮原子形成一个三角锥，氮原子处于锥顶。因此，氨分子具有三角锥形的结构，被称为**三角锥形分子**。我们再回到折叠的音乐支架（图3.10），可以想象，在支架的每条腿的端点找到氢原子；氮原子处在三条腿与竖杆的交叉点上；围绕着竖杆形成未成键的电子对。

表3.1 常见分子的几何构型

与中心原子成键的原子数	中心原子的非键电子对数	几何构型	堆积模型
2	0	直线形	CO_2
2	2	弯曲形	H_2O
3	1	三角锥	NH_3
4	0	四面体	CH_4

水分子是弯曲形的，它代表另一种形状。中心氧原子上有8个价层电子：两个氢原子各提供一个，6个来自氧原子（6A族）。这8个电子分布在两个化学键和两对孤对电子中（图3.13a）。

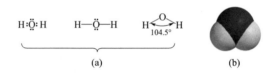

图3.13 H_2O分子结构图示
(a) 路易斯结构及结构式；(b) 原子填隙（堆积）模型

如果4对电子尽可能远离地排布，则可以预测∠HOH键角为109.5°，它们的分布与甲烷分子中电子对的分布相同。然而，实际上与甲烷分子不同，水分子中两个非键电子对之间的排斥使得键角小于109.5°，实验值接近104.5°。

练一练 3.8 预测分子的形状 I

应用刚刚阐述的方法和技巧，预测并画出下列分子的形状：

a. CCl_4（四氯化碳） b. CCl_2F_2（氟里昂-12，二氯二氟甲烷） c. H_2S（硫化氢）

答案：

a. 外层电子总数等于 $4 + 4 \times 7 = 32$。中心C原子与每个Cl原子形成一个共价单键，共有4个单键。键对电子以及氯原子都按最大离开原则排布。中心碳原子无非键电子对。四氯化碳分子像甲烷分子，呈四面体形。

　　　　路易斯结构　　　　分子形状

我们已经看过了几个分子的结构，这些分子对于了解气候变化中的化学问题是重要的。二氧化碳分子的结构如何？它具有 16 个价电子，其中 C 原子提供 4 个，每个氧原子提供 6 个。如果只形成单键，每个原子就不满足八隅体规则。但是，如果中心碳原子与每个氧原子形成双键，共享 4 个电子，则仍然满足八隅体规则。

CO_2 分子是什么形状？同样，电子对之间彼此排斥，负电荷远离，使分子最稳定。在这种情况下，电子形成双键，$O=C=O$ 键角为 $180°$。该模型预测，CO_2 分子中 3 个原子共线，即分子是线形的。事实上，这就是图 3.14 所示的情况。

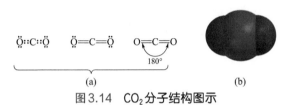

图 3.14　CO_2 分子结构图示

(a) 路易斯结构及结构式；(b) 原子填隙（堆积）模型

我们已把电子对互相排斥的原理应用于一些分子。在这些分子中，有的有 4 组电子（CH_4、NH_3 和 H_2O），有的有 2 组电子（CO_2）。电子对互相排斥的原理也能合理地、较好地用于含 3、5 或 6 组电子的分子。在大多数分子中，电子和原子仍按最大距离排布。这种逻辑推理可以解释臭氧分子的弯曲形结构。

具有 18 个外层电子的臭氧分子的路易斯结构示于图 3.15。该结构含有 1 个单键和 1 个双键，中心的氧原子带有 1 个孤对电子。因此，中心氧原子有 3 组电子，分别是：构成单键的 1 对电子、构成双键的两对电子以及孤对电子。这 3 组电子互相排斥，分子的最低能量对应于这些电子组相距最远时的排斥。此种情形将在所有电子组在同一平面且相互间呈约 $120°$ 角时出现。因此，我们预测，O_3 分子应呈弯曲形，3 个氧原子形成的角度应接近 $120°$。实验表明，$\angle OOO$ 键角为 $117°$，比预测值略小（图 3.15）。中心氧原子上的孤对电子比键对电子占有较大的空间。孤对电子有较大的排斥力，这导致了 O_3 分子的键角较小。表 3.1 示出若干分子的几何构型。

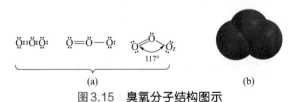

图 3.15　臭氧分子结构图示

(a) 路易斯结构及共振结构式；(b) 原子空间堆积模型

复习 2.3 节，了解更多关于有双键的分子的路易斯结构。

O_3 分子最好由两个等效的共振结构表示。请再看 2.3 节。

练一练 3.9　　预测分子的形状 II

应用刚刚阐述的方法和技巧，预测并画出 SO_2 分子的形状。

提示：S 和 O 在周期表中属于同一族，因而 SO_2 分子和 O_3 分子的结构密切相关。

正如我们在前面所承诺的，在本节中，我们帮助你们看到分子具有不同的形状，可以预测。接下来，我们回到关于温室气体的话题，将你们学到的关于分子形状的知识用来帮助理解为什么不是所有的气体都是温室气体。

3.4　分子的振动和温室效应

温室气体如何捕获热量，以将我们的星球保持着或高或低的舒适温度？在某种程度上，答案在于分子如何响应光子的能量。这个话题很复杂，但即使如此，我们也可以给你们足够的基础知识，以便了解大气中的温室气体是如何起作用的。同时，我们将揭示为什么某些气体不吸收热量。

我们重新考察在第2章中讨论过的、与臭氧层有关的、紫外线（UV）与分子的相互作用来开始这个话题。你们已看到，高能光子（UV-C）可以破坏O_2分子中的共价键，而低能光子（UV-B）可以破坏O_3分子中的化学键。换句话说，臭氧分子和氧分子都能够吸收紫外线。当这种吸收发生时，氧-氧键被破坏。

幸运的是，红外线（IR）光子没有足够的能量引起化学键断裂。相反，红外辐射的光子可以为分子中的振动增加能量。根据分子结构，只有某些确定的振动是可能的。入射光的能量必须严格等于将要吸收光子的分子的振动能量。这意味着，不同的分子吸收不同波长的红外光，从而以不同的能量振动。

我们用二氧化碳分子来说明这些概念。用圆球代表原子，用弹簧表示化学键。每个CO_2分子都是以图3.16所示的4种方式持续振动的。箭头表示分子振动时每个原子的运动方向。原子沿着箭头所指的方向向前或向后移动。振动a和b称为伸缩振动。在振动a，中间的碳原子静止不动，氧原子在距碳原子一定距离处以相反方向向前或向后移动（伸缩）。在振动b，氧原子按相同方向移动，而碳原子按与其相反的方向移动。振动c和d看起来非常相似，在这两种振动中，分子由通常的直线形变为弯曲形。弯曲振动分为两类，因为它可在两个可能的平面中的任一平面内发生。振动c表示分子在纸平面内弯曲，原子在纸面内向上或向下运动。在振动d中，原子在纸面外运动，即离开纸面向前或向后运动。

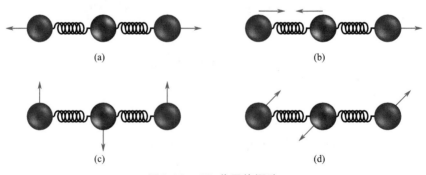

图 3.16　CO_2分子的振动

每一弹簧代表一个C＝O双键，a和b为伸缩振动，c和d为弯曲振动

如果你曾经试过一根弹簧，你可能会注意到，拉伸它比弯曲它需要更多的能量。类似地，拉伸CO_2分子比弯曲它需要更多的能量。这意味着，需要将更高能量的光子（波长更短）施

加到伸缩振动 a 或 b，而不是将能量施加到弯曲振动 c 或 d。例如，波长为 15.0 μm 的 IR 辐射的吸收为弯曲振动（c 和 d）增加了能量。这时，原子从平衡位置移动得更远，平均移动速度比正常情况要快。对于振动 b，需要波长为 4.3 μm 的较高能量的辐射。振动 b、c 和 d 一起说明了二氧化碳的温室特性。

1 μm 等于百万分之一米。　1 μm = 10^{-6} m = 10^3 nm

相反，红外辐射的直接吸收不会增加二氧化碳分子振动 a 的能量。在二氧化碳分子中，氧原子上的电子的平均浓度大于碳原子的。这意味着，相对于碳原子，氧原子具有部分负电荷。随着键的伸缩，电子的位置发生变化，从而改变了分子中的电荷分布。由于 CO_2 分子呈直线形以及其对称性，振动 a 的电荷分布不发生变化，因而不产生红外吸收。

电负性是原子吸引成键电子能力的量度，将在 5.1 节中讨论。

分子吸收的红外（热）能量可以用红外光谱仪测量。来自光源（细发光丝）的红外辐射通过待测化合物样品（此处是气态 CO_2）。检测器测量透过样品的各种波长的辐射量。高透射率意味着低吸光度，反之亦然。测量结果以图形方式显示：相对透射强度对波长作图。结果即化合物的红外光谱。图 3.17 示出了 CO_2 的红外光谱。

光谱学（法）是将电磁能通过样品来表征物质的一个研究领域。

图 3.17 所示的红外光谱是用实验室制备的 CO_2 样品获得的，但大气中的 CO_2 也发生相同的吸收光谱。吸收了特定红外波长（能量）的 CO_2 分子经历不同的"命运"。有些额外的能量维持短暂的时间后，在各个方向作为热量重新出现。其他的与大气分子（如 N_2 和 O_2）碰撞，并且可以将一些吸收的能量也作为热量转移给那些分子。通过这两个过程，二氧化碳"捕捉"了地球发射的一些红外线辐射，使我们的星球舒适温暖。这就使得 CO_2 成为温室气体。

任何可以吸收 IR 辐射光子的分子都可以成为温室气体。这样的分子有很多。到目前为止，水蒸气是维持地球温度最重要的气体，其次是二氧化碳。图 3.18 示出了 H_2O 分子的红外光谱。甲烷、一氧化二氮、臭氧和氯氟烃（如 CCl_3F）也是帮助保持行星热量的物质。

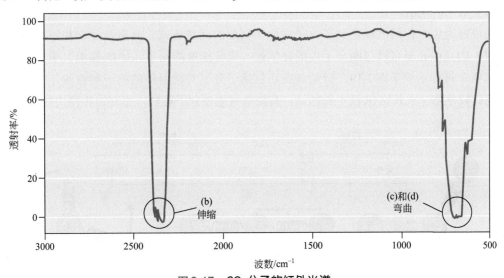

图 3.17　CO_2 分子的红外光谱

（b），（c）和（d）是指图 3.16 所示的分子振动你已经在第2章中了解了碳氢化合物在臭氧消耗中的作用。你将在第6章再次遇到一氧化二氮这种气体。

想一想 3.10　　水分子的弯曲和伸缩振动

　　a.　利用图3.18，估算水分子的最强红外吸收的波长。

　　b.　哪个波长代表弯曲振动，哪个波长代表伸缩振动？说明推测的根据。

　　提示：比较CO_2和H_2O的红外光谱。

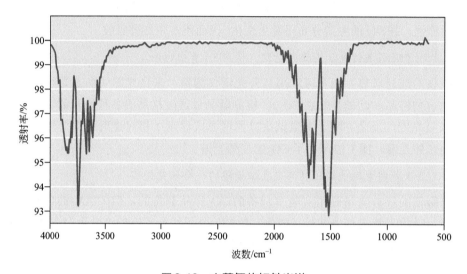

图3.18　水蒸气的红外光谱

双原子分子气体，如N_2和O_2，不是温室气体。虽然由两个相同的原子组成的分子确实发生振动，但是在振动期间，总体电荷分布不会改变。因此，这些分子不可能是温室气体。此前，我们讨论了CO_2伸缩振动中整体电荷的分布不变，并说明图3.17中的伸缩振动不是CO_2具有温室效应的理由。

到目前为止，你们已经遇到了分子对应于辐射的两种方式。具有高频率和短波长（如紫外辐射）的高能光子可以打断分子内的化学键。较低能量的光子（如IR辐射）引起分子的振动。这两个过程示意于图3.19，但是该图还包括了分子对辐射能的另一种响应，这对你们来说可能比较熟悉。波长比IR波更长的话，其能量只能使分子旋转，也许旋转得快些。

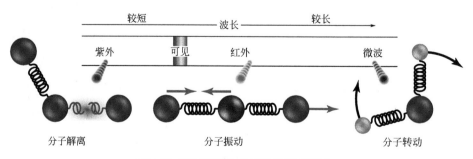

图3.19　辐射类型与分子的运动和变化

例如，微波炉产生电磁辐射，导致水分子旋转得更快。在这种装置中产生的辐射具有比较长的波长，约1 cm。因此，每个光子的能量相当低。由于H_2O分子吸收光子并更快地旋转，所产生的摩擦会使食物变热，这可用来加热剩余食物或加热咖啡。相同的频谱区域用于雷达。从发生器发出微波辐射束，当撞击到物体(诸如飞机)时，反弹回来并通过传感器被检测到。

3.5　碳循环

如何方便地了解碳的循环？位于前三位的问题是：第一，地球上许多地方都发现有碳，我们称之为碳库，如图3.20所示。例如，我们的大气就是一个以二氧化碳（约400 ppm）、CH_4（约17 ppm）和CO（痕量，大气污染物）为储存形式的碳库。另一种碳库是含碳酸盐的岩石。第三种碳库是植物和动物体内的碳水化合物、蛋白质和脂肪。

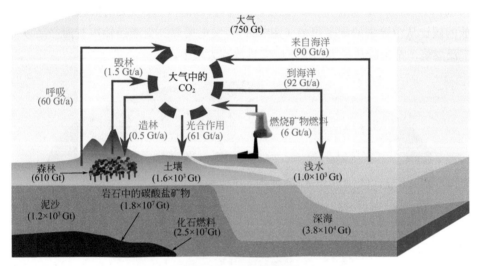

图3.20　全球碳循环
图中数字表示储存于各种碳库中的碳量(黑色数字)及每年转移的碳量(红色数字)，单位：十亿顿（Gt）
资料来源：Purves, Orians, Heller and Sadava, Life, The Science of Biology. 第5版. 1998, 1186. 经Sinauer Associates, Inc.许可重印

在第5章中将更多地了解含有碳酸盐的岩石；在第11章中了解更多关于食物中碳的基础知识。

第二，碳在不断地转移！通过燃烧、光合作用和沉淀等过程，碳从一种碳库转移到另一种碳库。哈佛大学的迈克尔·麦克那样罗伊（Michael B. McElroy）估计，"在地球的历史进程中，碳原子通过更多的地球隔间完成了从沉积再回到沉积的20多次循环。"今天的空气中的二氧化碳可能是从一千多年前燃烧的篝火释放出来的。图3.20所示的所有过程同时发生，但速率不同。

第三，碳的归结问题。例如，数百万年前，碳从生物体缓慢地转化为化石燃料，这对我们来说是非常重要的。今天，燃烧化石燃料使碳转回到大气中，这不仅对我们，而且对于下一代（他们必须处理气候变化带来的后果），都是要面对的问题。下一个活动让你们更仔细地观察碳源以及碳在这些碳源之间移动的过程。

练一练 3.11 理解碳循环

　　a. 哪些过程将碳（以二氧化碳的形式）添加到大气中？

　　b. 哪些过程将碳从大气中移除？

　　c. 两种最大的碳库是什么？

　　d. 哪些部分的碳循环最受人类活动的影响？

---

　　1 Gt 是十亿公吨，约2200亿英镑。为了进行比较，一架满载的747喷气机的重量约为80万磅，总质量为1 Gt将需要近300万架747飞机。

　　我们希望，**练一练3.11**帮助你注意到碳的循环是一个动态系统。注意自然排放和清除机制共存。呼吸将二氧化碳添加到大气中，而光合作用将它消除。类似地，海洋既吸收又释放二氧化碳。作为动物王国的成员，我们智人与我们的"同胞"一起参与碳循环。任何动物，都要经历吸入和呼出、摄取和排泄、生与死的过程。此外，人类文明依赖于这样的过程：向大气排放的碳比从中除去的碳多得多（图3.21）。发电用煤、交通运输用石油产品以及家用天然气等广泛燃烧，都把碳从最大的地下碳库排放到大气中。

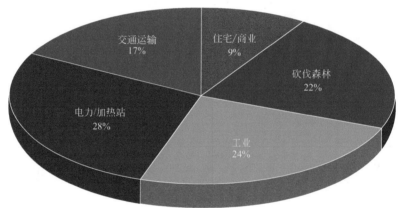

图3.21　全球（最终用途）二氧化碳排放量占比

资料来源：IPCC第四次评估报告，工作小组III，2007.

　　二氧化碳排放的另一个人类因素是燃烧毁林，这种做法每年向大气排放约1.5 Gt碳。据估计，森林面积每天从世界雨林中每隔一秒就会失去两个足球场大小的面积。虽然准确的数量难以捉摸，但巴西仍然是年雨林面积损失量最大的国家，每年超过540万英亩的亚马逊雨林正在消失。树木是非常有效的二氧化碳吸收者，由于毁林而被从循环中除掉。如果木材燃烧，会产生大量的二氧化碳；如果它腐烂，也会释放出二氧化碳，只是慢一些。即使用于建筑目的而采伐木材，土地重新种植作物，吸收二氧化碳的能力也可能只达到80%。

　　人类砍伐森林和燃烧矿物燃料每年释放的碳总量约为7.5 Gt。其中大约一半最终被回收到海洋和生物圈，然而二氧化碳并不总是以其在大气中增加的速度被去除。排放的二氧化碳大部分停留在大气中。如图3.20所示，每年在现有的750 Gt的基础上增加3.1~3.5 Gt的碳。我们主要关注的是，大气中二氧化碳的增加相对较快，因为二氧化碳的过量增加涉及全球变暖。因此，了解每年添加到大气中的二氧化碳的质量（Gt）是必要的。换句话说，多大质量的二氧化碳含有3.3 Gt碳，即3.1 Gt和3.5 Gt之间中点？为回答这个问题，我们需要回到一些更为定量的化学知识。

记住，自然界的"温室效应"使地球上的生命成为可能。但当温室气体增加的速率比去除的速率大时就发生了问题，其结果是温室效应增强。

3.6 定量化概念：质量

为了解决刚才提出的问题，我们需要知道C的质量和CO_2的质量有什么关系。不管二氧化碳的来源如何，其化学式都相同，二氧化碳中C的质量分数也是不变的，因此，我们必须根据化合物的化学式计算二氧化碳中C的质量分数。当你们进行本节和下一节计算时，请记住，我们正在寻找这个比值。

这种方法需要使用所涉及的元素的质量。但这提出了一个重要的问题：单个原子的重量是多少？原子的质量主要归因于原子核中的中子和质子。因此，由于原子的组成不同，元素的质量就不同。化学家不是使用单个原子的绝对质量，而是发现使用相对质量是方便的。换句话说，将所有原子的质量关联到某种方便的标准上。国际认可的质量标准是碳-12，它是占所有碳原子98.90%的同位素。C-12的质量数为12，因为每个原子具有由6个质子和6个中子组成的原子核，在核之外加上6个电子。

课文中的周期表显示，碳原子的质量为12.01，而不是12.00。这并没有错，它反映了碳在自然界以3种同位素存在的事实。虽然C-12占主导地位，但1.10%的碳是C-13，这种碳同位素具有6个质子和7个中子。此外，天然碳还含有痕量的C-14同位素，它有6个质子和8个中子。表中的质量值12.01通常称为碳的原子质量，这考虑了所有天然存在的碳同位素的质量和天然丰度。这种同位素分布和平均质量为12.01，表征从任何化学来源——石墨（"铅"）铅笔、汽油罐、一块面包、一块石灰石或你的身体获得的碳。

同位素以及亚原子粒子的相对质量已在2.2节讨论。

你们可能会注意到，原子质量不使用其他单位，而使用原子质量单位（amu），等于$1.66×10^{17}$ kg。

放射性同位素碳-14虽然只有微量的存在，但它提供了直接的证据，表明矿物燃料的燃烧是过去150年来大气中二氧化碳浓度上升的主要原因。在所有的生物中，10^{12}个碳原子中只有1个是C-14原子。植物或动物不断与环境交换CO_2，并保持生物体中C-14的浓度恒定。然而，当生物体死亡时，交换碳的生化过程停止功能，C-14不再被补充。这意味着在生物体死亡后，C-14的浓度随着时间的推移而下降，因为它经历放射性衰变形成N-14。煤、石油和天然气都是数亿年前死亡的植物生命体的残余。因此，在化石燃料以及化石燃料燃烧所释放的二氧化碳中，C-14的浓度基本为零。仔细测量显示，C-14在大气CO_2中的浓度最近已经下降了。这强烈地表明，二氧化碳增加的起源确实是化石燃料的燃烧，这是一种明确的人类活动。

在7.2节中将学习如何写核反应方程式。

练一练 3.12 氮同位素

氮（N）是大气和生物体系中的重要元素。它有两种天然存在的同位素：N-14和N-15。

a. 利用元素周期表，查找氮元素原子序数和原子量。

b. 在中性N-14原子中，质子数、中子数和电子数分别是多少？

c. 将b的答案与N-15中性原子的答案进行比较。

d. 已知氮的原子质量，哪个同位素天然丰度最大？

在回顾了同位素的意义之后，我们回到手头的话题——原子的质量，特别是二氧化碳中的原子。毫不奇怪，由于其质量极小，对单个原子进行称重是不可能的。典型的实验室天平可以检测0.1 mg的最小质量；这相当于 $5×10^{18}$ 或 5000000000000000000 个碳原子。原子质量单位太小，以致在常规化学实验室中无法测量。相反，化学家选择了"克"作为质量单位。因此，科学家严格使用 ^{12}C 的质量为12 g作为所有元素原子质量的参考。我们将原子质量定义为与12 g ^{12}C 具有相同数目原子的质量（g）。当然，这个原子数很大。这个重要的化学数字是以意大利科学家Lorenzo Romano Amedeo Carlo Arogadro伯爵（1776—1856）的名字命名的（他的朋友称他Amadeo）。阿伏伽德罗常数正好是12 g ^{12}C 的原子数。如果写出，阿伏伽德罗常数是602000000000000000000000。用科学计数法，写成 $6.02×10^{23}$，这更紧凑些。这是12 g碳（不超过一汤匙烟灰！）中不可思议的原子数。

图3.22 半打网球的质量大于半打高尔夫球的质量

阿伏伽德罗常数是大量的原子，很像用术语"一打"计数鸡蛋的集合。鸡蛋大或小、棕色或白色、是否"有机"等都无关紧要。无论如何，如果有12个鸡蛋，他们仍然算作"一打"。"一打"鸵鸟蛋比"一打"鹌鹑蛋具有更大的质量。图3.22用半打网球和半打高尔夫球说明了这一点，像不同元素的原子一样，网球和高尔夫球的质量不同，但每个袋子中的球数是相同的，都是半打。

怀疑派化学家 3.13 棉花糖和便士（1美分硬币）

阿伏伽德罗常数是如此之大，要理解它，唯一的途径就是通过类比法。例如，$6.02×10^{23}$ 个常规大小的棉花糖，将覆盖美国的地表深达650 mi。或者，如果你对钱比对棉花糖印象更深刻，假设将 $6.02×10^{23}$ 便士（1美分硬币）在约70亿地球居民中平均分配，每个男人、女人和孩子每小时可以花费100万美金，白天和黑夜，那么，到死亡时一半的便士还未花完。这些梦幻般的断言正确吗？检查一个或两个，表明你的推理。自己来个比喻。

利用阿伏伽德罗常数和各元素的原子量可使我们计算该元素单个原子的平均质量。由周期表可知，$6.02×10^{23}$ 个氧原子的质量为16.00g，为了计算一个氧原子的平均质量，我们必须将大量原子的质量除以集合数目。在化学术语中，这意味着将原子量除以阿伏伽德罗常数。

幸运的是，计算器有助于使这项工作变得简单而快捷：

$$16.00 \text{ g氧}/6.02 \times 10^{23} \text{个氧原子} = 2.66 \times 10^{-23} \text{ g氧/个氧原子}$$

这种非常小的质量再一次证明了，为什么化学家通常不会使用少量的原子进行计算。我们一次操纵数万亿个原子。因此，这种艺术从业者的确需要用一种化学家的所谓"一打"（非常大的数字）来测量物质。要了解它，请继续阅读……但只有在停止练习你的新技能之后。

练一练 3.14　　计算原子的质量

- a. 计算一个氮原子的平均质量（以克为单位）。
- b. 计算5万亿个氮原子的质量。
- c. 计算 6×10^{15} 个氮原子的质量（以克为单位）。

答案：

- a. $14.01 \text{ g氮}/6.02 \times 10^{23} \text{个氮原子} = 2.34 \times 10^{23} \text{ g氮/个氮原子}$

计算提示

预测：答案是大还是小？

检查：你的答案与你的预测是否吻合，是否合理？

3.7　定量概念：分子和摩尔

化学家还有另一种关联原子、分子或其他小粒子数目的方式，这就是使用摩尔这一术语，其定义为含有阿伏伽德罗常数的物质的量。该术语来自拉丁文"一堆"或"堆积"。这样，1摩尔（mol）碳原子由 6.02×10^{23} 个C原子组成，1 mol氧气由 6.02×10^{23} 个氧分子构成，在每摩尔氧分子（O_2）中有2 mol氧原子（O原子）。1 mol二氧化碳含有 6.02×10^{23} 个二氧化碳分子。

当与数字一起使用时，mol是mole的缩写。

正如你们在前面几章已经知道的，化学式和化学方程式是用原子和分子写出的。例如，碳在氧气中完全燃烧的方程式：

$$C + O_2 \longrightarrow CO_2 \qquad [3.1]$$

它表示1个碳原子和1个氧分子结合生成1个 CO_2 分子。因此，这个方程式反映了微粒相互作用的比例。10个碳原子与10个氧分子（20个氧原子）反应生成10个二氧化碳分子。或者，将反应放大一点，我们可以说，6.02×10^{23} 个碳原子与 6.02×10^{23} 个氧分子（12.04×10^{23} 个氧原子）反应生成 6.02×10^{23} 个 CO_2 分子，这同样正确。最后一句话相当于说："1 mol碳加1 mol氧产生1 mol二氧化碳"。因此，参与反应的原子数和分子数与物质的摩尔数成正比。无论二氧化碳分子数如何，两个氧原子与一个碳原子的比例保持不变，如表3.2所示。

1 mol氧分子中含2 mol氧原子。

在实验室和工厂中，反应所需的物质的量通常以质量来衡量。摩尔是将颗粒数与更容易测量的质量相关联的实用方式。**摩尔质量**是指任何1 mol（阿伏伽德罗常数）物质的质量，不管具体的物质是什么。例如，从周期表可以看出，1 mol碳原子的质量为12.0 g（四舍五入，精确到十分之一克）。 1 mol氧原子的质量为16.0 g。我们同样可以考虑1 mol氧分子的质量。因为每个氧分子中有2个氧原子，所以在每摩尔氧分子中有2 mol氧原子。于是，O_2分子的摩尔质量为32.0 g，即氧原子摩尔质量的两倍。某些文献将此定义为O_2分子的质量或重量（原文如此——译者注），强调其与原子质量或原子量的相似性。

氧分子摩尔质量的同样的逻辑适用于其他化合物，例如二氧化碳。式CO_2表示每个分子含有一个碳原子和两个氧原子。扩大6.02×10^{23}，我们可以说，每摩尔CO_2由1 mol C和2 mol O原子组成（见表3.2）。但请记住，我们对二氧化碳的摩尔质量感兴趣，将碳的摩尔质量加上氧的摩尔质量的两倍即可求得：

$$1 \text{ mol } CO_2 = 1 \text{ mol C} + 2 \text{ mol O}$$

$$= 1 \text{ mol C} \times \frac{12.0 \text{ g C}}{1 \text{ mol C}} + 2 \text{ mol O} \times \frac{16.0 \text{ g O}}{1 \text{ mol O}}$$

$$= 12.0 \text{ g C} + 32.0 \text{ g O}$$

$$1 \text{ mol } CO_2 = 44.0 \text{ g } CO_2$$

表3.2　解释化学方程式

C	+	O_2	$\longrightarrow$	CO_2
1个原子		1个分子		1个分子
6.02×10^{23}原子		6.02×10^{23}分子		6.02×10^{23}分子
1 mol		1 mol		1 mol

该步骤通常用于化学计算，其中摩尔质量是重要的性质。**练一练3.15**给出了一些例子。在每种情况中，将每个元素的摩尔数乘以相应的原子质量（克），得到结果。

练一练 3.15　分子的摩尔质量

计算下列各种温室气体的摩尔质量。
a. O_3(臭氧)　　b. N_2O（一氧化二氮或氧化亚氮）　　c. 氟里昂-11（三氯氟甲烷）
答案：
a. $1 \text{ mol } O_3 = 3 \text{ mol O} = 3 \text{ mol O} \times (16.0 \text{ g O}/1 \text{ mol O}) = 48.0 \text{ g } O_3$

我们开始了这个数学"游览"，所以我们可以计算出燃烧3.3 Gt碳所产生的二氧化碳的质量。我们现在已经把所有的部分整合起来了。在44.0 g CO_2中，12.0 g为C。对于所有的CO_2样品，该质量比保持不变，我们可以用它来计算任何已知质量的CO_2中的C的质量。更重要的是，我们可以用它来计算任何已知质量的碳燃烧时所释放的二氧化碳的质量。它只取决于如何确定比例。C对CO_2的比为12.0 g C比44.0 g CO_2，同样地，CO_2对C的比为44.0 g CO_2比12.0 g C (译者注：原文错写为O)。

例如，我们可以按这种方式建立关系来计算100.0 g CO_2中C的克数。

$$100.0 \text{ g } CO_2 \times \frac{12.0 \text{ g C}}{44.0 \text{ g } CO_2} = 27.3 \text{ g C}$$

在100.0 g二氧化碳中有27.3 g碳，相当于CO_2中C的质量百分数为27.3%。请注意，携带单位"g CO_2"和"g C"可以帮助你正确计算。单位"g CO_2"可以取消，留下"g C"。跟踪单位并在适当的时候取消它，是解决许多问题的有用策略。这种方法有时被称为单位或维度（尺寸）分析［译者注：用相同的基本物理量（如质量、长度或时间）来表示相互之间所关联的物质的数量。等式中，左侧的单位必须与右侧的单位匹配］。

练一练 3.16　　质量比和质量百分数

a. 计算硫（S）与二氧化硫(SO_2)的质量比。

b. 计算S在SO_2中的质量百分数。

c. 计算N与N_2O的质量比及N在N_2O中的质量百分数。

答案：

a. 质量比等于S的摩尔质量除以SO_2的摩尔质量，即

$$32.1 \text{ g S}/64.1 \text{ g } SO_2 = 0.501 \text{ g S}/1.00 \text{ g } SO_2$$

b. S在SO_2中的质量百分数等于质量比乘以100，即

$$(0.501 \text{ g S}/1.00 \text{ g } SO_2) \times 100 = 50.1\%$$

计算提示

预估：答案比给出的值大还是小？单位是什么？

验算：答案与预估值吻合否？是否删去了该删的记号、留下了该留的记号？

我们用类似的方法计算含有3.3Gt碳的CO_2的质量。我们可以将3.3Gt转换成克，但没有必要。只要对于C和CO_2使用相同的质量单位，就可保持相同的数值比例。与上面的计算相比，这个问题在我们如何使用这个比例方面有一个重要的区别。我们在计算CO_2的质量，而不是C的质量。这次仔细看看这些单位。

$$3.3 \text{Gt C} \times \frac{44.0 \text{ Gt } CO_2}{12.0 \text{ Gt C}} = 12 \text{ Gt } CO_2$$

再次取消了那些单位，留下了二氧化碳的Gt。

我们的燃烧问题，"矿物燃料燃烧每年向大气中排放的二氧化碳的质量是多少？"最终得到回答：120亿吨。当然，我们也设法展示化学解决问题的能力，并介绍几个最重要的概念：原子量，分子量，阿伏伽德罗常数，摩尔和摩尔质量。接下来的几个活动为你们提供了利用这些概念练习技能的机会。

练一练 3.17　　来自火山的SO_2

a. 据估算，每年全球火山释放出约19×10^6 t (0.19亿吨)SO_2。计算这些SO_2中的硫的质量。

b. 若每年矿物燃料燃烧释放出142×10^6 t(1.42亿吨)SO_2，计算这些SO_2中的硫的质量。

答案：

a. 由"练一练3.16"知S对SO_2的质量比，由此可得这些SO_2中硫的质量：

$$19 \times 10^6 \text{ t } SO_2 \times \frac{32.1 \times 10^6 \text{ t S}}{64.1 \times 10^6 \text{ t } SO_2} = 9.5 \times 10^6 \text{ t S}$$

如果你知道如何应用这些概念，那么你就具备了审慎评价媒体关于碳或二氧化碳（还有其他物质）释放情况的报告的能力，具备了判断它们的准确性的能力。人们要么相信这样的报告陈词，要么通过把数学用于有关的化学概念来验证报告的准确性。显然，没有充足的时间来检验每个报告陈词，但是，我们希望读者对关于化学和社会的所有表述持质疑和批评的态度，包括本书中的那些陈述。

怀疑派化学家 3.18 核实汽车产生的碳

清洁燃烧的汽车发动机每消耗1 gal汽油排放出约5 lb碳（以二氧化碳形式存在）。一辆美国汽车平均每年行驶约12000 mi。利用这资料，核实如下表述：美国汽车平均每年向大气排放相当于自身重量的碳。列出你在解决此问题中提出的假设，将你的假设和答案同你同学的假设和答案比较。

3.8 甲烷和其他温室气体

对温室效应增强的关注主要是基于大气中二氧化碳浓度的增加。然而，其他气体也起作用。甲烷、一氧化二氮、氯氟烃、甚至臭氧都参与了大气中的热量捕获。

我们对这些气体的关注程度与其在大气中的浓度有关，也与其他重要特征有关。**全球大气寿命**是指气体被添加到大气中和被除去所需要的时间。它也被称为"周转时间"。温室气体在吸收红外辐射方面的效果也不尽相同。这是由**全球变暖潜能值（GWP）**来定量化的，GWP代表大气中的分子对全球变暖的相对贡献。二氧化碳的GWP值为1；被指定为参考值，所有其他温室气体以它为参照编制指数。寿命相对较短的气体，如水蒸气、对流层臭氧、对流层气溶胶和其他环境空气污染物在世界各地分布不均匀，很难量化它们的效果，因此通常不指定GWP值。表3.3列出了气候变化中4种温室气体的主要来源及其重要性质。

全球大气寿命值虽然有利于比较，但最好被认为是近似值。

表3.3 温室气体举例

名称（化学式）	工业前浓度（1750）	浓度（2011）	大气寿命/a	人为来源	GWP
二氧化碳（CO_2）	270 ppm	396 ppm[①]	50~200[②]	矿物燃料燃烧毁林水泥生产	1
甲烷（CH_4）	700 ppb	1816 ppb	12	稻田，垃圾场，牲畜	21
一氧化二氮（N_2O）	275 ppb	324 ppb	120	化肥，工业生产，燃烧	310
CFC-12（CCl_2F_2）	0	0.53 ppb	102	液体冷却剂，泡沫	8100

① 二氧化碳值是2012年的。2013年中几个（点）值超过400 ppm。
② CO_2的大气寿命的值是不可能的。移除机制以不同的速率进行。给出的范围是基于几个移除机制的估计。

练一练 3.19 温室气体上升

使用表3.3中的数据，计算自1750年以来CO_2、CH_4和N_2O的百分比增长。按照百分比增加的顺序将3种气体排列起来。

当前大气中CH_4的浓度比CO_2低约50倍，但作为红外吸收剂，甲烷的效率却比二氧化碳高约20倍。幸运的是，CH_4通过与对流层自由基的相互作用很容易转化为其他化学物质，因此寿命相对较短。相比之下，二氧化碳的反应活性低得多。CO_2的主要去除机制是溶解在海洋中、植物的光合作用，以及长时间的矿化从而进入碳酸盐岩的过程。

甲烷排放源于自然和人类活动。CH_4排放总量的40%来自天然资源，其中湿地的排放是迄今为止最大的排放源。这些沼泽栖息地非常适合厌氧菌，它们可以在不使用氧的情况下起作用。当它们分解有机物质时，许多类型的厌氧菌产生甲烷，然后逃逸到大气中。然而，在阿拉斯加、加拿大和西伯利亚，由数千年分解产生的大部分甲烷仍被永久冻土困在地下。有人担心，北纬表面融化可能会引起大量甲烷的排放。有地质证据表明，这种释放过去已经发生，导致全球气温上升。

甲烷也从海洋中释放出来，海洋中大量的甲烷似乎被由水分子构成的"笼子"笼罩起来。这些沉积物被称为甲烷水合物。澳大利亚联邦科学院和工业研究组织（CSIRO）已经进行了一系列海洋钻探，以收集关于甲烷水合物及其在全球变暖中的作用的证据（图3.23）。有人担心，如果这些水合物中有一些变得不稳定，那么大量的甲烷可能会迅速释放到大气中。

白蚁是甲烷的另一天然来源。这些无处不在的昆虫的肠道中具有特殊的细菌，使其能够代谢纤维素——木材的主要成分。但是，除了生成水和二氧化碳，白蚁还会产生甲烷和二氧化碳。它们不仅可以直接破坏房屋，而且还会增加温室气体的浓度。白蚁的数量惊人，估计，对于这个星球上的每个男人、女人和孩子都要超过半吨！

(a) (b)

图3.23 （a）CSIRO使用的浮动钻井平台；（b）从佛罗里达州沿海大陆架取得的甲烷水合物样本

CH_4的主要人类来源是农业，最大的罪魁祸首是水稻种植和养殖。水稻的根部生长在水下，厌氧菌产生甲烷。大部分甲烷被释放到大气中。农业中另外的CH_4来自越来越多的牛和羊。这些反刍动物的消化系统（再咀嚼它们已经吞入瘤胃的动物）含有分解纤维素的细菌。在这个过程中，通过打嗝和气胀而形成甲烷并释放，每头牛每天大约产生500 L CH_4！地球的反刍动物每年释放出惊人的7300万吨CH_4。

垃圾填埋场向大气释放了大量的甲烷。在我们埋藏的垃圾中发生的化学反应由与在湿地中发现的相同的厌氧菌控制，并产生相同的结果。这些甲烷中，一些被捕获并作为燃料（沼气）燃烧，但绝大部分被释放到大气中。

甲烷的另一个主要人为来源是我们提取化石燃料。甲烷常常随着石油和煤被发现，钻井和采矿过程将大部分甲烷释放到大气中，而留下液体或固体产品。运输、净化和使用天然气也有重大的损失。

有关使用甲烷作为燃料的更多信息，请参阅4.10节。

想一想 3.20　甲烷浓度稳定吗？

近年来，科学家们观察到甲烷浓度趋于稳定。情况果真如此吗？使用互联网的资源来支持你的答案。

另一种引起全球变暖的气体是一氧化二氮，也被称为"笑气"。它曾被用作牙科和内科医疗的可吸入性麻醉剂。其来源和汇点与二氧化碳和甲烷的来源和汇点不尽相同。大气中的大多数 N_2O 分子来自土壤中硝酸盐的细菌消除及其后的氧消除过程。与人口压力联系在一起的农业实践可加速土壤中参与反应的氮氧化物的消除。其他来源包括海洋上涌、氮化合物与激发态氧原子在平流层相互作用。N_2O 的主要人为来源是汽车催化转化器、氨肥、生物质燃烧和某些工业过程（尼龙和硝酸生产）。在大气中，N_2O 分子通常持续约120年，吸收和发射红外辐射。在过去十年中，全球大气中的 N_2O 浓度呈现缓慢但稳定的上升趋势。

在2.8节讨论了 N_2O 在破坏平流层臭氧中的作用。

表3.4　气候变化与臭氧消耗：比较

	气候变化	臭氧消耗
大气层	主要是对流层	平流层
主要参与者	H_2O，CO_2，CH_4 和 N_2O	O_3，CFCs，HCFCs 和哈龙
与辐射的相互作用	吸收 IR 辐射，使得它们振动并将热能返回到地球	分子吸收紫外线，导致分子中一个或多个键断裂
问题的本质	温室气体的浓度正在增加。反过来又吸引更多的热量导致全球平均气温上升	CFs 正在造成平流层 O_3 浓度的降低。反过来，这引起到达地球表面的紫外线辐射增加

臭氧是我们在第2章中遇到的一种气体，需要对它进行一些评论。经常发生气候变化和臭氧消耗这两者之间的混淆。两者都经常见诸新闻，都涉及复杂的大气过程，而且都具有人为因素和自然来源。事实上，臭氧本身可以作为一种温室气体起作用，但其效率在很大程度上取决于其高度。它似乎在对流层上部具有最大的诱暖效应。因此，臭氧的消耗在平流层中具有轻微的冷却效果，并且还可以促进地球表面的轻微冷却。其他差异总结在表3.4中。

平流层臭氧的消耗不是气候变化的主要原因。然而，平流层臭氧消耗和气候变化是按照重要的方式——通过消耗臭氧的物质而相互联系的。CFCs、HCFCs 和哈龙，都涉及平流层臭氧的消耗，也吸收红外辐射，都是温室气体。虽然这些合成气体的浓度仍然很低，但这些合成气体的排放量从1990年至2005年上升了58%。

在2.12节讨论了 HCFCs。

想一想 3.21　　全球变暖潜势随着时间进程变化

尽管表3.3报告了所列出的每个温室气体的全球变暖潜势（GWP）值，但实际上根据大体时间可能会有不同的值。例如：

	20年	100年	500年
CH_4	72	21	7.6
N_2O	289	310	156

差异的原因是所估算的温室气体的大气寿命的数值。

a. 比较甲烷20年和100年的GWP。解释为什么这些值与估算的甲烷大气寿命约为12年时的值一致。

b. 对于甲烷和一氧化二氮，500年的GWP值比100年更低。解释原因。

3.9　地球会变得多暖？

多年前，现代原子论最重要的贡献者之一——尼尔斯·玻尔（Niels Bohr）曾这样说过："预测是非常困难的，特别是对于未来"。今天来看，他的话仍然是正确的！

想一想 3.22　　太阳怀疑论者？

有人说，太阳的变化正在引发全球气候变化。你怎么看？

虽然，这诚然是一项艰巨的任务，但我们仍然需要做出预测。为此，联合国环境规划署和世界气象组织于1988年合作建立了政府间气候变化专门委员会（IPCC）。IPCC负责组织和评估气候变化数据，包括社会经济数据。数以千计的国际科学家参与了这次审查。在2007年发表的第4次和最近的报告中，绝大多数科学家同意以下几个关键点：

（1）地球正在变暖。

（2）人类活动（主要是燃烧矿物燃料和滥伐森林）是近期变暖的主要原因。

（3）如果不减少温室气体排放量，我们的水资源、食物供应、甚至我们的健康都将受到损害。

第五份报告定于2014年发布。

IPCC（为增进理解全球变暖的工作而）获得2007年诺贝尔和平奖（与美国前副总统戈尔分享）。

然而，挑战在于要充分了解目前的气候变化以预测未来的变化，通过这样做来确定为了减少（气候的）有害变化必须减少的排放量。为了做出预测，科学家使用了模型。他们设计出海洋和大气的计算模型，考虑到它们每个吸收的热量以及流通和运输物质的能力（图3.24）。如果不是很难，模型还必须包括天文学、气象学、地质学和生物学等因素，这些因素是人们通常不完全了解的；还必须包括人口、工业化水平、

图3.24　气候科学家利用计算机模拟来了解未来的气候变化

污染排放等人为因素。指导伊利诺伊大学气候研究的 Michael Schlesinger 博士说："如果你要选择一个行星来建模，这将是你将选择的最后一个星球。"

气候科学家称这些因素（包括天然的和人为的因素）为辐射势，它们都会影响地球进出辐射的平衡。负辐射势有冷却作用；正辐射势有变暖效应。用于气候模型的主要辐射势是太阳辐射、温室气体浓度、土地利用和气溶胶。图 3.25 总结了这些辐射势对地球能量平衡的影响。红色、橙色和黄色条表示正辐射势，蓝色条表示负辐射势。每个辐射势都有一个与它相关联的误差棒；误差棒越大，数值越不确定。

> 第 5 章将描述水的独特性质，包括其特别大的比热。

3.9.1 太阳辐射度（"太阳亮度"）

我们可以直接观察太阳光强度的天然季节性变化。在较高纬度地区，夏天较暖。与冬季相比，太阳在天空较高，停留时间较长。但在全球范围内，这些差异基本上不存在了，因为当北半球是冬季时，南半球却是夏天。

> 周期性轨道偏心是图 3.9 所示的冰河时代振荡的可能原因。

太阳的亮度发生细微的周期性变化。地球的轨道在 10 万年的周期内稍有振荡，从而改变了它的形状。此外，地球轴线倾斜的大小和倾斜的方向都会在数万年的时间内发生变化，从而影响太阳辐射击中地球的数量。然而，这些都不是在足够短的时间内发生的可用来解释近期变暖的变化。

此外，太阳黑子大约每 11 年发生一次。你可能会认为，太阳上的黑点意味着射击地球的辐射量较小，但恰恰相反。当太阳的外层磁性活动增加时，发生太阳黑子，而较强的磁场会引起更大量的带电粒子发射辐射。值得注意的是，17 和 18 世纪，有时被称为"小冰河时代"，因为欧洲低于平均气温，之前是几乎没有太阳黑子活动的时期。然而，这些 11 年周期的太阳亮度只有 0.1% 左右的改变。从图 3.25 可以看出，这种自然变异性是列出的任何正强制力中最小的。

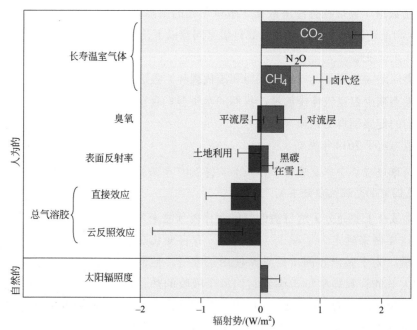

图 3.25 从 1750 年到 2005 年的气候辐射势，即每秒钟撞击 1 m² 地球表面的光能

资料来源：改编自气候变化 2007:物理科学基础. 第一工作组对政府间气候变化专门委员会第四次评估报告的贡献

阳光不断地照射地球。太阳发出哪些类型的光？哪一种光占百分比最大？提示：参见图2.8。

在太阳黑子活跃期间，由于撞击地球大气层的带电粒子数量增多，北极光更加壮观。

3.9.2　温室气体

这些是主要的人为辐射势。其中最大的是CO_2辐射势，占所有温室气体的三分之二。然而，正如我们在上一节中所解释的那样，甲烷、一氧化二氮和其他气体确实也有贡献。注意，"哈龙碳"（CFCs和HCFCs）的贡献相对较小，如图3.25所示。据估计，如果没有按蒙特利尔议定书的规定禁止氟氯化碳的生产，到1990年，氟氯化碳的辐射势将超过二氧化碳。总而言之，温室气体的正辐射势比太阳辐射自然变化的30倍还多。

蒙特利尔议定书已在2.11节中讨论。

3.9.3　土地利用

土地利用的变化推动了气候变化，因为这些变化改变了由地球表面吸收的太阳辐射量。从表面反射的电磁辐射相对于入射到其上的辐射量的比例称为反射率。简而言之，**反射率**是表面反射量的量度。地球表面的反射率在0.1~0.9之间变化，从表3.5中列出的值可以看出。数字越高，表面反射越多。

地球的平均反射率为0.39。相比之下，月球大约是0.12。

表3.5　不同地盖（表面覆盖物）的反射率

表　面	反射率范围
新鲜雪	0.80~0.90
旧/融化雪	0.40~0.80
沙漠	0.40
草地	0.25
落叶乔木	0.15~0.18
针叶林	0.08~0.15
苔原	0.20
海洋	0.07~0.10

随着季节的变化，地球的反射率也发生变化。当积雪覆盖的区域融化时，反射率降低，更多的阳光被吸收，产生正面的反馈循环和额外的变暖。这种效应有助于解释北极地区观测到的平均气温升高，海冰和永久积雪的数量正在减少。同样，当冰川退去并露出较暗的岩石时，反射率降低，导致进一步变暖。

人类活动也可以改变地球的反射率，最明显的是通过热带地区的森林砍伐。我们种植的作物比雨林中的深绿色树叶反射的光线更多，使反射率增加，从而导致变冷。另外，热带地区的日照更加连贯，所以低纬度地区土地利用的变化比极地地区的变化产生更大的效应。热带雨林转化为作物和牧场，抵消了两极附近海冰和雪覆盖量的减少。因此，地球反射率的变化造成了净的冷却效应。

想一想 3.24　　白色屋顶，绿色屋顶

　　a. 2009年，美国能源部长Steven Chu建议，将屋顶涂成白色是抗击全球变暖的一种方式。解释这一行动背后的原因。

　　b. "绿色屋顶"的理念也引起了人们的关注。在屋顶上种植花卉，除了白色屋顶的好处外，还有别的好处。但这样的花园也有局限性。请予以说明。

3.9.4　气溶胶

　　气溶胶是一类复杂的物质，对气候具有相应的复杂影响。存在着许多自然气溶胶来源，包括沙尘暴、海洋喷雾、森林火灾和火山喷发等。人类活动也可以以煤燃烧形成的烟雾、烟灰、硫酸盐等形式将气溶胶释放到环境中。

气溶胶这个术语已在1.11节中定义。6.6节将讨论气溶胶在酸雨中的作用。

皮纳图博火山喷发，1991年

　　气溶胶对气候的影响可能是图3.25中所列举的辐射势最不好理解的。微小的气溶胶颗粒（＜4 μm）有效地散射太阳的入射辐射。其他一些气溶胶吸收入射的辐射，也有其他颗粒兼有散射和吸收。这两种过程减少了温室气体吸收的辐射量，因此具有冷却效果（负辐射势）。一个戏剧性的例子是，1991年菲律宾的皮纳图博火山喷发，向大气排放了超过2000万吨二氧化硫。除了提供几个月的壮观日落景象之外，二氧化硫导致世界各地的气温略有下降。此次火山喷发的结果为气候建模者提供了一个微型实验。最可靠的模型是能够再现由喷发引起的冷却效果。

　　除了直接的冷却效应，气溶胶颗粒还可以成为水滴凝结的核，从而促成云的形成。云反射入射的太阳辐射，不过云层增厚的影响比这更复杂。因此，气溶胶直接和间接地应对温室气体的变暖效应。

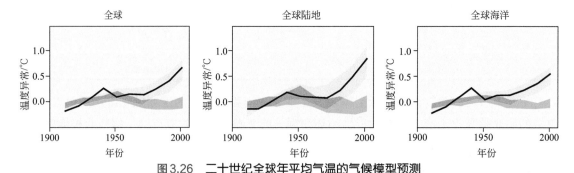

图3.26　二十世纪全球年平均气温的气候模型预测

黑线显示相对于1901—1950年平均气温的温度数据；蓝色波带表示仅使用天然辐射势预测的温度变化范围；粉红色波带表示使用自然和人为辐射势预测的温度范围。

资料来源：2007年气候变化：物理科学基础。第一工作组对政府间气候变化专门委员会第4次评估报告的贡献

　　鉴于我们刚刚描述的所有辐射势所固有的复杂性，你们可以理解，将这些辐射势组合成气候模型并非易事。再者，一旦建立了模型，科学家难以评估其有效性。然而，科学家留有

一个窍门。他们可以用已知的数据集来测试气候模式，作为区分开不同辐射势的贡献的手段。例如，我们知道的 20 世纪的温度数据。在图 3.26 中，黑线表示已知的数据。接下来检查蓝色带。这些蓝带代表了根据气候模型（仅仅用自然辐射势）预测的温度范围。正如你们所看到的，自然辐射势不能很好地映射实际的温度。最后，检查粉红色带，看到当人为的辐射势被包括在内时，可以准确地复制 20 世纪的温度升高。所以，虽然过去 30 年的变暖是受到自然因素的影响，但是实际的温度不能不考虑人类活动的影响。

练一练 3.25　　评估气候模型

　　仅仅使用天然辐射势的气候模型（图 3.26 中的蓝色条带）显示出的 1950—2000 年期间的总体冷却效果与观察到的温度不符。

　　a. 给出（只包括自然辐射势）的模型中所包含的辐射势的名称。

　　b. 列出模型中另两种更准确地重现 20 世纪气温的辐射势（图 3.26 中的粉红色带）。

　　答案：a. 气溶胶（如火山爆发），太阳辐照。

　　未来排放量的大小以及未来变暖的幅度取决于许多因素。正如你们所预期的，一个因素是人口。截至 2012 年，全球人口约为 70 亿。假设将来在这个星球上有更多人口，我们人类可能会有一个更大的碳足迹——给定的时间范围内（通常是一年）二氧化碳和其他温室气体排放量的估计量。拥有更多的人来吃饭、穿衣、住房和运输，那将需要消耗更多的能量。反过来，这又意味着排放更多的二氧化碳，若使用现在的燃料的话至少是这样。此外，设计气候模型的科学家必须考虑两个因素：（1）经济增长率，（2）"绿色"（较少碳密集型）能源的开发速度。再次说明，正如你们所预期的，两者都很难预测。

　　第 0 章介绍了生态足迹的概念。碳足迹是一般术语中的一个子概念。

　　那么，计算机模型能告诉我们地球未来的气候吗？鉴于我们列出的不确定性，21 世纪的数百种不同的温度预测情形都是可能的。图 3.27 示出了其中的 4 个，同时示出了 20 世纪的实际温度数据。

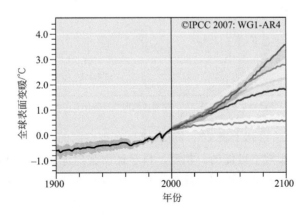

图 3.27　基于不同的社会经济假设，21 世纪温度情景的 4 个模型预测

黑线是 20 世纪的数据，灰色区域表示这些值的不确定性

4 条彩线代表 21 世纪预测的温度，较浅的色带代表每种情况的不确定性范围

资料来源：2007 年气候变化：物理科学基础。第一工作组对政府间气候变化专门委员会第 4 次评估报告的贡献

　　21世纪温度的4种情景都是基于不同的假设。橙色线假设排放量保持在2000年的水平。鉴于自2000年以来已经出现的增长，这是一个不切实际的目标。即便是最乐观的情况，由于未来二氧化碳在大气中持续存在，也将会出现一些额外的升温。蓝色线和绿色线假设全球人口到2050年增加到90亿，然后逐渐减少。但是，蓝色线包括能源效率技术的发展更快，从而导致二氧化碳排放量减少。红色线假设人口不断增加，全球一体化过程（向新的清洁技术转型）越来越慢，越来越少。

　　所有的线都趋向同一个方向——向上。由于未来的全球变暖几乎是肯定的，我们下面把讨论转向气候变化的后果。

3.10　气候变化的后果

　　考虑到上一节中描述的最极端的气候变暖预测，你可能在想，"那么怎么样？"毕竟，图3.27中预测的温度变化只有几度。在地球上的任何一个地方，温度每天波动几次。

　　需要在**气候**和**天气**之间做出重要的区分。天气包括每日高温和低温、毛毛雨和暴雨、暴风雪和热浪，以及秋天的微风和炎热夏天的季风，所有这些持续时间都相对较短。相反，气候描述的是几十年的区域气温、湿度、刮风、下雨和降雪，而不是几天。过去1万年来，天气日渐变化的时候，气候比较均匀。采用的"全球平均气温"只是衡量气候现象的一个指标。关键问题在于，全球平均气温较小的变化可能对我们的气候在许多方面产生巨大的影响。

　　除了模拟未来的各种温度情景（图3.27），2007年IPCC的报告还估计了各种可能的后果。该报告采用了描述性术语（"信心判断估计"），以帮助政策制定者和公众更好地理解数据的内在不确定性。IPCC后续更新的报告将使用这些术语及其分配概率，见表3.6。

表3.6　信心判断估计

使用的术语	结果真实性概率/%
几乎肯定	＞99
非常可能	90~99
可能	66~90
可能与不可能参半	33~66
不可能	10~33
非常不可能	1~10

资料来源：2007年气候变化：物理科学基础。第一工作组对政府间气候变化专门委员会第4次评估报告的贡献。

　　2007年IPCC报告的结论列于表3.7。例如，"所有观察到的全球变暖都是由于自然气候的变化而引起"被认为是非常不可能的。相反，科学证据强烈地支持人类活动在上个世纪观察到的全球平均气温上升中的显著作用。此外，从全球变暖的科学证据来看，几乎可以肯定人类活动是近期变暖的主要驱动力。其他与全球气候变化讨论相关的结论请看表3.7。

　　包括美国科学促进会和美国化学学会在内的许多科学组织也认识到气候变化带来的威胁。在给美国参议员的公开信中，这些组织列举了海平面上升、极端的天气事件、水资源短缺的加剧、当地生态系统的紊乱等，可能是由地球变暖造成的。总结本节，我们将描述我们预期的这些和其他结果，包括海冰消失、更极端的天气、海洋化学的变化、生物多样性的丧失和对人类健康的危害。

在第1章和第2章中遇到的在公共悲剧的背景下每个潜在的后果都被考虑到。

表3.7 IPCC结论，2007

几乎肯定
- 近期变暖的主要动因是人类活动。

非常可能
- 人为造成的排放是自1950年以来变暖的主要因素。
- 几乎在所有的陆地地区都观察到更高的最高气温。
- 自1960年代以来，雪盖减少了约10%（卫星数据）；二十世纪，北半球中、高纬度地区的湖泊和河流的冰川覆盖周期每年减少了2个星期（独立的地面观测）。
- 在北半球大部分地区，降水量增加了。

可能
- 二十世纪北半球的气温是过去1000多年来任何世纪中最高的。
- 近几十年来从夏末到初秋，北极海冰厚度下降了约40%。
- 与北半球类似，界于108北和108南之间的热带地区降雨量增加。
- 夏季干旱增加。

非常不可能
- 过去100年来观测到的变暖是由于单靠气候变化，提供了新而更强有力的证据，证明必须做出改变以制止人类活动的影响。

（1）海冰消失 如图3.8所示，北极气温的上升比地球上其他任何地方的气温上升都快。结果使得海冰正在缩小（图3.28）。2012年9月，冰盖已创下历史最低纪录。1970年代末卫星开始跟踪海冰覆盖，夏季海冰已经下降了约40%。使用计算机模型和来自北极地区实际情况的数据的新分析预测，大部分北极海冰将在30年内消失。不仅大量野生动物濒临灭绝，而且伴随着反射率下降也会导致更大幅度的变暖。

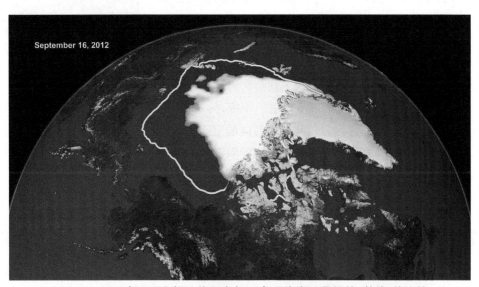

图3.28 2012年9月北极冰的程度与30年平均海冰最低值(黄线)的比较

资料来源：地球天文台，NASA.

（2）海平面上升 气候变暖使海平面上升。这种上升主要是因为水变暖时其体积膨胀。

淡水从冰川径流涌入海洋造成的影响较小。根据《自然》(Science)杂志发表的2008年的研究结果,1961—2003年间每年增加约1.5 mm (过去50年间增加了7.5 cm)。然而,这些增加没有在全球范围内统统被看到。此外,它们受到区域天气模式的影响。即使如此,这些海平面的小幅上升也可能导致对沿海地区的侵蚀,以及飓风和旋风更强劲的风暴潮。

反射率和正反馈已在3.9节进行了讨论。

想一想 3.26   外部成本

前面和稍后描述的后果是所谓的外部成本(代价)的例子。这些成本没有反映在商品的价格上(例如一加仑汽油或一吨煤的价格),但是对环境造成伤害。燃烧化石燃料的外部成本通常由二氧化碳排放很少的人分担,如马尔代夫岛国人民。虽然只有几毫米的海平面上升,看似不多,但对于靠近海平面的国家而言,这种影响可能是灾难性的。利用互联网的资源,调查马尔代夫人民是如何应对海平面上升的。还要评论这个公共悲剧的例子。

---

(3)**更多极端天气**   全球平均气温的上升可能导致更多的极端天气,包括风暴、洪水和干旱。在北半球,预计夏天会更干燥,冬天会更湿润。在过去几十年中,每一个大陆野火和洪水频繁发生。旋风和飓风的严重性(虽然不频繁)也可能在增加。这些热带风暴从海洋中吸取能量;更暖的海洋为风暴供应更多的能量。

(4)**海洋化学变化**   美国西雅图国家太平洋海洋环境实验室的资深科学家理查德·费利(Richard A. Feely)报告:"过去200年来,海洋从大气中吸收了约5500亿吨二氧化碳,约占该时期人类排放总量的三分之一"。科学家估计,每天每小时有一百万吨二氧化碳被海洋吸收!在它们的作用下(作为碳汇),世界海洋减轻了大气中的二氧化碳造成的一些变暖。然而,这种吸收已经带来了代价。海洋中已经并

厄尔尼诺造成印度洋的珊瑚漂白——全球变暖的后果
(亚洲,马尔代夫)

正在出现严重的变化,我们将在第6章进一步探讨。例如,二氧化碳微溶于水,溶解后形成碳酸。这影响海洋生物,因为它们是依赖海洋酸度不变来维持其贝壳和骨骼的完整性的。大气中二氧化碳浓度的增加(以及海洋中相应的碳酸浓度的增加)正在使整个海洋生态体系处于危险之中。

在第6章中更多地了解二氧化碳和海洋酸化。

想一想 3.27   浮游生物和你

浮游生物是在盐和淡水中发现的微小植物和动物样生物。许多浮游生物具有由碳酸钙构成的壳体,在酸性更强的环境中可被削弱。人类不吃浮游生物,而许多其他的海洋生物吃。构建一个食物链以显示浮游生物与人类之间的联系。

（5）生物多样性的丧失　气候变化已经在影响着世界各地的植物、昆虫和动物物种。像加利福尼亚海星、阿尔卑斯高山草药和北美蝴蝶（checkerspot）等多样化的物种都显示出其范围或习惯的变化。宾夕法尼亚州立大学"过去气候变化"专家理查德·胡利（Richard P. Alley）博士认为，特别有意义的是，相互依存的动物和植物不一定会以相同的速率改变其范围或习惯。谈到受影响的物种，他说："你必须改变你所吃的东西，或者吃更少的东西，或者到更远的地方吃东西，所有这些都有成本。"在极端情况下，这些成本会导致物种的

存在许多不同种类的蝴蝶，这一只是在威斯康星州的部分地区发现的

灭绝。目前，世界范围内的灭绝率比近六千五百万年中的任何时候大近1000倍！《自然》（Science）杂志2004年的一份报告指出，即使在最乐观的气候预测下，到2050年，约20%的植物和动物将面临灭绝。

（6）淡水资源的脆弱性　像极地和海冰一样，由于平均气温升高，世界许多地区的冰川正在萎缩（图3.29）。数十亿人依靠冰川径流饮用水和作物灌溉。政府间气候变化专门委员会（IPCC）2007年的报告预测，全球气温上升1℃，相当于五十多亿人口缺水，这是他们以前没有认识到的。淡水的再分配也对食品生产有影响。美国中西部地区的干旱和高温可能会降低农作物产量，范围可能进一步扩大到加拿大。一些沙漠地区也许有足够的雨水成为可耕地。一个地区的损失可能会使另一个地区获益，但现在还言之过早。

更多关于水的化学性质、可用性及用途，请参见5.3节。

图3.29　2008年，阿拉斯加州肯奈峡湾国家公园出口处冰川视图（前面的标志显示1978年冰流程度）

（7）人类健康　在温暖的世界，我们大家可能都是输家。2000年，世界卫生组织（WHO）

将全球超过15万人过早死亡归因于气候变化的影响。这些影响包括：更加频繁和严重的热浪、已经受到缺水威胁的地区的干旱加剧，以及以前在这些地区未曾发生过的传染病。预计平均气温的进一步上升将扩大蚊子、采采蝇和其他携带疾病的昆虫的地理范围。结果可能是，亚洲、欧洲和美国等新兴地区的疾病（如疟疾、黄热病、登革热以及昏睡病等）大幅上升。

3.11 对于气候变化，我们能够或应该做些什么？

过去二十年来，关于气候变化的辩论已经转移了。今天的科学数据为气候是否发生变化的疑问留有很小的空间。例如，较高的地表和海洋温度的测量数据、冰川和海冰的退缩，以及海平面上升等都是无疑的。另外，在大气CO_2中发现的碳同位素比例（3.6节中讨论过的）毫无疑问：人类活动应该为大部分观察到的气候变暖负责。然而，问题是，对于正在发生的气候变化，我们能够做些什么和我们应该做些什么。

想一想 3.28　　碳足迹计算

调查计算碳足迹的三个网站。

a. 对于每个站点，列出名称、赞助商和为计算碳足迹需求的信息。

b. 所需求的信息是否因地而异？如果是，报告其差异。

c. 列出进行碳足迹计算的两个好处和两个弊端。

能量对于每一项人类试图实现的目标都是必不可少的。就个人而言，可以通过进食然后代谢食物获得所需的能量。就社区或国家而言，我们以各种方式满足我们的能量需求，包括燃烧煤、石油和天然气。这些碳基燃料的燃烧产生几种废物，包括二氧化碳。人口众多、工业化程度高的国家往往会燃烧最多的燃料，从而排放最多的二氧化碳。根据橡树岭（Oak Ridge）国家实验室的二氧化碳信息分析中心（CDIAC），2008年，二氧化碳排放量最高的国家有中国、美国、俄罗斯联邦、印度和日本。其他哪些国家排列前茅？下一个活动将向你展示如何发现。

有关食物新陈代谢作为能源的更多信息，参见第11.9节。

想一想 3.29　　国家碳排放量

CDIAC公布了二氧化碳排放量位居前20名的国家名单。

a. 根据你已经知道的，预测名单中的任何5个国家（除上面已列出的那些国家）。使用互联网检查你的预测是否准确。

b. 如果按人均排放量排序，这些国家的排序将如何变化？

在2008年的一次讲话中，约翰·霍尔顿（John Holdren）用3个词概述了我们应对气候变化的选项：缓解、适应、痛苦。他总结道："基本上，如果我们减少缓解和适应，我们将要承受更多的痛苦，"但谁来负责缓解？谁会被迫适应？谁会首当其冲忍受痛苦？对这些问题

的回答可能会产生重大的分歧。但是，我们可以认可，任何实际的解决方案必须是全球性的，包括风险感知、社会价值观、政治和经济学的复杂组合。

我们将在约翰·霍尔顿的结论中提出更多的想法。

气候减缓是为了永久消除或减少气候变化对人类生命、财产或环境的长期风险和危害而采取的任何行动。减少人为的气候变化最明显的策略首先是减少排放到大气中的二氧化碳。回头再看看图3.21，很难想象在很大程度上削减这些"必需品"。因此，减少能源消耗并不容易，至少在短期内。最简单和最经济的办法是提高能源效率。由于能源生产效率低下，消费者节约能源，使其对生产的影响增加3~5倍。然而，依靠全球各地的消费者购买正确的商品和做正确的事情，不足以使二氧化碳排放量低于危险水平。

第4章聚焦化石燃料能源，第7章聚焦核能，第8章讨论一些替代能源，如风能和太阳能发电等。

旨在减缓二氧化碳排放速率的开发技术是在燃料燃烧后捕集和分离气体。**碳的捕集与封存（CCS）**是将二氧化碳与其他燃烧产物分离并将其储存在各种地质位置。如果二氧化碳被很好地固定下来，它就不能进入大气层而使全球变暖。到目前为止，除了CCS面临的巨大技术挑战，启动成本高（通常每个发电厂超过10亿美元）也限制着这种减缓策略。

尽管全球至少有24个CCS项目正在开发中，但截至2009年，只有4个工业规模的项目在运行。3个是从天然气储库中移除二氧化碳，并将其储存在各种地下地质层（图3.30）。第4个（也是最大的）项目，位于加拿大萨斯喀彻温省，是从北达科他州的一个燃煤电厂获取二氧化碳，并将其注入一个枯竭的油田。通过这样做，额外的石油被迫通过现有的井进行恢复。提高石油采收率与隔离CO_2二者兼得，成为其他类型项目的典范。综合算来，这些CCS结果是每年封存约500万吨二氧化碳。

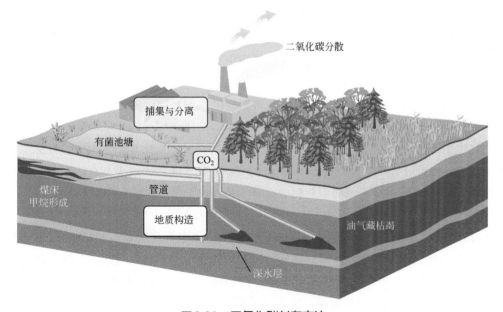

图3.30 二氧化碳封存方法

练一练 3.30　　碳捕集限制

参阅图3.20中的碳循环，目前，全球化石燃料燃烧产生的二氧化碳有百分之多少由CCS技术捕获？

CCS技术的批评者质疑该技术减缓二氧化碳在大气中积聚的最终效能，理由是其成本高昂，商业实施的时间长。其他人认为，追求CCS只是拖延和分散发展无碳能源的注意力。最后，这项技术的规模很大。据国际能源署介绍，为了使CCS能够在2050年之前对减缓工作做出有意义的贡献，每年需要安装近6000台设备，每次向地下注入100万吨二氧化碳。

低技术封存策略是扭转主要发生在世界热带雨林的广泛的森林砍伐活动。联合国开发计划署和世界农林业中心于2006年开始实施"十亿树运动"，力求通过在枯竭森林中种植树木来减缓气候变化。在该计划启动的前18个月中，种植了超过20亿棵树，主要在非洲。到2012年，种植了120多亿棵树。如果你觉得这个数目看似很多，那就想想森林砍伐的规模；2005年，每天消除相当于约35000个足球场的森林面积！

练一练 3.31　　树木作为碳汇

中等大小的树每年吸收25~50 lb的二氧化碳。在美国，人均年二氧化碳排放量为19 t。

a. 需要多少棵树才能吸收一般美国公民的年度二氧化碳排放量？

b. 百分之多少的全球CO_2年排放量（由化石燃料燃烧产生的）可被120亿棵树吸收？提示：请参阅图3.20。

无论今后排放量有任何潜在的下降，气候变化的一些影响都是不可避免的。如前所述，今天排放的许多二氧化碳分子将在大气中保持数百年。**气候适应**是指体系适应气候变化（包括气候变化率和极端情况）的能力：减缓潜在的损害、利用机会或应对后果。一些适应性方法包括开发新的作物品种、为低洼国家和岛屿建立新的海岸线防御系统。可以通过加强公共卫生系统来减少传染病的进一步传播。这些策略中有许多都是双赢的，即使在没有气候变化挑战的情况下也会使社会受益。

与理解温室气体在地球气候中的作用方面的科学共识相比，各国政府之间应采取什么行动来限制温室气体排放的协定少得多。1992年在里约热内卢举行的地球峰会的一个成果是制定了"气候变化框架公约"。这一国际条约的目标是"在足够低的水平上实现大气温室气体浓度的稳定，以防止对气候体系造成危险的人为干扰"。这个条约不仅不具有约束力，而且对于什么是"危险的人为干扰"、或必须避免的温室气体排放水平都没有一个协定。

1997年，在日本京都召开了由161个国家近10000名人员参加的会议，撰写了第一个具有法律约束力的限制温室气体排放量的国际条约，被称为"京都议定书"。为38个发达国家设定了基于1990年排放水平的约束性排放指标，以减少其排放的六种温室气体。这六种温室气体包括二氧化碳、甲烷、一氧化二氮、氢氟碳化物（HFCs）、全氟碳化物（PFCs）和六氟化硫。到2012年，相对于1990年的排放量，美国有望将排放量减少7%，欧盟国家8%，加拿大和日本6%。

想一想 3.32　　　英国经验

1997年，英国工党在托尼·布莱尔的领导下，承诺到2010年将英国的温室气体排放量减少20%，这远远超出了京都条约要求的12.5%。英国是否实现了此目标？请研究这个问题，并写出关于英国在减少温室气体方面的经验的简短报告。自1997年以来，其他国家已大幅度减少了他们的温室气体排放量吗？

虽然条约在2005年生效（时值俄罗斯联邦批准），但美国从未选择参加。不批准议定书的一个原因是，他们相信达到议定书所规定的削减指标将严重损害美国经济。另一个原因是，对发展中国家（主要是中国和印度）的排放限制缺乏更多关注；预计这些国家在未来几年内二氧化碳排放量将呈现最大幅度的增长。布什总统的行政部门争辩称，发达国家和发展中国家之间的这种不平等的分担，对美国经济来说是灾难性的。

美国也以类似的经济理由抵制国内立法限制二氧化碳排放。由于各种原因，20世纪初期实施的自愿减排计划被证明不足以减少排放。第一个"问题"是矿物燃料太便宜了。第二个问题是，任何减缓措施都需要重大的前期成本，同样重要的是，减缓成本是不确定的，这使得企业难以有效地做出计划。世界目前的能源基础设施成本为15万亿美元，用于开发和分销。减少二氧化碳排放意味着要更换许多基础设施。最后一个问题是，由于二氧化碳分子在大气中的停留时间很长，因而减排的好处在数十年内不会被察觉到。

现在，在地球首脑会议之后20年，科学界开始聚焦于确定什么水平的二氧化碳量被认为是"危险的"。在2007年的联合国气候大会上，与会科学家形成的结论是，到2020年排放量达到峰值，在2050年之前需将其降低到目前排放水平的一半以下。从绝对数量来看，这意味着全球年度排放量必须减少约90亿吨。让你看看这个目标的规模，减少10亿吨排放就需要进行下列变更之一。

（1）将世界建筑物的能源消耗量削减20%~25%，低于平常水平。

（2）让所有的汽车都达到60 mpg而不是30 mpg（mpg为英里/加仑）。

（3）在800个燃煤发电厂捕获和封存二氧化碳。

（4）将700个大型燃煤发电厂更换为核电、风能或太阳能发电。

显然，实施任何一项变更（预计目标为减少90亿吨）都不会在纯粹自愿的基础上完成。在美国和其他地方，新的认识是需要制定法律和法规来减少温室气体的排放。一个例子是"上限交易"制度，例如在美国成功减少硫和氮的氧化物排放的制度。限额交易系统的"贸易"部分通过补贴制度运作。公司被赋予（在本年度或之后的任何一年）允许排放一定配额的二氧化碳。在年底，每个公司必须有足够的配额来弥补其实际排放量。如果有额外的配额，它可以交易或出售给另一家可能超过其排放限量的公司。如果一家公司没有足够的配额，就必须购买。"上限"是通过每年创造一定数量的配额（津贴）来强制执行的。

6.11节详细描述了氮氧化物和硫氧化物引起的伤害。

这是一个限额交易运作方式的例子。没有排放限制时，工厂A排放600 t二氧化碳，工厂B排放400 t二氧化碳。为了限制在上限之下，要求他们两家将排放总量共减少300 t（30%）。实现这一目标的方法之一是每个工厂都将自己的排放量减少30%，每个都产生相应的成本。

然而，其中一个工厂（图3.31中的工厂B）可能会更有效地减排，将其排放量降低到规定的30%以下。在这种情况下，工厂A可以从工厂B购买一些未使用的排放许可，成本低于工厂A被要求减30%的成本。总体上，这两个工厂的减排量都以最有经济效益的方式达到。

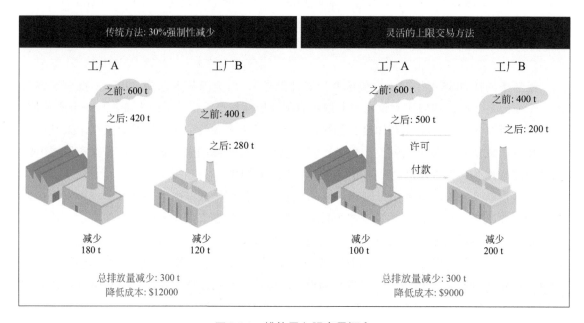

图3.31　排放量上限交易概念

资料来源：EPA，清洁空气，关于限额和交易排放的事实，2002年第3页

上限交易系统可能有一些缺点，包括排放许可市场潜在的波动。能源供应商可能会遇到广泛的、往往是不可预测的成本波动。这些波动将导致消费成本大幅度的波动。有些人主张用碳税方案替代上限交易体系。碳税方案并不限制排放量，只是增加燃烧矿物燃料的成本，让市场来决定如何"最好"地执行。增加基于燃料中所含碳量的额外成本，是为了使替代能源在短期内更具竞争力。当然，征收碳燃料或排放税，意味着消费价格也会提高。

想一想 3.33　气候变化保险？

缓解气候变化可以被看作是一种风险−利益方案。因此，对未来影响的不确定性可能会阻碍政府采取费用昂贵的行动。应对气候变化的另一种方法是将其视为风险管理问题，类似于我们购买保险的原因。拥有汽车保险不会降低事故发生的可能性，但如果发生事故可以限制成本。那么，保险类比如何适应于气候变化行动和政策？

虽然美国联邦政府制定具有约束力的气候变化立法迟缓，但个别州已经把事情掌握在自己手中。组成区域温室气体倡议（RGGI）的东北部10个州已签署了美国第一个二氧化碳上限交易计划。其方案从将排放量限制在2009年的水平开始，到2019年之前将排放量减少10%。签署"中西部地区温室气体减排协议"的州制定了多部门限额交易系统，以帮助达到比现行排放水平低60%~80%的长期目标。西部气候倡议州以及不列颠哥伦比亚省和马尼托巴省（美国之外第一个参与的司法管辖区）同意了强制性排放报告，以加快可再生能源技术发展的区

域性努力。

美国市长气候保护协议（包括227个城市）致力于减排，以达到"京都议定书"的目标。代表的城市包括东北、大湖区及西海岸中一些最大的城市，他们的市长代表约4400万人。

怀疑派化学家 3.34　　放在桶中？

批评者认为，即便成功，个别州或国家的行动也不可能对全球温室气体排放产生重大影响。立即采取行动的支持者，例如美国宇航局气候科学家詹姆斯·汉森（James Hansen）则采取不同的态度（做法）。他说，"不控制气候变化，中国和印度受到的损失最大，因为他们有巨大的人口居住在海平面附近。反之，他们也是减少当地空气污染的最大收受益者。它们必须成为解决全球变暖的一部分，我相信，如果像美国这样的发达国家迈出适当的第一步，他们必定是这样。"在学习了本章之后，你站在哪一边？请予以解释。

想一想 3.35　　二氧化碳回顾

在阅读本章后，你现在知道了关于二氧化碳的哪些事实？列出它们。还要列出大气中二氧化碳的来源。将这些事实和来源与**想一想3.1**进行比较。它们有变化吗？请予以解释。

结束语

我们开始了我们的全球气候变化之旅，指出黑猩猩尝试适应气候变化，而不论这种变化是否发生。人类如何注意和适应气候变化？让我们来看看下面的断言。

白宫科技政策办公室主任约翰·霍德伦（John Holdren）曾多次表示："全球变暖是一个误导，因为它意味着，某些东西是渐进的，某些东西是统一的，某些东西很可能是良性的。而我们正在经历的气候变化并不是那些事情。"

第一个断言是全球变暖不是渐进的。他的意思意味着，与过去相比，我们今天看到的气候变化正在快速发展。自然气候变化是我们这个星球历史的一部分。

例如，冰川已经前进和退缩了无数次，全球气温都曾经比我们目前经历的气温高得多或低得多。地质学证据表明，这些过去的变化发生在数千年，而不是今天几十年。所以霍德伦是正确的。全球变暖并不是渐进的，至少与过去的地质时间框架不相称。

第二，他断言，全球变暖并不是全球统一发生的。霍尔顿又说对了。迄今为止，最为戏剧性的效果发生在两极。这包括冰川的快速退缩、海冰的萎缩和多年冻土的融化。到目前为止，人口密度较低的低纬度地区受气候变化的影响较小。

他的第三个断言是，全球变暖可能不是良性的。这是最难评估的。这个问题很复杂，部分原因是我们无法预测全球变暖将在哪些方面产生影响以及影响到什么程度。更复杂的是，我们很难理解为什么只有几摄氏度的变暖就可能带来灾难。

霍德伦的观点证明，全球气候变化是一个极其复杂的现象。无论是否喜欢，我们正在进行一个全球性的实验，以测试我们维持经济发展和我们的环境的能力。

本章概要

学过本章后，应该能够：

- 了解参与地球能量平衡的不同过程（3.1）。
- 比较和对比地球的自然温室效应和增强温室效应（3.1）。
- 了解大气中的某些气体在温室效应中的主要作用（3.1，3.2）。
- 说明用来收集过去温室气体浓度和全球气温的证据的方法（3.2）。
- 用路易斯结构理论确定分子的几何构型和分子的键角（3.3）。
- 将分子的几何构型与红外辐射吸收联系起来（3.4）。
- 列出主要的温室气体，解释为什么每一种温室气体都具有使其成为温室气体的适当的分子几何构型（3.4）。
- 解释自然过程在碳的循环和气候变化中的作用（3.5）。
- 评估人类活动是如何促进碳循环和气候变化的（3.5）。
- 了解摩尔质量的定义和应用（3.6）。
- 应用阿伏伽德罗（Avogadro）常量计算原子的平均质量（3.6）。
- 证明化学摩尔的用途（3.7）。
- 评价二氧化碳以外的温室气体的来源、相对排放量和效用（3.8）。
- 评估自然的和人为的气候潜势的作用（3.9）。
- 认识基于计算机的模型在预测气候变化方面的成功和局限性（3.9）。
- 将气候变化的一些主要后果与其可能性相关联（3.10）。
- 评估温室气体排放法规的优缺点（3.11）。
- 提出气候减缓和气候适应策略的例子（3.11）。
- 分析、解读、评估、批评关于气候变化的新闻故事（3.1~3.12）。
- 就涉及气候变化的问题采取知情立场（3.1~3.12）。

习题

强调基础

1. 本章引用约翰·霍德伦（John Holdren）的一句话结尾："全球变暖是一个误导，因为它意味着，某些东西是渐进的，某些东西是统一的，某些东西很可能是良性的。而我们正在经历的气候变化并不是那些事情。"请举例解释：

   a. 为什么气候变化不是统一的。

   b. 为什么它不是渐进的，至少与社会和环境系统可以调整的速度相比。

   c. 为什么它可能不是良性的。

2. 金星和地球的表面温度都比根据它们各自到太阳的距离所预计的温度高，请解释原因。

3. 用温室类比来理解地球辐射的能量，地球温室的"窗户"是什么？类比的方式不正确吗？

4. CO_2 和 H_2O 发生光合作用生成 $C_6H_{12}O_6$（葡萄糖）和 O_2。

   a. 写出配平的化学方程式。

   b. 化学方程式等号两边每种原子的数目是否相等？

   c. 化学方程式等号两边的分子数是否相等？请予以说明。

5. 说明气候与天气之间的差别。

6. a. 据估计，每天 29 MJ/m² 的能量由太阳来到大气的顶部，但只有 17 MJ / m² 到达地球表面。其余的会发生什么？

   b. 在稳态条件下，有多少能量会离开大气的顶部？

7. 考虑图 3.9。

   a. 目前大气中二氧化碳的浓度与 20000 年前的浓度相比如何？与 120000 年前的浓度相比呢？

   b. 目前的大气温度与 1950—1980 年平均气温相比如何？与 20000 年前的温度相比呢？上述每一个数值与 120000 年前的平均气温相比如何？

   c. 你对 a 和 b 这两个问题的答案所表明的是：因果关系、相互关系或无关系？请予以解释。

8. 理解地球能量的平衡对于理解全球变暖是必要的。例如，太阳撞击地球表面的平均能量为 168 W/m²，但是离开地球表面的平均能量为 390 W/m²，为什么地球不迅速冷却？

9. 解释下列现象：

   a. 如果将汽车置于阳光下，它会变得很热，甚至足以危及宠物或小孩的生命。

   b. 在冬季，晴朗的夜晚比阴暗的夜晚寒冷。

   c. 沙漠地带比潮湿地区显现出范围更宽的日温变化。

   d. 夏天穿深色衣服的人比穿白色衣服的人中暑的风险更大。

10. 用分子模型套件搭建甲烷（CH_4）分子模型（或用聚苯乙烯泡沫塑料球或橡皮糖代表原子，用牙签代表化学键）。用图演示，在四面体构型中氢原子间的距离比甲烷分子中所有原子在同一个平面内时氢原子间的距离远。

11. 画出下列分子的路易斯结构式，指出每个分子的几何构型。

   a. H_2S b. OCl_2（氧原子是中心原子）   c. N_2O（氮原子是中心原子）

12. 画出下列分子的路易斯结构式，指出每个分子的几何构型。

   a. PF_3 b. HCN（碳原子是中心原子）   c. CF_2Cl_2（碳原子是中心原子）

13. a. 画出甲醇（又称木醇，H_3COH）的路易斯结构式。

   b. 根据此结构式，预测键角 $\angle HCH$，解释预测理由。

   c. 根据此结构式，预测键角 $\angle HOC$，解释预测理由。

14. a. 乙烯是具有 $C=C$ 的简单的烃，画出它的路易斯结构式。

   b. 根据此结构式，预测键角 $\angle HCH$，解释预测理由。

   c. 画出能表示出预测键角的分子图形。

15. 水分子的 3 种振动方式示于下图，哪些振动方式会产生温室效应？解释理由。

16. 若 CO_2 分子与一定频率的红外光子相互作用，则分子中原子的振动增强。对 CO_2 分子，主要吸收波长为 4.26 μm 和 15.00 μm。

   a. 计算与上述红外吸收相应的光子的能量。

   b. 在 CO_2 分子振动中，能量发生什么变化？

17. 水蒸气和二氧化碳是温室气体，但氧气和氮气不是，解释原因。

18. 解释下列现象与全球气候变化的关系。

   a. 火山喷发   b. 平流层氟氯烃的形成

19. 白蚁具有将纤维素分解成葡萄糖 $C_6H_{12}O_6$ 的酶，然后将葡萄糖代谢成 CO_2 和 CH_4。

   a. 写出将葡萄糖代谢为 CO_2 和 CH_4 的配平的方程式。

   b. 如果一天内代谢 1.0 mg 葡萄糖，则一个白蚁一年内可产生多少克二氧化碳？

20. 考虑图 3.21，

   a. 哪个部门化石燃料燃烧产生的二氧化碳排放量最高？

b. 每个主要的二氧化碳排放行业有哪些备选方案？

21. 银的原子序数为47。
    a. 写出最常见的同位素Ag-107的中性原子中的质子数、中子数和电子数。
    b. Ag-109中性原子中的质子、中子和电子数与Ag-107相比如何？

22. 银只有2种天然同位素：Ag-107和Ag-109。为什么周期表中给出的银的平均原子量不是简单的108？

23. a. 计算银原子的平均质量（以克为单位）。
    b. 计算1万亿个银原子的质量（以克为单位）。
    c. 计算5.00×10^{45}个银原子的质量（以克为单位）。

24. 计算下列化合物的摩尔质量（它们在大气化学中都起作用）。
    a. H_2O b. CCl_2F_2（氟里昂-12）   c. N_2O

25. a. 计算Cl在CCl_3F（氟里昂-11）中的质量分数。
    b. 计算Cl在CCl_2F_2（氟里昂-12）中的质量分数。
    c. 100克上述每种化合物在平流层中释放的氯的最大质量是多少？
    d. 在c中计算出的质量相当于多少个Cl原子？

26. 据估计，生命物质中碳的总质量为7.5×10^{17}g。地球上碳的总质量为7.5×10^{22}g，生命系统中的碳原子与地球上总碳原子的比例是多少？分别以百分比和ppm为单位报告你的答案。

27. 利用表3.3中的信息计算：
    a. 2012年的二氧化碳浓度比工业前的浓度增长了百分之多少。
    b. 2011年与工业前相比，CO_2、CH_4和N_2O中，何者的浓度百分比增加最大？

28. 除大气浓度外，在物质的全球变暖潜势的计算中还包括哪两种属性？

29. 从1990年到2005年，美国的温室气体排放总量上升了16%；自2000年以来每年都以1.3%的速度增长。当二氧化碳排放量在同一时期增长20%时，情况可能如何？提示：参见表3.3。

注重概念

30. 在本章结语中引用的约翰·霍德伦提议，使用术语"全球气候干扰"而不是"全球变暖"。在学习了本章后，你是否同意他的建议？请予以说明。

31. 北极被称为"我们在煤矿中的金丝雀，将是影响我们所有人的气候影响"。
    a. 短语"煤矿里的金丝雀"是什么意思？
    b. 解释为什么将北极作为煤矿的金丝雀。
    c. 永久冻土的融化加速了其他地方的变化。请给出一个原因。

32. 你认为卡通的评论有道理吗？请予以说明。

胡椒······和盐

这个冬天降低了我对全球变暖的担忧······

来源：华尔街日报。获卡通功能集团（Cartoon Features Syndicate）的许可。

33. 已知在过去几千年中，人们不能直接获得地球大气温度的测量数据，那么科学家是如何估计过去的温度波动的？

34. 一位朋友告诉你报纸上的一个故事，称"温室效应对人类构成严重的威胁"。你对这个说法的反应是什么？你会告诉你的朋友什么？

35. 过去二十年中，矿物燃料燃烧产生的二氧化碳约1200亿吨，但大气中二氧化碳排放量只增加了约800亿吨。请予以说明。

36. 二氧化碳气体和水蒸气都吸收红外辐射。它们也吸收可见光吗？根据你的日常经验提供一些证据，以帮助解释你的答案。

37. 假设碳原子和氧原子通过单键而不是双键相连，则引起CO_2红外吸收振动所需要的能量将如何变化？

38. 为什么玻璃杯里的水在微波炉里快速升温，但玻璃杯本身温度的上升要慢得多（如果有上升的话）。

39. 乙醇（C_2H_5OH）可由作物如玉米或甘蔗中的糖和淀粉生产。乙醇可用作汽油添加剂，燃烧时与O_2结合生成H_2O和CO_2。
    a. 写出乙醇完全燃烧的配平的化学方程式。
    b. 每摩尔乙醇完全燃烧产生多少摩尔CO_2？
    c. 燃烧10 mol乙醇需要多少摩尔O_2？

40. 解释3.9节中描述的每个辐射势是正的还是负的，按照对整体气候变化预测的重要性将它们排序。

41. 为什么温室气体的大气寿命是重要的？

42. 就所涉及的化学物种、辐射类型、所预测的环境后果等方面，将平流层臭氧消耗和气候变化进行比较和对比。

43. 向不熟悉气候模拟的人员解释"辐射势"这个术语。

44. 据估计，地球上的反刍动物，如牛和羊，每年生产7300万吨甲烷。这些甲烷中含有多少吨碳？

45. 1880年以来，最热的十年中有九年是发生在2000年以后。这是否证明正在发生增强的温室效应（全球变暖）？试解释之。

46. CFCs可能的替代品是HFC-152a，寿命为1.4年，全球升温潜势值（GWP）为120。另一种替代品是HFC-23，寿命为260年，GWP为12000。这两种可能的替代品都具有显著的温室气体效应，并都受"京都议定书"的约束。
    a. 根据给出的信息，若只考虑全球变暖潜势，何者似乎是更好的替代品？
    b. 选择替代品时还有什么其他考虑因素？

47. 矿物燃料燃烧产生的二氧化碳排放量可按不同的方式报告。例如，二氧化碳信息分析中心（CDIAC）在2009年报告称，中国、美国和印度在世界各国中排在最前：

排名	国家	CO_2排放量/吨
1	中国（大陆）	2096295
2	美国	1445204
3	印度	539794

    a. 若按人均排放量计算，排名会有变化吗？如果有，哪个国家会排在第一位？
    b. CDIAC根据碳排放量而不是按二氧化碳排放量来统计人均排名。卡塔尔世界领先，人均排放量为12.01 t碳。如果以二氧化碳排放量为基础计算，这个数值是高还是低吗？请予说明。

48. 将上限−交易体系与碳税进行比较和对比。

49. 阿累尼乌斯（Arrhenius）首先从理论上阐述了大气温室的作用，他计算出，若二氧化碳的浓度增加一倍，则全球平均气温会上升5~6 ℃。他的计算结果与现在IPCC的建模相差多远？

50. 现在你已经学习了空气质量（第1章）、平流层臭氧消耗（第2章）和全球变暖（第3章），你认为在短期内对你来说是最严重的问题吗？从长远来看呢？与他人讨论你的理由，起草一份关于这个问题的简短报告。

探究延伸

51. 前副总统戈尔（Al Gore）在他2006年的书和电影"不方便的真相"中写道："我们不能再把全球变暖

视为一个政治问题—相反，这是我们全球文明面临的最大的道德挑战。"

a. 你认为全球变暖是一个道德问题吗？如果是，为什么？

b. 你认为全球变暖是一个政治问题吗？如果是，为什么？

52. 中国不断增长的经济主要依靠煤炭，被描述为中国的"双刃剑"。煤炭既是新经济的"黑金"，又是"脆弱的环境黑云"。

a. 对含硫量高的煤的依赖会产生一些什么后果？

b. 中国的硫污染可能会减缓全球变暖，但只能是暂时的，请说明。

c. 另外还有哪个国家正在加速建设燃煤电厂？预计到2030年，它的人口将超过中国？

53. 奎奴诺蝴蝶是一种濒危物种，在墨西哥北部和南加利福尼亚一个小范围内有这种物种。2003年报告的证据表明，该物种的范围甚至比以前想象的还要小。

a. 解释，为什么这个物种正在被从墨西哥推到北方。

b. 解释，为什么这个物种正在被推到加利福尼亚南部。

c. 提出阻止对这一濒危物种进一步伤害的计划。

54. 随着时间的推移而取得的数据显示，大气中二氧化碳在增加。工业革命以来，碳氢化合物的燃烧量大幅增加，这常常被认为是二氧化碳浓度上升的原因。但是，同一时期并没有观察到水蒸气的增加。参照碳氢化合物燃烧的一般方程式，这两个趋势的差异是否反映了人类活动与全球变暖之间的任何联系？解释你的推理。

55. 在能源工业，在15.6 ℃（60 ℉）下，1标准立方英尺（SCF）天然气含有1196 mol甲烷．提示：转换因子参见附录1。

a. 1标准立方英尺（SCF）天然气完全燃烧产生多少摩尔二氧化碳？

b. 相当于多少千克二氧化碳？

c. 相当于多少吨二氧化碳？

56. 气候变化国际会议于2009年12月在哥本哈根举行。撰写本次会议结果的摘要。

57. 太阳能烤炉（太阳灶）是一种低技术、低成本的装置，用于聚焦阳光以烹饪食物。太阳能烤炉如何帮助减轻全球变暖？使用这项技术，世界哪些地区最受益？

58. 2005年，欧盟通过了二氧化碳上限-交易政策。写一个简短报告，介绍这一政策在经济结果和对欧洲温室气体排放方面的影响。

59. 国际社会对在第2章和第3章中所描述的大气问题做出了不同的反应。臭氧消耗的证据符合"蒙特利尔议定书"—减少消耗臭氧的化学品的生产时间表。全球变暖的证据符合"京都议定书"—旨在有针对性地减少温室气体。

a. 提出国际社会在处理全球变暖问题之前先处理臭氧消耗问题的原因。

b. 比较当前对两个议定书回应的情况。何时是"蒙特利尔议定书"的最新修正案？有多少国家批准了？平流层中的氯含量由于有"蒙特利尔议定书"而下降了吗？有多少国家批准了"京都议定书"？自从它生效以来发生了什么？还有其他举措被提出来吗？由于"京都议定书"，温室气体排放量有所下降吗？

第4章 燃烧产生的能量

　　自从我们的祖先使用火以来，物质的燃烧就一直是社会的核心问题。现代燃料——我们燃烧的物质——有许多不同的形式。我们在发电厂用煤发电。我们使用汽油燃烧来驱动我们的汽车。我们使用天然气或取暖油温暖我们的居所。我们使用丙烷、木炭或木材在夏季烧烤烹调食物。我们甚至可以用蜡烛提供光亮举办浪漫的烛光晚餐。在上述各种情况中，使用燃料意味着燃烧它们。燃烧过程释放出存储于这些物质分子中的能量。

但是，燃烧燃料的速度是不可持续的。也许你对这种说法有些怀疑。煤、石油和天然气的供应似乎是充足的，因为总是不断发现新的矿床，而且提炼技术也在不断改进。但是，即使化石燃料的供应是无限的（实际上不是），可持续性不仅仅包括可用性。在第0章，我们谈到了有必要考虑我们今天的行为将如何影响到明天的人群的生活。在本章最后一节，我们将把我们的行为与我们的价值观联系起来，包括代际正义。拉科塔苏谚语强调同样的理念："我们不是从祖先那里继承这片土地，而是从我们的孩子那里借用它。"我们目前使用矿物燃料的影响将在未来几十年内感受到。

代际正义是每一代的义务，以对遵循它的人们都是公平和公正的方式相继进行的行动。

想一想 4.1　　新闻中的燃料！

　　a. 找出两篇最近的关于你选择的燃料的新闻文章。引用标题、作者、日期和来源。根据你读到的内容，该燃料的预期用途是什么？

　　b. 根据拉科塔苏谚语解释每篇文章。如果有什么的话，我们从我们的孩子那里借来什么呢？

通过燃烧化石燃料获得能源不能满足可持续发展的两个标准。首先，历经数亿年形成的燃料是不可再生的。一旦用完，它们无替代品。其次，燃烧废物对我们今天和将来的环境都会产生不利影响。第3章描述了工业革命开始以来大气中二氧化碳浓度的大幅度增长。这些增长将继续影响我们未来几代人的气候。燃煤也释放出烟尘、一氧化碳、汞以及硫和氮的氧化物等污染物。这些污染物的排放现在影响到我们，因为它们降低了空气质量，形成酸雨，加剧了现有的不健康状况，普遍降低了我们的生活质量。

第1章描述了空气质量差与燃烧的关系。第3章讨论了作为温室气体的二氧化碳。第6章将着重讨论酸雨。

本章将介绍燃料及其特点。我们从发电厂发生的事情开始。关于能量转换问题，我们引入一个定律，该定律告诉我们：能量永远不会被创造或毁灭，它只是改变形式而已。我们还考虑了能量的转换效率（实际上是效率低下），即以便利的形式利用能量的一个因素。因为燃料不同，所以我们需要说明所有的燃料产生的效果是不同的；也就是说，它们如何具有不同的热量并释放不同量的二氧化碳。为此，我们仔细观察煤和石油，描述其化学成分、物理性质、所含分子的结构，以及我们使用它们时操作的方式。我们学习这些分子如何储存能量以及如何写出描述能量释放的化学反应。然后，我们转向生物燃料，探讨这些可再生资源的优缺点。本章结尾讨论了适用于生产生物燃料的伦理原则，重新审视满足未来能源需求的挑战。

4.1　化石燃料和电

在美国，约70%的发电量来自以煤为主的化石燃料的燃烧。发电厂是如何"生产"电的？其中真正发生了什么？我们本节的任务就是仔细观察发电厂内能量的转换。在 4.3节，我们将讨论煤化学。

用煤发电的第1步是燃烧它。查看图4.1中的照片，你几乎可以感受到燃煤的热量！在锅炉煤床中，温度可达650℃。为了产生此热量，这个小型发电厂每几小时就燃烧一火车车厢煤。正如我们在第1章中指出的，燃烧是一种化学过程，即燃料与氧反应，以热和光的形式释放出能量。请注意，两种最常见的燃烧产物（二氧化碳和水）都含有氧。

图4.1 小型燃煤电厂的照片
(a) 工厂外的煤堆；(b) 一排燃煤锅炉；(c) 图片 (b) 中蓝色门的后面；(d) 在锅炉床上燃烧的煤的特写

一个大型发电厂满负荷运行，每天可燃烧1万吨煤。

发电的第2步是使用从燃烧中释放的热量来加热水使之沸腾，通常在封闭的高压系统中进行（图4.2）。升高压力有两个目的：提高水的沸点和压缩所产生的水蒸气。然后将热的高压蒸汽引导到涡轮蒸汽机。

第3步也是最后一步是发电。当蒸汽膨胀和冷却时，它会冲过涡轮机，从而使其旋转。涡轮机的轴连接到在磁场内旋转的大线圈。该线圈的转动产生电流。同时，水蒸气离开涡轮并继续在系统内循环。它通过冷凝器，在那里冷却，冷水流带走从燃料燃烧最初获得的剩余热能。然后，冷凝水进入锅炉，重新进行能量转换循环。

为了帮助你更好地理解这些不同的步骤，我们定义了两种能量。顾名思义，**势能**是存储能，或称位能。例如，存储在因克服重力而提升了位置的书籍中的能量。书越重，位置提升得越高，它就有更多的势能。

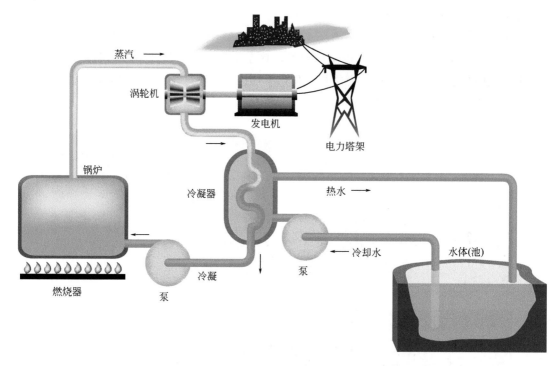

图4.2 发电厂——燃料燃烧转化为电能示意图

反应物或产物的势能通常被称为"化学能"。我们在第4.5节中讨论存储于燃料分子中的化学能。相反，动能则是物体运动的能量。物体越重，运动越快，它具有的动能就越多。你是否宁可被以150 km/h的速度运行的棒球击中而不愿意被以150 km/h行进的乒乓球击中？由于棒球的质量较大，它具有较多的动能。

具有高势能的分子能够形成好的燃料。燃烧过程将燃料分子的一些势能转化为热量，热量又被锅炉中的水吸收。当水分子吸收热量时，它们在各个方向上移动得越来越快；它们的动能增加。我们观察到的温度只是该分子运动的平均速度的量度。因此，随着分子动能的增加，温度升高。当水蒸发成蒸汽时，水分子获得了大量的动能。该能量转化为旋转涡轮机的机械能，然后使发电机将机械能转化为电能。这些能量转换步骤总结在图4.3中。

图4.3 化石燃料电厂中的能量转换

想一想 4.2　　能量转换

发电厂需经若干步骤才能将势能转化为电能，但是其他设备可以更容易做到这一点。例如，电池经一个步骤将化学能转化为电能。列出将能量从一种形式转换为另一种形式的其他三种设备。对于每一种设备，列出所涉及的能量类型。

电池将在8.1节中介绍。

煤可用作燃料，但其燃烧产物却不是。我们说过，好的燃料具有很高的势能，但这种能量从何而来？线索（答案）就在"化石燃料"本身。当我们原始星球上蓬勃发展的绿色植物捕获阳光时，化石燃料就开始生成了。此外，如前所述，**光合作用**是绿色植物（包括藻类）和一些细菌吸收阳光的能量，使二氧化碳和水反应，产生葡萄糖和氧气。从本质上讲，太阳能转化为葡萄糖和氧气的势能。

$$6\ CO_2 + 6\ H_2O \xrightarrow{\text{叶绿素}} C_6H_{12}O_6(\text{葡萄糖}) + 6\ O_2 \qquad [4.1]$$

3.2节介绍三种化石燃料：煤、石油、天然气。

当生物体死亡和腐烂时，它们释放出能量并使该过程逆转，产生二氧化碳和水。然而，在某些条件下，构成生物体的含碳化合物仅有部分分解。这发生在史前，当大量的植物和动物生命体被埋在沼泽地带或沉积在海底的沉积物下面时。氧气未能达到腐烂的材料，从而延缓了分解过程。因为附加的泥土和岩石覆盖了埋藏的残余物，使温度和压力增加，导致发生额外的化学反应。随着时间的推移，曾经捕获太阳射线的植物被转化为我们称之为煤、石油和天然气的物质。在真实的意义上，这些化石是以固态、液态和气态储存的古代太阳能（阳光）。

植物也含氮。6.9节详细介绍了氮的循环。

是的，今天的植物将成为明天的化石燃料。但这不是在人类可利用的周期内发生。令人吃惊的是，我们将在几个世纪中消耗掉经过数亿年的时间形成的燃料。在4.6节中，我们将在分子层次上讨论燃料的细节。

练一练 4.3　　蒸汽堆肥

想回收再利用植物和动物材料？开始堆积肥堆。在适宜的天气条件下，可以看到从肥堆中升起蒸汽。解释这个现象。

重新审视燃烧过程和光合作用过程。在燃烧中释放能量，而光合作用需要能量。两者之间的（循环）关系示于图4.4。热力学第一定律（也称为能量守恒定律）指出，能量既不能被创造，也不能被销毁。这意味着，虽然能量的形式可以发生变化，但在任何转变前后，其总量保持不变。在光合作用中以势能形式存储的太阳能，在燃烧过程中以热和光的形式被释放出来。

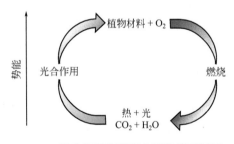

图4.4　光合作用和燃烧之间的能量关系

1.9节介绍了物质不灭和质量守恒定律。

4.2　能量转换效率

根据热力学第一定律，我们确信宇宙的总能量是守恒的。若果真如此，那么我们怎么会遇到能源危机呢？可以肯定的是，在燃烧过程中不会产生新的能量，而也没有任何一种能量被销毁。即使我们不可能赢（有相反的结论——译者注），我们至少可以打破平衡吗？这个问题不像听起来那么有意义，事实上我们不能打破平衡。在燃烧煤、天然气和石油的过程中，我们总是将燃料中的部分能量转换成了不易利用的形式。

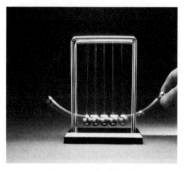

图 4.5　牛顿的摇篮

你可能曾经看过被称为"牛顿的摇篮"的桌面玩具（图4.5）。这个设备可转换能量，但比电厂简单得多！下面是它的工作原理。

（1）一端的球被抬起，这给它带来了势能。

（2）该球被松开，所有的球回落到其起点。势能（位能）转化为动能（运动能量）。

（3）该球击中一排静止的球。动能沿着这一排球传递到另一端的球。

（4）另一端的球摆动。随着球的上升和减速，动能逐渐转化为势能。

（5）第二个球开始下降，重复上述过程。

然而，在每个连续的循环中，每个球不会像前一个那样高。最终，这些球都回到原来的位置。

它们为什么停止移动？它们的能量哪里去了？这是否违反了热力学第一定律？幸运的是，它不违规。在每次碰撞中，一些能量用于产生声音，一些能量用于产生热量。如果我们足够精确地测量，我们会观察到球稍微变热。而后这种热量转移到空气中周围的原子和分子，从而增加它们的动能。符合能量守恒定律，动能和势能都不能独立守恒，而两者之和守恒。所以，当所有的球最后静止时，宇宙的能量被保存下来。最初投入系统的所有能量已经随着周围空气中原子和分子的随机运动而消散。实际上，该装置是将一点点势能耗散到热（空气中的原子和分子的动能）中的有趣方式。

这些相同的原理可以用来解释，为什么没有电力设备（无论设计得如何好），都可以将一种能量完全转化为另一种能量。尽管有最好的工程师和最有能力的绿色化学家，但效率低是必然的。这是由部分能量转化为无用的热量造成的。总体而言，净效率（百分比）是由产生的电能与燃料提供的能量之比表示的。

$$净效率＝产生的电能/燃料产生的能量×100\% \qquad [4.2]$$

较新的锅炉系统和先进的涡轮机技术将图4.3中每个步骤的效率提高到90%或更高。这些步骤的效率是成倍增加的，所以当你得知大多数化石燃料发电厂的净效率在35%~50%之间时，可能感到很惊讶。为什么这么低？

问题在于，燃料在锅炉中燃烧产生的热量并非全部都能转化为电能。例如，考虑最初使涡轮机旋转的高温蒸汽。当蒸汽将能量传递到涡轮机时，蒸汽的动能降低，它冷却并且压力下降。不久，蒸汽就不再有足够的能量来推动涡轮机旋转了。然而，这种"未被利用"的蒸汽的生产仍然需要大量的能量——没有被转化为电能的能量。

使用极高温蒸汽（600 ℃）的发电厂具有高端范围效率。事实上，随着蒸汽温度和厂外温度之间差异的增大，效率上升。当然有一个限制。蒸汽的温度高，意味着其压力高，需要改善设备材质，使其能够承受这种极端条件。

在讨论具体的例子之前，我们需要说说一两个能量单位。在18世纪末，卡路里（cal）被引入度量系统，其定义为将1克（g）水的温度升高1摄氏度（℃）所需的热量。当cal写作Cal时，意味着1000卡路里（1 kcal）。实际上，包装标签和食谱中列出的值是千卡。

$$1 \text{ kcal} = 1000 \text{ cal} = 1 \text{ Cal}$$

一个约150 g的小土豆有约100 kcal热量。

现代的能量单位制使用焦耳（J），1 J等于0.239 cal，大约等于克服重力而将1 kg书提升10 cm所需的能量。人类心脏的每个跳动节拍需要大约1 J的能量。

1 J = 0.239 cal，1 cal = 4.184 J。

现在考虑家庭用电供暖的情况，有时它被广为宣传为干净有效。假设用燃煤电厂的电力（效率为37%）为家庭房屋供暖，每年需要3.5×10^7 kJ的能量，在较冷的气候，一个典型的城市要燃烧多少煤？

为了回答这个问题，我们需要知道煤的含能值。假设燃烧1 g这种特定煤释放出约29 kJ能量。记住，燃煤释放的能量只有37%可用于加热房子。现在我们可以计算每年需要由发电厂燃煤产生的总热量。

$$发电厂发出的能量 \times 效率 = 加热房屋需要的能量$$
$$发电厂发出的能量 \times 0.37 = 3.5 \times 10^7 \text{ kJ}$$
$$发电厂发出的能量 = 3.5 \times 10^7 \text{ kJ} / 0.37 = 9.5 \times 10^7 \text{ kJ}$$

请注意，在这些计算中，我们以十进制形式表示百分比效率。我们现在考虑，燃烧1 g煤产生29 kJ的能量。

$$9.5 \times 10^7 \text{ kJ} \times 1 \text{ g 煤} / 29 \text{ kJ} = 3.3 \times 10^6 \text{ g 煤}$$

这表明，该发电厂必须每年烧掉3.3×10^6 g煤，以提供3.5×10^7 kJ的能量来为此房屋供暖。

这个家庭每年需要3.3 t煤供暖。每一铁路运输车约载100 t煤。

上述计算是假设该燃煤电厂的效率为37%。高效率意味着产生相同的能量可燃烧较少的燃料，从而减少二氧化碳和其他污染物的排放。下一个活动探讨这些相关问题。

练一练 4.4　　比较发电厂

考虑两座每天生产5.0×10^{12} J电能的燃煤电厂。电厂A的总净效率为38%。拟建的电厂B将在较高的温度下运行，总净效率为46%。使用的煤的级别为每克释放30 kJ的热量。假设煤是纯碳。

a. 如果1000 kg煤的成本为30美元（$30），那么这两座电厂的日购煤费之差为多少？

b. 假设完全燃烧，电厂B每天少排放多少克二氧化碳？

答案：a. 工厂A的煤成本为$13150 /天，工厂B的煤成本为$10900 /天。

汽车和卡车也将能量从一种形式转换为另一种形式。内燃机利用气态燃烧产物（CO_2 和 H_2O）来推动一系列活塞，从而将汽油或柴油的势能转化为机械能，最终通过其他机制将机械能转化为车辆运动的动能。内燃机比燃煤电厂的效率更低。实际上，汽油燃烧释放的能量中只有约15%用于车辆的移动。大部分能量作为余热（废热）消散，其中由内燃机单独损失的约占60%。

8.4节和8.6节将讨论更有效的混合动力和燃料电池车辆。

想一想 4.5   运输效率低

a. 列出驾驶汽车时产生的一些能量损失。若有必要，利用互联网的资源来验证和扩展你的列表。

b. 假设燃料燃烧产生的能量只有15%用于移动车辆，估算用于运载乘客的百分比。

为了结束本节，我们要求你们重新审视牛顿的摇篮。你们永远不能期望静止的球自己开始相互碰撞，对吧？要发生这种情况，球碰撞时消散的所有热能都必须被重新回聚在一起。牛顿的摇篮自身无能力启动球相互碰撞与另一个概念——熵有关。熵是衡量给定过程中能量分散度的度量。热力学第二定律有很多版本，最一般的是，宇宙的熵不断增加。牛顿的摇篮提供了热力学第二定律的一个例子。当我们提起牛顿的摇篮中的一个球时，我们给它增加了势能。在这些球碰撞了一会儿而静止之后，这种势能已经变成混乱的热能运动（因此更随机和分散），绝不会有另外的方式。宇宙的熵增加了。

你觉得难以想象能量如何分散？如果这样，这里有一个可能有帮助的类比。设想你坐在一个大礼堂的中间，有人在前面打碎了一个香水瓶。开始时，你没有闻到任何气味，因为香水分子扩散到你所坐的地方需要时间。这种扩散过程是由热力学第二定律预测的。当香水分子从体积较小的瓶子分散到更大的体积中时，分子的能量也被分散。与牛顿摇篮一样，最终结果是宇宙的熵增加。所有的香水分子决不会突然聚集在房间的一个角落。相反，一旦分散开，他们就会处于分散状态，除非消耗能量（才能）将其收回。

同样的道理，牛顿的摇篮本质上就不可能在原来的能量消耗（以热的形式）之后自己开始移动。虽然可能不是那么明显，但热力学第二定律也解释了发电厂或汽车发动机不可能以100%的效率将能量从一种形式转换为另一种形式。

想一想 4.6   更多关于熵的例子

可以通过输入能量来"局部地"减少熵。即使如此，在一个地方消耗能量，也需要宇宙其他地方的熵（净）增加。

a. 考虑来自燃烧煤的能量输入。宇宙的熵在别处增加。举出一个如何能够增加的例子。

b. 考虑当有人整理抽屉里的袜子时发生的熵减少的情况。伴随这种熵的减少，必须发生什么现象？

答案：b. 这种熵的减少必须伴随着能量的输入（由人类）和宇宙其他地方的熵增加（来自人类作为"燃料"燃烧的食物）。

4.3 煤化学

大约两个世纪前，工业革命开始了对化石燃料的大规模开发，今天仍在继续。19世纪初，木材曾是美国的主要能源。因为每克煤产生的热量更多，因而它成为比木材更好的能源。直到1940年前后，全美国50%以上的能源一直由煤提供。

到20世纪60年代，大部分煤用于发电。今天，美国电力部门的煤炭消费量占全美国总消费量的92%。图4.6示出美国能源消耗的历史。

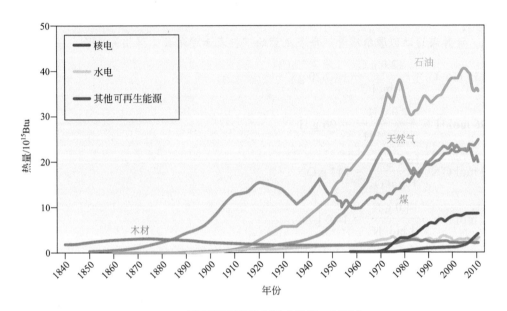

图4.6 美国能源消耗来源（1840—2010）
资料来源：美国能源信息管理局，能源展望2011，2012年9月27日

在图4.6中，其他可再生能源最近才出现。这些包括太阳能、风能、地热能和生物燃料。Btu为英美等国采用的一种计算热量的单位，1 Btu = 1054.350 J。

想一想 4.7 改变燃料形态模式

应用图4.6：

a. 描述美国燃料消耗随着时间的推移而改变的两种方式。提出改变的原因。

b. 估计由燃煤所产生的能量的占比。

在**练一练4.4**中，我们曾假设煤是纯碳。事实上，煤还含有少量的其他元素。虽然煤不是单一化合物，但仍然可以用化学式$C_{135}H_{96}O_9NS$近似表示其组成。该式相当于碳含量约为85%（质量分数）。少量的氢、氧、氮和硫来自古代植物和植物被埋藏时存在的其他物质。另外，某些煤通常含有微量的硅、钠、钙、铝、镍、铜、锌、砷、铅和汞。

练一练 4.8　　煤的计算

a. 假设煤的组成可以用化学式 $C_{135}H_{96}O_9NS$ 近似表示，计算在150万吨煤中碳的质量（吨）。这些煤可能被一个典型的发电厂在一年内用完。

b. 计算燃烧这些煤所释放的能量（单位：kJ）。设燃烧1 g煤释放30 kJ能量。1 t = 2000 lb，1 lb = 454 g。

c. 150万吨这种煤完全燃烧将生成多少二氧化碳？

提示：假设在平衡的化学方程中，煤与二氧化碳的摩尔比为1∶135。

解答：

a. 计算煤的近似摩尔质量。每个元素的下标表示摩尔数（得相关质量——译者注）：

$$135 \text{ mol C} \times \frac{12.0 \text{ g C}}{1 \text{ mol C}} = 1620 \text{ g C}$$

$$96 \text{ mol H} \times \frac{1.0 \text{ g H}}{1 \text{ mol H}} = 96 \text{ g H}$$

$$9 \text{ mol O} \times \frac{16.0 \text{ g O}}{1 \text{ mol O}} = 144 \text{ g O}$$

$$1 \text{ mol N} \times \frac{14.0 \text{ g N}}{1 \text{ mol N}} = 14.0 \text{ g N}$$

$$1 \text{ mol S} \times \frac{32.1 \text{ g S}}{1 \text{ mol S}} = 32.1 \text{ g S}$$

这些元素对 $C_{135}H_{96}O_9NS$ 的贡献之和为1906 g/mol。因此，每1906 g煤含1620 g C。相似的，1906 t煤含1620 t碳。

$$碳的质量 = 1.5 \times \frac{10^6 \text{ t } C_{135}H_{96}O_9NS \times 1620 \text{ t C}}{1906 \text{ t } C_{135}H_{96}O_9NS} = 1.3 \times 10^6 \text{ t C}$$

b. 4.1×10^{13} kJ

c. 470万吨

煤有不同等级，但所有等级的煤都是比木材更好的燃料，因为它们含有较高含量的碳和较低含量的氧。一般来说，燃料中含有的氧越多，燃烧时释放的能量（每克）越少。换句话说，含氧燃料势能较低。例如，燃烧1 mol C（生成CO_2）比燃烧1 mol CO（生成CO_2）多获得约40%的能量。

软褐色煤或褐煤的档次最低（图4.7）。其起源的植物物质的变化最小，化学成分与木材或泥煤类似（表4.1）。因此，褐煤燃烧时释放的能量只比木材略大。烟煤和无烟煤是较高等级的煤，它们已在地球中长时间暴露于较高的压力和温度下。在这个过程中，它们失去了更多的氧气和水分，变得比蔬菜坚硬，有更多矿物质（图4.7）。烟煤和无烟煤含碳量比褐煤高。无烟煤具有较高的碳含量和低的硫含量，这两者都使其成为最理想档次的煤。不幸的是，无烟煤的存储量较小，在美国的供应几乎耗尽。

虽然煤炭在全球可开采利用，仍然是广泛使用的燃料，但它具有严重的缺点。第一是涉及地下采矿，这既危险又昂贵。尽管美国的矿山安全有了很大的改善，但从1900年以来，超过10万名工人因突发事故、洞穴塌方、火灾、爆炸和有毒气体而被夺去生命。更多的人则因呼吸系统疾病而丧失了工作能力。在全球范围内，情况更糟糕。

图4.7　褐煤样品（左）和无烟煤样品（右）

表4.1　美国煤能含量

煤的类型[①]	原产地	能量含量/(kJ/g)
无烟煤	宾夕法尼亚州	30.5
烟煤	马里兰州	30.7
亚烟煤	华盛顿州	24.0
褐煤	北达科他州	16.2
泥煤	密西西比州	13.0

① 木材的能量含量为10～14 kJ/g（依赖于木材的类型）。

第二个缺点，采煤造成的环境危害。阿巴拉契亚州的许多小溪和河流受到数十年采矿作业的影响。当地下水淹没弃用的矿井或与富硫岩石（常与煤矿有关）接触时，它就被酸化了。这种酸化的"矿排水"也会溶解过量的铁和铝，使得水不适于许多鱼类的生存，并使许多社区的饮用水源面临风险。

当煤矿矿床靠近地表时，采矿技术对于矿工来说更为安全可行，但仍然具有环境成本。一种称为山顶采矿的技术在西弗吉尼亚州和东肯塔基州是最常见的。这个过程需要刮掉上覆的植被，然后从顶部几百英尺的山顶上爆破，露出下面的煤层。山顶采矿产生大量的瓦砾（"覆土"），经常将垃圾倾倒在附近的河谷中。2005年，美国环境保护署估计，超过700 mi（约7886 km）的阿巴拉契亚溪流完全被埋没，这是1985—2001年间山顶开矿造成的结果。此外，周围水系的沉积物和矿物质含量的增加对许多水生生态系统产生了不利影响。

2009年，西弗吉尼亚州的一个美国地方法院在该州南部发出了禁止新的山顶清除项目的禁令。国内其他地区很可能进一步立法。

第三个缺点，煤是一种很脏的燃料。煤块当然很脏，但这里的问题是肮脏的燃烧产物。19世纪和20世纪初，城市中无数煤火的烟灰使建筑物和肺部都变黑。氮和硫的氧化物不易察觉但同样有害。虽然煤只含有少量的汞（50~200 μg/g），但汞集中在飞灰中，作为颗粒物质逸入大气中。在美国，燃煤电厂每年向环境排放约48 t汞。留在现场的"底部"灰同样存在危险。例如，图4.8示出，当储存池的挡土墙失效时，倾撒在山谷里的数百万加仑飞灰污泥引起的破坏。

图4.8　2008年12月，3亿加仑的煤泥堆埋在田纳西州诺克斯维尔附近的住家

汞是土壤和饮用水中的污染物，将在5.5节讨论。

练一练 4.9　　燃煤排放

在美国，燃煤电厂要对三分之二的二氧化硫排放和五分之一的一氧化氮排放负则。

提示：回顾第1章。

a. 为什么燃烧煤可产生SO_2？指出大气中SO_2的另一个来源。

b. 为什么燃烧煤可产生NO？指出大气中NO的两个其他来源。

第四个缺点可能最终是最严重的，即燃煤产生二氧化碳——温室气体。比起石油和天然气来，煤燃烧中，每释放1 kJ热量，产生更多的二氧化碳。2012年，煤炭再次成为世界上增长最快的化石燃料来源。

由于存在这些缺点，而美国的煤炭储量又相当丰富，开展新型煤炭技术的重大研究工作正在进行中。虽然它可能听起来像一个矛盾，"清洁煤"由其支持者推动，是减少对石油进口依赖和减少空气污染的重要一步。"清洁煤炭技术"一词实际上包含了提高燃煤电厂效率，同时减少有害排放的各种方法。这里我们列出了有关电厂已经实施的几项技术。

（1）"煤洗"　在燃烧之前从煤中除去硫和其他矿物质杂质。

（2）"气化"　将煤转化为一氧化碳和氢气的混合物（方程式4.10）。所得气体在较低的温度下燃烧，从而减少氮氧化物的产生。

（3）"湿洗"　在升入烟囱之前用化学方法除去二氧化碳。这是通过使SO_2与磨碎的石灰石和水的混合物反应来实现的。

这些技术都没有涉及温室气体的排放。它需要最雄心勃勃的清洁煤炭技术：碳的捕获和储存。有关技术的可行性仍然存在严重问题。

二氧化碳捕获和储存，也被称为封存，在3.11节中讨论过。

未来对最脏的化石燃料要做些什么？答案取决于你住在哪里。图4.9比较了1986年至2011年间全球不同地区的煤炭消费量。大多数地区的变化不大，但亚洲的煤炭使用量却大幅上涨。一方面，这是有道理的，因为中国有巨大的煤炭储量来推动其快速增长。但另一方面，燃煤（任何国家）显然都不符合可持续发展的标准。

2012年，中国拥有约13%的世界已探明的煤炭储量。美国和俄罗斯联邦更多，分别为28%和18%。

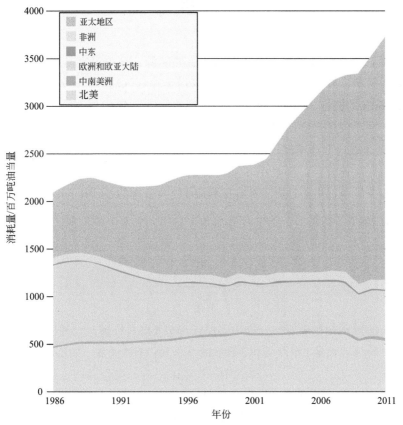

图4.9 1986—2011年世界各地煤消耗量
资料来源：BP世界能源统计评论报告，2012年6月

想一想 4.10 清洁煤

2011年，一家报纸的专栏作家表示，清洁煤炭的理念"仍然是遥远的梦想"。

a. 列出使煤成为脏燃料的三个因素。

b. 现在，几年过去了，清洁煤的梦想更接近实现了吗？选择一种方式，并用它来争辩你的情况。

4.4 石油和天然气

原油也被称为石油,是可以从油井中喷出的液体。在油灰砂岩和页岩中也发现有石油。根据其产地,石油的范围从清澈的金色油到黑色的焦油。石油也可能伴随着天然气矿藏而存在。

高加索　　　　　　　　　中东　　　　　　　　　法国

1950年前后,石油超过了煤而成为美国的主要能源。理由很容易理解。与煤不同,石油具有液体的明显优势,容易泵送到地面并通过管道运输到炼油厂。此外,(每克)石油比煤多释放出约40%~60%的能量。相比之下,石油典型的热值为48 kJ/g,而高档煤只有30 kJ/g。

石油是数千种不同化合物的混合物。绝大多数是**碳氢化合物(烃)**,即只由碳和氢形成的化合物。化学键合的几个基本规则可帮助你们从似乎混乱的碳氢化合物中创建顺序。一个是第2章中引入的**八隅体规则**,即烃中相互键合的碳原子共享8个电子。例如,在甲烷(CH_4,天然气的主要组分)中,中心C原子具有排列成4根共价键的8个电子。

氢原子(包括所有碳氢化合物中的氢原子)仅有2个电子的份额,可视为八隅体规则的例外。

$$
\begin{array}{c}
H \\
| \\
H-C-H \\
| \\
H
\end{array}
$$

另一个有用的规则是在碳氢化合物中碳原子形成4根共价键。一种可能性是4根单键,如在甲烷中。另一种可能性是1根双键和2根单键,总共仍有4根键,如乙烯。

$$
\begin{array}{c}
H \qquad\quad H \\
\diagdown \qquad \diagup \\
C = C \\
\diagup \qquad \diagdown \\
H \qquad\quad H
\end{array}
$$

如我们在第1章中提到的,化学式表示分子中存在的原子的种类和数量,但不显示原子如何连接。要获得原子连接方式,需要结构式。例如,下面是正丁烷(C_4H_{10}, *n*-butane)的结构式(正丁烷是用于燃料打火机和营地炉的碳氢化合物)。英文化学名称中的*n*代表"正常",它意味着碳原子呈直链。

$$
\begin{array}{c}
\;H\;\;\;H\;\;\;H\;\;\;H \\
\;|\;\;\;\;|\;\;\;\;|\;\;\;\;| \\
H-C-C-C-C-H \\
\;|\;\;\;\;|\;\;\;\;|\;\;\;\;| \\
\;H\;\;\;H\;\;\;H\;\;\;H
\end{array}
$$

结构式的一个缺点是它们在书面表达时占用了大量的空间。为了更简洁地表达相同的信息，使用**精简结构式**，其中一些化学键未显示出；相反，结构式被理解为包含相宜数量的键。以下是正丁烷的两个结构简式，第二个比第一个更"紧凑"。

$$CH_3—CH_2—CH_2—CH_3 \qquad CH_3CH_2CH_2CH_3$$

虽然这些结构中的H原子似乎是C原子链的一部分，但是应该正确理解：它们不是。

石油中的许多烃是**烷烃**，即碳原子之间只有单键的烃（表4.2）。汽油是每个分子含有5~12个碳原子的烃的混合物，包括戊烷、己烷和庚烷。虽然自19世纪中叶以来就生产，但随着汽车的出现，汽油在20世纪初才变得宝贵。在本章稍后再来看关于汽油的更多知识。

表4.2 一些烷烃（气体和液体）

名称	化学式	沸点（室温下物态）	结构式	结构简式
methane 甲烷	CH_4	−164 ℃（g）	H—C—H（四个H）	CH_4
ethane 乙烷	C_2H_6	−89 ℃（g）	H—C—C—H	CH_3CH_3
propane 丙烷	C_3H_8	−42 ℃（g）	H—C—C—C—H	$CH_3CH_2CH_3$
n-butane 正丁烷	C_4H_{10}	−0.5 ℃（g）	H—C—C—C—C—H	$CH_3CH_2CH_2CH_3$
n-pentane 正戊烷	C_5H_{12}	36 ℃（l）	H—C—C—C—C—C—H	$CH_3CH_2CH_2CH_2CH_3$
n-hexane 正己烷	C_6H_{14}	69 ℃（l）	H—C—C—C—C—C—C—H	$CH_3CH_2CH_2CH_2CH_2CH_3$
n-heptane 正庚烷	C_7H_{16}	98 ℃（l）	H—C—C—C—C—C—C—C—H	$CH_3CH_2CH_2CH_2CH_2CH_2CH_3$
n-octane 正辛烷	C_8H_{18}	125 ℃（l）	H—C—C—C—C—C—C—C—C—H	$CH_3CH_2CH_2CH_2CH_2CH_2CH_2CH_3$

注：正丁烷、正戊烷、正己烷、正庚烷、正辛烷都有异构体（见4.7节）。*n*表示直链异构体。

如何从石油生产汽油和其他碳氢化合物？这个过程发生在炼油厂——石油工业的图标（标志）（图4.10）。在精炼过程的初始阶段，原油被分离成各馏分，包括汽油馏分。

图4.10　一座炼油厂：高高的蒸馏塔；火焰证明少量天然气在燃烧

截至2011年，美国有137座炼油厂，其中11座闲置。

炼油厂使用几个过程继续加工原油，包括**蒸馏**（分离）过程：将溶液加热至其沸点，蒸气被冷凝、收集。其他过程包括催化裂化、重整和焦化，如图4.11中的蒸馏塔所示。我们将在4.7节中更详细地描述这些过程。

在第5章水净化的上下文中，更多地关注蒸馏。

要蒸馏原油，首先必须将其泵入大容器（图4.11中的锅炉）并加热。

（1）随着锅炉温度升高，沸点较低（摩尔质量较低）的化合物开始蒸发。

（2）随着温度的进一步升高，沸点较高（摩尔质量较高）的化合物蒸发。

（3）一旦蒸发，所有化合物都升入蒸馏塔。

（4）由于温度随高度降低，化合物在塔中的不同高度被冷凝成液体。

图4.11绘制了一个蒸馏塔，表明了可获得的各种化合物所形成的可能混合物。包括：气体如甲烷，液体如汽油，固体如沥青等。其数量取决于原油的种类。

收集到的"最轻的"馏分是"炼厂气"。这些化合物每个分子具有1~4个碳原子，包括甲烷、乙烷、丙烷和丁烷。炼厂气是易燃的，经常用作炼油厂的燃料。它们也可以液化，出售供家庭使用。化学品制造商也可能使用炼厂气作为制备新化合物的起始材料。

炼厂气包括甲烷（天然气的主要成分）。然而，大多数天然气直接从油气井获得，而不是从炼油厂的蒸馏得到的。输送到家中的天然气几乎是纯甲烷，也包括乙烷（2%~6%）和其他低摩尔质量的烃。天然气也可能含有少量的水蒸气、二氧化碳、硫化氢和氦气。在通过管道输送之前，天然气必须被洗涤以除去这些杂质。

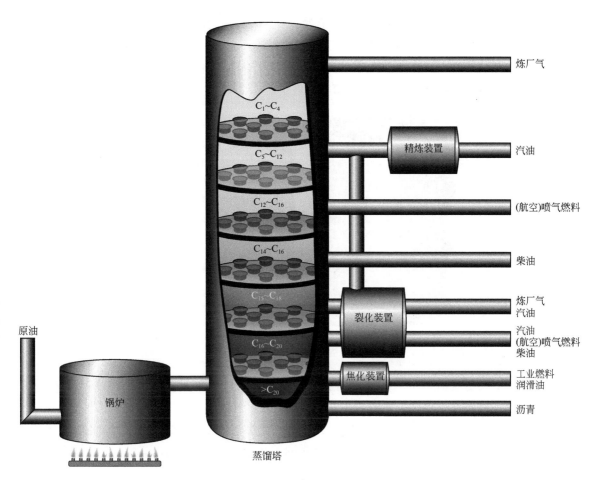

图4.11 原油蒸馏塔图示，图中示出了馏分及其典型用途

甲烷是一种无气味的气体，点燃可以爆炸。为了提醒人们防止气体泄漏，向其中加入了具有特殊气味的化合物。

通过管道输送，天然气可以为美国一半以上的家庭提供热量，或直接在家里燃烧，或通过在发电厂燃烧天然气产生电力。在化石燃料中，天然气比较干净。它基本上不释放二氧化硫和相对较小的颗粒物、一氧化碳、氮氧化物。燃烧后不残留有毒金属的灰渣。虽然燃烧天然气确实产生二氧化碳（温室气体），但是相对于其他化石燃料，释放单位能量相应的排放量更少。请在**练一练**4.11中自行检验数字。

练一练 4.11 煤与天然气

燃烧 1 g 天然气释放50.1 kJ热量。

a. 假设天然气是纯甲烷（CH_4），计算当它燃烧产生1500 kJ的热量时所释放的二氧化碳的质量。

b. 从表4.1选择一种煤，比较足量的这种煤燃烧产生1500 kJ热量所释放的CO_2的质量。

提示：假设煤的组成为 $C_{135}H_{96}O_9NS$。你在**练一练**4.8中已计算了它的摩尔质量。

除了炼厂气外，炼油厂还生产多种化合物（图4.12）。一桶原油（42 gal），约35 gal被燃烧用来加热和运输。剩余的部分主要用于非燃料用途，包括1 gal或2 gal用作生产塑料、药物、织物和其他碳基产品的"原料"。由于这些碳氢化合物原料是不可再生的，人们很容易想到，有一天石油产品可能变得太贵而不可再燃烧了。

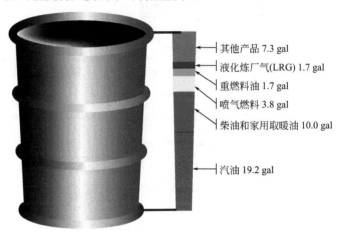

其他产品 7.3 gal

液化炼厂气(LRG) 1.7 gal

重燃料油 1.7 gal

喷气燃料 3.8 gal

柴油和家用取暖油 10.0 gal

汽油 19.2 gal

图4.12　炼一桶原油得到的产品
资料来源：美国能源信息管理局，2009年

我们将要用尽石油吗？一个更好的问题可能是"我们什么时候可以用尽相对容易提取出来的油？"问题不在于地球上残留的化石燃料的数量，而是我们提取化石燃料的速度。二十世纪五十年代中期，全球石油年消耗量达40亿桶，而每年新发现的储量超过300亿桶。今天，这些数字几乎相反。在全球范围内，我们每年的消耗量超过300亿桶，其中包括美国的约67亿桶。

> 2001年以来，美国日石油产量700万~900万桶，而日消费量约2000万桶。

最近，在里海的卡沙干（Kashagan）发现了一个大石油矿，预计储量超过100亿桶。虽然该油田在2000年发现，但在2013年才投产。石油生产和石油发现之间的滞后是典型的。我们今天使用的石油来自几十年前发现的油田。

从某一点看，我们将不再能找到保证未来可生产的新油田。鉴于此，石油专家预测，石油生产将达到高峰，然后下降。2011年《科学》（Science）杂志一篇文章"石油生产的高峰期可能已经来临"报道：

众所周知，当前的问题是提取常规原油的难度越来越大。在油田最容易得到原油的是：油从井中自由流出；或者给予小的力量获得，例如用泵将其抽出或用水将其推出。任何一个常规油井或油田的生产量通常是：增加、达到峰值、然后下降。

在同一篇文章中，石油分析师迈克尔·罗杰斯（Michael Rodgers）（吉隆坡PFC能源公司）评论道："争辩说，要继续保持常规石油的持续增长是非常困难的。"

> 一桶是42 gal。精炼后，体积稍大，因为一些产品的密度比原油低（体积增大）。第5章定义了密度。

一旦我们找到了常规石油，我们就离开了在更困难的地方发现的非常规油田。它在海水数千英尺以下，只能用深水钻机提取。在加拿大焦油油砂有（图4.13），在犹他州、科罗拉多州和怀俄明州油页岩中也有。储量也许有3万亿桶，令人印象深刻。尽管如此，这种油很容易开采，它将不会仍然埋在油砂和页岩中。

即使如此，也有惊喜。这就是在美国从深层地下油矿藏生产天然气。为了提取它，使用水力压裂技术（"压裂"）。虽然在20世纪40年代首次尝试，但最近才进行了大规模的压裂。2004年，第一口井钻进了宾夕法尼亚州、西弗吉尼亚州以及附近部分州的马塞勒（Marcellus）页岩中。2010年，马塞勒（Marcellus）页岩天然气产量每天达十亿立方英尺。

图4.13 加拿大油砂是一种聚集混合物，它不像常规油源，不能将油喷到表面

压裂技术包括，钻进地球表面以下一英里或两英里的含气页岩层，在压力下注入含有物质混合物的水，以产生天然气可以流入的裂缝。水还携带细沙，撑开这些裂缝。下一个活动为你们提供机会，巩固一些压裂知识的细节。

想一想 4.12　压裂！

　　a. 页岩的压裂是通过液压而不是炸药进行的。水液压（hydraulic）一词的含义是什么？说明不能用炸药的原因。

　　b. 通常在井中注入多少水？这水含有的物质混合物的成分是什么？

　　c. 一些水作为废水返回表面。处理这种废水有什么建议？

对常规燃料和非常规燃料的这种讨论在哪里离开我们？有人对未来的石油和天然气情景是乐观的；其他的人则悲观。差别在于全球储备可否回收，以及考虑到大气中二氧化碳的增加而可燃烧的程度。我们没有预期到我们突然耗尽石油和天然气。相反，显著升高的价格、越来越多的稀缺、甚至在石油产量达高峰时将呈现新的社会规范特征。当这种情况发生时，我们将不再（在与现在同样程度上）依赖这个"黑金"。

4.5　测量能量变化

物质释放能量的能力使其成为一种好的燃料。如你所知，卡路里（cal）和焦耳（J）均可用于表达食物或燃料中所含的能量。在本节中，你们将学习定量计算化学反应中的能量变化。**练一练4.13**是关于能量计算和单位使用的练习。

练一练 4.13　　能量计算

a. 一个甜甜圈代谢释放出 425 kcal (425 Cal) 能量，试以千焦耳（kJ）为单位表达此数值。

b. 计算代谢一个甜甜圈产生的能量能将多少本重 1 kg 的书籍从地面提升 2 m。

解答：

a. 1 kcal 相当于 4.184 kJ，

$$425 \text{ kcal} \times \frac{4.184 \text{ kJ}}{1 \text{ kcal}} = 1.78 \times 10^3 \text{ kJ}$$

b. 早些时候我们曾说过，1 J 能量近似等于将 1 kg 书克服重力升高 10 cm 所需要的能量。我们可以利用这些信息来计算可提升 2 m 的重 1 kg 书籍的数量。首先注意，2 m 等于 200 cm。其次，计算将 1 kg 书提升 2 m 需要的能量（以焦耳为单位）。

$$200 \text{ cm} \times \frac{1 \text{ J}}{10 \text{ cm}} = 20 \text{ J}$$

以千焦耳为单位：

$$20 \text{ J} \times \frac{1 \text{ kJ}}{10^3 \text{ J}} = 0.020 \text{ kJ}$$

使用此值进行最终计算：

$$1.78 \times 10^3 \text{ kJ} \times \frac{1 \text{本书}}{0.020 \text{ kJ}} = 8.9 \times 10^3 \text{ 本书}$$

要代谢一个甜甜圈需要提升近 90000 本书！

甜甜圈含有脂肪和碳水化合物，将分别在 11.3 节和 11.5 节中讨论。

怀疑派化学家 4.14　　检查假设

在前面进行 b 部分的计算时，做了一个简化的（和错误的）假设。此假设是什么，它是否合理？基于这个假设，你的答案太高还是太低？解释你的理由。

食物（包括最不健康的食物，如甜甜圈）的代谢，有助于保持我们的身体恒温。**温度**是存在于物质中的原子和/或分子的动能平均值的度量。我们周围各种东西都处于某种温度——热、冷或温暖。当我们将某个特定对象视为"冷"时，意味着它的原子和分子的平均运动速度相对于我们认为"热"的同一物体的运动速度慢。因此，温度升高的物体，其原子和分子的动能肯定增加。那么能量来自哪里？热是从较热的物体流向较冷的物体的动能。当两个物体接触时，热量总是从较高温度的物体流向较低温度的物体。

虽然温度和热量的概念是相关的，但它们并不相同。你的一瓶水和太平洋可能处于相同的温度，但是海洋含有并且可以传递比一瓶水更多的热量。的确，水体能够影响整个地区的气候，因为它们有能力吸收和转移热量。

海洋和气候之间的联系在3.10节讨论过，5.2节和6.5节将进一步讨论。

量热计是用于实验测量燃烧反应中释放出的热量的装置。图4.14示出量热计的示意图。使用时，将已知质量的燃料和过量的氧气引入厚壁不锈钢容器。然后将容器密封并淹没在一桶水中。反应是用火花开始的。反应产生的热量从容器流向水和设备的其余部分。结果，整个量热计系统的温度升高。由反应产生的热量可以从温度升高和量热计及其含有的水的已知吸热性能计算。温度升高越大，反应释放的能量越多。

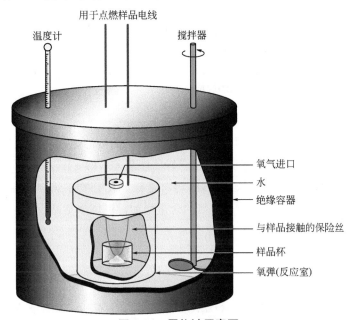

图4.14 量热计示意图

数据表中的大部分燃烧热数值来自这种实验测量。顾名思义，燃烧热是一定量的物质在氧气中燃烧放出的热量。燃烧热通常取正值，以千焦/摩尔（kJ/mol）、千焦/克（kJ/g）、千卡摩尔（kcal/mol）或千卡/克（kcal/g）为单位。例如，甲烷燃烧热实验值为802.3 kJ/mol。这表明，1 mol CH_4 与2 mol O_2 反应生成1 mol CO_2 和2 mol H_2O 产生802.3 kJ热量。

$$CH_4(g) + 2\ O_2(g) \longrightarrow CO_2(g) + 2\ H_2O(g) + 802.3\ kJ \qquad [4.3]$$

即使所有的燃烧反应都释放出热量，但按照惯例，将燃烧热列为正值。

摩尔已在3.7节定义。

我们可以用此数值计算每克（非1 mol）释放出的千焦数。由碳原子和氢原子的摩尔质量计算得到CH_4的摩尔质量为16.0 g/mol，我们可计算甲烷的燃烧热。

$$\frac{802.3\ kJ}{1\ mol\ CH_4} \times \frac{1\ mol\ CH_4}{16.0\ g\ CH_4} = 50.1\ kJ/g\ CH_4$$

在现行燃料中，这是一个很高的燃烧热！审视图4.16，将该值与其他燃料的值进行比较。

燃烧的甲烷类似于从瀑布顶部翻滚的水。水滴最初处于较高势能的状态，然后降到较低势能的状态。水的势能转化为动能，当打到下面的岩石时释放出来。类似的，当甲烷燃烧时，

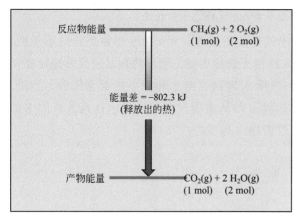

图 4.15　甲烷燃烧中的能量差——放热反应

反应物中的原子"下降"到较低的势能状态，产物形成，能量被释放出来。图 4.15 是该过程的示意图。向下箭头表示 1 mol $CO_2(g)$ 和 2 mol $H_2O(g)$ 的能量小于 1 mol $CH_4(g)$ 和 2 mol 的 $O_2(g)$ 的能量。

甲烷燃烧是**放热的**。**放热**这一术语用于伴随能量释放的任何化学和物理变化。在这个反应中，能量差为 -2802.3 kJ。对于所有放热反应，能量变化值前面的负号意味着从反应物到产物势能减少。毫不奇怪，释放的能量的数量取决于燃料的燃烧量。

至此，已很明显了，好的燃料具有高的势能。燃料的势能越高，燃烧生成二氧化碳和水时释放的热量越多。图 4.16 比较了几种不同燃料的能量差（kJ/g）。我们可以根据化学式进行一些有趣的概括。首先，具有最高燃烧热的燃料是碳氢化合物；第二，随着氢碳比的降低，燃烧的热量降低；第三，随着燃料分子中氧的含量增加，燃烧热量减少。

放热反应，能量差 $\Delta E = E_{产物} - E_{反应物} < 0$。

想一想 4.15　煤与乙醇

根据化学成分，解释为什么乙醇和煤化学式有很大的不同，但燃烧热却相似。

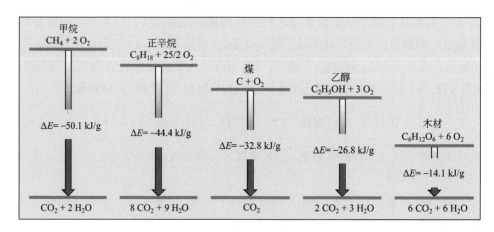

图 4.16　甲烷（CH_4）、正辛烷（C_8H_{18}）、煤（假定为纯碳）、乙醇（C_2H_5OH）和木材（假定为葡萄糖）的燃烧能量差（生成物为二氧化碳和水，皆为气态）

关于葡萄糖和木材的更多知识，请参见 4.9 节。

表4.3　吸热反应与放热反应

吸热反应	放热反应
产物的能量大于反应物的能量	产物的能量小于反应物的能量
净能量变化是正的	净能量变化是负的
吸收能量	释放能量

许多天然发生的反应不是放热的，而是当它们进行时吸收能量。我们在前几章讨论了两个重要的例子。一个是O_3分解产生O_2和O，另一个是N_2和O_2化合产生两分子NO。

两种反应都需要以高能量光子或高温形式的能量。这些反应是吸热的。吸热一词用于任何吸收能量的化学变化或物理变化。当化学反应的产物的势能高于反应物的势能时它是吸热的。吸热反应的能量变化总是正的。表4.3对比了吸热反应和放热反应中的能量变化。

2.6节描述了在吸收紫外光后O_3的分解。1.9节描述了高温下NO的形成。

光合作用也是吸热的。生成1 mol $C_6H_{12}O_6$需吸收2800 kJ的阳光，或生成1 g葡萄糖需要吸收15.5 kJ能量。整个过程涉及许多步骤，但可以用下列方程描述整个反应。

$$2800 \text{ kJ} + 6 \text{ CO}_2(\text{g}) + 6 \text{ H}_2\text{O(l)} \xrightarrow{\text{叶绿素}} C_6H_{12}O_6(\text{葡萄糖}) + 6 \text{ O}_2(\text{g}) \qquad [4.4]$$

当按式4.4生成葡萄糖时，将15.5 kJ/g数值同图4.16中的214.1 kJ/g的燃烧值进行比较。大小不一样，因为在前者中，葡萄糖由二氧化碳和水（液体）形成；在后者中，葡萄糖燃烧产生二氧化碳和水（气体）。

反应需要绿色素叶绿的参与。叶绿素分子从可见光的光子吸收能量，并使用这种能量推动光合作用——能量上升的反应。光合作用在碳循环中起重要作用，因为它从大气中除去二氧化碳。

任何特定化学物质的势能——由其数量决定的燃烧所释放的能量，与燃料分子中的化学键有关。在下面的部分，我们将说明如何用分子结构的知识计算燃烧热量，并且可以让我们区分燃料之间的差异。

4.6　分子层级上的能量变化

化学反应包括化学键的断裂和生成。打断化学键需要能量，如同打断链条或撕毁纸张需要能量一样。相反，形成化学键释放出能量。一个化学反应的总能量变化取决于键断裂和键形成的净效应。如果破坏反应物中的化学键所需的能量大于生成产物时释放的能量，总反应吸热，吸收能量。另一方面，如果产物形成化学键的能量大于反应物中键断裂所需的能量，则净能量变化是放热的，反应释放能量。

例如，氢的燃烧反应。与其他燃料相比，氢是理想的燃料，因为它燃烧时释放出大量的能量（按单位质量计）。

$$2 \text{ H}_2(\text{g}) + \text{O}_2(\text{g}) \longrightarrow 2 \text{ H}_2\text{O(g)} + \text{能量} \qquad [4.5]$$

> 关于燃料氢的更多知识，见8.5节和8.6节。

在计算氢燃烧生成水蒸气的能量变化时，假设反应物分子中的所有化学键都被破坏，然后各个原子重新组装以生成产物。事实上，反应并不是这样发生的，但我们只对整体（净）能量变化感兴趣，而不是细节。因此，我们可进行方便的计算，看看计算结果与实验值是否吻合。

表4.4　共价键键能（kJ/mol）

成键原子	H	C	N	O	S	F	Cl	Br	I
单键									
H	436								
C	416	356							
N	391	285	160						
O	467	336	201	146					
S	247	272	—	—	226				
F	566	485	272	190	326	158			
Cl	431	327	193	205	255	255	242		
Br	366	285	—	234	213	—	217	193	
I	299	213	—	201	—	—	209	180	151
多重键									
C=C	598			C=N	618		C=O[①]	803	
C≡C	813			C≡N	866		C=O	1073	
N=N	418			O=O	498				
N≡N	946								

① 在CO_2中。

表4.4给出了计算所需的共价键键能数据。键能是破坏一个特定化学键必须吸收的能量。因为必须吸收能量，所以键的断裂是吸热过程，表中所有键能都是正的。数值以千焦/摩尔表达。注意，原子出现在表的左侧、上方和下方。在行与列交叉点的数字即为打破两个原子之间化学键所需的能量。

所需能量取决于被破坏的化学键的数量：化学键多，则需要的能量就多。表4.4中的每个数值对应于破坏1 mol化学键。例如，破坏1 mol H—H键（H_2分子中）需要436 kJ能量。类似地，破坏1 mol O=O双键（O_2分子中）需要498 kJ能量。

我们需要跟踪能量是被吸收还是被释放。为此，我们用正号表示吸收的能量，即化学键被打断时吸收的能量。形成化学键释放能量，符号是负的。例如，O=O双键的键能为498 kJ/mol，相应地，当1 mol O=O 双键被打断时，能量变化是+498 kJ，当1 mol O=O 双键形成时，能量变化是−498 kJ。

现在，我们将把这些概念和惯例用于氢气的燃烧反应。下面的方程示出了所涉及的物种的路易斯结构，从而我们可以计算出需要破坏和形成的化学键：

$$2\ \text{H—H} + \ddot{\text{O}} = \ddot{\text{O}} \longrightarrow 2\ \overset{\displaystyle\ddot{\text{O}}}{\underset{\text{H}\quad\text{H}}{}} \qquad [4.6]$$

请记住，化学方程式可以用摩尔数来表示。方程式4.5和式4.6都表示，"2 mol H_2加 1 mol O_2生成 2 mol H_2O"。为用键能数据，我们需要数一数所含的化学键的摩尔数。总结如下：

分子	每个分子中化学键的数目	反应中物质的摩尔数	化学键的总摩尔数	键断裂或生成	每个化学键的键能	总能量
H—H	1	2	$1\times2=2$	断裂	+436 kJ	$2\times(+436)=+872$ kJ
O=O	1	1	$1\times1=1$	断裂	+498 kJ	$2\times(+498)=+498$ kJ
H—O—H	2	2	$2\times2=4$	形成	−467 kJ	$4\times(-467)=-1868$ kJ

从最后一栏我们可以看到，在化学键断裂中总能量变化为（872 kJ+498 kJ = 1370 kJ），生成新化学键能量变化为（−1868 kJ），因而净能量变化为−498 kJ。

该计算如图4.17所示。反应物 H_2和O_2的能量放在零点，任意而方便。向上的绿色箭头表示破坏反应物分子中的化学键并形成4个H原子和2个O原子所吸收的能量。右边向下的红色箭头表示这些原子键合生成2个水分子时释放出的能量。较短的红色箭头对应于−498 kJ的净能量变化，表明总体燃烧反应强烈放热。产物的能量低于反应物的能量，所以能量变化是负的。最终结果是大多以热的形式将能量释放出来。看待这种放热反应的另一种角度就是把反应理解为：涉及较弱化学键的反应物转化为涉及较强化学键的产物。一般地，比起起始物质，产物更稳定（势能低），反应活性更低。

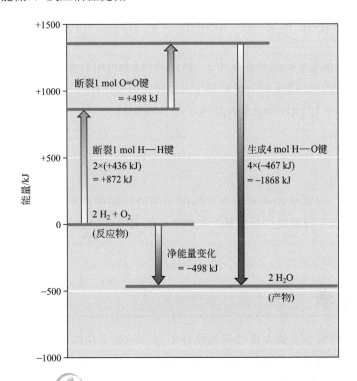

图4.17　氢燃烧生成水蒸气中的能量变化

关于此反应的能量变化更多情况，可看动感图像！

我们刚刚根据键能计算得到的燃烧 2 mol 氢的能量变化（当所有物种都是气体时）为 -498 kJ，与实验值比较接近。这种一致反映了我们相当不切实际的假设：反应物分子中所有化学键首先被破坏，然后产物分子中所有化学键生成。伴随一个化学反应的能量变化决定于产物和反应物之间的能量差，而不是特定的过程、机理或连接两者之间的各个步骤。当进行与反应中的能量变化有关的计算时，这是一个非常重要的思想。

并非所有的计算都这样轻而易举。原因之一是，表 4.4 中的键能仅适用于气体，所以只有当所有反应物和产物都处于气态时，利用这些数据计算的结果才与实验值一致。而且，表中列出的键能数据是平均值。键的强度取决于含有这种键的分子的整个结构；换言之，取决于原子的键合方式。因此，在水、过氧化氢和甲醇中，O—H 键的强度稍有不同。尽管如此，这里描述的方法对于很大范围的反应，估算其能量变化是有用的。该方法还有助于说明键强度和化学能之间的关系。

实验值与利用键能得到的计算值有所不同。

这个分析也有助于澄清为什么燃烧反应的产物（如 H_2O 或 CO_2）不能用作燃料。这些化合物不能转化成具有较强键并且能量较低的物质。底线：排（尾）气不能跑车！

练一练 4.16　　乙炔的燃烧热

利用表 4.4 中的键能计算乙炔 C_2H_2 的燃烧热。报告你的答案，分别以千焦/摩尔（kJ/mol）和千焦/克（kJ/g）C_2H_2 为单位。下面是配平的化学方程。

$$2\ H{-}C \equiv C{-}H + 5\ \ddot{O}{=}\ddot{O} \longrightarrow 4\ \ddot{O}{=}C{=}\ddot{O} + 2\ \overset{\ddots}{O}\underset{H\ \ \ H}{}$$

提示：化学方程式中乙炔的系数为 2。燃烧热指 1 mol 的数值。

解答：能量变化 = -1256 kJ/mol C_2H_2，或 -48.3 kJ/g C_2H_2
燃烧热 = 1256 kJ/mol C_2H_2，或 48.3 kJ/g C_2H_2

练一练 4.17　　氧和臭氧

如第 2 章所述，臭氧吸收波长小于 320 nm 的紫外线辐射，氧吸收波长小于 242 nm 的电磁辐射。利用表 4.4 中的键能，加上第 2 章中有关 O_3 的共振结构的信息解释原因。

4.7　汽油化学

我们具备了对燃料分子的本质以及与燃烧相关的能量变化的理解，现在回到石油。通过蒸馏原油获得的化合物分布与现行的商业用途模式不相应。例如，对汽油的需求量比对高沸点馏分的需求量大。化学家采用几种方法来改变天然分布以获得更多高质量的汽油。这些方法包括裂化和重整（参见图 4.11）。

首先开发的是**热裂解（裂化）**，即通过将大分子烃加热到高温使其裂解，生成较小的分子。在该方法中，最重的原油馏分在400~450 ℃之间加热。这种热将最重的焦油分子"裂解"成较小的分子（适用于汽油和柴油）。例如，在高温下，一分子$C_{16}H_{34}$可以裂解成两个几乎相同的分子。

$$C_{16}H_{34} \xrightarrow{\triangle} C_8H_{18} + C_8H_{16} \qquad [4.7]$$

热裂解也可以产生不同大小的分子。

$$C_{16}H_{34} \xrightarrow{\triangle} C_{11}H_{22} + C_5H_{12} \qquad [4.8a]$$

焦化也示于如图4.11，使用热量分解较重的馏分，该过程留下的焦炭残余物几乎是纯炭。

在任一种情况下，从反应物到产物，碳和氢原子的总数不变。只是较大的反应物分子简单地被分裂成更小、在经济上更重要的分子。我们可以用空间填充模型更清晰地显示大小差异。

练一练 4.18　　更多的裂解实践

a. 画出$C_{16}H_{34}$热裂解时形成的一对产物的结构式（见式4.7）。

提示：将产物分子的原子绘制成直链，并包括一个双键（仅在一个产物中）。

b. 重新考察表4.2所示的烷烃。仔细查找，找出每个C原子的H原子数的模式。使用此模式编写通用化学式。

c. 编写具有一个C=C双键的烃的通用化学式。

答案：b. C_nH_{2n+2}（n为整数）

$$C_{16}H_{34} \xrightarrow{\triangle} C_{11}H_{22} + C_5H_{12} \qquad [4.8b]$$

由于C=C双键上原子的几何排列，$C_{11}H_{22}$的空间填充模型显示出"弯曲"。

热裂解的问题是产生高温所需的能量。**催化裂解**是在相对较低的温度下用催化剂将大分子烃裂解为小分子的过程，因此可降低能量用量。所有主要石油公司的化学家开发了重要的裂解催化剂并继续发现选择性更高、更廉价的过程。我们将在4.8节讨论催化剂是如何影响化学反应速率的。

已在1.11节介绍汽车催化转化器时引入催化剂。

有时，化学家希望合成分子，而不是将它们分开。为生产更多汽油所需的中等大小的分子，可以进行催化合成。在这个过程中，较小的分子被连接起来。

在9.3节讨论应用催化剂由小分子（单体）生产非常大的分子（高分子）。

$$4\,C_2H_4 \xrightarrow{\text{催化剂}} C_8H_{16} \qquad [4.9]$$

另一个重要的化学过程是**催化重整**。在此过程中，分子内的原子重新排列，通常从线型分子开始，产生有更多分支的分子。我们将看到，支化度更高的分子在汽车发动机中燃烧更顺利。

结果发现，具有相同分子式的分子不一定是相同的。例如，辛烷的分子式为C_8H_{18}，但仔细分析表明，具有该分子式的化合物有18种。具有相同分子式但具有不同的化学结构和不同的性质的分子称为异构体。在正辛烷分子中，碳原子全部处于连续的链中（图4.18a）。在异辛烷中，碳链有几个分支点（图4.18b）。这两种异构体的化学和物理性质相似，但不完全相同。例如，正辛烷的沸点为125 ℃，而异辛烷为99 ℃。

支链烃燃烧比其直链异构体燃烧多产生2%~4%能量。

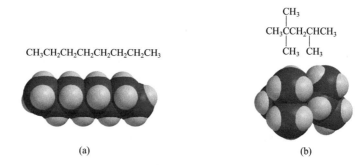

$$CH_3CH_2CH_2CH_2CH_2CH_2CH_3$$

$$CH_3CCH_2CHCH_3$$
$$\overset{CH_3}{\underset{CH_3}{|}} \quad \overset{}{\underset{CH_3}{|}}$$

(a)　　　　　　　　　　　(b)

图4.18　正辛烷（a）和异辛烷（b）的结构简式及空间堆积模型

尽管正辛烷和异辛烷的燃烧热几乎相同，但它们在汽车发动机中的燃烧情况不同。后者的形状更紧凑，使燃烧"更平滑"。在调整良好的汽车发动机中，汽油蒸气和空气被吸入气缸，由活塞压缩，被火花点燃。正常燃烧时，火花塞点燃燃料-空气混合物，火焰（前沿）快速穿过燃烧室，燃料燃烧。然而，有时单独压缩就足以在火花发生之前点燃燃料。这种过早的点燃称为预燃。由于气体膨胀时活塞不处于其最佳位置，致使发动机效率低，燃油消耗更高。"敲击"是一种猛烈和不受控制的反应，在火花点燃燃料之后发生，导致未燃烧的混合物以超音速燃烧，压力异常升高。"敲击"在严重时会产生令人反感的金属声音，损失功率，过热，发动机损坏。

今天的年轻人可能从未听到发动机"敲击"的声音，因为对于现在的发动机技术和汽油混合物，它极少发生。

20世纪20年代已表明，"敲击"取决于汽油的化学成分。提出了"辛烷值"来标记特定汽油的抗敲击性。异辛烷在汽车发动机中表现非常好，指定其辛烷值为100（任意分配值）。像正辛烷一样，正庚烷也是直链烃，但少一个CH_2基团。它也具有较高的敲击倾向，指定其辛烷值为0（表4.5）。当你去加油站添加具有87辛烷值的汽油时，你买的汽油具有与87%异辛烷（辛烷值100）和13%正庚烷（辛烷值0）的混合物相同的抗爆震特性。更高等级的汽油也可供：89辛烷（常规加）和91辛烷（额外费用）。这些混合物含有较高百分比的具有较高辛烷值的化合物（图4.19）。

图4.19　具有各种辛烷值的汽油可供

尽管正辛烷的辛烷值很低，但是有可能经催化重整将其变成异辛烷，从而大大提高其性能。这个重新排列是靠将正辛烷通过由稀有而昂贵的元素如铂（Pt）、钯（Pd）、铑（Rh）和铱（Ir）组成的催化剂实现的。由于全国范围内禁止使用四乙基铅（TEL）作为抗爆添加剂，所以从20世纪70年代末开始，重整以形成异构体来提高它们的辛烷值就变得重要了。

表4.5 几种化合物的辛烷值

化合物	辛烷值	化合物	辛烷值
正辛烷	-20	甲醇	107
正庚烷	0	乙醇	108
异辛烷	100	甲基叔丁基醚（MTBE）	116

想一想 4.19　　除铅

由于铅暴露的危害，美国在1996年颁布了含铅汽油的禁令。但其他铅的来源依然存在。在互联网上侦探，以确认：

a. 铅暴露的职业来源。

b. 成为铅暴露来源的嗜好。

c. 特别影响到孩子的铅暴露来源。

20世纪70年代，由于有毒铅的影响，特别是对儿童的影响，在美国TEL已被淘汰。有关在环保领域的详细信息，请参见5.10节。

消除作为辛烷值增强剂的TEL，需要找到价格低廉、易于生产、环保友好的替代品。尝试了几个，包括乙醇和甲基叔丁基醚（MTBE），它们的辛烷值都超过100（见表4.5）。但是，我们将看到，甲基叔丁基醚没有我们预期的那么好。

乙醇　　　　　　　　甲基叔丁基醚

含有这些添加剂的燃料被称为氧化汽油，是石油衍生烃与加入的含氧化合物（如甲基叔丁基醚、乙醇或甲醇）的共混物。因为它们含有氧，这些汽油混合物燃烧更清洁，比未氧化的汽油产生更少的一氧化碳。

自1995年以来，约90个地面臭氧水平最高的城市和大都市区采用了由1990年**清洁空气法修正案**授权的全年重配汽油计划。该计划要求使用重配汽油（RFG），即**氧化汽油**。氧化汽油也含有较低百分比的某些挥发性较高的烃类（在非氧化常规汽油中存在的）。重配汽油的苯含量不能超过1%，含氧量必须至少达2%。由于其组成，重新配制的汽油比常规汽油不容易蒸发，减少了一氧化碳排放。

苯（C_6H_6）是已知的致癌物。其分子结构将在9.5节中介绍，并在10.2节进一步讨论。

如前面第1章所述，常规汽油中的挥发性有机化合物（VOCs）在对流层臭氧的形成中起着重要作用，特别是在交通繁忙地区。在20世纪90年代引进RFG时，MTBE曾是选择的含氧化合物。然而，对其毒性以及其从汽油储罐浸入地下水的能力的担忧，导致许多州禁止使用MTBE而转用乙醇。作为添加剂和本身又是一种燃料，在4.9节中对它进行了充分描述。

已在1.12节中解释了挥发性有机化合物及其在臭氧形成中的作用。

4.8　老燃料新用途

世界煤供应量预计将持续数百年，远远超过目前对剩余可开采石油储量的估计。遗憾的是，煤是固体，不便于许多应用，特别是作为汽车的燃料。因此，正在进行研究和开发项目，旨在将固体煤转化，使其具有与石油产品相似的特征。

在发现和利用大量天然气供应之前，城市是用水煤气（一氧化碳和氢气的混合物）点火。通过在热焦炭上吹蒸汽形成水煤气，挥发后残留的不纯碳组分从煤中蒸馏出来。

$$C(s) + H_2O(g) \longrightarrow CO(g) + H_2(g) \tag{4.10}$$

同样的反应是从煤生产合成汽油的费-托合成方法的出发点。德国化学家埃米尔·费舍尔（Emil Fischer，1852—1919）和汉斯·托罗（Hans Tropsch，1889—1935）在20世纪20年代开发了这个方法。那时，德国煤炭储量丰富，石油却少。

费托过程可以用下列一般方程来描述：

$$n\,CO(g) + (2n+1)\,H_2(g) \xrightarrow{\text{催化剂}} C_nH_{2n+2}(g,l) + n\,H_2O(g) \tag{4.11}$$

产物烃可以从小分子如甲烷（CH_4，$n = 1$）到通常在汽油中发现的中等大小的分子（$n = 5\sim8$）。当一氧化碳和氢气通过含铁或钴催化剂时，该化学反应发生。

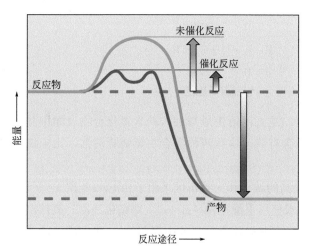

图4.20　同一反应在有催化剂（蓝色线）和无催化剂（绿色线）时的能量-反应途径关系
绿色和蓝色箭头表示活化能，红色箭头表示总能量变化

为更好地理解催化剂的作用，考虑示于图4.20的典型的放热反应。因为是放热反应，所以反应物的势能（左边）高于产物的势能（右边）。现在来查看连接反应物和产物的途径。绿色线表示在没有催化剂的情况下反应期间的能量变化。总的来说，这个反应释放出能量，但由于某些化学键首先要断裂（或开始断裂），因而反应开始时能量是上升的。开始一个化学反应所需的能量被称为其活化能，由绿色箭头表示。尽管必须消耗能量使反应开始，但当过程进行到较低的势能状态时，能量被释放。通常，快速发生的反应具有较低的活化能；较

慢的反应具有较高的活化能。但是，在活化势垒高度和反应中的净能量变化之间并没有直接关系。换句话说，高放热反应可以具有或大或小的活化能。

升高温度通常会提高反应速率；当分子具有额外的能量时，更大部分的碰撞可以克服所需的活化能。然而，有时升高温度并不是一个实际的解决方案。蓝线显示，催化剂如何提供另外的反应途径，降低活化能（由蓝色箭头表示），而不升高温度。

在费-托过程中，很强的 $C≡O$ 三键必须被破坏以使反应进行。而破坏该键对应于如此大的活化能，反应根本不能进行。引进金属催化剂是进行反应的关键。CO分子可以与金属表面键合，这时 $C≡O$ 被削弱。氢分子也被吸附在金属表面，H—H单键完全被破坏。反应的其余部分快速进行，产生较高分子量的烃。

催化剂的优点是它不被消耗，因此用量少。绿色化学家重视催化反应，不仅因为用量少，而且因为反应通常可以在较低的温度下进行。

历史上，费-托合成技术的商业化曾受到限制。南非煤炭丰富而石油匮乏，是世界上由煤合成大部分汽油和柴油的唯一国家。油价上涨，加上丰富的国内煤炭资源，可能会引发更多的贫油国家使用费-托合成法。截至2008年，中国在内蒙古建成煤制液化燃料厂。在美国，一个澳大利亚的能源公司宣布，计划在蒙大拿州大号角县乌鸦部落的所在地，建造一座价值70亿美元的煤制液化燃料工厂。估计那里的煤储量近90亿吨。

无论是固体还是转化为液体燃料，煤燃烧仍然会产生二氧化碳。国家可再生能源实验室最近的工作表明，在生产煤基液体燃料的整个循环中温室气体的排放量几乎是其石油基燃料当量的两倍。显然，我们需要寻找燃料取代煤炭。

4.9 生物燃料 I——乙醇

"一个可持续发展的社会是一个具有远见卓识、足够灵活、足够明智的社会，以不破坏其物质或社会支撑体系。"这些话出自"可持续发展研究所"的生物物理学家和创始人多纳拉·梅多斯（Donella Meadows），在第0章被引用。我们在这里重复一遍，以引起注意，我们现在快速燃烧化石燃料确实破坏了我们的物质和社会支撑体系。这个速度根本不可能持续。

我们有什么选择？今天有些人认为，更可持续的能源未来需要更多地使用生物燃料，这是以生物为来源的可再生燃料（如树木、草、动物废物或农作物）的通用术语。生物燃料可代替源于石油的燃料（如汽油和柴油）。虽然今

多纳拉·梅多斯（Donella Meadows，1941—2001）

天大多数生物燃料都不是以可持续的方式生产的，但它们未来是可能的。

像化石燃料一样，所有生物燃料在燃烧时都释放二氧化碳。但是，生物燃料应该肯定是一种比化石燃料向大气释放更少二氧化碳的燃料。为什么？作为生物燃料来源的植物在生长过程中从大气中吸收二氧化碳。无论是否作为燃料燃烧，这些植物在它们死后将相同数量的

二氧化碳释放回生物圈。相反，化石燃料如果没有被提取和作为燃料燃烧，就会把它们的碳"锁定"在地下。认为释放的二氧化碳净值较小的说法是假定的，用于生产和运输生物燃料的能源并不能抵消这一点效益。正如你将在下一节中看到的，这个说法是存在争议的。

木材是最常见的生物燃料，在人类历史上一直被用于烹饪和加热。你有没有想过为什么木材可燃烧？木材含有纤维素，是由C、H和O组成的天然化合物，可在植物、灌木和树木中形成刚性结构。与烃相似，纤维素也由碳和氢组成。但是，与此不同，纤维素还含有氧，这作为燃料就降低了其能量含量。事实上，我们将在本节中描述的所有生物燃料都含有一些氧。随着氧含量的增加，生物燃料燃烧时比碳氢化合物释放更少的能量（按单位质量计）。重新查看图4.16以了解不同燃料的能量含量。

在第9章中更多地了解纤维素和其他天然聚合物。

纤维素是由成千上万葡萄糖分子连在一起的链型天然聚合物。因此，早期我们将燃烧木材等同于燃烧葡萄糖，如图4.16所示。你们可以将葡萄糖（$C_6H_{12}O_6$）作为糖。也许你们已经知道葡萄糖被称为"血糖"。它使葡萄和甜玉米发出我们熟悉的甜味。下面是木材燃烧的化学方程式，它与我们提供的身体内呼吸（"燃烧葡萄糖"）的方程式相同：

$$C_6H_{12}O_6 + 6\,O_2 \longrightarrow 6\,CO_2 + 6\,H_2O + 能量 \qquad [4.12]$$
葡萄糖

即使在世界许多地方广泛使用，木材供应不足以满足我们的能源需求。砍伐树木作燃料也会破坏树木有效吸收我们大气中的二氧化碳。所以，人们不是依赖木材，而是所有行业都在关注液体燃料如乙醇。

在地球某些地方，因为人们收集和燃烧木材来烹饪和加热，整个生态系统被破坏了。3.5节讨论了砍伐森林是如何导致释放温室气体二氧化碳的。

与价格较高的伏特加中的酒是一样的，乙醇是一种清晰、无色和易燃液体。自古以来，人们已经知道如何发酵谷物以生产乙醇。诚然，他们的目的是酿造酒精饮料，而不是汽车发动机的燃料。

伏特加酒是乙醇的水溶液，比例因品牌而异。它也有一点独特的味道。

哪些糖和谷物可以发酵？几乎任何糖和谷物都可以。不过后者可能需要酶来推动发酵过程。选择哪种取决于可用性和政策。今天，在美国大部分乙醇都是通过发酵玉米中的糖和淀粉生产的（图4.21）。但是，在人类历史早期，没有广泛可用的玉米。正如你们将在第12章学习遗传工程时看到的，未来的人们将从野生菌株繁殖玉米。居住在其他地方的人用其他方便的谷物酿造酒精饮料，如大米和大麦。因此，乙醇也有谷物酒的名义。

在含氧汽油的背景下，我们在4.7节介绍了乙醇。为方便起见，我们再次提供其路易斯结构。

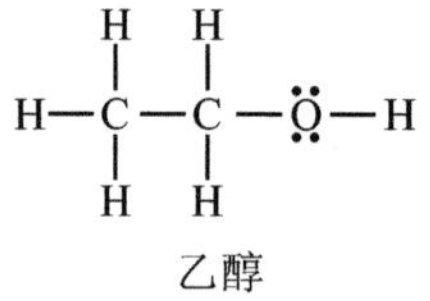

乙醇

用于汽车的生物燃料并不新鲜。亨利·福特汽车（Henry Ford）预计乙醇将成为T型燃料的首选，而鲁道夫·柴油车（Rudolph Diesel）发动机首次使用了花生油。

乙醇是酒精的一个实例。酒精是被一个或多个与其碳原子键合的羟基（—OH）取代的烃（取代H原子）。如同碳氢化合物，醇类燃烧也可释放出能量。完全燃烧，产物是CO_2和H_2O。

$$C_2H_5OH(l) + 3\ O_2(g) \longrightarrow 2\ CO_2(g) + 3\ H_2O(g) + 1240\ kJ \qquad [4.13]$$

因为醇含有一个或多个—OH基团，它们的性质与烃类的性质不同。一个区别是，人类可以安全地消费少量的在红酒、啤酒和其他酒精饮料中的乙醇。而碳氢化合物不能作为饮料。另一个区别是它们的溶解度。例如，乙醇易溶于水，相比之下，烃是不溶的。在下一章可找到更多关于溶解度的介绍。

酒精为我们提供了阐述官能团概念的机会，也就是说，官能团是赋予包含此基团的分子特殊性质的一组原子的独特排列。为强调醇中的羟基(—OH)，化学家通常将

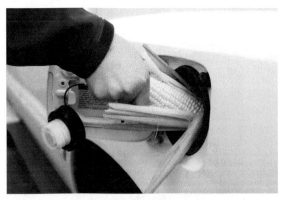

图4.21　乙醇广告——一种可以从许多不同的谷物（包括玉米）生产的可再生燃料

乙醇写成C_2H_5OH而不是C_2H_6O。官能团的另一个例子是C=C双键，在**练一练4.18**中曾提及。在接下来的生物燃料部分，我们将预先看看另一个官能团——酯。

在第9章关于聚合物部分了解更多C=C双键的化学性质。

再次说明，在美国生产的大部分乙醇来自玉米。需要如下一些步骤：

第一步涉及制作玉米粒和水的"汤"。

第二步使用酶来催化这些颗粒中淀粉分子的分解，本质上是"消化"淀粉以制备葡萄糖。像纤维素一样，淀粉是许多谷物中存在的碳水化合物，如玉米和小麦。它是葡萄糖的天然聚合物。像纤维素分子一样，淀粉分子是由成千上万的葡萄糖分子连在一起形成的链。但与纤维素分子不同的是，淀粉中形成了链的连接，我们身体中的酶会破坏它们。因此，我们可以消化食品中的淀粉如土豆和米饭。然而，我们不能消化在莴苣等多叶的食物中发现的纤维素，因此在我们的饮食中称之为"粗饲料"。

第三步（发酵）将葡萄糖转化为乙醇。酵母细胞通过释放催化该转化的不同酶来接管。

$$\underset{\text{葡萄糖}}{C_6H_{12}O_6} \xrightarrow{\text{酵母酶}} 2\ \underset{\text{乙醇}}{C_2H_5OH} + 2\ CO_2 \qquad [4.14]$$

10.4节介绍酶（生物催化剂）。在第11章和第12章进一步给出了一些例子。

结果是，酿造的酒，酒精含量约为10%，味道不是很美。为了分离乙醇，第一步是蒸馏混合物。回想一下原油组分在炼油厂中是如何根据它们的沸点被分离的。相同的原理也适用于此。乙醇和水的沸点不同，可以通过蒸馏分离。查看图4.22中乙醇厂的高蒸馏塔。截至2012年1月，美国大陆有209家乙醇厂在运营，而其他几家正在建设中。

图4.22 伊利诺伊州皮奥里亚的Archer Daniels Midland乙醇厂
资料来源：生物燃料图集，NREL (2013)

想一想 4.20　　一张照片是值得的……?

该数据表显示了美国每年乙醇产量（单位：百万加仑）

年份	乙醇	年份	乙醇	年份	乙醇
1980	175	1991	950	2002	2130
1981	215	1992	1100	2003	2800
1982	350	1993	1200	2004	3400
1983	374	1994	1350	2005	3904
1984	430	1995	1400	2006	4855
1985	610	1996	1100	2007	6500
1986	710	1997	1300	2008	9000
1987	830	1998	1400	2009	10600
1988	845	1999	1470	2010	13230
1989	870	2000	1630	2011	13900
1990	900	2001	1770	2012	13300

资料来源：可再生能源协会。

　　a. 查找更多近几年的条目更新此表。

　　b. 通过一些其他视觉方式将这些信息提供给您选择的公众观众。

　　将此乙醇产量同美国2011年每天烧掉的约3.77亿加仑的乙醇比较。

　　美国2011年一年就生产了超过130亿加仑的乙醇，是世界上最大的乙醇生产国。巴西是第二，约生产70亿加仑。这两个国家加在一起占约85%的世界生产量。美国以玉米为原料，巴西则通过发酵甘蔗得到几乎所有的乙醇。为什么不同？

为了回答这个问题，我们再次注意，实际上任何糖或谷物都可以发酵生产乙醇。发酵的物质取决于其可用性、经济性和政策。甘蔗富含蔗糖，也称为"餐桌糖"。正如由玉米淀粉生产的葡萄糖可以发酵生产乙醇一样，蔗糖也是如此。在巴西，甘蔗种植在曾经是热带的雨林地区，在美国，玉米种植在中西部地区，那里曾经是草原和森林。这两种情况，使用土地生产生物燃料都是有争议的。

在世界范围内，另一种可能和较少争议的乙醇来源是纤维素。我们在前面曾提到过这个化合物，它可以支撑植物、灌木和树木。**纤维素乙醇**是由任何含有纤维素的植物（玉米秆、柳枝稷、木屑以及人类不可食用的其他材料）生产的乙醇。虽然你们可能不认识柳枝稷的名字，但如果你住在（美国、加拿大或墨西哥）落基山脉的东边，很可能你已经看到过。柳枝稷是本地植物，图4.23示出了其品种之一。

图4.23 柳枝稷——一种多年生植物，原产于北美

纤维素乙醇来自如柳枝稷一类的不可食植物，具有广泛的吸引力。多年来，化学家已经在实验室中成功生产了少量的纤维素乙醇。但要建立足够大的工艺过程进行批量生产，能获得数百万加仑的乙醇，则完全是另一回事。像淀粉一样，纤维素不发酵，因此首先需要分解成糖。截至2012年，催化纤维素分解的酶昂贵，反应速率也慢。

图5.22给出了蔗糖的结构式。甜菜也含有蔗糖。看看第11章有关糖的更多信息，找到它们的出处，了解它们的甜度。

想一想 4.21 非食品生物燃料

列出纤维素乙醇来源（如木屑和柳枝稷）的3个理想特征。使用三重底线来报告你的答案。

三重底线在第0章介绍过。

不管来源如何，乙醇不会直接进入气缸，因为我们的汽车没有设计燃烧它。然而，汽车发动机可以运行汽油与乙醇的混合物。多年来，汽油通常含有10%的乙醇，这些混合物现在被标记为E10，如图4.24所示。E10及其他"氧化"燃料（见4.7节）的附加益处是，具有更高的辛烷值，减少产生地面臭氧的车辆排放。

从2007年立法开始，美国力图减少对进口石油的依赖，增加可再生燃料的使用。结果，提出了由E10转向E15。你们可能怀疑，E15是15%的乙醇和85%的汽油。然而，相对于平稳过渡到E10，你们可能不曾预料的是，E15的提议随之而来的争议。一些选民相信，向新燃料混合物过渡可以轻松协调。其他人则认为，需要慎重检查乙醇浓度是否会腐蚀现有燃油箱或影响家畜饲料价格。此外，草坪割草机、小船和雪地摩托车等目前无法使用E15。截至2013

年，美国环保署批准使用E15，但没有授权。

图4.24　将汽油与乙醇混合制成E10（"汽油"）——90%汽油和10%乙醇

无论是E10还是E15，请勿将辛烷值与燃油里程混淆。辛烷值是指燃油在发动机中燃烧的平稳程度而非燃料的能量含量。汽油的辛烷值随着加入更多的乙醇而增加。但是随着乙醇的增加，燃油里程略有下降。

为什么？回想一下，乙醇比汽油中的烃类释放出较少的能量（每单位燃烧量）。以正辛烷作为代表性烃，下面是两种物质燃烧的化学反应方程式：

$$C_2H_5OH(l) + 3\ O_2(g) \longrightarrow 2\ CO_2(g) + 3\ H_2O(g) + 1240\ kJ \qquad [4.15]$$
$$C_8H_{18}(l) + 25/2\ O_2(g) \longrightarrow 8\ CO_2(g) + 9\ H_2O(g) + 5060\ kJ \qquad [4.16]$$

按克计算，C_2H_5OH的燃烧热为 26.8 kJ/g，C_8H_{18}的燃烧热为44.4 kJ/g（参见图4.16）。乙醇释放的能量较少，因为它含有氧。作为燃料，乙醇已经是部分氧化或"烧毁"。

正如我们在本节开头指出的，乙醇不是唯一的生物燃料。下一节专门讨论另一种可再生燃料——生物柴油。

4.10　生物燃料 II——生物柴油

近年来，生物燃料的生产急剧增长。它的合成是如此直接、简单，你可能已经在化学实验室里就完成了。生物柴油在运输燃料中是独一无二的，它可以由个人消费者（包括学生）以小批量经济地生产。正如我们将在本节稍后看到的，它也具有商业生产规模。

虽然生物柴油主要是由植物油制备，但动物脂肪制备同样好。你们可能已经知道，油脂是你们饮食和帮助身体的一部分。当你将面包浸入橄榄油或将黄油抹散到面卷时，你正在准备消耗油脂或脂肪。虽然生物柴油可以由橄榄油或黄油合成，但用它们做起始原料都太贵了（太可口了）。相反，生物柴油由大豆、油菜籽或棕榈油制成。它也可以用废食物油生产，如用于炸薯条的油。图4.25示出了一桶用于餐厅煎炸的油和废烹饪油。

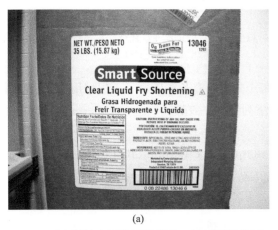 

(a)　　　　　　　　　　　　　　　　　　　　　(b)

图 4.25　(a) 饭馆大量购买煎炸油。这里显示的是一个 35 磅重的油盒子。(b) 热油从炸锅中取出。根据烹饪方法的不同，烹饪油经常变化（这里显示出）或偶尔变化。变化后，油会随废物变暗

为了理解为什么脂肪和油可以作为生物柴油的起始原料，我们需要更多地了解**甘油三酯**，它是一类包括脂肪和油的化合物。脂肪如黄油和猪油是在室温下为固体的甘油三酯。而橄榄油和大豆油等是液体甘油三酯。无论作为液体或固体，甘油三酯是生物柴油的起始材料。它们在植物和动物中自然存在。

下面是甘油三硬脂酸酯（动物脂肪中的甘油三酯）的结构式：

$$
\begin{array}{c}
\text{H}_3\text{C} - (\text{CH}_2)_{16} - \overset{\overset{\displaystyle O}{\|}}{\text{C}} - \text{O} - \text{CH} \\
\text{H}_3\text{C} - (\text{CH}_2)_{16} - \overset{\overset{\displaystyle}{}}{\text{C}} - \text{O} - \text{CH}_2 \quad \text{CH}_2 - \text{O} - \overset{\overset{\displaystyle O}{\|}}{\text{C}} - (\text{CH}_2)_{16} - \text{CH}_3
\end{array}
$$

实际上，任何甘油三酯都可以用于我们的目的，因为它们有共同的结构特征。这里我们选择了这个特定的例子，你们会在后面（第 11 章）介绍营养这部分内容时遇到。

尽管要到第 9 章才进行讨论，但你们可以先预览甘油三酸酯结构式中的酯官能团。

甘油三硬脂酸酯是一个复杂的分子！即使如此，你应该能够识别 3 个烃链。你能看出它们与碳氢燃料的相似性吗？这些烃链中的每一个如果被切断，都可以作为柴油燃料，即具有14~16 个碳原子的烃混合物（图 4.11）。当你吃含有甘油三酯的食物时，每个"柴油样"烃链在体内缓慢代谢以释放能量并产生二氧化碳和水。虽然柴油燃料在发动机中燃烧得更快、温度更高，但最终的结果是相同的：释放能量，产生二氧化碳和水。

虽然大豆油和其他甘油三酯会燃烧，但不应该直接进入气罐。在甘油三酸酯用作燃料之前，需要首先被切割成更小的尺寸（易于蒸发），更接近于柴油燃料中的分子。一种方法是使其与醇如甲醇（CH_3OH）和催化量的氢氧化钠（$NaOH$）反应。下面是使用甘油三硬脂酸酯（动物脂肪）为起始原料的化学反应：

$$\text{甘油三硬脂酸酯} + 3\ CH_3OH \xrightarrow{\ NaOH\ } 3\ CH_3(CH_2)_{16}\overset{O}{\overset{\|}{C}}OCH_3 + C_3H_8O_3 \qquad [4.17]$$

（一个三酸甘油酯分子）　　　　　　　　　　　硬脂酸甲酯　　甘油
（一个生物柴油分子）

一个甘油硬脂酸酯分子产生3个生物柴油分子，每个分子含有长链碳原子。根据用作起始原料的脂肪或油，其他生物柴油分子是可能的，例如下列线型甲酸酯：

$$CH_3CH_2CH_2CH_2CH_2CH = CHCH_2CH = CHCH_2CH_2CH_2CH_2CH_2CH_2\overset{O}{\overset{\|}{C}}OCH_3$$

由于它们的黏度和较高的摩尔质量，油会在较冷的天气下变硬，使发动机发胶（黏）。

一般来说：

（1）生物柴油分子含有一个烃链，通常含有16~20个碳原子。

（2）烃链通常含有一个或多个C=C键，特别是如果用作原料的甘油三酯是油。

（3）除了烃链之外，每个生物柴油分子也含有氧。两个O原子构成了酯官能团的一部分，我们将在后面第9章中介绍有关聚酯的内容。

（4）甘油三酯（脂肪和油）通常生成不同生物柴油分子的混合物，这不同于仅生成一种产物的甘油硬脂酸酯。

还要注意方程式4.17中的3分子甲醇。甲醇提供了甲氧基（—OCH_3）以在甘油三酯分子被切断的位置上"封堵"每个碳链。其他醇类（包括乙醇）也可以发挥同样的功能。无论使用哪种醇，结果都是3分子的生物柴油。下一个活动旨在刷新你们对酒精（如乙醇和甲醇）的记忆，并安排了讨论甘油（也是合成生物柴油过程中的一个醇产物）的内容。

如乙醇，甲醇 (CH_3OH) 也含羟基（—OH）；像甲烷一样，甲醇只含一个碳原子。

练一练4.22　　　更多的醇的知识

在本章中，你们已经遇到两种醇：乙醇和甲醇

a. 画出每种醇的结构式。

b. 另一种醇是 CH_3CH_2CH_2OH，给出其名称。

c. 画出 CH_3CH_2CH_2OH 的异构体的结构式。

答案：

b. 丙醇，因为它如同丙烷，含有3个碳原子。更恰当地，此化合物称正丙醇或1-丙醇。

c. $CH_3-\underset{\underset{OH}{|}}{CH}-CH_3$

这是异丙醇 (2-丙醇)。1-丙醇和2-丙醇中的数字的来源超出了我们讨论的范围。

通过前面的活动，很明显，许多不同的醇可衍生自碳氢化合物。需要做的只是用一个—OH基团取代一个H原子。此外，醇可以含有多于一个的—OH基团。生物柴油的合成产生甘油这样的多元醇。在方程式4.17中，我们只给出了化学式 C_3H_8O_3。从结构式可以看出，甘油是一种"三元"醇。

$$\underset{\substack{\text{H H H}\\ \text{| | |}\\ \text{H—C—C—C—H}\\ \text{| | |}\\ \text{OH OH OH}}}{}$$

甘油是合成生物柴油的副产物，用于许多不同的消费产品。你们可能知道甘油这个名称，它是肥皂和化妆品中的常见成分（图4.26）。然而，每生产 9 lb 生物柴油就净产 1 lb 甘油，这导致了市场上甘油过量。2006年，密苏里大学盖伦·苏佩斯（Galen Suppes）及其同事开发了将甘油转化为不同的醇（丙二醇）的过程，从而获得总统绿色化学挑战奖。

$$\underset{\text{甘油}}{\substack{\text{H H H}\\ \text{| | |}\\ \text{H—C—C—C—H}\\ \text{| | |}\\ \text{OH OH OH}}} \xrightarrow{\text{铜催化剂}} \underset{\text{丙二醇}}{\substack{\text{H H H}\\ \text{| | |}\\ \text{H—C—C—C—H}\\ \text{| | |}\\ \text{OH OH H}}} \qquad [4.18]$$

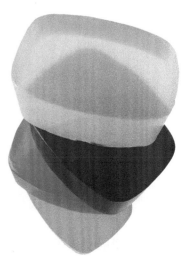

图 4.26　甘油是半透明肥皂中的成分之一

食品和药物管理局(FDA)将丙二醇列为"一般被认为是安全的"，并已批准用作食品添加剂。该化合物还可用作化妆品的保湿剂和作为一些不溶于水的药物的溶剂。作为车辆防冻剂和机场的除冰剂，它的毒性远远低于乙二醇（另一种用作防冻剂的化合物）。以这种方式生产的丙二醇来自可再生资源，不需要石油作为原料。将甘油转化为增值产品降低了生物柴油的生产成本，使其与石油衍生的柴油相比具有更强的竞争力。

1.13节已列出了作为水性内部涂料中的防冻剂的丙二醇和乙二醇。然而，由于两者都是挥发性的，低VOC涂料也不再含有它们。

想一想 4.23　生物柴油燃烧热

重新考察生物柴油分子的结构式。

a. 你能预测燃烧每克生物柴油释放的热量是高于还是低于辛烷值吗？解释你的推理。

提示：重新查看图4.16以了解不同燃料的燃烧热。

b. 如果基于 1 mol 生物柴油与 1 mol 辛烷进行比较，何者燃烧时会释放更多的热量？

c. 比较每克燃料和每摩尔燃料燃烧所释放的热量更有用，并说明理由。

生物柴油与石油基柴油混合，就像乙醇与汽油混合一样。例如，B20是20%的生物柴油和80%的柴油（图4.27a）。混合达20%的柴油机与中型和重型卡车的柴油机完全兼容。截至2012年，生物柴油混合物在美国超过1600个零售点，可以通过互联网轻松找到。例如，图4.27b示出了在诺克斯维尔、孟菲斯和纳什维尔附近的田纳西州生物柴油的32个零售点。

在本节和上一节中，我们讨论了两种生物燃料：乙醇和生物柴油。在这个过程中，我们暗示了所涉及的复杂性和争议。在本章最后一节，我们不仅要关注生物燃料，还要看更大的能量远景。我们需要找到前进的道路。

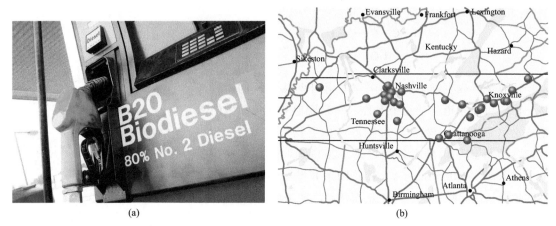

(a)   (b)

图4.27   (a) B20是80%石油柴油和20%生物柴油的混合物；(b) 田纳西州36个生物柴油站的位置（2012）

资料来源：www.biodiesel.org

4.11   生物燃料和前进之路

增长燃料是迈向可持续未来的一步吗？在本章最后一节，我们将充分关注这个问题。基础是生物燃料的经济、环境和社会成本，实质上是**三重底线**。许多人指出，我们需要沿着这条道路以刻意和适当的过程继续。例如，美国化学学会周刊指出，"考虑到生物燃料的可持续性和社会成本，各国政府需要停下来，回顾一下更细微和复杂的生物燃料问题"(化学与工程新闻，2011年8月15日)。

生物质（图4.28）是一个通用术语，指来自生物的任何可再生燃料，包括木材和乙醇。

目前，乙醇和生物柴油仅占全球最终能源消耗(即向消费者提供的所有用途的能源) 的一小部分。根据2010年关于生物燃料状况的报告（图4.28），可再生燃料占能源使用量的20%以下，生物燃料仅为0.6%。尽管如此，近年来生物燃料产量有所增加，这一趋势有望继续下去。此外，许多国家正在设定政治和经济轮毂，鼓励进一步使用生物燃料。图4.28还显示出生物燃料是几种可再生燃料的选项之一。其他的包括风能、水能、太阳能和地热。这里，我们专注于生物燃料，因为它们与汽油和柴油相联系，扮演着重要的角色；作为液体，它们可以被泵送到燃料车辆和飞机。之后，在第8章中讨论太阳能。

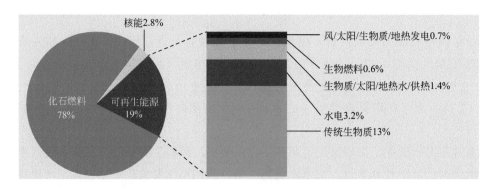

图4.28   全球能源中可再生能源份额，2008年（传统生物质包括木材、农业废物和动物粪便）

资料来源：二十一世纪可再生能源政策网（2010），可再生能源2010：全球状况报告，巴黎，REN21秘书处

目前，有充分理由使得生物燃料处在争论之中。应该以什么原则引导这场辩论？2011年4月，纳菲尔德理事会接受了挑战，发表了一个受到广泛关注的报告《生物燃料：伦理问题》。这个报告的引言陷入了争议：

虽然生物燃料令人振奋，但大规模生产的重大问题开始出现。与化石燃料相比生物燃料能够显著降低温室气体排放量，此说法存在争议。生物燃料对粮食生产带来的竞争以及对粮食安全和食品价格的影响也引起关注。此外，许多人担心侵害农民、农场工人和土地所有者的权益，特别是发展中国家弱势人群的权益。还有报告称，在大规模生物燃料生产之后，例如通过破坏热带雨林，造成严重的环境后果，包括污染和生物多样性的丧失。

设在英国的纳菲尔德理事会（the Nuffield Council），在解决伦理道德问题上享有国际声誉。作为一个独立机构，设计有关生物燃料的辩论是很有地位的。

该报告还列举了适用于生物燃料的道德价值观：人权、团结、可持续性、管理和正义。根据这些价值观，构建了可以指导讨论、政策和行动的伦理原则（表4.6）。虽然所有这些原则都值得关注，但有两个直接关系到我们对生物燃料化学的讨论：（1）温室气体排放量净减少；（2）环境可持续性较大的问题。我们将依次讨论它们。

生物燃料是否有助于净减少温室气体排放？为了回答这个问题，请记住，和化石燃料一样，乙醇和生物柴油也含有碳，从而在燃烧时也产生二氧化碳。在下一个活动中，尝试写出燃烧反应。虽然内容是关于烹饪，但这些化学反应也发生在汽车和卡车发动机中。

"在生物燃料的背景下，团结的价值观指引着社会中最弱势人士的道德注意力。这提醒我们：我们有共同的人性、共同的生活，应该特别注意那些最脆弱的人。"（引自纳菲尔德报告）。

练一练4.24　　樱桃和香蕉

你有没有享受过樱桃禧年或香蕉煮餐？厨师首先将水果浸在白兰地中，然后用火柴点亮，白兰地的乙醇燃烧。

a. 写出乙醇完全燃烧的化学方程式，即它燃烧时有足够的氧气，从而没有一氧化碳或烟灰产生。

b. 虽然可能不会很美味，但可以将食用油或生物柴油倒在水果上，产生火焰。

写出硬脂酸甲酯$C_{19}H_{38}O_2$（式4.17中的生物柴油产品）完全燃烧的化学方程式。

从"现场到油罐"，乙醇和生物柴油有助于温室气体二氧化碳的净减少吗？在这里，比较的基础是来自原油的汽油和柴油。这些化石燃料不是碳中和的，也就是说，由它们的燃烧产生的二氧化碳不能被某些自然过程（如光合作用）或人类体系的补偿所抵消。化石燃料的燃烧导致大气中二氧化碳的净增加。

相比之下，生物燃料可能更碳中和，因为它们源自现代作物、草和树木。生物燃料燃烧释放的碳至少部分被这些植物通过光合作用吸收的碳所抵消。那么生物燃料在减少温室气体排放方面呢？答案取决于特定的生物燃料和生产它所需的能量，包括生产肥料和浇灌作物的能量。这是一个动态目标，因为，至少在某些情况下这些技术随时间而改善。

表4.6 适用于当前和未来使用生物燃料的伦理原则

1. 生物燃料的发展不应该牺牲人民的基本权益（包括获得足够的食物和水、健康权益、工作权利和土地权利）。

2. 生物燃料应该是环境可持续的。

3. 生物燃料应有助于净减少温室气体排放总量，而不加剧全球气候变化。

4. 生物燃料应根据公平的贸易原则发展，承认人民的权利（包括劳动者权益和知识产权）。

5. 生物燃料的成本和收益应以公平的方式分配。

6. 如果前五项原则得到遵守，而且生物燃料能够在减轻危险的气候变化方面发挥关键作用，那么根据其他关键考虑因素，有必要开发这种生物燃料。这些额外的关键考虑是：绝对成本、替代能源、机会成本、现有程度的不确定性、不可逆性、参与程度以及比例治理的概念。

资料来源：纳菲尔德生物伦理委员会，生物燃料：伦理问题，2011，84。

测量生物燃料的二氧化碳排放量的净减少（值）是有挑战性、有争议的。为了理解为什么，我们再次引用纳菲尔德委员会关于生物燃料伦理学的报告。

（1）直接改变土地的使用 这是指将自然土地转为农田，如砍伐森林或排水湿地。破坏现有的自然土地来生产生物燃料，意味着消除有效隔离大量碳的现有栖息地，并降低现有的土壤和植被。挑战在于确定多少碳被隔离和有哪些土地类型。

（2）间接改变土地的使用 这是指将现有牧场或农田转化为用来生产生物燃料作物。这种转换可以涉及使用更多的肥料、更多的除草剂、更多的水，所有这些都伴随着能源使用和额外的温室气体排放。挑战在于在生物燃料作物的生命周期中测量这些因素。

（3）生物燃料生产中的废品 这是指没有食物或燃料价值的农业和工业废物。挑战不仅在于测量温室气体排放量，而且还在于将排放量正确地分配到其来源。

尽管存在固有的挑战，但几个选区也提出了二氧化碳排放的量。2011年，生物燃料行业估计，玉米乙醇的二氧化碳排放量减少了10%~15%，大豆生物柴油的二氧化碳排放量减少了40%~45%。这两个值都是与石油基汽油相比的。相反，其他组织提出，与石油基汽油相比，生物燃料导致了二氧化碳净增长，认为需要更仔细地考虑土地利用和产生废物的成本。考虑到正确分配（燃料生产中产生的）二氧化碳排放量的复杂性，争论可能会继续下去。

乙醇和生物柴油是否可持续？像以前的温室气体排放一样，这个问题不能以抽象的方式回答。相反，答案取决于每个特定生物燃料的生产地点和生产方式。

我们从对生物柴油的统计评价开始，因为它比乙醇更直接。回想一下生物柴油比乙醇有几个固有的优点。从各种油料合成生物柴油相对容易，既可以小批量也可以大规模进行。生物柴油与现有的柴油混合得好，并可通过相同的基础设施进行分配。像乙醇一样，由于含有氧，它比柴油燃料燃烧更干净，释放较少量的颗粒物质、一氧化碳和挥发性有机化合物。在平衡中，它似乎是改善公共卫生的赢家。假设生产生物燃料的当地社区遵循伦理原则（表4.6）的话。但是我们可以这样假设吗？图4.29示出了马来西亚的种植园和工厂，马来西亚（译注：图中为马来西亚）是世界上生产棕榈油的一部分。下一个活动提供了进一步探索棕榈油生产的机会。

(a)   (b)

图 4.29　(a)马来西亚棕榈油种植园（显示幼树）；(b)马来西亚棕榈油工厂

想一想 4.25　棕榈油、生物柴油和伦理

是否有生物柴油的伦理问题需要注意？ 2008年，乐施会报告指出："富裕国家生物燃料繁荣的巨大输家是穷人，处于食品价格上涨的风险，'争夺供给'使他们的土地权、劳工权利和人权受到威胁。"

以棕榈油为例。它在世界许多地方生产，包括印度尼西亚和马来西亚。准备一页简报，确认你的同学们的关键问题。

乙醇生产的可持续性更难估量。如前所述，乙醇源自几种原料，包括玉米、甘蔗糖和高粱。可以理解的是，对每个环境的评估都必须单独进行。无论哪种原料，科学家和公民都在质疑乙醇生产的可持续性。回顾三重底线：健康的经济、健康的社区和健康的生态系统。为了更好地了解乙醇生产的可持续性，请查看详细信息。

我们从经济底线开始。截至2012年，生产1 gal乙醇比生产1 gal汽油还贵。那么为什么玉米乙醇市场蓬勃发展？答案因地域而异。近年来，美国政府向乙醇生产商提供了税收抵免。虽然补贴鼓励使用这种燃料，但存有争议，他们于2011年结束了从玉米生产乙醇。

在能源成本方面，好消息是太阳无偿地为植物生长提供能源，坏消息是玉米种植需要额外的能源投入。种植、栽培和收获都需要能量。浇灌作物、生产和施用肥料、制造和维护必要的农业设备以及从发酵谷物中蒸馏出酒精，同样如此。目前，这种能源是以大量的货币成本燃烧化石燃料和大量的二氧化碳排放来提供的。玉米乙醇的总体能源成本难以量化。一些研究估计，对于乙醇生产，每投入1 J，回收1.2 J。其他人则认为，综合能源投入超过所生产乙醇的能含量。

接下来，我们考虑社会底线。中西部的许多农村社区受益于旺盛的乙醇需求。酿酒厂的建设不仅为当地工人提供了工作，还为当地种植的玉米提供了买家。由于对乙醇的需求，一些曾经受到家庭农场生存能力沉重打击的社区经历了复苏。但也有一些缺点。对玉米需求的增加导致许多其他产品（特别是食品）的价格上涨，这是该社区（和世界各地的其他人）必须支付的价格。

最后，我们转向环境的底线。玉米的生长依赖于肥料、除草剂和杀虫剂的大量使用。这些化学品的制造和运输需要燃烧化石燃料，而燃料燃烧又会释放出二氧化碳。此外，这些化学物质一旦引入农田，会降低土壤和水分的质量。虽然玉米种植者可以并且确实遵循负责任的做法，但是当要求生产更多玉米时，他们肯定面临挑战。

走向何处？显然，这些选择并不容易。我们已经烧掉了许多容易得到和常规的石油。我们的未来选择是复杂的，涉及各方面的权衡。我们返回纳菲尔德报告中的话来结束本章。他们呼吁在前几章中阐述的预警原则，提醒我们，采取行动和不采取行动都携带风险。我们希望这些话不仅会激励你们，而且还会引导你们进一步调查问题，并采取适当谨慎的行动。

在第2章中讨论的预防原则强调了行为智慧。即使没有完整的科学数据，在对人体健康或环境的不利影响变得显著或不可逆转之前，也是如此。

当然，劝勉人们改变生活方式将继续是全面减少温室气体排放的一种方法。然而，在可预见的未来，这种及其他非燃料电力如风能、波浪能、太阳能将不足以减少全球对化石燃料的依赖。

我们将需要新的液体燃料来源和更有效地生产当前生物燃料的新途径。包括遗传修饰在内的先进的生物技术可能是帮助满足这些需求的"工具包"的重要组成部分。

已经制订开发先进生物技术的预防性安全保障措施，这不会带来任何新的危害。的确，重要的是要以公平和公正的方式实施预防措施——我们应该像我们关心开发新技术的风险一样，不要做有任何风险的事情。(《生物燃料：伦理问题》，纳菲尔德生物伦理委员会，2011年)

想一想 4.26   可持续未来

2002年，时任联合国秘书长科菲·安南称可持续发展是"……一个特殊的机会——在经济上建立市场；使人们从边缘融入社会；在政治上减少对资源的紧张关系，使每一个男人和女人为决定自己的未来发出声音和做出选择。"展开秘书长的讲话，给出讲话中所谈到的每个方面的一些细节。

结束语

火！对早期的人类来说，火是安全的源泉。它驱赶动物，带来烹饪和保存食物的能力，减少一些疾病的传播。火是重要的社会媒介工具，是收集和分享故事的地方。火也允许人们冒险进入地球上更加寒冷的地区。

今天，燃烧仍然是我们人类社会的核心。我们每天用它做饭；加热或冷却我们的住宅；生产货物和作物；并使我们可在地球上的公路、铁路、水路以及天空中旅行。几乎没有化学反应对我们的健康、福祉和生产力像燃烧燃料的能力那样具有深远的影响。

正如我们在本章中所看到的，燃烧过程将能量转化为不太有用的形式。例如，当我们燃烧碳氢化合物（如汽油）的混合物时，我们以热的形式消散了其包含的一些势（化学）能。虽然能量形式变化，但任何转化前后的总能量仍然保持不变。

我们还看到，燃烧过程将物质转化为不太有用的，有时甚至是不需要的形式。例如，完全燃烧的产物——二氧化碳和水——不能用作燃料。此外，二氧化碳是与全球气候变化相关的温室气体。不完全燃烧的产物（如一氧化碳和烟灰）是不希望有的，因为它们对人体健康有影响。对于在高温下形成的空气污染物NO也是如此。

今天，化石燃料为地球提供电力。可再生燃料也是这样，但是规模很小。明天我们会用什么能源？可再生的生物燃料（如乙醇和生物柴油）将成为我们未来能源的一部分。像所有燃料一样，它们需要符合我们的价值观，包括管理和可持续发展。满足我们不断增长的能源需求的其他可能途径包括核能（第7章）和太阳能（第8章）。

回顾第0章可持续发展的定义，"满足现在的需要，不损害子孙后代满足他们的需要的能力。"我们需要各界人士的才华和良好意愿，共同创造可持续发展的社会。

本章概要

学习本章后，应该能够：

- 命名化石燃料，描述每种燃料的特点，并比较它们燃烧时的清洁程度和产生多少能量（4.1~4.7）。
- 应用代际正义的价值讨论能源选择，包括化石燃料和生物燃料（4.0~4.2，4.9~4.11）。
- 解释化石燃料、光合作用和太阳的关联（4.1）。
- 绘图表示光合作用与燃烧之间的能量关系（4.1）。
- 按可持续能源，评估化石燃料（4.1~4.7）。
- 描述用化石燃料的燃烧来发电的过程，列出每一步的能量转换（4.1）。
- 在宏观和分子水平上比较和对比动能与势能（4.1）。
- 应用熵的概念解释热力学第二定律（4.2）。
- 评论不同等级的煤炭以及它们是如何和环境、经济以及社会可行性联系的（4.3）。
- 描述"清洁煤技术"，评论它们的长期和短期可行性（4.3）。
- 解释官能团的概念，并给出三个醇的实例（4.4，4.9）。
- 解释石油为什么和如何精炼（4.4）。
- 列出通过蒸馏石油获得的不同馏分，比较和对比它们的化学成分、化学性质、沸点和最终用途（4.4）。
- 说明水力压裂（"压裂"）是如何完成的，它产生什么，为什么它是有争议的（4.4）。
- 基于计算或直观，将吸热和放热术语应用于化学反应（4.5）。
- 应用键能计算反应中的能量变化（4.6）。
- 评估汽油添加剂如何影响燃油的经济性、尾气排放、人体健康和环境（4.7）。
- 了解活化能和催化剂，并描述它们与反应速率的关系（4.8）。

- 举出一些生物燃料的例子，并说明它们具有的共同点（4.9）。
- 区分这些物质：纤维素、淀粉、葡萄糖、乙醇（4.9）。
- 解释为什么有几条生产乙醇的线路，其中有的线路比另一些线路更可持续（4.9）。
- 比较和对比乙醇与汽油的化学成分、燃烧释放的能量、水溶性（4.9）。
- 区分这些术语：脂肪、油、甘油三酯、生物柴油（4.10）。
- 比较和对比生物柴油与柴油的化学成分、燃烧释放的能量以及生产所需的能量（4.10）。
- 比较乙醇和生物柴油的来源、化学组成、作为燃料燃烧的能力以及作为化石燃料替代品的承诺（4.11）。
- 就各种节能措施采取理智的立场，包括它们在多大程度上可能产生节能效果（4.11）。

习 题

强调基础

1. a. 列出5种燃料。至少说出这些燃料共同的两个属性。

   b. 在你列出的燃料中，哪些是化石燃料，或从化石燃料衍生出来的燃料？

   c. 在你列出的燃料中，哪些是可再生燃料？

2. 煤燃烧时将几种物质释放到空气中。

   a. 在这些物质中，有一种是大量产生的气体。给出其化学式和名称。

   b. 相比之下，SO_2（二氧化硫）的释放量相对较小。即使如此，这个SO_2也是值得关注的。解释为什么。

   c. 少量生成的另一种气体是NO（一氧化氮）。但是，煤含有很少的氮。那么NO中氮的来源是什么？

   d. 当煤燃烧时，可能释放出细微的烟灰颗粒。$PM_{2.5}$是这些颗粒中最小的，它引起的健康问题是什么？

3. 下图是从本章4.1节转载而来的，它描述了一个发电厂。

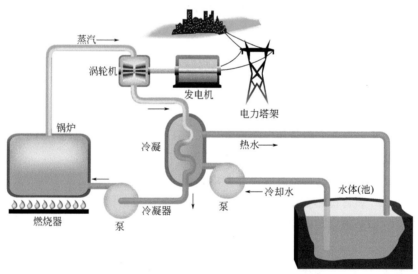

   a. 对于一个燃煤电厂，图中煤炭出现在哪里？

   b. 水是两个独立回路的一部分，一个回路连接锅炉和涡轮机，通常处于压力之下。解释为什么。

   c. 另一个环路从湖泊或河流中引入和排出水。解释为什么需要大量的水。

4. 能源在我们的自然世界中以不同的形式存在。在示于习题3的图像中，识别它们在何处：

   a. 燃料的势能（化学能）转化为热。

   b. 水分子的动能转化为机械能。

c. 机械能转化为电能。

d. 电能转换为热和光的形式。

5. 燃煤电厂以 500 MW 或 5.00×10^8 J/s 的速率发电。该厂的总热 - 电效率为 37.5%（0.375）。

a. 计算年生产中发出的电能（以焦耳为单位）和用于此目的的热能。

b. 假设电厂燃烧的煤的规格是 30 kJ/g，计算年运行中燃烧的煤炭质量（以克和吨为单位）。

提示：1 t $= 1 \times 10^3$ kg $= 1 \times 10^6$ g。

6. 阳光的能量可以转换成葡萄糖和氧气的势能（化学能）。

a. 给出此转换过程的名称。

b. 给出 3 种燃料的名称，其能量源自阳光。

7. 说明煤的等级如何不同。这些差异的意义是什么？

8. 虽然煤是发电的重要燃料，但它也有缺点。说出其中 3 个缺点。

9. 煤中存在微量的汞（Hg），范围从 50~200 ppb（µg/kg）。考虑**练一练 4.8** 中发电厂燃烧掉的煤量，计算汞的浓度较低（50 µg/kg）和较高（200 µg/kg）时煤中汞的质量（吨数）。

10. 说明所有碳氢化合物都相似的两方面，然后说明它们的两种不同之处。

11. 以下是两种烷烃的结构式：CH_3CH_3 和 $CH_3(CH_2)_2CH_3$

a. 这些化合物的名称是什么？

b. 写出每一个化合物的化学式，画出它们的结构式（显示所有化学键和原子）。

c. 就是否方便和提供信息两方面，评论化学式、浓缩结构式和结构式的相对优势。

12. 含有 1~8 个碳原子的直链烷烃的结构式列于表 4.2。

a. 画出正癸烷（$C_{10}H_{22}$）的结构式。

b. 预测正壬烷（9 个 C 原子）和正十二烷（12 个 C 原子）的化学式。

13. 以下是正丁烷(C_4H_{10})一种异构体的球 - 棍图形表示法。

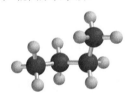

a. 画出这种异构体的结构式。

b. 画出其他所有异构体的结构式。注意重复的结构。

14. 考虑下列 3 种烃，确定它们在室温（20 ℃）下呈固体、液体还是气体。

化合物	分子式	熔点/℃	沸点/℃
戊烷	C_5H_{12}	−30	36
三十烷	$C_{30}H_{62}$	66	450
丙烷	C_3H_8	−188	−42

15. 在石油蒸馏过程中，煤油和具有 12~18 个碳原子的烃（用于柴油燃料）在本图上标示为 C 的位置浓聚。

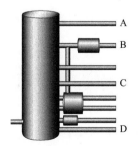

a. 用蒸馏法分离烃依赖于它们的特殊物理性质的差别，指出这种物理性质。

b. 在 A、B、D 处分离的烃分子的碳原子数与在位置 C 被分离的碳原子数相比，如何？解释理由。

c. 在 A、B、D 处分离的烃的用途与在 C 处分离的烃有何区别？解释理由。

16. 反应方程式4.3示出甲烷的完全燃烧。

    a. 通过类比，写出化学方程式。

    b. 用路易斯结构表示各物质，重写乙烷燃烧的方程式。

    c. 乙烷的燃烧热为52 kJ/g，如果1.0 mol乙烷完全燃烧，产生多少热量？

17. a. 写出正庚烷（C_7H_{16}）完全燃烧的化学方程式。

    b. 正庚烷的燃烧热为4817 kJ/mol。如果250 kg正庚烷完全燃烧产生CO_2和H_2O，释放多少热量？

18. 一个薯片包产生70 Cal（70 kcal）热量。假设吃这些薯片产生的所有能量都用于保持你的心脏跳动（每分钟跳80次），这些薯片能保持心脏跳动多久？

    注：1 kcal = 4.184 kJ；每个人心跳需要约1 J的能量。

19. 一种12 oz的软饮料的能量相当于92 kcal。代谢此饮料时释放多少千焦的能量？

20. 说明这些过程是吸热还是放热。

    a. 木炭在室外烧烤。

    b. 水从你的皮肤蒸发。

    c. 通过光合作用在植物的叶子中合成葡萄糖。

21. 使用表4.4中的键能计算下列反应的能量变化。标出每个反应是吸热或放热的。提示：画出反应物和生成物的路易斯结构，确定键的类型和数目。

    a. $N_2(g) + 3 H_2(g) \longrightarrow 2 NH_3(g)$

    b. $H_2(g) + Cl_2(g) \longrightarrow 2 HCl(g)$

22. 使用表4.4中的键能计算下列反应的能量变化。标出每个反应是吸热或放热的。

    a. $2 H_2(g) + CO(g) \longrightarrow CH_3OH(g)$

    b. $H_2(g) + O_2(g) \longrightarrow H_2O_2(g)$

    c. $2 BrCl(g) \longrightarrow Br_2(g) + Cl_2(g)$

23. 乙醇可以通过发酵生产。生产乙醇的另一种方法是水蒸气与乙烯（含$C=C$的烃）反应：

    $$CH_2CH_2(g) + H_2O(g) \longrightarrow CH_3CH_2OH(l)$$

    a. 用路易斯结构重写此反应。

    b. 使用表4.4中的键能计算此反应的能量变化。该反应是吸热还是放热的？

24. 下面是乙烷、乙烯、乙醇的结构式。

乙烷　　　乙烯　　　乙醇

    a. 乙烷是乙烯的异构体吗？是乙醇的异构体吗？说明。

    b. 乙烯可能有任何其他异构体吗？说明。

    c. 乙醇可能有任何其他异构体吗？说明。

25. 下列3种化合物具有相同的化学式C_8H_{18}。为简单起见，氢原子和C—H键已被省略。

a. 绘制每种化合物的结构式，示出缺失的 H 原子（所有化合物都应该有 18 个 H 原子）。

b. 哪些（如果有的话）结构式是相同的？

c. 画出 C_8H_{18} 的另外两个异构体的结构式。

26. 催化剂加速炼油中的裂解反应，并允许它们在较低的温度下进行。描述本书前三章中另外两种催化剂的例子。

27. 说明为什么裂解是原油炼制中的必要部分。

28. 考虑下列裂解方程式：

$$C_{16}H_{34} \longrightarrow C_5H_{12} + C_{11}H_{22}$$

a. 反应中哪些化学键被打断，哪些化学键生成？应用路易斯结构式以帮助解答此问题。

b. 应用"a"的结果和表 4.4 计算该裂解反应中的能量变化。

29. 什么是生物燃料？给出 3 个实例。

30. 考虑甲醇、乙醇和正丙醇（直链异构体）3 种醇：

a. 这些化合物都含有一个共同的官能团。命名它。

b. 这些化合物都是易燃的。给出产物的名称和化学式。

c. 预测这些化合物中的哪一种具有最低的沸点。解释你的推理。

d. 这些化合物之一的化学结构与甘油有些相似。哪一个？为什么？

提示：甘油的结构式如化学方程式 4.18 所示。

31. 纤维素和淀粉都可以发酵生产乙醇。

a. 在化学结构方面，淀粉和纤维素的相似性如何？

b. 在人类的食物来源方面，淀粉和纤维素有何不同？

32. 葡萄糖 $C_6H_{12}O_6$ 在你的身体内"被燃烧"（代谢）时，产品是二氧化碳和水。

a. 写出配平的化学方程式。

b. 木材燃烧的化学方程与葡萄糖代谢的化学方程基本相同。解释为什么。

33. 生物柴油和乙醇都可作为生物燃料，以下列参数为基础对它们进行仔细比较。

a. 来源。

b. 生成燃料的化学反应。

c. 燃烧产物。

d. 在水中的溶解度（更多在第 5 章学习）。

34. 以下列参数作为基础，比较和分析生物柴油分子和乙醇分子。

a. 所含原子的类型和它们的近似相对比例。

b. 每种分子所含原子的数目。

c. 每种分子所含的官能团。

35. 利用图 4.16，比较燃烧 1 gal 乙醇和 1 gal 汽油释放的能量。假设汽油是纯正辛烷（C_8H_{18}）。解释差异。

36. 对于原油为能源，解释常规和非常规两个术语，给出每个的例子。

注重概念

37. 燃煤（和其他化石燃料）生产电力的可持续性不仅仅涉及煤炭的供应。请予以说明。

38. 在本章中，我们将煤的化学式近似表达为 $C_{135}H_{96}O_9NS$。然而，我们还注意到，低档褐煤（软煤）的化学成分与木材相似。纤维素是木材的主要成分。鉴于此，预测褐煤的近似化学式。

39. 使用图 4.6 比较美国能量消耗的来源。按照百分比下降的顺序排列来源，并对相对排名进行评论。

40. 在释放或吸收能量、涉及的化学物质以及从大气中去除二氧化碳的能力等方面比较燃烧和光合作用过程。

41. 你如何使用一些实用的、日常的例子向朋友解释温度和热量的差异？

42. 请对此声明做出回应："由于热力学第一定律，永远不会产生能源危机。"。

43. 熵和概率的概念可用于扑克游戏中。说明手牌（从简单高卡到皇室）与熵和概率有关。

44. 键能（如表4.4中的数据）有时可从反应热反推得到。进行反应，测量吸收或放出的热量，根据已知的键能和测得的热值，可以计算其他化学键的键能。例如，甲醛（H_2CO）燃烧的能量变化为 −465 kJ/mol。

$$H_2CO(g) + O_2(g) \longrightarrow CO_2(g) + H_2O(g)$$

利用该信息和表4.4中的数据计算甲醛中 C=O 双键的键能。将你的答案与 CO_2 中的键能比较，并猜测为什么会有如此区别。

45. 使用表4.4中的键能解释为什么氯氟烃（CFCs）如此稳定。还要解释为什么从 CFCs 释放 Cl 原子比释放 F 原子需要更少的能量。将此与把氢氟碳化合物作为氟氯烃的替代品联系起来。

46. 哈龙（Halons）类似于氟氯化烃，但也含有溴。虽然哈龙是优良的灭火材料，但它们比氟氯化烃更有效地消耗臭氧。下面是哈龙-1211的路易斯结构。

$$
\begin{array}{c}
:\!\ddot{Br}\!: \\
| \\
:\!\ddot{F}\!-\!C\!-\!\ddot{F}\!: \\
| \\
:\!\ddot{Cl}\!:
\end{array}
$$

    a. 该化合物中的哪个化学键最容易断裂？这与该化合物耗尽臭氧的能力有关吗？

    b. 在灭火器中，C_2HClF_4 是哈龙的可能替代品。画出其路易斯结构，并识别最容易破坏的化学键。

47. 燃料的能含量可以表示为千焦/克（kJ/g），如图4.16所示。根据这些数值，含氧燃料与非含氧燃料相比如何？现在以千焦/摩尔（kJ/mol）为单位计算每种燃料的能量含量。你观察到什么趋势？

动感图像！ 相关活动请看动感图像！

48. 一位朋友告诉你，含有较大分子的碳氢化合物燃料比含有较小分子的碳氢化合物每克释放更多的热量。

    a. 使用下表中的数据，连同适当的计算，讨论这个说法的优点。

碳氢化合物	燃烧热
辛烷, C_8H_{18}	5070 kJ/mol
丁烷, C_4H_{10}	2658 kJ/mol

    b. 基于你对a的答案，预测每克蜡烛（$C_{25}H_{52}$）的燃烧热比辛烷高还是低？每摩尔蜡烛（$C_{25}H_{52}$）的燃烧热比辛烷高还是低？证明你的预测。

49. 氢和一氧化碳通过费-托合成转化为烃和水，方程式如下：

$$n\,CO + (2n+1)\,H_2 \longrightarrow C_nH_{2n+2} + n\,H_2O$$

    a. 确定当 $n=1$ 时该反应产生的热量。

    b. 不通过计算，你认为生成大烃分子（$n>1$）时放出的能量多还是少(按每摩尔烃计)？解释理由。

50. 下面是乙醇的球-棍模型。

    a. 二甲醚是乙醇的异构体。画出它的路易斯结构。

    b. 人们习惯上称"醚"为麻醉剂。它们的意思是指二乙醚。画出它的结构式。

    c. 本章未描述醚的官能团。根据你对前两部分的回答，所有醚类化合物具有什么样的共同的结构特征？

51. 几种物质的辛烷值列于表4.5。

　　a. 你有什么证据表明辛烷值不是衡量汽油能量含量的指标？

　　b. 辛烷值用以评估一种燃料减小或阻止发动机爆震的能力。为什么这很重要？

　　c. 为什么高辛烷值混合物的成本要高于低辛烷值混合物的成本？

　　d. 大多数加油站提供的优质汽油的辛烷值为91。从中可以判断燃料是否含有氧化物？

52. 正辛烷和异辛烷的化学结构不同，但它们的燃烧热基本相同。这怎么可能呢？

53. 下列所有项目都符合燃料标准：可再生燃料、不可再生燃料、煤、石油、生物柴油、天然气和乙醇。用图表来表示它们之间的关系。再找到一种方法来显示化石燃料和生物燃料的适用范围。

54. 用图表来显示与食物相关的这些物质之间的关系：脂肪、猪油、油、甘油三酯、黄油、橄榄油和大豆油。虽然生物柴油不是食品，但它仍然与这些项目有联系。找到一种方法来表示此联系。

55. 在几年中，乙醇（来自生物质）的燃烧比汽油（来自原油）的燃烧向大气中排放的CO_2（净含量）少。人们怀疑这个说法是否真实。争论点是什么？

56. 回顾第12页的绿色化学六大核心理念。由甘油合成丙二醇的苏佩斯法满足哪一条？提示：参见方程式4.18。

57. 使用生物柴油而不是石油柴油，某些污染物的排放量较低。对生物柴油燃料而言，减少污染物排放的原因是：

　　a. 减少了SO_2的排放。

　　b. 减少了CO的排放。

探究延伸

58. 虽然煤只含有痕量的汞，但通过燃烧释放到环境中的量却产生显著的后果。通过收集适当的证据来辩护或反驳这一陈述。

59. 根据美国环境保护署一度发表的声明，开车是"一个典型的公民最具污染的日常活动"。

　　a. 汽车排放什么污染物？提示：EPA提供的关于汽车排放的信息（连同本书中的信息）可以帮助你充分回答这个问题。

　　b. 这个说法的真相依赖什么假设？

60. 科学美国人杂志上一篇文章指出，用一个18 W的紧凑型荧光灯泡替代一个75 W的白炽灯可以节约大约75%的电费。电力一般按每千瓦时（kW·h）计价。根据你居住地区的电力价格，计算在一个紧凑型荧光灯泡（约10000 h）的使用寿命内可以节省多少钱。注意：标准白炽灯泡寿命约750 h。

61. 著名科学家兼作家C. P. Snow写了一本流行的书，名为"两种文化"。书中写道："'你知道热力学第二定律吗'这个问题是等同于'你读过莎士比亚的作品吗'这个问题的文化"。你对这个比较的反应如何？根据你自己的教育经历讨论他的话。

62. 本章提到了几种非传统油气资源，包括深海钻井、地下深层水力压裂，以及从页岩和油砂中提取油。选择一个，描述它，并使用三重底线（经济健康、环境健康、社会健康）进行分析。

63. 化学爆炸是强放热的反应。描述反应物和产物中键的相对强度，以使其发生良好的爆炸。

64. 本章指出，FDA批准丙二醇可用作食品添加剂。在哪些食品中使用？用于什么目的？

65. 美国于1926年首次批准将四乙基铅（TEL）用于汽油，直到1986年才禁止。构建一个时间表，包含应用了60年的4个事件（包括一些导致其禁令的事件）

66. 四乙基铅（TEL）的辛烷值为270。与其他汽油添加剂相比如何？考察TEL的结构式，提出理由，说明与其他添加剂相比它具有此辛烷值的原因。

67. 用于化石燃料燃烧的另一种催化剂是第1章讨论的催化转化剂。这些催化剂加速的反应之一是NO(g)转化为N_2(g)和O_2(g)。

　　a. 画出该反应的能级图（类似于图4.20所示）。

　　b. 为什么这个反应重要？

　　提示：参见1.9节和1.11节。

68. 图4.17示出了 H_2 燃烧反应的能量差，这是一个放热反应。N_2 和 O_2 结合生成NO（一氧化氮）是吸热反应：

$$N_2(g) + O_2(g) \longrightarrow 2\,NO(g)$$

N=O键能为630 kJ/mol。绘制此反应的能量图，并计算总能量变化。提示：NO具有未成对电子。其路易斯结构的表示方法之一如下：

$$:\dot{N}\!\!=\!\!\ddot{O}:$$

69. 由于美国天然气储量较大，因而天然气的开发利用有重大意义。列出以天然气为车辆燃料的两个优点和两个缺点。

第5章　生命之水

"最为珍贵的自然资源莫过于水。"

蕾切尔·卡森著，《寂静的春天》，霍顿·米夫林出版公司，1962年，第39页。

Neeru，shouei，maima，aqua，⋯在任何一种语言中，水都是地表中最为充沛的化合物。从太空上拍摄的照片提醒我们是住在一个地表有超过70%覆盖着海洋、河流、湖泊和冰层的星球上。的的确确，水对生命而言是极为珍贵的！

科学家们在搜寻其他星球上生命的同时也是在找寻水的痕迹。

尽管海洋是众多动植物的家园，但它对生活在陆地上的生物并不友好。正如蕾切尔·卡森在《寂静的春天》中所描述的那样，"虽然地表的大部分区域都是由连绵不断的海洋所覆盖，但这种丰富的水资源却恰恰又是我们所渴求的。由一种奇怪的悖论所左右，地球上绝大部分丰富的水资源却因盐分太高而不能用于工农业生产以及人类生活。"生活在陆地上的我们需要的是淡水！获取途径要么是通过诸如降雨、降雪这种自然过程，要么是通过高耗能的水净化技术。

随着《寂静的春天》的出版，科学家、自然资源保护论者以及作者蕾切尔·卡森帮助发起了环境保护运动。

不幸的是，淡水并不是我们这个星球上取之不尽的资源，且它再生的步伐也难以满足日益增长的人口需求。因此，水俨然已成为一种战略资源。水资源的匮乏往往酝酿着冲突，并引发出归属权及使用权的问题。考虑到水资源如此重要，1993年联合国大会宣布将每年的3月22日定为世界水日，而每年的主题均将水与某个社会议题相关联，以此推动淡水资源的可持续管控。

往年的世界水日主题：

2010，水质；	2007，应对水短缺；
2009，跨界水；	1996，为干渴的城市供水；
2008，涉水卫生；	1995，女性和水。

不论是来自五湖还是四海，其中的水都是一种性质独特的化合物。它的某些性质对于人们认识发生在这个星球上的大规模过程（如天气和气候）极为重要。例如，水是唯一一种在地球平均温度下以固体、液体和气体形式均存在的常见物质，它以冰、液态水和水蒸气这三种形态影响着区域的日常天气乃至更长时间段的气候。

水的其他性质也有助于生态系统的保护。例如，冰与大多数固体物质不同，其密度反而比液态水还低。由于冰层浮于水面，湖泊及河流中的生态系统即便是在严寒的冬日也可以在冰层下生存。与其他绝大多数物质相比较，相同质量的水能吸收更多的热量，这使得地球上的水体具备储热器的功能。也正因如此，海洋和湖泊的温度变化才得以缓慢，从而大大减缓了温度的起伏不定。

另外，水的其他性质对于更微观的过程也是非常重要的。例如，水能溶解许多物质，它是包括人在内的所有生命体细胞生化反应不可或缺的介质。人没有食物可以维持数周，若没有水则仅能维持数日。若人身体中的水量降低2%，会觉得口渴；失水5%，会感到疲劳和头痛；失水10%~15%，会肌肉痉挛、神志不清；失水超过15%就会一命呜呼！

你每日的饮水量取决于你的体态、年龄、健康状况和体力活动的量。

在我们详细讨论之前，建议你首先思考一下水是如何成为你日常生活的一部分的？你可能从水龙头、水瓶或其他容器中取水饮用；你也可能做饭、洗衣服或冲马桶；或者你可能就坐在河边垂钓。下面将让你有机会证明水究竟是怎样影响到你的生活的？

想一想 5.1　　撰写用水日志

选取你非睡眠状态时的12 h，记录你所有涉及水的活动，除了具体时间及活动外还需记录以下信息：

- 水在你生活中扮演的角色。例如，消费品、某些过程的必需品、抑或户外经历的一部分？
- 水的来源、用量及其随后的去处。
- 水用过后的脏污程度。

想一想 5.2　　洗手间外

冲马桶仅是你日常用水的一部分。在互联网上选择一款用水计算器，深入调查你在室内的日常用水状况。

用水状况中的哪些部分会让你感到惊讶？

这些信息是怎样与你的用水日志相关联的？

依据美国地质调查局的数据，美国公民人均每天至少需要390 L（约100 gal）水来支撑其生活方式。的确如你在日志中所记录的那样，我们用水是出于很多目的。

1 L= 1000 mL，1 gal ≈ 3.8 L。

本章我们将探索水的方方面面，包括清洁水的来源、使用及相关问题。我们也会回顾有关预先就让水免于沾污的绿色化学的核心理念，并从近距离观察水的性质开始，看看它为什么是我们这个湿润星球上如此特殊的一种物质？

5.1　水的独特性质

毋庸置疑，水对生命而言至关重要！但水所具备的许多不同寻常的性质可能表现得并不明显。事实上，这些性质是非常独特的，而且我们应感到庆幸才是。若水只是一种再寻常不过的化合物，生命将不复存在！

我们的讨论从水的物理状态开始，水在常温（25 ℃）常压下是液体，其实这已足以令人惊奇！因为其他具有近似摩尔质量的几乎任何化合物在这些条件下都是气体！想想大气中常见的三种气体：N_2、O_2 和 CO_2，它们的摩尔质量分别是28 g/mol、32 g/mol 和44 g/mol，均大于水的18 g/mol，然而它们中却没有一种是液体！

共价化合物的沸点一般随摩尔质量的增大而升高。

还不仅如此，水的沸点（100 ℃）也高得反常；水结冰时展现出的则是另一种有点异乎寻常的性质——膨胀，而大多数液体固化时则是收缩的。

水的这些反常性质均归因于其分子结构。首先请回顾一下水的化学式 H_2O，这很可能是世界上最广为人知的有关化学的那点事；再回顾一下水是一种呈弯形结构的共价分子。图5.1呈现的是我们在第3章使用过的有关水分子结构的几种表示方法。

有关水分子的更多信息见2.3节和3.3节。

这一章我们要讨论的新内容是O—H共价键中电子的共享程度是不相同的，有实验证据表明氧原子对共享电子对的吸引程度要强于氢原子。用化学术语来说，氧的电负性要高于氢。**电负性**为化学键中原子对电子吸引能力的一种标度，它没有单位，其相对值约在0.7～0.4之间。电负性值越高，原子吸引键合电子的能力则越强。

电负性值是由化学家、和平活动人士和诺贝尔奖获得者莱纳斯·鲍林（1901—1994）提出的。

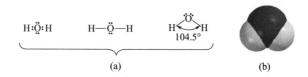

图5.1 H₂O分子结构的表示方法

(a)路易斯结构及结构式；(b) 空间填充模型

表5.1 某些元素的电负性值

1A	2A	3A	4A	5A	6A	7A	8A
H							He
2.1							*
Li	Be	B	C	N	O	F	Ne
1.0	1.5	2.0	2.5	3.0	3.5	4.0	*
Na	Mg	Al	Si	P	S	Cl	Ar
0.9	1.2	1.5	1.8	2.1	2.5	3.0	*

*稀有气体极少与其他元素键合。

表5.1列出了周期表中前18个元素的电负性值，从中可以看出：

（1）氟和氧的电负性值最高；

（2）锂、钠等金属的电负性值较低；

（3）同周期元素从左至右（从金属至非金属），电负性值依次升高；同族元素从上至下，电负性值依次降低。

两键合原子间的电负性差异越大，键的极性则越强。因此，可用电负性值来估计键的极性。例如，氧和氢的电负性差值为1.4，共享电子即被拉向高电负性的氧。如图5.2所示，这种不平等的共享使得O—H键的氧端带上部分负电荷（δ⁻），而氢端则带上部分正电荷（δ⁺），箭头表示电子对被拉向的方向。其结果就是形成了**极性共价键**，即共价键中的电子对共享是不平等的，它们更多地靠向高电负性的原子。与此相反，非极性共价键中的电子对则由两原子平等（或几乎平等）共享。

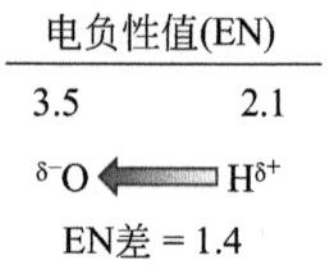

电负性值(EN)

3.5　　2.1

δ⁻O ⟵ Hδ⁺

EN差 = 1.4

图5.2 氢、氧原子间的极性共价键，电子被拉向高电负性的氧原子

练一练 5.3　极性键

比较下列键的极性，键中哪一个原子对电子对的吸引能力更强？提示：参考表5.1。

a. H—F或H—Cl　b. N—H或O—H　c. N—O或O—S　d. H—H或Cl—C

答案：a. H—F的极性更强，电子对偏向F原子。

我们已经知道键可能是有极性的，且有大小之分。而分子又怎样呢？以下两条规律可以帮助你来预测分子的极性：

（1）只含非极性键的分子必定是非极性的。例如，Cl_2和H_2分子是非极性分子。

（2）含极性共价键的分子可能是也可能不是极性的，这要取决于分子的几何构型。

图5.3　H_2O是含极性共价键的极性分子

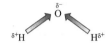

例如，水分子含两个极性键，分子是极性的（图5.3）。每个H原子都带部分正电荷（δ^+），而部分负电荷（δ^-）则聚集于氧原子上，因为有两个极性键及弯曲的几何构型，水分子呈现出极性。

若两原子间的电负性差大于1.0，则可认为键呈极性；若大于2.0，则为离子键。但这些信息并不是规律，仅具指导意义。

有关水分子呈弯曲形结构的原因，参见3.3节。

水的独特性质大都是由其极性引起的。但在我们继续讲述水的故事之前，先花些时间来完成一项活动。

练一练 5.4　二氧化碳分子

回顾一下二氧化碳分子，其路易斯结构如图3.14所示。

a. CO_2中的共价键呈极性还是非极性？参考表5.1的数据。

b. 画出与图5.3形式类似的结构图。

c. 同H_2O分子正相反，CO_2分子呈非极性。给出解释。

5.2　氢键的角色

试想一下当两个水分子相互靠近时会发生什么现象？因异性相吸，水分子中的氢原子（δ^+）将被邻近水分子中的氧原子（δ^-）吸引，这就是**分子间作用力**，即发生在分子之间的作用力。

图5.4　水中的氢键（长度未按比例）

但若是有多个水分子，情形则变得更为复杂。看看图5.4，每个H_2O分子包含两个H原子以及O原子上的两组未成键电子对，这就造成了多重的分子间吸引，该吸引被称为**氢键**，这是一种存在于同高电负性原子（O、N或F）键合的H原子与邻近O、N或F原子之间的静电吸引力。这可以是另一个分子，也可以是同一分子中不同部分的邻近原子。典型的氢键强

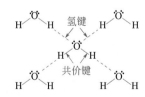

度大约只有在分子内连接原子的共价键强度的十分之一，氢键中的原子间距也相比共价键更大。如图5.4所示，液态水中的每个水分子可能有三个或四个氢键。

练一练 5.5　水分子中的成键

　　a. 请对图5.4中水分子间的虚线予以解释。

　　b. 以 δ^+ 或 δ^- 标记图5.4中两相邻的水分子。

　　c. 氢键是分子间力还是分子内力？说明理由。

比较：分子间力与分子内力。校际体育活动与校内体育活动。

　　虽然氢键强度不如共价键，但与其他类型的分子间作用力相比，其强度依然很大。水的沸点就可以证实这种推断。例如，H_2S 分子与 H_2O 分子类似，但它没有氢键，沸点约-60℃，因此在常温下呈气态。而与此相对比的是，水则要到100℃才沸腾。正是因为氢键，水在常温以及体温（约37℃）下才是液体！我们星球上的生命之所以存在也正依赖于此！

　　硫的电负性比氧和氮都低，所以尽管H原子能与N或O原子形成氢键，但却不能与S原子形成氢键。

练一练 5.6　水分子内及水分子间的成键

以画图的方式来说明水沸腾时是否需要破坏共价键？

提示：依次画出如图5.4所示的液态水分子和气态水分子的结构。

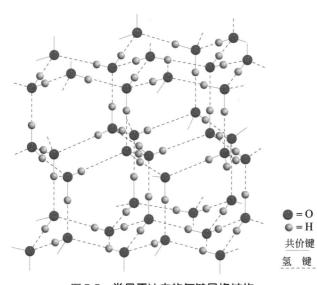

● = O
○ = H
—— 共价键
- - - 氢　键

图5.5　常见于冰中的氢键晶格结构

注意水分子"层"间空的通道使得冰不如液态水堆积得那样紧密

　　氢键也可以解释为什么冰块和冰山可以在水上漂浮？冰是呈规则排列的水分子，其中每1个 H_2O 分子与其他4个 H_2O 分子是以氢键相结合。图5.5示出了这种排列方式，注意该排列方式包括有呈六边形通道的空间。冰融化时，这种有规则的排列开始被破坏，单个的 H_2O 分子就可以进入这些空的通道，其结果是液态分子要比固态分子堆积得更为紧密。因此，1 cm³ 体积的液态水比1 cm³ 的冰要包含更多的分子，进而每立方厘米的液体水的质量就要比冰大。另一种更简单的说法是密度，即单位体积的质量。液态水的密度比冰要大。

　　人们常常混淆密度与质量。例如，爆米花的密度较低，人们就会说一袋爆米花"很轻"。与此类似，你可能听到某人会说铅"很重"。大量的铅确实非常重，但更准确的说法应该是铅的密度（11.3 g/cm³）很大。

我们常以克作为水的质量单位，但对体积单位就有点棘手，要么用立方厘米（cm³），要么用毫升（mL），其实它们是等价的两个单位。水的密度在4℃时为1.00 g/cm³，且随温度的变化仅有小幅变化，所以为方便起见，我们有时会说1 cm³水的质量为1 g。另一方面，1.00 cm³冰的质量为0.92 g，因此其密度为0.92 g/cm³。由此带来的结果呢？请看一看你喜爱的饮料中的冰块，它们是漂浮而不是沉底！

> 对于任意温度下的任何液体，1 cm³ = 1 mL。

大多数物质与水并不一样，它们呈固态时的密度要大于液态。水的这种反常行为意味着在冬天冰是浮于湖面而不是沉在湖底，同时这种癫狂的行为也意味着冰面上常被雪覆盖，以此充当保温层来维持冰面下的湖水温度低于冰点。这样一来，水生植物和鱼类即便是在寒冷的冬天也能在湖水中生存。春天时冰融化成水而下沉，这也有助于湖水生态系统中养分的混合。毋庸置疑，水的独特行为对生物科学乃至生命本身均有影响！

> 再一次强调，水在4℃时的密度最大，0℃时有小幅减小。

氢键现象并不仅仅局限于水，在其他含有O—H或N—H共价键的分子中也可能存在氢键。氢键有助于稳定诸如蛋白质和核酸等生物大分子的形态。例如，DNA分子的双螺旋结构因DNA双链间的氢键而保持稳定；当DNA发生转录时，这种结构随着氢键的断裂而"被解开"。这再一次说明氢键对生命过程起着至关重要的作用！

> DNA分子可在不同的DNA链之间形成氢键。与之相对比的是，蛋白质可在同一分子中不同区域之间形成氢键。详见第12章中有关蛋白质和核酸的结构。

这一节的最后，我们来考察水的另一种不同寻常的性质，即其罕见的吸热和放热能力。比热是使1 g某物质的温度升高1℃所需要的热量。水的比热为4.18 J/g·℃，这意味着要使1 g液态水的温度升高1℃就需要4.18 J的能量。反过来说，要使1 g水的温度降低1℃就必须去除4.18 J的热量。水是比热最高的物质之一，据说它也有很高的热容。也正因如此，水可作为一种特别优异的冷却液，通过水蒸发来排除汽车散热器、发电厂或人体中的余热。

> 能量单位焦耳（J）和卡路里（cal）的定义见4.2节。水的比热也可以表示为1.00 cal/g·℃（以卡路里为单位）。

练一练 5.7 　赤脚体验

你是否有先赤脚走过地毯再走到瓷砖或石头地板上的经历？若没有，请试一试并思考能引起你注意的地方。根据你的观察，地毯或瓷砖的热容高吗？

因为水的比热很高，所以大片水域对区域性气候会有影响。海洋、河流和湖泊中的水蒸发时会吸收热量，海洋及云层中的水也会通过吸收巨大的热量来帮助缓解全球变暖。因为水的"蓄"热量比地面高，天气转冷时，地面就会冷得更快。水因为能够保留较多的热量而为其周边区域提供了更好更长时间的保暖效果。那些生活在水域附近的人应该对水的这些性质更为熟悉。

我们刚才考察了水能影响到地球生命的一些关键性质。在探究水可以溶解许多不同物质的能力之前，我们来找寻更广义的画面：水从哪来？如何用水？以及与用水相关的问题又有哪些？

5.3 供我们饮和用的水

就像我们的呼吸需要清洁无污染的空气一样，我们也需要饮用水，即可以安全饮用和烹饪的水。我们也可能用饮用水来沐浴和洗碗。相比而言，非饮用水含有包括尘埃、有毒金属（如砷，原文如此——译者注）或引起霍乱的病菌在内的污染物。尽管不能饮用，非饮用水依然有很多用途。例如，人们把河水或湖水灌入卡车（图5.6a），用以冲洗人行道，给道路降尘，或者灌溉。

2010年的地震将海地太子港夷为平地，随后爆发了毁灭性的霍乱。

(a)   (b)

图5.6 (a)费尔班克斯阿拉斯加大学标有非饮用水警示的洒水车；(b) 以紫色管道泵送的再生水

如果非饮用水在城市水厂能得到预处理的话，它们还有额外的用途。如图5.6b所示，这种再生水，有时被称作循环水，通过"紫红色管道"分送至社区，可被用来冲洗运动场、冲马桶或者灭火。为保证供水顺利，社区用水设备需时刻处于最佳工作状态。

有关水处理，详见5.11节。

练一练 5.8 功能与形式相匹配

再生或循环（非饮用）水在某些社区被用来洗车、浇花和冲马桶。

a. 再列出三种使用非饮用水的事例。

b. 激励某社区使用非饮用水的条件是什么？

c. 你所在的社区使用再生或循环水吗？若是，这出于什么目的？

在我们这个星球上的哪些地方可以发现淡水？对人类活动来说，最方便的来源就是地表水，即分布于湖泊、河流和溪流中的淡水（图5.7），其次就是处于地下水库（也被称为蓄水层）里的淡水——地下水。世界各地的人们从深钻入地下水库的水井中抽水。另外，淡水也

以雾和湿气的形态存于大气当中。

图 5.7 饮用水大多来自湖泊和水库
（这是给加利福尼亚州旧金山供水的赫奇水库的照片）

在我们星球上的所有水中到底有多少是淡水？令人惊讶的是仅有约3%，剩下的全是咸水。尽管没有在图5.8中显示，这些淡水中还有约三分之二是被封闭在冰川、冰盖和雪域中。另外有约30%则处于地下，必须将其抽至地面才能使用。

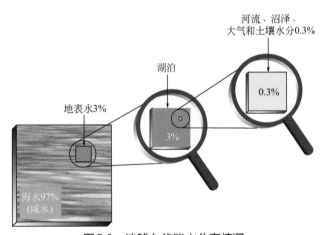

图 5.8 地球上的淡水分布情况

湖泊、河流和湿地仅占淡水总量的0.3%！我们换种方式来考虑，若我们星球上的总水量以一个2 L瓶的容量来表示的话，其中只有60 mL为淡水，而那些易取用的、存于湖泊和河流中的水则只有4滴！

怀疑派化学家 5.9　　可饮用的一滴水

我们刚才提及2 L水中只有4滴对应于可用的淡水量。该数据准确吗？你自己来计算一下。

提示：利用图5.8所示的关系并假定每毫升水量为20滴。

海水只有经过被称为海水淡化的过程去除盐分后才能饮用，详见5.12节。

我们是怎样使用淡水的？可以料到的是，答案取决于你在哪里生活。美国地质调查局估计在美国每天消耗4100亿加仑水，85%是淡水，15%是咸水。图5.9显示的是八类与用水相关的活动，其中发电的耗水量最大，每天约2000亿加仑（或总耗水量的50%）用作（煤、天然气和核）发电厂的冷却剂，紧随其后的是农作物灌溉以及家庭、学校和商业使用，分别占据31%和12%。

有关将水作为发电厂冷却剂的介绍，见4.1节和7.3节。

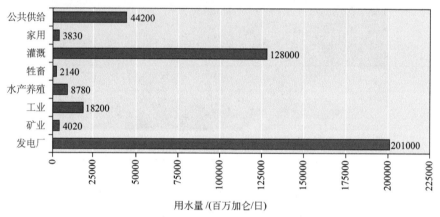

图5.9　2005年美国的用水（淡水和咸水）总量

数据来源：美国地质勘探局

全球范围来看，农业是用水大户，约占据全球耗水量的70%。农民耕种的每一种农作物如小麦、稻米、棉花和大豆，平均起来每生产一公斤（1 kg）粮食都需要数千升的水。表5.2列出的报告值是水足迹的例子，即用于生产特定商品或提供服务所消耗淡水量的估计值。

表5.2列出的是水足迹全球平均值，真实值则取决于农作物生长所在的国家以及同一国家内的特定区域。例如，根据水足迹网络数据，美国农作物水足迹的平均值为760 L。相比而言，中国及印度则分别为1160 L和2540 L。随着时间的推移，水足迹值也会随着降水量或耕作方式的变化而变化。

有关生态足迹的信息见0.5节，碳足迹的信息见3.9节。

表5.2　肉类和谷物的水足迹

食物（1 kg）	水足迹（全球平均值）/L	食物（1 kg）	水足迹（全球平均值）/L
玉米	1200	鸡肉	4300
小麦	1800	猪肉	6000
大豆	2100	羊肉	8700
稻米	2500	牛肉	15400

数据来源：2012年水足迹网络。

表5.2也揭示出生产肉类与生产谷物在平均用水量上有很大差异。水足迹值最高的是牛肉，这反映出牛是用谷物饲养的。再一次提醒，这些值是全球平均值！任何特定千克肉的实

际水足迹将取决于动物的饲养及屠宰方式。

"每卡路里牛肉的平均水足迹是谷物和淀粉根的20倍之多。"数据来源：生态系统，2012年第15卷第401–415页。

同样可以估算出其他产品的水足迹。以一杯250 mL的牛奶为例，生产这杯牛奶的平均用水量为255 L，几乎是其本身体积的一千倍！还是牛肉那个例子，其水足迹包括饲养牛的用水量，种植牛饲料的用水量，还包括奶牛场收集牛奶和清洗设备的用水量。你也可以算一算生产表5.3列出的其他饮料、食品和消费品所需的用水量。

水足迹值并不精确，因此也颇具争议。我们在此把这些数据摆出来的目的并不是给它们打上好或者不好的标签，恰恰相反，这些值不仅可以提醒你生产商品时需要用水，而且给你勾勒出了用水画面。例如，你第一次查看表5.3后很可能会放弃购买纯棉T恤。棉花其实是一种很耗水的作物，它生长在需引水灌溉的干旱地带。它如此之高的水足迹可能会敦促人们提高灌溉效率及设计蓄水设施，下一节我们将会介绍这些内容。

5.12节将讨论用于棉花加工的绿色化学方案。

表5.3　各种产品的水足迹

产　品	水足迹（全球平均值）/L	产　品	水足迹（全球平均值）/L
1杯咖啡（250 mL）	260	1杯橙汁（200 mL）	200
1杯茶（250 mL）	27	1个鸡蛋（60 g）	200
1根香蕉（200 g）	160	1条巧克力棒（100 g）	1700
1个橙子（150 g）	80	1件纯棉T恤（250 g）	2500

数据来源：2012年水足迹网络。

5.4　水的问题

在一些国家，从家中水龙头流出的水的价格非常便宜。比如在美国，1000 gal（3780 L）自来水的平均价格仅约两美元。如此便宜，以至于在街头、公园或公共建筑里的自动饮水器（图5.10）的自来水都是免费供应。在这些饮用水费用很低的国家，人们很容易决定他们的饮水频率、饮水量，以及饮用何种来源的水？某些人虽然是出于方便角度或个人原因选择价格相对较高的瓶装水，但大部分情况下这仅仅只是一种选择，而不是一种需要。

图5.10　有些人（不是所有人）对安全可靠地获取饮用水习以为常

假设你家中的水龙头没有水，或者也买不到瓶装水将会这样？有些人的居住地离水源有数千米远，他们必须步行至水源地，将容器灌满水后再扛回家（图5.11a）；有些人是由于突发状况导致日常的水供应中断，必须靠运水车来满足他们的需求（图5.11b）；还有些人则需要工程师们设计巨型设施以将水从某地输送至其居住地。例如在美国，引水渠将科罗拉多河的水引到了西南地区。实际上水流的大幅度改道往往会伴随着意想不到的后果，在随后的章节中我们会讨论这些问题。

(a)　　　　　　　　　　　　　　(b)

图5.11　(a) 头顶储水罐步行回家的年轻女孩；(b) 为社区供水的应急水车

不幸的是，在我们这个星球上发现的水并不总是能够满足人们的需求。现在我们依次讨论这样几个使水的可用性进一步复杂化的问题：全球气候变化、水的过度消耗和低效率使用、水污染。

5.4.1　全球气候变化

就像我们这个星球上从某地到某地的碳循环一样，水也是如此。例如，雨或雪降至地面成为湖泊和河流的一部分，其中一部分水渗透至地下蓄水层，一部分水汇入大海或在某一段时间被雪或冰川捕获，还有一部分水则蒸发变成大气中的水蒸气。我们星球上的水就这样在不断地发生着自然循环。

> 有关碳循环的描述见第3章。

气候在水循环时机，乃至水在整个星球上的分配方面均起着非常重要的作用。例如，冰川是在冬季积攒降雪，接着在夏季又将水以溪流的形式定期释放出来。喜马拉雅山脉的巨大冰川是亚洲七条最大河流的源头，为20亿人——几乎全球人口的三分之一提供可靠的水供应保障。如果因气候发生变化而导致冰川不能得到一年一次的水分补充，它们也就不能支撑该地区的河流，而这对于那些依赖冰川作为水库的人们来说将是毁灭性的后果！

> 天气描述的是如气温、气压、湿度和风等这些大气物理条件；与此相对照的是，气候描述的则是较长时间段某地区的天气形势。

暴风雨和洪水带来的是巨量的水泛滥！全球各地均能见证到这种周期性的洪水暴发。另外一种极端情况是，干旱引起严重的缺水！例如，起始于约1997年的千禧年大干旱席卷了澳大利亚大部分地区，澳大利亚人称之为"大旱灾"。许多地区的降雨明显不足，导致牲畜损失、作物歉收、丛林大火、沙尘暴以及栖息地丧失（图5.12）。因为河流和湖泊的干枯，澳大利亚政府连同农民和城市居民，不得不采取节水措施并开发循环水使用系统。现在澳大利亚人正在建造可将沿海地区的海水转化为淡水的海水淡化工厂，以摆脱对气候的依赖。

(a)   (b)

图5.12 (a) 因土地干燥而催生的沙尘暴正逼近澳大利亚东南部的一个小镇；
(b) 大旱灾期间因大坝缺水而引起数以千计的鱼类死亡

水循环的时机也对地球生态系统的事件有影响。这是另一个事例，昆虫、鸟类和植物都必须按照正确的顺序出现在自然界，只有这样鸟类才有食吃，昆虫才能授粉，植物才能生长。如果在春天，因鸟类迁徙过早而提前到达了栖息地，那将没有足够的已孵化好的昆虫供它们食用。反过来，如果在鸟类到达之前就已有过多的昆虫孵化，这些昆虫就可能毁坏农作物。不管怎样，水都是一个支撑生物赖以生存的生态系统的重要因素！

练一练 5.10   天气和水

确认一起最近发生的导致人类或生态系统灾难的旱灾或洪灾。以观众的身份写一段话来对灾害进行描述，谁或什么受到了影响？他（它）们面临怎样的挑战？

5.4.2 水的过度消耗和低效率使用

在许多地方，人们抽取地下水的速度要快过自然水循环补充的速度。例如，美国中部丰厚的粮食收成大部分源于高地平原蓄水层的水，这个巨大的蓄水层是从上次的冰河世纪收集下来的水，从南达科他州一直贯穿至德克萨斯州（图5.13）。抽水快过补水是不可持续的，而且持续不断的抽取也会带来严重的后果。比如，若抽取邻近海岸线的地质不稳定地区的地下水，则海水有可能侵入至淡水蓄水层。

另外，过度透支地表水储备也会带来问题！以咸海边的两个国家哈萨克斯坦和乌兹别克斯坦为例，咸海曾经是全球第四大内陆淡水湖。20世纪60年代，苏联工人建造的运河网使

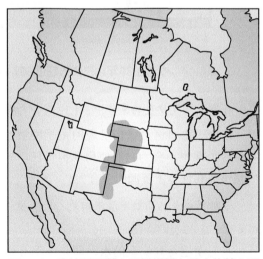

图5.13 高地平原蓄水层是世界上最大的蓄水层之一（地图上以深蓝色标记）

得原本流入咸海的河流改道，目的是为了在干旱地带种植棉花。但河流改道的同时，也使得用水效率低下。比如，为给棉花灌溉的水引入至开放的运河后，其结果是大量的水都蒸发掉了。

最终咸海干涸掉了（图5.14）！尽管曾经是渔业资源丰厚的生态系统，但如今仅残留几处咸水池而已。这也被联合国喻为20世纪最大的环境灾难。携带毒素、农药和盐分的沙尘在该地区肆虐，在引发健康问题的同时也带来了贫穷！

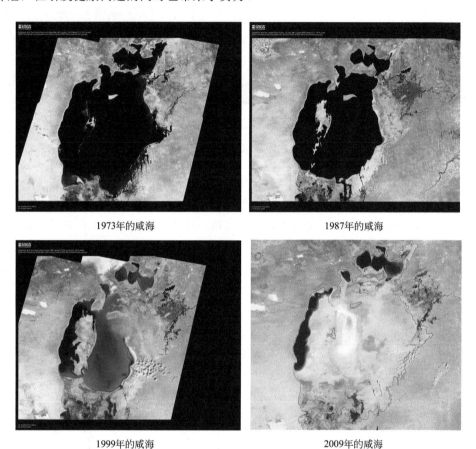

1973年的咸海　　　　　　　　　　　　　　　　1987年的咸海

1999年的咸海　　　　　　　　　　　　　　　　2009年的咸海

图5.14　咸海在30年内已失去超过80%的水，原本流入咸海的河水被改道去灌溉农作物

在有关空气质量的章节中，1.12节首次提及了公地悲剧。

这些引水事例给我们呈现的是平民百姓的悲剧。不论是地下水还是地表水，它们都是公共资源，谁也不会为它的使用承担责任。如果因为农业或其他目的而过度用水，这将会损害依赖该公共且必需资源的所有人！

节水措施包括高效率灌溉田地、天然植被取代草坪以及修复老旧供水系统中的漏水管道等。

5.4.3　水污染

我们期望得到安全的水，即完全没有化学品和细菌的水。然而，2010年的一项由世界卫生组织和联合国儿童基金会（WHO/UNICEF）联合发布的报告指出，几乎有十亿人，主要是在发展中国家，缺乏安全的饮用水。每天有超过3000名婴儿和儿童因为受污染的水而死亡！

受污染的水有时能够看得出来，有时则根本看不出来（图5.15）。

20世纪80年代，UNICEF以资助掘井和提供水泵来抽取地下水的方式来回应全球对水资源的需求。虽然蓄水层的水通常是适于饮用的，但在印度和孟加拉国却出现了悲剧。因为那里的地下水天然就含有砷和氟离子，而二者又都是累积性的有毒物质。当人们发现时已经太晚了，已有数千人遭受不可逆转的毒害。

砷离子带正电，而氟离子带负电。有关离子的信息详见5.6节。

图5.15 那些饮用不安全的水可能看得出也可能看不出是遭受过污染的

这个由UNICEF赞助的计划引起了意想不到的后果，同时也带来了一个非常重要的问题：究竟是什么能使水可以被安全饮用？安全的水并不是纯净的——里面有可溶解物质，而这些物质中的大多数还都是自然界的一部分。例如，地下水中的钙镁离子就是有益的矿物质。正如人们已认识到的那样，其他天然物质则可能是有害的。美国环保署将水污染物定义为任何危害人类健康或使水变味或变色的物理、化学、生物或放射性物质。在5.10节我们会看到，环保署监管有超过90种已知的饮用水污染物。

第7章会讨论放射性物质。

并非所有在水中发现的污染物都受到了监测或管制，比如废水当中的数千种个人护理产品（化妆品、洗液和香水等）。另外，痕量的药品也会流入至废水中，并且也很有可能混入至饮用水当中。目前人们对这些水中物质的影响的认识还仅停留在初期阶段。**练一练5.11**将帮助你对个人护理产品作出评估。

5.12节会描述怎样将绿色化学应用于药品处理。

练一练 5.11 清洁或肮脏

人们都是出于某种目的来使用个人护理产品的。比如，用洗发水洗头、涂剃须乳液爽肤或者抹护手霜来保护双手。而这些产品用过之后会发生什么呢？

a. 列出几种你日常使用的个人护理产品。

b. 指出这些个人护理产品可能进入水体的几种途径。

c. 再次审视题a中列出的清单。你日常使用个人护理产品时如何应用绿色化学的核心理念？比如，用少量的洗发水也能有效清洗你的头发？

答案： b. 个人护理产品流入废水有多种途径，如洗澡、洗衣和游泳。

我们希望这一节让你在以下几个方面提高了认识，即怎样用水？水又是怎样被滥用？有时还需找出污染物，它们是源自天然还是人类本身？最后一点尤其值得我们密切关注。究竟是什么让水污染这么容易发生？我们现在转向可帮助我们更好地理解为什么水能够溶解和混合如此多种物质的议题。

5.5 水溶液

水可溶解的物质种类繁多，就像我们将要了解的那样，其中有些物质如盐、糖、乙醇和空气污染物 SO_2 等，这都是在水中易溶解的物质。比较起来，石灰岩、氧和二氧化碳在水中只是微溶。为构建对水质的认知，你需要知道是什么溶解在水中？为什么会溶解？以及如何确定所得到的溶液的浓度？这一节先解决溶液浓度问题，然后下一节将讨论溶解度。

我们从一些很有用的化学术语开始。水是一种**溶剂**，它是一种物质，通常是一种能够溶解一种或多种纯物质的液体。溶解在溶剂中的固体、液体或气体被称为**溶质**，而得到的这种包含一种溶剂和一种或多种溶质的均匀（成分一致）混合物则被称为**溶液**。这一节我们特别关注**水溶液**，即以水作溶剂的溶液。

因为水是如此优良的溶剂，以至于事实上它从来都不是"100%纯净"。相反，它肯定含有杂质。例如，当水流经我们这个星球上的岩石和矿物时，微量的一些物质会溶解于水中。虽然这通常对饮用水没什么危害，但有时候有些溶解在水中的离子是有毒的。以上节内容为例，若水接触了含有砷和氟离子的矿物，这些水可能会印上不适宜饮用的标签。另外，我们这个星球上的水也会接触到空气，因而会有微量的气体，最主要的是氧和二氧化碳，溶解在水中。一些空气污染物也易溶于水，因此下雨实际上是水在对空气中的 SO_2 和 NO_2 等污染物进行清洗。在第 6 章我们将看到，以此形成的酸溶液会对环境产生严重后果。

人类活动也增加了溶于水中的物质的量。洗衣时加的不仅仅只是一种洗涤剂，而它正是令衣服起初就变脏的东西；冲马桶时加入了液体和固体废物；城市街道的暴雨径流也引入了各种溶质于雨水中；农耕时则加入了肥料和其他可溶化合物至水中。

水是一种优良的溶剂，这对饮用水而言意味着什么？为评估水质，你需要知道一些知识。其一就是确定某物质溶解的量的方法，以便于你能够将其与已知的标准值相比较。换句话说，你需要理解浓度的概念，首次介绍这一概念是在第 1 章中有关空气成分的部分，例如干燥空气中 O_2 和 N_2 分别约占 21% 和 78%。我们在第 2 章和第 3 章中探究同温层中氯化物及对流层中温室气体的浓度时，再次用到了浓度，例如空气中的二氧化碳浓度约为 400 ppm。现在我们将这一概念用在水溶物上。我们将会看到，百分数和百万分数同样也是表示水溶液浓度的有效方法。

我们对往一杯茶中加糖应该很熟悉，可以此来类比溶液的浓度。若将 1 茶匙糖溶解于 1 杯茶中，所得到的溶液浓度就是 1 茶匙/杯。请注意，若溶解 3 茶匙糖于 3 杯茶中，或者半茶匙糖于半杯茶中，得到的溶液浓度都是相同的。若将你的配方加至三倍或减半，糖和茶则会按比例调整。因此，**浓度**，即溶质的量与溶液的量之比，或在该事例中所溶解的糖与溶液的比例。其实在上述每一种情形下该比例都一样。

表示水溶液中的溶质浓度也遵循同样的模式，不过常常使用不同的单位。我们使用四种方式来表示浓度：百分比、百万分数、十亿分数和物质的量浓度。对前三种单位你应该较熟悉，而第四种，物质的量浓度，则使用了在第 3 章中介绍的摩尔这一概念。

百分比（%）即百分数。例如，100 g 含有 0.9 g 氯化钠（NaCl）的水溶液，其浓度按质量计就是 0.9%，该浓度的氯化钠溶液就是医疗静脉注射时的"生理盐水"。你会发现医药箱中杀菌用的异丙醇按体积计是70%的水溶液，即每100 mL水溶液中含70 mL异丙醇。百分比可以用来表示许多各种不同溶液的浓度。

对于溶质浓度较低的溶液，溶液的质量约等于溶剂的质量。

但当浓度很低时，就像饮用水中许多的可溶物这种情形，百万分数（ppm）就更常用。例如，含1 ppm钙离子的水等价于将1 g钙（以钙离子形式计）溶解于10^6 g水中。我们喝的水中天然存在的物质含量就处于百万分数范围，比如常见于一些农村地区井水中的硝酸根离子浓度的可接受上限为10 ppm，氟离子则为4 ppm。

氟离子和硝酸根离子的限定值对应的是美国标准，见5.10节。

尽管百万分数是一种非常有用的浓度单位，但测量1百万克水并不方便，若转为使用单位升就简单多了，水中1 ppm任何物质相当于1 L水中该物质的质量为1 mg，即有如下数学关系：

$$1\ ppm = \frac{1\ g\ 溶质}{1 \times 10^6\ g\ 水} \times \frac{1000\ mg\ 溶质}{1\ g\ 溶质} \times \frac{1000\ g\ 水}{1\ L\ 水} = \frac{1\ mg\ 溶质}{1\ L\ 水}$$

1000 g（1×10^3 g）水的体积为1 L，严格意义上讲，这仅在4℃时才正确。

水溶液中，1 ppb = 1 mg/L，1 ppm = 1 mg/L。

城市水务可能会用单位毫克每升（mg/L）报告自来水中溶解的矿物质及其他物质。例如，表5.4显示的是采自给美国中西部某社区供水的蓄水层的自来水分析数据。

一些受关注的污染物浓度远低于百万分数，因此报告单位为十亿分数（ppb）。假定1 ppm相当于近12天当中的1 s，1 ppb则相当于33年中的1 s。另一种类比ppb的方式就是十亿分之一相当于地球周长的几个厘米。

表5.4 自来水矿物质报告

阳离子	浓度/（mg/L）	阴离子	浓度/（mg/L）
钙离子	97	硫酸根离子	45
镁离子	51	氯离子	75
钠离子	27	硝酸根离子	4
		氟离子	1

水中浓度处于十亿分数范围的一种污染物是汞。人类接触汞的主要来源是食物，且以鱼及鱼制品为主。即便如此，水中的汞浓度依然需要监测。水中含有十亿分之一的汞（Hg）等价于10亿克水中溶有1 g Hg，更方便的表示方法是1 L水中溶有1 μg（1×10^{-6} g）Hg。饮用水中汞的可接受上限为2 ppb：

$$2\ ppb\ Hg = \frac{2\ g\ Hg}{1 \times 10^9\ g\ H_2O} \times \frac{1 \times 10^6\ \mu g\ Hg}{1\ g\ Hg} \times \frac{1000\ g\ H_2O}{1\ L\ H_2O} = \frac{2\ \mu g\ Hg}{1\ L\ H_2O}$$

水中的汞是以可溶形态（Hg^{2+}）存在，而不是元素Hg（"水银"）。

同上一个例子一样，你自己也可以试着对同样的单位进行消除。

练一练 5.12　　汞离子浓度

　　a.　5 L水样中溶有80 mg的汞离子，溶液中的汞离子浓度是多少？

　　b.　联邦政府规定饮用水中汞的可接受上限为2 ppb（2 μg/L），根据你对题a的解答，该水样符合规定吗？给出解释。

物质的量浓度，另一种很有用的浓度单位，其定义为1 L溶液中溶质的摩尔数：

$$物质的量浓度（mol/L）= \frac{溶质的摩尔数（mol）}{溶液的体积（L）}$$

物质的量浓度的最大好处就是相同物质的量浓度（1 mol/L）的溶液含有相等摩尔数的溶质，进而其溶质的分子（离子或原子）数也相等。溶质的质量会随着溶质种类的不同而变化，例如，1 mol糖与1 mol氯化钠的质量就不同。但若取相同体积，所有1 mol/L溶液均含有同摩尔数的溶质。

以NaCl水溶液为例，NaCl的摩尔质量为58.5 g，因此1 mol NaCl的质量为58.5 g。若将58.5 g NaCl溶解于少量水中，再加入足够的水并使溶液体积精确控制在1.00 L，就会得到1.00 mol/L NaCl水溶液（图5.16），即配制了1 mol氯化钠溶液。注意这里用到了**容量瓶**，这是一种玻璃仪器，当加入溶液至瓶颈刻线时，溶液体积为一个精确值。因为浓度只是溶质与溶剂的简单比例，所以有很多方法来配制1.00 mol/L NaCl(aq)溶液，其中就有取0.500 mol NaCl（29.2 g）配制成0.500 L溶液，这就会用到500 mL容量瓶，而不是图5.16所示的1 L容量瓶。

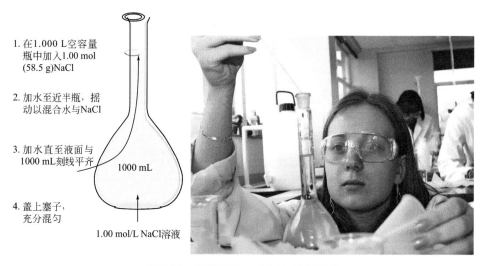

1. 在1.000 L空容量瓶中加入1.00 mol（58.5 g）NaCl

2. 加水至近半瓶，摇动以混合水与NaCl

3. 加水直至液面与1000 mL刻线平齐

4. 盖上塞子，充分混匀

1000 mL

1.00 mol/L NaCl溶液

图5.16　配制1.00 mol/L NaCl水溶液

$$1\ mol/L\ NaCl = \frac{1\ mol\ NaCl}{1\ L\ 溶液}，或\ \frac{0.500\ mol\ NaCl}{0.500\ L\ 溶液}，等$$

　　NaCl的摩尔质量（58.5 g）是由钠的摩尔质量（23.0 g）与氯的摩尔质量（35.5 g）加和而成。3.7节有摩尔质量计算的内容。另外，(aq)是水的缩写，表示溶剂为水。

若某水样溶有150 ppm（150 mg/L）的汞（Hg的摩尔质量为200.6 g/mol），其物质的量浓度为多少？你可能会作如下计算：

$$150 \text{ ppm Hg} = \frac{150 \text{ mg Hg}}{1 \text{ L H}_2\text{O}} \times \frac{1 \text{ g Hg}}{1000 \text{ mg Hg}} \times \frac{1 \text{ mol Hg}}{200.6 \text{ g Hg}} = \frac{7.5 \times 10^{-4} \text{ mol Hg}}{1 \text{ L H}_2\text{O}} = 7.5 \times 10^{-4} \text{ mol/L Hg}$$

因此，溶有150 ppm汞的水样也可表示为7.5×10^{-4} mol/L Hg。

练一练 5.13　　摩尔数与物质的量浓度

　　a. 用物质的量浓度来表示16 μg/L Hg。

　　b. 对于体积均为500 mL的1.5 mol/L和0.15 mol/L NaCl溶液，溶质的摩尔数分别是多少？

　　c. 一份250 mL溶液是由0.50 mol NaCl加水配制而成，另一份200 mL溶液则是由0.60 mol NaCl加水配制的。哪一份溶液更浓？说明理由。

　　d. 要求某学生配制2.0 mol/L $CuSO_4$溶液1.0 L，该学生取40.0 g $CuSO_4$晶体于1000 mL容量瓶中，加水至刻线，该溶液浓度是2.0 mol/L吗？为什么？

这一节我们列举了水是一种可溶解各种各样物质的优良溶剂，并可用数字来表示这些物质的浓度。下一节将帮助你构建有关这些物质是怎样以及为什么能溶解于水的认识。

5.6　对溶剂的近距离观察

盐和糖都能溶解于水，但这两种溶液在本质上很不相同——前者能导电，而后者则不能。我们可从实验上用电导仪（一种以所产生的信号来显示电路导通与否的装置）来展示它们之间的差异。图5.17中的电导仪由几根电线、一节电池和一只灯泡组成。只要电路不通，灯泡就不会亮。例如，若将这两根电线置于蒸馏水或以蒸馏水配制的糖溶液中，灯泡不亮；而置于盐溶液中，灯泡则会亮。也许正是这光亮才使得实验者的思路豁然开朗起来！

> 蒸馏是一种纯化水的过程，将在5.12节讨论。

(a)　　　　　　　　　　(b)　　　　　　　　　　(c)

图5.17　导电性实验

(a) 蒸馏水（不导电）；(b) 溶解在蒸馏水中的糖（不导电）；(c) 溶解在蒸馏水中的盐（导电）

蒸馏水不导电，糖溶液也是如此。糖是一种**非电解质**，即一种在水溶液中不能导电的溶质。而常见的食盐，NaCl，其水溶液能够导电，灯泡也就会亮。氯化钠被归为**电解质**，即一种在水溶液中能导电的溶质。

运动饮料中也会用到电解质这个术语，因其含有钠盐而喝起来带点咸味。

是什么使得盐溶液的行为不同于糖溶液或纯水呢？我们观察到，通过溶液中的电流涉及电荷的传递。NaCl水溶液导电表明它们含有一些能使电子在溶液中移动的荷电组分。固体NaCl溶于水时离解成Na⁺(aq)和Cl⁻(aq)。离子是通过得到或失去一个或多个电子而获得净电荷的原子或原子团，该术语源于希腊语中的"徘徊者"。Na⁺是阳离子的一个例子，即带正电的离子；类似地，Cl⁻是阴离子，即带负电的离子。以共价键合的糖或水分子因为没有这种离解反应，所以使得这些液体不能携带电荷。

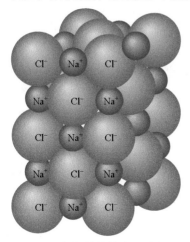

图5.18 氯化钠晶体中Na⁺和Cl⁻的排列

当你获悉在盐的晶体（如盐瓶中的那些盐）及盐的水溶液中都存在Na⁺和Cl⁻时，可能会有些惊讶。固体氯化钠中钠离子和氯离子相互交错，呈三维立方体排列。离子键即带相反电荷的离子因相互吸引而形成的化学键。在NaCl中，是离子键相互支撑着整个晶体，没有共价原子，只有分别带正、负电荷的阳、阴离子，它们相互吸引，共同维系着晶体结构。**离子化合物**由一定比例的离子组成，这些离子排列在规则的几何结构中。以NaCl为例，每一个Na⁺周围有六个带相反电荷的Cl⁻；同样，每一个Cl⁻也被六个带正电的Na⁺包围。单个氯化钠微晶体中就有几十亿个钠离子和氯离子相互交错排列在一起，如图5.18所示。

虽然我们对离子化合物进行了描述，但仍然还需要解释为什么某些原子可以失去或得到电子而形成离子。答案是与原子中电子的分布情况有关，这一点也不令人惊讶。例如，回顾一下带11个电子和11个质子的中性钠原子，它与1A族的所有金属一样，有一个价电子，该电子受原子核的吸引力非常弱，很容易失去，而这时Na原子就变成了Na⁺，一种阳离子。

$$Na \longrightarrow Na^+ + e^- \tag{5.1}$$

Na⁺之所以带1+电荷，是因为它含有11个质子，但却只有10个电子。Na⁺也是一个完整的八隅体，就像氖原子一样。表5.5对Na、Na⁺和Ne进行了比较。

表5.5 阳离子形成的电子统计

钠原子	钠离子	氖原子
Na	Na⁺	Ne
11个质子	11个质子	10个质子
11个电子	10个电子	10个电子
净电荷：0	净电荷：1+	净电荷：0

记住在水溶液中用(aq)指示离子。价（外层）电子的描述见2.2节。

表5.6 阴离子形成的电子统计

氯原子	氯离子	氩原子
Cl	Cl⁻	Ar
17个质子	17个质子	18个质子
17个电子	18个电子	18个电子
净电荷：0	净电荷：1-	净电荷：0

与钠不一样，氯是非金属。回顾一下，中性氯原子有17个电子和17个质子，它同所有7A族的非金属一样有7个价电子。因为外层八电子结构较稳定，从能量的角度来看，氯原子更倾向于得到一个电子：

$$Cl + e^- \longrightarrow Cl^- \qquad [5.2]$$

氯离子（Cl^-）有18个电子和17个质子，因而其净电荷为1-（表5.6）。

有关金属与非金属的介绍见1.6节。

金属钠与氯气接触时会发生剧烈反应，结果是Na^+和Cl^-聚集在一起生成了氯化钠。在像氯化钠这种离子化合物的形成过程中，实际上电子是从一个原子转移至另一个原子，而不像共价化合物中那样只是简单的共享。

有没有证据表明纯净的氯化钠中也存在带电离子？经实验测试，氯化钠晶体并不导电，这是有道理的，因为晶体中的离子是固定在某处不能移动，因而也就不能传递电荷。但当晶体熔融后，离子可自由移动，这时候的炽热液体就可以导电。这也就为离子的存在提供了证据。

NaCl晶体像其他离子化合物一样都很坚硬但易脆，它们受到剧烈冲击时，是易粉碎而不是变平整，这表明贯穿于整个离子晶体当中存在一种强作用力。严格来说，没有类似于分子中共价键那样特定的、定域的"离子键"，不过更确切地说，是一种广义的离子键将大量的离子紧紧地聚集在一起，该情形下就是Na^+和Cl^-。

通常金属元素与非金属元素间可发生电子转移而分别形成阳离子和阴离子。钠、锂、镁和其他金属元素具有失去电子形成正离子的强烈倾向，如表5.1所示，它们的电负性值较低。另一方面（或在周期表的另一边），氯、氟、氧和其他非金属则对电子有很强的吸引力，它们很容易得到电子而形成负离子，它们的电负性值则较高。

练一练 5.14 推测离子电荷

a. 根据电负性值来推测下列原子可否形成阴离子或阳离子？

Li S K N

b. 推测由下列原子所形成的离子，画出每个原子及其离子的路易斯结构，并清楚标明离子的电荷。

Br Mg O Al

提示：从周期表中可以得到原子的最外层电子数，这样也就知道了该原子必须失去或获得多少电子才能达到八电子稳定结构。

答案：

b. 溴（7A族）与氯一样可获得一个电子形成带1-电荷的离子，其原子及其离子的路易斯结构式如下：

$$:\overset{..}{\underset{..}{Br}}\cdot \quad 及 \quad [:\overset{..}{\underset{..}{Br}}:]^-$$

这一节的讨论是从盐和糖开始的，盐和糖这两个名字很常用，所以你当然知道我们要谈的是什么。盐就是你撒在炸薯条上的东西，而糖则是有人用它让咖啡变甜的东西。事实

上，常见的食盐在离子化合物中极具代表性，化学家们经常将其他离子化合物也简单地称为"盐"，意思是离子结晶固体。在第11章你将会了解到，糖是另一类重要的化合物，我们称之为"糖"的东西实际上指的是蔗糖。

为了进一步探究水质问题，你需要知道其他盐（即离子化合物）的名字。你可能猜到了，化学家们根据一系列冗长、复杂的规则给它们命名。幸好我们在此并不讨论这些规则，而是遵循"需要知道"的理念，帮助你学习那些对认识水质所必需的知识。

5.7　离子化合物的命名及其规则

在这一节，为认识离子化合物，你需要扩充你的"词汇"。第1章就已指出，化学符号和化学分子式分别是化学的字母表和单词。早先我们帮助你"说化学"，即通过正确地使用化学分子式和名称来认识你呼吸的空气中的物质。现在我们来对你饮用的水中的物质做同样的事情。

我们从由元素钙和氯生成的离子化合物$CaCl_2$开始，对Ca和Cl为1∶2比例的解释基于两种离子的电荷，即2A族的钙原子失去两个外层电子形成Ca^{2+}：

$$Ca \longrightarrow Ca^{2+} + 2e^- \qquad [5.3]$$

就像我们在式5.2已看到的那样，氯得到一个外层电子而形成Cl^-。在离子化合物中，正电荷总数与负电荷总数相等，因此氯化钙的分子式是$CaCl_2$。

对于其他两种离子化合物MgO和Al_2O_3，其逻辑是一样的，二者均含有氧，但比例不相同。回顾一下，6A族的氧有6个外层电子，因而中性氧原子能得到两个电子形成O^{2-}，镁原子失去两个电子形成Mg^{2+}，这两个离子必须按1∶1结合才能使总电荷为零，因此其化学式为MgO。注意，虽然对于单个的离子总是要写明电荷，但离子化合物化学式上的电荷则需要省去。因此，将化学式写成$Mg^{2+}O^{2-}$是不正确的，其中的电荷已隐含于化学式中。

还有另外一个例子，既然你已掌握铝倾向于失去3个电子形成Al^{3+}的相关知识，你应该能够写出由Al^{3+}和O^{2-}反应生成的离子化合物的化学式是Al_2O_3，这里2∶3的离子比也是为了使得化合物的总电荷为零。再一次强调，将化学式写成$Al^{3+}O^{2-}$是不正确的。

在本章的前半部分，我们提及了几种离子化合物的命名，包括氯化钠、碘化钠和氯化钾。观察一下（英文）命名规则：先写阳离子，再写修改并添加了后缀"-ide"的阴离子，因此$CaCl_2$就是氯化钙；离子仍以其元素命名，但需将氯改成氯化（译者注：中文命名规则）。与此类似，NaI是碘化钠，KCl是氯化钾。

目前为止，这里列出的元素都只形成一种离子，1A族和2A族元素分别只形成1+和2+离子，卤素只形成1-离子。你应该可以理解溴化锂LiBr中的1∶1是因为锂只形成Li^+，而溴只形成Br^-。在命名这些离子化合物时，不使用前缀"一"、"二"、"三"和"四"，即不需要将LiBr称为一溴化一锂。$MgBr_2$是溴化镁，而不是二溴化镁。镁仅形成Mg^{2+}，1∶2的比例就很容易理解，所以不需要说明。

有关卤素的介绍见1.6节和2.9节。

但有些元素形成不止一种离子（图5.19），仍然不使用前缀，不过得用罗马数字指明离子的电荷。以铜为例，若你的老师要你去仓库取一些氧化铜，你会做什么？你会问是需要氧化铜（Ⅰ）（或氧化亚铜）还是氧化铜（Ⅱ），对不对？类似地，铁也能形成不同的氧化物，两种形态分别是 FeO（源自 Fe^{2+}）和 Fe_2O_3（常称为铁锈，源自 Fe^{3+}），而分别将 FeO 和 Fe_2O_3 命名为氧化铁（Ⅱ）还是氧化铁（Ⅲ），注意罗马数字的前括号与"铁"之间不要有空格（译者注：英文命名规则）。

像"二"和"三"这些前缀一般不会用在离子化合物的命名中。若阳离子有不止一种价态时则用罗马数字注明。

再比较一下，$CuCl_2$ 的命名是氯化铜（Ⅱ），$CaCl_2$ 是氯化钙。钙只形成一种离子（Ca^{2+}），而铜则有两种：Cu^+ 和 Cu^{2+}。

练一练 5.15　　离子化合物

下列每对元素可形成一至多种离子化合物，写出它们的化学式及中文命名。

　a. Ca 和 S　　　　b. F 和 K　　c. Mn 和 O　　　d. Cl 和 Al　　　e. Co 和 Br

答案：e. 从图 5.19 可知，Co 能形成 Co^{2+} 和 Co^{3+}，Br 则只能形成 Br^-，因此可能的化学式是 $CoBr_2$（二溴化钴）及 $CoBr_3$（三溴化钴）。

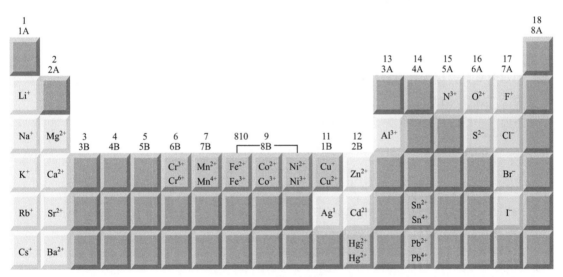

图5.19　常见离子的价态。以绿色（阳离子）或蓝色（阴离子）标记的离子只有一种价态，红色（阳离子）标记的有多种价态

离子化合物中的一个或两个离子有可能是多原子离子，即两个或多个原子通过共价键合在一起形成总体带正或负电荷的离子。通过一个氧原子与一个氢原子共价键合形成的氢氧根离子（OH^-）就是这样一个例子，图 5.20 所示的路易斯结构表明其有 8 个电子，比由一个 O 原子和一个 H 原子提供的 7 个价电子多 1 个，正是这"额外的"电子使得氢氧根离子带 1- 电荷。表 5.7 列出了一些常见的多原子离子，它们大多数都是阴离子，不过也有阳离子，比如铵根离子（NH_4^+）。

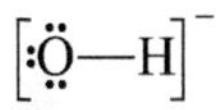

$$[\ddot{O}\!-\!H]^-$$

图5.20　氢氧根离子（OH^-）的路易斯结构

注意有些元素（碳、硫和氮）能与氧形成不止一种多原子阴离子。

含多原子离子的离子化合物的命名规则与由两元素组成的离子化合物类似。以常用于水净化的离子化合物硫酸铝为例，该化合物组成为 Al^{3+} 和 SO_4^{2-}。当你看到 $Al_3(SO_4)_2$ 时，心里会把它当作含铝离子和硫酸根离子这两个离子的化合物而念出这个化学式，两个离子的比例为 $2:3$。对于所有的离子化合物都一样，命名时先写阴离子后写阳离子（译者注：中文命名规则）。

表5.7 常见的多原子离子

名　　称	化学式	名　　称	化学式
乙酸根	$C_2H_3O_2^-$	亚硝酸根	NO_2^-
碳酸氢根	HCO_3^-	磷酸根	PO_4^{3-}
碳酸根	CO_3^{2-}	硫酸根	SO_4^{2-}
氢氧根	OH^-	亚硫酸根	SO_3^{2-}
次氯酸根	OCl^-	铵根	NH_4^+
硝酸根	NO_3^-		

$Al_2(SO_4)_3$ 中的括弧是有意要帮你，它表示下标"3"适用于包含在括弧内的整个 SO_4^{2-} 离子，应"读"作三个硫酸根离子。与此类似，离子化合物硫化铵（表5.8）中的 NH_4^+ 也在括弧里，下标"2"表示对每个硫离子来说有两个铵根离子。注意在化学式中并不显示电荷，只是假定它们已在那里而已。有些情况下，多原子离子并不包含在括弧内。表5.8中有两个例子，磷酸铝中的 PO_4^{3-} 离子没有括弧，氯化铵中的 NH_4^+ 也没有。多原子离子的下标为"1"时可以省略，但尽管如此，因为含有磷酸根离子，所以你仍然得"读"化学式 $AlPO_4$，而因为铵根离子而不得不"读" NH_4Cl。

下面三个练习将帮助你熟悉多原子离子的使用。

练一练 5.16　多原子离子 I

写出由下列每对离子组成的离子化合物的化学式。
a. Na^+ 和 SO_4^{2-}　　b. Mg^{2+} 和 OH^-　　c. Al^{3+} 和 $C_2H_3O_2^-$　　d. CO_3^{2-} 和 K^+

答案：a. Na_2SO_4　　b. $Mg(OH)_2$

练一练 5.17　多原子离子 II

给下列化合物命名。

a. KNO_3　　b. $(NH_4)_2SO_4$　　c. $NaHCO_3$　　d. $CaCO_3$　　e. $Mg_3(PO_4)_2$

答案：a. 硝酸钾　　b. 硫酸铵

表5.8　含多原子离子的离子化合物

化学式	$Al_2(SO_4)_3$			$(NH_4)_2S$		$AlPO_4$	NH_4Cl
阳离子	Al^{3+}	Al^{3+}		NH_4^+	NH_4^+	Al^{3+}	Al^{3+}
阴离子	SO_4^{2-}	SO_4^{2-}	SO_4^{2-}	S^{2-}		PO_4^{3-}	Cl^-

练一练 5.18   多原子离子Ⅲ

写出下列各化合物的分子式。

a. 次氯酸钠（用于水消毒）

b. 碳酸镁（常见于石灰岩中，可使水"变硬"）

c. 硝酸铵（肥料，通过雨水径流污染地下水）

d. 氢氧化钙（用于去除水中杂质的药剂）

答案：d. $Ca(OH)_2$，每个钙离子（Ca^{2+}）需要两个氢氧根离子（OH^-）。

5.8 海洋——汇入许多离子的水溶液

咸水！我们稍早时指出，这个星球上约97%的水是在海洋中，但该水源溶有远比简单的食盐要多得多的东西。现在你可以来认识为什么有这么多的离子化合物会溶解在海洋中？

回顾5.1节，我们知道水分子是有极性的。当你取些食盐晶体并将其溶解在水里时，晶体中的 Na^+ 离子和 Cl^- 离子会吸引极性的水分子，即带正、负电荷的阳离子 Na^+ 和阴离子 Cl^- 分别吸引水分子中O原子上的部分负电荷（δ^-）及H原子上的部分正电荷（δ^+），这样晶体中的阴、阳离子就最终被分离，且离子周围全是水分子。式5.4和图5.21展示了这种水溶液的形成过程：

$$NaCl(s) \xrightarrow{H_2O} Na^+(aq) + Cl^-(aq)$$ [5.4]

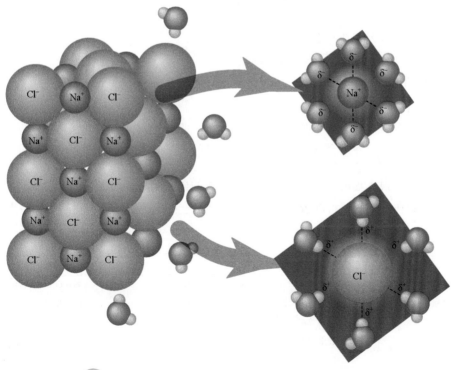

动感图像！图5.21 溶解在水中的氯化钠

对于含多原子离子的化合物，其形成溶液的过程也与此类似。例如，固体硫酸钠溶解在水中时，钠离子和硫酸根离子就是简单的分离，而硫酸根离子则仍然是一个整体：

$$Na_2SO_4(s) \xrightarrow{H_2O} 2\,Na^+(aq) + SO_4^{2-}(aq)$$ [5.5]

许多离子化合物都是以这种方式溶解的，这也解释了为什么几乎所有天然存在的水样都含有各种各样含量不一的离子。同样，我们的体液也是如此，它们均含有特定浓度的电解质。

想一想 5.19　　电和水不要混在一起

一些小电器如电吹风或电卷发器上有警示标签，明确提示消费者不要在靠近水的地方使用。既然水不导电，为什么这还是个问题呢？万一插上电源的电吹风意外落入充满水的水槽中，最正确的做法应是什么？

如果我们刚才描述的原则适用于所有的离子化合物的话，我们的星球就会陷入麻烦。下雨时，碳酸钙（石灰岩）之类的离子化合物将会溶解，并最终流入海洋！幸运的是，许多离子化合物只是微溶，甚至难溶。之所以出现这种差异，是与离子的大小和电荷、离子相互吸引的强度以及离子被水分子吸引的强度有关。

表5.9是溶解性指南。例如，硝酸钙（$Ca(NO_3)_2$）可溶于水，因为所有硝酸盐都是可溶的；碳酸钙（$CaCO_3$）不溶于水，因为大多数碳酸盐都是不溶的。基于类似的理由，氢氧化铜（$Cu(OH)_2$）不溶于水，而硫酸铜（$CuSO_4$）则能溶。

练一练 5.20　　离子化合物的溶解性

依据表5.9，下列哪些化合物可溶于水？

a. 硝酸铵（NH_4NO_3），一种化肥成分。

b. 硫酸钠（Na_2SO_4），洗衣粉中的添加剂。

c. 硫化汞（HgS），朱砂矿。

d. 氢氧化铝（$Al(OH)_3$），用于水净化处理。

答案：a. 可溶。所有硝酸盐和铵盐都是可溶的。

地球大陆板块很大程度上都是由含离子化合物的矿石构成的，如我们在前面讲述的那样，它们中的大多数在水中的溶解度极低。表5.10概括了一些因溶解性而产生的环境后果。

表5.9　离子化合物的水溶性

离　子	化合物的溶解性	特　例	举　例
钠盐、钾盐和铵盐	都可溶	无	$NaNO_3$ 和 KBr 都可溶
硝酸盐	都可溶	无	$LiNO_3$ 和 $Mg(NO_3)_2$ 都可溶
氯盐	大多数可溶	银和汞（Ⅰ）	$MgCl_2$ 可溶，$AgCl$ 不溶
硫酸盐	大多数可溶	锶、钡和铅	K_2SO_4 可溶，$BaSO_4$ 不溶
碳酸盐	大多数不溶①	1A族元素或 NH_4^+	Na_2CO_3 可溶，$CaCO_3$ 不溶
氢氧化物和硫化物	大多数不溶①	1A族元素或 NH_4^+	KOH 可溶，$Al(OH)_3$ 不溶

①"不溶"意味着化合物在水中的溶解度极低（小于0.01 mol/L）。所有的离子化合物在水中至少都会有一定的溶解性。

表5.10　溶解性带来的环境后果

来　源	离　子	溶解性及其后果
盐层	钠与钾的卤化物[①]	这些盐均可溶。随着时间的流逝，它们从陆地溶解后被冲入大海。因此，海洋含有盐分，海水不经过昂贵的净化处理是不能饮用的
农用肥料	硝酸盐	所有硝酸盐均可溶。流经施过肥的农田的径流将硝酸盐带入地表水和地下水。硝酸盐有毒，尤其是对婴幼儿
金属矿	硫化物和氧化物	大多数硫化物和氧化物都不溶于水。含铁、铜和锌的矿物通常是硫化物和氧化物。若这些矿物可溶于水，在很久以前它们就被冲入大海了
矿场废物	汞、铅	大多数汞、铅的化合物不溶于水。它们从矿场废物堆中缓慢浸出，对供水系统造成污染

① 卤化物指7A族的阴离子，如Cl^-和I^-。

5.9　共价化合物及其溶液

你从前面的讨论中可能有这样一个印象，只有离子化合物可溶于水，但记住糖也溶于水。这种用于让咖啡或茶变甜的白色颗粒状的"食糖"就是蔗糖，一种化学式为$C_{12}H_{22}O_{11}$的极性共价化合物（图5.22）。

蔗糖在水中溶解时，蔗糖分子先均匀分散于H_2O当中，而$C_{12}H_{22}O_{11}$依旧保持完整，并不离解成离子，其中的证据就是蔗糖水溶液不导电（见图5.17b）。但是，糖分子确实又与水分子发生了相互作用，因为它们二者都呈极性且相互吸引。另外，蔗糖分子有8个—OH和3个额外的能参与形成氢键的O原子（见图5.22）。当溶剂分子与溶质分子或离子之间存在吸引作用时，溶解性往往是增强的。这就引申出一个普遍性的溶解性规律：相似相溶。

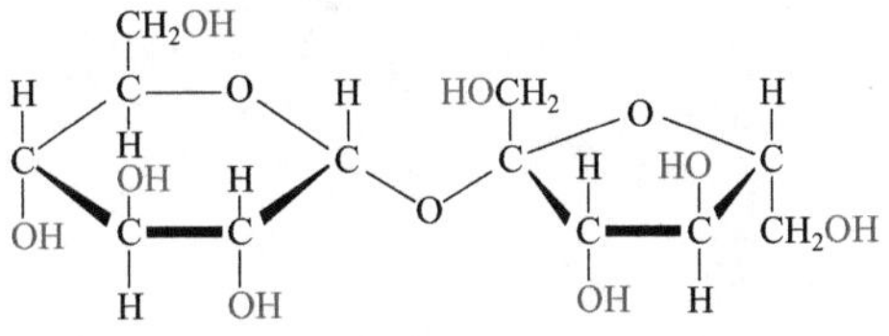

图5.22　蔗糖的分子结构式（—OH以红色显示）

更多关于蔗糖和其他糖类的知识见第11章。

化学组成和分子结构相似的化合物倾向于互溶。相似分子间的吸引力很大，对溶解性会有促进作用；而不相似的化合物之间则互不相溶。

我们来看看另外两种很熟悉的极易溶于水的极性共价化合物，一种是乙二醇，防冻剂的主要成分；另一种是乙醇或酒精，常见于啤酒和葡萄酒中。它们都含有极性的—OH，被归为醇类（图5.23）。

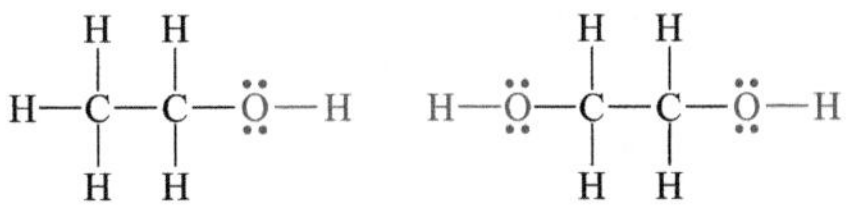

图5.23　乙醇与乙二醇的路易斯结构（—OH以红色显示）

第1章提及到的用作涂料防冻剂的"甘醇"——丙二醇也与室内空气质量相关。

练一练 5.21 醇类和氢键

用 δ^+ 和 δ^- 来标记乙醇和乙二醇分子（见图5.23）中带部分电荷的H和O原子。

提示：若两原子间的电负性差值大于1.0，则认为化学键是极性的。

—共价键
····氢键

图5.24 一个乙醇分子与三个水分子的氢键作用

乙醇分子—OH上的氢原子同水的情形一样也可形成氢键（图5.24），这也正是为什么水与乙醇相互之间有很强的亲和力的原因。任何一位酒吧招待都能告诉你，酒精和水能以任意比例互溶！再说一次，这两种分子都是极性的，因此相似相溶。

另外一个醇类的例子是乙二醇，有时也被称为"甘醇"。将乙二醇加入水中，比如汽车水箱中，即可防止结冰。它也是一些水基涂料发干时释放的挥发性有机化合物之一，添加它是为了防止涂料板结。观察图5.24所示的结构式可以发现它有两个—OH可用于形成氢键。这种分子间的吸引作用使得乙二醇具备很强的水溶性，这也正是任何防冻剂所必需的性质。

人们常观察到"油与水互不相溶"。因为水分子是极性的，而油中的烃分子是非极性的，所以当它们接触时，水分子倾向于吸引其他的水分子，烃分子自己则相互粘在一起。又因为油的密度比水的小，所以油总是浮于水面（图5.25）。

图5.25 油水互不相溶

练一练 5.22 更多与烃相关的知识

像戊烷和己烷这样的烃分子都含有C—H和C—C键，利用表5.1中的电负性值来判断这些键是极性的还是非极性的？

因为水对油脂的溶解性差，因而也就不能用水来清洗它们。我们常借助于肥皂和洗涤剂

来洗手（和衣服），它们就是**表面活性剂**，即一种帮助极性和非极性化合物互溶的化合物，有时也被称为"润湿剂"。表面活性剂分子同时含有极性和非极性基团，其中的极性基团可使表面活性剂溶于水，而非极性基团则使其能溶于油脂中。

另一种溶解非极性分子的方法是使用非极性溶剂，相似相溶！非极性溶剂（有时被称为"有机溶剂"）的使用非常广泛，包括药品、塑料、涂料、化妆品和清洁剂的生产等。例如，常用的干洗剂是氯代烃，乙烯的表兄弟"perc"就是其中之一，将乙烯（一种含一个C=C双键化合物）中所有H原子全部用Cl原子取代，即得到四氯乙烯，也称为全氯乙烯，俗称"perc"。Perc及其他类似的氯代烃都是致癌物或疑似致癌物，不论是暴露于工作场所或是作为空气、水或土壤的污染物，它们都会带来严重的健康问题。

乙烯　　　　全氯乙烯(perc)

更多关于乙烯的知识见第9章聚合物部分。

绿色化学家们一直在努力对一些过程进行重新设计以达到不需要溶剂的目的，但这几乎是不可能的！因此他们设法以环境友好的物质来取代有害溶剂。其中一种可能性就是利用二氧化碳，在高压条件下，你熟悉的这种CO_2气体能被压缩成液体！ $CO_2(l)$相比有机溶剂具备很多优点：无毒，不易燃，化学性质温和，不会危害臭氧层，也不会形成烟雾。虽然你可能关注到它是一种温室气体，但作为溶剂的二氧化碳是回收自工业生产过程的废品，所以它往往是循环的。

采用液态CO_2进行干洗有一个挑战，即它对棉织品和合成纤维织物上的油污、蜡和油脂的溶解性很差！为使二氧化碳成为一种优良的溶剂，北卡罗来纳大学教堂山分校的一名化学家、化学工程师Joe DeSimone博士开发了一种与$CO_2(l)$联合使用的表面活性剂，为此他获得了1997年的美国总统绿色化学挑战奖。他的这一突破性成果为人们设计环境温和、廉价、易回收并取代当前广泛使用的传统有机溶剂和水溶剂铺平了道路。DeSimone曾帮助创立了Hangers洗衣店，这是一家应用他发明的干洗方法的连锁店。

想一想 5.23　　以液态CO_2作为溶剂

a. 以液态CO_2取代有机溶剂符合绿色化学六大核心理念（见第12页）中的哪几项？给出解释。

b. 评论如下陈述："以液态CO_2替换有机溶剂只不过是将一整套的环境问题替换为另一套。"

c. 若当地干洗行业从"perc"转为二氧化碳，该行业怎样做才可能报告不同的三重底线？

非极性化合物倾向于溶解在其他非极性物质中，这就解释了像PCBs（多氯联苯）或杀虫剂DDT（二氯二苯三氯乙烷）这些非极性物质是怎样沉积在鱼及其他动物的脂肪组织中的。当鱼摄取它们时，这些分子会积存在鱼体脂肪（非极性的）中，而不是在血液（极性的）中。

某些情况下，即使浓度低至万亿分之一克/升的PCBs也能对包括人类在内的各种动物的正常生长和发育产生干扰。

PCBs（高氯化合物的混合物）广泛用作变压器中的冷却剂，直到1977年才禁止使用。它们同CFCs一样不易燃，在制造、使用及处理过程中被释放至环境中。

生物在食物链中所处位置越高，其体内沉积的有害非极性化合物（如DDT）的浓度就越高，这就是所谓的生物放大，即持久化学品的浓度随食物链等级依次提高而增加。图5.26展示了一种已在20世纪60年代深入研究过的生物放大过程。那时候人们发现DDT干扰了游隼及其他处于食物链高端的猛禽的繁殖。1962年蕾切尔·卡森著的《寂静的春天》也指出鸣鸟数目的下降与杀虫剂接触有关。

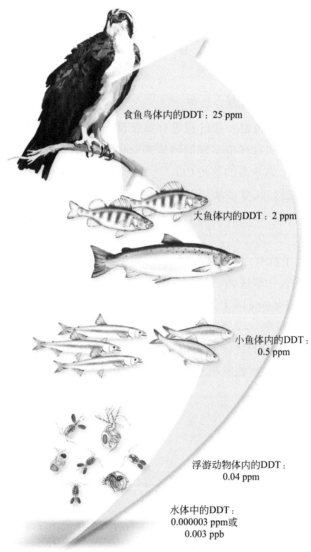

食鱼鸟体内的DDT：25 ppm

大鱼体内的DDT：2 ppm

小鱼体内的DDT：
0.5 ppm

浮游动物体内的DDT：
0.04 ppm

水体中的DDT：
0.000003 ppm或
0.003 ppb

图5.26　水中的生物体摄取并储存DDT，它们被高等级生物捕食，而高等级生物进而又被更高等级的生物捕食（食物链中最高等级的生物体中DDT的浓度最高）

数据来源：William和Mary Ann Cunningham，环境科学：全球普遍关注的问题（第10版），2008年。再版已获麦格劳-希尔教育出版公司许可

5.10 保护饮用水：联邦立法

许多不同的物质通过一种或多种途径进入到淡水中，那饮用这种水安全吗？答案取决于水中有什么？有多少？以及你每天喝多少水？这一节我们将讲述与水质相关的议题。

确保公共供水系统安全一直备受关注。1974年美国国会通过了"安全饮用水法（SDWA）"，以回应公众对饮用水中有害物质的关注。该法案于1996年修订并旨在为所有依赖社区供水系统的人提供饮用水安全保障。依据SDWA，美国环境保护署（EPA）对那些有可能带来健康问题的污染物进行管制，根据它们的毒性设立其法定的限定值（表5.11），同时这些限定值也考虑到了供水企业依靠现有技术去除这些污染物的实际能力。

> SDWA并不适用于那些依赖私人水井用水的人群，他们约占美国总人口的10%。

表5.11 饮用水的MCLG与MCL值

污染物	MCLG/ppm	MCL/ppm
镉（Cd^{2+}）	0.005	0.005
铬（Cr^{3+}、CrO_4^{2-}）	0.1	0.1
铅（Pb^{2+}）	0.0	0.015
汞（Hg^{2+}）	0.002	0.002
硝酸根（NO_3^-）	10.0	10.0
苯（C_6H_6）	0.0	0.005
三卤甲烷（$CHCl_3$等）	视具体情况而定	0.080

> 更多关于三卤甲烷的例子见下一节。

EPA对每一种水溶性的污染物都设定了一个**最高污染水平目标值（MCLG）**，即不会给人的健康带来已知或预期的负面影响的饮用水污染物浓度最高值。MCLG以ppm或ppb为单位，顾及到的是安全底线。每一个MCGL都考虑到了数据收集的不确定性以及人对每种污染物反应的个体差异。MCLG并不是供水企业必须遵守的法定值，相反，它只是一个基于人类健康的目标值。EPA设定已知致癌物的健康目标为零，就是基于这样一个假设：任意量的这些物质都有可能给人带来癌症风险。

在针对水质的管制法案实施之前，杂质浓度肯定都超过了**最高污染物水平值（MCL）**，即以ppm或ppb为单位的污染物浓度的法定限定值。EPA在设定这些法定值时尽可能与

蕾切尔·卡森(1907—1964)

MCLG接近，同时也考虑到了为达到这些目标而面临的实际困难。除了致癌物的限定值（它们的MCLG都设定为零），大多数法定值与健康目标值相同。尽管它们不如MCLG要求得那么苛刻，MCL也依然对公众健康提供了实实在在的保护。

> EPA仅推荐而不要求次级最高污染物水平值（SMCLs），这些是可能影响口感、气味或颜色，或损害化妆品的物质。例如，像锰这样的矿物能沾染洗衣房并给水带来不愉快的口感。

想一想 5.24　　饮用水中有什么？

　　在大量可获取的有关饮用水中可能污染物的信息当中，表5.11仅仅只是沧海一粟。EPA地下水与饮用水办公室能提供有关几十种污染物的消费者情况说明书，那里有两种版本——普通概要版及技术版，我们推荐使用后一版本。

　　a. 查阅表5.11列出的某种污染物，指出该污染物是如何进入供水系统的？列出其潜在的健康影响。

　　b. 怎样知道它在你的饮用水中是否存在？你所在的州是否处于该污染物排放最严重的州之列？

想一想 5.25　　理解 MCLG 与 MCL

　　大多数人对"安全饮用水法"中的MCLG和MCL并不熟悉，那你怎样给公众解释这些缩写的含义？准备回答听众提问，包括为什么不将所有致癌物的MCL都设定为零那样的问题。

　　提示：在互联网上搜索你所在城市的水质报告。

　　有关水的立法需要持续更新，部分需要是因为水化学家们在不断提高其检测水中成分的能力，另外也是因为知识库在不断扩展。随着人们对毒性的认识更深入，MCL也会被相应地调高或调低。目前受管制的污染物超过90种：

　　（1）金属离子，如Cd^{2+}、Cr^{3+}、Hg^{2+}、Cu^{2+}和Pb^{2+}；

　　（2）非金属离子，如NO_3^-、F^-和各种含砷离子；

　　（3）其他化合物，如杀虫剂、工业溶剂和与塑料制造相关的化合物；

　　（4）放射性物质，如铀；

　　（5）生物活性物质，如隐孢子虫和肠道病毒。

　　取决于特定污染物，MCL值有高至约10 ppm的，也有比1 ppb还低的。某些污染物可以干扰人的肝或肾功能，而另一些污染物的摄取量如果长期超过法定值（MCL），则会影响人的神经系统。例如，同许多污染物不一样，铅是一种累积性的毒物。铅管和铅焊曾经在输水系统中广泛应用。铅被人和动物摄取后聚集在骨骼和大脑当中，会引起严重的、永久性的神经性问题。对成人来说，严重的铅暴露会导致易怒、失眠和非理性行为，同时也带来厌食和持续的饥饿感。而铅对儿童的影响尤为严重，因为Pb^{2+}能随着Ca^{2+}迅速通过结合进入骨骼。儿童骨骼的质量比成年人要小，因而一些Pb^{2+}可能仍然待在能对细胞造成损害的血液里，特别是脑细胞。即便是相当低的浓度也可能使儿童因铅暴露而智力迟钝和多动！

　　化学符号"Pb"来源于铅的拉丁名——plumbum，它也是单词plumbing的词源，可追溯至大部分水管都是铅制的时代。

　　幸运的是，大多数公共供水系统中几乎不存在铅，铅含量超过允许值的供水系统估计不到1%（给美国3%的人口供水）。饮用水中大部分铅都是来自管道系统的腐蚀，而不是来自水源本身。当有铅超标的报道时，建议消费者采取几个简单的步骤使暴露最小化，比如用水之前让它流上一会，不用热水做饭等，这样做就可将人们摄取水中溶解Pb^{2+}的机会减到最小。

　　推荐冷水是因为某些铅化合物，尤其是$PbCl_2$，在热水中的溶解性比冷水更强。

　　因为研究通常会对污染物产生新的认识，所以监管值也会做出相应的调整。例如，饮用水中铅的MCL值曾被设定为15 ppb，但EPA在1992年将其升级为"执行水平"，即只要有10%的水样超过15 ppb就会提起诉讼。铅的危害如此巨大，以至于EPA将其MCLG值设定为0，尽管铅并不是一种致癌物。

练一练 5.26　　铅含量的比较

比较两份饮用水样的铅含量，它们的铅浓度分别为20 ppb和0.003 mg/L。

a. 解释哪份水样中的铅浓度更高？

b. 与目前可接受的铅量比较，它们符合要求吗？

除了那些可以引起慢性健康问题的污染物如铅以外，饮用水中存在的另一些物质则会造成急性的健康危害。例如，婴儿体内的硝酸根离子（NO_3^-）可能会转化为限制血液载氧能力的亚硝酸根离子（NO_2^-）。对于冲调婴儿配方奶粉的水，若含有超标的硝酸根离子，可能会导致婴儿呼吸困难以及因缺氧而引起永久性脑损伤。虽然设定了饮用水中硝酸根离子的最高污染物水平值（MCL），但该值也会因各种原因而超出，包括肥料通过雨水径流进入到井水中等。图5.27显示了加利福尼亚州有关硝酸根离子的水质数据，你可以看到有些水源超出了10 ppm的MCL值。因为硝酸根对婴儿是有毒的，所以社区的硝酸根水平监控及超标预警是非常重要的！

来自肥料的磷酸根离子和硝酸根离子均会对水生态系统中的动植物种类和数目产生影响。

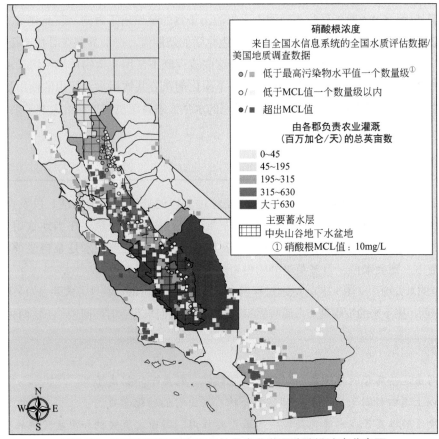

图5.27　加利福尼亚州地下水井及农业灌溉硝酸根浓度分布图

数据来源：环境怀卡托，2000年

水也可能遭受如细菌、病毒和原生动物这些生物活性物质的污染，这方面的例子是隐孢子虫和贾第鞭毛虫。新闻媒体宣扬"煮水危机"的警示是一种典型的对"总大肠杆菌类"恐慌的结果。大肠杆菌是细菌的一个大类，它们寄生于人与动物的消化道中，且大多数是无害的。如果水中有高浓度的大肠杆菌，通常表明水处理及输送系统受到了进入供水系统的粪便的污染。腹泻、抽筋、恶心和呕吐，这些与大肠杆菌相关的病症，对健康的成年人来说并不严重，但对那些小孩、老人和免疫系统差的人来说则可能是致命的。

想一想 5.27 神秘的微生物

EPA地表水处理条例要求那些使用地表水的系统，以及使用直接影响到地表水的地下水系统，都必须消除或灭活99%的隐孢子虫。

a. 什么是隐孢子虫？它是如何进入到饮用水当中的？其对人的健康有什么潜在影响？

b. 隐孢子虫的什么特征使得常规消毒方法无效？如何处理受隐孢子虫污染的水？

提示：使用互联网研究"长期2地表水处理增强条例"。

1993年威斯康星州密尔沃基的饮用水遭受隐孢子虫污染，结果造成约100人死亡，超过40万人染病，该事件引发了社区饮用水处理条例的变更。

除了"安全饮用水法"以外，联邦政府还颁布了其他法律来控制包括湖泊、河流和沿海区域的污染。1974年国会通过的，又经过几次修订的"清洁水法案（CWA）"在减少地表水污染方面奠定了基础。CWA对工厂排放至地表水中的污染物的量作出了限定，因此使得美国每年减少超过十亿磅的有毒污染物的排放。为跟上绿色化学的新潮流，产业界都在寻找途径变废为宝，或者从一开始就设计好产品的生产流程，以使这些流程既不使用有毒物质也不污染水质。地表水质的改善至少会带来两个主要的好处：减少了净化剂在公共饮用水系统中的使用量，为水生生物营造了更健康的自然环境。反过来，更健康的水生生态系统也间接地给人类带来许多好处。

5.11 水处理

这一节将探索（在当地水处理厂）污水要经过怎样的处理才能变清洁？以及在人们将水变脏以后（在污水处理厂）又会有什么情况发生？我们先将目光聚焦在当地饮用水处理厂，假设工厂的水是取自蓄水层或湖泊，比如，若你住在圣安东尼奥，水是泵自爱德华蓄水层，而若在旧金山，则会来自一百多英里外的赫奇峡谷水库（见图5.7）。

在典型的水处理厂（图5.28），处理过程第一步是将水过滤，即以物理方式除去如杂草、树枝及饮料瓶等东西，接下来的步骤是加入硫酸铝和氢氧化钙。我们来花点时间回顾一下这两种化学品。

练一练 5.28 用于水处理的化学品

a. 写出这些离子的化学式：硫酸根、氢氧根、钙离子和铝离子。

b. 以上这四种离子可以形成哪些化合物？写出它们的化学式。

c. 次氯酸根离子在水净化处理中起着重要作用。写出次氯酸钠和次氯酸钙的化学式。

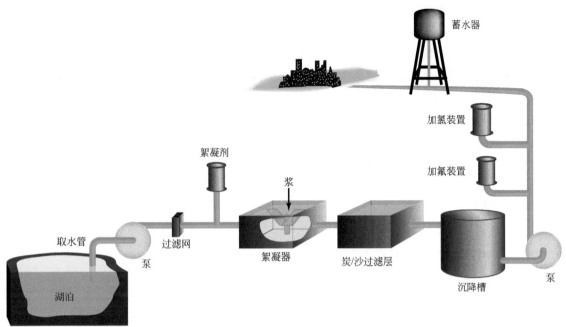

图5.28 典型的城市水处理装置

硫酸铝和氢氧化钙是絮凝剂，即它们在水中通过反应可形成一种黏絮状（凝胶）氢氧化铝，这样悬浮的泥土及灰尘颗粒就会聚集在胶体表面：

$$Al_2(SO_4)_3(aq) + 3\ Ca(OH)_2(aq) \longrightarrow 2\ Al(OH)_3(s) + 3\ CaSO_4(aq) \qquad [5.6]$$

$Al(OH)_3$胶体连同悬浮颗粒一起缓慢沉降，其他所有剩余的颗粒则依次通过炭或砾石层及沙层过滤除去。

至关重要的是下一步——消毒以去除致病微生物。在美国，最常用的手段就是氯化处理，加入的氯有三种形式：氯气（Cl_2）、次氯酸钠（$NaClO$）或次氯酸钙（$Ca(ClO)_2$），它们产生的杀菌剂都是次氯酸（$HClO$）。通常要求水中残留极低浓度的$HClO$（介于$0.075\sim0.600$ μg/mL之间）以防止水通过管道进入用户家里之前再次遭受细菌污染。余氯是指经氯化处理后的水中残留的含氯化合物，包括次氯酸（$HClO$）、次氯酸根离子（ClO^-）及溶解的氯元素（Cl_2）。

氯只能杀灭与其接触的微生物，对于那些附着在泥沙颗粒里面的细菌或病毒则无效。这也是为什么在氯化处理之前需要将这些颗粒去除的原因之一。

Clorox及其他品牌的衣物漂白剂中有$NaClO$。$Ca(ClO)_2$则常用于给游泳池消毒。

有时也将$HClO$写成$HOCl$以显示原子键合的次序。

在人们还没有发明对水进行氯化处理之前，有数千人死于通过水污染流行的各种疾病。这方面经典的研究例子是一名英国医生John Snow曾经查到19世纪中叶伦敦霍乱之所以流行，是因为水被流行病人的排泄物污染所致。另一个例子发生在2007年遭受战争破坏的伊拉克，极端分子于当年早些时候将氯罐作为汽车炸弹，在几次袭击中，氯杀死了24人，释放出有毒气体引起数百人恐慌并导致呼吸困难。随后当局加强了对氯的严格控制。但与此同时，因担心是否能安全穿过伊拉克，载有10万吨氯的车队在约旦边境耽搁了一个星期。由于用水基础设施的破坏，以及糟糕的水质和卫生状况，粪便大肠杆菌迅速繁殖，防治等级急剧升高，结果导致数千伊拉克人感染了霍乱。

即便是在氯的运输相对安全的和平年代，氯化处理还是有其不足的地方，如因余氯引起的令人厌恶的口感和气味，这也是常被人引述的为什么人们饮用瓶装水或使用净化装置来去除余氯的原因。但使用氯可能更为严重的缺点，则是余氯可与水中其他物质反应生成其浓度可能足以致毒的副产物，其中广为宣扬的就是三卤甲烷（THM），即氯或溴与饮用水中的有机质反应生成的化合物如 $CHCl_3$（氯仿）、$CHBr_3$（溴仿）、$CHBrCl_2$（溴二氯甲烷）和 $CHBr_2Cl$（二溴氯甲烷）。同 HClO 一样，常用于给洗浴设备消毒的次溴酸也能产生三卤甲烷。

练一练 5.29　　三卤甲烷

    a.　画出任意两种 THM 分子的路易斯结构。

    b.　与 CFC 相比，THM 在化学组成上有什么不同？

    c.　与 CFC 相比，THM 在化学性质上有什么不同？

答案：c.　CFC 呈化学惰性且无毒，THM 则正相反，它呈化学活性且有剧毒。

欧洲的许多城市及美国的少数城市则使用臭氧给供水系统消毒。第 1 章讨论了对流层中的 O_3 是一种严重的空气污染物，但臭氧的毒性在水处理当中反而呈现其有益的一面，一大优点就是取得同样的杀菌效果所需的臭氧浓度要比氯低，而且在杀灭水生病毒方面却更为有效。

但臭氧处理也有缺点，一个是价格，臭氧只对那些大型水处理厂才经济；另一个就是臭氧分解太快，因而不能确保水在城市供水系统输送过程中免受可能的污染。因此，在臭氧化处理过的水流出水处理厂之前必须加入低剂量的氯。

另一种日渐普及的消毒方法是使用紫外（UV）光。通过 UV，这里指的是 UV-C，即能够破坏包括细菌在内的微生物的 DNA 的高能 UV 辐射。紫外消毒非常迅速，不留副产物，对一些小型装置（包括乡下农家用于处理不安全的井水）很经济。同臭氧处理一样，UV-C 也不能防止水流出处理场地后再受污染，因而也必须加入低剂量的氯。

更多有关 UV 光的内容见第 2 章。更多有关 DNA 的内容见第 12 章。

取决于当地条件，消毒之后也可能在水处理装置中增加一至多个净化步骤，有时将水洒向空中以去除有异味的可挥发性化合物；如果供水系统中存在的天然氟化物很少，许多城市则会加入氟离子（约 1 μg/mL 的 NaF）以保护人们的牙齿不被腐蚀。下面我们来学习更多有关氟化作用的知识。

氟化钠溶解在水中形成 $Na^+(aq)$ 和 $F^-(aq)$。

练一练 5.30　　保护牙齿！

即便是当前，人因衰老而掉牙的现象仍很常见，其中的罪魁祸首就是龋齿，一种因细菌侵蚀牙釉质而导致感染的疾病。

    a.　为什么社区水氟化处理被列为美国疾病控制与预防中心 20 世纪十大公共健康成就之一？

    b.　尽管水氟化处理很重要，但对低收入社区更重要。为什么？

2011年美国卫生与人力资源服务部推荐将氟离子的浓度降至0.7 mg/L以减少儿童中的牙变色。氟离子的MCL值为0.7 mg/L。

我们刚才描述的是水龙头中的水在被饮用之前是如何处理的？其实一旦开启水龙头，我们即又开启了使水变脏的过程。每一次冲过马桶的水离开卫生间，每一次沐浴过后的水流入下水道，每一次洗过碗的水沉降至水槽，我们都要加入废物至水中！很明显，尽可能少用水是有意义的，因为我们弄脏了它，在将它排回环境之前还得再次处理。记住绿色化学！最好是阻止废品生成而不是在它生成之后去处理或清洁它。

怎样来去除水中的废物呢？如果家中的下水道是与城市污水系统相连，污水就会流入污水处理厂，在那里污水会经历类似于水处理的清洁过程，只是在将它们排入环境之前无需末端的氯化处理。

由于污水含有机化合物和硝酸根离子等废物，因此清洁污水更复杂。对许多水生生物而言，这些废物就是食物来源！但它们摄取时得消耗地表水中的氧。**生物需氧量（BOD）**是微生物分解水中废物所消耗的溶解氧的量的量度，较低的BOD值是优良水质的一个指标。

典型的BOD值：河流，1 mg/L；城市污水处理厂排放的水，20 mg/L；未处理的污水，200 mg/L。

因为硝酸根离子和磷酸根离子都是水生生物的重要营养素，所以二者都对BOD有贡献。它们中任意一种过剩都会破坏正常的营养素流，进而导致阻塞水路的藻华，将水中的氧耗尽，从而引起大量的鱼类死亡。水中氧减少的问题的复杂性在于氧在水中的溶解度原本就极低。

含硝酸根和磷酸根的洪水和农业径流破坏了密西西比三角洲的生态系统。在第11章有一张令人惊悚的照片（图11.15）。

一些水处理厂在将水导入地表水或在补充地下水之前让水流经湿地区域，让其捕获水中的硝酸根和磷酸根这些营养素。湿地中的植物和土壤微生物促进了营养素循环，进而也降低了水中营养素的承载量。

如果经过污水处理过的水足够干净的话，为什么不正好将其作为一种饮用水源呢？新加坡增长的人口就依赖于几种饮用水源，其中的一种，新生水（NEWater），就是净化过的污水。下面我们让你有机会去探究这种颇具争议的再生水使用。

想一想 5.31 从厕所到水龙头？

社区正考虑以中水作为一种饮用水水源，如果经污水处理过的水的质量符合当前饮用水系统的质量标准，你能接受将处理过的污水作为饮用水吗？说出正反两方面的理由。

5.12 有关水的全球挑战方案

本章开篇即已指出，世界水日的关注焦点是淡水问题："水对包括保护自然环境以及缓解贫穷和饥饿在内的可持续发展至关重要；水对人类健康和福祉不可或缺"（联合国网站）。

最后一节我们将展示人们在水的可持续利用上有四个方面的努力。第一个与海水淡化有关，第二个描述了发展中国家中的个体是怎样净化饮用水的，第三和第四则与绿色化学方案的实施有关，一个是棉花生产，另一个是药品处置。

5.12.1 海水淡化

"到处是水，但能喝的连一滴都没有。"该句出自《老水手之歌》。现实环境与1798年塞缪尔·泰勒·柯勒律撰写该书时并没有两样。高盐分（3.5%）的海水不适宜人类使用，即便是有些生物能够生活在咸水中，但老水手和我们均不能靠饮用海水存活！

今天我们已能将海水作为一种农业用水及饮用水的水源。**脱盐作用**是去除咸水中的氯化钠和其他矿物质而生成饮用水的任何过程。国际海水淡化协会2011年提供的数据表明，全球有大约16000座海水淡化厂日产超过600亿升水。随着淡水需求的日益增长，人们见证了许多新的海水淡化装置正在全球各地建造，包括中东、西班牙、美国、中国、北非和澳大利亚。图5.29显示的是全球最大海水淡化厂之一的阿拉伯联合酋长国杰贝阿里海水淡化厂。

图5.29　阿拉伯联合酋长国杰贝阿里海水淡化厂

有一种脱盐方法是**蒸馏**，这是一种将溶液加热至沸点，再将蒸汽冷凝并收集的分离过程。先将不纯的水加热，水蒸发时大部分溶解的杂质仍会留在溶液中。蒸馏是需要能量的！图5.30展示了提供能量的两种方式，一种是用本生灯，另一种是用太阳能。回顾5.2节我们知道水的比热很高，因此水转化为气态时就需要异乎寻常的高能量，二者都是拜水中广泛的氢键作用所赐。

> 自然界水循环过程与蒸馏类似，水先蒸发，再冷凝，最后以雨或雪的形式降落。

大规模的蒸馏操作新技术以令人印象深刻的名字命名，如多级闪蒸。虽然这些技术相比图5.30a所示的经典蒸馏过程提高了能效，但能耗依然很高，还时常需要通过燃烧化石燃料来供能。有一种替代方案是使用如图5.30b所示的小型太阳能蒸馏装置来纯化水。

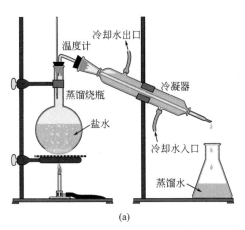

(a)   (b)

图5.30 (a) 实验室蒸馏装置；(b) 桌面太阳能蒸馏器

也有另一种脱盐方法可选，比如**渗透**，即水从低浓度溶液区穿过半渗透膜至高浓度溶液区。水能通过扩散穿过膜，而溶质则不能，这也正是为什么将这种膜称为"半渗透膜"的原因。

然而，通过施加能量也可将渗透反向。**反渗透**就是利用压力强制水从高浓度溶液区穿过半渗透膜至低浓度溶液区。若以此过程来纯化水，则需在盐水一侧施加压力，强制水分子穿过膜而留下盐及其他杂质（图5.31）。正如所预期的那样，产生压力即是高耗能的过程。反渗透技术在微电子及制药行业用于生产瓶装水和超纯水，其便携装置适合应用于在航船上（图5.32）。

化学实验室水龙头流出的"蒸馏水"极有可能是通过反渗透产生的去离子水。

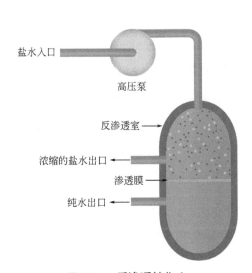

图5.31 反渗透纯化水   图5.32 将海水转化为饮用水的小型反渗透装置

怀疑派化学家 5.32   代价是什么？

某位互联网博主宣称，"海水淡化将使水的获取和清洁都成为可能，这将解决水短缺的问题。"回顾绿色化学的核心理念，它们能帮助你反驳这些论断。

5.12.2 生命吸管个人终端

过去一个世纪以来随着水传播疾病卫生和管理上的进步，在发达国家，很多人都可以获取符合某些标准的高品质饮用水。然而，全球每年仍有10亿人因霍乱、伤寒，以及由未处理水中的细菌引发的其他疾病而致病或死亡。一家欧洲公司，维斯特格德·弗兰德森，开发了一种生命吸管，可有效去除水中的所有细菌和原生动物寄生虫。目前生命吸管已在全球许多地方使用，包括自然灾害后的应急之需。

取名"Aptly"的个人用生命吸管是一种可以通过它直接吸水的管状过滤器（图5.33）。它可用于从小溪、河流或湖泊中饮水，其寿命约有一年，可纯化约1000 L水。大一些的家庭用生命吸管则配备另一种过滤器来去除细菌并进一步改进水质，其寿命约三年，可纯化水约18000 L。

图5.33 正在使用个人用生命吸管饮水的孩子们

但个人用生命吸管也有缺陷，它并不是应对饮用水短缺的长期方案。另外，它也不能去除像砷化物或氟化物或引起腹泻的病毒微生物。总之，两种类型的生命吸管只不过是给那些淡水遭受微生物污染的地区提供的一种临时性的应对方案。

怀疑派化学家 5.33　　周期性的错误

一家生产生命吸管的公司在互联网上列出了常见问题的解答。其中有这样一条："生命吸管能过滤重金属如砷、铁以及氟离子吗？"怀疑派化学家对如下回答有什么评论："不能，目前的型号不能过滤任何重金属。"？

5.12.3 棉花生产

有人穿纯棉T恤吗？或者也可能是裤子、袜子或棒球帽？我们要介绍的第三个方面的努力聚焦在与棉花相关的用水。对于这种很受欢迎的材料，全球年产量超过400亿磅。目前美国的出口量几乎占据全球供应量的50%。棉花不仅用作衣用纤维，而且也用于其他消费品。**想一想5.34**给了你一个探究的机会。

想一想 5.34 一件T恤的水足迹含义

表5.3显示一件250 g的T恤的水足迹值为2500 L。

a. 列出T恤生产用水的四种途径。

b. 棉花除了作服装以外还有其他用途，列出三种。

c. 对这些用途，预估水足迹是更大、更小还是与制作服装差不多大小？

答案：

b. 棉花还可用于窗帘、室内装潢、丝网、纱布绷带和棉签。

c. 预期水足迹更大，因为除了棉花生长用水以外还有棉花清洗用水。

即便棉花只是一种天然纤维，它的生产也给环境留下了明显的足迹。5.3节提到过棉花的种植很耗水，而一旦生产开始就必须去除原棉的角质层（即棉花的最外层）才能给棉花漂白或染色（图5.34）。这种对棉花进行"洗擦"的过程需要大量的腐蚀性化学品、水和能源，所产生废水的BOD同未经处理的污水一样高！且这些废水受大量为软化棉花纤维而使用的化学品所污染。

图5.34 原棉上的蜡质层必须除去

> 回顾5.11节，若BOD（生物需氧量）低，则表明水质好。

2001年诺维信因开发了一种去除棉花蜡质层的替代工艺而获得了美国总统绿色化学挑战奖。这种温和的"生物制备"方法应用酶来降解角质层，因此棉花的环境足迹得以改善，废水的BOD下降超过20%，也不需要使用腐蚀性化学品，水、能源和时间的消耗都降低了。回想一下绿色化学核心理念之一：最好是使用和产生无毒的物质。

练一练 5.35 让绿色化学行动起来

我们刚才提到诺维信的"生物制备"方法符合绿色化学六大核心理念（见第12页）中的一条，其他几条也符合吗？

以上是另一个关于绿色化学如何通过改进三重底线（经济、社会和环境）来促进可持续发展的例子。降低和减少有毒废物利于环境；减少能源与材料消耗降低了成本；社会在节约水的同时还获得了更健康的棉纤维。我们来看另一个保持水清洁的应用实例。

5.12.4 "不要用水冲"

在过去，一种快速丢弃过期药品的方法是简单地将其丢入下水道或马桶，再用水冲掉。然而这样用水冲带来的后果是这些药品在水中的浓度依水道而渐次降低。这种行为有害吗？这里的答案是不确定。

好消息！许多社区同美国食品及药品管理局一起启动了药品回收计划。例如，2012年国家处方药回收日期间，全美超过5000个站点收集了约500000 lb过期药品。这就是绿色化学的另一个应用：最好是阻止废物

而不是在它产生后再对其进行处理或清洗。

🌐 **想一想 5.36   水的未来**

a. 选取绿色化学六大核心理念中的两个，针对可能帮助我们保持水清洁的议题集思广益。

b. 确认一个重要的全球水问题，列出使其重要的两个因素。指出人们目前解决这个问题的两条途径。

结束语

就像我们呼吸的空气一样，水对生命至关重要！因为有水，细胞得以"畅游"在其中；水将营养物传送至人体各个部位；水也占据了人体质量的大部分；而水分的蒸发也有助于体温的降低。水对我们的生活方式也极为重要！我们喝它，煮饭用它，清洗用它，灌溉农作物也用它，工业生产还用它。在我们做这些事的同时也将废物引入水中！尽管淡水可以通过蒸发-冷凝循环而得以自清洗，但我们人类让水变脏的速度要快过自然再生清洁水的速度！

请记住绿色化学的第一条核心理念：最好是阻止废物而不是在它产生后再对其进行处理或清洗。因此，收集雨水用于给花园浇水，而不是让其流失并汇入聚集污染物的溪流；将残羹剩饭用作堆肥并节约用水，而不是使用垃圾处理机来磨碎食物残渣；刷牙时关闭水龙头，限时沐浴，修理滴漏的水龙头和马桶！

你可能觉得你的努力仅是沧海一粟，的确是这样。但请记住，你的努力就像世界地球日三行诗海报获奖作品中的雨滴一样，也是这个星球巨大水图中的一分子（图5.35）。

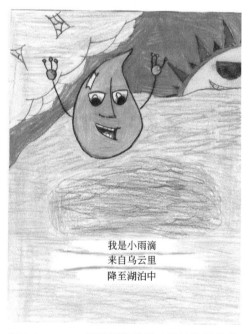

我是小雨滴
来自乌云里
降至湖泊中

图5.35   2008年世界地球日三行诗海报获奖作品

虽然淡水是可再生资源，但人口增长的需求、富裕水平的提升以及其他全球性问题都使得水资源的供给捉襟见肘。如果我们要可持续发展就必须思考水！思考水！请记住，你及其他生物体的生命都得依靠它！

本章概要

学过本章之后，你应当能够：

● 描述水是如何与这个星球上的生命息息相关的（前言）。

● 将成键原子的电负性同键的极性相关联（5.1）。

- 描述氢键的形成并将其与水的性质相关联（5.2）。
- 通过比较冰和水的密度来说明二者间的差异（5.2）。
- 将水的比热与其在这个星球上所扮演的角色相关联（5.2）。
- 讨论水的性质与其分子结构之间的关系（5.2）。
- 描述这个星球上的人们使用水的主要途径（5.3）。
- 讨论水足迹的概念是如何勾画出我们的用水情景的（5.3）。
- 将全球气候变化同水的供应和需求相关联（5.4）。
- 使用浓度单位：百分数、ppm、ppb及物质的量浓度（5.5）。
- 讨论为什么水对许多（不是所有）离子化合物及共价化合物来说是一种如此优良的溶剂（5.5）。
- 理解阳离子、阴离子和离子化合物这些术语间的关系（5.6）。
- 写出包括那些常见多原子离子在内的离子化合物的名称及化学式（5.7）。
- 描述离子化合物在水中溶解时发生的现象（5.8）。
- 解释为什么有些溶液能导电而有些则不能（5.9）。
- 描述作为溶解性试剂的表面活性剂的作用（5.9）。
- 解释"相似相溶"这一说法并将其与生物放大相关联（5.9）。
- 认识联邦法规在保护饮用水安全方面所扮演的角色（5.10）。
- 比较EPA为确保水质量而设定的最高污染水平目标值（MCLG）与最高污染物水平值（MCL）（5.10）。
- 讨论如何保障饮用水安全（5.11）。
- 描述污水处理的基本流程（5.11）。
- 理解制备饮用水的蒸馏和反渗透的流程（5.14）。
- 描述绿色化学及其应用是如何造福于清洁水的（5.9，5.12）。
- 概述至少两种应对全球水挑战的可能方案（5.12）。

习题

强调基础

1. 本章开篇提到"Neeru, shouei, maima, aqua,…在任何一种语言中，水都是地表中最充沛的化合物。"
   a. 解释术语"化合物"并说明水为什么不是一种元素？
   b. 画出水的路易斯结构并解释其为什么呈弯曲形？
2. 目前我们制造脏水的速度快过自然界清洁水的速度。
   a. 指出五种使水变脏的日常活动。
   b. 指出两种自然界去除水中污染物的方式。
   c. 指出五个起初就能保持水清洁的步骤。
3. 我们星球上的生命依赖于水，请解释下列现象：
   a. 水体作为蓄能器来减缓气候的波动。
   b. 冰是浮于水面而不是下沉，从而保护湖泊中的生态系统。
4. 为什么在极寒天气时充满水的管道可能会爆裂？
5. 有下面四对原子，参考表5.1回答下列问题：

N与C　　　S与O　　　N与H　　　S与F
a. 计算原子间的电负性差。

b. 假定每对原子间形成共价单键，哪个原子吸引电子对的能力更强？

c. 将上述共价键按极性由弱至强的顺序进行排列。

6. 对于氨分子（NH_3），

a. 写出其路易斯结构。

b. NH_3分子中含极性键吗？给出解释。

c. NH_3分子是极性分子吗？提示：考虑其空间结构。

d. 你预测NH_3能溶于水吗？给出解释。

7. 某些情况下物质的沸点随摩尔质量的增大而升高。

a. 烃类符合该规律吗？举例说明。提示：见4.4节。

b. 根据H_2O、N_2、O_2和CO_2的摩尔质量，你预测哪一个的沸点最低？

c. 水不同于N_2、O_2和CO_2，它在常温下是液体。给出解释。

8. 甲烷（CH_4）和水均为氢与另一个非金属键合的化合物。

a. 列出四种非金属，它们的电负性值与金属相比怎样？

b. 比较碳、氧和氢的电负性值，有怎样的发现？

c. 哪一个键的极性更强，C—H键还是O—H键？

d. 常温下甲烷是气体，而水却是液体。给出解释。

9. 下图表示液态中的两个水分子，箭头所指的是什么类型的键合力？

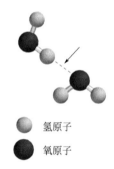

○ 氢原子

● 氧原子

10. 0℃时水的密度是0.9987 g/cm^3，而冰是0.917 g/cm^3。

a. 分别计算0 ℃时100.0 g液态水与100.0 g冰的体积。

b. 计算100.0 g水在0℃时冻结成冰后体积增长的百分率。

11. 对于下列液体：

液　体	密度/（g/mL）
餐具洗涤剂	1.03
糖枫汁	1.37
植物油	0.91

a. 取等体积的上述三种液体倒入250 mL量筒中，若想呈现各自独立的三层，应按什么样的顺序倒入液体？解释理由。

b. 如果将同样体积的水也倒入题a中的量筒并充分搅拌，会有什么现象发生？

12. 如果以装满500 L圆桶的水代表全球水的总量，其中有多少升适于饮用？提示：见图5.8。

13. 依据你的经验，下列这些物质的水溶性如何？使用诸如易溶、微溶或不溶的术语，并提供佐证。
a. 橙汁浓缩液　　b. 家用氨水　　c. 肥鸡肉　　d. 液态衣物清洗剂　　e. 鸡肉汤

14. a. 2011年美国人均消费29 gal瓶装水，2010年美国人口普查数据是$3.1×10^8$人，据此估计瓶装水的消费总量。

    b. 以升为单位，题a答案是多少？

15. NaCl是离子化合物，但$SiCl_4$却是共价化合物。

    a. 根据表5.1计算氯和钠以及氯和硅之间的电负性差值。

    b. 从键合原子间的电负性差值与它们形成离子键或共价键的趋势之间可得出什么样的相关性？

    c. 如何从分子水平上解释题b得出的结论？

16. 画出下列原子及其相应离子的路易斯结构。提示：参考表5.5和表5.6。

    a. Cl   b. S   c. Ne   d. Ba   e. Li

17. 命名由下列各元素对生成的离子化合物并给出化学式：

    a. Na与Br   b. Cd与S   c. Ba与Cl   d. Al与O   e. Rb与I

18. 写出下列化合物的化学式：

    a. 碳酸氢钙   b. 碳酸钙   c. 氯化镁   d. 硫酸镁

19. 命名下列化合物：

    a. $KC_2H_3O_2$ b. LiOH   c. CoO   d. ZnS

    e. $Ca(OCl)_2$ f. Na_2SO_4 g. $MnCl_2$ h. K_2O

20. 解释为什么将$CoCl_2$命名为二氯化钴，而$CaCl_2$是氯化钙？

21. 饮用水中汞的MCL是0.002 mg/L。

    a. 这是对应于2 ppm或2 ppb汞吗？

    b. 这里的汞指的是元素型汞（"水银"）还是汞离子（Hg^{2+}）？

22. 常见于农村地区井水中硝酸盐的限定值是10 ppm，若某水样硝酸盐含量为350 mg/L，它符合要求吗？

23. 某学生称取5.85 g NaCl以配制0.10 mol/L溶液，他需要哪种规格的容量瓶？提示：见图5.16。

24. 右侧这种装置可以检测溶液电导：

检测下列稀溶液的电导时预期会有什么现象？简要解释。

    a. $CaCl_2(aq)$

    b. $C_2H_5OH(aq)$

    c. $H_2SO_4(aq)$

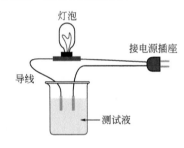

25. KCl水溶液能导电而蔗糖水溶液则不能。给出解释。

26. 依据表5.9的规律，下列哪些化合物可能溶于水？

    a. $KC_2H_3O_2$ b. LiOH

    c. $Ca(NO_3)_2$ d. Na_2SO_4

27. 2.5 mol/L $Mg(NO_3)_2$中各离子浓度是多少？

28. 如何以粉状试剂及必要的玻璃仪器配制下列溶液：

    a. 2.0 L 1.50 mol/L KOH

    b. 1.0 L 0.050 mol/L NaBr

    c. 0.10 L 1.2 mol/L $Mg(OH)_2$

29. a. 5 min沐浴约需要90 L水，若每减少1 min沐浴时间可以节约多少水？

    b. 刷牙时不关水龙头是在让水白白流走，若改掉这个坏习惯，一周下来可以节约多少水？

30. 通过互联网查询一块100 g巧克力棒和一杯500 mL啤酒的水足迹值，哪一个较高？

注重概念

31. 解释为什么水常被称为通用溶剂？

32. 有"纯净"饮用水之类的东西吗？讨论该术语的含义及其在世界不同地区可能的差异。

33. 有些维生素是水溶性的，而另一些则是脂溶性的。你能预测它们分子的极性吗？给出解释。

34. 受钓鱼爱好者青睐的垂钓区贴出了一则新告示，"注意：湖中鱼的汞含量可能超出1.5 ppb。"向钓鱼爱好者解释该浓度单位的意义，并说明需留意该告示的理由。

35. 下面的周期表中有四种元素以数字表示：

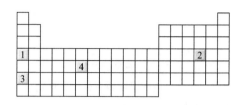

a. 依据周期表规律，你预测这四种元素中哪一种的电负性值最高？给出解释。

b. 依据周期表规律，按电负性值依次降低的顺序排列其他三种元素，并给出理由。

36. 含极性键的双原子分子 XY 一定是极性分子，而含极性键的三原子分子不一定是极性分子。以实例解释这种差异。

37. 想象你正处在分子层面上，观察气态水凝聚时的现象。

a. 以类似于上面的空间填充模型勾画出四个水分子的聚集体，先后画出气态水分子与液态水分子的示意图，当水蒸气凝聚成液态时水分子聚集体是如何变化的？

b. 当水由液态变为固态时在分子层面上有什么现象？

38. 像 H_2O 一样，NH_3 的比热也出乎意料的高，给出解释。提示：见图3.12中 NH_3 的路易斯结构及键的空间构型。

39. a. 氢分子（H_2）中的两个氢原子以什么类型的键相结合？

b. 解释为什么"氢键"这一术语不适合于 H_2 中的化学键。

40. 乙醇是一种化学式为 C_2H_5OH 的醇：

a. 画出乙醇的路易斯结构。

b. 固态乙醇的立方块在液体乙醇中是下沉而不是漂浮，解释乙醇的这种行为。

41. 水这种异乎寻常的高比热对于调节人体体温并将其保持在一正常范围，而且不受时间、年龄、活动状态及环境因素的影响，是非常重要的。考虑人体发热和散热的一些方式，若水的比热较低的话，人体的这些功能会有什么不同？

42. 饮用水中污染物的健康目标以 MCLG 表示，或称为最高污染水平目标值。法定的污染物限定值以 MCL 表示，或称为最高污染物水平值。对于给定的污染物，MCLG 与 MCL 有怎样的关系？

43. 某些地区饮用水中的三卤甲烷（THM）含量要高于正常值。假设你正考虑搬入该地区，请给当地水务部门写封信，询问与饮用水相关的问题。

44. 婴儿对硝酸根离子浓度的增大高度敏感，因为他们体内消化道的细菌能将硝酸根离子转化为更毒的亚硝酸根离子。

a. 写出硝酸根离子和亚硝酸根离子的化学式。

b. 亚硝酸根离子能限制血液的载氧能力。解释氧在呼吸作用中的角色。提示：回顾1.1节和3.5节中有关呼吸作用的内容。

c. 将含硝酸根的水煮沸并不能去除硝酸根离子。给出解释。

45. 对校内化学楼的水质需持续监测，因为测试显示楼内自动饮水机的水中铅含量高于"安全饮用水法"的设定值。

a. 饮用水中铅的主要来源可能在哪里？

b. 化学楼内进行的研究活动是否对饮用水铅偏高有影响？给出解释。

46. 尽管脱盐技术已被证明在技术上是有效的，但它们并没有被广泛用于饮用水的生产，解释其中的原因。

探究延伸

47. 2005年"五大湖-圣罗伦斯河流域可持续水资源协议"为协调水管理和保护区域外用水设立了平台。

a. 列出涉及这项独一无二的跨界协议的州和省。

b. 保护这些水资源的幕后动因是什么？

48. 液态 CO_2 已成功用于去除咖啡中的咖啡因多年，解释其工作原理。

49. 远足时你是怎样净化水的？列出两到三种可能的方案，并从成本及有效性两方面来比较。这些方法中有与城市净化水方法类似的吗？给出解释。

50. 氢键强度范围在约 4 ～ 40 kJ/mol 之间，假定水分子间的氢键强度处于该范围的高端，它与水分子内的 H—O 共价键的强度相比，怎样？你的数据支持5.2节中有关"氢键强度只有分子内连接原子的共价键强度的十分之一"这一断言吗？提示：查询表4.4可知共价键的键能。

51. 通常地表水天然汞的水平小于 0.5 μg/L。
    a. 列出三项往水中引入 Hg^{2+}（"无机汞"）的人类活动。
    b. 什么是"有机汞"？该化学形态的汞倾向于聚集在鱼类脂肪组织。解释原因。

52. 我们身体中都有氨基乙酸，其分子结构式示于右下方：
    a. 氨基乙酸是极性还是非极性分子？给出解释。
    b. 氨基乙酸中有氢键吗？给出解释。
    c. 氨基乙酸溶于水吗？给出解释。

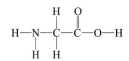

53. 硬水可能含有 Mg^{2+} 和 Ca^{2+}，软化水的过程就是去除这些离子。
    a. 你所在地区的水硬度怎样？回答这个问题的一种途径是确定该地区做水软化的公司的数目。利用互联网及当地报刊或电话黄页上的广告查询该地区是否是行销水软化装置的市场？
    b. 若由你来选择处理硬水，有哪些选项？

54. 假定你负责监管你所在地区的一家生产农用杀虫剂的企业，你将如何确认该企业是否遵守了必要的环境控制条例？影响企业成功的准则是哪些？

55. 在1979年美国EPA禁止PCB的生产之前，PCB被认作是非常有用的化学品，PCB使用在哪些地方有正面意义？除了可持久存在于环境中以外，PCB也生物积累在动物脂肪组织中。应用电负性概念来说明为什么PCB分子是非极性的，因而也是脂溶性的？

56. PUR（净水器）是一种终端系统。
    a. 该系统是怎样工作的？
    b. 将其与生命吸管进行比较，列出各自的优点。

57. 在美国，EPA设定了饮用水中不具健康威胁物质的SMCL（二级最高污染物水平值）。访问EPA网站了解某物质的SMCL信息，准备一份调查简报。

58. EPA以扩展方式在管控物质清单中添加污染物。在互联网中搜寻有关非管控污染物监测（UCM）计划的信息。
    a. 什么是UCM？何时启动的？
    b. 污染物候选清单（CCL）有何重要性？它是怎样与预防原则相关联的？
    c. 列出已包括在CCL中的几大类物质，指出一种最新列入的特定物质。

59. 列出最新的世界水日主题，围绕该主题自选格式准备一份简短的演讲材料。

第6章　消除酸雨及海洋酸化的威胁

"我告诉我儿子，现在就去看珊瑚！因为很快就会来不及了。"

James Orr，法国气候与环境科学实验室

来源：新科学家，2006年8月5日，海洋酸化：另一个CO_2问题

珊瑚礁是在浅海处发现的大规模结构群，常被称为"海洋雨林"，它是不计其数的海洋生物的栖息地。你可能发现有海绵动物、软体动物、蛤蚌、螃蟹、虾、海胆、海洋蠕虫、水母和许多鱼类，它们或黏附在礁上，或就在邻近的水里。珊瑚礁给人类带来的好处是脆弱的海岸线面对强大的海浪依然能够受到呵护，而有些国家的珊瑚礁更是旅游业的支柱产业。

珊瑚礁是有生命的！数十万年来，它就这样一毫米一毫米地生长，如今绵延可达数千公里长。至于形成珊瑚礁的微小动物的生长和发育，则完全依赖于溶解在海水中的营养物和其他必不可少的化合物。为什么James Orr要他儿子去看珊瑚？答案很简单，今天的珊瑚礁可能到明天就不存在了！科学家们估计，目前至少有四分之一的珊瑚礁已经消失，而原始的就更少了。随着全球能源使用量的节节攀升，我们的大气温度及化学成分都发生了变化，进而我们的海洋也发生了变化。这些变化所带来的最大好处是减缓了珊瑚礁的生长速度，而最糟糕的则是其损害了珊瑚礁上的生态系统。接下来我们会见证另一个公地悲剧的事例。

> 健康的珊瑚礁会随着时间的推移自我修复。因此在某种程度上，问题也就变成了珊瑚礁起初的健康状况如何？
>
> 公地悲剧在第1章讨论过。

通过前面几章你已认识到，燃烧燃料是为了获取其中的能量，而燃烧时的排放物（包括二氧化碳、氮氧化物和二氧化硫这些气体）都溶于水（包括海洋中的咸水），特别是氮和硫的氧化物。这些气体溶解后生成酸，因此水也就变得更酸了。例如，随着时间的推移，人类活动释放的二氧化碳有25%~40%是被海洋吸收的；而释放的二氧化碳越多，溶解在海洋里的也就越多；给海水带来的变化也显著影响着海洋的生态系统。例如，酸度的增强可导致用于构造并维持珊瑚礁的碳酸根离子的量的减少。

> 海洋酸化是危害珊瑚礁的几个因素之一。物理上的破坏包括暴风雨及海洋暖化；化学上的破坏则源于倾入海洋中的废物。

燃烧所产生的排放物不仅只溶解于海洋中，还溶解在星球上任何有水的地方，包括雨、雪和大气薄雾等。例如，SO_2和NO_x先是溶解在雨水中，然后又以酸雨的形式落回到地面。就像酸度增强对海洋生态系统造成危害一样，这同样也危害到了河流和湖泊的生态系统。

> 回顾第1章，NO_x是NO和NO_2的简化符号。

在第5章你学到了有关水的特殊性质，如水是用来做什么的？它是怎样倾向于变脏的？以及我们怎样使它变清洁？在本章你将会认识到某些化合物是怎样溶解于水，然后生成酸溶液和碱溶液的。在合适的环境下，酸和碱都是极其有用的化合物，我们在工农业生产中的许多过程中都要依靠它们，比如酸也能给食品调味。然而，在错误的时间和错误的地方，酸也能带来灾难性的后果！海洋酸化和酸雨就是其中的两个事例。本章不仅着眼于帮你认识所发生的事而且让你认识到其中的原因所在。但是在未讨论碱和pH之前，这些故事是不完整的，因此我们也会谈及这些话题。

> 回顾第5章，水是一种极性化合物。非极性化合物如CO_2只会少量溶解到水中。相反，SO_2是极性化合物，易溶于水。

既然酸比碱更令人熟悉，我们不妨从讨论酸及其性质开始。你又会在怎样的环境中碰到酸？在你阅读下节有关酸的内容之前，花点时间做下面的练习。

6.1　什么是酸？

我们既可通过列出可观察到的性质，也可通过在分子层面上描述其行为来接近酸。不管哪种途径，这些信息对我们的讨论都很有用，所以接下来的讨论这两方面均有涵盖。

历史上化学家是利用酸的一些性质如酸味来鉴别酸。虽然品尝并不是一种鉴别化合物的聪明方法，但毋庸置疑，你了解醋中乙酸的酸味！柠檬的酸味也同样来源于酸（图6.1）。此外，酸遇指示剂（如石蕊）还能发生特征性的颜色变化。

图6.1　柑橘类的水果均含有柠檬酸和抗坏血酸

植物染料石蕊在有酸存在时其颜色会由蓝变粉红。石蕊试验这一术语也已泛指能快速揭露政客观点的东西。

另一种鉴别酸的方法是依据其化学性质。例如，在某些条件下酸能溶解大理石、蛋壳或海贝并发生反应，因为它们都含有以碳酸钙或碳酸镁形式存在的碳酸根离子（CO_3^{2-}）。酸与碳酸盐反应产生二氧化碳，这种气体就是含碳酸盐的抗酸药片与胃酸反应后产生的"嗝"。该化学反应也可以解释主要成分为碳酸盐的海洋生物骸髅在酸化的海洋中发生分解的现象，我们将会在随后的章节中看到。

在分子层面上，酸是在水溶液中能释放氢离子（H^+）的化合物。请记住，氢原子由一个电子和一个质子组成，呈电中性。若失去电子，氢原子就变成一个带正电荷的离子，H^+。因为只剩下1个质子，有时就将氢离子当作质子。

你会在第8章（质子交换膜）和第10章（药物分子的质子化型体）再次看到质子这一术语。

以常温下为气态的氯化氢（HCl）为例，它由HCl分子组成，易溶解于水后生成我们称为盐酸的溶液。因为溶解的是极性HCl分子，它们先是被极性水分子包围，而一旦溶解完全，这些分子就分解成两种离子：H^+(aq)和Cl^-(aq)。下面的反应式描述了该反应的两个步骤：

$$HCl(g) \xrightarrow{\text{H}_2\text{O}} HCl(aq) \longrightarrow H^+(aq) + Cl^-(aq) \qquad [6.1]$$

标记(aq)是aqueous的缩写。回顾式5.4和式5.5，它表示溶质溶解于水中形成了离子。

我们也可以说HCl离解成H^+和Cl^-。溶液中并不存在HCl分子，因为它们已离解完全。盐酸也是一种强酸，即在溶液中能完全离解的酸。

酸的定义是在水溶液中能释放H^+（质子）的物质，其实并不这么简单。就H^+自身而言，它的活泼性太强，以至于根本不能单独存在，因而总要依附于其他东西，比如水分子。HCl溶于水时，每个HCl分子释放一个质子（H$^+$）给一个H$_2$O分子形成水合氢离子（H$_3$O$^+$）。总反应如下：

$$HCl(g) + H_2O(l) \longrightarrow H_3O^+(aq) + Cl^-(aq) \qquad [6.2]$$

式6.1和式6.2产物端的溶液均被称为盐酸，它之所以具备酸的特性是因为有H$_3$O$^+$存在。化学家们在涉及酸（如式6.1）时常常简单地写作H$^+$，但应理解这里指的是水溶液中的H$_3$O$^+$（水合氢离子）。

水合氢离子的路易斯结构为 $\left[\begin{array}{c} H \\ H \ddot{O} H \end{array}\right]^+$，它遵循八隅体规则。

练一练 6.2 　酸溶液

对于下面几种溶解在水中的强酸，写出其电离出氢离子（H$^+$）的化学方程式。

提示：记得标明离子电荷，方程式两端的净电荷应该相同。

a. HI(aq)（氢碘酸）　　b. HNO$_3$(aq)（硝酸）　　c. H$_2$SO$_4$(aq)（硫酸）

答案：c. $H_2SO_4(aq) \longrightarrow H^+(aq) + HSO_4^{2-}(aq)$

想一想 6.3 　　所有的酸都是有害的吗？

尽管酸这个词令人浮想联翩，其实你每天都在食用或者饮用各种各样的酸！查看一下食品或饮料上的标签，将你发现的酸都列出来，并推测它们的用途。

氯化氢只是溶于水后变成酸溶液的几种气体之一，二氧化硫和二氧化氮就是另外两种。为了产热和发电而燃烧某些燃料（尤其是煤）时就会释放这两种气体。本章前言中已提到，SO$_2$和NO$_2$均溶于雨水和薄雾，然后形成酸，转而又以雨和雪的形式落回到地面。因人为排放而引起地球水体酸度的增强是本章的重点。

但在探究氮氧化物和二氧化硫导致雨水酸化之前，我们将目光聚焦在二氧化碳上。大气中的二氧化碳浓度远高于二氧化硫和二氧化氮，在2013年约为400 ppm，且在不断增加。就像不同固体在水中的溶解性有差异一样，气体也是如此。与极性更强的化合物如SO$_2$和NO$_2$相比，二氧化碳的水溶性要弱得多。即便如此，它溶解后依然形成弱酸性的溶液。

回顾第5章中的溶解性知识，通常情况下，"相似相溶"。

在这个阶段，作为怀疑派化学家的你应该会提出一个重要的问题：已知酸的定义为在水中能释放氢离子的物质，但二氧化碳又是如何作为酸的呢？二氧化碳根本就没有氢原子！这里的解释是二氧化碳溶于水后生成了碳酸，H$_2$CO$_3$(aq)。下面是其反应历程：

$$CO_2(g) \xrightarrow{H_2O} CO_2(aq) \qquad [6.3a]$$

$$CO_2(g) + H_2O(l) \longrightarrow H_2CO_3(aq) \qquad [6.3b]$$

碳酸离解产生H⁺和碳酸氢根离子：

$$H_2CO_3(aq) \longrightarrow H^+(aq) + HCO_3^-(aq) \qquad [6.3c]$$

该反应只能进行到一定程度，仅产生微量的H⁺和HCO_3^-。因此我们说碳酸是一种**弱酸**，即在水溶液中只能发生小部分离解的酸。

虽然二氧化碳仅微溶于水，进而也只有微量的溶解了的碳酸离解产生H⁺，但这些反应是在全球各地大规模地进行着！二氧化碳既能够溶解在对流层的水中（生成以酸雨形式降落的酸），也能溶解在这个星球的海洋、湖泊和溪流中。下面我们先介绍碱，然后再回到这个议题。

6.2 什么是碱？

仅讨论酸而不涉及它的化学对立面——碱是不完全的。就我们的目的而言，碱是一种在水溶液中可产生氢氧根离子（OH⁻）的化合物。碱的水溶液的特性归归于OH⁻(aq)的存在。同酸不一样，碱并不会给食品带来讨巧的风味，反而常常带有苦涩的味道。另外，碱的水溶液还有一种滑腻腻的感觉。常见的碱包括家用氨水（NH₃的水溶液）以及NaOH（有时被称为碱液）。烤箱清洁剂上的注意事项（图6.2）警示人们：碱液可对眼睛、皮肤及衣物造成严重损害。

稀碱溶液有一种肥皂感，因为碱能与皮肤上的油脂反应产生一丁点肥皂。

图6.2 烤箱清洁剂可能含有常称为碱液的NaOH

许多常见的碱都是含氢氧根离子的化合物。例如，氢氧化钠（NaOH）这种水溶性的离子化合物溶解后产生钠离子（Na⁺）和氢氧根离子（OH⁻）：

$$NaOH(s) \xrightarrow{H_2O} Na^+(aq) + OH^-(aq) \qquad [6.4]$$

尽管氢氧化钠易溶于水，但大多数含氢氧根离子的化合物并不是这样。表5.9总结了含特定种类阴离子的化合物的溶解性规律。像NaOH这种在水中能完全离解的碱被称为强碱。

练一练 6.4　碱溶液

以下固体在水中溶解后释放出氢氧根离子，写出化学方程式并配平。

a. KOH(s)（氢氧化钾）

b. LiOH(s)（氢氧化锂）

c. $Ca(OH)_2(s)$（氢氧化钙）

注：氢氧化钙是弱碱，你所写的反应只能进行到一定程度。

然而有些碱并不含有氢氧根离子（OH^-），而是与水反应后生成 OH^-。氨，一种有强烈刺激性气味的气体，就是如此。它与二氧化碳不一样，它极易溶于水后形成一种水溶液：

$$NH_3(g) \xrightarrow{H_2O} NH_3(aq)$$ [6.5a]

你可能在超市的货架上看到被称为"家用氨水"的5%（质量比）的氨水溶液。该清洗剂的气味难闻，若洒在皮肤上，你得用大量水冲洗。

在某些工业应用中，氨（而不是HCFCs）被用作制冷剂。必须特别注意防止工人暴露于氨中，因为氨气能溶解在湿润的肺组织中，给人以伤害，甚至致命。

虽然难以简化氨水的化学行为，但我们会尽力以化学反应来对其进行描述。当氨分子与水分子反应时，水分子将 H^+ 转移给 NH_3 分子后形成铵离子（$NH_4^+(aq)$）和氢氧根离子（$OH^-(aq)$）。但该反应只能进行到一定程度，即只能产生微量的 $OH^-(aq)$：

$$NH_3(aq) + H_2O(aq) \xrightarrow{只能进行到一定程度} NH_4^+(aq) + OH^-(aq)$$ [6.5b]

至此，家用氨水中氢氧根离子的来源就应该很清楚了：是氨溶于水后释放少量的氢氧根离子和铵离子！氨水是**弱碱**，即在水溶液中只发生部分离解的碱。

形成铵离子（NH_4^+）的方式与水合氢离子（H_3O^+）类似，都是质子（H^+）与中性化合物加合而成。

为了更清楚地表明氨水是一种碱，有人用 $NH_4OH(aq)$ 来表示氨水。若算上原子（及电荷），你会看到 $NH_4OH(aq)$ 与式 6.5b 的左边其实是等价的。然而，水溶液中氨的形态若以这种形式存在，则不太可能。

6.3　中和：碱具有抗酸性

酸和碱可相互发生反应——通常很快。该反应不仅仅只发生在实验室的试管中，还发生在你的家中乃至这个星球上几乎每一个生态位中。例如，若将柠檬汁浇在鱼上即发生酸碱反应，柠檬中的酸对产生"鱼腥味"的氨类化合物有中和作用。与此类似，若玉米地里的氨肥接触到了附近发电厂的酸性排放物，也会发生酸碱反应。

让我们先检视盐酸与氢氧化钠溶液的酸碱反应，二者混合后的产物是氯化钠和水：

$$HCl(aq) + NaOH(aq) \longrightarrow NaCl(aq) + H_2O(l)$$ [6.6]

这就是**中和反应**的例子，即酸中的氢离子与碱中的氢氧根离子结合生成水分子的化学反应。水的生成可以下列反应式表示：

$$H^+ (aq) + OH^- (aq) \longrightarrow H_2O(l) \qquad [6.7]$$

而钠离子与氯离子又怎样呢？回顾式6.1和式6.4，我们知道 HCl(g) 和 NaOH(s) 溶于水时全部离解成了离子，因此可将式6.6重新写成以下形式：

$$H^+ (aq) + Cl^- (aq) + Na^+ (aq) + OH^- (aq) \longrightarrow Na^+ (aq) + Cl^- (aq) + H_2O(l) \qquad [6.8]$$

$Na^+(aq)$ 与 $Cl^-(aq)$ 均不参与中和反应，它们并未发生变化，在反应式两边抵消，即得概括了酸碱中和反应所发生的化学变化的式6.7。

> 回顾5.8节可知NaCl是一种离子化合物，它溶于水后产生 $Na^+(aq)$ 与 $Cl^-(aq)$。

练一练 6.5　　中和反应

写出下列酸碱对的化学方程式并配平，再改写成离子方程式并消除两边的共同离子。每种情形下最终的简化步之间有什么相关性？

　　a. $HNO_3(aq)$ 与 $KOH(aq)$　　　b. $HCl(aq)$ 与 $NH_4OH(aq)$　　　c. $HBr(aq)$ 与 $Ba(OH)_2(aq)$

答案：

c.　$2 HBr(aq) + Ba(OH)_2(aq) \longrightarrow BaBr_2(aq) + 2 H_2O(l)$

$2 H^+ (aq) + 2Br^-(aq) + Ba^{2+}(aq) + 2 OH^- (aq) \longrightarrow \cancel{Ba^{2+}(aq)} + \cancel{2 Br^- (aq)} + 2 H_2O(l)$

$2 H^+ (aq) + 2OH^- (aq) \longrightarrow 2 H_2O(l)$

两边同除以2后简化成：

$H^+ (aq) + OH^- (aq) \longrightarrow H_2O(l)$

在每种情形下，最终的一步总结了整个反应，即来自酸的氢离子与来自碱的氢氧根离子相互反应生成水。

中性溶液既不是酸也不是碱，也就是说，它们有相同浓度的 H^+ 与 OH^-。纯水就是中性溶液，某些盐溶液也呈中性，比如将 NaCl 固体溶于纯水后形成的溶液。相比之下，在酸溶液中 H^+ 浓度要高于 OH^-，而在碱溶液中则相反。

> 不存在所谓的"纯"水。记住在第5章中提到过水总是含有杂质。

这似乎很奇怪，酸碱溶液均含有氢氧根离子和氢离子。而涉及水时，不可能只有 H^+ 而没有 OH^-（反之亦然）。任何水溶液中，在氢离子与氢氧根离子的浓度之间都存在这样一种简单、有用且非常重要的关系：

$$[H^+][OH^-] = 1 \times 10^{-14} \qquad [6.9]$$

方括号表示离子的浓度为物质的量浓度，$[H^+]$ 读作"氢离子浓度"。将 $[H^+]$ 与 $[OH^-]$ 相乘后得到的积为一个常数，如数学方程式6.9所示的那样，该值为 1×10^{-14}。该式也表明 H^+ 和 OH^- 的浓度相互依赖。$[H^+]$ 升高，$[OH^-]$ 则降低；而 $[OH^-]$ 升高，$[H^+]$ 则降低。这两种离子在水溶液中总是同时存在。

乘积[H⁺][OH⁻]与温度相关，在25 ℃时该值才是1×10^{-14}。

只要知道H⁺浓度，就可以借助式6.9计算出OH⁻浓度（反之亦然）。例如，某雨水样的H⁺浓度为1×10^{-5} mo/L，我们以1×10^{-5} mol/L替换[H⁺]即可计算出OH⁻浓度：

$$(1 \times 10^{-5}) \times [OH^-] = 1 \times 10^{-14}$$

$$[OH^-] = \frac{1 \times 10^{-14}}{1 \times 10^{-5}}$$

$$[OH^-] = 1 \times 10^{-9}$$

由于氢氧根离子浓度（1×10^{-9} mo/L）小于氢离子浓度（1×10^{-5} mo/L），所以溶液呈酸性。

纯水或中性溶液中，氢离子和氢氧根离子的浓度相等，均为1×10^{-7} mo/L。应用数学方程式6.9，我们可以看到$[H^+][OH^-] = (1 \times 10^{-7}) \times (1 \times 10^{-7}) = 1 \times 10^{-14}$。

根据定义，两浓度的积是无量纲的。

酸溶液中，[H⁺]>[OH⁻]；中性溶液中，[H⁺]=[OH⁻]；碱溶液中，[H⁺]<[OH⁻]。

练一练 6.6　　酸溶液与碱溶液

先计算a溶液和c溶液的[OH⁻]以及b溶液的[H⁺]，再判断这些溶液的酸碱性。

a.　[H⁺]=1×10^{-4} mo/L　　b.　[OH⁻]=1×10^{-6} mo/L　　c.　[H⁺]=1×10^{-10} mo/L

答案：

a.　[H⁺][OH⁻]=1×10^{-14}，解得[OH⁻]=1×10^{-10} mo/L。溶液呈酸性，因为[H⁺]>[OH⁻]。

练一练 6.7　　酸碱溶液中的离子

下列这些溶液是呈酸性、中性还是碱性？按浓度由高到低的顺序列出所有在溶液中存在的离子。

a.　KOH(aq)　　b.　HNO₃(aq)　　c.　H₂SO₄(aq)　　d.　Ca(OH)₂(aq)

答案：

d.　氢氧化钙离解时，每个钙离子伴随有2个氢氧根离子的释放。该碱溶液中OH⁻浓度远远大于H⁺，即：

$OH^-(aq) > Ca^{2+}(aq) > H^+(aq)$

我们怎样才能知道海水和雨水的酸度是否正是令人担心的原因？为做出判断，我们需要有一种方便的方法来报告溶液酸碱性的程度到底怎样。pH标度就是这样一个工具，它将溶液的酸度与其中的H⁺浓度联系到了一起。

6.4　pH 简介

你可能对pH这个术语并不陌生。例如，测试土壤以及水族馆和泳池中水的试剂盒就是以

pH方式报告酸度的。除臭剂和洗发水均宣称达到了pH平衡（图6.3）。当然，有关酸雨的文章也提到了pH。人们总是以小写字母p及大写字母H写作pH符号，它表示"氢的幂"。pH以一种最简单的形式，即数字，通常介于0与14之间，来指示溶液的酸度（或碱度）。

图6.3　该洗发水宣称达到了"pH平衡"，即酸度已调至近中性

肥皂倾向于呈碱性，对皮肤有刺激作用

> 使用pH广泛试纸是一种快速估计溶液pH的方法。若需更精确的结果则需使用pH计。
> 极酸或极碱溶液的pH可能超出 $0 \sim 14$ 这个范围。
> 数学关系是 $pH = -\lg[H^+]$，详细信息见附录3。

pH 7是pH标度的中点，它将酸和碱分成两边。pH小于7的溶液呈酸性；大于7则呈碱性。pH 7的溶液（如纯水）具有相等浓度的 H^+ 和 OH^-，被说成是中性的。

图6.4显示了常见物质的pH值。你可能会对你吃了喝了这么多酸而感到惊奇。正是食品中存在的天然酸才使得食品有其特别的味道。例如，红苹果的浓香味来自苹果酸，酸奶的酸味来自乳酸，而可乐软饮料则含有多种酸，其中就包括磷酸。番茄以"酸"最为出名，但其pH只有约4.5，实际上比大多数水果的酸性都要弱。

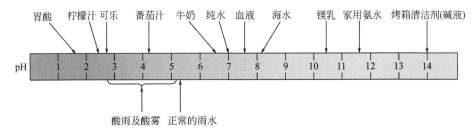

图6.4　常见物质及其pH值

想一想6.8　　食品的酸度

　　a. 将番茄汁、柠檬汁、牛奶、可乐和纯水按酸度由低至高的顺序排列（用图6.4来检验你的排序）。

　　b. 选择其他任意四种食品进行类似的排序，通过互联网查询它们真实的pH值。

这个星球上的水是呈酸性、碱性或中性？预期水的pH应该是7.0，但图6.4表明水的pH还取决于其所在的地方。"正常的"雨水呈微弱酸性，pH值介于5和6之间。尽管溶解在雨水中的二氧化碳是弱酸，但因为产生了足够多的 H^+ 而使雨水的pH降低。海水呈微弱碱性，pH约8.2。

正如你已猜到的那样，pH值与氢离子浓度相关。若 $[H^+] = 1 \times 10^{-3}\,mol/L$，pH则为3；相似地，若 $[H^+] = 1 \times 10^{-9}\,mol/L$，pH则为9。

式6.9表明氢离子浓度与氢氧根离子浓度的乘积是一个常数 1×10^{-14}。H^+ 浓度高（pH低），

OH⁻浓度则低。同样地，pH值超过7.0时，氢离子浓度降低而氢氧根离子浓度升高。pH值减小，酸度增加。例如，pH为5.0的水样要比pH 4.0的酸度弱10倍，这是因为pH 4意味着[H⁺]为0.0001 mol/L，与之相对比的是pH 5的溶液更稀，其[H⁺]为0.00001 mol/L。后者酸度弱，其氢离子浓度仅为pH 4的溶液的1/10。图6.5展示了pH与氢离子浓度之间的关系。

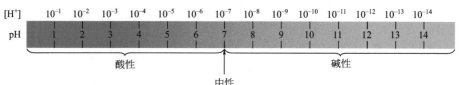

图6.5 pH与氢离子（H⁺）浓度（单位：mol/L）的关系（[H⁺]随pH增加而降低）

练一练 6.9　　量变引起质变

比较下列每对样品，哪一个酸性更强？给出两pH值之间氢离子浓度的相对差异。

a. pH 5的雨水样与pH 4的湖水样。

b. pH 8.3的海水样与pH 5.3的自来水样。

c. pH 4.5的番茄汁样与pH 6.5的牛奶样。

答案：

c. 尽管pH值仅相差2，pH 4.5的番茄汁的酸度是pH 6.5的牛奶酸度的100倍，相同体积下其H⁺要多出100倍。

想一想 6.10　　档案馆

有记录显示，一位来自中西部州的议员在一场热情洋溢的讲演中主张州政府的环境政策应该是将雨水的pH自始至终降至零。假设你是该议员的助手，在便签纸上草拟一份机智的说明以帮助你的老板脱离窘境。

6.5　海洋酸化

既然雨水天然呈酸性，那海水是怎样变成碱性的呢？如图6.4所示，情况的确如此。海水含有少量对维持海洋pH在8.2左右起重要作用的三种化学型体：碳酸根离子、碳酸氢根离子和碳酸，它们同时也相互作用，且全部源自溶解的二氧化碳（式6.3a、式6.3b和式6.3c）。这些型体也帮助维持血液pH在7.4左右。

碳酸根离子
CO_3^{2-}

碳酸氢根离子
HCO_3^-

碳酸

> 海洋pH因纬度和区域度不同会有 ±0.3 pH单位的变化。
> 碳酸氢根离子和碳酸根离子均只有一种共振形式。详见2.3节。

许多生物体，如软体动物、海胆和珊瑚都与海洋化学有关联，因为它们的贝壳就是以碳酸钙（CaCO₃）构建的。改变海洋中一种化学型体（如碳酸）的量就能影响到其他型体的浓度，转而影响到海洋生物。

在过去的200年，人类的工业活动已使得排入大气中的二氧化碳的量迅速增加，因此有更多的二氧化碳溶解在海洋中而形成碳酸，进而使得海水pH自19世纪初以来下降了约0.1 pH单位。可能听起来这是个小数目，但记住，每一个pH单位表示H⁺浓度相差10倍。降低0.1 pH单位对应于海水中H⁺的量增加26%。因大气中二氧化碳的增加而导致海洋pH的降低被称为**海洋酸化**。

这样看似很小的pH变化是怎样对海洋生物体造成危害的呢？部分答案在于$CO_3^{2-}(aq)$、$HCO_3^-(aq)$和$H_2CO_3(aq)$之间的化学作用。碳酸离解产生的H⁺与海水中的碳酸根离子反应生成碳酸氢根离子。

$$H^+(aq) + CO_3^{2-}(aq) \longrightarrow HCO_3^-(aq) \qquad [6.10]$$

净结果是减小了海水中碳酸根离子的浓度，海洋生物为应对这种减小，其贝壳中的碳酸钙开始溶解。

$$CaCO_3(s) \xrightarrow{H_2O} Ca^{2+}(aq) + CO_3^{2-}(aq) \qquad [6.11]$$

图6.6总结了碳酸、碳酸氢根离子和碳酸根离子之间的相互作用。二氧化碳溶解在海水中形成碳酸，碳酸进而离解并以H⁺的化学形式产生额外的酸度，H⁺与碳酸根离子反应，消耗碳酸根离子而产生更多的碳酸氢根离子，紧接着碳酸钙溶解以补充消耗掉的碳酸根。

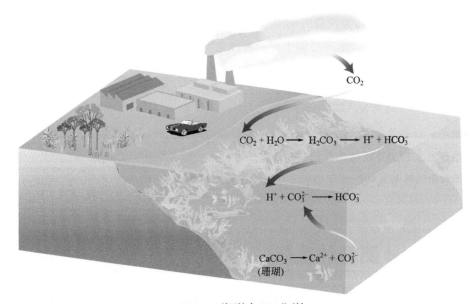

图6.6　**海洋中CO₂化学**

海洋科学家们预测，在未来40年内，碳酸根离子浓度将低至足以让近海表生物贝壳开始

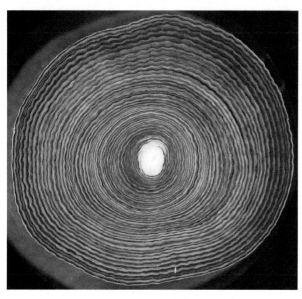

图6.7　珊瑚薄片（特殊光照展示其年轮）
最近的研究表明一些珊瑚的生长速度在过去20年已大幅下降

溶解的水平。事实上，一项研究已表明临近澳大利亚海岸线的大堡礁的生长速度越来越低。而其他因素可能也有责任，例如，海洋变暖也对珊瑚礁的健康恶化有影响。人们可以查看珊瑚片的年轮，它比树的年轮要致密得多（图6.7）。

迄今为止只有一小部分科研人员的研究集中在贝壳变薄对海洋生物的影响方面，尽管如此，已显现出对整个生态系统的负面影响。例如，脆弱（或消失）的珊瑚礁不能保护海岸线免受大海浪的侵袭。珊瑚礁也是鱼类的栖息地，对珊瑚礁的破坏将转化为海洋生命的丧失。最后一点，珊瑚礁的弱化将使得它们更容易遭受风暴和鲸鱼的进一步破坏。

> 回顾3.2节，近几十年来大气中CO_2浓度每年稳步提升几个ppm。
> 海洋pH因纬度和区域度不同会有 ±0.3 pH单位的变化。

海洋能够自愈吗？虽然我们不知道确切的答案，但我们能从已发生的事件中推测出来。当海洋pH发生超长期变化时，它就能够自我补偿。这之所以发生是因为海底的大量沉积物含有巨量的碳酸钙，大多数来源于死亡海洋生物的贝壳。经过很长的时间，这些沉积物溶解以补充与过量H^+反应而失去的碳酸根。但从地质时间尺度来看，如今的海洋pH变化已非常快。仅仅200年，海洋pH就已降至过去4亿年来从未见过的低水平。因为酸化发生的时间相对较短且靠近海面，沉积物储备并没有时间来溶解以抵消酸度增强所带来的影响。

即便大气中二氧化碳的量能迅速平稳，海洋也得花费数千年才能回归到前工业化时代的pH水平，而珊瑚礁再生的时间则会更长。当然，那些已消亡的物种是回不来了。

想一想6.11　全球对海洋酸化的反应

2008年一群科学家在摩洛哥开会以提高人们对海洋酸化的认识，他们签署了摩洛哥宣言，号召世界各国在2020前逆转二氧化碳排放上升的势头。新近有科学家和谈判代表集会提出应对海洋酸化的全球性政策吗？你自己来进行研究并将你的发现作个总结。

6.6　雨水 pH 测量的挑战

正如你在第5章看到的那样，我们的星球是湿润的！二氧化碳不仅有机会溶解在海洋中，而且也能溶解在各地的雨水和淡水中。其结果是一样的——CO_2溶解，pH因碳酸的形成而轻微下降。对雨水而言，其pH介于5到6之间。但有时候雨水pH可能低于5，我们把这类沉降称为**酸雨**。

从美国本土、阿拉斯加、夏威夷一直到波多黎各的雨水的酸度是什么样的水平？为测量世界各地的酸度水平，我们需要一种分析工具——pH计。有许多类型的pH计可供使用。你最可能遇到的pH计有一个特别的配有H⁺敏感膜的探头，将其浸入至样品中，样品溶液和探头间的H⁺浓度差会产生一个跨膜电压，pH计测量该电压并将其转换为pH值（图6.8）。

图6.8　带数字显示的pH计

虽然测量雨水样的pH很简单，但必须采取某些措施才能确保结果准确。例如，pH计的电极需要仔细校准。另一项挑战是采集和测量雨水样时要确保样品不被污染，采集容器也必须小心清洗，不得残留清洗用水中的矿物质。在将容器置于采集点时也必须将其放至高处以防止来自地面或周围物体的溅蚀污染。即便是置于高处，也可能发生来自邻近植物的花粉、昆虫、鸟粪、树叶、尘埃、甚至灰烬的污染。

一种减少污染的方法是给雨水采集桶配备一个盖子及能在开始下雨时将盖子打开的湿度传感器。国家大气沉降计划/国家趋势网络（NADP/NTN）约250个站点就是这样采集雨水样的。图6.9a显示的是伊利诺斯州NADP/NTN监测站已工作超过30年的传感器及两个采集桶。一个桶用于采集干沉降（未下雨时盖子是打开的），另一个桶盖则是合上的，下雨时传感器将会开启该桶，闭合另一个桶。

决定在哪里设定采集站点也是一项挑战。因预算限制，所以并不能如研究者所愿的那样在很多地方设置站点。往往需要权衡站点的广泛分布与在特殊生态系统（如国家公园）附近设置几个点之间的相对优势。当前在美国东部的采集站点要多一些，因为历史上那里的酸度水平较高，这部分归因于燃煤发电厂的排放。

美国和加拿大大概从1970年起就一直例行采集雨水样。自1978年以来NADP/NTN已采集超过250000份样品，进行pH以及SO_4^{2-}、NO_3^-、Cl^-、NH_4^+、Ca^{2+}、Mg^{2+}、K^+和Na^+这些离子的分析。图6.9b显示了伊利诺斯州五个在运转的NADP/NTN站点。通过完成**想一想6.12**，你可以发现你所在的州有多少个站点之类的信息。

8.5节描述了有关氢燃料电池如何产生跨膜电压方面的知识。

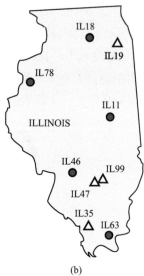

图6.9　(a) 伊利诺斯州中部的Bondville监测站自1979年起开始运转，由连接在桌子左边的湿度传感器来决定哪个桶是开启的，未下雨时，桶盖将采集湿沉降的右桶关闭；(b) 伊利诺斯州五个在运转的NTN沉降监测站，其中包括Bondville的IL11站。三角形标记的站点未在运转

来源：国家大气沉降计划，2009。NADP项目办公室，伊利诺斯州水资源调查报告

想一想 6.12　　缅因州……或俄勒冈州或佛罗里达州的雨水

受益于NADP/NTN，几乎所有州加上波多黎各及维尔京群岛，都至少有1个沉降监测站。

a.　在图6.9a上写出你所看到的为确保雨水样的完整性而采取的预防措施。

b.　你所在的州有多少个监测站？

c.　你所在的州的采集站点布置及数目是否能够真实地反映出该州的酸沉降？

d.　在你所在州（或邻近州）找一个有在线照片的采集站，并将其与图6.9a比较。你能认出有额外措施（如栅栏或标识）来减少雨水样的污染吗？（若有的话）

答案： a.　采集桶置于高处；配备下雨时能开启的桶盖；清空站点区域的环境；站点位置远离民居和道路。

伊利诺斯州香槟的中央分析实验室的研究人员每周都会收到数百份雨水样。图6.10中的照片显示了操作的层级。左边是运回采集站之前待清洗的采样桶；中间是一组待分析的雨水样，每一个都有字母数字标签，每一份样品在分析过后都会留出一小部分冷藏；右边是站在供样品存档的冷藏室里的实验室主任Chris Lehmann。

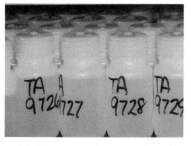

图6.10　伊利诺斯州香槟的中央分析实验室（CAL）照片

左：待清洗的采样桶；中：待分析的雨水样；右：CAL主任Chris Lehmann

每年中央分析实验室的研究人员都应用这些分析数据勾画出如图6.11所示的地图。从这些图上我们观察到所有的雨水都是呈弱酸性。记住，雨水因含有少量溶解的二氧化碳而使其变成一种弱酸溶液。

回顾一下，天然雨水的pH介于5到6之间。而图6.11显示占美国三分之一的东部地区的雨水样pH远低于正常值，特别是俄亥俄河谷地区。二氧化碳并不是雨水中H⁺的唯一来源。通过对雨水的化学分析证实其中还存在其他能形成氢离子的物质：二氧化硫（SO_2）、三氧化硫（SO_3）、一氧化氮（NO）和二氧化氮（NO_2）。人们对它们带感情色彩的称呼是"Sox和Nox"。化学上写作SO_x和NO_x，其中对于SO_x，x=2或3；对于NO_x，x=1或2。

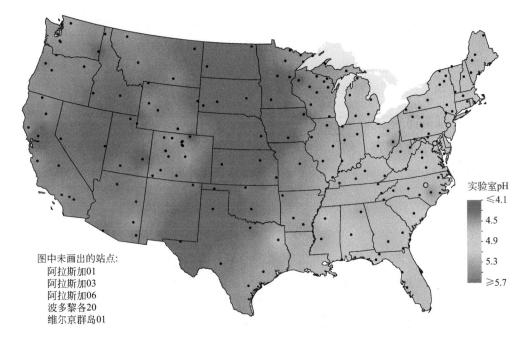

图6.11　中央分析实验室2001年测得的雨水样pH分布地图。左下角列出的是阿拉斯加、波多黎各及维尔京群岛的监测值，未列出夏威夷的数据
来源：国家大气沉降计划/国家趋势网络

我们来依次探究SO_x和NO_x。首先，下面是三氧化硫溶解于水后生成硫酸的途径：

$$SO_3(g) + H_2O(l) \longrightarrow H_2SO_4(aq) \qquad [6.12]$$
硫酸

式6.12类似于CO_2与水的反应。

在水中，硫酸也是H⁺的一种来源：

$$H_2SO_4(aq) \longrightarrow H^+(aq) + HSO_4^-(aq) \qquad [6.13a]$$
硫酸氢根离子

硫酸氢根离子也能离解生成另一个氢离子：

$$HSO_4^-(aq) \longrightarrow H^+(aq) + SO_4^{2-}(aq) \qquad [6.13b]$$
硫酸根离子

将式6.13a与式6.13b加合，表明硫酸离解产生两个氢离子和一个硫酸根离子（SO_4^{2-}）：

$$H_2SO_4 \text{ (aq)} \longrightarrow 2 \text{ H}^+ \text{ (aq)} + SO_4^{2-} \text{ (aq)} \qquad [6.13c]$$

在雨水中能检测到硫酸根离子，这提供了一条有关雨中额外酸度来源的线索。

式6.13b和6.13c是更复杂方程式的简化版。

练一练 6.13　亚硫酸

　　二氧化硫溶解于水后生成亚硫酸（H_2SO_3），写出其产生2个H^+(aq)的方程式，该式与化学方程式6.13a、6.13b和6.13c类似。"动态图像！"上有关于酸和碱的互动。

　　现在我们转向NO_x。氮氧化物也能溶于水生成酸，但化学反应更复杂，因为O_2也是一种反应物。例如，NO_2在潮湿的空气中反应生成硝酸，该反应是大气化学发生的简化版。

$$4 \text{ NO}_2 \text{ (g)} + 2 \text{ H}_2\text{O (l)} + O_2 \text{ (g)} \longrightarrow 4 \text{ HNO}_3 \text{ (aq)} \qquad [6.14]$$
$$\text{硝酸}$$

在水中，硝酸离解释放出H^+离子：

$$HNO_3 \text{ (aq)} \longrightarrow \text{ H}^+ \text{ (aq)} + NO_3^- \text{ (aq)} \qquad [6.15]$$
$$\text{硝酸根离子}$$

在雨水中能检测到该反应产生的硝酸根离子。

　　雨只是将酸迁移至地表水中的几个途径之一，很明显，其他途径还有雪和雾。术语酸沉降是指将大气中的酸迁移至地表的过程，既包括湿沉降，也包括干沉降。前者如雨、雪和雾。山顶因与含微水滴的云直接接触而特别容易发生湿沉降。因为这些微水滴所含酸的浓度比大雨滴高，所以其酸度和破坏性均比降雨大。如果SO_x与NO_x的确是导致美国东部降雨酸度提升的罪魁祸首的话，这些地区的雨水中就应该显现出分别来自SO_x与NO_x的硫酸根离子和硝酸根离子水平的抬高。情况的确如此！图6.12展现了湿沉降中的硝酸根离子和硫酸根离子含量。

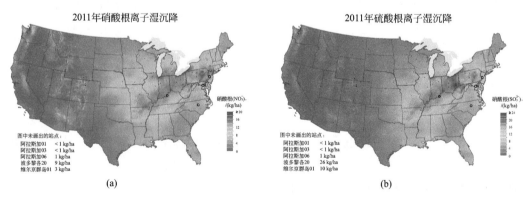

图6.12　(a)以千克每公顷为单位的2011年硝酸根离子湿沉降；(b)以千克每公顷为单位的2011年硫酸根离子湿沉降

来源：国家大气沉降计划/国家趋势网络

酸沉降也包括沉降在水陆的"干"形酸。例如，干燥天气时硝酸铵（NH_4NO_3）和硫酸铵（$(NH_4)_2SO_4$）等化合物的微小固体颗粒物（气溶胶）能沉降下来。这种干沉降与以雨、雪和雾为表现形式的湿沉降同等重要。我们将在6.12节看到气溶胶也是雾霾的成因之一。

气溶胶由悬浮于大气中的微小颗粒物组成（1.11节）并对地球有制冷效果（3.9节）。

尽管我们已认识到了硫、氮氧化物是酸雨的成因，我们仍需要更进一步地观察这些氧化物的形成过程以及它们是如何被排放至大气中的。下一节我们将探究SO_2化学及其与燃煤之间的关系。在接下来的两节，我们将把注意力转向包括NO和NO_2在内的氮化学。

6.7 二氧化硫与煤燃烧

让我们近距离观察煤及其燃烧产物。初看起来，煤与本质上由纯碳构成的木炭或烟灰没有很大区别。碳在富氧燃烧时产生二氧化碳并释放出大量的能量，这当然也是为什么要燃烧碳的原因。

$$C(\text{在煤中}) + O_2(g) \longrightarrow CO_2(g) + \text{能量} \qquad [6.16]$$

煤也含有不定量的硫，但硫又是怎样与煤缠在一起的呢？数亿年前，煤是由沼泽或泥炭地带的植物腐烂而形成的。这些植物同其他生命体一样都会含有硫，所以煤中的一部分硫可以追溯到这些古植物身上。然而，煤中绝大部分硫则是来源于海水中天然存在的硫酸根离子（SO_4^{2-}）。生活在海底的细菌将硫酸根离子作为氧的来源，它们将氧取走而释放出硫离子（S^{2-}）。久而久之，硫离子也成为与海水紧密接触的古代礁石（包括煤）的一份子。与此相对比的是，形成于淡水泥炭沼泽的煤的含硫量则较低。因此，煤的含硫量是不定的，按质量比计算可能低于1%，也可能高至6%。

图6.13 硫在空气中燃烧产生SO_2，该气体溶于水后形成酸溶液。古时硫被称为硫黄，因而才有圣经中有关"火与硫黄"的警示

我们能够以化学式$C_{135}H_{96}O_9NS$来近似地表示煤的组成。硫在空气中燃烧时产生一种明显具有窒息性味道的有毒气体——二氧化硫（图6.13）：

$$S(s) + O_2(g) \longrightarrow SO_2(g) \qquad [6.17]$$

因为煤的含硫量是不定的，所以燃煤产生的二氧化硫的量也是不定的。这对酸雨的形成是极为重要的。煤燃烧时产生的二氧化硫连同二氧化碳、水蒸气和少量的金属氧化物灰烬一起通过烟囱被排放出去，所以SO_2的排放水平取决于燃煤发电厂的装备。

而SO_2一旦进入大气中，它即可与氧反应生成三氧化硫（SO_3）：

$$2 SO_2(g) + O_2(g) \longrightarrow 2 SO_3(g) \qquad [6.18]$$

上述反应虽然相当慢，但有如在烟囱中与SO_2一起排放的灰尘等微粒存在时可被加速。一旦有SO_3形成，它会迅速与大气中的水蒸气反应形成硫酸（见式6.12）。第二种重要的途径涉及由臭氧和水在阳光作用下形成的羟基自由基（·OH），它先与SO_2反应，其产物再与氧反应生成SO_3。该反应在光照强烈时进行得更快，因此在夏季及正午时分其影响也就更大。

硫在整个生物圈的流动应会使你想到在3.5节中描述的碳循环。

三氧化硫在气溶胶的形成过程中起重要作用，6.12节将对此予以介绍。

尽管也存在SO_2与氧反应生成SO_3的途径，但大气中的大多数SO_2是通过生成亚硫酸（H_2SO_3）来对酸雨作出直接贡献的。我们可以通过化学计算来更好地感知到燃煤发电厂产生的SO_2的量是如此巨大。一个发电厂每年可能燃烧1百万公吨煤，这里1公吨等于1000 kg。

$$\frac{1\times10^6 \text{公吨煤}}{\text{年}}\times\frac{1000\,\text{kg煤}}{\text{公吨煤}}\times\frac{1000\,\text{g煤}}{\text{kg煤}}=1\times10^{12}\,\text{g煤}/\text{年}$$

该讨论中我们假定煤的含硫量为2.0%，即100 g煤含2.0 g硫。我们先计算每年消耗的1百万公吨（1×10^{12} g）煤所燃烧的硫的克数：

$$\frac{1\times10^{12}\,\text{g煤}}{\text{年}}\times\frac{2.0\,\text{g S}}{100\,\text{g煤}}=\frac{2.0\times10^{10}\text{g S}}{\text{年}}$$

接下来，我们知道1 mol硫与氧（O_2）反应生成1 mol SO_2（见式6.17），而硫与SO_2的摩尔质量分别为32.1 g和64.1 g（= 32.1 g + 2×16.0 g），因此32.1 g硫燃烧可产生64.1 g SO_2。

$$\frac{2.0\times10^{10}\text{g S}}{\text{年}}\times\frac{1\,\text{mol S}}{32.1\,\text{g S}}\times\frac{1\,\text{mol SO}_2}{1\,\text{mol S}}\times\frac{64.1\,\text{g SO}_2}{1\,\text{mol SO}_2}=\frac{4.0\times10^{10}\text{g SO}_2}{\text{年}}$$

这相当于每个发电厂每年产生40000公吨或8800万磅SO_2，而燃烧高硫煤的发电厂排放量比这高两倍还多！

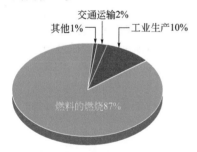

交通运输2%
其他1%
工业生产10%
燃料的燃烧87%

图6.14　2011年美国二氧化硫排放来源分布图

来源：EPA国家排放详细目录，空气污染趋势数据。

在美国，煤与二氧化硫排放之间的相关性从图6.14中可一目了然。绝大部分排放源自通过燃烧煤及其他化石燃料来给公众或工业供电的发电厂（"燃料的燃烧"）；交通运输的排放仅占一小部分，因为汽油和柴油的含硫量很低；剩下的主要来源于像从矿石中提炼金属之类的工业生产，如铜矿和镍矿都是硫化物。在熔炉中将硫化镍加热至高温，矿石分解并释放出二氧化硫。与此类似，冶炼硫化铜也释放SO_2。虽然大规模生产镍和铜所产生的SO_2在其总排放中只占据一小部分，但一些特定区域的SO_2排放量还是非常惊人的。

加拿大安大略省的萨德伯里有世界上最大的从含硫镍矿中提炼镍的熔炉之一。紧邻工厂的那种黯淡而毫无生气的景色就是对早期无节制地排放SO_2的无声控诉。在经过1993年的大幅度革新之后，该地区主要两个熔炉的二氧化硫的排放量已大幅度减少。烟囱建得很高是为了让盛行风将这些排放从萨德伯里吹到更远的地方（图6.15）。加拿大人生怕我们怪罪他们，居然报告说在其东部地区有超过一半的酸沉降是源自美国，每年从美国向北跨过边境飘向加拿大的二氧化硫的量估计为400万吨。

1.1节首次介绍了羟基自由基。

　　排放数据既以公吨（1000 kg或2200 lb），也以短吨（2000 lb）为单位。有时将短吨简称吨，这更易使人混淆。

　　回顾3.7节有关摩尔计算方面的内容。

图6.15　加拿大安大略省萨德伯里1250 ft（381 m）高的烟囱为世界最高的烟囱之一

练一练 6.14　有关煤的计算

　　a. 假定煤的化学式组成为 $C_{135}H_{96}O_9NS$，计算其中硫的质量分数和百分数。

　　b. 某发电厂每年燃烧 1.00×10^6 t煤，以a题中的煤为例，计算每年排放的硫的吨数。

　　c. 计算由b题的硫形成的 SO_2 的吨数。

　　d. SO_2 一旦被排入大气，它就可能与氧反应生成 SO_3。如果 SO_3 遇上水滴，接下来会发生什么现象？

　　答案：a. 0.0168 或 1.68%　b. 1.68×10^4 t S

　　在探究过 SO_2 化学之后，我们转向NO和 NO_2。下一节将描述NO排放及其与汽车和发电厂的相关性。再接下来我们会叙述有关氮化学的更大的故事。

6.8　氮氧化物与汽油燃烧

　　那些生活在南加利福尼亚州的人们已遭受过高水平的酸沉降。例如，1982年1月邻近帕沙迪纳Rose Bowl的雾的pH居然达2.5。呼吸起来的感觉就像是在吸一层薄薄的醋雾。该值比正常沉降物的酸性至少要强500倍。同样是当年，在洛杉矶南部海岸线的Corona del Mar，沉降物的酸度比Rose Bowl邻近地区甚至还要高10倍，pH记录到了1.5。然而，上面两个区域 SO_2 的浓度都相当低。很明显，应该还有别的原因。

　　萨德伯里烟囱与纽约帝国大厦等高。

　　为解开这个谜，我们需要将目光转向在洛杉矶高速公路上日夜川流不息的小汽车与卡车。

初一看，数不胜数的这些车辆与酸沉降的关系并不那么明显。汽油燃烧产生CO_2和H_2O，一起排放的还有少量的CO、未燃烧的烃类以及烟尘。而汽油几乎不含硫，因此SO_2不是罪魁祸首。酸度的可能来源又会是什么呢？

> 汽油是一种烃类混合物，见4.4节。

氮氧化物已被确认为酸雨的贡献者，但汽油并不含氮。因此从逻辑上及化学角度上可以断言汽油燃烧不可能产生氮氧化物。但这仅是在字面上是正确的！别忘了，空气中约78%是N_2。该元素非常稳定，大多数情况下呈化学惰性。然而，若温度足够高，氮也能与少数元素反应，其中之一就是氧。回顾第1章我们知道，只要给以足够的能量，氮和氧就可结合生成一氧化氮（氧化一氮）。

$$N_2(g) + O_2(g) \xrightarrow{\text{高温}} 2\,NO(g) \qquad [6.19]$$

汽车发动机将汽油与空气吸入汽缸并进行压缩，N_2分子和O_2分子紧密接触。发动机一点火，汽油就迅速燃烧起来。所释放的能量即可为车辆提供动力。但令人遗憾的是，能量也同时触发了化学方程式6.19。

N_2与O_2生成NO的反应并不局限于汽车发动机内。在火力发电厂的熔炉中，空气被加热至高温的情况下也会发生同样的反应，以至于这些发电厂共同排放出巨量的NO_x。在美国，发电厂燃烧化石燃料（特别是煤）贡献了氮氧化物排放总量的三分之一强（图6.16）；交通运输如汽车、飞机和火车则占据一多半。在城市环境中，绝大部分NO_x源自汽车尾气。

> 你可能见过"加氮"汽油的广告，实际上是石油公司推崇的"一种加氮清洁系统"。该汽油添加剂中的氮含量极低。

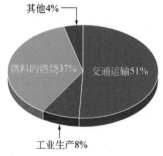

图6.16　2011年美国氮氧化物（NO_x）排放来源分布图
来源：EPA，国家排放详细目录，空气污染趋势数据

20世纪90年代初，纽约州柏油村的Praxair公司将一种可减少NO排放及能源消耗的绿色化学方案引入了美国的玻璃制造业。该技术是以100%氧来取代用于熔化和再加热玻璃的大熔炉中所需的空气。以纯氧置换空气（含78%氮）降低了对高温的要求，从而可减少整个工厂的NO排放90%，并降低能源消耗近50%。使用Praxair富氧燃料技术的玻璃厂商每年所节约的能源足够满足一百万美国人一天的需要量。

一氧化氮一旦形成就会变得非常活泼。我们从第1章知道，它可通过一系列步骤与氧、羟基自由基及挥发性有机物（VOC）反应生成NO_2：

$$VOC + \cdot OH \longrightarrow A + O_2 \longrightarrow A' + NO \longrightarrow A'' + NO_2 \qquad [6.20]$$

痕量存在的反应中间体A、A'和A''合成自VOC分子，而源自NO_2的酸雨的产生就要求大气中存在痕量的VOC。

> 有关式6.20，详见1.11节。

二氧化氮是一种棕红色的、有难闻气味且非常活泼的有毒气体。在我们看来，其最有意义的反应就是将它转化为硝酸（HNO_3）。前面的式6.14就是该反应简式。实际上有阳光时这一系列反应就会发生。它们发生在洛杉矶、菲尼克斯、达拉斯及其他阳光充足的大城市地区。反应的关键角色就是羟基自由基，它一旦在大气中形成，就可迅速与二氧化氮反应生成硝酸：

$$NO_2(g) + \cdot OH(g) \longrightarrow HNO_3(aq) \qquad [6.21]$$

正如你从式6.15中所看到的那样，HNO_3是一种强酸，它在水中完全离解并释放出H^+和NO_3^-。其最终结果是使得像洛杉矶这样的城市的雨、雾的pH偶尔达到了令人担忧的低值。

这一节中所描述的一点点NO_x化学刚好切入到涉及农业、食品的大画面，实际上也涉及到了我们星球上的全部生态系统。在下一节我们会详细讨论。

6.9 氮循环

几乎没有哪一天你不在摄取不是这种形式就是那种形式的食物。很明显，为了生存你需要吃东西。而就在你阅读这些文字的时候，全球的男男女女正在通过农作物的耕作来生产食品，收获整卡车整卡车的水果和蔬菜，甚至可能就在靠阳的窗台上种上一点牛至或香葱。值得称道的是，人类在种植农作物及饲养家禽家畜方面俨然已成为地地道道的专家。然而，生产食品的同时也会释放NO_x并加重了环境的酸度。人类活动不仅影响着氮化合物的来龙去脉，而且对它们在我们星球上的空气、水和陆地之间的流动产生影响。

由于硝酸盐可以作为肥料并对植物生长有促进作用，食品生产与NO_x排放就产生了关联。植物生长也依赖其他元素，包括碳、氢、磷、硫和钾等，但这些元素都可很容易地从环境中获得而被植物吸收。因为氮的可用形态是处在短缺之列，因此我们需要以肥料的方式对其进行补充。

你可能想知道既然大气中绝大部分成分都是N_2，那它在土壤中的水平怎么会这么低呢？尽管含量丰富，但氮分子并不是能被大多数植物利用的一种化学形态。N_2的活泼性要比O_2低得多。

练一练 6.15 非活性氮

与其他类型的化学键相比，N_2中三键的键能怎样？
提示：见表4.4。

植物生长需要活泼形态的氮，如铵离子、氨或硝酸根离子等，这些被称为**活性氮**，它们生物圈中循环并相互转化。表6.1列出了部分活泼形态的氮。正如你想象的那样，空气污染物NO和NO_2也列在其中。所有这些形态的氮都是天然存在且在我们星球上的含量相对较低。此外还存在其他形态的活性氮，比如一类含有—NH_2基团被称为"胺"的化合物。在第12章学习聚合物、蛋白质和DNA时将对胺进行介绍。

练一练 6.16 活性氮

从表6.1中选取一种化合物，通过现象描述或化学方程式证明该化合物是活性的。
提示：回顾第1章和第2章，并引用你自己的知识。

图6.17 含有固氮菌的黄豆根瘤

虽然我们将N_2归于化学非活性的一类，但有一个涉及氮分子的反应是极其重要的：生物固氮，即如苜蓿、豆类及豌豆这些植物可以将大气中的N_2"固定"（转移）（图6.17）。更准确地说，不是这些植物本身，而是寄生在或邻近这些植物根部的细菌有固氮作用。作为其新陈代谢的一部分，固氮菌将氮气从空气中转移出来并将它们转化为氨。氨溶于水后会产生铵离子（NH_4^+），式6.5a和式6.5b是该反应式。铵离子是大多数植物可以吸收的两种形态的活性氮之一，该过程如下所示：

表6.1 一些活性氮的形态

名　　称	化学式	名　　称	化学式
一氧化氮	NO	亚硝酸根离子	NO_2^-
二氧化氮	NO_2	硝酸	HNO_3
一氧化二氮	N_2O	氨	NH_3
硝酸根离子	NO_3^-	铵离子	NH_4^+

注意：这些形态的氮均天然存在。

就像有"碳循环"（第3章）一样，也有"氮循环"。待续！
所有生物，不光是植物，都需要氮。

$$N_2 \xrightarrow{\text{固氮}} NH_3 \xrightarrow{H_2O} NH_4^+ \qquad [6.22]$$

植物可吸收的另一种形态的活性氮是硝酸根离子。再一次强调，含硝酸根离子的化合物可溶于水。**硝化作用**是将土壤中的氨转化为硝酸根离子的过程，该过程的两个步骤都有细菌参与：

$$NH_4^+ \xrightarrow[\text{土壤中的细菌}]{} NO_2^- \xrightarrow[\text{土壤中的细菌}]{} NO_3^- \qquad [6.23]$$

最后，为完成整个循环，细菌借助**反硝化作用**将硝酸根又重新转化为氮气，这样做可使细菌能利用因形成稳定的N_2分子而释放出的能量。回顾第4章，我们知道当形成非常稳定的分子中的三键时的确会释放出大量的能量！

反硝化作用的途径还取决于土壤状况，可能有涉及NO和N_2O的，因此这些形态的活性氮也能转化为N_2，且也能从土壤中释放出来。

$$NO_3^- \xrightarrow[\text{土壤中的细菌}]{} NO \xrightarrow[\text{土壤中的细菌}]{} N_2O \xrightarrow[\text{土壤中的细菌}]{} N_2 \qquad [6.24]$$

所有这些途径都是氮循环（氮在生物圈运动的一系列化学过程）的一部分，图6.18为式6.22～式6.24中氮循环的示意简图。该循环中，除N₂以外，涉及的都是活性氮。

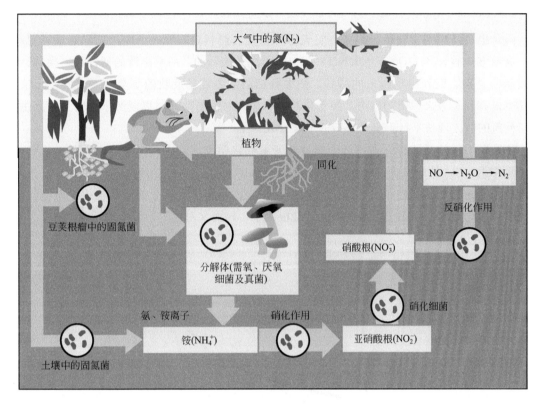

图6.18 氮循环简图

🦠 该图标表示进行含氮组分相互转化的细菌。

一氧化二氮（N_2O）是天然释放量最多的氮氧化物，它是一种显著的温室气体。见3.8节。

请记住，植物生长需要活性氮，而土壤中细菌提供的氨、铵离子或硝酸根离子的速度跟不上植物茁壮生长所需要的速度，因此农民们就需使用肥料。几个世纪以前，肥料都是通过开采智利沙漠中的硝石矿（硝酸铵）或收集氮含量丰富的秘鲁鸟类和蝙蝠粪便来获得的，然而这两种方式均满足不了世界人口增长的需求，而且被用来制造火药及其他如TNT之类的炸药也对硝酸盐是一种额外消耗。因此，在20世纪初，人们着力寻找从空气中丰富的N₂来合成活性氮的方法。

满足现代农业所需的大量肥料是如何获得的呢？答案就是借助于N₂的第二个重要反应，即确确实实地从空气中俘获氮气来合成氨。

$$N_2(g) + 3H_2(g) \longrightarrow 2NH_3(g) \qquad [6.25]$$

这一著名的化学反应被称为Haber-Bosch（哈柏）法，应用它可以大规模地以廉价方式生成氨，同时也就可以大规模地生产肥料及基于氮的炸药。氨既可以被直接当作肥料施于土壤，同时也可以硝酸铵或磷酸铵的形态作为肥料。图6.19中起始于约1910年的绿色线条反映了以哈柏法制取活性氮的巨大增长情况。

Fritz Haber（弗里茨·哈伯）因发明以 N_2 和 H_2 合成 NH_3 的方法而获得1918年诺贝尔化学奖，Carl Bosch（卡尔·博施）则因将该合成方法商业化而获得1931年诺贝尔奖。

同时也请注意图上的橙色线条，它表示源自化石燃料燃烧而产生的活性氮的量。回顾一下，高温燃烧时 N_2 与 O_2 反应生成NO。图中紫色线条表示的是所有来源的活性氮，换句话说，它表示的是橙、蓝和绿色线条的总和。图中叠加的红色线条反映的是全球人口的变化情况，当然也没有什么令人惊奇的地方。源于化石燃料燃烧（能量生产）以及源于肥料（食品生产）的活性氮的巨大增长平行于全球人口的增长（人口生产）。

该循环中氮的活泼形态在持续不断地改变着其化学形态。因此，起始作为肥料的氨可能终止形态为NO，转而又提高了大气的酸度。或者NO又可能终止为 N_2O——一种目前在大气浓度中正快速增长的温室气体；或者是铵离子，它们不再被紧紧束缚于土壤中，而是被转化和浸出后参与循环，终止在硝酸根或亚硝酸根离子，转而又对供水系统造成污染。

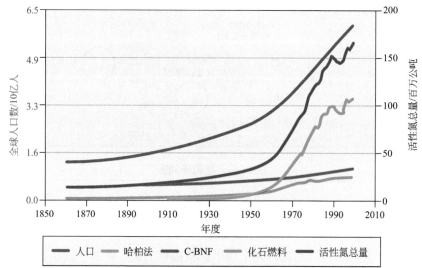

图6.19　全球不同来源的活性氮的变化情况（右标尺单位为百万公吨）；顶部线条为截止至2010年的全球人口变化情况（左标尺单位为十亿人）

注：C-BNF指通过耕作豆类、水稻及甘蔗而产生的活性氮。

来源：生物科学（美国生物科学学会），2003年4月第53卷第4期第342页。

大概从1945年开始，因化肥的大量使用及大规模农业机械的应用引发了史无前例的农业绿色革命。相关内容详见11.12节。

3.1节和3.8节有温室气体的相关描述。

现在我们可以开始全面认识NO排放对环境造成的影响。首先，氮氧化物在阳光作用下于地平面形成臭氧，促进了光化学烟雾的形成，就像我们在第1章中所看到的那样；接下来，NO_x 是以活性氮的形态排放的，就像食品生产所用的肥料。NO形成自燃料燃烧时空气中的非活性氮，燃烧得越多，就会有越多的 N_2 转化为活性氮。NO_x 和肥料使用均扰乱了我们这个星球上氮循环的平衡；最后，NO_x 排放提高了自天空落下来的沉降的酸度。

6.10 SO₂ 和 NOₓ——它们是怎样叠加在一起的?

已确认 SO_2 和 NO_x 是造成酸沉降的两个主要罪魁祸首,我们来探究它们随时间的变化以及控制人为排放的策略。除了人为来源以外,这些氧化物也会产自天然。有些火山在持续释放 SO_2 且在某些条件下还产生漂亮的硫元素晶体(图6.20)。火山爆发时可释放大量的 SO_2。1991年6月菲律宾的皮纳图博火山爆发释放 SO_2 的量10倍于1980年美国圣海伦火山爆发,有1500万~3000万吨二氧化硫排放至同温层。

海洋是硫排放的第二个天然来源。海洋生物体产生作为副产物的二甲基硫醚气体,该气体进入对流层与·OH反应生成 SO_2。在高热的任何时刻都能引起氮与氧气反应生成NO;而在自然界中,闪电和森林火灾期间也能发生该反应。土壤中的细菌则将空气中的氮气转化为植物用以构建自身的氮氧化物。

人为排放 SO_2 和 NO_x 的步伐已经超越了天然排放,通过人为排放至大气的硫的量已2倍于如火山、海洋及其他天然来源,而如 NO_x 等氮的排放量则大约是如闪电及土壤细菌等天然来源的4倍。美国的年度人为排放 SO_2 和 NO_x 的量依次为800万吨和1200万吨。查看图6.14和图6.16来回顾这些排放的来源。

图6.20 夏威夷火山国家公园中天然形成的元素形态的硫(黄色)

> 11.6节将讨论因农业过量使用含氮化合物而导致的淡水污染。
> 像夏威夷基拉韦厄火山这样的活火山一直在释放不定量的 SO_2,每天有数百公吨。

随着时间的推移,这两种污染物水平已发生戏剧性的变化。1950年以前,雨、雾和雪中 NO_x 的存在量相对较少。两种污染物排放在20世纪70年代达到峰值。图6.21显示的是美国自1970年以来 SO_2 和 NO_x 的排放统计图。在过去几十年里,因得益于多种努力,包括清洁空气法修正案,在美国的 SO_2 和 NO_x 的排放已大幅度降低。本章的最后一节我们将会讨论投入成本、控制策略及政治影响等是如何对美国 SO_2 和 NO_x 的排放造成影响的。

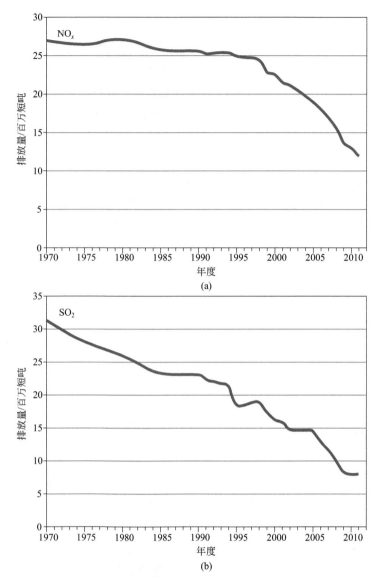

图6.21　(a) 1970—2011年间美国氮氧化物排放统计图；(b) 1970—2011年间美国二氧化硫排放统计图
两个图中的数据均为燃料燃烧、交通运输和工业生产排放的总和
来源：EPA国家排放详细目录

练一练 6.17　　SO_2 和 NO_x 排放

　　图6.21统计的是美国40年间 SO_2 和 NO_x 排放情况，这期间哪种污染物排放降低较多？解释原因。

　　全球范围来看，SO_2 和 NO_x 水平也是随时间而变化的。NO_x 排放来源较小且不受管制，达数百万之多，同时也具有流动性，因此难以追踪。与此相反，SO_2 排放则能进行估算且有合理的准确度。有关化石燃料消耗及含硫的金属矿石的冶炼方面的国家统计数据使得这种估算成为可能。估算时研究者们先从一个国家的化石燃料的生产量（同时包括硫的量）入手，再加上该国进口量，最后扣除出口量。对于金属冶炼的估算则需动点脑筋，因为硫

的释放量取决于所采用的技术（而它们总是未知的）。尽管如此，应用这类数据是有可能得出结论的。

一份发布于2011年的这类估算报告给出了一条好消息——过去二十年来全球SO_2排放已下降。20世纪70年代西欧和北美是全球排放的两大巨头，因为环境监管，这两个地区的二氧化硫排放水平已大幅下降。

如今，亚洲大陆已是SO_2排放的领头羊。1970年美国排放约3000万吨二氧化硫，中国约700万吨，而从2000年开始，中国明显已成为全球SO_2排放头号大国。但不管怎样，中国正在关停那些老旧的低效率的火力发电厂并应用技术来减少SO_2排放。自2006年以来中国的年度SO_2排放已呈下降趋势。

中国经济持续以令人瞩目的速度在增长，部分驱动力在于发展中国家对廉价制成品的偏好。为满足对电力的巨大需求，中国的产煤量在本世纪的第一个十年已翻了一番多。中国2011年的煤炭消耗量占据了全球总量的50%，美国和印度则分别是14%和8%。对于中国和印度这两个占世界人口三分之一的国家，其机动车数量都在剧增。若中国的人均小汽车数量与美国一样多的话，这个数字将接近全球目前在路上跑的量——超过10亿辆。很明显，不受制约的增长方式是不可持续的。因此，许多国家正在追逐发电的新来源——风力、地热能和太阳能。这些技术产生的SO_2和NO_x的排放量要少得多，而且环保，这对我们星球不论是现在还是未来都是至关重要的！

6.11　酸沉降及其影响

正像我们已看到的那样，美国大部分雨、雾和雪的酸度都比仅溶有二氧化碳的沉降物要高。在最糟糕的情形下，雨、雾和露水的pH值可达到3.0，甚至更低。但这真的令人警惕吗？要回答这个问题，我们需要认识有关酸沉降影响及其真正的严重性的一些知识。

国家层面的研究会对我们有所帮助。在20世纪80年代，美国国会资助了一项名为国家酸沉降评估计划（NAPAP）的研究项目，有超过2000名科学家参与，总耗资达5亿美元。该项目完成于1990年，参与的科学家们撰写了一份有28册的技术报告（NAPAP，科技之国，1991）。本章余下部分的一些材料就取自该报告，其他资料则取自2001年由环境信息中心赞助的名为"酸雨：问题解决了吗？"的会议论文集。该会议的目的就在于"将酸雨问题稳稳回归至公共议程之首。"

> 即便是"绿色"技术也会产生SO_2和NO_x，在风力涡轮机、太阳能电池及电力传输线路的制造、安装和维修期间都会释放这些气体。

而且我们赞同这种观点——酸雨仍然应当放在公共议程上。原因之一就是酸雨所造成的危害，另一个则是通过降低它的形成我们会得到什么（表6.2）。本节我们将描述酸雨对金属、雕塑和建筑物的损害，随后几节将探究酸沉降对生物的影响。

回顾第1章我们知道周期表中约80%的元素是金属。这些金属中的大部分容易遭受酸沉降的损害。它们原本呈银色且有光泽，之后就变成黯淡无光、锈迹斑斑。

练一练 6.18   金属与非金属

借鉴周期表将下列元素按金属与非金属分类，并写出元素符号。

a. 铁   b. 铝   c. 氟

d. 钙   e. 锌   f. 氧

尽管酸雨（pH 3~5）并不是对所有的金属都有损害作用，但不幸的是铁却处于其中之列。桥梁、铁路及各种各样的交通工具都依赖于铁及由铁制造的钢；混凝土的建筑物和道路中使用钢筋以提高强度；许多地方具装饰性的铁栅栏及铁隔板不光是起着装饰作用，同时也保护着我们的城市和农村家园。

表6.2   酸雨的影响及修复后带来的好处

影 响	修复后带来的好处
物质	
酸沉降侵害了建筑物、文物及小汽车，从而使它们的价值得以降低，同时也增加了校正及修复这些损害的费用	对建筑物、文物及小汽车的损害减少，从而降低了校正及修复这些损害的费用。见6.11节
人类健康	
空气中的二氧化硫及氮氧化物增加了哮喘及支气管炎的死亡率	医院门诊和急诊室的病人会很少，同时死亡率也会很低。见6.12节
能见度	
大气中二氧化硫及氮氧化物生成硫酸盐及硝酸盐气溶胶，使能见度降低，破坏了国家公园及其他景观给人带来的愉悦感	阴霾程度降低，从而可以在更远的距离且更清晰地观赏景色。见6.12节
地表水	
酸化的地表水对湖泊、溪流中动物的生命造成伤害。更严重的情况下，能致部分或全部种类的鱼类及其他水生生物死亡	降低了地表水的酸度，使生活在严重损害的湖泊、溪流的动植物得到恢复。见6.13节
森林	
酸沉降通过损害树木生长，降低它们对严寒、病虫害及干旱的抵御能力而使森林退化，同时也使森林土壤中的天然养分流失	树木受酸沉降的侵害减少，从而增强了对严寒、病虫害及干旱的抵御能力。土壤养分流失减少，从而改善了整个森林的健康状况

来源：摘自美国东部排放趋势及影响，美国审计总署，国会咨询报告，2000年3月。

金属与非金属的定义见1.6节。

用在珠宝中的金属（金、银和铂）不会与酸沉降反应。

带给铁的问题是生锈，该化学方程式如下：

$$4\ Fe(s) + 3\ O_2(g) \longrightarrow 2\ Fe_2O_3(s)$$ 　　　　　[6.26]

生锈是一个缓慢的过程。铁只有在加热或点燃的情况下才与氧迅速结合，如燃放的烟火。但在室温下，铁的锈蚀是一个需有氢离子存在的两步过程。式6.26只是该过程的总反应式，而从第一步的反应式6.27中可看出H^+的作用是很明显的，该步骤中金属铁溶解：

$$4\ Fe(s) + 2\ O_2(g) + 8\ H^+(aq) \longrightarrow 4\ Fe^{2+}(aq) + 4\ H_2O(l)$$ 　　　　　[6.27]

即使是纯水（pH = 7）也会有足够浓度的H⁺来促使铁逐渐锈蚀，而有酸存在时，该过程就会大大加速。在第二步，水溶液中的Fe^{2+}再进一步与氧反应：

$$4 \, Fe^{2+}(aq) + O_2(g) + 4 \, H_2O(l) \longrightarrow 2 \, Fe_2O_3(s) + 8 \, H^+(aq) \qquad [6.28]$$

上述两个步骤加合就得到了式6.26，固态产物（Fe_2O_3）就是我们所熟悉的被称为铁锈的红棕色物质。

练一练 6.19　　铁锈

　　通过将式6.27与式6.28加合来展现出铁锈信息的总反应（式6.26）。

练一练 6.20　　注意电荷

　　我们星球上的元素铁有好几种不同的化学形态。这一节就提到了其中的三种：Fe、Fe^{2+}和Fe^{3+}。

　　a. 它们当中哪一种是人们熟悉的银色铁金属？

　　b. 关于铁金属，Fe^{2+}或Fe^{3+}得到了外层（价）电子吗？若是，是哪一种？得到多少电子？

　　c. 它们失去价电子了吗？若是，是哪一（几）种？失去多少电子？

答案：

b. 关于铁金属，Fe^{2+}和Fe^{3+}均没有得到外层电子。

　　因为暴露在自然环境中的铁实质上是不稳定的，所以每年有数十亿美元要花在给桥梁、小汽车及轮船中裸露在外的钢铁的保护上。刷油漆是最常用的保护方法，但即便是油漆也会受到侵蚀，特别是暴露在酸雨及酸气中时。在铁表面涂上薄薄的另外一层金属如铬（Cr）或锌（Zn）则是另一种保护方法。

　　这也是一类氧化还原反应，详见第8章。

　　汽车油漆在酸沉降的侵蚀下也会有斑点或凹痕产生。汽车厂商现在使用耐酸油漆以防止发生这种现象。具有讽刺意义的是，汽车排放的正是侵蚀自身油漆的化合物。依循汽车排气管放出的NO的途径，其反应产物（硝酸）最终又以酸滴的形式破坏着汽车的光鲜外表。

　　酸雨也会对大理石雕塑及纪念碑造成损害。例如，那些位于葛底斯堡国家战场遗址的雕塑就遭受了这种无法弥补的损害。图6.22展示的是纽约城市公园中能够辨认但已严重损害的乔治·华盛顿雕像。大理石石灰岩的主要成分是碳酸钙（$CaCO_3$），它在氢离子存在时会缓慢分解：

$$CaCO_3(s) + 2 \, H^+(aq) \longrightarrow Ca^{2+}(aq) + CO_2(g) + H_2O(l) \qquad [6.29]$$

　　大理石与石灰岩在酸性条件下分解，这类似于海洋酸化期间发生在贝壳类动物身上的反应（6.5节）。

1944年   1994年

图6.22　酸雨对这尊于1944年在纽约市安放的乔治·华盛顿石灰岩雕像造成的损害

练一练 6.21　对大理石造成的损害

大理石可能含有碳酸镁和碳酸钙。

a. 写出类似于式6.29酸雨与碳酸镁反应的化学方程式。

b. 大理石从不会含有碳酸氢钠。解释原因。

提示：参见5.8节中有关离子化合物的水溶性知识。

练一练 6.22　源自 SO_2 的损害

假定式6.29中 $H^+(aq)$ 代表的是硫酸，写出配平后的硫酸与大理石反应的化学方程式。

图6.23　人们已知酸雨既无地理边界也无政治边界。酸雨已侵蚀了墨西哥奇琴伊察的玛雅文化遗址

参观过华盛顿林肯纪念馆的人应该知道纪念馆地下房间的巨大钟乳石还在不断增长，这就是酸雨侵蚀大理石（含碳酸钙或碳酸镁，或两者都有）所带来的后果。美国东部其他的纪念碑及建筑物的命运也与此类似，一些石灰岩墓碑已不再清晰。在世界范围内，许许多多无价且无可替代的大理石雕像和建筑物也受到了空气中酸的侵蚀（图6.23）。希腊巴台农神殿、印度泰姬陵、奇琴伊察的玛雅文化遗址都显现出酸侵蚀的印迹。同样具有讽刺意味的是，这些地方的部分酸沉降归因于旅游巴士及其他低排放控制车辆产生的 NO_x。

想一想 6.23 破坏与损害

再看看图6.22，虽然这两张照片可能是诱使人们对酸雨造成的损害进行谴责，其实采用其他的照片一样可以做到。你可以亲自拍摄一张国会大厦的照片，并通过美国地质调查局酸雨网站来查找其他可能的元凶。照片显示了什么类型的损害？什么因素对酸雨造成的损害有促进作用？还有其他什么因素也起着破坏作用？

想一想 6.24 横行全球的酸雨

人们对酸雨的关注在全球各个地方是有差异的。许多北美及欧洲国家都有相应的网站来处理酸雨的问题。在你选定的一个国家中，人们关注哪些问题？有部分酸沉降是源自国外吗？你给出的事例是怎样与公地悲剧相关联的？

6.12 酸沉降、阴霾和人类健康

阴霾！该现象常常是酸沉降的象征，它起因于空气中悬浮的微小液滴或固体颗粒物。若你住在人口稠密的城区，你只需简单地看看长长街道上的建筑物群，通常你就能看到阴霾。若你住在农村，你很可能对有时沉降在田地之上的夏季阴霾不会感到陌生。对于飞机上的乘客，当他们从巡航高度俯瞰地面风景时，常常注意到地貌及景色已变得模糊不清。具有讽刺意味的是，当这些阴霾似乎真的一直都能见到时，你才会在偶尔出现的晴朗天气中意识到它的存在！

人们已非常清楚阴霾的成因，但地区间差异很大。在中国北京（图6.24）这样的大城市，燃煤发电厂产生烟尘及悬浮微粒，进而形成了阴霾；而在农村地区，不同系列的微粒，包括土尘及柴火炉产生的烟灰，也加入到形成阴霾的行列。

图6.24 不同日期时拍摄的中国北京紫禁城

不管是东方还是西方，发电厂都释放 NO_x 和 SO_2。虽然二者均对阴霾的形成有贡献，但为了说明酸沉降的来龙去脉，我们将焦点集中在后者。前面已提到过煤含有少量的硫，煤燃烧时会有一股源源不断的二氧化硫气流被排入大气中。由于二氧化硫本身是无色的，因此它并不是我们洞察到的"阴霾"。然而，SO_2正是阴霾形成的先行者。

我们把焦点转向从火力发电厂高耸入云的烟囱中出来的SO_2分子。它随风飘流时，经过一系列步骤后最终形成硫酸气溶胶。该过程第一步是SO_2与氧反应生成SO_3，我们在前面的式6.18中见识过三氧化硫，它也是一种无色气体，但它有**吸湿性**，也就是说，该分子很容易从大气中吸水且能保留。第二步是1分子SO_3与1个水分子迅速反应生成硫酸（见式6.12）。

类似地，硝酸的酸性气溶胶形成自NO_x。

练一练 6.25   酸的液滴

从煤中的硫元素开始写出最终产物为硫酸的一系列化学方程式，以回顾刚才所描述的有关硫的化学知识。

许多硫酸分子先聚集在一起形成微滴，然后许多这样的硫酸微滴结合在一起形成大液滴，这些大液滴再形成直径约为一微米（$1\ \mu m = 10^{-6}\ m$）的气溶胶。这些硫酸液滴并不吸收阳光，相反，它们对阳光有散射（反射）作用，使能见度降低。硫酸气溶胶能持续好几天，并能顺风飘至数百英里的地方，这也是为什么阴霾分布如此之广的原因。另外，这些小小的酸液滴稳定性很好，足以进入我们的建筑物当中，进而成为我们所呼吸的室内空气的一部分。

你可能也听说过硫酸盐气溶胶。回顾一下，硫酸（H_2SO_4）离解产生H^+、HSO_4^-和SO_4^{2-}，这三种离子的浓度均能在气溶胶中检测到。而这些酸性气溶胶也可能与碱反应产生含硫酸根离子的盐。具有代表性的碱就是氨，或其水溶液形式——氢氧化铵。因此，气溶胶颗粒或液滴可能是硫酸、硫酸铵（$(NH_4)_2SO_4$）和硫酸氢铵（NH_4HSO_4）的混合物。通过报告硫酸根离子和硫酸氢根离子的浓度（而不是简单的pH），就可以很好地显示出最初到底有多少硫酸存在。

练一练 6.26   硫酸盐气溶胶

写出气溶胶中硫酸盐形成的化学方程式并配平，以回顾刚才描述的有关酸碱的化学知识。要求以水溶液中的形态而不是已离解成离子的形态来表示反应物和产物。例如，硫酸以$H_2SO_4(aq)$表示。

a. 硫酸与氢氧化铵反应生成硫酸氢铵和水。

b. 硫酸与氢氧化铵反应生成硫酸铵和水。

提示：该反应需2 mol碱。

阴霾在夏季表现得最为明显，因为有更充足的阳光来加速产生硫酸的光化学反应。由于阴霾的影响，美国东部的平均能见度现在只有约20英里，有时候竟低至1英里。比较起来，西部各州的能见度现在已从自然的约200英里的可见范围降至100英里，甚至更短。以前你在100英里外就能看见的山，现在可能已消失在阴霾中。一些国家公园，包括黄石、大峡谷和大雾山都受其影响。

在美国，1970年清洁空气法及随后的修正案均包括改善国家公园能见度的条款。虽然标准是由联邦法律制定，但具体实施还是由各州负责。国家公园能见度仍持续降低。比尔·克林顿在其总统任期的最后几天签署了一项法案，授权EPA发布一些条例以帮助改善国家公园及荒野地区的空气质量，使天空变得晴朗起来。这些被称为区域阴霾规则的条例要求对数百座释放巨额SO_2、NO_x及其他微粒的老旧发电厂进行技术改造以控制污染物排放。2005年6月15日，乔治·W·布什总统签署了修正案的最终版——清洁空气能见度规则。

想一想 6.27   朦朦胧胧的雷尼尔山？

你自己通过互联网现场查看雷尼尔山的阴霾（或者没有）情况。那里有很多网络摄像头，EPA有这些摄像头的位置清单。

a. 白天时，查看几个摄像头看看那里的情况。

b. 查找你所选地方的当前空气质量报告。有些网站会提供包括摄像头照片在内的这些信息，至于其他数据，你可从EPA的AIRNow网站获取。

c. 空气质量是如何与能见度有如此紧密的联系的？

当你在地平线上能够看到阴霾时，你很可能也在吸入它。一旦吸入，这些酸滴会侵入你敏感的肺部组织。那些具有如哮喘、肺气肿和心血管病史的人是最容易受到伤害的，特别是对有支气管炎及肺炎病史的人的死亡率可能会增加，而即便是身体非常健康的人也会因酸性气溶胶而感受到刺激作用。因此，呼吸受硫酸盐和硫酸气溶胶污染的空气清晰地显现出了一种医疗价格标签！燃煤发电的低价并没有顾及到由NO_x和SO_2排放引起的社区健康问题上的代价。

夏季阳光对大气中羟自由基的产生起重要作用，羟自由基则对SO_2-SO_3转化有催化作用。在干燥炎热的季节，野火也会加剧阴霾的形成。

酸性气溶胶水平的降低将会使人们受益良多，不管是在真金白银方面还是在生活质量方面。但问题是承担花费的和获取收益的并不是同一拨人。厂商必须承担清洁费用；而居民必须承担医疗费用；当然对于政府而言，两方面的费用都得承担。

EPA 2005年清洁空气能见度规则可望带来"每年介于84～98亿美元的可持续的健康福利——消减约1600名早产儿死亡，2200人次非致命心脏病发作，960人次住院治疗以及100多万天病假"。因而成本效益比率是非常好的。然而，问题是，谁在付出成本？而又是谁在获取收益？那些努力减少排放、升级老旧设备的公司毫无疑问是在付出成本，但也同时在受益。减少的排放转变成了更健康的社区（包括雇员），降低了医疗保健费用及病假日数。按照三重底线的说法，减少排放转变成了更健康的生态系统、更健康的社区、乃至更健康的经济。

历史上人们曾为空气污染付出了巨大代价。1952年伦敦大雾事件是历史上有记录的最严重的因污染物导致呼吸疾病的事件之一。呈周期性的糟糕的大雾天气对不列颠群岛来说是再正常不过了，因为林林总总的工厂烟囱向大气排放烟尘已持续了好几百年。但是1952年12月份的天气比往年都冷，大量的高硫煤在千家万户的壁炉中燃烧。因为天气不正常，所有的煤烟粉尘蓄积在浓浓的大雾当中达5天之久，致使能见度降低至几乎为零。致命的气溶胶导致死亡人数超过了4000，最严重的一天就有900条生命被吞噬。

类似的事件还发生在1948年宾夕法尼亚州的多诺拉，这是位于匹兹堡以南的钢厂重镇。成团的大雾再一次将地面附近的工业污染物积聚在一起，到正午时分，天空因充斥着令人窒息的烟雾气溶胶而变得黯淡下来（图6.25）。一位81岁的当年挨家挨户给受害者发放氧气瓶的消防员回忆道，"这听起来可能有些戏剧性或者是夸大其词，但确实几乎伸手不见五指。"高浓度的硫酸及其他污染物很快使疾病蔓延开来。大雾期间有17人死亡，后来又增加4人。虽然在多诺拉和伦敦发生的事件均属于不同寻常的极端事件，但是人们如今仍然在呼吸高度污染的空气。美国EPA及世界卫生组织估计，全球目前有6亿2千5百万人仍然一直暴露在因化石燃料燃烧而释放的不健康水平的SO_2当中。的确如此，在中国的煤都——大同的居民抱怨空气质量如此之差以至于"即使是在白天，人们开车也得把灯打开"。

三重底线——健康的经济、健康的生态系统和健康的社区。详见第0章。

(a)　　　　　　　　　　　　　　　　　　　　　　(b)

图6.25　(a) 1948年发至宾夕法尼亚州多诺拉的头条新闻；(b) 1948年多诺拉致命烟雾期间的正午时分

尽管像酸雾这些东西对人类健康的危害是立竿见影的，但人们对酸沉降带来的间接后果的关注却与日俱增。例如，一些如铅、镉和汞等在环境中天然存在的有毒重金属离子，它们常常被紧紧包裹于组成土壤和岩石的矿物当中，但它们的溶解性在有酸存在时会显著增大，进而就能通过溶解于酸性水溶液而被传送至公共供水系统当中，对人们健康构成了严重的威胁。

很明显，在化石燃料燃烧、酸沉降及人类健康之间存在相关性。2001年《科学》杂志上一篇由国际团队共同撰写的文章对当前的形势直截了当地做了评估，"有关减少化石燃料燃烧排放的政策每延误一天，因空气污染引起的死亡率及发病率就增加一天。"这段话在当前依然适用！若我们呼吸的空气很清洁的话，医疗保健费用将会降低很多！

与此类似，EPA的研究估计，因1990年清洁空气法案修正案的实施而带来的SO_2及相关酸性气溶胶污染物减排，随着时间的过去而节省的医疗保健方面的费用已达数十亿美元。节省的费用主要源于如哮喘和支气管炎等肺病的治疗及早期死亡率的降低。

6.13　给湖泊和溪流带来的损害

人类并不是承担酸沉降代价的唯一生物。当酸沉降充斥地表水体如湖泊和溪流时，其中的生物体也经历了环境的变化。正常的湖水pH为6.5或略微再高一点；pH若低于6.0，鱼类及其他水生物将会受到影响（图6.26）；pH低于5.0时则只有少数生命力极强的生物能够生存；若pH达4.0，该湖泊实质上已成死湖。

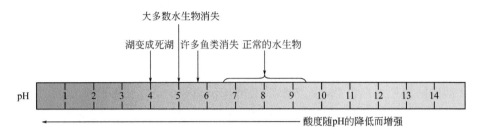

图6.26 水生物与pH的关系

众多的研究都报道了某些地理区域的湖泊和河流在逐步酸化，同时伴随着鱼类数量的减少。人们最先是在挪威及瑞典的南部观察到了这种现象，在那里五分之一的湖泊不再有任何鱼类，一半的河流已没有褐鳟生存。如今安大略湖东南部的湖水的平均pH是5.0，远低于pH 6.5的正常值。而在弗吉尼亚，有超过三分之一的鳟群时不时处于酸性环境或即将变成酸性环境的风险当中。

尽管美国中西部是酸沉降的主要来源，但中西部的许多地区并不存在湖泊或溪流的酸化问题。我们可以简单地解释这种明显自相矛盾的现象。当酸沉降落入或流入湖中时，湖水pH将会降低（酸性更强），除非这部分酸被中和或以某种方式被周围的植物利用。有些区域的周边土壤含有可中和酸的碱。湖泊或其他水体抵御pH降低的能力被称为**酸中和容量**。中西部大部分的地表地质都是石灰岩（$CaCO_3$），因此该区域湖泊的酸中和容量较高，因为石灰岩可以缓慢地与酸雨发生反应，就像我们先前所看到的发生在大理石雕塑及纪念碑上的现象一样（式6.29）。

更重要的是，湖泊和溪流中也有浓度相当高的钙离子和碳酸氢根离子，这是石灰岩与二氧化碳及水发生反应的结果。

$$CaCO_3(s) + CO_2(g) + H_2O(l) \longrightarrow Ca^{2+}(aq) + 2\ HCO_3^-(aq) \qquad [6.30]$$

$\qquad\qquad\qquad\qquad\qquad\qquad\qquad\qquad$ 钙离子 $\quad$ 碳酸氢根离子

因为酸被碳酸根及碳酸氢根离子消耗了，所以湖水pH或多或少能保持恒定。

练一练 6.28 碳酸氢根离子

式6.30的反应产物碳酸氢根离子也可接受1个氢离子。

a. 写出该化学方程式。

b. 碳酸氢根离子的作用是酸还是碱？

答案：

a. $HCO_3^-(aq) + H^+(aq) \longrightarrow H_2CO_3(aq) \longrightarrow CO_2(g) + H_2O(l)$

　　与中西部形成对比的是，新英格兰州及纽约州北部（以及挪威和瑞典）的许多湖泊周围都是花岗岩，这是一种坚硬的、难以渗透且呈化学惰性的岩石。除非在当地采取其他措施，这些湖泊的酸中和容量都极低，因此它们中的许多都表现出逐步酸化的现象。

　　随着谜底的逐步揭开，对湖水酸化的认识要远比简单地测量pH及酸中和容量复杂得多。而湖水酸化随年代变化又加重了其复杂性，例如，在有些年份，冬季的强降雪持续至春季，然后突然消融。这带来的后果是径流的酸度比往常要高，因为它含有包藏在冬季降雪中的所有酸沉降。这些汹涌而至的酸性物可能正好是在鱼类易受侵害的排卵期或孵化期进入水道的。在纽约北部的阿第伦达克山脉，约70%的脆弱湖泊正处于间歇式酸化的危险当中。相比之下，长期遭受影响的湖泊则要少得多（19%）。在阿巴拉契亚山脉，受间歇式影响的湖泊数目（30%）就7倍于受长期影响的湖泊。

　　如果有可能的话，什么时候湖泊将会恢复正常？好消息是近年来美国的SO_2排放一直在减少，我们看到阿第伦达克的湖泊中的硫酸根离子浓度也已相应降低。然而，即使NO_x排放依然保持相当的稳定，在阿第伦达克，硝酸盐浓度呈增长趋势的湖泊数目依然要高于未增长的湖泊。因此很明显，湖泊周边的植物已出现氮饱和的现象，有更多的酸性物流入了湖泊，湖区的土壤很可能已部分丧失了中和酸的能力。

　　最近的调查结果很混乱！ 2011年EPA给国会的报告是，自1994年以来"在阿巴拉契亚中部地区只有额外10%的溪流得到保护而免受酸沉降带来的生态损害"。然而，EPA也承认有一些改善。例如，在阿第伦达克，酸沉降超过土壤酸中和容量的湖泊数目于1991年至2008年间降低了三分之一。

结束语

　　酸性氧化物——二氧化碳、二氧化硫和氮氧化物——正在影响着全球海洋、降雨、湖泊和河流的酸度。在美国，"酸雨"既不曾是环境保护论者及新闻记者笔下的可怕瘟疫，也不是那种可以漠视的东西。这个问题十分严重，以至于已经通过联邦立法，即颁布1990年的清洁空气法案修正案来减少酸沉降的罪魁祸首——SO_2及NO_x的排放。

　　如果你从本章当中学到了一些东西，我们希望它们是这样的一种认识，即复杂问题是不能靠简单的或过分单纯化的策略来解决的。任何对涉及煤和汽油的燃烧，碳、硫和氮氧化物的产生，海水、雾和沉降物pH的降低之间错综复杂的关系的否认，都是对一些基本的化学事实的否认。我们同时也需要生态学与生物系统方面的知识，以便能在整个生态系统的层次上来认识酸沉降。这个问题的解决要求来自不同学科的专家共同工作才能完成。

　　公共健康问题也亟待解决！经济分析显示，将资金分配至减少硫和氮排放的领域将会得到巨大的回报——更低的死亡率、更少的患病率和更高品质的生活！

　　本章几乎没有提及无论是作为个人还是社会的我们对海洋酸化和酸沉降问题的一个责任，然而它却是潜在的最强有力的手段之一，这就是节约能源并过渡到非燃烧型的能源来源！二氧化碳、二氧化硫和氮氧化物都是我们对能源，特别是电力及交通运输贪婪的副产物。如果我们个人、国家乃至及全球继续对化石燃料的贪婪还不加以抑制的话，我们的环境可能会变得更加暖和，变得更加酸化！而且问题还可能会变得愈演愈烈，因为石油和低硫煤被消耗殆尽后我们将会更多地依赖高硫煤！

此外还存在其他形式的能源——核裂变能、水能、风能、可再生的生物能以及太阳能。所有这些形式的能源都已得到应用，毫无疑问，它们的使用将会越来越广泛。在下一章我们将探究核裂变，但我们想用一个小小的建议来作本章的结束语：不论何种原因，企业及我们个人共同节约能源都会对我们的环境极其有益！

本章概要

学过本章之后，你应当能够：

- 对术语酸和碱进行定义并知道如何应用这些定义来区分酸和碱（6.1~6.3）。
- 使用化学方程式来表示酸和碱的离解（电离）过程（6.1，6.2）。
- 写出酸和碱的中和反应（6.3）。
- 基于溶液pH或H^+、OH^-浓度来判断溶液是呈酸性、碱性或中性（6.3，6.4）。
- 根据给定的指数形式的氢离子或氢氧根离子的浓度计算pH值（6.4）。
- 比较水、正常雨水及酸雨pH之间的差异（6.4）。
- 利用化学方程式将海水中碳酸水平的提高与碳酸钙贝壳的溶解相关联（6.5）。
- 在地图上指出美国哪个地方的酸雨酸性最强（6.6）。
- 解释二氧化硫和氮氧化物在导致酸雨方面所起的作用（6.7，6.8）。
- 比较海洋酸化与酸沉降成因上的差异（6.5~6.8）。
- 解释为什么N_2呈化学惰性，并对不同形式的活性氮加以描述，指出它们是怎样通过天然方式和人为方式产生的。使用氮循环来解释活性氮的连锁效应（6.9）。
- 描述氨的工业生产及硝酸盐酸沉降是怎样共同对地球上活性氮的积累做出贡献的（6.9）。
- 分别列出NO_x和SO_2的不同来源，解释这些污染物的量在过去30年的变化情况（6.10）。
- 解释酸性气溶胶是如何产生的以及它们对建筑材料和人类健康的影响（6.12）。
- 解释为什么酸雨控制在有益人类健康方面是一个明智的投资（6.12）。
- 描述氮饱和及其对湖泊所带来的后果（6.13）。

习题

强调基础

1. 本章以讨论海洋酸化作为开局。
   a. 海水中有包括氯化钠在内的许多盐，写出其化学式。
   b. 氯化钠可溶于水。固体氯化钠溶解时会发生什么样的化学过程？提示：见5.8节。
   c. 氯化钠是电解质吗？给出解释。
2. 碳酸钙是另一种盐。写出其化学式。你预期碳酸钙是溶于水还是不溶于水？提示：见5.8节。
3. 二氧化碳是在大气中发现的一种气体。
   a. 它的大致浓度是多少？

b. 为什么它在大气中的浓度在增加？

c. 画出 CO_2 分子的路易斯结构。

d. 你预期二氧化碳易溶于海水中吗？给出解释。

4. 本章开篇用到了术语人为排放，解释其含义。

5. a. 画出水分子的路易斯结构。

b. 画出氢离子和氢氧根离子的路易斯结构。

c. 写出一个可将a和b中三种结构相关联的化学反应。

6. a. 给出你选择的五种酸的名称及化学式。

b. 写出三条可观察到的常与酸相关的性质。

7. 写出从下列一分子酸中释放出一个氢离子的化学方程式：

a. HBr(aq)（氢溴酸）　　　　b. H_2SO_3(aq)（亚硫酸）　　　　c. $HC_2H_3O_2$(aq)（乙酸）

8. a. 给出你选择的五种碱的名称及化学式。

b. 写出三条可观察到的常与碱相关的性质。

c. 画出式6.5b中各组分的路易斯结构。

9. 写出下列碱溶于水时释放氢氧根离子的化学方程式：

a. KOH(s)（氢氧化钾）　　　　b. $Ba(OH)_2$(s)（氢氧化钡）

10. 下列酸是由什么气体溶于水后生成的？

a. 碳酸（H_2CO_3）　　　　b. 亚硫酸（H_2SO_3）

11. 思考这些离子：硝酸根离子、硫酸根离子、碳酸根离子及铵离子。

a. 写出每种离子的化学式。

b. 写出以每种离子（水合离子的形式）为产物的化学方程式。

12. 写出下列酸碱反应配平后的化学方程式：

a. 用硝酸中和氢氧化钾。

b. 用氢氧化钡中和盐酸。

c. 用氢氧化铵中和硫酸。

13. 下列各对溶液间 [H^+] 有几个数量级的差别？

a. pH=6 和 pH=8

b. pH=5.5 和 pH=6.5

c. [H^+]=1×10^{-8} mol/L 和 [H^+]=1×10^{-6} mol/L

d. [OH^-]=1×10^{-2} mol/L 和 [OH^-]=1×10^{-3} mol/L

14. 下列水溶液是呈酸性、中性还是碱性？

a. HI(aq)　　　b. NaCl(aq)　　　c. NH_4OH(aq)　　　d. [H^+]=1×10^{-8} mol/L

e. [OH^-]=1×10^{-2} mol/L　　　　f. [H^+]=5×10^{-7} mol/L　　　g. [OH^-]=1×10^{-12} mol/L

15. 根据题14中第d、f小题中给定的 [H^+] 分别计算 [OH^-]。同样地，计算第e、g小题中的 [H^+]。

16. 以下溶液中哪一种氢离子浓度最低，0.1 mol/L HCl、0.1 mol/L NaOH、0.1 mol/L H_2SO_4 及纯水？解释理由。

17. 写出图6.13中涉及硫的化学反应方程式，并配平之。

18. 假定煤的组成可以化学式 $C_{135}H_{96}O_9NS$ 表示。

a. 氮在煤中的质量百分数是多少？

b. 若燃烧3 t煤，假定煤中所有的氮都转化成了NO，那么产生的NO中氮的质量是多少？

c. 实际产生的NO的量要比你刚才计算得到的量要大？给出解释。

19. 2010年整个美国共燃烧约10亿吨煤，假定煤中硫的质量百分数是2%，计算排放的二氧化硫的吨数。

20. 酸雨对大理石雕像及石灰岩建筑材料有破坏作用。选定一种酸，写出该反应的化学方程式并配平之。

21. 计算与1.00 t SO_2 完全反应所需要 $CaCO_3$ 的吨数。

22. 一种被称为白云石石灰的园林产品由含碳酸钙和碳酸镁的细小石灰岩碎片组成，该产品"旨在帮助花匠校正酸性土壤的pH"，因为它是"钙镁颇具价值的来源。"

a. 这里"钙"的形态是钙离子还是金属钙？

b. 以化学方程式说明石灰岩为什么可以"校正"酸性土壤的 pH。

c. 添加白云石石灰的土壤 pH 是升高还是降低？

d. 某些植物如映山红、杜鹃花及山茶花不能施白云石石灰。给出解释。

注重概念

23. 一位酸雨方面的专家 James Galloway 教授写到，"人类活动并没有让世界变酸，而是让世界更酸。"

　　a. 解释为什么自然界本来就是酸性的。

　　b. 解释为什么人类活动让世界更酸。

　　c. 我们星球上那一大块区域是碱性的？提示：参考图6.4。

24. 某新闻记者谈到当今海洋的酸性强度以及海洋正变得越来越酸的现象。你会向新闻站发送什么内容的邮件？

25. 假定海洋以与过去200年来同样的速度持续酸化，多少年后海洋成为真正的酸？

26. 假设你新买了一辆山地自行车，不小心将一罐碳酸可乐洒在了金属车把和油漆上。

　　a. 软饮料的酸性比酸雨强，约强多少倍？提示：参考图6.4。

　　b. 尽管酸性很强，这种洒落也不太可能对车把和油漆造成损害（虽然洒在齿轮上的糖分不可能太多），为什么？

27. a. 洗发水标签上的词语"pH平衡"有什么含义？

　　b. "pH平衡"这样的词语对你选择特定的洗发水有影响吗？给出解释。

28. 根据味道来判断，你认为是一杯橙汁中的氢离子多还是一杯牛奶中的多？解释理由。

29. 存在于醋中的乙酸的化学式常写为 $HC_2H_3O_2$，许多化学家将其写成 CH_3COOH。

　　a. 画出乙酸的路易斯结构。

　　b. 说明以上两种化学式都可以表示乙酸。

　　c. 以上两种化学式各有什么优缺点？

　　d. 每个乙酸分子中有多少氢原子可以氢离子形式释放出来？给出解释。

30. 电视及杂志广告着力宣传抗酸药片的好处，一位朋友则提出销售"抗碱"药片是发财致富的捷径。向你的朋友解释抗酸药片的用途，并给出有关"抗碱"药片在潜在成功方面的建议。

31. 练一练6.7列出了存在于酸溶液、碱溶液及常见盐溶液中的离子，现在再加入水分子于其中。

　　a. 按浓度依次降低的顺序列出 1.0 mol/L NaOH 溶液中所有的分子及离子组分。

　　b. 按浓度依次降低的顺序列出 1.0 mol/L HCl 溶液中所有的分子及离子组分。

32. 许多气体包括 CO、CO_2、O_3、NO、NO_2、SO_2 和 SO_3 等都与喷气发动机废气排放相关。

　　a. 这些气体中哪些是喷气发动机直接排放的？

　　b. 哪些气体是间接形成的？也就是说，哪些是因 a 题中的排放而产生的？

33. 图6.14提供了源自燃料燃烧（主要是用来发电）及交通运输的 SO_2 排放资料，图6.16则提供了源自燃料燃烧（同样主要是用来发电）及交通运输的 NO_x 排放资料。对比燃料燃烧和交通运输，SO_2 排放和 NO_x 排放有什么差异？给出解释。

34. 在美国人类活动产生的 SO_2 和 NO_x 的质量几乎相同。

　　a. 它们之间的摩尔比怎样？假定产生的 NO_x 都为 NO_2。

　　b. 说出为什么美国在全球 NO_x 排放所占比例要大于 SO_2 排放。

35. 活性氮化合物通过帮助形成其他化合物而对生物圈有直接和间接影响。

　　a. 列出一种对生物圈有益的直接影响的活性氮化合物的名称。

　　b. 列出两种对人类健康有害的直接影响的活性氮化合物的名称。

　　c. 臭氧形成是有害的间接影响，解释它与活性氮化合物间的相关性。

36. 解释为什么雨天然呈酸性，但并没有把所有雨都归为"酸雨"。

37. 一些当地报纸会提供对花粉、紫外线指数和空气质量的预报。你猜测一下为什么没有提供酸雨的预报信息？

38. 下面列出了一些凭个人能力就可以帮助减少酸雨的例子。对下面每一项，解释其与酸雨产生之间的关联性。

　　a. 将衣物晾干。

　　b. 步行、骑车或乘公共交通工具上班。

　　c. 餐具或衣物较少时避免使用洗碗机和洗衣机。

　　d. 给热水器及热水管再添加一层保温层。

　　e. 购买当地生长和生产的食品。

39. 在6.6节中提到，现在雨水样是在伊利诺斯州中央分析实验室而不是在现场外分析的。

　　a. 实验室中测得的pH值比现场略偏高。酸度是升高还是降低？

　　b. 推测pH升高的原因。

40. 既然说到现场测量，2006年1月生活在圣路易斯都市区的人们经历了一场严重的冰雹灾害，一天后仍能看到如下面照片所示的冰雹。一位教授取了一些冰雹样到实验室进行分析，pH报告值为4.8。

　　a. 该pH与圣路易斯地区的正常沉降相比怎样？圣路易斯往东还是往西是酸度增强的方向？

　　b. 圣路易斯酸雨的成因是什么？

41. 肯塔基州的猛犸洞穴国家公园紧邻俄亥俄河谷的火力发电厂。因注意到这一点，国家公园保护协会（NPCA）发布报告称该公园的能见度比其他任何国家公园都要糟糕。

　　a. 燃煤电厂与糟糕的能见度之前有什么相关性？

　　b. NPCA报告说"猛犸洞穴国家公园降水的平均酸度比天然值要高10倍"。根据此数据及书中相关资料估算该公园降水的pH。

42. 在过去的几十年里，美国的农业氨排放已大幅度降低，尽管东部排放比西部要低。

　　a. 以化学方程式说明氨溶于雨水后会生成一种碱溶液。

　　b. 写出含有氨和硝酸的雨水中的中和反应。

　　c. 另发现雨水中有硫酸铵。以化学方程式说明其形成过程。

43. 对流层中的臭氧是一种不受欢迎的污染物，而同温层中的臭氧却是有好处的。一氧化氮（NO）在以上两种大气层中有类似的"两面性"吗？给出解释。提示：参考第2章。

44. 燃烧反应产生的 CO_2 的质量远远大于 NO_x 或 SO_x 的质量，但比较而言，人们很少关注 CO_2 对酸雨所作的贡献。提出两条理由来解释这种明显的自相矛盾。

45. 新罕布什尔州和佛蒙特州的沉降物的平均pH都很低，而实际上这些州的交通工具拥有量并不多，也没有排放大量空气污染物的工业。对该现象你如何解释？

46. 不可否认，全球硫排放是难以估计的，不过可以在出版文献中查到一系列数据。下图就是从2011年出版的文献中估计的1850—2005年全球各地的硫排放统计。Gg表示千兆克或 $1 \times 10^{12}g$。

　　a. 根据该图，那些年硫排放达到峰值？

　　b. 列出新近几年排放降低的原因。

　　c. 2005年哪个地区的硫排放水平最高？

d．20世纪70年代早期哪些地区的排放最多？

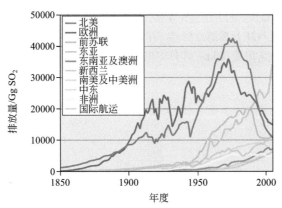

来源：S. J. Smith, J. van Aardenne, Z. Klimont, R. J. Andres, A. Volke和
S. Delgado Arias，大气化学和物理，2011年，第3卷，第1101-16页

47．大气中的NO化学很复杂。你在第2章中看到NO能破坏臭氧，但不要忘记从第1章中就知道NO能与O_2反应生成NO_2，NO_2转而又能在阳光作用下产生臭氧。将这些反应进行总结，并注明发生每一步反应在大气中的区域。

48．a．通过限制颗粒物及烟尘的排放来对空气污染进行控制的努力有可能使雨水的酸度提高，给出对该现象可能的解释。提示：这些颗粒物可能含有钙、镁、钠及钾的碱性化合物。

b．从第2章我们知道，南极洲同温层中的冰晶参与了导致臭氧破坏的循环。这种结果与a题中的现象有关联吗？给出解释。

探究延伸

49．讨论下面论断的正确性，"光化学烟雾是当地问题，酸雨是地域性问题，而增强的温室效应则是全球性问题。"描述以上每种问题所隐含的化学知识。你同意这些问题的大小在地理区域上是真的很不相同吗？

50．在味道、pH以及溶解气体的量这些方面，碳酸水与溶解有二氧化碳的雨水有何不同？

51．化合物$Al(OH)_3$的化学式中有OH，然而我们并不能写出类似于式6.4那样的反应。给出解释。提示：参考溶解性表。

52．**练一练6.7**列出了存在于酸溶液、碱溶液及常见盐溶液中的离子。题31中再加入了水分子于其中。

a．计算1.0 mol/L NaOH溶液中所有分子及离子组分的物质的量浓度。

b．计算1.0 mol/L HCl溶液中所有分子及离子组分的物质的量浓度。

53．大气中的NO反应生成NO_2的过程涉及中间体A′与A″（见式6.20）。下图就是A′及A″可能的结构。

$$\text{A}' \qquad \text{A}''$$

a．结构中的点（•）表示什么？画出带点原子所有的价电子（包括键合及非键合）。提示：该原子没有达到八电子构型。

b．列出一条A′与A″共有的化学性质。

54．式6.19表明必须在加入能量（由高温发动机产生或其他热源）的条件下，N_2和O_2才反应生成NO。某学生欲对这种论断进行验证，并计算所需能量的量，表述他们的验证及计算过程。提示：画出反应物及产物的路易斯结构，注意NO的电子数不是偶数，N=O双键的键能为607 kJ/mol。

55．本章描述了一种为玻璃厂商减少NO排放的绿色化学方案。

a. 对该策略进行认定。

b. 其他哪些类似行业有可能使用这种绿色化学策略？

56. 一种比较不同物质的酸中和容量的方法是计算该物质中和 1 mol 氢离子（H^+）所需的质量。

a. 写出配平后的 $NaHCO_3$ 与 H^+ 反应的方程式，并以此计算 $NaHCO_3$ 的酸中和容量。

b. 假如 $NaHCO_3$ 的售价为 9.50 美元 /kg，计算中和 1 mol H^+ 所需的成本。

第7章 核裂变之火

麦迪逊社区技术学院（MATC，现称麦迪逊学院）的布告牌

你应该在意这个告示牌上的警告吗？当然，至少部分吧。当来自太阳的紫外线辐照非常强烈的时候，遮盖或躲到树荫底下还是有用的。如在第2章所指出的那样，一定波长的光会对地球上的生命包括人类有害。特别是紫外光，会引起白内障、导致皮肤老化和灼伤甚至引发皮肤癌。

如将在7.4节指出的那样，依据上下文，"辐射"一词可以是电磁辐射，也可以是核辐射。

但不必躲开所有辐射。实际上也做不到，即使你想尽办法！例如，红外辐射让我们感觉到热，是温暖之源。可见辐射——彩虹的颜色——在白天照耀着我们的世界。

你应该避免核辐射？一般说来，是的，虽然做到这一点不像听起来那么容易。在我们的星球上，天然存在着发出辐射的物质，你天天遇到它们。麻烦的是，没有现成的办法检测这些放射性同位素。例如，一杯现煮的咖啡中含有氚，氚当然会放热，但你感觉到的热不是因为氚！你的咖啡不会通过在黑暗中发出光而显示它的放射线，尽管你在喝过它之后很可能会感受到"激发"，这是典型的咖啡因的作用。毫无疑问，你的咖啡也不会滴答作响，尽管其中的氚会根据它固有的核时钟而衰变。此外，你也不可能通过味觉测出放射线。因此，虽然大多数人能看到树根而提防被它绊倒，能听到救护车的鸣笛声，能感觉太阳晒在皮肤上的温暖，但他们难以察觉放射性物质的接近。的确如此，直到20世纪早期，人类甚至不晓得放射性的存在。

氚，即氢-3，或 ^3H，是氢的一种同位素。氢的其他两种同位素（^1H和^2H）没有放射性。

我们是否需要第六感以感知核辐射？或许吧，这能力将迟早有用。例如，倘若我们具有可以感觉氡气散发的核辐射的能力，我们将会受益。氡是无色无味的惰性气体，没有使我们能察觉其存在的化学特性。然而，在第1章已经指出，氡气会导致肺癌。如果我们可察觉它，我们可能更加容易避开它。

在你附近的核电站中，放射性同位素的情况如何？凭感觉我们是否能得心应手地觉察到它们？可能吧。更重要的是，这会牵扯到几个相关问题。核反应堆存在哪些放射性同位素？这些放射性同位素是否有被释放到周围环境中的？若有，是哪些且释放量多大？需要特别关注吗？

诸如此类问题应当给以答复，而回答这些问题，需要了解放射性物质的性质、核裂变和核电站相关的知识。当今，核能成为新闻，不仅因为其可能的复兴，而且因为核反应堆既不释放温室气体也不排放空气污染物例如二氧化硫和一氧化氮。

如今核能的支持者和反对者均有支持其论点的得力工具。例如，"摇篮到摇篮"的分析——考虑从铀矿开采开始到其成为乏核燃料的最后归宿——提供了一幅包括经济、环境以及运行核反应堆的社会成本的全景。这种分析不仅包括建设的高费用，也要考虑核反应堆废弃的代价。

术语"从摇篮到摇篮"在第0章已经介绍。就核电站而言，"从摇篮到坟墓"也许更适合，因为目前核废料主要是存储起来而不是作为"摇篮"而有其他用途。

　　核电站的退役（或关闭）是一件复杂的工作。电站的所有部分必须进行放射性污染分析并按照严格的条例拆除。

　　我们应该修造更多的核电站吗？回答取决于你问的是谁以及你何时提问。有一些长期反对核能的人现在却倾向于支持它，同样，一些曾支持它的人目前在质疑其社会代价，不仅考虑我们这一代，也要考虑未来的子孙后代。

　　不管公民（和政客）是支持还是反对核能，他们仍然必须面对一些现实而紧迫的问题。如果无核，我们在不远的将来如何发电？核电站的收益是否超过费用和风险？我们应该怎样处置核反应堆产生的废物？我们能防止核材料转换为核武器吗？核能是可持续的吗？

　　与前面章节提到的情况类似，科学、经济和社会问题紧密联系在一起。在下一节，我们将给出核能概要。但是开始之前，希望你考虑一下自己的观点。

想一想 7.1　　　你对核能的看法

　　a. 有两种选择：一种是核能发出的电，一种是燃煤发出的电，你买哪一种？为什么？

　　b. 在何种情况（如果有的话）下，你会改变自己对于核能发电的立场？

保存你对这些问题的答案，在本章结束的时候，你将再次回答。

7.1　世界的核电

　　大多数人会自然而然地打开电灯，而不会联想到使灯泡大放光明的能量源自何处。但是另外一些人，特别是由于暴风雨或者灯火管制而遭遇停电的人，也许不会把电当作理所当然的东西。他们对打开开关与待在黑暗中的感觉印象深刻。

　　比如，你开始启动咖啡壶。如果你住在美国，大约五分之一的电来自核电站。如果你在法国、比利时或者瑞典，这个百分比更高。不管怎样，你可以煮你的咖啡！

　　世界上，不同国家利用核能发电的程度不同。例如，在美国，20%商业用电源自核电，美国现有刚好超过100座由核管制委员会核准的核反应堆。截至2012年，这些反应堆分布在31个州的65个地方。由图7.1可以看出，这些核电站的发电量逐年增加，尽管反应堆数目与1990年最多的112座相比已经减少。

我们高度依赖电(和咖啡)

　　今后十年你会在哪儿煮咖啡？电将来自何处？核电站肯定会是一个来源。尽管在美国自1978年以来未曾建设新的核电站，目前在现有的核电站中正在建设几台新的反应堆。至2013年，这些包括在佐治亚Vogtle核电站建设、将会使之成为美国最大核电站的两座新堆。另外，在南卡罗来纳的 Virgil C Summer 核电厂，两座新堆也在建设中。在田纳西，Watts Bar 装置 2 反应堆的建设也已恢复。

图 7.1 中发电量逐年递增源于核反应堆效率的提升以及反应堆组件的升级。

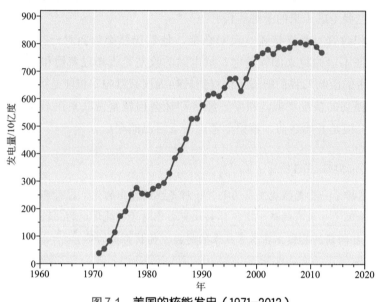

图 7.1　美国的核能发电（1971-2012）

来源：能源信息部

类似于图 7.2 中的 Vogtle 核电站，许多核电站利用多个反应堆发电。另外的一个例子是**想一想 7.11** 示出的 Polo Verde 核电站，有三座反应堆。

想一想 7.2　　美国的核电站

这张地图以蓝色阴影示出有核电的 31 个州。

a. 选择一个州。给出其核电站的总况、核电产出以及可能的变化。

b. 2011 年，佛蒙特州是核电占比最高（72.5%）的州。通过互联网搜索，找出另外至少两个州，其核能占比在 1/3 以上。

c. 根据地图选择一个无核电站的州。该州的电力如何产生？

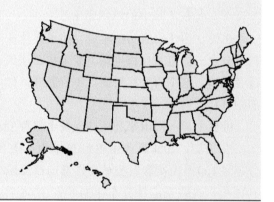

新核电站建设占地极广。横跨数百英亩，需在其周围城市雇用数以千计的工人。图 7.2 示出 Vogtle 核电站的建设情况，可以看出那里甚至有自己的铁路。

核电站的建设和持续运行不只是能源供给和需求的事情，也是一个公众认可的事情。有赖于你的年龄，也许你对 20 世纪 70 年代围绕核电站建设的争论的往事有所了解。人们站在核篱笆的一边或者另一边。你会站在哪边呢？

图7.2　占地550公顷的Vogtle核电站装置3和4建设现场鸟瞰（2012年3月）

来源：南方公司（Southern Company, Inc.）授权许可

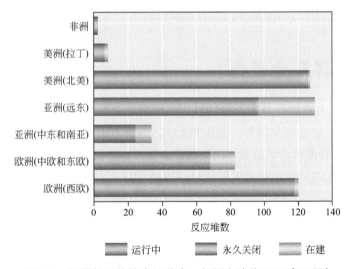

图7.3　世界范围的核电站分布，包括在建的（2012年8月）

来源：国际原子能机构

想一想 7.3　核标志

从这张摄于新汉普郡的Seabrook核电站建设时期（1977年）的照片可以看出，符号也可以表达立场。如果现在在你的社区附近要建造一个核电站，画出表达你的立场的标志。

世界核能的全景如何？一个词，变化中！这种变化部分源于能源需求的增长。在许多国家的议程中已经明确了大型商用核能的发展计划。例如，2011年，印度拥有20座反应堆，产

生的核电只占总电力的3.7%，但有7个新的核电站在建且有更多的在计划或者提议中。2011年，中国有16座运行的反应堆，有26座在建，大致还有这么多在计划中或者提议中。

然而，尽管一些国家向增加核能的方向发展，另外一些国家却在迟疑甚至向去核的方向行动。最近的这种小心谨慎起因于2011年的东日本地震，地震引起的海啸破坏了日本福岛第一核电站的4个核反应堆。

7.5节将给出更多关于福岛第一核电站的信息。

想一想 7.4 　　　与核为邻

    a. 核反应堆分布在哪里？参照图7.3的数据写出一段概括的话。

    b. 说出三个无核电站的国家。

    c. 给出为何有些国家比其他国家更多地发展核能？

尽管核电站可以发电显而易见，但我们尚未讲述如何发电。在下一节，我们将话题转向核裂变，由此迈出认识针对核能的不同观点及期待的第一步。

7.2 裂变怎样产生能量？

回答这一问题的关键也许是整个自然科学领域中最著名的方程式，$E = mc^2$。这个方程可追溯到20世纪初期，它是阿尔波特·爱因斯坦（Albert Einstein, 1879—1955）的许多贡献之一。它揭示能量E与物质或者说质量m的等价性。符号c代表光速，3.0×10^8 m/s，所以c^2等于9.0×10^{16} m²/s²。很大的c^2值意味着可以从很小的质量变化中获得巨大的能量，不论是在核电站还是在武器中。

30多年的时间里，爱因斯坦方程被当做异想天开。科学家相信它所描述的只是太阳能的来源，而当时人所共知的是，在地球上从未观察到丁点儿实实在在的质量向能量的转化。但是，1938年，两位德国科学家，奥托·哈恩（Otto Hahn, 1879—1968）和弗里茨·斯特拉斯曼（Friz Strassmann, 1902—1980）发现了这个现象。当用中子轰击铀的时候，他们在产物中发现了元素钡（Ba）。实验结果出乎预料，因为钡的原子序数为56，质量数为137。而铀相应的数据分别为92和238。最初，科学家们试图将所发现的元素定为镭（Ra，原子序数88），镭在元素周期表中与钡同族。但是，哈恩和斯特拉斯曼都是训练有素的科学家，钡的化学迹象毋庸置疑。

这两位德国科学家尚不确定钡怎么会从铀中产生，于是他们将实验结果的拷贝寄给了他们的同事丽丝·迈特纳(Lise Meitner，1878—1968)，听取她的看法（图7.4）。迈特纳博士曾与哈恩和斯特拉斯曼合作从事相关的研究工作，但由于纳粹政府的反犹太政策，她在1938年3月被迫离开德国。收到他们来信的时候，她住在瑞典。她和她的外甥，物理学家奥托·弗里希(Otto Frisch, 1904—1979)在雪中散步的时候，讨论着这一奇怪的结果。刹那间，她获得了灵感。在中子轰击的影响下，铀原子分裂为更小的原子，如钡。重原子核发生分裂，就像生物细胞分裂一样。

裂变——这一源于生物的名词——在迈特纳和弗里希发表在英国期刊《自然（Nature）》的快讯中被用来描述一种物理现象。在这篇题为"中子作用下铀的分裂：一种新的核反应"的快讯中，作者叙述如下：

哈恩和斯特拉斯曼不得不得出作为中子轰击铀的结果产生了钡的同位素。乍一看，这一结果令人费解。……但是，从本文所提出的有关重核的观点出发，一个完全不同的……图像可以说明这些新的分裂过程。……看起来，铀核在俘获了中子之后……，很可能分裂成两个尺寸大致相当的核……。据此，整个的"裂变"过程本质上可以用经典的方式来描述。

图7.4 丽丝·迈特纳，摄于1946年1月她抵达美国后不久

尽管只占一页，这个快讯的重大意义迅即得到认可。事实上，很难想出有比其科学意义更大的快讯了。尼尔斯·波尔（Niels Bohr，1885—1962），一位杰出的丹麦物理学家，从弗里希那里直接了解到这一消息，在文章正式发表的几天前乘飞机将其拷贝带到了美国。在迈特纳和弗里希的快讯发表后，数周之内不同国家十多个实验室的科学家就证实了铀裂变释放的能量正如爱因斯坦方程所预计的那样。为纪念丽丝·迈特纳发现核裂变的重大贡献，109号元素（Meitnerium）以她来命名。

核裂变是大核分解成多个小核并释放能量的过程。能量的释放是由于产物的总质量略轻于反应物的总质量。不管你可能学过什么知识，要知道无论物质还是能量都不是独立存在的。物质的消失伴随着与之相当的能量的产生。或者，可以将物质看作高度集中的能量形式；没有比原子核更为集中的地方了！记住，原子是一个差不多空着的空间。如果一个氢原子核的大小有如一个棒球，那么它的电子将在一个直径为半英里的球中运动。由于一个原子的几乎所有的质量都集中在其核上，原子核的致密程度令人难以置信。的确如此，如在一个可装入口袋的火柴盒中放入原子核，其质量可重达超过 2.5 t！依据爱因斯坦的质能联系方程，相对而言，整个核含有的能量极其巨大。

只有特定元素的原子核且在一定的条件下才发生裂变。决定核是否发生裂变的三个因素是：原子核的大小、核所含有的质子和中子数以及用于引发裂变的中子的能量。例如，相对较轻且稳定的原子，如氧、氯、铁不发生分裂。极重的核会自发地衰变。重核，如铀和钍，在受到中子足够的撞击时将发生分裂。值得一提的是，铀的一种同位素在受到中等程度的撞击时便会发生裂变，核电站的反应堆就是如此工作的。

让我们更仔细地考查一下铀。所有的铀原子都含有92个质子，电中性的原子伴有92个电子。在自然界，铀有两种含量占主导的同位素。丰度（99.3%）最大的那种铀含有146个中子。这种同位素的质量数是238，即92个质子加146个中子之和。我们将这种同位素记作铀-238，或更简洁些，U-238。丰度（0.7%）较小的铀含有143个中子和92个质子，即U-235。

术语质量数和同位素在2.2节已介绍。

练一练 7.5 铀的其他同位素

在自然界也发现痕量的U-234的存在。就质子数和中子数来看，U-234和U-238有怎样的不同？

更常见的是，我们用质量数和原子序数共同标记以区分同位素。前者（质量数）作为上标，后者（原子序数）作为下标，分别记在元素符号的左边。按此规定，铀-238写作：

$$质量数 = 质子数 + 中子数 \longrightarrow \ ^{238}_{92}U$$
$$原子序数 = 质子数 \longrightarrow$$

类似地，铀-235写作$^{235}_{92}U$。尽管$^{235}_{92}U$和$^{238}_{92}U$之间的区别仅在于3个中子，但这一差值导致了核性质的根本差异。在核反应堆中，$^{238}_{92}U$不发生裂变，而$^{235}_{92}U$发生。

核裂变过程由中子引发，又放出中子，可由如下核反应方程看出：

$$^{1}_{0}n + \ ^{235}_{92}U \longrightarrow [\ ^{236}_{92}U\ ] \longrightarrow \ ^{141}_{56}Ba + \ ^{92}_{36}Kr + 3\ ^{1}_{0}n \qquad [7.1]$$

让我们从左到右考察每一项。开始，一个中子撞击$^{235}_{92}U$核。中子（记作$^{1}_{0}n$）的下标是0，表示其电荷为0；上标是1，因为中子的质量数是1。$^{235}_{92}U$核俘获中子，变成一个重一点的铀的同位素，$^{236}_{92}U$。这种同位素写在方括号中，表示其仅仅短时存在。铀-236很快分裂成两个较小的原子（Ba-141和Kr-92）并释放出3个中子。

核方程与"标准"的化学方程式有点像，但不一样。配平核反应方程式，需要考虑质子数和中子数而不是像化学反应那样考虑原子数。核方程式中，左边各项上标之和与右边各项上标之和必须相等；下标之和也一样。核方程式中的系数，如方程7.1中，中子之前的系数3，与化学方程式中的含义相同，表明紧随其后的项的倍数。例如，通过计算可知方程7.1是配平的。

	左侧	右侧
上标：	$1 + 235 = 236$	$141 + 92 + (3 \times 1) = 236$
下标：	$0 + 92 = 92$	$56 + 36 + (3 \times 0) = 92$

当U-235原子核受到中子撞击时，可以形成各种裂变产物。以下练习给出两种其他的可能性。

练一练 7.6 其他裂变举例

借助元素周期表，写出这两个核方程式。二者均被一个中子引发。

a. U-235裂变形成Ba-138和Kr-95，并放出中子。

b. U-235裂变形成一种原子序数52、质量数137的元素和另一种原子序数40、质量数97的元素，并放出中子。

答案：

a. $^{1}_{0}n + \ ^{235}_{92}U \longrightarrow \ ^{138}_{56}Ba + \ ^{95}_{36}Kr + 3\ ^{1}_{0}n$

再来看看核方程式7.1，两边均含有中子。你或许会问为什么我们不把中子约去？虽然数学

方程式中你尽可以做这样的化简，这里却不能如此处理。核方程式两边的中子都非常重要：左边的引发裂变反应，而右边的则由裂变反应产生。所产生的每一个中子随之撞击另一个U-235核，引起核的分裂，并放出更多的中子。这便是**链反应**，此术语表示反应产物中任意一个会作为反应物参与反应，使反应得以自己维持下去。这个快速的支链反应不仅可以自持，而且可以快速地扩展（图7.5）。正是基于这个链反应，第一个可控核裂变于1942年在芝加哥大学进行。

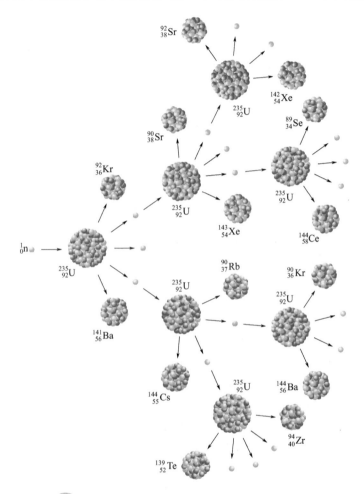

图7.5 **中子轰击U-235，引发链反应**

临界质量指为维持链反应可裂变燃料所需的最小质量。例如，U-235的临界质量是15 kg，或者33 lb。如果这一质量的纯U-235被组合在一起，裂变将自发生。如果这一质量的铀被聚拢在一起，裂变将继续进行。核武器的工作原理即如此，尽管裂变所放出的巨大能量会将临界质量的物质吹散，阻止裂变反应。但是，你很快会看到，核电站中的铀燃料远非纯U-235，它不可能像核弹一样发生爆炸。简而言之，也没有足够的中子（以及足够的被中子撞击的可裂变的核）引发核爆特征的失控的链反应。

前面我们提到，裂变过程放出的能量是由于产物的总质量略轻于反应物的总质量。但是，从我们书写的核方程式来看，方程式两边的总质量数相同，没有显示质量损失。事实上，实际的质量确实略微减小。要理解这一点，需晓得核的实际质量不是质量数（质子和中子数之和）；它们测得的值有多位小数。例如，一个U-235原子重235.043924原子质量单位。如果你保留小数点后的所有6位小数，比较U-235裂变的核方程两边的质量，你会发现产物的质量减少约0.1%，或者说千分之一。因此，产物的能量比反应物低。差值对应于放出的能量。

原子质量单位定义为C-12原子质量的1/12，或1.6×10^{-27} kg。这个单位可以方便地用来表示原子的质量。

如果1.0 kg（2.2 lb）U-235均发生裂变，将会放出多少能量？我们可以通过与$E = mc^2$密切相关的方程，即$\Delta E = \Delta mc^2$，计算出答案。这里，希腊字母得而它（delta，Δ）表示"变化"，因此，从质量的改变我们可以计算能量的改变。由于有1/1000的质量损失，质量变化Δm的值等于1.0 kg的1/1000，为1.0 g或1.0×10^{-3} kg。现在将该值与$c = 3.0 \times 10^8$ m/s代入爱因斯坦方程。

$$\Delta E = \Delta mc^2 = (1.0 \times 10^{-3} \text{ kg}) \times (3.0 \times 10^8 \text{ m/s})^2$$
$$\Delta E = (1.0 \times 10^{-3} \text{ kg}) \times (9.0 \times 10^{16} \text{ m}^2/\text{s}^2)$$

完成计算，得出能量变化，其单位看起来有点不同寻常。

$$\Delta E = 9.0 \times 10^{13} \text{ kg} \cdot \text{m}^2/\text{s}^2$$

单位kg·m^2/s^{2}等同于焦耳(J)。因此，1.0 kg U-235裂变放出的能量是一个巨大的数字9.0×10^{13} J或9.0×10^{10} kJ。

如4.2节所述，焦耳(J)是能量单位。1 J = 1 kg·m^2/s^2。

如果做个比较，9.0×10^{13} J相当于2.2万吨TNT炸药爆炸放出的能量。比较来看，这一能量约为1945年投向广岛和长崎的原子弹释放能量的两倍。这一能量就来源于整1 kg U-235的裂变，实际上只有约1 g（0.1%质量变化）转化为能量。

练一练 7.7　　煤当量

从表4.1中选择一种品级的煤，要产生与1 kg U-235裂变放出的能量相同的能量，需要的煤的质量是多少？

图7.6　1957年6月24日代号"Priscilla"的核试验，爆炸发生在内华达州拉斯维加斯西北的一个干涸的河床中

事实证明，不可能一下子使1 kg或2 kg纯U-235全部裂变。例如，在原子武器中，瞬间释放的能量将裂变物吹散，在所有原子核尚未全部参与裂变之前，核反应就终止了。尽管如此，所释放的能量也已是相当大的了。例如一个小小的如投向广岛的原子弹就相当于万吨量级的TNT。图7.6示出在美国内华达试验基地的一次原子弹爆炸。这个于1957年进行、代号Priscilla的核试验爆炸能量是1945年投向广岛和长崎的原子弹所释放

能量的两倍多。

要认识道，核裂变的能量是可以控制的，这也正是核电站的目标。在核电站中，核能是在控制的条件下连续地释放，下一节我们将会看到。

7.3 核反应堆怎样产生电能？

第4章描述了传统的发电厂燃烧煤、石油或其他燃料如何产生热的过程。热用于使水沸腾，将其转化为高压蒸汽以驱动叶片和涡轮。涡轮的转轴与在磁场中旋转的大线圈相连接，从而产生电能。核电站的运转方式基本上相同，只是对水加热的能量不是源于化石燃料，而是通过核"燃料"如U-235裂变产生。像所有电厂一样，核电站的效率也受限于热力学第二定律。热转化为功的理论效率取决于机组运行所处的最高温度和最低温度。这种热力学上的效率，典型值为55%～65%，由于其他因素如机械摩擦、热损失、电阻等的影响，会进一步大幅度降低。

> 热力学第二定律有各种不同的表述方法。其中之一是，在一个循环过程中不可能使热全部变为功。参看4.2节。

一个核电站由两部分组成：核反应堆与非核区（图7.7）。核反应堆是核电站的火热的心脏。核反应堆与一组或者更多的蒸汽发生器及初级冷却系统一起被放置在一个特制的钢制容器中，置于一个分立的拱顶混凝土建筑中。非核区包括驱动发电机的涡轮机。它也包括一套二次冷却系统。除此之外，非核区必须连接其他设施以便将冷却剂多余的热量带走。一般说来，一个核电站需有一个或多个冷却塔，或者要靠近体量较大的水域（或二者兼而有之）。翻回到图4.2，看一看化石燃料电厂的图片。这个电厂也需要移走热量的设施，图中示出水冷却而产生的蒸汽。

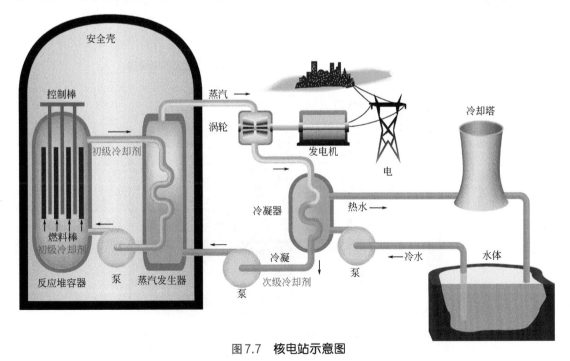

图7.7 核电站示意图

图7.8 核燃料芯块与美分

核反应堆核心的铀燃料以二氧化铀（UO_2）芯块的形式存在，每个芯块高度和硬币差不多，如图7.8所示。这些芯块一个接一个填入一个由锆和其他金属所形成的合金制成的管子中，这些管子再组合起来，置于一个有外壳的不锈钢容器中形成集束（图7.9）。每根管子中至少填充200个芯块。尽管，核裂变一旦引发后便可以通过链反应而自我维持，但仍然需要中子引发这一过程（参看方程式7.1，图7.5）。产生中子的方法之一是利用铍-9和一种重元素如钚进行组合。重元素产生阿尔法（α）粒子，^4_2He：

$$^{238}_{94}Pu \longrightarrow\ ^{234}_{92}U + ^4_2He \qquad [7.2]$$

阿尔法粒子

α粒子（^4_2He）轰击铍原子，给出中子、$^{12}_6C$并释放出伽玛（γ）射线，$^0_0γ$。核反应如下：

$$^4_2He + ^9_4Be \longrightarrow\ ^{12}_6C + ^1_0n + ^0_0γ \qquad [7.3]$$

伽玛射线

由此方法产生的中子可以引发反应堆芯中铀-235的核裂变。

γ射线最早出现在2.4节。α粒子和γ射线在7.4节将会有进一步讨论。

练一练 7.8　　Poo-bee 和 Am-bee

由钚（Pu）和铍（Be）组成的中子源称为PuBe（"poo-bee"）源；与此类似，AmBe（"Am-bee"）源由镅（Am）和铍（Be）组成。参照PuBe源，写出由AmBe源产生中子的方程式。从Am-241开始。

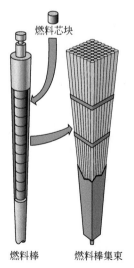

燃料芯块

燃料棒　　燃料棒集束

图7.9　组成核反应堆心的燃料芯块、燃料棒和燃料棒集束（左）；在反应堆心中浸没在水中的燃料棒集束（右）

记住——一个裂变产生2个或3个中子。窍门是如何"吸收"多余的中子，而依然留下足够的中子以便维持裂变反应。必须保持一个巧妙的平衡。中子太多，反应堆运行会升至高温，中子太少，链反应会停止，导致反应堆冷却。要实现所需的平衡，每次裂变产生的中子应该是一个，依次引发接续的反应。

散置在燃料元件之中的金属棒起到中子"海绵"的作用。**控制棒**由优良的中子吸收剂如镉和硼元素组成，通过调节这些控制棒的位置以控制吸收中子的多少。当控制棒全部插入，链反应难以维持；当向外抽提控制棒，反应堆便会"走向临界"，裂变链反应可以自持续下去，裂变速率取决于控制棒的准确位置。随着时间的推移，可以吸收中子的裂变产物在芯块中积累，要进行补偿，控制棒可以向外抽提。最后，燃料束必须被置换。

练一练 7.9   地震！

向后翻到图7.16，可以看到地震可能会在核电站附近发生。靠近震中的核电站应该自动关闭。控制软件应该将程序设定为将控制棒完全插入反应堆还是应该全部抽出？解释原因。

燃料束和控制棒浸在初级冷却剂之中，初级冷却剂液体与核反应堆直接接触以带走热量。在图7.10所示的Byron反应堆以及其他的许多反应堆中，初级冷却剂为硼酸（H_3BO_3）溶液。硼原子吸收中子从而控制反应速率和温度。和控制棒一样，这种溶液在反应堆中也起到**缓冲剂**的作用，降低中子运动的速度，使之更有效地引发核反应。初级冷却剂的另一大功能就是吸收核反应堆产生的热量。由于初级冷却剂所受的压强比大气压的150倍还高，它并不沸腾。它被加热到远高于其正常沸点，在一个封闭的回路中循环，从反应堆到蒸汽发生器，再返回。这个闭合的初级冷却剂回路由此成为连接反应堆与核电厂其他部分的媒介（图7.7）。

图7.10 位于伊利诺伊斯的Byron核电站。两个冷却塔（一个塔上的云是凝聚的水蒸气）是这种电站的标志。而核反应堆位于两个白顶的圆柱形建筑中，在照片的前景中

初级冷却剂带来的热量传递给所谓的**次级冷却剂**——水，蒸汽发生器中的水并不和反应

堆直接接触。在Byron核电站，每分钟有超过30000 gal的水转化为蒸汽。这些水蒸气带来的能量驱动与发电机相连接的涡轮。要使热能转换的循环持续进行，水蒸气必须冷却并凝聚为液态，再返回蒸汽发生器。在许多核设施中，通过大型的冷却塔进行冷却，冷却塔常常被误认成核反应堆。反应堆实际上没有这么大。

> 冷却塔也用在热电厂。

练一练 7.10   云（并非蘑菇形的）

有时候，你会看到从核电站的冷却塔中冒出的"云"，如图7.10所示。什么东西形成了这种云？它是否含有任何源自U-235的放射性同位素？给出解释。

核电站也采用湖水、河水、海水等进一步冷却凝聚的水。例如，在新汉普郡锡布鲁克（new Hampshire，Seabrook）核电站，每分钟需要约400000 gal的海水流过一个在洋底下100 ft处挖掘的巨型隧道（直径19 ft，4.8 km长）。源自工厂的一条相似的隧道引导着温度比海水高出22℃的水返回大洋。热水通过特殊的喷嘴而分散，从而使得在热水直接排放区域观测到的水温上升仅约为2℃。海水与裂变反应及其产物隔开，分为两个回路。初级冷却剂（含硼酸的水）通过反应堆，在安全防护建筑的内部循环。但是，这种硼酸溶液完全隔绝在一个封闭的循环体系中，因而放射性向蒸汽发生器中的次级冷却剂的泄漏几乎没有可能。同样，海水也不和次级回路系统直接接触，因此也不会受到放射性污染。显而易见，由核电站产生的电力与化石燃料电厂产生的是等同的。电没有放射性，也不会有。

想一想 7.11   Palo Verde 反应堆

美国功率最高的核电站之一，是位于亚利桑那州的Palo Verde复合装置。在满负荷工作时，其三座反应堆中的任意一座每秒即可输出1243百万焦耳电能。计算其每天发电总量及相应U-235的质量亏损。

提示：先计算每天而不是每秒的发电量。然后利用方程$\Delta E = \Delta mc^2$计算质量亏损Δm。质量用克作单位。

我们一直在讨论的话题——核裂变、铀、核燃料、核武器——所有的都与放射性有关。现在转向这个话题。

7.4 **什么是放射性？**

我们关于放射性的知识只有约100多年。1896年法国物理学家贝克勒尔（Antoine Henri Becquerel，1852—1908）发现了放射性。当时他在研究中用到感光板，那会儿胶卷尚未出现。

使用之前这些感光板被包裹在黑纸中以免曝光。有一次他无意中将一种矿物放在封装着的感光板附近，发现对光敏感的乳剂变黑，好像感光板曝过光一样！贝克勒尔很快就意识到，矿样发射出了一种非同寻常的辐射，它可以穿透遮光纸。

波兰裔科学家玛丽·斯克洛多夫斯卡·居里（Marie Sklodowska Curie，1867—1934，图7.11）开展了进一步的研究，揭示出这种射线源自矿物中的一种组分——铀元素。1899年，居里夫人采用术语"放射性"指代这种元素的自发辐射现象。随后，卢瑟福（Ernest Rutherford，1871—1937）分辨出两种主要类型的辐射。卢瑟福用希腊字母的前两个——阿尔法（α）和贝塔（β）分别命名它们。

图7.11 玛丽·斯克洛多夫斯卡·居里

她以其放射性元素的研究而两次获诺贝尔奖——一次是化学，一次是物理

参看2.7节了解更多关于电磁辐射的信息。

阿尔法和贝塔辐射具有截然不同的性质。贝塔（β）粒子是原子核释放出的高速运动的电子。它带有一个负电荷（1-），质量很小，约为质子或中子质量的1/2000。或许你会疑惑，电子（或贝塔粒子）怎么可能从原子核中放出呢？别急，我们马上给出解释。

与之相反，阿尔法（α）粒子是从原子核中放射出的带有正电荷的粒子。它由两个质子和两个中子组成（即氦原子核），且由于核外没有电子相伴，带有2+电荷。

伽马（γ）射线与阿尔法（α）和贝塔（β）辐射总是如影相随。γ射线从核中放出，不带电荷，也没有质量。它是一种短波长的高能光子。和红外线（IR）、可见光、紫外线（UV）及微波一样，γ射线是电磁波谱的一个波段，与X射线相似具有高能量。表7.1总结了这三种类型核辐射的性质。

"辐射"一词很可能引起混淆，因为人们不会特意区分"辐射"指的是电磁波还是核辐射。电磁辐射指所有不同类型的光：无线电波、X射线、可见光、红外线（IR）、紫外线、微波，当然还有γ射线。实际上，用"可见辐射"比"可见光"要准确。而核辐射指由核产生的辐射，如α、β或γ射线。γ射线既是电磁辐射也是核辐射。从原子核中发射出的γ射线我们称之为核辐射，而来自遥远的银河系的γ射线，我们称之为电磁辐射。

练一练 7.12　　辐射

核辐射还是电磁辐射？根据上下文解释每一句话中"辐射"一词的含义。

a. "说出一种比可见光波长短的辐射。"

b. "伽马（γ）辐射可以穿透你家的墙壁。"

c. "小心紫外线！如果你的皮肤稍有颜色，这种辐射会把你晒伤。"

d. "卢瑟福探测铀发出的辐射。"

答案： a. 电磁辐射　　　　b. 核辐射

表7.1 核辐射类型

名称	符号	组成	电荷	放出此射线的核的变化
阿尔法	$_2^4He$ 或 α	2个质子 2个中子	2+	质量数减小4，原子序数减小2
贝塔	$_{-1}^0$ 或 β	1个电子	1-	质量数不变，原子序数增加1
伽马	$_0^0\gamma$ 或 γ	光子	0	质量数与原子序数均不变

核衰变中，只要放出α或β粒子，就会发生显著的转化——发射出这些粒子的原子改变了其元素特征。例如，在PuBe中子源中（参见方程式7.2），你已经看到铍核发射α粒子变为铀核。与此类似，当铀放出一个α粒子，它即变为元素钍。铀-238发生核反应的方程式如下：

$$_{92}^{238}U \longrightarrow _{90}^{234}Th + _2^4He \qquad [7.4]$$

注意，核方程两边的质量数之和相等：234 + 4 = 238。原子序数之和也一样：90 + 2 = 92。

有时候，核反应生成的产物仍然是放射性的。例如，铀-238经α衰变而形成的钍-234有放射性。钍-234随之发生β衰变而变为镤（Pa）：

$$_{90}^{234}Th \longrightarrow _{91}^{234}Pa + _{-1}^0e \qquad [7.5]$$

与α衰变不同，β衰变使得原子序数增加1，而质量数保持不变。表7.1中也列出了放出α和β粒子引起核的变化情况。

有一个模型可以帮助你理解核中放出电子的过程——就是将中子看作由质子和电子组成。β衰变可以看作中子的"裂变"。方程7.6示出这一过程，告诉我们电子可以从核中放出：

$$_0^1n \longrightarrow _1^1p + _{-1}^0e \qquad [7.6]$$

在β衰变过程中，由于中子的失去被质子的形成所平衡，核的质量数（中子数与质子数的加和）保持不变。例如，钍中的中子变成了镤中的质子。由于该质子的产生，原子序数增加了1。需要提醒的是，此过程对于理解β发射非常有用，但并不意味着所发生的就是如此的过程。

练一练 7.13 α衰变和β衰变

a. 写出铷-86 (Rb-86) 发生β衰变的核方程式。铷-86是一种放射性同位素，可由U-235裂变产生。

b. 可引起肺癌的有毒性的同位素钚-239是α发射体。写出核方程式。

答案：a. $_{37}^{86}Rb \longrightarrow _{38}^{86}Sr + _{-1}^0e$

在前面我们已经提到，核衰变可能会产生另一个有放射性的核。某些情况下，也许我们可以做出预测，因为原子序数为84（钋）及更高的所有元素的同位素都是放射性的。显然，铀、钍、镭和氡的所有同位素都有放射性，因为其原子序数均大于83。

原子序数低于84的元素情况如何？其中有一些天然存在的放射性元素，例如碳-14、氢-3（氚）和钾-40。某种同位素是放射性的（放射性同位素）还是稳定的取决于其核内的中子数与质子数之比。直到形成一个稳定的比值，此核不再有放射性。组成我们这个星球的大多数原子是非放射性的。它们现在是这个样子，你可以想到它们明天会是什么样，尽管它们可能不在你曾看到的同一个位置（例如组成你的钥匙的原子）。

某些情况下，放射性同位素需要经过多步辐射才变成稳定的核。例如，U-238和Th-234的放射性衰变（参见方程7.4和方程7.5）是一个14步系列衰变的头两步。如图7.12所示，Pb-206是这一衰变的最终产物。与此类似，Pb-207是另一个不同的始于U-235的11步衰变的最终产物。这些衰变被称作**放射性衰变系列**，即放射性同位素的特征系列衰变路径。氡，一种放射性气体，是这一衰变过程的中间产物。因此，哪里有铀，哪里就有氡。第1章曾就氡的室内污染问题进行过讨论。

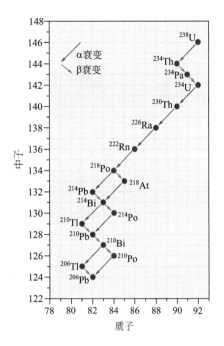

图7.12　**天然存在的U-238的衰变系列**

7.5　以史为鉴走向未来

现在我们来审视核能的遗产，从而以史为鉴。所有核电站均利用裂变过程产生能量，所有的生产都给出放射性裂变产物。这些放射性产物以前是否造成过危险？在这一节，我们看看发生过的放射性同位素泄露到环境中的事故。虽然这不是核能唯一的后遗症，但它是影响最为深远的一个。

> 铀矿开采不仅影响采矿工人、也影响当地环境，这也是核能的后遗症。核废料存储也是，后面章节会谈到。

1979年，一部名为"中国综合征"的影片勾勒了一场发生在美国的核灾难。在一个虚构的核电站，热聚集导致裂变反应堆走向临界，即将熔毁。事故一旦发生，地下的岩石将熔融而流向中国。幸运的是，千钧一发之际系统的安全装置发挥了作用。

7年之后，1986年4月26日，在乌克兰（当时属前苏联），真实存在的切尔诺贝利（Chernobyl）核电站的工程师们就远没有如此幸运（图7.13）。这个核电站有四座反应堆，两座建于20世纪70年代，另两座建于20世纪80年代。邻近的普里皮亚特(Pripyat)河的河水被用于冷却反应堆。尽管附近区域的人口密度不高，也有大约120000人居住在方圆30 km以内，包括切尔诺贝利城（人口：12500）和普里皮亚特城(人口：40000)。

> Chernobyl是俄语发音的翻译，乌克兰语中是Chornobyl。

图7.13 位于前苏联加盟国乌克兰的切尔诺贝利

即便算上发生在日本福岛第一核电站的放射性泄漏事故，切尔诺贝利依然是迄今为止世界上发生的最糟的核事故。乌克兰的问题到底出现在哪里？在进行4号反应堆电能功率安全测试的过程中，操作人员故意切断了通向核心区域的冷却水流。反应堆的温度骤然升高。但是，操作人员在反应堆中留下的控制棒数目不够，且其他控制棒很难快速重新插入。更糟糕的是，由于操作失误及反应堆设计的缺陷，蒸气压很低以至于难以提供冷却剂。

如图7.13所示，黄色背底上黑色的三叶纹是辐射警告的国际标志。而在美国，采用紫红色而不是黑色

一连串的事件迅速引发了一场灾难。整个反应堆功率剧增，产生巨大的热量，烧塌了燃料芯堆，释放出灼热的放射性核燃料颗粒。这些物质进而与用作冷却剂的水接触而发生爆炸，数秒钟内导致反应堆彻底毁坏。反应堆中用来使中子减速的石墨起火燃烧，喷射到石墨上的水与石墨发生化学反应产生氢气。

$$2\ H_2O(l) + C\ (石墨) \longrightarrow 2\ H_2(g) + CO_2(g) \qquad [7.7]$$

图7.14 切尔诺贝利4号反应堆发生化学爆炸不久后空中看到的场景

接着，氢气又和空气中的氧气发生化学反应而发生爆炸。

$$2\ H_2(g) + O_2(g) \longrightarrow 2\ H_2O(g) \qquad [7.8]$$

爆炸掀翻了覆盖反应堆的4000 t的钢板（图7.14）。尽管"核爆炸"未曾发生，但是大火及氢气爆炸却将大量的源于反应堆芯的放射性物质吹向空中。

切尔诺贝利灾难是由快速的化学反应——涉及氢气燃烧、反应堆燃料着火而导致的。它不是核爆炸。

大火在残余的建筑中燃烧。短短的时间之内，核电厂化为一片废墟。事故发生时的总负责人描述了所目睹的景象："似乎世界到了末日……我无法相信自己的眼睛；我看到反应堆被爆炸摧毁。我是世界上第一个看到这一切的人。作为一个核工程师，我意识到随之而来会发生的一切。它就是核地狱。我被巨大的恐惧紧紧地裹挟。"（科学美国人，Scientific American，1996年4月号，第44页）。

灾难在延续。在反应堆熔毁之后，大火持续燃烧了10天，向环境中释放了大量的放射性裂变产物。以核电站为中心方圆60 km的150000居民永久撤出该地区。放射性尘埃跨过乌克兰、白俄罗斯，一直飘到斯堪的纳维亚半岛，波及甚远，有些人未能享受核电的益处，却经受着风险。

人员伤亡随之而来。几个在核电站工作的人当即被夺去生命，还有31位消防员在清理过程中死于急性辐射病，这一话题我们在后面的章节中再讨论。据估计约2.5亿人受到可能引发疾病的放射性辐射剂量的辐照。

图7.15 在明斯克(Minsk)北门诊部一个小孩在接受甲状腺功能检查。他住在切尔诺贝利尘埃飘过的路径上

危害性极大的放射性物质之一是碘-131，一种β发射体，并伴有γ射线的放出。

$$^{131}_{53}I \longrightarrow {}^{131}_{54}Xe + {}^{0}_{-1}e + {}^{0}_{0}\gamma \qquad [7.9]$$

吸入碘-131会引起甲状腺癌。在接近切尔诺贝利的受污染地区，甲状腺癌发病人数急剧增加，特别是15岁以下的青少年。至2001年，在邻国白俄罗斯，有超过700位儿童接受甲状腺癌的治疗，数年之后这一数目增加到5000人。幸运的是，经过治疗，甲状腺癌的存活率高，大多数患者仍然存活。Akira Sugenoya博士是一位赴白俄罗斯为儿童治疗甲状腺癌的日本医务志愿者，他指出，"这一可怕事故的最后一章远未书写出来"。

甲状腺吸收碘离子产生甲状腺素，一种生长和新陈代谢必需的荷尔蒙。

练一练 7.14　碘！

当人们说到碘，可能指的碘原子、碘分子或碘离子，需要根据上下文来确定。

a. 写出这三种碘物种的Lewis结构以示出其区别。

b. 哪种碘化学性质最活泼？为什么？

c. 在甲状腺癌治疗中用到的碘以哪种化学形式存在？

答案：

c. 碘以碘离子I⁻（包含其放射性同位素I-131）的化学形式被甲状腺吸收。

有关切尔诺贝利的最新发现，我们求助于"联合国原子辐射效应评价科学委员会（UNSCEAR）"。2011年，UNSCEAR发布了有关切尔诺贝利对健康影响的评估报告。

除了年轻人的甲状腺癌发生率显著增高，白血病和白内障发生率在工人中有增高的迹象之外，在受到辐射的人群中，尚无明确数据说明实体癌增多或者白血病源于辐射。也没有任何与电离辐射相关的非恶性疾病的证据。但是，对此事故有普遍的心理反应，源于对辐射的恐惧，而不是实际辐射剂量。

2012年，大到可以罩住一个大学足球场、高至在中场可以放置一尊自由女神像的钢拱建筑，开始扣在切尔诺贝利核电站的废墟上。这个建筑将允许机器人拆除废墟并永久地密封废墟。鉴于切尔诺贝利是一个全球性的问题，29个国家承诺对此项目投资29亿美元。至今，核反应堆附近的区域依然不适合人类居住。

对于切尔诺贝利悲剧的回顾必然会提出这样一个问题："这一切会再次发生吗？"美国最近一次的核灾难发生在1979年3月，当时宾夕法尼亚州靠近哈利斯伯的三哩岛（Three Mile Island）核电站发生冷却剂流失，导致部分堆芯熔毁。尽管事故时有一些放射性气体释放，但没有发生严重的泄漏情况。至2002年，20年的跟踪研究发现，受辐射区域人口的癌症死亡率与普通人口相比未见增长。核工程师一致认为在美国运行的核电站不存在会导致切尔诺贝利灾难的设计缺陷。

要防止核事故，要求的不只是反应堆的安全设计。事故可能起因于人的错误、自然灾害和政治不稳定等的复杂交互作用。2011年，双双降临的自然灾害——地震和海啸，在日本引发一个核电站的3个装置完全熔毁的事故。

福岛核电站有6个反应堆，1、2、3号全部熔毁，4号反应堆的建筑及其中的乏核燃料遭遇了氢气爆炸。5、6号装置被关闭。

我们再看看历史，不过这一次，是看看本书的历史——看看我们从本书的前面版本可以学到什么："目前，世界上大约20%的核反应堆位于地震活跃区域，例如太平洋圈。因此，甚至在恐怖主义威胁之前，核反应堆必须修建得足以抵御撞击。反应堆中应装有地震探测器以便在地震发生时可以迅速关闭反应堆"（Chemistry in Context, 7th ed., p302）。正如这里指出的，地震只是问题的一部分，更具毁灭性的是随之而来的海啸（图7.16）。

图7.16　2011年日本东海地震（里氏9.0级）引发海啸而导致洪水肆虐

海啸随即而来，恣意肆虐。一开始，洪水淹没了福岛核电站泵入冷却水的发电机，导致反应堆冷却系统发生故障。1、2和3号反应堆中的燃料迅速升温，热引发了生成氢气的化学反应。因担心爆炸，核电厂的工人钻孔排出氢气，与此同时，这一处置导致某些放射性核裂变产物包括I-131，泄漏到周围的乡村。尽管进行了通风处置，这几个反应堆最终还是发生了爆炸。

练一练 7.15　氢！

方程式7.8示出氢的燃烧，即氢与氧气结合而产生水蒸气。第4章给出这个化学反应的Lewis结构。

$$2\,H\!-\!H + \ddot{\underset{..}{O}}\!=\!\ddot{\underset{..}{O}} \longrightarrow 2\ H\underset{..}{\overset{..}{O}}H$$

利用键能的数据，根据键的断裂和形成，可以估计此反应的能量变化。如图4.17所示，燃烧2 mol H_2，能量变化249.8 kJ。

a. 计算燃烧1 mol氢气和1 g氢气的能量变化。

b. 在图4.16给出的燃料中，每克甲烷燃烧放出的热量最大。氢气燃烧放热更多。大约为多少倍？

在第8章，了解更多关于H_2和O_2在燃料电池反应中反应的能量变化。

想一想 7.16　锆！

在切尔诺贝利核电站，如前所述，氢由水与灼热的石墨反应产生。然而，在福岛，氢由水与燃料棒外壳合金中的锆反应产生。

a. 锆金属被选择用于反应堆有数个原因，包括它不吸收中子。为什么这是一个可取的性质？

b. 如果将锆加热到高温(例如在核事故中)，会出现两种不受欢迎的性质：(1)它将膨胀并破裂；(2)它会和水反应产生氢气。解释这些性质的危险。

如今，核电站及其过往的运行操作依然备受关注，因此本节的标题是"以史为鉴走向未来"。是的，我们必须回顾过去，获取我们走向未来所需的智慧。毋庸置疑，核能将是我们的未来的一部分，尽管目前还难以确定其会达到多大程度。

7.6　核辐射与你

以往的事例表明，认为核辐射无害是个错误。例如，居里夫人就死于很可能因其所接受的辐射而诱发的血液病。许许多多在地下铀矿工作的人们罹患肺癌。其他一些不慎吸入放射性物质的人会很快发病或死于辐射病。

即使如此，核辐射只是微弱致癌的。因为，当它损坏细胞或组织时，人体有一系列的机制修复一定水平的辐射损伤。我们居住在一个天然存在放射性物质的行星上，并且在大多数地方，我们存活下来。当我们身体的修复系统超过其应对的限度，损伤发生累积，我们则必须当心。

那么是什么东西造成细胞或组织损伤？答案是放射性同位素放出的α粒子、β粒子和γ射线。这些射线均具有足够的能量使其撞击的分子发生电离，即它们从这些分子成键或非键的电子对中击出电子。诸如用于医学成像的X射线也是如此。因此，我们采用术语"致电离辐射"指代X射线和核辐射，因为它们会从其击中的原子或分子中打出电子。来自太空的宇宙射线也是**电离辐射**。与之不同，紫外、可见和红外辐射能量较低，是非电离类型的辐射。

X射线和γ射线的区别在于其来源。X射线是电子构型改变导致能量剧变而放出的辐射；与之不同，γ射线由原子核发射出。

当电离辐射穿过你的皮肤，它会引发一系列的连锁反应。例如，电离辐射照到一个水分子上，会打出一个电子：

$$H_2O \xrightarrow{\text{电离辐射}} H_2O^+ + e^- \qquad [7.10]$$

形成的H_2O^+带正电荷，而且，它有未成对电子。在下一个练习中你可以了解更多细节。

在11.2节，你将了解身体内大约60%是水，这使得电离辐射很可能和水分子作用。

想一想 7.17　　自由基

含有未成对电子的化学物种被称为自由基。这里将方程7.10改写一下，用圆点示出未成对电子。

$$H_2O \xrightarrow{\text{电离辐射}} [H_2O \cdot]^+ + e^-$$

我们在前面章节已经提到，自由基是非常活泼的。下面示出此自由基如何与另外一个水分子作用产生另一种自由基，·OH，即羟基自由基。

$$[H_2O \cdot]^+ + H_2O \longrightarrow H_3O^+ + HO \cdot$$

a. 画出这两个方程中所有反应物和生成物的Lewis结构。

b. 标出自由基的Lewis结构。

c. 基于这些Lewis结构，想一想自由基为何活泼？

在其他章节找到更多的自由基。第1章，·OH，NO_2形成及对流层的臭氧；第2章，Cl·、ClO·和·NO，对流层臭氧的消耗；第6章，·OH，酸雨中所含SO_3的形成；第9章，R·，乙烯的聚合。

在**想一想7.17**你已看到，一个自由基可参与反应产生另一个自由基。是的，另一个羟基自由基会继续与附近的其他分子包括DNA起反应。取决于自由基损坏DNA分子的不同方式，包含此DNA的细胞也许死亡，也许修复，也许发生变异。快速分裂的细胞，包括有些肿瘤，对致电离辐射特别敏感。基于此，核辐射和X射线可用于治疗某些类型的癌症。

在第12章，你将更多了解DNA。

致电离辐射也可以治疗其他疾病。例如，患有格雷夫斯疾病（Graves'disease）的人甲状腺机能亢进，产生过多的荷尔蒙激素，导致新陈代谢加快，引发多种综合征。虽然吞下一个放射性药片想法听起来可能没那么诱人，但是这样的药片确实用于治疗，因为它含有以碘化钾形式存在的放射性I-131。

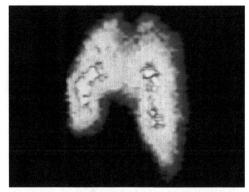

图7.17　借助I-131拍摄的甲状腺图像
红色和黄色区域表示甲状腺中放射性碘的富集

和食物中的碘被结合到甲状腺里一样，放射性碘亦如此。一旦进入甲状腺，放射性I-131便可以破坏全部或部分亢进的甲状腺组织（图7.17）。然后，为恢复正常的新陈代谢作用，多数患者服用替代的合成的甲状腺素，这种含碘的激素本来可由甲状腺自身分泌产生。

本章末尾第51题将涉及碘化钾（KI）片剂的服用并尽可能减少I-131的吸收。

辐射可治病也会致病。问题在于，所有快速分裂的细胞都对致电离辐射特别敏感，不只是癌细胞。一些健康细胞例如骨髓、皮肤、毛囊、胃和肠道中的细胞分裂也很快。接受放射疗法的癌症患者常常需忍受因这些健康细胞受损而引起的各种副作用。这些副作用统称"**辐射病**"。作为大剂量辐射的结果，这一病症早期表现为贫血、恶心、不适和易受感染。只要暴露在较大量的致电离辐射中，就可能得辐射病。例如，那些接近切尔诺贝利事故的人们，那些从投向日本的原子弹下幸存的人们，都受到辐射病的折磨。

我们的世界天然存在着放射性物质，因此辐射水平永远不可能减少到零。科学家采用术语"背底辐射"来描述特定地点辐射的平均水平。它可能来自自然界或者人造源。**背底辐射**（background radiation）最大的自然来源是氡气——一种由铀发生系列衰变而产生的放射性气体。你所受到氡气辐照量的大小取决于两点：一是你居住所在地岩石和土壤中铀的含量；二是你的居住环境是否会导致氡气的积累。以下练习有助于理清氡气和肺癌之间的联系。

练一练 7.18　氡和你

氡-222由U-238放射衰变产生，它是一种α发射体。
a. 写出衰变的核反应方程式
b. 产物是一种固体。预测它应当是放射性的，为什么？
c. 氡及其衰变产物可能会引起肺癌。解释原因。
答案：
b. 与其他原子序数等于或大于84的所有元素的同位素一样，钋-218是放射性的。

参考1.13节，了解更多关于氡及其作为室内污染物的内容。

作为一种天然放射性气体，氡是你所接受的最大电离辐射的来源之一，如图7.18所示。数十年前，我们所受到的辐照几乎全部源于自然界。但是，近年来随着医疗辐照应用于成像，例如CT扫描、X射线和放射性同位素示踪，现在约有一半的电离辐射源于医疗过程。有些患者受到的辐照远远超过天然背底辐射。

CT扫描（及其所产生的辐射剂量）应用的增加已受到很多医生的关注。不过，他们关注的是高质量成像对诊断和治疗的益处。

辐照可以通过所接受的辐射剂量定量化。参照图7.18，分别采用两种单位——雷姆（rem）和西弗特 (Sievert，Sv) 计算出每年的辐照剂量。这两个单位均是辐射剂量的量度，用于考量所吸收的辐照量对人体组织的损伤情况。1 Sv = 100 rem。尽管目前两个单位都在使用，但雷姆是个老单位，现在多数科学家使用西弗特——国际上通用的单位。

但是，1 Sv就是很高的剂量！由于大多数的辐射剂量比1 Sv（或1 rem）小很多，有必要采用更小的单位，如微西弗特（μSv）和毫雷姆（mrem）。

1 μSv = 1/1000000 Sv = 1×10^{-6} Sv

1 mrem = 1/1000 rem = 1×10^{-3} rem

1 μSv = 0.1 mrem。

当你服药时，很容易根据体重计算需要服用的剂量。这只是一个简单涉及你的服药量和你的体重的方程式。对于电离辐射，剂量计算就要复杂得多。其中一个重要原因是不同类型的辐射产生不同的辐射剂量。例如，α粒子打击作用强。原因何在？因α粒子大，会在其击中的组织中释放很大的能量。一定数目的α粒子对组织的损害大致相当于20倍的β粒子。

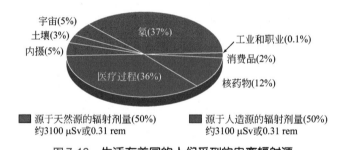

图7.18　生活在美国的人们受到的电离辐射源

来源：国家辐射防护与测量理事会(NCRP) 160号报告，美国居民所受的电离辐照，2009

图7.18中，内摄（Internal）指体内天然存在的放射性同位素，如微量的C-14和K-40。

另一个原因是同类辐射可能在组织中积累不同的能量。例如，不同波长的X射线具有不同的能量。因此，无论是西弗特还是雷姆都有赖于另一个单位，拉德（rad），即辐射吸收剂量（radiation absorbed dose）的缩写。拉德是辐射吸收剂量的量度，定义为每千克组织吸收0.01 J辐射能量。因此，如果一个体重70 kg的人吸收0.70 J能量，他或她接受的剂量就是1 rad。尽管这不是一份很高的能量，但其会在辐照到的地方聚集。

我们希望这个简要的讨论能助你理解，所有辐射并不是均等的。你接受的辐射剂量取决于辐射类型以及它照在你的体内还是体外。

我们再看看图7.18，仔细计算一下每年的辐射剂量。表7.2给出一个居住在美国中西部的非吸烟人士的示例。假设此个体每年仅接受最小的医学辐照，则3581 μSv 与图7.18显示的每年6200 μSv的数据相呼应。**想一想7.19**让你给自己做个计算。

想一想 7.19   你的年辐射剂量

如果你在互联网上搜索辐射剂量，会发现好几种计算程序。取决于每种程序建立的时间，其或者有或者没有医疗辐照的输入项。选择一种程序，输入数字。你算出的年辐射剂量与上述结果接近吗？若有区别，想想为什么。

表7.2   年辐射剂量（计算示例）①

辐射源	剂量/(μSv/a)
1. 宇宙射线	
a. 海平面上（美国平均值）	260
b. 相对于海平面升高而增加的剂量	
0～1000 m增加20 μSv	20
1000～2000 m增加50 μSv	
2000～3000 m增加90 μSv	
3000～4000 m增加150 μSv	
4000～5000 m增加210 μSv	
2. 房屋建筑材料	
石头、砖或混凝土增加70 μSv	
木头或其他材料增加20 μSv	20
3. 岩石和土壤	460
4. 食物、水和空气(K 和 Rn)	2400
5. 核武器试验的放射性尘埃	10
6. 医疗与牙齿X射线照射	
a. 胸透X射线，每次增加100 μSv	0
b. 胃肠造影X射线，每次增加5000 μSv	0
c. 牙齿X射线，每次增加100 μSv	100
7. 乘坐客机旅行	
在大约9 km高度每飞行5 h，增加30 μSv	300
8. 其他	
a. 居住在某一核电站方圆80 km以内，增加0.09 μSv	0.09
b. 居住在某一煤电厂方圆80 km以内，增加0.3 μSv	0.3
c. 使用电脑终端，增加1 μSv	1
d. 看电视，增加10 μSv	10
年辐射总剂量	**3581**

①以生活在中西部的非吸烟人士为样本。如果你每天吸一包烟，增加10000 μSv。
来源：采用美国环保署和美国核学会提供的信息。

怀疑派化学家 7.20　　　是否应该将职业纳入考虑？

　　表7.2给出的样本计算也就只是一个例子。表中给出了一些项目，其他的未给出。在互联网上查询其他人群的辐射剂量。找出至少两种在表7.2中未列入而对某些人群则需要考虑的辐射源。讨论这些项目是否应当包含在表中。

　　核电站影响如何？如果你再细致考察表7.2，就会发现，你从一个正常运转的核电站接受的辐射剂量是微不足道的。它甚至比你的"内摄剂量"，即从你自身所含天然放射性同位素发出的剂量还要少。例如，你体内所有钾离子（K^+）的大约0.01%是放射性K-40。这些放射性钾每年产生大约200 μSv的剂量，是居住在离核电站方圆80 km内所受辐照剂量的约2000倍。虽然香蕉中富含钾离子（K^+），你不必担心吃香蕉会增加辐射剂量。这是因为，和钾离子可以快速摄入体内一样，它们也会迅速排出，不会发生净累积。

　　碳-14是我们食物中另一种天然存在的放射性同位素。这种放射性同位素来自我们生活的大气层的上部，由氮气和宇宙射线相互作用产生。碳-14结合为二氧化碳分子，向下扩散到我们居住的对流层中。一位多产的科普作家，已故的伊萨克·阿西莫夫（Isaac Asimov）指出，人体约含3.0×10^{26}个碳原子，其中3.5×10^{14}个为放射性的碳-14原子。每次呼吸，你吸入三百五十万（3.5×10^6）个含碳-14的二氧化碳分子。这个表示原子的数字是如此之大，因而表7.2无此选项。在下面的活动中你可以练练数学。

练一练 7.21　　　你体内的放射性碳

　　如果伊萨克·阿西莫夫（Isaac Asimov）给出的数据是正确的，即你体内3.0×10^{26}个碳原子中，3.5×10^{14}个为放射性的。计算放射性碳-14占碳原子的比例。

　　在切尔诺贝利所受辐照的估算平均值：530000名清理工人：120 mSv；115000名撤离居民：30 mSv；来源：联合国原子辐射效应评价科学委员会（UNSCEAR）

　　你每年所受致电离辐射剂量对你的影响如何？这个问题没人能给你一个详细确切的答复。即使如此，我们可以做一些有用的观察。

　　首先，即使加上诊断医学测试，你的年辐射剂量也可能是相对比较低的。只有在错误时间出现在错误地方（或有严重疾病）的人会接受到较高剂量的辐射。例如，出现在核武器的放射性微尘的路径上或者在一次严重的核电站事故污染的区域。进行骨髓移植也会导致接受大剂量的辐照。

　　其次，科学家有接受一次辐照剂量而引发的效应的合理数据。从表7.3中可以看到，你的年均辐射剂量约为6200 μSv，如果一次受到此剂量的辐照，也许不会有直接的生理反应。但是，更大剂量的辐照会导致辐射病和死亡，因为这会引起迅速分裂的细胞例如人赖以生存的骨髓细胞和胃肠道细胞的严重损害。

表7.3　不同剂量单次辐射的生理效应

剂量/Sv	剂量/rem	可能的效应
0~0.25	0~25	无可观察到的效应
0.25~0.5	25~50	白血球稍微降低
0.5~1	50~100	白血球显著降低，损伤
1~2	100~200	恶心，呕吐，掉头发
2~5	200~500	出血，溃疡，可能引起死亡
>5	>500	死亡

再次，即使你的年均致电离辐射剂量较低，它可能对你起作用。最可能引发的是癌症。例如，氡气是肺癌的第二主导因素，在美国每年多达20000人死于肺癌。因医疗需要接受致电离辐射而引发的超出预期的癌症。图7.19示出一些代表性的数据，帮助你了解医疗测试的情况。要知道的是，辐射剂量和所用仪器及其制造商有关，也和体重有关。虽然由CT扫描引发癌症的风险(或可能性)很低，但这种可能不大的癌症倘若发生仍然是一种严重的后果。

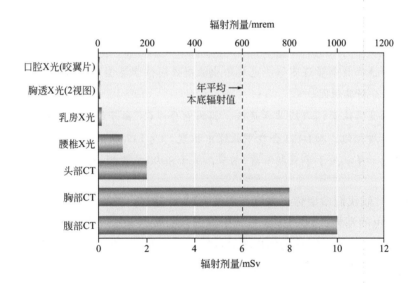

图7.19　医学过程所用致电离辐射剂量
来源：Michael G. Stabin, Health Physics Society, 2011

最后，关于低剂量辐射长期作用的看法依然有分歧。

困难在于从已知的高剂量数据向低剂量数据的外推。推测的过程是必要的，因为我们不可能用人做实验获得可靠的数据。另外，低剂量的作用会很小，可能在长时间后才会出现。

在结束我们的讨论之前，我们需要探讨测量放射性的单位。为此，我们必须改变聚焦点。到目前为止，重点放在辐射剂量及其如何伤害细胞，导致疾病甚至死亡上。现在，我们转向放射性同位素如何作用——亦即它们怎样发出核辐射。

样品的放射性用给定时间内核衰变的数目来测量。贝克勒尔（Becquerel，Bq)，是国际上通用的放射性单位，定义为秒钟发生的裂变数[阿尔法（α）、贝塔（β）或伽马（γ）]。这是一个小单位，另一个常用单位是居里（Ci），采用这个单位是为了纪念Marie Curie，居里也是度量样品放射性的单位，它大约等于1 g镭每秒钟发生的裂变数：

$$1 \text{ Ci} = 3.7 \times 10^{10} \text{ 衰变数／秒}$$

$$= 3.7 \times 10^{10} \text{ Bq}$$

mili（毫）= 1×10^{-3} = 1/1000；micro（微）= 1×10^{-6} = 1/1000000；nano（纳）= 1×10^{-9} = 1/1000000000；pico（皮）= 1×10^{-12} = 1/1000000000000。

由于镭是高度放射性的，1 Ci是一个很大的辐射量！因此，人们测量放射性时常用的典型单位是毫居里（mCi），微居里（μCi），纳居里（nCi），甚至皮居里（pCi）。例如，居家中氡的辐射量以皮居里为单位，在**练一练7.27**中，你就会了解到。化学家在实验室中所用的典型放射性物质采用毫居里和微居里。如果一个实验室工作人员不慎洒了强度达100 mCi辐射量的物质，必须进行严格的清理工作。相反，如果所洒的量为100 μCi，就不需要兴师动众了。

将所有的数据放在一起考虑，切尔诺贝利事故向大气中的辐射量是$(1\sim2)\times10^8$ Ci。就放射性而言，相当于扩散了$(1\sim2)\times10^8$ g的镭。在事故发生数月之后，切尔诺贝利附近测得的辐射每平方公里高达5 Ci甚至超过40 Ci。而在长崎和广岛爆炸的原子弹所放出的辐射剂量比切尔诺贝利低了两个数量级。

想一想7.22　　看看放射性释放

仅报告放射性释放剂量还不够。也要给出放射性同位素类型。以核裂变产物I-131、Sr-90和Cs-137为例，分析其原因。

答案：放射性同位素Cs-137非常危险，因为它会以Cs^+离子的形式进入食物链。Sr-90也一样，它和钙性质相似，而I-131会在甲状腺中积累。Cs-137和Sr-90的危险在于其半衰期也很长，会存在数十年。关于半衰期参看7.8节，关于Sr-90参看**想一想7.28**。

本节结束的时候我们希望你再关注一下表7.2，计算自己的致电离辐射剂量。如在怀疑派化学家7.20中指出的那样，这一计算与其所含选项有关。至少应该包括核燃料循环的选项，下一节我们将给出定义。尽管你的年均辐射剂量中此项很低（0.1%），核燃料需要我们密切注意。下一节，我们将探讨核燃料和武器的关系。接着的一节，我们将讨论核的半衰期，由此将触及与核废料相关的问题。

7.7　与武器的关系

尽管核电站和原子弹通过核裂变释能，但各自要求不同的反应速率。核电站要求缓慢的、可控的能量释放，而在核武器中，能量的释放迅速且不控制。在两种情形中，裂变反应本质上相同。二者的燃料都是**浓缩铀**，也就是说，其中U-235的含量高于天然丰度（约0.7%）。不同之处在于浓缩的程度。商用核电站运转采用U-235的典型含量为3%~5%，而原子核武器中燃料中U-235的含量可高达90%。后者有时也被称作高浓缩铀，或者军事级铀。

尽管氢弹需要核裂变引发，但其能量来源于核聚变，这个话题在本章不做探讨。

世界上大多数的反应堆采用浓缩铀为燃料。但英国和加拿大的一些反应堆设计为使用自然（未浓缩）铀。

练一练 7.23 浓缩铀

核电站所用燃料芯块中U-235浓缩到3%~5%。

a. 铀的另一种同位素也存在于芯片中，是哪一种呢？

b. 这种同位素在核反应堆的条件下是否可裂变？

c. 在反应堆用过之后，这些乏燃料芯片中可能含多种不同的同位素，包括锶、钡、氪和碘等元素。解释这些放射性同位素的来源。

 提示：参看交互图，了解更多有关乏燃料的知识。

在核反应堆中，可裂变的U-235的含量很低。U-235裂变产生的中子大多数被U-238以及控制棒中的其他元素如镉和硼吸收。因此，不会出现中子流充分积累而导致核爆炸。与之相反，原子武器中铀高度浓缩，其中，中子可能碰到另一个U-235核。如前所述，爆炸式的裂变反应（即原子弹的爆炸）只有在U-235很快合并组装达到临界质量（约为33 lb）时发生。

铀浓缩不是轻而易举的工作！ U-235 和U-238在所有化学反应中基本性质相同，这两种同位素的分离很难。二者的分离依赖于其细微的质量差别。如何利用这一差异进行分离？一般说来，轻一点的气体分子比重一点的分子运动快。因此含有U-235的气体分子应该比类似的含有U-238的分子运动的略快一些。分离质量不同的分子的方法之一是通过**气体扩散**——一个使气体通过渗透膜的过程。较轻的气体分子比较重的分子通过膜扩散要快一些。

但铀矿显然不是气体，而是含有UO_3和UO_2的矿物。其他大多数的铀化合物也是固体。不过，化合物六氟化铀（UF_6）的性质引人关注。以"六"为名，这种化合物在室温下是固态，但是受热至56℃（约135 ℉）便气化。要生产"六"，先将铀矿转化为UF_4，UF_4进一步与更多的氟气反应：

$$UF_4(g) + F_2(g) \longrightarrow UF_6(g) \qquad [7.11]$$

方程式7.11是化学方程式，而不是核方程式。

平均说来，一个$^{235}UF_6(g)$分子比一个$^{238}UF_6(g)$分子运动快约0.4%。如果让气体通过一连串的渗透膜反复进行扩散，可以实现$^{235}UF_6(g)$和$^{238}UF_6(g)$的充分分离。早在第二次世界大战以及之后的冷战中，美国科学家在位于田纳西州的橡树岭国家实验室就是通过气体扩散分离铀同位素。

仅有少数国家，包括法国和美国，建有基于气体扩散过程浓缩铀的商业工厂。不过，如今浓缩更常用的是大型气体离心分离技术。和气体扩散一样，气体的离心分离也是利用$^{235}UF_6(g)$和$^{238}UF_6(g)$之间的微小质量差别。但是，和气体扩散相比，离心分离具有低耗能的优势。正因为如此，新建的浓缩工厂均采用离心分离。例如，2006年，核仲裁委员会已经核准美国和欧洲能源公司的联合体在新墨西哥的Eunice建立一个艺术殿堂级的气体分离工厂（图7.20）。2010年，官方在此工厂举行了剪彩仪式，预计2015年可以满负荷生产。

图7.20　位于美国新墨西哥州Eunice新建的一个艺术殿堂级的铀浓缩工厂
（该厂由一个国际核燃料公司URENCO建设）
来源：URENCO

不管用什么浓缩方法，当U-235被分离之后，留下的U-238成为"贫铀"。贫铀绰号DU，其所含的几乎全是U-238（约99.8%），因为天然所含的U-235大部分已被提走。估计美国存有超过十亿吨的贫铀。近几年，军队在穿甲设备中利用贫铀。以下练习让你更进一步了解贫铀。

想一想 7.24　　　贫铀

贫铀被用作反坦克弹头的外壳，最早于1991年用于海湾战争，后来用于世界上其他军事冲突，包括科威特、波斯尼亚、阿富汗和伊拉克。贫铀的哪种性质使其可用作弹头或包覆外层？总结围绕贫铀使用的不同观点与看法。

浓缩到3%~5%的水平，核燃料棒不可能作为有效的原子弹。但是，将铀矿转化为武器级别的铀（约90% U-235）在技术原理上与用于反应堆燃料的相同。基于这一事实，遵照核不扩散条约，只有某些国家可以生产浓缩铀。条约赋予签署国为了和平目的而利用核能（包括铀浓缩）的权力。作为条约的签署国，伊朗不顾美国和其他国家的反对，于2005年重启铀浓缩。

一个更为可能的用于秘密武器制造的可裂变材料是钚-239（Pu-239），在通常的反应堆中由铀U-238吸收一个中子而产生。与方程式7.1中 U-235的变化类似，U-238吸收一个中子形成不稳定物种U-239。此时，并不发生裂变，而是在数小时内，U-239发生β衰变：

$$\,^{1}_{0}n + \,^{238}_{92}U \longrightarrow [\,^{239}_{92}U\,] \longrightarrow \,^{239}_{93}Np + \,^{0}_{-1}e \qquad [7.12]$$

所形成的新元素，镎-239，也是一个β发射体。它经过β衰变而形成钚-239：

$$\,^{239}_{93}Np \longrightarrow \,^{239}_{94}Pu + \,^{0}_{-1}e \qquad [7.13]$$

早在1940年这个转变过程就已被发现。钚的化学和物理性质的研究是借助于显微镜，通过几乎难以察觉的微量样品而确定的。基于此微量样品而设计的化学过程放大了10亿倍，用于从反应堆的乏燃料芯块中提取钚，在华盛顿哥伦比亚河畔（Columbia river）的汉福特（Hanford）建有这样一个工厂。钚经化学法与铀分离，1945年7月16日，在新墨西哥州阿拉莫戈尔（Alamogordo）进行的第一次爆炸试验的核装置用的就是钚。之后不到一个月投放在长崎的原子弹用的燃料也是钚。

参见7.9节，进一步了解β衰变。

贫铀、浓缩铀和钚皆为核燃料循环中的组成部分。核燃料循环，指从铀矿开采、处理、用作反应堆的核燃料、然后进行废物处理的一系列过程。参考图7.21，建立铀的关联图。如方程式7.12和式7.13所示，Pu-239在反应堆中产生，也是乏燃料的组分。反应堆可以进行设计而调控"增值"钚的产量。我们在后面再讨论核燃料循环。

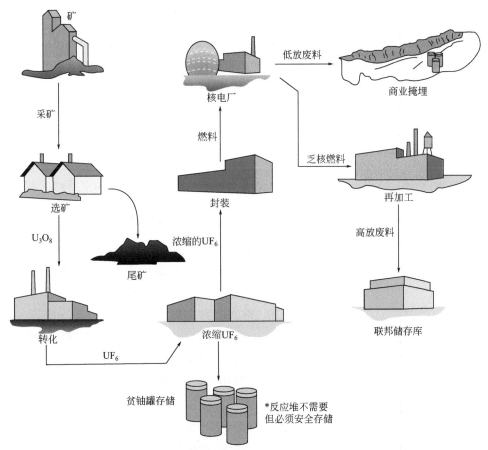

图7.21　核燃料循环示意图（目前某些步骤不在运行中）

提示：U_3O_8是铀的氧化物，又称"黄饼"，在铀矿精制中生成

来源：W. Cunningham and M.Cunningham, Environmental Science: A Global Concern, 12 th ed., McGraw-Hill, 2012

因为产生于核反应堆的钚可用于制造原子弹，Pu-239的安全是一个国际性的问题。鉴于Pu-239和U-235的风险，对于这两种同位素的供应与分发，国内国际上的相关组织一直在全世界进行着严格监控。在冷战结束及前苏联解体之后，核材料的安全防护有了新的意义。部分问题在于俄罗斯核军械库中储存着钚和高浓缩铀（约20000个弹头）。另一问题源于，作为

冷战留给俄罗斯的遗产，大量储备的高浓缩铀和钚（约600 t）。二者均对世界安全构成很大的威胁（图7.22）。存储在前苏联的一些实验室、研究中心及船厂的裂变材料很容易成为偷窃者的目标。这600 t裂变材料换算成容量，大约可以装备40000个新的核武器。

在7.10节，了解更多关于黄饼及部分核燃料循环的知识。

国际社会清醒地认识到非法核交易的危险以及对有效安全措施的需求。认识到全世界面临的威胁，2005年诺贝尔和平奖授予国际原子能机构（IAEA）及其总干事穆罕默德·巴拉迪（Mohamed El Baradei）。诺贝尔委员会致辞"……他们致力于阻止核能用于军

图7.22 在德国截获的一个装有军用Pu-239的走私罐

事目的，并保证和平利用的核能处在最安全的方式下"。即便不考虑我们的星球，各国未来的安全，也有赖于我们对钚和高浓缩铀的安全保卫及最终回收的能力。

7.8 核的寿命：半衰期

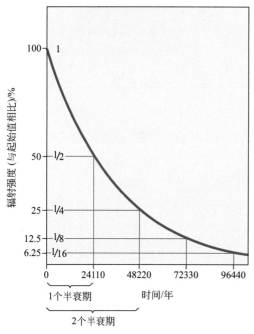

图7.23 Pu-239的放射衰变

放射性样品会持续多长时间？答案依赖于放射性同位素的种类。有些放射性同位素在短时间内很快发生衰变，而另外一些则衰变很慢。每种放射性同位素有自己的半衰期（$t_{1/2}$）——放射性水平降低到初值的一半所需要的时间。例如，由铀燃料反应堆中产生的钚-239，可发生α衰变，半衰期是24110年。这意味着，需要24110年Pu-239废料的放射性强度才会降到一半。在又一个24110年即第二个半衰期结束的时候，辐射是起始水平的1/4。在三个半衰期后（总共72330年），辐射是起始的1/8（图7.23）。从这些数字可以看出，钚量的降低需要很长的时间。

复习方程式7.12和式7.13，了解在核反应堆中，Pu-239如何由U-238产生。

其他同位素的衰变甚至更慢。例如，U-238的半衰期是45亿年。巧合的是，它近似等于地球上最古老岩石的年龄，其可通过测定岩石中铀的含量确定。某一同位素的半衰期是恒定的，与其物理和化学状态无关。而且，放射性衰变的速率根本不受温度和压力变化的影响。从表7.4可以看出，半衰期可短至数毫秒，也可长达百万年。

表7.4 某些同位素的半衰期

放射性同位素	半衰期	是否存在于核反应堆的乏燃料中
铀-238	4.5×10^9 a	是。开始就存在乏燃料中
钾-40	1.3×10^9 a	否
铀-235	7.0×10^8 a	是。开始就存在乏燃料中
钚-239	24110 a	是。参看方程7.13
碳-14	5715 a	否
铯-137	30.2 a	是。裂变产物
锶-90	29.1 a	是。裂变产物
钍-234	24.1 d	是。少量，源于天然铀-238的衰变
碘-131	8.04 d	是。裂变产物
氡-222	3.82 d	是。少量，源于天然铀-238的衰变
钚-231	8.5 min	否。半衰期太短
钋-214	0.00016 s	否。半衰期太短

从表7.4也可以看出，Pu-239和U-235的半衰期不同。钚的其他同位素也有不同的半衰期。例如，1999年，Carola Laue, Darleane Hoffman以及劳伦斯伯克利国家实验室的一个团队表征了钚-231。因为Pu-231只有仅仅数分钟的寿命，研究者必须快速进行工作！总而言之，每种同位素有自己特征的半衰期，同种元素的不同同位素具有不同的半衰期。

我们可以用半衰期确定样品在一定时间后所剩余的量。例如，实验室产生的Pu-231，25 min后所余样品比例是多少？要回答这个问题，首先应认识到25 min约为3个半衰期（8.5 min×3）。1个半衰期后，样品衰减50%，剩余50%；2个半衰期后，样品衰减75%，剩余25%；3个半衰期后，样品衰减87.5%，剩余12.5%。尽管数据不是非常准确，因为25 min并不正好是3个半衰期——但是能进行快速的总体推测还是非常有用的。

这个问题也可以表述为"25.5 min（恰为3个半衰期）之后，多大比例的Pu-231发生了衰变？"回答这个问题需多做一步。衰变的量等于100%减去剩余的量。如果剩余12.5%，则样品衰变100% −12.5% = 87.5%。表7.5汇总了放射性同位素的变化情况。

练一练 7.25　现在从这里开始……

……那么明天就没了？人们有时候愿意用10个半衰期来指示放射性同位素何时会消失，也就是说，所残留的物质可以忽略。经过10个半衰期，起始物剩余的比例是多大？在表7.5中加入更多的行，给出10个半衰期后的数据。

让我们再对不同的放射性同位素作个估算。例如，如果你有一个U-238（$t_{1/2} = 4.5 \times 10^9$ a）的样品，25 min后还剩多少？回答这个问题，更简单。对于45亿年的半衰期而言，分钟、小时甚至数月都是很短的一个瞬间，因此，基本上所有的U-238仍全部存在。以下的两个练习让你继续半衰期的练习。

练一练 7.26   算算氚

氢-3（氚，H-3）可在核反应堆的初级水冷回路中产生。氚是 β 发射体，半衰期 12.3 年。对于一个给定含氚的样品，多少年后放射活性是起始的约 12%？

表7.5　半衰期计算

半衰期数	衰变的量/%	剩余的量/%
0	0	100
1	50	50
2	75	25
3	87.5	12.5
4	93.75	6.25
5	96.88	3.12
6	98.44	1.56

练一练 7.27   算算氡

氡-222 是一种放射性气体，由天然存在于多种岩石中的镭衰变产生。

a. 岩石中的镭最可能源自何处？提示：参见图 7.12。

b. 氡的放射活性常用皮居里（pCi）为单位计量。假如在你的地下室，测得氡-222 的放射活性是 16 pCi，这是一个比较高的数据。如果没有其他来源的氡进入地下室，需要过多长时间才可以使辐射水平降至 0.5 pCi？提示：从 16 pCi 降为 1 pCi，辐射水平降低经过 4 个半衰期：16 pCi 至 8 pCi 至 4 pCi 至 2 pCi 至 1 pCi。每个半衰期为 3.82 d。

c. 为何不会有更多的氡进入你的地下室的假定不正确？

还有一个难题是反应堆废料中的裂变产物。如果释放出来的话，很多将会进入人体中并发生累积，具有潜在的致命作用。锶-90（Sr-90）是一种核裂变产物，也是一个杀手。它于 20 世纪 50 年代因核武器试验而进入大气中。锶离子的化学性质与钙离子相似，二者在周期表中均处在第 2A 族。因此，类似于 Ca^{2+}，Sr^{2+} 也在牛奶和骨头中富集。一旦吞入，半衰期为 29 年的放射性锶便对人体产生长期的危害。和 I-131 一样，Sr-90 也是切尔诺贝利反应堆事故释放的危险的裂变产物之一。

练一练 7.28   Sr-90

如表 7.4 所列，Sr-90 是 U-235 裂变而产生的产物之一。伴随着此同位素的产生，还有三个中子和另一种元素。写出核反应方程式。

提示：别忘了引发 U-235 裂变的中子。

转到一个轻松些的话题，在本节结束之时，我们说说碳-14（C-14）——在前一节提到的同位素。C-14的半衰期为5715年，经β衰变过程而变为N-14。大气中的二氧化碳，其放射性碳-14与非放射性碳-12保持恒定的$1:10^{12}$的稳态比值。活着的动植物结合的同位素也是同样的比例。但是，当有机体死去之后，与环境之间的CO_2交换终止，没有新的C-14被引入以补充因β衰变而变为N-14的部分，因此，C-14的浓度随时间而降低，每5717年减少一半。

20世纪50年代，W. Frank Libby（1908—1980）第一个意识到通过实验测定样品中C-14/C-12之比可以得到其降低值。这一比值可大致提供有机体的死亡时间。人类及其他各种人造物体含有碳，而且幸运的是，C-14的衰变速率是一种简便的测定机体活性的方法。史前洞穴中的木炭，古代的草纸，木乃伊的遗骸，可疑的艺术赝品，都可以通过这种技术揭示其年代。C-14技术提供的年代与从历史记录中得到的年代差别在10%以内，因此而奠定了碳-14断代技术的权威性。

稳态过程在第2章有定义。

可信度很高的C-14断代被用于确定著名的都灵裹尸布的年代，大约为公元1300年。

怀疑派化学家 7.29　　古代的裹尸布

利用C-14断代技术，一块墓葬中的衣料被估计有约100000年。已知碳-14的半衰期为5715年，你觉得这个推断有道理吗？

提示：在经过10个半衰期之后，考虑所剩放射性同位素的含量。复习**练一练7.25**，找出答案。

核衰变过程无法加速；我们既无法让核钟快点走也无法让它慢下来。放射性碳断代技术依赖于C-14准确无误的"滴答"作响。同样的道理也适用于核废料。我们下节将看到，我们对于加快任何放射性同位素的衰变无能为力。我们不得不面对我们所拥有的——也许数千年。

7.9 核废料：今天和明天

在核电站周边，核废料的安全处置是最紧迫的问题。没有显而易见的"银弹"（或银废物罐）注。发表在《今日物理》（Physics Today）1997年6月的一篇文章中，John Ahearne, 美国核章程委员会前主席，提醒我们，"……像死亡和税收一样，放射性废物伴随着我们——别想甩掉它。"

译者注：英文"silver bullet"隐含诀窍、高招的意思。

在我们讨论相关内容之前，应该先对核废料类型做个定义。**高放射性废物（high-level radioactive waste，HLW，简称高放废物）**，顾名思义，具有高水平的放射性，而且由于其含有半衰期长的同位素，需要与生物圈绝对永久隔绝。HLW以各种化学形式存在，包括具有强酸性或强碱性的物质。它也含有有害的重金属。因此，HLW有时被冠以"混合废物"之名，因为它的危害既在化学物质层面，又在放射性上。还有，如我们在7.7节所提到的那样，这种废料也存在国家安全风险，因为它含有可提取并用于制造核武器的裂变材料钚。冷战期间，经过加工处理反应堆燃料以获得钚来制造核弹头，产生了大量的高放废物。军用废料有溶液、悬浮液、浆体和盐饼等不大好处理的形态，储存在桶、箱和地下掩埋罐之中。

作为对比，**低放射性废物**（low-level radioactive waste，LLW，简称低放废物）是指比HLW放射性低的材料，特别是不包括乏燃料。低放废料包括许多材料，例如被污染的实验服、手套、在医用同位素治疗中所用的清理工具，甚至废弃的烟气探测器。你可能已经猜到，LLW的危害比HLW明显要低。就体积上来看所有核废料的近90%是低水平的。

想一想 7.30   压缩它！销毁它！

一位当选的州议员观摩一堂化学课，提到当地放射性废物处理的填埋问题。她建议压缩废物以降低其放射性，然后焚烧它。在她看来，这是优于填埋放射性废物的办法。假设你是她的工作人员之一。起草一个得体的备忘录提醒她。

商用和军用核电厂是高放废物的主要来源。例如，美国有1001个商用核反应堆，每个反应堆每年产生约 20 t的乏燃料。**乏燃料** (SNF) 是反应堆燃料用于发电后在燃料棒中剩余的放射性材料。从反应堆中取出后，乏燃料仍然很"热"——既指其温度也指其放射性。这些棒中主要包含U-238及1%左右未发生裂变的U-235。还含其他各种裂变产物，主要是高放射性的同位素，如碘-131、铯-137和锶-90等。此外，乏燃料棒含有钚。正如我们早在方程 7.13 示出的那样，Pu-239 由 U-238 形成。请参阅表 7.4，了解乏核燃料中一些放射性同位素的半衰期。

图 7.24   在南卡罗莱纳州Aiken的萨凡纳河储存点，含有乏燃料的桶被沉入一个深水存储池中。此处为临时存储

来源：美国能源部民用放射性废物管理办公室

每个核反应堆每年置换约30%的燃料棒，在美国已成惯例。乏燃料棒从反应堆取出后，先被转移到一个深水池之中临时存储（图7.24）。水既用来冷却燃料，也吸收α和β辐射，从而屏蔽近处的工人免受辐照。这些水池不是核燃料的永久储存地。它们运行费用高，一些金属棒在水下发生腐蚀。此外，在美国绝大多数储存池已达到其容量，所以燃料棒需要移走以便腾出空间容纳新的燃料棒。诸如此类种种原因，经过一年左右的池中"湿"存，乏燃料被取出、干燥，然后转移到桶中。

干法存储通常是把乏燃料放入封闭的钢桶中，随后再包上钢层或者混凝土层以提供进一步的屏蔽。然后这些桶储存到混凝土制的地下储存库中。与深水池类似，此存储选项仍是暂时的，需要不断进行维护（图7.25）。

目前，几乎所有的反应堆废料都是就地储存。所用的设施并非为长久储存而建，都不理想。在20世纪50年代和60年代早期，最初计划是打算从乏燃料中提取钚和铀，将这些元素作为核燃料循环使用以获得更多的能量。因此设计时就是按照要进行再加工来考虑就地放置乏燃料棒的储存能力。但是，计划中的数个提取工厂只有一个曾真正付诸运行，但时间很短（1967—1975）。因此，处理能力远远不及乏燃料每年约2000 t的产生量。1977年，当时的总统吉米·卡特（Jimmy Cater），他也是一个核工程师，宣布暂停商业核燃料后处理，此情形一直持续到今天。

图7.25　反应堆现场干法存储乏燃料的装置系统
来源：美国核管制委员会（U.S. Nuclear Regulatory Commission）

限制因国家而异。法国、英国、德国和日本仍在处理其产生的一些SNF。越来越吸引人的选项是**增殖反应堆**的启用，这种反应堆可以产生比消耗的燃料（U-235）更多的新燃料（Pu-239）。对一个能源紧缺的星球而言，这一切看起来似乎可以美梦成真！想象一下，你的汽车在行驶中可以自己合成汽油！美国和其他各国的科学家已经规划出如何利用增殖反应堆从乏燃料中提取钚。在20世纪70年代，多种因素导致美国停止发展增殖反应堆技术，这包括钚的再处理以及反应堆需要更复杂的设计。在本章最后一节，我们将就后处理未来的可能性进行更详细的讨论。

在后处理缺席的情况下，高放废物的存储有两种选择：在地表或近地表监视储存，或者在地下深处的地质储存库中储存。二者在一个关键因素"主动管理"上不同（图7.26）。在地表储存时，历经上千年人类社会也必须为这些废料作为一个整体而负责。在地质储存库中，这些废料或者取用和回收（尽管不容易），或者永久"封存"——需要人类保持的警惕度最小。在 2000 年由国家科学院发表的报告中，更倾向于深层地下储存库的选项，报告指出，假设地球上未来社会可以维护地表存储设施的想法并不严谨。

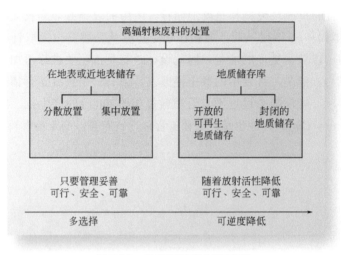

图 7.26　高辐射废物储存方法

来源：高辐射废物与乏核燃料的储存，美国国家科学院出版社，2000

图 7.27　再加工的 HLW 在玻璃容器的封装（玻璃化）

不管采用哪种存储方式，高放废物必须至少保持隔绝地下水一万年，让高水平的放射性充分衰减。有些方案采用一种称作**玻璃化**的方法，即将乏燃料或其他混合废物陶瓷化或玻璃化。第一步，将废物干燥、粉碎，然后与充分研细的玻璃粉混合，加热到约 1150℃ 使之熔融。熔融的玻璃和废料倾入一个不锈钢罐中，冷却，加盖，就地存放。超过一百万磅的废料就用这种方法处理，以待地下永久储存库的建成（图7.27）。

放射性依然保持，但核材料都被固化在玻璃中。不管它采取何种物理形态，目前核废料仍无最终的安息之地。1997年，核废料政策修订法案将位于内华达州的犹卡(Yucca)山（图7.28）指定为唯一的一个供进一步研究的接受高辐射核废料的永久地下 HLW 储存库的地点。在随后的几年，花费了数十亿美元，以支持发展这样一个储存库。然而，截至 2010 年，犹卡山储存库似乎难以启用。

从现在开始国会（及其继任者）也许会继续辩论 24110 年，那时我们今天制造的钚-239 已完成其第一个半衰期。其他的储存方法看起来更没指望。沉入深海中水下 3000~3500 m 的黏土矿层中的方法也在研究之中。将放射性废料埋入大西洋冰盖中或者用火箭将其送入太空的提议太不名誉。但是有一件事千真万确：无论最终采用哪些处置方法，它们必须在相当长的时间里都切实有效。核工程师威廉·卡森腾博格（William Kastenberg）和卢卡·格拉顿 (Luca Gratton) 于 1997 年在《今日物理》（Physics Today, 6月）上发表了一篇文章，文中阐述的下述清醒冷静的看法在今天也是值得借鉴的：

"就针对 Yucca 山建议的这种高放核废料存储库而言，很清楚自然过程最终将会重新处置这些废料。目前的悉心设计应着重考虑的是，在最糟糕的情况下，降解的废物整体上最终能像自然界稳定的矿物那样沉积，能保证危险的放射性核素历经超过数个核寿命的周期。也许这是我们可以期待的最好的结果。"

(a)　　　　　　　　　　　　　(b)

图 7.28　(a) Yucca 山及内华达州地图；(b) Yucca 山，向南可看到沙漠

来源：(a) 能源部

想一想 7.31　核废物警告标识

2007 年 2 月 15 日，国际原子能机构(the International Atomic Energy Agency，IAEA)发布了警示公众核辐射危险的新符号。查阅原子能机构网站，了解详情。

a. 说说这个新符号向你传达的意思。

b. 假设需要你设计放置在地下核废料储存库附近的标识。这些标识警示未来的人们，此处有核废料。这些标识必须延续至少 10000 年（比埃及木乃伊年龄的 4 倍还长），直到核储存库使用周期结束。标识的信息应该使未来地球上的生命易于识别。动手试试，设计这些警告标识，记住过去的 10000 年发生了一系列变化，人类演变为智人，下一个万年也会发生类似变化。

7.10　核电的风险与收益

在前面几节中，我们看到，各国采用核能发电的程度显著不同。无论一个国家核发电机组数量很多还是寥寥无几，都必须权衡风险和收益。

尽管这种风险-收益分析看起来有些麻烦，实际上我们每天都在做着这样的事情。风险有各种各样。冒险可以是自愿的，例如帆板运动或蹦极，或者是被动的，如吸入二手烟。当开车的时候，我们可以利用防御性驾驶系统在一定程度上自己控制风险；但搭乘飞机前往多伦多或东京，我们无法控制在高空巡航时增加辐射暴露的风险。回馈风险的是各种收益，如健康的改善、个人舒适度或生活品质的提高、省钱、生态效应低。

19世纪诗人威廉·华兹华斯（William Wordsworth）说到技术的风险和收益，比作"用承诺的收益来平衡损害"。他说这话时，正是铁路——那个时代的新技术出现的时候。

想一想 7.32   知情的公民

"核电站没问题！我乘5小时飞机接受的辐射剂量比在一座核电站工作接受的还要高。没有工人因此工作而失去生命"。

a. 这一说法在何种意义上是有道理的？

b. 在何种意义上上述关于核电站工人的说法是荒谬的？

提示：借助表7.2来确定你的答案。说到辐射，记得放射性同位素的类型（无论是在你的体内还是体外）是需要考虑的因素。

没有零风险这样的好事！日常生活如过马路、骑摩托车、开汽车、做饭或吃饭、甚至早上起床的简单动作，也不可避免地存在风险及与其相关的收益。因为我们所做的任何事情都有风险因素，我们几乎是自动地就做出了我们可以承受什么程度风险的判断。大多数人不会自愿将自己置于高风险之下。另一方面，期待我们无论做什么都是"零风险"是不可能实现的。

显然，核电可以期待的收益之一是电力。与此相关，我们希望最小的风险，包括对当地、区域和全球经济的影响，包括对在核燃料循环各环节工作的工人的风险（见图7.21），以及对

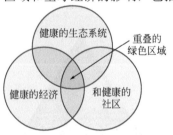

图7.29 健康的生态系统、健康的经济和健康的社区重叠的绿色区域 (Green zone)

环境的效应。这听起来让人想到三重底线：核电行业应促进我们的经济、我们的社区和我们的生态系统的健康发展。简而言之，我们希望在三者均重叠的"绿色区域"行动（图7.29，转自本书第0章）。

核电与其替代品如何较量？这是一个难以回答的问题！即便如此，我们寻求答案，哪怕只是部分。例如，替代核反应堆"燃烧"铀的一种方法是在传统电厂烧煤。以下给出燃煤发电相关的风险，有些在前面第4章已经描述过。

（1）采矿工人安全 在美国自1900年以来约有100000名工人死于采煤，大多数发生在20世纪50年代更为严格的安全规章制度建立之前。然而，开采出来的煤不必进一步精制，煤矿工人也死于黑肺病。虽然美国的总体死亡率在下降，但每年仍有数百人因此丧生。

（2）温室气体产生 燃煤发电厂产生的燃烧废物是二氧化碳。一个1000 MW的燃煤发电厂每年排放约450万吨的CO_2。在美国每年燃煤释放的CO_2总量是20亿吨。

（3）空气污染物的排放 一个1000 MW的燃煤发电厂，每天燃烧超过1万吨的煤，释放300 t SO_2和100 t NO_x。每年死于空气质量欠佳的达数万人。

（4）煤灰 一个1000 MW的燃煤发电厂每年产生约350万立方英尺的灰渣，这是一个庞大的体积。再看图4.8（见右图），可看到数百万加仑的灰渣淤泥沿着田纳西山谷流下，造成破坏。

（5）汞排放 煤中含有微量的汞。当煤炭燃烧时，汞以单质的形式被释放到空气中。虽然汞排放正在慢慢地下降，每年全世界的排放量依然达数百吨。美国每年排放约50 t汞。

（6）铀和钍的释放 煤中微量铀的含量可高达10 mg/kg，而钍的含量通常更高。美国每年的耗煤量超过11亿吨，超过1300 t的铀和2600 t钍被释放到环境中，超过核电厂消耗的铀。虽然在煤渣中已经收集了很多放射性金属，这些也必须加以处置。

作为对比，这里也列出与核电站相关的一些风险。请注意，二者有一些重叠。

（7）采矿工人安全 铀矿石开采后，在铀粉碎厂经化学处理以生产"黄饼"（图7.30）。采矿和粉碎厂的工人因接触铀粉尘和铀放出的氡气，有罹患癌症（特别是肺癌）的风险。第二次世界大战之后，美国的大多数铀矿开采于科罗拉多高原。后来数百名工人死于肺癌。因工人带回家的铀粉尘，他们的家庭成员有时也受到影响。今天，一整套严格的通风和辐射暴露安全规程已经设立并执行。

（8）温室气体 核电厂不产生二氧化碳，尽管与铀的开采、粉碎、富集和运输以及反应堆乏燃料的处理过程相关，会排放CO_2。用于电厂建设的水泥的生产也排放CO_2。

图7.30 U_3O_8黄饼样品。该产物进一步通过精炼而生产金属铀，进一步再进行U-235的浓缩（见7.7节）

（9）高放废物的产生 一个1000 MW的核电站每年产生约70 ft³的高放废物(HLW)（参见前面的部分）。美国每年的总量大约为2000 t。

（10）裂变产物的释放 几乎所有核电站释放的裂变产物都极其微小。再审视表7.2，可以看到，即便生活在反应堆方圆80 km以内，你每年所受到的源自核电厂的辐射剂量都很小。然而，像2011年日本福岛核电站那样的反应堆事故提醒我们，毁灭性的灾难是可能的。

（11）矿山尾矿和粉碎厂废物 铀矿开采和粉碎处理均产生放射性尾矿和废物。这些岩尾矿，因为含有铀且会放出氡，所以必须封存。在美国曾发生采矿泄漏事故，最引人关注的一起发生在1979年新墨西哥的Church Rock。时至今日，这里仍是一个超级基金支持的清理点。

在本章前面已经提到，核能伴随巨大的情感色彩。部分是因为其神秘、误解和有冲击力的蘑菇云状的图像。大灾难的可能性就算很远，但赫然印在人们的意识中。切尔诺贝利和福岛发生的核事故引起了公众的强烈质疑。我们对技术甚至人的信任大打折扣。我们担忧核电站的设计、施工和管理中的人为错误。毕竟，人类的错误和技术人员的应变是引发三哩岛和切尔诺贝利的事故的安全程序执行中的薄弱环节。

与其他能源如风能、太阳能和地热相比，风险又怎么样呢？接下来的练习将提供机会，探索风力发电的风险和收益——此话题在本书中尚未涉及。

怀疑派化学家 7.33　　风电的安全性

2009年在一篇比较风能与核能的文章中，作者写道："另一方面，风电产业，有相当不可靠的跟踪记录"。

a. 根据世界核协会2009年的数据，核电占大约全世界发电量的15%。风怎么样？

b. 准备与风力发电机建设有关的风险与收益的要点。

c. 现在，列出风力发电的好处。你得出什么结论？

与核电站产能相关的风险显然有别于那些其他类型的发电。然而，要记住的是，不可能有任何"零风险"的能源。显然，节约并有效利用自然资源和能量是最好的选择。牢记这一点，我们现在开始考虑一些更普遍的问题——我们是否可以设计出符合未来可持续发展的核电站。

7.11　核电的未来

全世界各地的人们都怀揣着清洁和可持续能源的未来梦想。这个梦想包括核能吗？如果是，为实现这个梦想，我们是否应该建设更多的核电厂？答案取决于你问谁和你何时问他们。

在美国，如果你20世纪60年代初问这个问题，答案会是肯定的。那个时候，美国经历了核电行业的快速增长，直到1979年三哩岛事故发生。由于这一事件而引发的恐惧导致了增长阶段的终止。那时候更重要的是核能的经济学。随着20世纪80年代化石燃料价格的回落以及核安全和监控设施增加的额外成本，建设新的核电站就不是简单的经济上实用可行的问题。

今天，经济现状如何？还是如此，答案取决于你问谁和你何时问他们。不过，有两件事很清楚。第一是任何新反应堆的兴建必须改进设计，在地震和海啸摧毁了日本的反应堆之后，这一点特别重要；第二是这些设计将会有一个更高的价格标签。

就设计而言，特别是在美国，近期核电站的重点是确保当面临发生如福岛第一核电站那样的巨大灾难时，可以做好预案。美国核管制委员会 (NRC)的报告指出，"像日本福岛那样的一系列事件不太可能发生在美国"，但"导致反应堆核心的损坏以及无法控制的放射性物质向环境的释放，即便没有可怕的健康后果，这样的事故也是绝对不能接受的"。

针对日本的事件，NRC 对美国的核电设施下达了三项命令。这些命令包括如下要求：

（1）所有设施"均有足够的设备同时支持所有反应堆和相应地点的乏燃料池"。这是为了确保如果一场灾难影响到多个反应堆，每个均会有保障。

（2）某些设施改进其沸水反应堆的排气系统，确保防止蒸汽逆流并控制温度。

（3）安装新设备以监测每个工厂乏燃料池的水位。这将确保整个工厂的设备感应并知道水位。这些命令必须在2016年12月前落实执行。这些变化会增加现有核能技术的成本并引入其他变数。以下各段将介绍一些相关的观点。

2011年5月9日，在"化学与工程新闻(Chemical & Engineering News)"期刊上，主编鲁迪·鲍姆（Rudy Baum）发表评论，"尽管日本事件非常严重，在近期至中期核能仍将是我们整体能源结构的重要组成部分，因为它将帮助我们避免全球气候变化的最坏影响。"你认可吗？反核人士举出当前的废物处置问题，提到世界上有长期处理核废料计划的唯一国家是芬兰。此外也提到铀矿开采造成的环境破坏，高成本的核反应堆（一个新厂大约需要 $120 亿），人类的担忧以及发展替代能源的需要。例如风能和太阳能，将继续成为辩论和幽默的话题，见图7.31a 和图7.31b。

(a)

(b)

图 7.31 （a）描绘目前有关核能发电的主题辩论的照片；
（b）思考关于核能、风能和太阳能发电的漫画

鲍姆反驳这些观点时承认核废物问题，但也指出，"至少核废料是在临时储存库中，仍然受到人类控制，这比燃烧化石燃料的废物控制只是说说要强得多。"他也反驳了关于采矿的问题，将其提取技术与目前化石燃料的方法进行比较，提到原油漏油、煤炭开采和天然气抽提。最后鲍姆针对其他的问题，给出如下的说法，"未来50年左右，替代能源尚无法驱动人类文明。核电可以做出不破坏气候的贡献。"

想一想 7.34　　展望未来

在前面的段落，我们分析了支持和反对使用核能作为能源的论点。

a. 重读关于鲁迪·鲍姆在编者的话中的讨论，就核废料、采矿、气候变化影响、成本和人类的担忧等给出你的想法并加以说明。

b. 卡通（右图）示出的对未来能源的担忧是什么？

c. 你觉得核能发电的未来如何？

那么，接下来我们何去何从？正如你所看到的，关于核电问题没有简单的答案。全球能源的需求每天增长，我们必须应对的来自核电站的大量放射性废物也在增长。气候变化的时代已经到来。而与放射性、开采和提炼浓缩铀及核武器相关的现实和潜在的危害依然存在。这显示出典型的风险-收益情况，且最后的妥协尚未达成。现在看来，显而易见，核电不是解决世界能源危机的灵丹妙药。它是引起某些环境问题和社会困境的原因。即便如此，它在未来的能源中依然占有一席之地。

想一想 7.35　　第二次观点调查

现在，关于核电的学习即将结束，返回**想一想**7.1，关于核电的个人看法调查，再次回答这些问题。然后比较你的新答案和之前的答案。你的观点有任何显著的不同吗？如果是这样，是什么且如何导致了你的观点的改变？

结束语

从第一座民用核电站在美国产生电力以来，50多年过去了。那些从铀原子核中可以取出无限的、无需计量的电力的诱人的承诺被证明只是一种幻想。但是，今天，我们国家和我们的世界对于安全、丰富、廉价的能量的需求远远超过1957年。因此科学家和工程师仍在继续着对原子的探索。分析这些研究会将我们引向何方尚难预料，不过可以肯定的是，公众与政治策略在做出终极决定的时候将主导发言权。理性，以及对远近的将来在我们星球上居住的生命的关怀，必须是指导我们行动的准则。也许荷马·辛普森（Homer Simpson）的祷告是对的，"主啊，我们衷心感激核电，最清洁、最安全的能量来源。除了太阳能，这只是一场黄粱美梦。"就这么巧合，我们探讨了一点这白日梦背后的合理性——关于其他的能源替代物，将在下一章分析。

本章概要

学过本章之后，你应当可以：
- 概述美国或另一个你感兴趣的国家过去和目前核电的使用情况（7.1）。
- 报告全球范围内利用核能发电的情况（7.1）。
- 解释核裂变过程，中子在维持链式反应中的作用，以及此过程产生能量的根源（7.2）。
- 比较和对照传统电厂与核电站如何发电（7.3）。
- 利用与放射性原子核发生变化的相关术语，比较 α、β、和 γ 衰变过程（7.4）。
- 根据上下文解释"辐射"一词的含义（7.4）。
- 解释铀-238的放射性衰变如何导致一系列放射性同位素的产生。解释为什么自然存在的放射性同位素碳-14和氢-3不属于此系列（7.4）。
- 描述切尔诺贝利事故，解释为何释放出放射性碘且其对人有害（7.5）。

- 给出对你每年辐射剂量有贡献的来源（天然的和人工的）并排序（7.6）。
- 解释为什么核辐射也被称为电离辐射。解释在你体内电离辐射和自由基产生的关系（7.6）。
- 利用居里、拉德和雷姆这些描述放射性单位，说明哪些用来度量样品的放射性，而另外的则用来描述放射性对组织的损害情况（7.6）。
- 描述术语"浓缩铀"和"贫铀"，使公众能够更容易掌握二者的异同（7.7）。
- 快速估算放射性同位素经历的半衰期数，以快速确定随时间流逝剩下的放射性有多少（7.8）。
- 利用半衰期的概念考虑核废料的存储问题（7.8）。
- 用术语评价放射性同位素的健康危害，讨论诸如半衰期、放射性衰变类型、一旦进入人体的效应、进入人体的路径等因素。例如，比较氡-222、碘-131和锶-90（7.8）。
- 描述与高放废料包括乏核燃料的生产与存储有关的话题（7.9）。
- 站在一个知情者的立场上讨论如何进行高放废物的处理和存储（7.9）。
- 以你所理解的科学原理自信地评价新闻文章中所涉及的核能和核废料问题（7.9~7.11）。
- 描述核电与核武器扩散的关系（7.9）。
- 就核电站应用评价其风险和收益（7.10）。
- 站在一个知情者的立场上讨论生产电力中核电站的作用（7.11）。
- 概述未来十年赞成或反对核能增长的因素（7.11）。

习题

强调基础

1. 说出碳原子之间可以存在的两种不同之处；给出所有的碳原子和所有的铀原子的三种不同之处。
2. ^{14}N 或 ^{15}N 这样的表示比简单的化学符号N给出更多的信息。解释之。
3. a. 钚的同位素 $^{239}_{94}Pu$ 的原子核中含有多少个质子？
   b. 所有铀原子的原子核中均有92个质子。有93个和94个质子的原子核分别是哪两种元素？
   c. 氡-222的原子核中含有多少个质子？
4. 确定如下各原子核中的质子数和中子数。
   a. ^{14}C（碳的一种天然存在的放射性同位素） b. ^{12}C（碳的一种天然存在的稳定同位素）
   c. ^{3}H（氚，氢的一种天然存在的放射性同位素） d. Tc-99（用在医学上的一种放射性同位素）
5. $E = mc^2$ 是20世纪最著名的方程式之一。方程中，每个字母代表什么含义？
6. 给出任意一个核反应方程和任意一个化学反应方程。这两个方程式有哪些类似？哪些不同？
7. 这个核方程给出一个阿尔法粒子轰击钚靶时的反应。示出左边下标的总和等于右边下标的总和。对上标做同样的工作。

$$^{239}_{94}Pu + {}^{4}_{2}He \longrightarrow [{}^{243}_{96}Cm] \longrightarrow {}^{243}_{96}Cm + {}^{1}_{0}n$$

8. 对于第7题所给出的核反应方程，
   a. 指出 $^{4}_{2}He$ 源自何处？
   b. $^{1}_{0}n$ 是一种产物。这个符号表示什么意思？
   c. 为什么锔-243写在方括号中？这种记号传达怎样的含义？提示：参看方程7.1。
9. 锎，第98号元素，最早是由α粒子轰击某一种靶而合成的，产物是锎-245和一个中子。在此核反应中，所用的靶是哪种同位素？
10. 解释中子在引发和维持核裂变过程中的重要意义。在回答中，定义并应用"链反应"的术语。

11. 核反应可以通过有多种途径。对于中子引发的铀-235裂变，写出形成以下产物的核方程式：

　　a. 溴-87、镧-146和多个中了。

　　b. 一个含56个质子，另一个含中子和质子总数为94的核，以及2个中子。

12. 下图是表示核电站中的核反应堆堆芯的示意图。

　　将图上的字母与如下术语对应：

　　堆芯冷却水入口

　　堆芯冷却水出口

　　控制棒单元

　　燃烧棒

　　控制棒集束

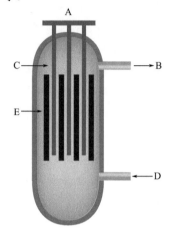

13. 指出图7.7核电站示意图的各部分中，哪些含放射性物质，哪些不含。

14. 解释初级冷却剂和次级冷却剂的区别。次级冷却剂未纳入防护拱形建筑中，为什么？

15. 硼也可以吸收中子。

　　a. 硼-10吸收一个中子，生成锂-7和α粒子，写出核方程式。

　　b. 与镉类似，硼也可以用作控制棒。解释之。

16. α粒子是什么？如何表示？对于β粒子和γ射线，回答同样的问题。

17. 钚-239发生α衰变（不放出γ射线），而碘-131发生β衰变（并伴有γ射线放出）。

　　a. 写出各自的核方程式。

　　b. 当钚以一定形式被吸入后，是毒性最强的。解释原因。

　　c. 碘-131被摄入后也会有害。所有碘的同位素会在身体中哪个部位累积？

　　d. 预期经过一定的时间尺度，如小时、天、年或者千年，上述同位素样品的放射性会降低到背底水平吗？给出解释。提示：参看表7.4。

18. 放射性衰变伴随质量数的变化，原子序数的变化，或者二者均变化，或者二者均无变化。对于以下类型的放射性衰变，你预计发生哪种（些）变化？

　　a. α发射　　　　　　　b. β发射　　　　　　　c. γ发射

19. 图7.17示出U-238的放射性衰变系列。与之类似，U-235经过一系列（α, β, α, β, α, α, α, β, α, β, α）的衰变，终止于铅的一个稳定同位素。作为练习，写出前6步的核方程式。其中某些过程伴有γ辐射，但你可以省略它。提示：得到一种氡的同位素。

20. 假定美国公民年均辐射受量为3600 μSv，根据表7.2的数据计算美国公民从以下辐射源接受的辐射量占平均辐射受量的百分数。

　　a. 食物，水，和空气

　　b. 一年两次的牙科X射线

　　c. 核电工业

21. 在2个、4个和6个半衰期后，所余放射性同位素的百分比是多少？每个周期所衰变的百分数为多少？

22. 从以下曲线估算X的半衰期。

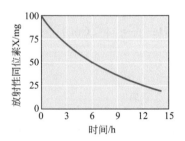

23. a. 贫铀（DU）仍有放射性吗？解释你的答案。

　　b. 乏核燃料仍有放射性吗？解释你的答案。

注重概念

24. 中世纪的炼金术士曾梦想把贱金属，如铅，转变为贵金属——金和银。他们为何从未成功？今天我们可以把铅变成金吗？给出解释。

25. 制作一份核历史时间表，在表中纳入至少一打事件的时间。例如，从1896年贝克勒尔发现放射性开始，其他如切尔诺贝利、广岛、福岛、第一座商用核反应堆启动、各种医用同位素的发现、Fiesta餐具铀釉面的使用以及禁止核试验条约。

26. U-235和U-238两种同位素在具有放射性上很相似。但是，二者的天然丰度显著不同。写出它们的丰度，解释这种差异的意义。

27. 考虑商用核电站中所用的铀燃料芯片。

    a. 描述一种分离U-235和U-238的方法。

    b. 为什么在制造燃料芯片之前必须浓缩铀？

    c. 燃料芯片仅需浓缩到百分之几，而不是80%~90%。说出三条理由。

    d. 解释为什么不可能通过化学方法分离U-235和U-238。

28. a. 为什么反应堆中的燃料棒每过几年就必须置换？

    b. 当燃料棒从反应堆中取出后，它们会被怎样处理？

29. 在满功率负荷的情况下，Palo Verde核电厂的每个反应堆只用数磅的铀便可以产生1234 MW的电量。要产生同样的能量，传统的发电厂每天需要约两百万加仑汽油或10000 t煤。与传统发电厂相比，Palo Verde核电厂如何产生能量？

30. 切尔诺贝利反应堆与美国的反应堆一个最重要的不同之处在于：切尔诺贝利用石墨作慢化剂使中子减速，而美国的反应堆采用水。从安全的角度来看，给出两条理由说明水是更好的选择。

31. 如果你查阅本书之外的一些资料，可能会发现其中的核方程省略了下标。例如，你可能看到一个裂变方程书写如下：

$$^1n + {}^{235}U \longrightarrow [{}^{236}U] \longrightarrow {}^{87}Br + {}^{146}La + 3{}^1n$$

    a. 你怎样知道下标应为多少？它们为何可以省略？

    b. 为什么上标不能省略？

32. 利用方程7.6给出的中子模型，解释在β衰变中高速电子如何从核中射出？

33. 煤中含有微量的铀。解释为何必然会在煤中发现钍。

34. 如果有人告诉你在经过10个半衰期后，一种放射性同位素已不存在。评述这种说法，解释其为何既可能是一种合理的假定（对少量样品），又可能不是（对大量样品）。

35. "香蕉是放射性的！"一位核服务机构的副总裁在一次面向公众的演讲中，比较人们所接受的辐射源时说出此话。

    a. 为什么他会口出如此断言？

    b. 给出一种更好的表达。

    c. 你会因为香蕉有放射性而停止吃香蕉吗？解释原因。

36. 某网站上一份描述X射线的报告讲道："尽管它背负不好的名声，其实人们受到的日常辐照比自己认识到的要强。例如，只要很热就有红外辐射放出。太阳产生紫外辐射，稍微暴露在其中就会被晒黑。而且，人体内还自然地含有放射性元素。"考察此解释中的三个例子，它们是核辐射还是电磁辐射？

37. 看一看盖革-穆勒（Geiger-Müller）计数器（又称盖革计数器）的示意图。它是一种用于探测电离辐射的装置。探头充有低压气体。

    a. 辐射如何进入Geiger-Müller计数器？

    b. 为什么这种计数器只能探测可引起气体电离的辐射？

    c. 其他可探测电离辐射存在的方法是什么？

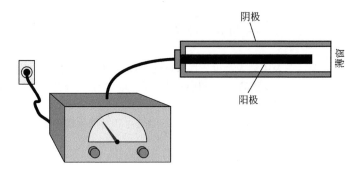

38. 成年人身体多处有快速分裂的细胞。包括皮肤、毛囊、胃和肠道、口腔黏膜和骨髓。将表7.3所列症状与辐射影响的细胞类型对应起来。

39. 暴露在电离辐射中会致癌。电离辐射也可以治疗特定类型的癌症。解释理由。

40. 氟只有一种天然同位素F-19。假如自然界存在F-18，这将必然使得 $^{238}UF_6$ 和 $^{235}UF_6$ 的分离复杂化吗？解释之。

41. 通常认为恐怖分子更可能利用从增殖堆回收的Pu-239而不是U-235制造核弹。利用你的核化学知识为这一说法提供解释。

42. 武器级的钚几乎全是Pu-239。但是，在水冷反应堆正常运行而产生的钚中其更重的同位素例如Pu-240和Pu-241的浓度更高。对此现象给出解释。

43. a. 高放废物(HLW)的特点是什么？

    b. 解释低放废物（LLW）与高放废物(HLW)的不同之处。

探究延伸

44. 在**想一想7.1**，要求你回答几个有关核电站的问题。将这一调查扩展，向比你至少长一辈的人和比你年轻的人询问同样的问题。他们的回答与你的观点相比有哪些相似和不同之处？

45. 电影"玉米大亨（King corn）"一开始，就是一位法医化学专家，弗吉尼亚大学的Stephen Macko教授出场。他分析了两位大学生的头发样品，报告说他们体内含有较多的源于玉米的碳元素。该分析基于C-13。

    a. 这是一种放射性元素吗？

    b. 分析头发样本，对你的饮食习惯可以有哪些了解？

46. 解释"使一个核电站退役"的说法中，退役（decommission）一词是什么含义？其中的技术难题是什么？网络资源也许可以帮助你回答。

47. 也可以像核反应一样，将爱因斯坦方程 $\Delta E = \Delta mc^2$ 用于化学变化。在第4章学过的一个重要的化学反应——甲烷的燃烧中，每燃烧1 g甲烷，放出50.1 kJ能量。

    a. 与50.1 kJ能量相对应的质量损失是多少？

    b. 要产生同样的能量，化学反应中燃烧的甲烷的质量与按照方程 $\Delta E = \Delta mc^2$ 计算得到的转变为能量的质量损失的比值为多少？

    c. 利用a和b的计算结果，评述为何爱因斯坦方程尽管对于化学反应与核反应都成立，但是通常只用于核变化。

48. 在太阳上，4.00 g氢核发生聚变形成氦，质量变化0.0256 g并放出能量。利用爱因斯坦方程，$\Delta E = \Delta mc^2$，计算与质量变化相当的能量。

49. 在与太阳类似的条件下，氢可与氦发生聚变生成锂，锂再进一步形成氦和氢的不同的同位素。摩尔质量在每种同位素的下面给出。

$$^2_1H \quad + \quad ^3_2He \quad \longrightarrow \quad [^5_3Li] \quad \longrightarrow \quad ^4_2He \quad + \quad ^1_1H$$

2.01345 g   3.01493 g   4.00150 g   1.00728 g

    a. 以克为单位，反应物与生成物的质量之差为多少？

    b. 1 mol 此反应放出多少能量（以焦耳为单位）？

50. Lise Meitner 和 Marie Curie 都是发展与阐明放射性的先驱。你可能听说过 Marie Curie 和她的工作，但有可能没听说过 Lise Meitner。这两位女性在年代和科学工作上有怎样的联系？

51. 服用碘化钾片可以保护你免受放射性碘的辐射，从而降低你患甲状腺癌的风险。

    a. 写出碘化钾的化学式。

    b. 碘化钾以何种机制保护你？

    c. 这种保护可以维持多长时间？

    d. 这种片剂贵不贵？提示：FDA网站是回答问题b和c所需资料的很好的资源。

52. 作为拆除核军备竞赛的核弹头的结果，约50 t储量的钚现存于美国。这些钚的命运会如何？提示：在网上用"钚处理(plutonium disposal)"搜索。试试将美国和DOE(能源部)作为检索词加入。

    a. 有人建议将这些钚送到地方的核电站作为可裂变的核燃料"燃烧"。如此行动计划的优势和劣势是什么？

    b. 其他的建议是将其在储存库中永远封存。同样，列出其优势和劣势。

53. 瑞士军用手表的广告强调它们用到氚。一则广告词说到"指针和数字被自有的氚气照亮，比普通的发光表盘的亮度高10倍。"另一则广告则如此吹嘘"氚指针和标记闪闪发光，让你查看时间变得轻而易举，即便晚上也是如此。"评述这些说辞，在进行网上查询之后，讨论这些手表中的氚从何而来，角色是什么。

54. 核武器不是仅有的威胁，"脏弹"也值得警惕，这是一种利用传统爆炸物来散发放射性物质的装置。在脏弹中，不发生核裂变，只是普通的引爆。

    a. 哪些放射性同位素会被用到脏弹中？

    b. 关于核恐怖袭击的宣传册中有如下话语："核武器一旦引爆，将产生比原来武器中存在的更多的放射性物质。与之相比，脏弹引爆后，放射性物质的量在引爆之前、当中及之后不会变化。"这种说法是有道理的，解释理由。

55. 根据表7.2，每天吸1.5包烟，你的年辐射剂量会增加15000 μSv。

    a. Po-210是为此负责的主要放射性同位素。它的衰变方式如何？半衰期是多少？

    b. 为何烟草中含有Po-210(极微量)？

56. MRI（Magnetic Resonance Imaging），即磁共振成像，是一种重要的医学诊断工具。

    a. 尽管MRI的科学原理比较复杂，但你应该可以辨别MRI在成像中是否用到电离辐射。

    b. 就成像和所用辐射而言，MRI和CT（计算机断层扫描）相比有怎样的不同？

    c. MRI基于NMR——核磁共振。分析医学上为何用缩写MRI而不用NMR来指代该技术？

第8章 电子转移释能

"在进行这些实验的过程中，我们搭建多少奇妙的系统，我们很快便发现就不得不破坏多少！就算电的发现没有其他用处，它却是这样一种发人深省的东西——也许可以使自负的人变得谦逊。"

本杰明·富兰克林（1706—1790）

政治家，科学家，发明家，外交官

我们希望，你永远不要冒险尝试在雷雨中把钥匙挂在绳子上放飞风筝。本·富兰克林（Ben Franklin）大概也未曾把钥匙送往高空，尽管确实是他证明了闪电具有电的本质。正如富兰克林所言，电是这样一种力量，可以"使一个自负的人变得谦逊"。的确，闪电是电能在自然界最壮观的展示之一。你也许受到过附近闪电的惊吓。在你的身体里面，作为新陈代谢的一部分，电子似瀑布一般提供给你应激的动力。因此，闪电以及你对它的生理反应均涉及电子流动的过程。

> 查看关于食物的第11章，了解更多关于新陈代谢的知识。

显而易见，我们的世界天然是电的世界！

人们也建立了另外的电力系统。我们依靠电子流——更确切称作电流——加热或冷却我们生活和工作的环境，产生阅读所需的光亮并启动我们的电视系统。对大多数人而言，我们所用的电能来源于集中的发电厂，例如利用化石燃料（参见第4章）或可裂变同位素（参见第7章）供能。在较低的程度上，我们也依赖着风、太阳和地热以及筑坝而拦截的水的势能而产生电力。另外，我们创造了尺寸适宜的便携式电源，也就是所谓的电池。这些持久耐用可靠的设备在能量上占有特别的地位。它们给我们的手机、MP3播放器、笔记本电脑甚至我们的助听器和电动轮椅提供动力。从考虑你的个人电池使用开始，完成如下这项练习。

想一想 8.1　　个人电池的使用

许多设备，或大或小，都包含通常称作"电池"的电化学装置。创建一张含有四栏的统计表，各栏分别标注为设备、电池用途、可再充电的和可再循环的。

a. 在"设备"一栏至少填写四项用电池供给动力的装置。

b. 有些设备利用电池作为主电源；其他则用它作为备用电源。在表中归类。

c. 有些电池是可再充电的；其他则不是。同样进行归类。

d. 当电池用过后，你是扔掉它、回收它或者送给经销商进行回收？填写表中的最后一栏。我们在本章稍后探讨电池回收中的挑战。

如果你像我们知道的许多学生那样，拿着一部手机（锂离子电池，可再充电），戴着一块手表（汞电池），按下一台数字照相机（镍-镉电池或称Ni-Cd电池，可再充电），将数字输入计算器（碱性电池）。你甚至拥有一台由可充放的锂离子电池带动的笔记本电脑，或者开着用铅酸蓄电池驱动的汽车。

不是世界上每个人都有这些消费项目。实际上，2009年国际能源机构（the International Energy Agency）估计有13亿人，约占世界人口的五分之一，缺少电力。全世界范围内人们对家电和电子设备的需求在不断增长。的确，2011年，美国能量信息管理署曾预测在世界的总能量需求中电力供应的份额将增长，而且是增长最快的一个。

这一增长也会导致我们对自然资源的需求持续增长。无论是化石燃料还是用于电池的金属，在长期的可用性上都有实际的限制。可裂变的同位素尽管可用，但不易得到。而且，所有燃料都会带来环境和社会的代价，有时被称作"额外的代价"。煤炭、石油产品和天然气的燃烧产生大量二氧化碳，引起全球变暖。化石燃料的燃烧也释放二氧化硫和氮氧化物，导致空气质量变差并增加健康的代价。处理铀或增殖钚产生低放和高放核废料。为了千秋万代，乏核燃料中的高放废料存放必须确保安全(参见第7章)。

结论显而易见。如果我们打算继续居住在这个星球上且不掠夺未来人们的生存需要，我们必须开发并使用其他能源。我们也必须好好规划我们现有的电池(以及其他电力来源)以充分发挥它们的用途。绿色化学和摇篮到摇篮管理的核心理念可以帮助我们了解全国的情况以及我们一天又一天的活动。

电子转移!本章我们将考察数种通过电子转移方式产生能量的电源，其中包括便携式电池装置、汽车、燃料电池和太阳能光伏电站。我们从电池的基础开始。

8.1　电池、伽伐尼电池和电子

由于消费者对依赖电池的产品的需求，在世界范围内电池都是一个庞大且不断增长的行业(图8.1)。许多消费品需要电池，进而也刺激了电池工业的持续增长。尽管我们通常使用"battery(电池)"一词，但是标准手电筒的"battery(电池)"更确切一点，应称为**伽伐尼电池(galvanic cell)**。这是一种将自发进行的化学反应的能量转换为电能的装置。数个伽伐尼电池连接起来的组合形成真正的battery——电池组。

Frank and Ernest

图8.1　显示电池与消费品关系的一则幽默

选自"Frank and Ernest (弗兰克和恩斯特)"©by Tom Thave

"battery"有系列、一组的含义，可以看作相关事物的组合，如系列测试或连珠炮。

译注：英文cell指单个电池，而battery有电池组——即多个电池组合使用的含义。

所有的伽伐尼电池均利用电子从一种物质转移到另一种物质的化学反应产生有用的能量。对于这种转移过程，你可以书写出总的化学方程式。然后，如果你愿意，可以把这个方程分开——分成两个部分。一个是**氧化**，化学物种失去电子的过程；另一个是**还原**，化学物种得到电子的过程。我们把这两个部分分别称作**半反应**，即每个表示伽伐尼电池中总反应的一半。更正式的说法是，半反应是示出反应物失去或得到电子的一种化学方程式。

氧化 = 失去电子　　　还原 = 获得电子

半反应和我们在本文前面采用的化学方程式有些不同。首先，它们总是成对出现；第二，它们均包括电子！即使电子不可能从瓶子倒入烧瓶中，它们出现在半反应仍然非常有用，可以让你更好了解到底发生了怎样的过程。注意：半反应方程式中，电子可以出现在左边或者右边，但不能两边均有。如果电子在右边，反应物失去了电子，这是氧化半反应；相反，如果电子在左边，反应物得到了电子，这是还原半反应。

以镍-镉（Ni-Cd，或称 nicad）电池为例，其中发生的反应可简化如下：

$$\text{氧化半反应：} Cd \longrightarrow Cd^{2+} + 2\,e^- \qquad [8.1]$$
$$\text{还原半反应：} 2\,Ni^{3+} + 2\,e^- \longrightarrow 2\,Ni^{2+} \qquad [8.2]$$

Ni-Cd 是简写，并不是镍镉电池的化学式。读作 "NYE-cad"。

在此电池中，氧化半反应给出或"失去"两个电子，这些电子去向何处？它们转移到被还原的离子上。氧化反应中给出电子的数必然与还原反应得到的电子数相等，以满足总反应平衡。由于这个原因，系数"2"出现在还原半反应（方程 8.2）中。

我们将两个半反应相加得到总反应：

$$2\,Ni^{3+} + Cd + 2\,e^- \longrightarrow 2\,Ni^{2+} + Cd^{2+} + 2\,e^- \qquad [8.3]$$

由于金属镉失去的电子由镍离子获得，出现在方程式 8.3 两边的电子约去，总反应式如下：

$$\text{总反应：} 2\,Ni^{3+} + Cd \longrightarrow 2\,Ni^{2+} + Cd^{2+} \qquad [8.4]$$

练一练 8.2　半反应中的电子

下面给出的方程中，哪个是氧化半反应？哪个是还原半反应？你做出判断的依据是什么？

a. $Al^{3+} + 3\,e^- \longrightarrow Al$　　　d. $2\,H_2O \longrightarrow 4\,H^+ + O_2 + 4\,e^-$

b. $Zn \longrightarrow Zn^{2+} + 2\,e^-$　　　e. $2\,H^+ + 2\,e^- \longrightarrow H_2$

c. $Mn^{7+} + 3\,e^- \longrightarrow Mn^{4+}$

答案：a. 还原。因为铝离子得到 3 个电子变为其单质形式，即金属铝（不带电荷）。

电子通过外电路转移产生**电流**（electricity）。电子从一处向另一处的流动由势能差驱动。电化学反应提供能量，驱动电动剃须刀、电动工具或其他各种各样以电池作能源的装置。在电池中，氧化与还原的物种必定以这样的方式相联系，即氧化物种失去的电子向被还原物种传递时，沿着一定的导电路径迁移而实现指定的应用。

势能最先在 4.1 节引入。

为促成这种电子转移，在电池中置入**电极**——电子导体作为化学反应发生之处。在**阳极**发生氧化反应，给出形成电流的电子；在**阴极**发生还原反应，阴极通过外电路接受阳极给出的电子而进行还原反应。当电流形成回路时，可以测得电池的**电压**，即两极之间的电化学势的差值。电压以伏特（V）为单位。两极的电势差越大，电压越高，与电子转移相关的能量越大。例如，在 Ni-Cd 电池中，一定条件下测得的电化学势的最大差值是 1.2 V。与此不同，碱性电池是 1.5 V，汞电池为 1.35 V，而锂离子电池可达超过 4 V！为获得驱动大型装置（如充电装置或者启动汽车的马达）所需要的较高的电势差，可以将几个电池串联起来（图8.2）。

阳极 = 氧化　　阴极 = 还原

单位"伏特（Volt）"是纪念意大利物理学家亚历山大·伏打(Alessandro Volta，1745—1827)。1800年第一个化学电池的发明归功于伏打。

图8.2　这种7.2 V Ryobi便携式电钻带有两节Ni-Cd电池和一个充电器

Ni-Cd电池中的化学反应实际上比方程式8.1~式8.3所表达的要复杂一些。作为阳极，金属镉中的原子被氧化为Cd^{2+}，随之与OH^-结合形成$Cd(OH)_2$；同时，在金属镍阴极上，以水合NiO(OH)形式存在的Ni^{3+}被还原为以$Ni(OH)_2$形式存在的Ni^{2+}。含有高浓度强碱KOH或NaOH的水基糊状物作为电解质，分开两边的电极，可以让电荷流过。

电解质最早在5.6节有介绍。

氧化半反应（阳极）：

$$Cd\,(s) + 2\,OH^-(aq) \longrightarrow Cd(OH)_2\,(s) + 2\,e^- \tag{8.5}$$

还原半反应（阴极）：

$$2\,NiO(OH)\,(s) + 2\,H_2O(l) + 2\,e^- \longrightarrow 2\,Ni(OH)_2(s) + 2\,OH^-(aq) \tag{8.6}$$

总反应（两个半反应之和）：

$$Cd\,(s) + 2\,NiO(OH)\,(s) + 2\,H_2O(l) \longrightarrow 2\,Ni(OH)_2(s) + Cd(OH)_2\,(s) \tag{8.7}$$

这三个反应式与式8.1~式8.4表示的电子转移完全一样，只是进一步指出了不同的状态和化学形式。图8.3示出这种Ni-Cd伽伐尼电池的内部。

练一练 8.3　　核查配平与电荷

考查反应式8.1~式8.7，既有化学反应方程式，也有半反应。

a. 从原子数目与种类上考查，每个方程是否配平，也就是说是否遵循质量守恒？给出解释。

b. 从电荷角度考查，反应式两边的电荷相等吗？给出解释。

c. 提出从一个半反应推出一个总电池反应的快捷方法。

Ni-Cd电池是可充电的，这是其多用途的一个附加优势。可充电电池对应的电化学反应正反两个方向均可进行。放电时电子转移正向进行，充电时逆向移动。反应式8.8 给出这一可逆过程。

$$Cd(s) + 2\,NiO(OH)(s) \underset{\text{充电}}{\overset{\text{放电}}{\rightleftharpoons}} Cd(OH)_2(s) + 2\,Ni(OH)_2(s) \tag{8.8}$$

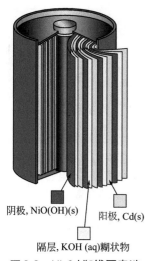

阴极, NiO(OH)(s)　　阳极, Cd(s)

隔层, KOH (aq)糊状物

图8.3　Ni-Cd伽伐尼电池的构造（设计为层状结构以增大电极的表面积）

Ni-Cd电池实际上是单个的伽伐尼电池，而不是多个电池组成的电池组。但由于该词（指battery）已经用惯，简单起见，我们继续沿用这个称呼。

怎样的特点使得电池可充电？关键在于反应物和产物均为固体，且固体反应产物可附着在电池中的不锈钢栅格上，而不会分散开。当在栅格上加电压，生成物可以变回反应物，使电池充电。尽管可充电电池可以多次充放电，但随着杂质的积累、隔板的断裂、或者不希望的副反应的发生以及副产物的形成，都会使其结束寿命。

针对不同的应用需求，电池有不同的形状和尺寸。例如，在助听器中，电池的尺寸和重量是第一重要的。与之不同，汽车电池必须要可用数年且运行温度范围宽。要获得现代消费者的青睐，电池必须价格公道、使用时间合理，且在使用和充电中安全可靠。最后，今后几年要取得成功，电池设计必须考虑使所用材料可回收以便促成可持续发展。

大多数电池将化学能转变为电能的效率约为90%。相比之下可见，在发电厂中典型的热功转换效率（30%~40%）要低得多。尽管如此，要知道，电池充电利用的正是这些发电厂的电。用于制造伽伐尼电池需要相当的能量。这正是探求可再生能源的重要动力之一。

除了发动汽车的铅酸电池之外，由于存在渗漏的可能，水溶液通常太危险而不适合商用电池。例如，你或许看到过由于电池渗漏，手电筒或儿童玩具中引发的锈蚀。但是，在实验室，你可以利用溶液安全地搭建伽伐尼电池。可以有多种组合！例如，请教你的指导老师，开展如下练习活动，构建一个铜锌电池。

练一练 8.4　　实验室中的伽伐尼电池

当该电池工作后，发红的金属铜镀层开始出现在铜阴极表面。总反应方程式在图下给出。

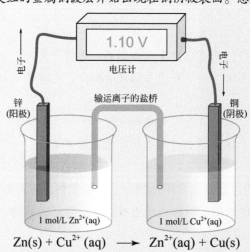

$$Zn(s) + Cu^{2+}(aq) \longrightarrow Zn^{2+}(aq) + Cu(s)$$

a. 写出在阳极发生的氧化半反应的方程式。

b. 写出在阴极发生的还原半反应的方程式。

c. 这种实验室用伽伐尼电池无法充电，为什么？

本节给出伽伐尼电池的概览，这是一个更长的故事的开端。下一节我们继续这个传说。

8.2　其他常用的伽伐尼电池

几乎每个人都有过把碱性电池放入手电筒、计算器或者数码相机的经历。你也应当认识如图8.4所示的碱性电池。在电池的一端，标有"–"号，另一端则标有"+"号。这些标识给出工作时电子转移的事实。所有碱性电池的电压均为1.5 V，但大电池通过外电路提供电流，持续时间更长。电流（current），或者电子通过外电路的速率，用安培（amps，A）计量，或者对于小电池更适合的是毫安（mA）。

图8.4　这些尺寸从AAA到D的碱性电池均产生1.5 V电压

碱性溶液在6.4节有交代。电流以安培（amps，A）为单位是为了纪念安德烈·安培(André Ampère，1775—1873)。他是一位自学成才的法国数学家，一生致力于电与磁现象研究。

电池的电压本质上由参与反应的化学物质决定。碱性电池中的反应涉及锌和锰（图8.5）。这种电池被称作碱性电池是因为它在碱性而非酸性介质中工作。此电池的半反应如下：

氧化半反应（阳极）：

$$Zn\ (s) + 2\ OH^- (aq) \longrightarrow Zn(OH)_2\ (s) + 2\ e^- \qquad [8.9]$$

还原半反应（阴极）：

$$2\ MnO_2\ (s) + 2\ H_2O\ (l) + 2\ e^- \longrightarrow Mn_2O_3\ (s) + 2\ OH^-(aq) \qquad [8.10]$$

总反应（两个半反应之和）：

$$Zn(s) + 2\ MnO_2\ (s) + 2\ H_2O\ (l) \longrightarrow Zn(OH)_2\ (s) + Mn_2O_3\ (s) \qquad [8.11]$$

注意，电池的电压与电池的尺寸无关。所有的碱性电池，从很小的AAA型到很大的D型电池，都产生相同的电压（1.5 V）。不过，大电池含有更多的物质，可以提供更多的电子，或者给出大电流，或者以小电流支持较长时间。

但是，电池的电压与参与反应的化学物质有关。从表8.1列举的一些电池实例可以看出，采用不同的化学体系会得到不同的电压。仅凭一个伽伐尼电池只能得到数伏电压。正如我们在前面章节提到的那样，通过电池的串联可以实现更高的电压。例如，要运行14.4 V或19.2 V的电钻，制造商销售由多个电池构成的电池组。

紧凑、耐用的电池也许可以在体内找到用

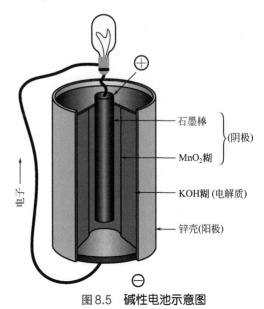

石墨棒
（阴极）
MnO₂糊
KOH糊（电解质）
锌壳（阳极）
电子

图8.5　碱性电池示意图

途。例如，心脏起搏器的普遍使用主要源于电化学电池而不是心脏起搏器本身。锂碘电池是如此可靠且长寿命使得它们成为这一应用的不二选择，其持续时间可长达10年而不需要更换。

锂电池因为金属锂的低密度和高氧化电势而具有重量轻和能量输出大的优势。

表8.1 一些常见的伽伐尼电池

类型	电压	可充电?	用途举例
碱性	1.5	否	手电筒，小型电器，部分计算器
锂-碘	2.8	否	起搏器
锂离子	3.7	是	笔记本电脑，手机，数字音乐播放器，电动工具
铅酸 (蓄电池)	2.0	是	电动汽车
镍-镉 (Ni-Cd)	1.3	是	玩具和可携式电子设备，包括数码相机和电动工具
镍-金属氢化物(NiMH)	1.3	是	在很多领域取代镍-镉电池；混合动力车
汞	1.3	否	曾广泛用于照相机、手表和助听器，现在已禁止使用或逐步淘汰

想一想 8.5　你会抡锤吗？

　　如在第0章所介绍那样，"移动基线"是这样一种观点，指随着时光变换人们原本习以为常的事情发生了变化，特别是我们行星的生态系统。这一观点也有更广泛更普遍的应用。

　　a. "木匠今天不再需要知道如何抡锤！"当然，一个好木匠仍然能一敲而中打入钉子，但这一感叹仍有一定的真实性。现在，电动工具提供了更强的"肌肉"力量。说到"移动基线"，采访一些足够年长的老人，请他们给你讲讲在电动工具之前木匠行业的故事。写一个简洁的概要。

　　b. 电动工具是电池的一种用途，也是表8.1所列的电池的许多用途之一。选择另一种用途，指出人们认为因电池的使用而"移动基线"的方面，至少给出三个。

1935年之前尚无停车计时器

　　位于汽车前面板之下的铅酸电池依然是当今可充电电池中最可靠的。与一个世纪前比较，它是电池改变人类"日常"生活的一个优秀范例，它也是技术进步而使得汽车大增的几个例子之一。汽车的确改变了我们的世界！比如，一百年前，停车舷梯和停车计时器尚不为人知，你也不可能买到婴儿汽车座椅或挡风玻璃清洗液，因为这些东西尚不存在。加油站不会点缀在旷野之中。当然，也没有汽油燃烧的废物污染我们呼吸的空气或导致我们的星球变暖。

　　然而，今天我们理所当然地使用着铅酸电池。在汽车中，它带动电动马达发动汽车，而以前这要靠手摇完成。铅酸蓄电池是真正的电池组，因为它由6个电池单元组成，每个电压2.0 V，总电压12.0 V（图8.6）。由两个半反应加和得到的总反应如下：

$$\text{Pb(s)} + \text{PbO}_2 + 2\text{H}_2\text{SO}_4\text{(aq)} \underset{\text{充电}}{\overset{\text{放电}}{\rightleftarrows}} 2\text{PbSO}_4\text{(s)} + 2\text{H}_2\text{O(l)} \qquad [8.12]$$

铅　　二氧化铅　硫酸　　　　　　　　　硫酸铅　　水

二氧化铅是铅(Ⅳ)氧化物的常用名。本章我们将采用常用名。

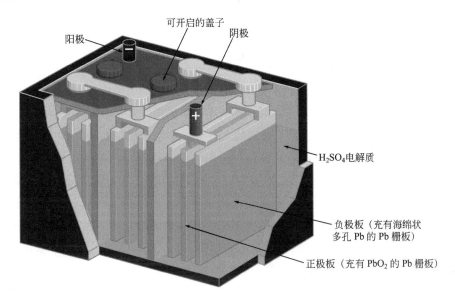

图8.6　铅酸蓄电池剖面图

老的铅酸蓄电池需加水，因此设计有可拧开的旋盖。

　　如反应方程式8.12的箭头所示，当化学反应向右进行，电池放电，也就是利用电池发动汽车时是放电的。发动机不工作时，点亮车灯、打开收音机时电池也在放电。但是，一旦启动发动机，由发动机带动的转换器产生电流，使反应逆向进行，便给电池充电。幸运的是，这种充放电过程在电池中可反复进行，一个高品质的铅酸蓄电池可用5年甚至更长时间！

练一练 8.6　　汽车中的电池

　　让我们再近距离看看大多数汽车中可以见到的铅酸蓄电池（参看方程式8.12）。

　　a. 在此方程式中，铅以Pb、PbO_2和PbSO_4的形式出现，均为固体。其中哪种含有铅离子？是什么离子？哪个是它的金属形式？

　　b. 当铅从它的金属形式被转换成离子形式，失去还是获得电子？是氧化还是还原？

　　c. 电池放电时，金属铅被氧化还是还原？

答案：

　　a. Pb(s)是其单质形式（金属），而PbO_2(s)和PbSO_4(s)是化合物，分别含有Pb^{4+}和Pb^{2+}。

　　铅酸电池具有可以充放电、价格低廉的优势，它也常常和风力发电机一起工作。当风吹过，发电机给电池充电，当风停止的时候，电池放电。在难以容纳发动机燃烧释放的物质的环境中，你也会发现铅酸电池。仓库中的叉车、机场的行李车、超市中的电动轮椅一般均采

用铅蓄电池供电。它们的重量对于这些车的稳定甚至是优势。

然而，铅酸电池的重量在小汽车中是缺点。其另一缺点是电池的化学组分。阳极(铅金属)，阴极(二氧化铅)和电解质(硫酸溶液)均为毒性或腐蚀性化学品，处置时面临挑战。要使电池使用可持续发展，我们必须接受这些挑战。下一节将更直截了当地讨论电池各组分以及电池用过后，它们如何(并且应该如何)处理的问题。

8.3　电池组分：摇篮到摇篮

你能否想起来，何时有过一整天你不曾使用任何电池供给动力的设备？电池驱动手机、MP3播放器、笔记本电脑、电子计算器等等，我们用起来理所当然。发展中的技术也依赖于电池。例如，电池是混合动力车的一个关键部件。离网的太阳能装置也需要电池以便在晚上提供电力。

是的，你的手机、汽车甚至太阳能装置中所用电池的费用比你在商店为它们支付的价钱更高。这是因为有环境的代价，即都必须支付"额外的费用"。这些代价部分源于其组分——所有电池都有一种或多种金属。这些金属必须从地球上开采，并且得从它们所储存的矿物中炼制。采矿过程消耗能量大且矿业生产会产生尾矿和其他废物。炼制过程也需要能量并且产生污染物。例如，因为许多金属在自然界以硫化物存在，金属炼制过程经常放出二氧化硫。**练一练**8.7给你提供审视金属炼制过程细节的机会。

练一练 8.7　　金属精炼(熔炼)

你的数码相机中所用的Ni-Cd电池需要两种金属：镍和镉。这些金属由含硫的矿石例如NiS和CdS熔炼得到。

a. 指出金属区别于非金属的三种特性。提示：复习1.6节和5.6节。

b. 氧气与表示为NiS的镍硫矿发生反应生产金属镍。

$$NiS(s) + O_2(g) \rightarrow Ni(s) + SO_2(g)$$

矿石中的Ni是被氧化还是被还原？

c. 写出生产金属镉的类似的反应方程式，辨别相关物种是被氧化还是被还原。

d. 为什么二氧化硫释放是一个严重的问题？提示：回看第1章和第6章。

答案：b. NiS中含Ni^{2+}，被还原。这个离子获得两个电子形成金属镍。

熔炼是加热并处理金属矿物的化学过程。硫化物矿物的熔炼在空气质量（1.11节）和酸雨（6.7节）中曾提到过。

环境代价也包括"废"电池的处置。即便是可充电电池，用到一定时间当电压低于可用水平后，最终也会被替换。电池虽然"废"了，其中的化学品仍然会有害。因此，社会或者必须支付电池未正当处理的清理和填埋的费用，或者必须支付电池合理回收的费用。

回想一下，在第1章我们提到的预防逻辑。不污染空气比把空气弄脏再清洁更有意义。事实上，脱掉你沾满泥水的靴子胜过洗涤地毯！因此，说到电池我们请你采取同样的逻辑。和你一样，公司应该负起责任——自始至终——从利用自然资源制造它们开始直到它们最后的

"处置"。把含有汞、铅或者镉的电池扔到垃圾里，最后填埋，是一个欠缺考虑的方案。一个简单的办法是使用可充电电池以减少当作垃圾扔掉的电池数量。如果合理使用，从投资角度买个充电器应该更经济。

另一个减少电池废物的方法就是考虑"从摇篮到摇篮（cradle-to-cradle）"。一个物品生命周期的结束应该恰好是另一个物品生命周期的起点，如此，任何东西都可以重复利用而不是变成废品。如果每个电池均可作为另一个新产品的原料，这些电池包含的金属就不会被丢弃而填埋。这也被称为"闭环回收"。

"从摇篮到摇篮"在0.4节有介绍。

经济上也应该划算，特别是（例如从一个废电池中）提取和重复利用金属比挖掘新矿并提炼它更加便宜。采用"从摇篮到摇篮"的方法，将被回收的物品送到提取所需金属的公司，然后再把它送给下一位制造商。不幸的是，世界上如此进行的电池回收很少。

将有毒的材料与环境隔离也有意义。例如，汽车电池中的组分——金属铅、二氧化铅（PbO_2）和硫酸均有毒性或腐蚀性。其他常用在电池中的金属，包括镉和水银，毒性也差不多——如果不是更毒的话。这些电池作为垃圾进行填埋处理，所含金属最后会污染土地、水体甚至地下水。除此之外，这些金属被分散而远离制造供应链，也不利于有效开采。在**想一想8.8**，将探讨如果我们沿此路径可能出现的未来情景。

铅的毒性在前面涉及绘画（1.13节）和水质（5.10节）时提到过。

想一想 8.8 　　金属会耗光吗？

2009年，一篇发表在美国化学会主办的"化学和工程新闻"周刊上，题为"金属的未来"的文章提出了这个重要的问题。

a. 为什么金属不可能耗光，至少作者认为不会如此？

b. 尽管如此，作者提出了自己的观点。解释之。

c. 作者把铜、锌和白金定位为"当前危险种类"。若有的话，其中哪些金属为电池所需？

铅酸电池是一个成功的案例。今天多数州立法要求铅酸电池的销售者进行回收循环。EPA报告显示自1988年以来，在美国铅酸电池回收率达90%以上。下面的练习使你对电池回收了解更多。

想一想 8.9 　　电池回收

为避免用于电池的金属被丢弃而作为垃圾填埋，你可以做点什么？答案取决于电池类型。利用互联网搜寻并回答以下问题。

a. 目前哪些类型的电池一般可以回收：可充电的，或不可充电的（一次性的）电池？

b. 为什么与回收碱性电池相比，回收Ni-Cd电池更重要？

c. 列出一些理由，解释为什么家庭电池回收项目不像汽车电池回收那样有效。

在同样关于金属未来的文章中，耶鲁大学的工业生态学家托马斯·格莱德尔（Thomas Graedel）指出，"金属与原油和清水相似，都有限度"。他的观点应当被认真对待。如果要保证在将来仍有金属可用，我们需要更巧妙的电池设计以便高效地回收其中的金属。镉、汞、镍和铅不应该去往垃圾填埋场，相反，它们应被用在新的电池中。

金属循环有先例也有充分的理由。回忆第1章提到的含有白金的催化转化器。化学和石油工业已经设置了回收白金催化剂的方案。待回收的物品寄送给提取白金的公司，然后金属被制造商再利用。虽然可再充电电池可以且已经在进行回收，但一次性电池尚未如此处理。

在这一点上，锂是一个有趣的例子。回忆第2章的内容，和钠和钾一样，锂是一种碱金属，位于周期表第1A族（图8.7），并且Li、Na和K均只有一个外层价电子，为活泼金属。然后，回忆第5章的内容，这些金属在自然界以离子Li$^+$、Na$^+$和K$^+$的形式存在。

锂(保存在油中)　　钠(从油中取出，切割)　　钾(在封闭的玻璃管中)　　铷(在封闭的玻璃管中)

图8.7　碱金属举例

但是，锂与1A族其他元素又有诸多不同。与钠和钾原子比较，锂原子小而轻。在组装便携式电池时，质量小也是优势。体积小是另一个优势，与较大的Na$^+$和K$^+$相比，锂离子足够小，适合某些类型的电极材料。锂在地球上的丰度远远不及钠和钾，后两者处处可见。此外，锂的矿藏通常在边远地区，图8.8给出一个示例。目前，锂主要从远古时代曾是海底的盐湖(盐卤)中开采。

图8.8　世界上最大的锂矿之一，位于智利沙漠中的一个盐湖

锂以可溶性的氯化物和碳酸盐（LiCl, Li$_2$CO$_3$）形式存在

锂的未来可用性是讨论中的关键问题。在下一节你将看到，为混合动力车而发展的下一代电池依然要用到锂。这些用在成千上万汽车上的电池——每个电池装置大约含4.5 kg锂——的情形会严格检验我们给电池制造商提供锂的能力。当下，人们正在争论我们是否有能力这样做。一方面，我们星球上锂的存储量看起来足以满足我们的需要；另一方面，只有部分锂矿品位高且在可以到达的地区，其提取在经济上可行。

显然，现在与将来，我们制造电池时必须遵从绿色化学的核心理念。这意味着在电池中我们必须尽可能减少或者避免使用有毒金属，并采用巧妙的电池设计以保证金属短缺时可高效地回收。关注着在可持续发展的能源愿景中电池如何占有一席之地，我们现在转向混合动力车的话题。

了解绿色化学六大核心理念中的第三条和第五条。

8.4　混合动力车

随着对汽油价格和可用量以及对汽油动力车排放的污染物的关注度增加，更多车主考虑使用**混合动力车**(HEVs)，简称"混杂（hybrids）"。这些车由传统的汽油发动机和电池带动的电动马达组合起来驱动。丰田(Toyota)和本田(Honda)在发展混杂车(表8.2)中起着引领作用。1999年，本田窥测号(Honda Insight)，一种双座小汽车，率先在美国销售。丰田普锐斯(Toyota Prius，图8.9)于1997年在日本面世，三年后在美国推出。今天，其他制造商生产出各种混合动力车，包括SUVs、卡车甚至豪华车。

拉丁语中，Prius意为"先驱"。

(a)

(b)

图8.9　(a) 丰田普锐斯2010，油电混合车；(b) 镍氢电池位于后坐下和尾厢里

想一想 8.10　　　镍氢(NiMH)电池

　　至2010年，丰田普锐斯(Toyota Prius)的混合动力车采用两种电池，一种是传统的铅酸蓄电池，另一种是金属镍-金属氢化物(NiMH)电池。

　　a. 镍氢(NiMH)电池的哪些特点使之比在EV-1上应用的铅酸蓄电池更优越？

　　b. 利用互联网搜索，指出新的锂离子电池取代镍氢(NiMH)电池用在混合动力车上有何优势。

　　1 gal汽油可行使大约80 km，即普锐斯只需燃烧一半的汽油，因而释放的CO_2是传统汽车的一半。与镍-金属氢化物电池相配合，普锐斯配有一个1.8 L的汽油发动机、一个电子马达和一个发电机。电子马达从电池获得能量启动汽车，并在汽车低速运动时给其供能。凭借一个称作"反馈制动"的过程，汽车的动能传给发电机，后者在汽车减速或刹车时，给电池充电。正常行驶的时候，汽油发动机辅助电子马达工作，在加速时利用电池推进。

动能在4.1节第一次介绍。

　　已知每加仑汽油燃烧向大气中释放约18 lb CO_2，每辆车每年平均释放6~9 t CO_2。与其他的车辆排放物例如NO和CO不同，目前的污染控制技术难以减少CO_2的排放。那么，我们必须通过减少燃料的消耗或通过燃烧不含碳的燃料如H_2，降低CO_2的排放。来做个算术题，若每加仑汽油行驶增加8 km（例如，从每加仑32 km改进到40 km），每辆车在其年限内可减少大约18 t CO_2的排放。这一演算假设每辆车在其年限内可以行使320000 km，通过提升燃料效率使每加仑汽油多跑8 km，大约少用2000 gal汽油。

表8.2　燃油经济领导者（2010年车展）

排名	制造商/车型	英里/每加仑(城市/高速公路)
1	丰田普锐斯(混杂)	51/48
2	福特融合 Hybrid FWD 水星米兰 Hybrid FWD	41/36
3	本田 Civic Hybrid	40/45
4	本田窥测号(混杂)	40/43
5	雷克萨斯 HS250h(混杂)	35/34

来源：美国环境保护署。

　　与传统的汽油车不同，许多混杂车在城市道路上的行驶性能优于在高速路上。

怀疑派化学家 8.11　　　是的，吨级的二氧化碳！

　　汽车真的一年会放出7 t二氧化碳？做个计算，证明或反驳之。给出你的所有假定。

　　汽车制造商提供各种燃料利用率高、排放低的汽车方案，让消费者根据个人出行需求做出最佳选择。其中的一种方案是切换式混合动力车（plug-in hybrid electric vehicle，PHEV）。这些车利用可充电电池驱动电子马达作为平时短途的动力，而进行较长距离运动时则切换到发动机。由电池提供电能降低排气管的直接排放，这是一个主要卖点。另外，支持者争辩说，PHEVs运行时每英里花费为2~4美分，比普通汽车每英里8~20美分的费用要低得多。然而，根据美国全国研究理事会（U. S. National Research Council）2009年的一项研究显示，PHEVs大规模进入美国汽车市场尚需时日。

2010年，制造一个切换式混合动力车的费用约为18000美金，比一辆同等的由汽油发动的车贵。较大的锂离子电池是提升价格的因素之一。要通过燃料的节省收回购买PHEV预先多花的钱，按目前的汽油价格，需要驾驶数十年才会实现。因此，除非能源价格变化，否则PHEVs在减少汽油消耗降低碳排放的方面尚难发挥作用。尽管如此，几乎所有大的汽车制造商目前都有主力研发团队在开展PHEVs的工作。大多数公司认为，随着电池技术的持续改进和适当的经济刺激，在美国未来会有数百万辆切换式混合动力车跑在城市的街头巷尾。即使如此，达到这个数字也是艰巨的。假如车辆的数量持续增长，从现在起的数十年，我们预期在美国的高速公路上，这些PHEVs将超过300百万辆（数字疑有误，应为300万辆——译者注）。

HEVs和PHEVs具有这样的优势，是否意味着美国将变成一个混合动力车的国度？最确切的答案是不会。尽管2012年HEVs销售涨到380000辆，这仅仅是在燃料经济盘中的一小部分。在过去的五年中，美国顾客购买了大约一千三百万辆汽车、货车、SUVs和轻卡车。虽然在美国的路上跑着的HEVs数量最多，这些车也只占总量的2%~3%。相反，在日本新销售汽车中20%是HEVs。到2012年，全世界销售的混合动力车超过450万辆，包括美国的220万辆和日本的150万辆。

想一想 8.12   电动汽车

全电池驱动的汽车一直是人们画在规划图上的梦想，过去十年甚至有几款出现在汽车展馆。

a. 列出三条电动车（EV）超过HEV或PHEV的优势。

b. 给出三条电动车今天未能普及的原因。

c. 通过互联网搜索，找出最新的燃料经济指南。在这个报告中EVs的地位如何？

此处，EV、HEV和PHEV发展的主要瓶颈仍然是电池技术、电池发展经济学和车辆的价格。混合动力车会如何影响你的出行方式？情况仍不明朗。在下一节，我们将审视另一种驱动汽车的方式——氢燃料电池。

8.5　燃料电池基础

利用燃料电池，我们在发现能效高且污染物少的燃料的旅途中迈上又一个台阶。在第4章，我们以克为单位，比较了煤炭、碳氢化合物和其他可燃物燃烧所放出的能量。正如我们看到的那样，甲烷显然是胜者。假设燃烧产物为二氧化碳和H_2O，煤炭的燃烧热（硬煤或沥青）和正辛烷（$C_8H_{18}(l)$，汽油的主要组分）分别为30 kJ/g和45 kJ/g。相比之下，甲烷的燃烧热是50 kJ/g。

然而，当氢和甲烷相互比较，氢在竞争中会轻松取胜，从如下的方程式你便可以看出。

$$H_2\ (g) + 1/2\ O_2\ (g) \longrightarrow H_2O\ (l) + 249\ kJ \qquad [8.13]$$

方程8.13中燃烧热249 kJ，是以每摩尔H_2为单位，若以每克H_2计，是124.5 kJ。

可以看出，每克氢燃烧时放出的能量是每克甲烷的差不多三倍！除了其超高的能量输出之外，使用氢也展现出另一令人期待的愿景——作为燃料为机动车提供动力但产物只有水蒸气，既不会产生CO也不会有CO_2。当然，取决于发动机和温度，可能会产生NO。

怀疑派化学家 8.13　　　　氢对甲烷

　　氢真的是那么好的燃料吗？利用表4.4中的键能数据给出解答。明确示出你的计算过程，给出你所做的所有假设。你计算出的结果与式8.13吻合吗？

　　提示：你将发现4.6节已经为你完成了大多数工作，只是那里的计算以摩尔为基础。

　　和其他易燃的燃料如甲烷或汽油一样，当氢气与氧气直接混合，仅仅一个火花就会引起爆炸。借助七百万立方英尺的氢气，像泰坦尼克号驶向深海一样，海登堡号（Hindenburg）升到了高空。1937年这艘飞船起火，导致乘客和空乘人员死亡，氢易燃易爆——深深地刻在我们的记忆中。

　　倘若有人提出使H_2和O_2通过一种无燃烧的途径变成H_2O，而且此人宣称在此反应中H_2和O_2无需直接接触，怀疑派化学家或许会将此视作毫无意义的谵言——绝对不可能。然而，燃料电池的运转就是一个例子。**燃料电池**是一种将燃料的化学能直接转变为电能的伽伐尼电池，过程不涉及燃料的燃烧。威廉·格罗夫（William Grove），一位英国的物理学家，1839年发明了燃料电池。但是，这一发明一直被当做纯粹的空想，直到航天时代的到来。20世纪80年代，美国的宇宙飞船携带了三套32个以氢气为燃料的电池，燃料电池才进入公众的视野。这些电池产生的电流用于飞船中的照明、马达和计算机。

　　不同于常规的电池，例如手电筒电池、汽车前面板下的铅酸蓄电池或者驱动你的便携式计算机的电池，燃料电池需要外部提供燃料，燃料在电池中发生电化学氧化反应。它们也需要外部补充氧气或其他"氧化剂"材料以接受燃料失去的电子。因此，只要源源不断地提供燃料和氧化剂，这些"流动电池"就能不断地产生电力。它们不会用尽，也不需要像传统电池那样充电。在图8.10所给燃料电池车(FCV)的示意图中，找找氢燃料的供应点。氢气在储罐中被加压至5000 psi（1 psi = 6.895 kPa）。FCVs每加注一次燃料，可以行驶200英里。

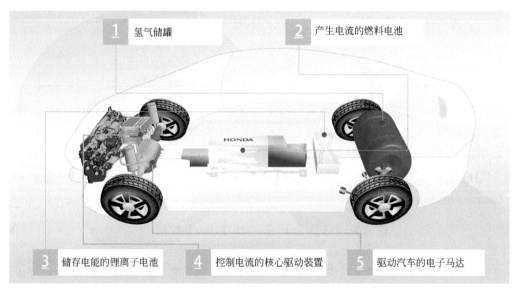

图8.10　本田FCX燃料电池车示意图（示出燃料电池的位置、储氢罐及锂离子储能电池）
来源：美国本田汽车公司

令人惊奇的是，在燃料电池中，被氧化和被还原的化学物质在物理上是分开的，也就是说，它们彼此并不直接接触。氧化反应发生在阳极，而还原反应发生在阴极。但是，电极本身并非释放电子之源，它只是作为电子导体为燃料氧化反应提供物理区域。类似地，阴极也是电子导体，氧气在电极上发生还原，而电极并不介入反应。

将阳极和阴极分开的电解质与其在传统的电化学电池中的作用相同，亦即使得离子流动以形成电流。最早的商用燃料电池采用强腐蚀性的磷酸（H_3PO_4）溶液做电解质，因此，这些电池是一个充满液体的全密闭体系，与传统的密封碱性电池不同。目前，燃料电池设计为开放体系，以便不断供应燃料和氧化剂，这增加了燃料电池的复杂性和价位。

今天，已经开发出基于不同电解质材料的燃料电池以适合不同的应用需求。一种类型是采用固体聚合物电解质隔开反应物。我们利用它来解释燃料电池一般的工作原理。聚合物电解质膜，又称质子交换膜（proton exchange membrane，PEM），对质子（H^+）具有通透性，膜两侧涂敷铂基催化剂。这些电解质可以在相当低的温度下（典型温度是 $70 \sim 90$ ℃）工作，促使电子快速转移而提供电力。因此，PEM燃料电池是当前最受制造商欢迎的电池，用于新型燃料电池示范车和个人消费品设备中。典型的燃料电池设计见图8.11。

更多关于聚合物的内容参见第9章；H^+即质子，是最简单的阳离子（参见6.1节）。

在燃料电池中，氢作为燃料与氧结合。氧化半反应和还原半反应分别由反应方程式8.14和式8.15表示。当氢分子沿着膜流过时，它被氧化，失去两个电子而变为两个H^+。

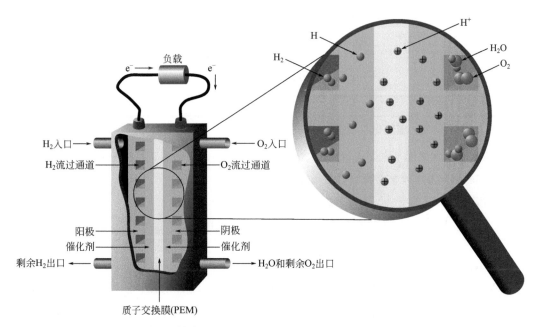

图8.11 PEM燃料电池（H_2和O_2在此电池中的结合不通过燃烧）

氧化半反应（阳极）：$H_2 (g) \longrightarrow 2 H^+ (aq) + 2 e^-$ [8.14]

氢离子H^+通过质子交换膜，与氧气（O_2）结合，同时结合两个电子形成水。

还原半反应（阴极）：$1/2 O_2 (g) + 2 H^+ (aq) + 2 e^- \longrightarrow H_2O (l)$ [8.15]

与伽伐尼电池一样，总反应是两个半反应的加合：

$$H_2 (g) + 1/2 \ O_2 (g) + 2 \ H^+ (aq) + 2 \ e^- \longrightarrow 2 \ H^+ (aq) + H_2O (l) + 2 \ e^- \qquad [8.16]$$

可以约去化学方程式8.16两边出现的$2 \ e^-$和$2 \ H^+$。

净反应（两个半反应的加合）：$H_2 (g) + 1/2 \ O_2 (g) \longrightarrow H_2O(l)$ \qquad [8.17]

在第4章和第7章，我们给出的方程式系数为整数：$2 \ H_2 (g) + O_2 (g) \longrightarrow 2 \ H_2O (l)$

燃料电池中，从阳极流向阴极的电子通过外电路做功，这正是此装置的关键所在。可见，在燃料电池中，也发生H_2向O_2的电子转移过程，但这一过程发生时没有火焰、没有光而只有相对很少的热量放出。如果只考虑产生电能的过程（允许忽略能量的其他部分），氢燃料电池被当做比燃煤的热电站或核电站更为环境友好的产生电能的方式。没有含碳的温室效应气体、没有空气污染、更无需要处置的乏核燃料，氢作为燃料，水是其唯一的化学产物，这在空间飞船中又是一大优势，可以在太空中作为水的补给源。

从化合物中制取H_2需要能量。

总电池反应（化学方程式8.17）中，每生成1 mol H_2O放出249 kJ能量。燃料电池将其45%～55%转化为电能，而不是以热的方式释放。这种直接产生电能的方式避免了热功转换发电的低效率，内燃机只能有效利用化石燃料所放出能量的20%～30%。表8.3给出燃料燃烧与燃料电池技术的比较。

表8.3 燃烧与燃料电池技术比较

过　程	燃　料	氧化剂	产物与现象	其他说明
燃烧	碳氢化合物，乙醇，H_2，木材等	空气中的O_2	H_2O，CO/CO_2，热，光，甚至声音	快速过程，有火焰，低效率，产生热最有效
氢燃料电池	H_2	空气中的O_2	H_2O，电，少量热	较慢的过程，无火焰，安静，较高的效率，产生电最有效

想一想 8.14　　重温PEM燃料电池

花点时间从在线学习中心找到PEM燃料电池的动态图像！回答下列问题：

a. 燃料电池与本章前面提到的电池有怎样的区别？

b. PEM电池可充电吗？为什么？

c. 为什么H_2和O_2在燃料电池中的结合不算燃烧？解释之。

正像电池、马达和发电机有不同的大小和类型，燃料电池也是如此。尽管所用燃料及其工作原理本质上相同，不同的电解质给每一类型的燃料电池带来独有的特征以适应特定的应用。许多公司正在试验燃料电池汽车。和EVs一样，燃料电池车（FCVs）也由电子马达供给动力。但不同之处在于，FCVs自己发电，而Evs需从外部电源获得电力并将能量存储在车载电池中。

氢气的替代物可以是富含氢的燃料例如甲醇或天然气。这些燃料必须在重整器中转换成氢气。此设备利用热、压力和催化剂促使氢气作为产物之一的化学反应发生（图8.12）。作为液体燃料，甲醇和乙醇均可以在常规加油站获得。但是，车载重整器会增加车辆的费用并且需要维护。在重整过程中它们也会释放温室气体和其他空气污染物。

4.7节讨论了另一相关的重整过程：将正辛烷转变为燃烧更稳定的异辛烷。

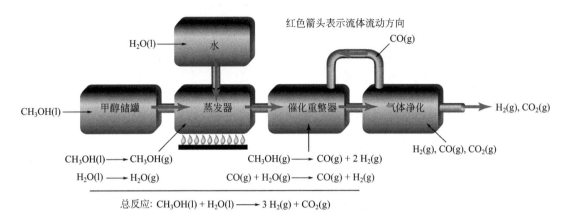

总反应：CH₃OH(l) + H₂O(l) ⟶ 3 H₂(g) + CO₂(g)

图8.12　利用重整过程从甲醇获得氢气

作为电力之源，燃料电池有广泛的应用。医院、机场、银行、警察局和军事设施全部利用它们作为备用和储备电源。燃料电池是**分布式发电**，即它们就地发电，即时使用，避免了长距离传送导致的能量损失。因此，它们可作为中心电厂的一种替换和补充。为移动电子设备例如手机、笔记本电脑提供动力的微型燃料电池正在研发之中。这种设备优于电池之处在于，它们不需要花时间充电，但是需要通过简便的置换或充装而补充燃料。

在我们的社会全面受益于氢燃料电池技术之前，科学家和工程师需要应对几项技术挑战。首先是存储、运输以及最后将氢配送给消费者；第二个挑战是生产足够的氢以满足预期的需求。下节将在更深的层次上审视这两个挑战。

8.6　氢燃料电池电动车

想象一下，给你的燃料电池车在"加油站"加氢的情景。目前，这样的加油站站点少且相互距离很远。美国能源部宣布到2013年在美国大约有这样的"60个加油站"获准运行。一辆FCV可行驶约480 km后再加"油"，从里程上看，它和传统燃烧汽油的汽车可以有一拼。

因为氢是气体，它的存储和运输需要一个不同于汽油的系统。作为气体，氢也占用大量空间。例如，在海平面处、室温下，每克氢体积约为11 L（差不多3 gal汽油的容量）！为避免容器体积过大，车上采用高压钢瓶储存氢气。要向钢瓶中加氢，必须通过耐高压连接管与储气罐连接且不能漏气，如图8.13所示。尽管燃料加装系统与用于汽油驱动车的加油泵不同，但这一过程是类似的：接好连接头，打开阀门，让氢流过。

图8.13　给本田FCX Clarity（一种氢驱汽车）加氢

另一种比较方法是：12 L汽油重9 kg。

不同于把氢压缩到钢瓶中这一沉重也有些笨拙的方法，化学工程师正在研究不用高压压缩以减少空间的存储和输运方式。一种很有前景的方法是利用一些化合物——在高压下吸收 H₂，就像海绵吸水一样。随后，降低氢分压或者升高温度，在需要时 H₂ 可以释放出来（图 8.14）。例如，金属氢化物可以担当此任。氢化锂（LiH）就是一个例子。化学式 LiH 看起来有些奇怪？的确如此。问题不在于锂离子（Li⁺），它应该已是一个老朋友了。这里奇怪的是氢负离子（H⁻），此化学物种和氢离子（H⁺）显然不一样。与带一个电子的电中性 H 不同，氢负离子带有两个电子，它在电池化学中扮演着重要的角色。与 H⁺ 不同，氢负离子在水溶液中很不稳定，因此，在前面关于水溶液化学的章节中我们没有必要提到它。

金属氢化物储氢系统用于要求高纯氢的 PEM 燃料电池非常理想。由于金属氢化物选择性地吸收氢气而不会和更大的气体分子例如 CO、CO₂ 或者 O₂ 作用，它们作为储氢材料的同时也过滤掉其他气体。新的储存技术必须可以解决车辆的空间占用问题，为人和货物留出空间，也应当可以为长距离行驶而在车上加注更多燃料留出余地。

第二个挑战是对氢燃料的需求。所需的氢来自何处？一方面，事情看起来有希望，因为氢是宇宙最丰富的元素。氢原子占总原子数的含量超过 93%！尽管氢不是地球上含量丰富的元素，但其仍有极为充足的供应。另一方面，地球上天然存在的氢均非 H₂ 分子。氢气非常活泼以至于不能以单质形式长期存在，它被氧化而变成 H₂O，也就是我们熟知的水。因此，要得到用作燃料的氢气，我们必须从水或含氢的化合物中提取氢，这个过程需要消耗能量。

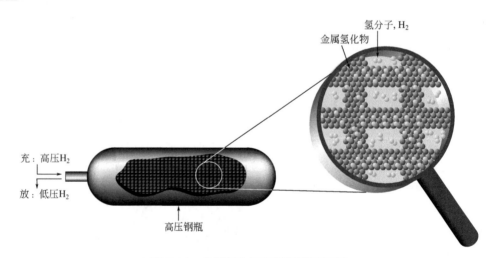

图 8.14　金属氢化物吸收和释放氢气

化石燃料，包括天然气和煤炭，作为碳氢化合物是氢的一个可能的来源。天然气的主要成分——甲烷，目前是氢气的主要来源。甲烷与水蒸气作用产生氢气的反应是吸热的。

$$165 \text{ kJ} + CH_4(g) + 2 H_2O(g) \longrightarrow 4 H_2(g) + CO_2(g) \qquad [8.18]$$

另外一种由 CH₄ 制氢的方法是甲烷与二氧化碳反应。

$$247 \text{ kJ} + CO_2(g) + CH_4(g) \longrightarrow 2 H_2(g) + 2 CO(g) \qquad [8.19]$$

你可以看到这个反应不利的一面——它需要输入足够的能量。不过，氢能公司目前利用太阳镜阵列聚焦太阳光加热反应物CO_2和CH_4。这种技术不仅可以产生氢气，也可以从填埋废物的废气中如此制氢。

练一练 8.15　　键能回顾

　　a. 利用表4.4的平均键能数据，计算方程式8.18和式8.19对应的反应发生所需的能量。清楚示出你的计算步骤。

　　b. 这个反应是吸热还是放热？

　　c. 你计算得到的结果与方程给出的数值是否符合？为什么？

提示：复习4.6节。

答案：

　　a. 在方程式 8.18 中，4 mol C–H 键和 4 mol O–H 键断裂。

　　= 4 mol (416 kJ/mol) + 4 mol (467 kJ/mol)

　　= 1664 kJ + 1868 kJ

　　= 3532 kJ

　　在方程式 8.18 中，4 mol H–H 键和 2 mol C=O 键形成。

　　= 4 mol (436 kJ/mol) + 2 mol (803 kJ/mol)

　　= 1744 kJ + 1606 kJ

　　= 3350 kJ

对整个反应, (+3532 kJ) + (−3350 kJ) = 182 kJ。

对方程式 8.19 进行类似的计算，结果是 252 kJ。

　　如上描述的每个反应依然存在一个主要缺点，或者产生二氧化碳，或者产生一氧化碳。氢有没有其他来源？在儒勒·凡尔纳（Jule Verne）1874年的小说《神秘的岛屿》中，失事船只的工程师推测世界上的煤炭用光之后，能源将会枯竭。"水，"这个工程师喊道，"我相信水有朝一日会被用作燃料，组成水的氢和氧单独或一起使用，将提供永不枯竭的热和光之源。"

　　这只是一个简单的科学幻想吗？将水分解为其组成元素在能量上和经济上切实可行吗？氢确实可以作为有用的能源吗？要评价凡尔纳笔下的工程师预言的可信度，我们需要先考虑这一反应所需的能量。在8.4节，我们注意到氢气和氧气反应生成 1 mol 水，可放出 249 kJ 的能量（参考方程式8.13）。当反应逆向进行产生氢气，则需要吸收等量的能量。

$$H_2O\ (g) + 249\ kJ\ \longrightarrow\ H_2\ (g) + 1/2\ O_2\ (g) \qquad [8.20]$$

　　将水分解为氢气和氧气的最方便的办法是**电解**，此过程中，让电压足够的直流电通过水使之分解为氢气(H_2)和氧气(O_2)(图8.15)。这一过程在**电解池**中发生，电解池是通过电化学反应将电能转化为化学能的装置。**电解池**与伽伐尼电池的作用恰好相反，伽伐尼电池将化学能转化为电能。电解水时，如方程式8.20所示，得到的氢气体积是氧气体积的两倍。它表明一个水分子所含的氢原子数是氧原子数的两倍，证实其分子式为H_2O。

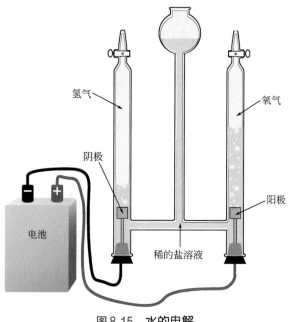

图 8.15　水的电解

电解水产生 1 mol H_2 所需的能量是甲烷产氢的一半且无二氧化碳生成（参见式 8.19）。从热力学上来看，电解水是利用能量将水分解为氧气和氢气。图 8.16 示出所涉能量的变化关系。

当然，问题依然存在：进行大规模电解的电流如何产生？美国大部分的电能由传统的发电厂通过燃烧化石燃料产生。如果我们只考虑热力学第一定律，我们所能达到的最好的结果就是燃烧的化石燃料的量与电解产生的氢的量在能量上是相当的。但是，我们也必须考虑热力学第二定律的作用。由于热转换为功时固有且不可避免的低效率，火力发电厂可能达到的最大热效率值为 63%。如果我们再进一步考虑由摩擦、热的不完全转移及管线输送等引起的更多能量损失，生产氢所需的能量至少是其燃烧产生能量的两倍。这就像用 10 美分买一个鸡蛋，再以 5 美分卖出，且不得讨价还价。

复习 4.1 节和 4.2 节关于热力学第一定律和第二定律的内容。

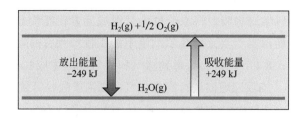

图 8.16　氢-氧-水体系的能量关系

另一种办法是利用热能分解水。简单地给水加热使其分解为 H_2 和 O_2 在商业上没有前途。要想得到产率适当的氢气和氧气，需要超过 5000℃ 的温度。实现这样的温度不仅极为困难，且耗费巨大的能量——至少与氢气燃烧放出的能量一样多。因此，我们必须达成这样一个共识，我们花费大量时间、精力、金钱和能量得到的氢气，在最好的情况下，也只是将与我们投入的同样的能量还回来。而实际上，最划算的情况也只获得更少的能量。

除了利用化石燃料燃烧产生巨量的热来分解水之外，还有另一个选择——采用可持续的能源——太阳的辐射能。可见光光子有足够的能量分解水。不走运的是，水不吸收这一波段的光（这也是为什么水是无色的）。利用太阳能促使水分解的新材料正在设计之中。光化学电池或者伽伐尼电池，由包含Pt阴极和覆盖着TiO_2纳米颗粒并包敷染料分子的阳极构成。染料分子调制到可吸收太阳光谱的最强的部分。将电极没入含电解质的水溶液中并暴露在光照下，染料中的一些电子被激发到高能态，高到使之迅速向TiO_2转移。电子一旦在那里出现，就可以离开电极并通过电路运动（图8.17）。

图2.9示出紫外线打断分子中的化学键。

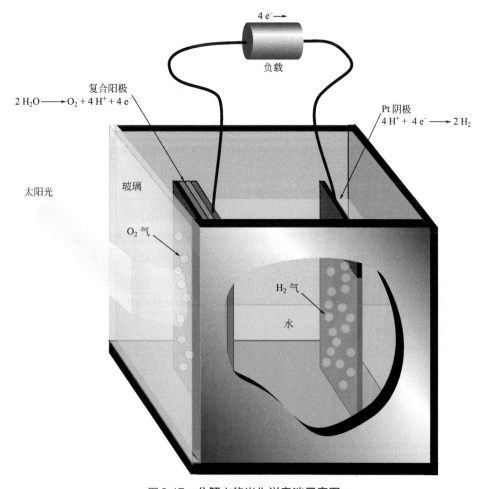

图8.17　分解水的光化学电池示意图

如你所知，电子的失去对应着氧化过程，此时水中的氧被氧化为O_2。电子通过外电路到达铂阴极，在此处它们使氢离子还原为H_2。目前装置的效率低于10%，但有望提高。

想一想 8.16　　聚焦水的分解

方程式8.20中所需要的能量对应于420 nm的波长。

a. 这一波长落在电磁波谱的哪个区域？提示：参考图2.7。

b. 直接利用太阳光能分解水与利用太阳热能分解水相比更有优势。解释之。

图8.18 某些绿藻在光合作用
过程中产生氢气

在一个生动的绿色化学的绿色例子中，科学家观察微生物的产氢。某些类型的单细胞绿藻在光合作用过程(图8.18)中产生氢气。此法的优势在于阳光提供能量，而不是化石燃料的燃烧。目前，该过程的效率太低以至于商业上不可行。然而，可高效利用阳光的新的藻类的发现可能触动经济平衡。当前此研究领域主要基于基因工程设计这样的藻类，既有令人期待的前景，也有很大争议。绿色植物，包括藻类，利用太阳能生长和再生产。然而，我们人类却难以做得和植物一样高效。在下一节，我们转向已经发展出的由太阳光发电的成功技术——光伏电池——或者更熟悉的称呼——太阳能电池。

8.7 光伏电池基础

显而易见，应充分利用太阳光这一可再生能源的优势。来自太阳达到地球的光线照耀一个小时就足以满足世界一整年对能量的需求！但是，目前在美国生产的能量中直接来自太阳的低于1%。为什么太阳能在当前巨大的能量中只占这样小的份额？

尽管每天照到地球上的太阳光能量巨大，但是在我们这个星球上，太阳光线不会在任何特殊的地方一年照耀365天，一天照耀24小时。而且，有些地区接收到的太阳光强度太低而导致实用上没有收集价值。由于地理位置和局地因素如云量、气凝胶、烟雾和阴霾的影响，会产生更大的差异。以图8.19示出的地图为例，做个探究，图中的数据以每天每平方米太阳能集热板的千瓦时(kW·h，能量单位)作单位。下一项练习将帮助你探讨一年中太阳能每天的变化情况。

1 kW·h = 3600000 J。
图8.19示出的能量数值将会更高一些——如果电池板不是固定的而是可朝着阳光转动。

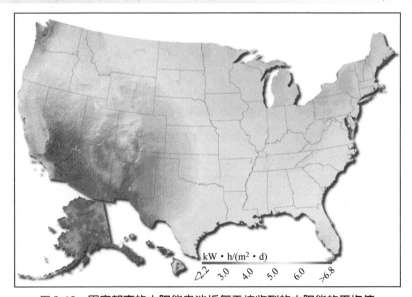

kW·h/(m² · d)

2.2 3.0 4.0 5.0 6.0 >6.8

图8.19 固定朝南的太阳能电池板每天接收到的太阳能的平均值
来源：Billy Roberts, National Renewable Energy Laboratory (NREL) for the U.S. Department of Energy, 2008.

想一想 8.17   太阳能分布图

感谢美国可再生能源国家实验室提供的网站（U. S. National Renewable Energy Laboratory），你可以查看美国不同地域的太阳能分布情况。

a. 选择你关注的一个州，查看其一年中每个月的数据。关于能量整年如何变化，你注意到什么情况？

b. 应该不奇怪，加利福尼亚、亚利桑那、新墨西哥和得克萨斯的年均太阳辐射在美国占有领先地位。为什么这些州的某些地区比其他区域更高？

随之而来，下一个挑战就是，找到平均入射太阳能高的区域，在此收集足够多的能量发电。一种可能性是把太阳光直接转换成电，这是本节的主题。另外，可以通过集热器捕获太阳辐射带来的热，这个话题在下节将会谈到。

捕获太阳能的方法之一是利用**光伏电池**(photovoltaic cell, PV)，这是一种将光能直接转化为电能的装置，有时也称作太阳能电池。只需要数个光电池就可以产生足够的电能带动你的计算器和电子表。光电池普遍应用于通信卫星、高速公路标志、安全保障照明（图8.20）、汽车充电站和导航浮标中。可持续节省成本。例如，在导航浮标中使用太阳能电池而不是电池，减少了维护和修理，使得美国海岸警卫队每年节省数百万美元。

如果需要更大的功率，光电池可以组装成模块或阵列以构成太阳能电池板，如图8.21所示。许多人利用太阳PV系统给自己的住宅和企业供电。根据屋顶的大小，可以铺设十二块或者更多的太阳能电池板。这些板子通常朝向正南方向安装。给它们加装一个旋转系统以跟踪太阳的路径从而使其在阳光中的暴露最大化，可优化效率，但初始成本会更高。为实现发电或工业应用，数百太阳能电池阵列

图8.20   光伏（太阳能）电池用于改善安全保障，提示行人和车辆

互联形成一个大规模PV系统，例如在德国巴伐利亚的野外有这样一个阵列(参见图8.21)。

光伏电池如何发电？答案依赖于光伏电池材料中电子的行为。当光照在PV电池上时，它可以正好透过电池，或被反射，或被吸收。如果被吸收，能量可能会导致构成电池的原子中电子的激发。这些激发的电子从其所处材料中的正常位置逃逸，形成电流。

仅某些特定的材料在光照下可以有如此行为。光电池由一类称作半导体的材料构成，这类材料通常情况下导电能力有限。多数半导体由准金属硅的晶体构成。要在光伏电池中形成电压，将两层半导体材料直接压在一起。n-型半导体是富电子层，p-型半导体是缺电子也被称为"空穴"的另一层。为了产生电流，照在PV电池上的光必须有足够的能量使得电子通过电路从n-型一侧向p-型一侧运动。电子的传递产生电流，可以做电能做的任何事情，包括在电池中存储备用。只要光电池暴露在光照之下，仅由太阳能驱动，电流就会持续流动。

1839年，法国物理学家A. E. Becquerel 就讨论过利用太阳光在固体中产生电流的过程。水溶液中离子的导电性在5.6节有讨论。准金属（半金属）已在1.6节介绍。

单个太阳能电池产生最高约0.5 V的电压。

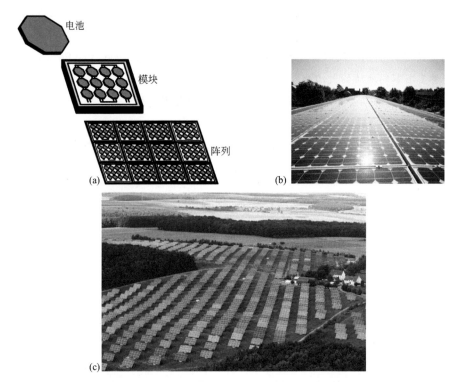

图8.21 (a) 光伏电池及其组装的模块、阵列的展示；(b) 装在屋顶上的硅太阳能电池阵列；(c) 德国巴伐利亚州Gut Erlasee太阳能公园空中俯瞰，其峰值发电量可达12 MW（典型的核电厂的功率为1000 MW）

元素硅是最早发展并用于计算机和太阳能电池的半导体材料之一。事实上，许多研发半导体的公司就聚集在加利福尼亚的"硅谷"。硅晶体由硅原子阵列组成，每个硅原子与其他四个硅原子共享四对电子（图8.22a）。这些共享电子通常被束缚在成键位置，无法在晶体中运动。因此，正常条件下，硅是电的不良导体。不过，当价层电子吸收足够的能量，可以被激发并偏离结合的位置（图8.22b）。一旦自由，电子便可以在整个晶体中运动，使硅变成电子导体。

晶体结构中，原子或离子按规则周期性重复排成阵列，如图5.18所示的NaCl。

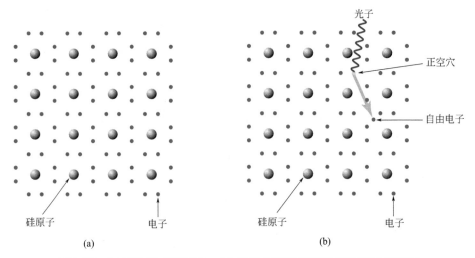

图8.22 (a) 硅中的成键示意；(b) 硅半导体中光诱导成键电子的放出

实际应用中，除非掺杂，纯硅半导体的导电性很差。"掺杂"就是在纯硅中有目的地加入少量其他元素即"掺杂剂"（有时称作杂质）的过程。掺杂剂的选择基于其促使电子转移的能力。例如，通常在硅中掺入约 $1\ \mu g/g$ 的镓(Ga)或砷(As)。采用这两种或其他与其位于周期表中同一族的元素，是因为它们与硅相差 1 个外层价电子。硅的外层能级上有 4 个价电子，镓有 3 个，而砷有 5 个。因此，当一个砷原子取代硅晶格中硅的位置时，会引入一个多余的电子；镓对硅的取代会导致晶格中电子的"短缺"。图8.23示出掺杂的n-型半导体和p-型半导体。两种类型的掺杂都会提高硅的导电性，因为电子现在可以从富电子区域向缺电子区域传递。

Ga处在3A族，Si处在4A族，砷处在第5A族。

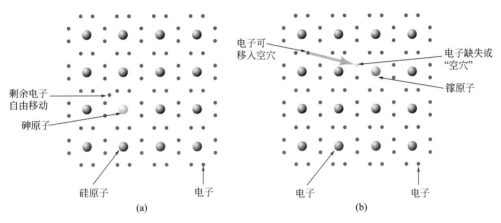

图8.23　(a) 砷掺杂的n-型硅半导体；(b) 镓掺杂的p-型硅半导体

练一练 8.18　其他掺杂剂

有些太阳能电池的设计采用磷或硼掺杂的硅晶体。

a. 哪种形成n-型半导体？解释原因。

b. 哪种形成p-型半导体？解释原因。

光电池包含多层紧密连接在一起的掺杂的n-型和p-型半导体（图8.24）。p-n结的作用不仅是促使电流传导，而且使得电流按一定的方向通过光电池。只有能量足够高的光子可以将掺杂剂的电子击出变为自由电子。这些电子形成电流。要使PV电池将尽可能多的阳光转换成电，必须以这样的方式构建半导体以实现光子能量的最佳利用。否则，太阳能会变成热散失或根本不被俘获。

所有硅基的光伏电池均"掺杂"。

光电池的组装也面临一些重大挑战。首当其冲的问题是，尽管在地壳中硅的丰度排在第二位，但它主要以二氧化硅（SiO_2）的形式存在。你知道此物的俗名，"沙子"，或者更确切一些说就是石英砂。好消息是用以提取硅的原料既便宜又丰富；不那么好的消息则是，硅的提取和纯化过程费用昂贵。按照设计，许多早期的光电池需要99.999%的超纯硅。

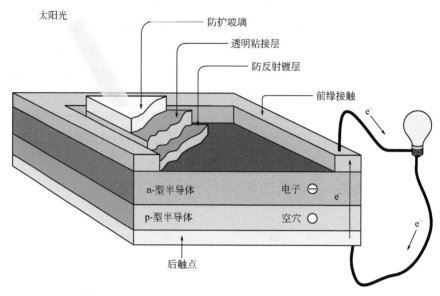

图8.24 示出n-型和p-型半导体的一层太阳能电池示意图

"三明治"型的n-型和p-型半导体用于构造引发通信和计算机革命性变革的晶体管和其他微型电子器件。

第二个问题是太阳能直接转化为电能的效率不够高。原理上，一个光电池可以将其敏感的辐射能的31%转化为电能。但是，部分能量被组成电池的材料反射或吸收后转化为热而不是电。目前典型商用太阳能电池的效率仅为15%，这比起20世纪50年代建造的最早的电池已有很大的提高，那时效率低于4%。在第4章，我们曾为热电厂中35%~50%的热功转换效率哀叹，现在看起来，光电转化效率所能达到的极限值更低，我们似乎应该更为忧愁。不过，请记住，光电池的最早应用是为NASA的飞船提供电力。在此应用中，辐射强度非常高，以至于低转化率不是一个严重的问题，而且价格也不是多么重要的事情。但是，在地球上的商业应用，价格和效率是必须考虑的问题。原则上，我们的太阳是取之不尽的能量源泉，即使效率不高，太阳能向电能的转化也不会引起像燃烧化石燃料或者核裂变的乏燃料处理等各种环境问题。这一切则为推动太阳能电池的研究与开发增加了动力。

用非晶态的硅取代单晶硅是提高商业竞争力的又一途径。光子可以更有效地被非高度有序的硅原子吸收，这一现象使得硅半导体的厚度可以降低至之前的1/60或者更低。这样材料的费用也大大降低。

其他研究人员也发展了多层膜太阳能电池。将p-型和n-型掺杂的硅半导体薄层交替排列，每个电子运动一个短距离就可到达相邻的p-n结。这也可以降低电池的内阻，理论预测的最大效率为：2对p-n结为50%，3对p-n结为56%，36对p-n结为72%。截至2007年，示范太阳能电池装置的最大效率为40.7%。图8.25给出了这些薄层实际上如何连接的示意图。与单电池技术相比，多层膜技术需要较少量的硅，而且生产过程也可以高度自动化。

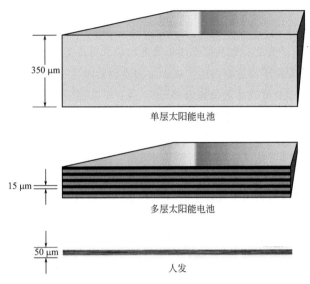

图8.25 太阳能电池单层、多层厚度与人发粗细的比较(1 μm = 10⁻⁶ m)

薄膜太阳能电池由无定形硅或非硅材料例如碲化镉(CdTe)制成。这些薄膜使用仅数微米厚的半导体材料层。做个比较,人发粗细的典型值约为50 μm! 薄膜太阳能电池以其比传统刚性电池更好的柔变形,甚至可以和屋顶的瓦片复合起来,修建门面或者涂覆在天窗上(图8.26)。其他太阳能电池制作也采用各种各样的材料,例如利用常规打印技术的太阳墨水、太阳染料和导电塑料。太阳能模块利用塑料透镜或镜子将太阳光聚焦到小而高效的光伏材料上。尽管这些太阳透镜材料的使用会导致费用更高,但工业实验显示,使用少量这种高效材料更为划算。

图 8.26 屋顶上的太阳瓦
来源: NREL

练一练 8.19　太阳能电池的应用

人们今天怎么使用太阳能电池? 通过互联网搜索回答如下每组问题。

a. 农夫和牧人　　　b. 小企业主　　　c. 房主

答案:

a. 用途包括为家畜取水和在没有电网的区域点灯照明。即使在有电力的农场和大牧场,太阳能电池可能减少用电账单。

光电太阳能的远景鼓舞人心。在化石燃料电力价格不断增加的时候,它的价格一直在降低。但仍然有土地利用的问题。就目前可实现的转化效率而言,美国所有的电力若改用一个太阳能发电站提供,需要占用136 km 见方的面积,约相当于整个新泽西的大小。虽然光伏电站的功率在稳步增长,它在总能源之中仍是一个很小的份额。

想一想 8.20 　　如果不是新泽西……

最后我们听到，新泽西没有意愿被整体变为太阳能农场给美国其他地方提供电力。

a. 就地理位置来看新泽西是否合适？提示：回看图8.19。

b. 在美国哪些地方最有收集太阳能的潜力？

c. 位置不是一切。给出其他两个影响太阳能收集的因素。

想一想 8.21 　　百万太阳能屋顶

分布式发电站！利用互联网资源，了解更多关于人们如何就地使用太阳能，例如百万太阳屋顶项目。然后，选择一个社区，提出一个太阳能项目。在推进项目之前，至少列出五个需要考虑的因素。

图8.27　在世界上电力难以送达的边远地区，太阳能电池可用于抽水
来源：NREL

由于阳光普照的特点，光伏电池技术非常适合进行分布式发电，类似于我们前面讨论过的燃料电池(参见8.5节)。由于涉及设备建设和维护以及发电所用燃料的费用较高，地球上还有超过1/3的人口生活在电网覆盖的区域之外。由于太阳能设备原则上可以免维护，它们在边远地区作为发电站特别有吸引力。例如，阿拉斯加一些远离电网的高速公路地段，信号灯就是通过太阳能工作。与之相似，光电池更重要的用途也许是在发展中国家，为被隔绝的村庄带来电。近年来，超过200000座太阳能装置已经安装在哥伦比亚、多米尼加共和国、墨西哥、斯里兰卡、南非、中国和印度。光伏电池已经影响着我们地球上数百万人的生活(图8.27)。

太阳能电池白天产生的能量必须储存在蓄电池中，以供晚上使用。尽管如此，太阳光向电力的直接转化仍具有很大优势。除了可以减少我们对化石燃料的依赖，以太阳能电力为依托的经济将降低采矿和运输这些燃料对环境的破坏。而且，它将帮助我们降低诸如硫氧化物和氮氧化物带来的空气污染程度。它也将帮助我们降低二氧化碳向大气中的排放量从而阻挡全球变暖的威胁。尽管在某些应用中化石燃料依然保持其在能量形式方面的优先地位，但长远来看，我们可以转向更多的可再生能源，其中许多直接由太阳驱动，或者是太阳加热大气和水的结果。下节简要介绍我们怎样利用这些满足可持续发展的可再生能源发电。

8.8　来自可再生（可持续发展的）能源的电力

没有哪个单一的能源能满足全世界的能量需求。我们也知道，没有无代价的能源，比如采矿、污染、温室气体或者安装配电电网。显然，进一步开发可再生能源并增加其份额应该是我们的优势，而不是继续依赖化石燃料和核能。我们在第4章讨论了可再生的能源，如生物燃料、乙醇、生物柴油、垃圾和生物质。在这一节，我们转向太阳的热能、风、水以及来自地球核心的热能作为可再生能源的来源。

（1）太阳的热能　除发光之外，太阳也辐射热量。聚焦太阳能给水加热被称为太阳加热过程，亦称聚集太阳能(CSP)。不同于太阳光伏技术依靠辐射能量从半导体中打出电子，CSP依赖于太阳能集热器设备，如图8.28所示。这些镜面阵列聚集阳光的原理和利用放大镜聚光在纸上烧一个小洞差不多是一个道理。

想一想 8.22　　太阳能集热器 I

本图是图4.2的复制。反映了发电厂燃料燃烧转化为电的能量转换过程

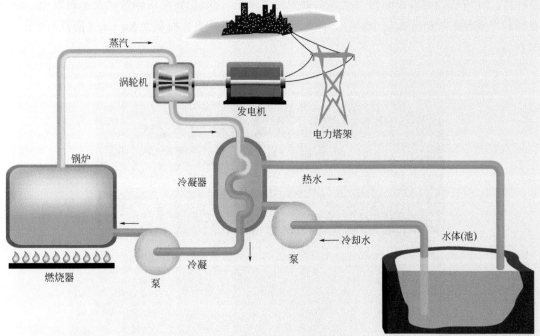

（a）如果采用太阳能加热的话，本图中哪个部分将改变？

（b）与中央电网供电相比，说出就地收集太阳能（分布式发电）的两种优势。然后反过来回答此问题。

图8.28 （a）西班牙Andasol千禧年太阳能项目空中一览（它具有约150 MW的集热功率）；（b）部分反光镜阵列特写

来源：Chemical & Engineering News, February 1, 2010.

想一想 8.23　　太阳能集热器 Ⅱ

所有的太阳能集热器为加热而聚焦并汇集太阳光。然而，它们采用不同的方式。

a. 描述三种不同类型集热器的设计。提示：搜索互联网以获取有用的链接。

b. 每种设计如何与其最终的用途相匹配？作为答案的一部分，包括应用的规模——也就是说，是家用、社区用还是商用。

c. 对每种类型至少写出一个缺点。

（2）风　　当太阳的热驱使我们行星上的空气大规模运动时，我们知道"风"来了。多少世纪以来，人类依靠各种各样的风车，带动轮子研磨五谷或抽水。如今，风力涡轮机利用大型叶片，有时被当地人起绰号为立在旷野中的"风车"。它们转动主轴带动发电机发电。风车农场利用季风的优势分布在全世界。图8.29示出位于夏威夷大海岛上 Ka Lae（南点）的一个风车农场。

图 8.29　Pakini Nui 风车农场，2007 年建成，2013 年供电功率20.5 MW

（3）水　　多少个世纪以来，人类制造诸如水车的装置利用水的运动。当水流过水车，水车可以带动其他轮子例如将五谷研磨为面粉的石碾子转动。与之类似，大大小小的水电站就是利用了水的运动。当水流向涡轮机的叶片，水库中所蓄之水的势能转化为动能，然后再转化为电力。虽然全世界目前仍有几座水坝在建，多数大水库已经在利用水力进行发电。

潮汐、洋流和波浪等海水、洋水的运动基于各种原理也可以发电。有些采用叶片式的涡轮机转动，其他的一些则利用压缩空气通过涡轮。所有的一切均为运动的动能带动发电机而产生电力。

（4）地热　　另一种可再生能源是从我们行星的核心释放的热。字面意思"地球的热量"，地热依靠钻探深入含有热水或蒸汽的地下水库，从地球提取热量。这些热水能源可以用于驱动发电机发电，或直接引入家庭用于供热。在有被称作"热岩"的火山活动的地方，例如夏威夷，地热资源丰富，那里25%的能量来源于地热。

想一想 8.24 我们能源的未来

不只是太阳或生物质，我们还可以从风、海洋或者地热中获取可再生能源。选取一种可再生能源，了解更多关于这种能源利用的技术问题。

a. 给出地理上制约其应用的因素(若有的话)。

b. 逐条列出支持该技术的原因。类似地，准备一张反对理由的列表。

c. 预测这项技术如何影响你居住地的发电容量。

本节仅仅提供了一些可再生能源的范例，不考虑这些或者其他可再生能源，就难以给出全世界能源的全貌。要提高可再生能源在世界能量舞台上的分量，其经济性、可获取性且简单易用方面必须进行改进。

结束语

我们考查了各种不同形式的供给我们所需能量的电子转移过程。电池可以储存化学能并将其转化为适于不同用途的电子流。混合动力车将新的电池技术和发动机相结合以提高燃料效率。燃料电池是最有效的发电方式之一，有可能成为未来个人用电设备和交通运输的主要能源，甚至可用于大规模发电。

光伏电池可以获取太阳的能量。研究的推进和全球经济的变化将促使利用太阳能从水或其他氢源中提取氢气在经济上与能量上均变得切实可行。因此，我们期待，在可望的将来，新的发展会改进所有这些能量选项，使得它们不仅为我们这一代所用，也将造福子孙后代。

我们希望本书中关于能量的讨论给你提供了足够的背景，使你充分了解到我们面临的能源问题的复杂性。我们也希望面对未来你有自己的立场和观点。事实胜于雄辩。世界对于能量的渴求不会减弱，而更可确定的是它将继续增长。问题的关键在于，我们目前产生能量的方式是不可持续的。

煤、石油和天然气，这些我们目前大规模依赖的主要能源正在变少，或在不远的将来将难以提取得到。另外，这些能源的使用不会没有环境代价。核能，虽然不必直接对温室气体和酸雨气体排放负有责任，但作为一种解决能源问题的长期方案，有它自己运行的风险和挑战。需要变革。

但是，热力学定律的制约与人类趋利的天性，导致这些变革将不会自动发生。没有艰辛的工作和才智、时间及金钱的投入，能量的替代品不可能从天而降。"改变我们使用化石燃料的习惯"，这一牺牲和妥协主要依赖于我们今天做出的选择。我们需要建立全球、国家和个人的优先次序，汇集并保持为此行动的意志。

我们一直受益于大自然的慷慨馈赠，那么，接下来，我们有义务保证未来的子子孙孙有可用的能源。

本章概要

学习本章之后，你应该可以：

- 讨论伽伐尼电池中控制电子转移的原理，包括氧化反应和还原反应（8.1）。
- 区分氧化和还原半反应且知晓哪些物种被氧化哪些物种被还原（8.1）。
- 描述几种不同类型电池的设计、工作、应用与优势（8.1~8.3）。
- 比较并对照生产和应用混合动力车的原理、优势及存在的挑战（8.4）。
- 描述典型燃料电池的设计、工作、应用与优势（8.5）。
- 解释生产氢气和使用氢气作燃料在能量上的代价与收获（8.6）。
- 说明光伏（太阳能）电池工作的原理及其现状与未来（8.7）。
- 描述可再生能源相比传统能源的优势及其如何通过电子转移产生能量（8.8）。

习题

强调基础

1. a. 定义术语：氧化和还原

   b. 为什么这两个过程必定同时进行？

2. 下列半反应，哪些是氧化反应？哪些是还原反应？为什么？

   a. $Fe \longrightarrow Fe^{2+} + 2\,e^-$

   b. $Ni^{4+} + 2\,e^- \longrightarrow Ni^{2+}$

   c. $2\,Cl^- \longrightarrow Cl_2 + 2\,e^-$

3. 在如下总反应中，哪一物种被氧化？哪一物种被还原？

   $2\,Zn(s) + O_2(g) \longrightarrow 2\,ZnO(s)$

4. 伽伐尼电池和电池组有什么不同？各举一例。

5. 与电流有关的两个常见的单位是伏特和安培。这两个量各自测量的是什么？

6. 考虑所画出的伽伐尼电池。随着电池放电过程，在银电极开始出现不纯的金属银。

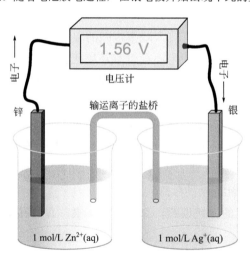

a. 指出此电池的阳极并写出氧化半反应的方程式。

b．指出此电池的阴极并写出还原半反应的方程式。

7．在锂-碘电池中，Li 被氧化成 Li^+；I_2 被还原为 $2\,I^-$。

  a．写出该电池中发生的氧化半反应和还原半反应的方程式。

  b．写出该电池总反应的方程式。

  c．指出阳极和阴极各自发生的半反应。

8．a．微小的 AAA 型碱性电池与大号的 D 型碱性电池的电压一样吗？为什么？

  b．这两种电池在同样时间所能提供的电子流一样吗？为什么？

9．判断在以下消费者使用的电子产品中常用的电池类型。假设其中没有太阳能电池。

  a．电子手表　　　　b．MP3 播放器　　　　c．数码相机　　　　d．计算器

10．汞电池一直被广泛应用在医疗上和电子工业中。其总反应可以由下式表达：

$$HgO(l) + Zn(s) \longrightarrow ZnO(s) + Hg(l)$$

  a．写出氧化半反应。

  b．写出还原半反应。

  c．为何日常不再用汞电池？

11．a．伽伐尼电池中电解质的作用是什么？

  b．碱性电池中的电解质是什么？

  c．铅酸蓄电池中的电解质是什么？

12．以下是铅酸电池中所发生的半反应的未完成的方程式。这些反应实际上更为复杂，不过仍然可以分析所发生的反应。

$$Pb(s) + SO_4^{2-}(aq) \longrightarrow PbSO_4(s)$$

$$PbO_2(s) + 4\,H^+(aq) + SO_4^{2-}(aq) \longrightarrow PbSO_4(s) + 2\,H_2O(l)$$

  a．从电荷平衡角度考虑，配平这两个方程式，必要时添加电子。

  b．哪个是氧化半反应？哪个是还原半反应？

  c．一个电极是铅，另一个电极是二氧化铅。哪个是阳极？哪个是阴极？

13．燃料电池中 $O_2(g)$ 向 $H_2O(l)$ 的转化过程发生如下半反应（参看方程式8.13）：

$$1/2\,O_2(g) + 2\,H^+(aq) + 2\,e^- \longrightarrow H_2O(l)$$

此半反应是氧化反应还是还原反应的例子？给出解释。

14．氢气（H_2）和氧气（O_2）在燃料电池中的反应与二者之间的燃烧反应有何不同？

15．右图给出用在早期太空飞船上的氢-氧燃料电池的示意图：

氢和氧燃料电池中的化学可以用如下半反应表示：

$$H_2(g) \longrightarrow 2\,H^+(aq) + 2\,e^-$$

$$1/2\,O_2(g) + 2\,H^+(aq) + 2\,e^- \longrightarrow H_2O(l)$$

哪个发生在阳极？哪个发生在阴极？

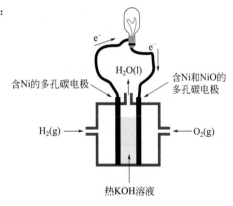

16．PEM 燃料电池是什么？它与第15题表示的燃料电池有何不同？

17．除了研究氢燃料电池之外，采用甲烷做燃料的 PEM 燃料电池研究也在进行之中。配平所给氧化半反应和还原半反应，并写出甲烷燃料电池的总方程式。

氧化半反应：

  __ CH_4 + __ OH^- $\longrightarrow$ __ CO_2 + __ H_2O + __ e^-

还原半反应：

  __ O_2 + __ H_2O + __ e^- $\longrightarrow$ __ OH^-

18．与机动车用内燃机驱动相比，举出用氢 FCVs 的两个好处。

19. 钾和锂都是活泼的1A族金属。二者均可形成反应活性高的氢化物。

    a. 金属钾与H_2反应形成氢化物，KH。写出反应的化学方程式。

    b. KH与水反应放出H_2并产生氢氧化钾。写出反应的化学方程式。

    c. 指出用LiH而不用KH作为燃料电池储氢方法的一种原因。

20. 氢燃料电池作为一次能源用于机动车所面临的挑战有哪些？

21. 每年，地球从太阳接受5.6×10^{21} kJ的能量。为什么这些能量不能用来满足我们所有对能量的需求？

22. 这个未配平的方程式表示用于太阳能电池的纯硅生产的最后一步。

$$\_\_\ Mg(s)\ +\ \_\_\ SiCl_4(l)\ \longrightarrow\ \_\_\ MgCl_2(l)\ +\ Si(s)$$

    a. 每形成一个纯硅原子，需要转移几个电子？

    b. 在生成Si(s)的过程中，$SiCl_4(l)$中的Si是被氧化还是被还原？给出原因。

23. 右图中符号•表示一个电子，符号⬤表示一个硅原子，深紫色的球表示镓原子或砷原子。这幅图表示的是镓掺杂的p-型硅半导体，还是砷掺杂的n-型硅半导体？解释你的答案。

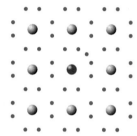

24. 分析太阳能电池的转换效率为什么比预期的31%要低得多。

注重概念

25. 解释本章题目"电子转移释能"的含意。

26. 考虑以下三种光源：蜡烛、装电池的手电筒和电灯泡。对每一种光源，指出：

    a. 光的来源

    b. 发光的能量的直接来源

    c. 发光的能量的最原始的来源。提示：尽可能一步步向上追溯。

    d. 各种光源使用的最终产物和副产物。

    e. 与各自相关的环境代价

    f. 每种光源的优势与劣势。

27. 以Ni-Cd电池和碱性电池为例，解释可充电电池与用过即丢弃的电池的区别。

28. 电解池和燃料电池的区别何在？解释并给出支持你答案的例子。

29. 列出铅酸蓄电池和燃料电池的不同之处。

30. Woods Hole海洋所的地质学家Maurice A. Tivey在其2009年6月发表于《Chemical & Engineering News》期刊的一篇文章中写道："地球是一块金属丰富的岩石。我不认为在发现新的矿藏或者回收或减少使用之前人类会耗光金属。也许，在我们遇到金属资源短缺之前，因为全球气候变暖或者其他环境问题，我们便无法在这个星球上生活了。"

    a. 你同意作者关于金属不会耗尽的观点吗？解释理由。

    b. 给出妨碍增加电池回收的两种挑战。

31. Zpower公司正在推介他们的银锌电池，以替换手提电脑和手机所用的锂离子电池。

    a. 与现用的锂离子电池相比，银锌电池有何优势？

    b. 参照总反应写出氧化半反应和还原半反应，指出哪种物质被氧化和哪种物质被还原。

$$Zn + Ag_2O \longrightarrow ZnO + 2\,Ag$$

32. 手机使用过程中，电池放电。一位制造商在测试一款新式"动力强劲"的系统时，报告了这些数据：

时间	电压/V		时间	电压/V
0'00"	6.56		6'35"	6.03
1'00"	6.31		8'35"	6.00
2'00"	6.24		11'05"	5.90
3'00"	6.18		13'50"	5.80
4'00"	6.12		16'00"	5.70
5'00"	6.07		16'50"	5.60

a. 用这些数据作图。

b. 制造商的目标是在连续使用15 min后，电压仍将保持在起始值的90%。这个目的达到了吗？利用图中的曲线评判你的答案。

33. 假如在你生活的地区有HEVs，若决定购买或租赁这种车，列出你会向经销商询问的问题。给出你做出选择的原因。

34. 你不需要将丰田的汽油 - 电池混合车插入充电桩而使电池充电。解释原因。

35. 一不小心，电瓶耗光了。在相当一段时间无外来电流的情况下，与汽油驱动的汽车比较，HEVs、PHEVs和EVs所受影响有何不同？

36. 什么是"公地悲剧"？将此概念用于解释我们利用金属例如电池中的汞和镉的情况。

37. 氢气在氧气中燃烧仅生成水，因而被认为是环境友好的燃料。写出氢作为燃料广泛使用对于城市空气质量的两个好处。

38. 燃料电池于1839年发明。但是，直到20世纪60年代美国航天计划之前，一直未发展成为实用的电力生产装置。燃料电池比起以往的电源有哪些优势？

39. 氢气（H_2）和甲烷（CH_4）均可以与氧气配用在燃料电池中。氢气和甲烷也可以直接燃烧。哪种气体燃烧时具有更大的热量？ 1.00 g H_2还是1.00 g CH_4？提示：写出各自反应的配平化学方程式，借助表4.4的键能数据回答这一问题。

40. 工程师发展了一种可以将汽油转化为氢气和一氧化碳的燃料电池原型。一氧化碳在催化剂作用下和水汽反应可产生二氧化碳和更多的氢气。

a. 写出描述这种燃料电池（工作原理）的系列方程式，以辛烷（C_8H_{18}）代表汽油中的碳氢化合物。

b. 推测这种燃料电池原型未来在经济上成功的前景。

41. 绿色化学的主要观点如何在电池、光伏电池、燃料电池新技术的发展中起到作用？给出三个有特点的例子。

42. 看看液态中的两个水分子示意图：

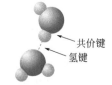

共价键
氢键

a. 水沸腾时发生什么变化？沸腾能断开分子内的共价键吗？还是只破坏了分子间的氢键？（提示：参见第5章。）

b. 电解时水发生怎样的变化？断开的是分子内的共价键还是破坏了分子间的氢键？

43. 为何电解水并非制备氢气的好办法？

44. 实验室可用金属钠与水反应制备少量氢气，方程式如下：

$$2\,Na\,(s) + 2\,H_2O\,(l) \longrightarrow H_2\,(g) + 2\,NaOH\,(aq)$$

a. 计算制取1 mol氢气所需金属钠的克数。

b. 计算要制取足够的氢气以满足一个美国人每天的能量需求（1.1×10^6 kJ），所需金属钠的克数。

c. 如果钠的价格是$165/kg，生产1 mol氢气花费多大？假设水的价钱可以忽略不计。

45. a. 用氢作燃料既有优势也有劣势。分别列出氢作为燃料用于交通和发电的优势和劣势。

b. 你赞成氢作为燃料用于交通还是发电？为你们的学生报纸写一篇短文阐明你的立场。

46. 化石燃料描述为"……太阳在远古时代对地球的馈赠。"你如何向一个不参与你所学课程的朋友解释这个说法？

47. 太阳热能发电的价格远比化石燃料燃烧发电的价格要高。针对这一现实，提出一些可能会用来推进环境清洁电力应用的策略。

48. 除了在边远地区发电的应用之外，说出光伏电池目前的其他用途。

探究延伸

49. 尽管通常认为伏打（Alessandro Volta）于1800年最早发明了电池，但有人觉得这只是一项再发明。研究"巴格达电池（Baghdad Battery）"，并评述这一说法。

50. 燃料在氧气中燃烧的过程中也发生氧化和还原。由于该过程中没有金属电极，很难追踪电子转移。在这种情况下，失去氢原子或者获得氧原子的物种发生氧化，类似地，得到氢原子或者失去氧原子的物种发生还原。

a. 采用这种新的定义，确定如下氢的燃烧反应中，哪种物质被氧化？哪种被还原？解释原因。

$$H_2(g) + 1/2\ O_2(g) \rightarrow H_2O(g)$$

b. 在如下的燃烧反应中，哪种物质被氧化？哪种被还原？解释原因。

$$C + O_2 \longrightarrow CO_2$$

$$2\ C_8H_{18} + 17\ O_2 \rightarrow 16\ CO + 18\ H_2O$$

51. 如果目前以化石燃料燃烧为基础的所有技术均改为氢燃料电池，会有相当大量的水释放到环境中。需要担心吗？找出向氢经济转换中可能需要预先考虑的其他因素。

52. 冰岛正在迈出坚实的脚步以摆脱对化石燃料的依赖。作为该计划的一部分，展示冰岛可以生产、储存和分配氢气，以此作为公共和私人交通的动力。

a. 给出冰岛拟摆脱对化石燃料依赖的三个因素。

b. 第一个实实在在的结果是什么？

c. 你认为冰岛的经验教训对你所在的地方有参考价值吗？解释原因。

53. 在尖端技术中，科学和科幻的界线常常比较模糊。研究这一"未来"设想——在环绕地球的轨道上放置镜子以聚焦太阳能进行发电。

54. 作为太阳能电池材料，尽管硅是地壳中丰度最高的元素之一，但从矿物中提取硅可不便宜。随着太阳能电池需求的增加，有些公司担心"硅的短缺"。在书中找出，如何纯化硅？光伏工业如何应对价格上涨的问题？

55. 图8.21示出装在德国巴伐利亚州 Gut Erlasee 太阳能公园的光伏电池阵列。

a. 在你的国家，目前最大的太阳能电站位于何处？

b. 给出另外两个大规模太阳能电站的名字。

c. 与屋顶太阳能电池相比，说出两种促进集中的太阳能阵列发展的因素。

第9章　聚合物与塑料的世界

金圆蜘蛛和网

"大自然没有设计的困难，人类才有。"

Willam McDonough and Braungart，*Cradle-to-Cradle*，2002

本书的封面展示了一张蜘蛛网的图片。相同的蜘蛛网结构在本书（Chemistry in Context）的较早版本中也有出现过。这些蜘蛛网表达的是什么意思呢？"context"来源于拉丁语，意为"编织（to weave）"。蜘蛛网代表了书中各个章节所展示的化学与社会之间错综复杂的关系。

不过，在这个章节中，我们将会更深入地来探究蜘蛛网，因为它同时也为我们提供了一个天然聚合物的例子。对于蜘蛛来说，这种聚合物具有很多有用的性质，包括强度、拉伸能力和足以捕捉猎物的黏性。任何生物一旦不小心碰到了蜘蛛网，立刻就能感受到这些特性。

就像本章最开始的图片中展示的那样，圆蛛是一种臭名昭著的挑剔的筑网者，它每天都会编织新的网。这种日常的织网活动会轻易消耗掉蜘蛛体内的营养。那么圆蛛是如何在编织如此多的蛛丝的同时又存活下来的呢？其实很简单，就是循环使用！圆蛛能够摄取旧的蛛丝，重新得到构建蛛丝的原材料。尽管人们并不能够完全理解其中实际的化学过程，多达三分之二的现有的蛛网会被回收制成新的蛛网。

人类一直在探寻制造具有蛛丝一样高强度和多用性的纤维的方法。在合成能与钢铁强度相当的聚合物上，我们取得了很大的进展。然而，我们还无法设计出像圆蛛吐出的蛛丝一样可以被一次又一次循环使用的聚合物。再次引用本章开头的话，"大自然没有设计的困难，人类才有。"为了能够理解聚合物的设计过程，你首先需要知道如何去识别它们，在哪里找到它们，如何制造它们以及它们的性质。接下来让我们开始本章的内容吧！

一些聚合物如蜘蛛丝是天然形成的；其他的聚合物如聚酯是人工合成的。在任何一种情况下，聚合物都是由小分子合成得到的大分子。聚合物的定义将在下一个部分介绍。

9.1 聚合物无处不在

聚合物使体育界发生了翻天覆地的变化。橄榄球运动员戴着塑料头盔在人造草皮上比赛。网球是由合成聚合物制成的。嵌入塑料树脂的碳纤维满足了自行车、钓鱼竿和游艇外壳所需的强度、韧度和轻便性。曲棍球运动员可以在特氟龙（Teflon）或高密度聚乙烯的溜冰场上溜冰。尽管木制划艇仍不时地出现在人们的视野中，而今绝大多数划艇都是由聚合物制成的。

在前文中，我们提到了聚合物（polymers）和塑料（plastics）。这两个概念息息相关，并且有时候可以互换。聚合物倾向于包含天然聚合物和合成聚合物这两个概念。蜘蛛丝就是属于前者的一个例子，而聚乙烯则属于后者。人工合成聚合物有时候被称为塑料。在想一想9.1中寻找聚合物和塑料的例子吧。

人工合成的草皮能够循环使用。事实上它有时候是由再生塑料制成的。在一些特定的气候下，人造草皮还可以减少水用量。

想一想 9.1　　有人打网球吗？

　　仔细观察这张网球运动员的照片。他的服装、球拍、球以及球网都很有可能含有聚合物。它们可能是纤维编织物里的纤维，或是大块的材料。从照片中选择三种聚合物，描述这些聚合物所具有的性质，以使其能够很好地满足器材本身的用途。

　　虽然聚合物无处不在，但如果你想认出它们的话，还需要好好训练一下眼力（和化学思维）。并不是所有的聚合物都有橡皮小黄鸭一样的外表和手感！有些聚合物是透明的，例如食品的塑料包装；另一些聚合物则是不透明的，例如装洗涤剂的容器。有些聚合物很硬，例如尼龙制的汽车零部件；另一些聚合物则是具有韧性，例如塑料铲。有些聚合物能够拉成纤维，编织成衣服或地毯；另一些则能够压模成不同的形状，就像橡皮小黄鸭一样。

　　一些聚合物能够很容易地通过名字来辨认，因为它们的名字以"聚（poly）"开头：聚酯（polyester）、聚丙烯（polypropylene）、聚苯乙烯（polystyrene）。另一些聚合物则通常给出的是商品名字，相比之下不易识别，例如：戈尔特斯（Gore-Tex）、凯夫拉（Kevlar）、保丽龙（Styrofoam）。也有一些聚合物是涂料和树脂，通常会被称为环氧化物或丙烯酸树脂。在**想一想9.2**中尝试去辨认聚合物。

想一想 9.2　　娱乐项目中的聚合物

　　选择一项你喜欢的陆上、水上或者空中的运动。到网络上搜寻一家公司制造或销售该运动所需的服装与器材。在你找到的网页上谈及了哪些聚合物？列表写出物品的名称、包含的聚合物以及预期的性质。

　　从原理上来说，聚合物可以由不同的起始原料制备而成；但是在实际制备中，大部分都来源于单一的原材料：原油。结合之前所学的知识可以知道，在我们的星球上石油不再像以前一样容易开采。如今，原油是许多塑料、药物、纤维制品和其他碳基产品的起始原料。聚合物同样也可以从一些可再生材料制备得到，我们将会在本章最后来讨论。

　　这些聚合物的来源和去处都是我们感兴趣的。想一想圆蛛，它能够摄取旧的蜘蛛丝并把它们重新变成原材料，然而人类在设计过程中却没有这么高效。在2010年，美国的废弃塑料中只有8%得到了回收利用。为了能够理解这种聚合物来源的复杂性以及它们的最终命运，你首先需要了解它们的化学结构以及它们是如何制备的，也就是下一个部分的主题。

　　德米特里·门捷列夫（Dmitri Mendeleev）是提出元素周期表的伟大的俄国化学家，他把用石油作燃料比喻为"就像用钞票给厨房的炉灶生火"。

9.2 聚合物：长长的链

人造丝、尼龙和聚氨酯；特氟龙(Teflon)、莱卡（Lycra）、宝丽龙(Styrofoam)和富美家(Formica)。这些看似非常不同的物质其实都是合成聚合物。它们在分子级别上的共同点最为明显。聚合物是原子通过共价键结合在一起形成的长链组成的大分子。一个聚合物分子可以包含成千上万的原子，分子量可达到百万以上。

单体（monomers，mono意为"1"，meros意为"单元"）是指用于合成聚合物的小分子。每一个单体是长链中的一个链结。聚合物（polymers，poly表示"许多"）可以由同一种单体，也可以由两种或者多种不同的单体组合构成。在图9.1中展示的长链可以帮助你想象这种由相同单元组成的高分子结构。

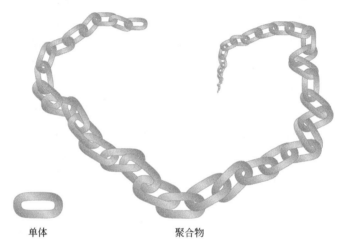

单体   聚合物

图9.1　单体（单个链结）和由同一种单体得到的聚合物（长链）的示意图

请注意，化学家并没有发明聚合物。例如，我们在生物燃料的内容中（第4章）提到过由葡萄糖组成的天然聚合物——纤维素和淀粉。其他的天然聚合物还有羊毛、棉花、丝绸、天然橡胶、皮肤和头发。跟合成聚合物一样，天然聚合物具有一系列令人赞叹的特性。它们让橡树变得坚韧，蜘蛛网变得精细，鹅毛变得柔软，草叶变得柔韧（图9.2）。

图9.2　橡树干和青草都含有天然聚合物——纤维素（葡萄糖是其单体）

一些早期的合成聚合物是为了作为某些昂贵的天然聚合物（例如丝绸和橡胶）的替代品而研制的。还有一些是为了制备具有相当力学强度但更轻便的材料而研发的。例如，相比较于钢（密度约8.0 g/cm³），塑料的密度为1~2 g/cm³。这就意味着由聚合物制造的车身重量会比钢制车身的重量轻，并需要较少的能量来驱动。相似的，塑料包装也能减轻重量并在运输的过程中节省能源。

密度的概念在5.2节中讨论过。

合成聚合物有时被称为"塑料"（plastic），一个可以用于表示具有多样性和广泛用途的材料的术语。"plastic"既是一个形容词（可塑模的），也是一个名词（可塑模的东西）。韦氏学院辞典（Merriam-Webster Collegiate Dictionary）第11版里认为塑料是"所有有机合成或加工所获得的材料，这些材料大都是具有高分子量、能够被塑模加工、浇铸、挤出、拉伸、碾压成物体、薄膜或细丝的热塑或热固型的聚合物"。一些金属也具有塑料一样的性质，因为它们也可以被"浇铸、挤出和拉伸"。由于plastic（塑料）这个词除了描述一些合成聚合物外还有许多其他的应用，因此在本章中我们主要用"聚合物"这种说法。

9.3 单体的累加

单体到底是如何形成聚合物的呢？在之前的章节中，我们用链来代表聚合物，但是并没有提及这条链是怎么形成的。在这个章节中，我们将会详细介绍化学共价键是如何将单体连接起来的。

第一个例子是聚乙烯。顾名思义，聚乙烯是乙烯（ethylene，$H_2C=CH_2$）的聚合物。ethylene 是 ethene 的俗名，它是含有 C=C 双键的碳氢化合物中的最小的一个成员。在聚合反应中，n 个乙烯单体组成聚乙烯。

$$n \begin{array}{c} H \\ C=C \\ H \end{array} \begin{array}{c} H \\ \\ H \end{array} \xrightarrow{R\cdot} \left[\begin{array}{cc} H & H \\ C-C \\ H & H \end{array} \right]_n \qquad [9.1]$$

在英国，聚乙烯(polyethylene)也被称为 polyethene 或 polythene，反映出 ethene 是系统命名。"eth"表示两个碳原子，"-ene"表示一个碳碳双键。

在乙烯单体前的系数 n 特指反应的分子数。它决定了聚合物的分子质量，通常在10000~100000 g/mol 之间，但也能高达数百万。在右侧，n 放在了下标中，表示所有单体都成为了长链的一部分。大方括号中是聚合物的重复单元。

聚乙烯是反应9.1的唯一的产物。单体相互加成形成 n 个单元组成的长链。因此，我们称之为加聚反应；这种聚合反应是通过单体加成到增长链上的聚合，聚合物包含了单体所有的原子。没有其他产物生成。

请注意在反应式9.1的箭头上的 R·。为了能够更好地理解它的作用，我们将告诉你更多关于单体乙烯的性质。乙烯是石油精炼的产物，是一种易燃、无色、具有轻微汽油味的气体，与无味的固体聚乙烯完全不同（图9.3a）。虽然乙烯没有被归为空气污染物，但它却是一种挥发性有机化合物（volatile organic compound, VOC）。我们在第1章中介绍过，大气中的VOC是光化学烟雾的前体。因此，在将乙烯从精炼厂运往聚乙烯合成工厂的过程中，需要有安全防范措施。为了节省空间，乙烯气体被压缩以及冷却成液体储藏。这样，乙烯就能够通过贴有图9.3b标识的油罐车来进行运输。

(a)   (b)

图9.3   (a) 聚乙烯制成的瓶子；(b)贴在运输乙烯的油罐列车上的标志
图（b）中，1038代表乙烯，红色菱形代表易燃，2表示轻微的反应性

乙烯会在油罐车中聚合吗？幸运的是，并不会。很显然，乙烯的终端用户如果收到一卡车的固体聚乙烯的话肯定会感到非常沮丧。为了引发聚合反应，自由基（R·）是必需的，如化学方程式9.1中所示，这个自由基代表了众多化学物种中的一种，它们都具有不成对的电子。

羟基自由基在1.11节、2.8节和6.7节中提到过。

引发反应的
自由基

图9.4   乙烯的聚合反应

为了引发聚合反应，R· 与 $H_2C=CH_2$ 加成（图9.4）。为了理解接下来发生的反应，我们来回忆一下：乙烯中的双键是包含有4个电子的。在乙烯分子与R·反应后，只有2个电子保留在C—C单键上。另外2个电子转移（红色箭头所示）形成两个新的键，一个与R·相连，另一个和下一个乙烯分子相连，从而在链上加入了新的单元。链末端的未成对电子提供了继续加成其他的单体的位点。

随着单体的加成，新的C—C单键形成并且链开始增长。这个过程不断重复。有时候两个聚合物的末端自由基相互结合并终止链的增长。当单体全部消耗完毕，链增长结束。这一化学反应的最终结果是将气态的乙烯转变成了固态的聚乙烯。

工业化学家使用多种合成手段来合成聚乙烯。最常见的是在温和的温度下使用金属催化剂。

虽然我们在方程9.1中把R·放在箭头上，但也可以这样写聚合反应方程式。

$$2\,R\cdot + n\ \underset{H}{\overset{H}{C}}=\underset{H}{\overset{H}{C}} \longrightarrow R-\left[\underset{H}{\overset{H}{C}}-\underset{H}{\overset{H}{C}}\right]_n R \qquad [9.2]$$

因为封端的R基团相比于整个聚合物来说是很小的一个部分，所以在之后的介绍中，我们并不把R·作为反应物，就像我们在方程9.1中做的那样。

n值的不同导致链长度的变化。在生产过程中，人们会通过调整聚合物的n值来得到具有特定性质的聚合物。另外，在一个特定的聚合物样品中，每条聚合物链也会有不同的链长。不过，不管何种情况，这些聚合物都是由碳原子长链组成的。本质上来说，聚乙烯分子和一些碳氢化合物例如辛烷是相似的，只不过它们的链要长得多。

练一练 9.3　　乙烯的聚合

在方程9.1中，假设乙烯聚合过程中的n=4，

a. 重新书写聚合方程

b. 画出产物的结构式，不要使用括号，记住将R基团放在链的端基位置。

c. 就结构而言，这个产物结构与辛烷有什么不同？

答案：

c. 辛烷是C_8H_{18}，虽然产物分子结构同样具有8个碳原子，它少了2个氢原子，并且有两个R基团在其两端。

9.4　聚乙烯：更深入的了解

聚乙烯被用在很多的包装材料中，包括塑料牛奶壶、清洁剂瓶和垃圾袋（图9.5）。但正如我们在上文中所了解到的，所有的聚乙烯都是由乙烯单体制成的。为什么聚乙烯会有如此多不同的性质呢？

练一练 9.4　　寻找聚乙烯

就像这个章节中所描述的一样，聚乙烯容器、垃圾袋和包装材料被标记为低密度聚乙烯（LDPE），或者高密度聚乙烯（HDPE）。利用这个资源回收编码，可以分别找到由它们制成的物品。LDPE和HDPE在韧性上有什么不同？其中哪一个会更加透明？哪一个往往会被上色？将你的发现总结成一个简短的报告。

聚乙烯性质的不同很大程度上和长分子链的不同有关。相对来讲，这些聚合物分子链的确非常之长。假设一个聚乙烯分子和一根意大利面一样宽，那么这个分子就有半英里那么长！依此类推，在用作塑料袋的聚乙烯中，分子链的排列就有点儿像是盘中烹饪过的意大利面。

分子链排列并不非常有序，虽然在某些区域它们是平行排列的。而且，就像面条一样，聚乙烯分子链之间相互并不是共价连接的。

图9.5　由聚乙烯制成的包装材料和容器

在第5章（5.6节）中，我们用氢键的概念来解释液相中水分子之间的一种吸引力。氢键并不是真正的共价键，而被认为是一种**分子间作用力**（一种分子之间的吸引力或排斥力）。分子间作用力与通过分子内部共享电子对而产生的共价键作用不同。尽管分子间作用力比共价键要弱得多，但是它们仍然会产生可观的影响。举个例子，在水里，水分子在这些力的作用下可以非常紧密地集聚在一起，在液体流动时分子互相滑过或绕过；不像在气相中分子分离得很远，仅仅偶尔碰撞在一起。

5.2节已介绍过氢键和水的特殊性质。

只含有C和H原子的聚合物，例如HDPE、LDPE以及聚丙烯，不能形成氢键。但是另一种分子间吸引力使得分子之间相互靠近。这种力之所以产生，是因为这种长链上的每一个原子都有自己的电子。这些电子被相邻链上的原子所吸引。聚乙烯链之间的吸引程度来源于参与这一过程的巨大的原子数目。这种吸引有点像魔术贴（velcro）的两面之间的相互作用。魔术贴的表面积越大，相互固定得就越好。把聚乙烯分子聚集在一起的这种力被称为**色散**，一种存在于分子之间的，由于电子云扭曲变形造成了负电荷分布不均匀而产生的吸引力。色散力在像聚合物这样的大分子中很强。

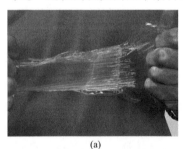

(a)

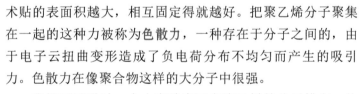

(b)

图9.6　（a）塑料袋被拉伸直至发生"颈缩"；（b）"颈缩化"过程在分子层面上的示意图

我们可以通过一个小实验来证实聚乙烯的分子排布。从高强度聚乙烯袋上切割下一根长条，抓住塑料条的两端并拉伸。在启动拉伸时需要相当用力，开始拉伸后就不需要太大的力量来维持拉伸。当塑料条的宽度和厚度下降时，其长度就急剧增长（图9.6a）。在塑料条较宽的部分会出现一个小"肩膀"，而在条带较细的部分就像自然流出的一条"细颈"，这个过程被称为"颈缩"（necking）。与橡皮筋的拉伸不同，这种颈缩效应是不可逆的，最终塑料条越拉越细直至撕裂。

图9.6b从分子角度展示了聚乙烯的颈缩现象。当塑料条变窄，分子链沿着拉力的方向发生滑移，并在拉伸方向上相互平行排列。在某些塑料中，这样的拉伸（有时被称为"冷拉"）是加工过程的一道工序，用

以改变固体状态中分子链的三维排列。当力量和拉伸持续时，聚合物最终会达到一个链与链不再整齐排列直至断裂的状态。纸——一种天然的聚合材料——并不像聚乙烯那样其长长的分子链可以自由地滑动。在施加力量时纸会被撕裂，这是因为其中的链（纤维）是牢牢地固定在某个位置上的。

想一想 9.5　"颈缩化"的聚乙烯

"颈缩"现象永久改变了聚乙烯的性质。

a. 在一般的聚合物中，"颈缩"是否影响单体的数量 n？

b. "颈缩"是否影响同一条聚合物链内单体之间的连接?

聚合物长链上的支化程度也可以造成聚合物物理性质的不同。高密度聚乙烯（HDPE）和低密度聚乙烯（LDPE）就是这样一种情况，如图9.7所示。

正如你可能在**练一练9.4**中所发现的，在超市过道上分发的塑料袋通常是LDPE。这些袋子可拉伸、透明，并且不是很结实。它们每个分子包含约500个单体，主链上有很多支链，就像从树干中央发散而出的树枝一样（见图9.7a）。

这种低密度的形式是第一种工业化的聚乙烯。在发现低密度聚乙烯的20年之后，化学家能够通过调整反应条件来阻止支化反应，因此HDPE就诞生了。卡尔·齐格勒（Karl Ziegler，1898—1973）和居里奥·纳塔（Giulio Natta，1903—1979）在他们获得诺贝尔奖的研究工作中开发了能够形成含有大约10000个单体的直链（非支化）聚乙烯的催化剂。由于没有支链，这些长链与LDPE中的不规则排列不同，能够平行排列（见图9.7b）。由于有更高的分子结构的规整性，相比于LDPE，HDPE具有略高的密度，更大的刚性、强度以及更高的熔点。

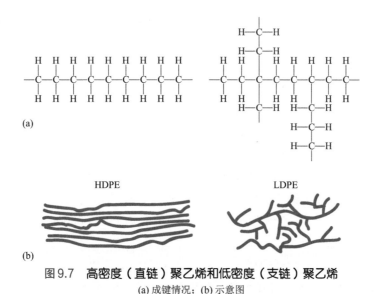

图9.7　高密度（直链）聚乙烯和低密度（支链）聚乙烯
(a) 成键情况；(b) 示意图

想一想 9.6　高密度和低密度聚乙烯

HDPE和LDPE的密度分别是 $0.96\,\mathrm{g/cm^3}$ 和 $0.93\,\mathrm{g/cm^3}$。用图9.7来解释其密度的细微差异。

如你所想，HDPE和LDPE有不同的用途。高密度聚乙烯用来生产不同样式的塑料瓶、玩具、硬质的或是（译者注：软质的）"沙沙作响"的塑料袋，以及高强度的管材。患有血液传染病——例如HIV/AIDS——的手术病人催生了高密度聚乙烯的另一新用途。在没有合适保护措施的情况下，外科医生将会承担着被感染的风险。AlliedSingnal公司生产出一种被称作Spectra的线型聚乙烯纤维用作外科手套的内衬。根据报道，Spectra手套的耐切割能力是中等厚度皮革工作手套的15倍，并且因为它很薄，外科医生仍然能够保持灵敏的触觉。锋利的手术刀能够划过手套而不伤及内衬。这种强度与卫生工作者平日所戴的塑料手套形成鲜明对比。

1999年，AlliedSignal和Honeywell合并成为了Honeywell International。

想一想 9.7　采购聚合物

Macrogalleria网站是一个"聚合物的电子趣味乐园"。它在很多赞助商（包括美国化学会）的赞助下诞生。

a. 搜索Macrogalleria网站并找到它的虚拟购物商场。逛一下商场并且找出至少6种不同的由HDPE和LDPE制成的产品。列举出你的发现。

b. 想一想为什么这个网站要叫做大展廊（Macrogalleria）？提示：读一下第11章中的常量营养素（macronutrients）和微量营养素（micronutrients）。

答案：

b. Macro的意思是大。这个网站是各种大分子的展廊（gallery）。类似的，常量营养素（macronutrients）是指我们大量摄入的食物。

如果你得出聚乙烯仅有高支链或是严格线型所代表的两种极端形式的结论，那就大错特错了。通过改变LDPE的支化程度和支链位置就可以使其特性从柔软似蜡状（如牛奶纸包装上的涂层）变得可拉伸（如食品塑料包装）。HDPE具有足够的刚性用来制作塑料奶瓶。洗碗机的热水并不能熔化HDPE和LDPE，但是如果放在热的煎锅或加热元件旁边，二者都有可能熔化。

聚乙烯还有一种有趣的性质——它是一种良好的电绝缘体。在第二次世界大战期间，同盟国军队把聚乙烯用作飞机雷达电缆的绝缘层。雷达的发明者罗伯特·瓦特（Robert Watt）爵士用以下的文字描述了聚乙烯的绝对重要性："聚乙烯的出现将飞机雷达的设计、制造、安装和维护这些几乎不可能解决的问题舒舒服服地解决了……一系列之前实现不了的航空和电缆设计成为可能，一系列不能解决的空中维护问题不复存在。在依靠雷达所获得的一系列空中、海上、地面作战胜利中聚乙烯扮演了不可或缺的角色。"（摘自J. C. Swallow，"聚乙烯的历史"//A. Renfrew，聚乙烯-乙烯聚合物的技术和应用.第2版.London: Iliffe and Sons, 1960.）

想一想 9.8　其他种类的聚乙烯

除了LDPE和HDPE，聚乙烯还可以制成其他的形式例如MDPE和LLDPE。利用网络查找有关这些种类和其他种类的聚乙烯，它们的性质有什么不同？

9.5 "六大塑料"：主题与演变

如今，人们已经知晓60000种以上的合成聚合物。虽然聚合物都有特定的用途，有六类聚合物占据了欧洲和美国塑料使用总量的大约75%。我们把它们称之为"六大塑料"，你可以在表9.1中找到它们：聚乙烯（低密度和高密度）、聚氯乙烯、聚苯乙烯、聚丙烯和聚对苯二甲酸乙二醇酯。

对苯二甲酸酯（terephthalate）的发音是"ter-eh-THAL-ate"，"ph"是不发音的。

表9.1同样列举了六大塑料的性质。所有塑料都是固体并且能够被染料染色；所有塑料都不能溶解在水中，虽然有些能在碳氢化合物、脂肪和油的存在下溶解或软化。它们都是**热塑性聚合物**，即在加热下，它们能够被多次地熔化和重新塑形。但是，它们的熔程取决于它们的制造方式。在六大塑料中，聚乙烯有最低的熔点，LDPE和HDPE分别大约为120℃和130℃，聚丙烯则是160～170℃。

与热塑性相反，有些塑料是热固性的。它们在受热时不可逆地"被固定"住了。例如三聚氰胺（melamine）制成的盘子（如图）和酚醛树脂（电木，Bakelite）制成的烤箱用具。

由于分子的排列不同，聚合物的强度也不同。在微观层面，聚合物的某些区域会有规整的重复模式，就像我们在晶体中看到的那种。在这些**结晶区**（crystalline regions）内，长长的聚合物分子以规则的模式整齐而紧密地排列着。而在同一个聚合物的其他区域，你可以发现**无定形区**（amorphous regions）。在这些区域，长长的聚合物分子随机而无序地排列，堆积比较疏松。晶状区域由于其结构的规整性使材料具有坚韧性和耐磨性，比如HDPE和聚丙烯(PP)。虽然一些聚合物是高度结晶化的，大多数聚合物仍然包含了一些无定形区域。这些区域赋予材料柔韧性。例如，PP中的无定形区使得其能够弯曲而不折断。不同聚合物间的性质差别就意味着它们适合于不同的特定用途。**想一想9.9**提供了一个将聚合物与其用途相对应的机会。

表9.1　六大类塑料

聚合物	单体	聚合物性质	聚合物用途
低密度聚乙烯(LDPE) 4 LDPE	乙烯 H₂C=CH₂	未染色时呈透明状；柔软，有韧性，硬度适中；不与酸碱反应；可以被一些油和溶剂软化	塑料袋，塑料膜，塑料片，玩具，电缆绝缘层
高密度聚乙烯(HDPE) 2 HDPE	乙烯 H₂C=CH₂	与低密度聚乙烯相似但更加坚硬，通常不透明，韧性更好，密度略大	牛奶、果汁、洗涤剂以及洗发水的容器瓶；廉价的塑料制品，例如塑料桶、塑料箱和塑料围栏
聚氯乙烯 3 PVC或V	氯乙烯	性质多变；未被塑化剂软化时坚硬；透明而有光泽，但常会被染色；能抵抗大多数的化学试剂，例如油、酸和碱	坚硬的聚氯乙烯：水管，房屋侧壁，信用卡，酒店房卡 柔软的聚氯乙烯：橡胶水管，防水靴，浴帘，输液导管

（续表）

聚合物	单体	聚合物性质	聚合物用途
聚苯乙烯  ⟳6 PS	苯乙烯 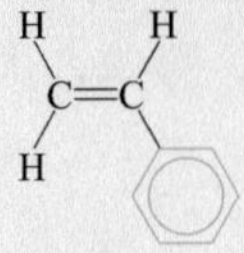	性质多变；"结晶"状态下透明，有光泽，发脆；"膨胀"状态下为轻质泡沫状；两种状态下都坚硬，且能在大多数有机溶剂中溶解	"结晶"状态：食品包保鲜膜，CD盒，透明水杯 "膨胀"状态：泡沫塑料杯，绝缘容器，食品包装盒，蛋品包装纸盒，"花生状"泡沫填充物
聚丙烯  ⟳5 PP	丙烯 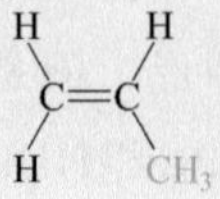	不透明，高韧性，耐腐蚀性好，高熔点，能抵抗大多数油、酸和碱	瓶盖；酸奶、奶油和黄油容器；地毯、日常家具、行李箱
聚对苯二甲酸乙二醇酯  ⟳1 PETE或PET	乙二醇 HO—CH₂CH₂—OH 对苯二甲酸 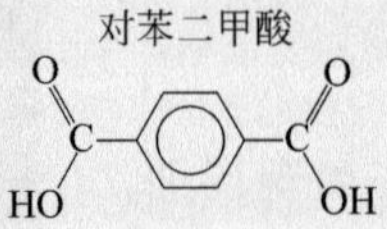	透明，坚固，抗击打，对酸耐受，气体渗透率低，是六大塑料中最昂贵的	软饮瓶，透明食品容器，饮料塑料杯，抓绒织物，地毯纱线，纤维填充的保暖外套

注：前五种单体结构的差异仅在于以蓝色标注的原子或基团。

想一想 9.9 　　六大塑料的用途

利用表9.1和其他关于六大塑料的信息，回答下列问题。

a. 哪一种聚合物因为易被油软化而不能用作人造黄油桶？

b. 哪一种聚合物是透明的？哪一种被用作透明的软饮料瓶？

c. 哪一种聚合物很坚硬且能用作瓶盖？说出这种性质的另一个应用。

d. 哪一种聚合物耐受酸因此能用作酸性饮料的容器，例如果汁？

也许和你预期的不同，从表9.1你可以看到用于合成6种不同聚合物的6种单体。PET使用了两个单体，下一节将介绍这一点；在前文我们提到，HDPE和LDPE使用同一个单体——乙烯。这里，我们主要讨论与乙烯紧密相关的三个单体：氯乙烯、丙烯和苯乙烯。

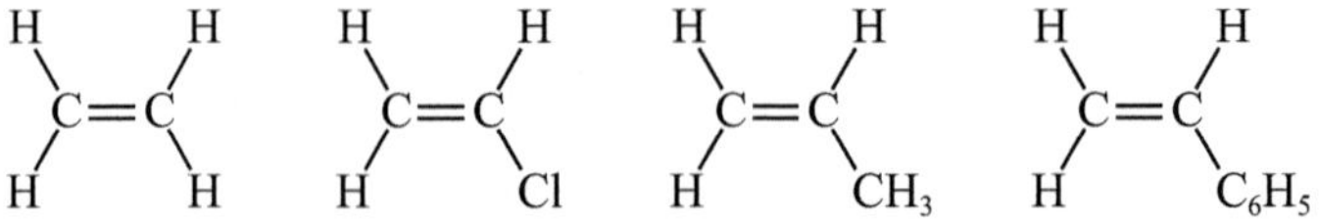

乙烯　　　　氯乙烯　　　　丙烯　　　　苯乙烯

在氯乙烯中一个H原子被Cl原子取代。相似的，在丙烯中的H原子被甲基（CH₃）取代。

在苯乙烯中，苯基取代了其中一个H原子。苯基含有一个由6个碳原子排列形成的六边形。

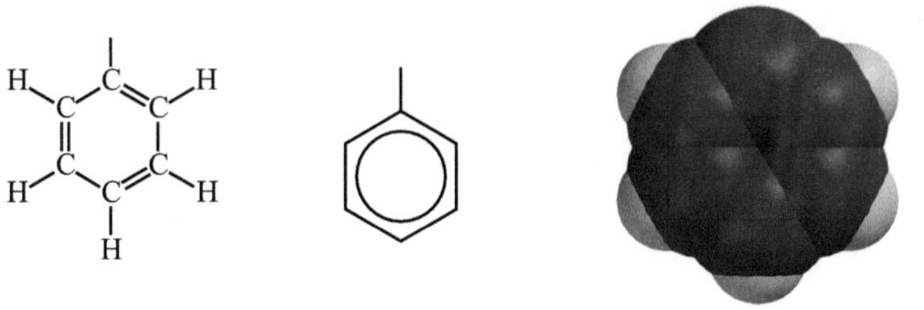

因为第一种苯基的结构式较为复杂，所以这个环结构通常被简化成第二种形式。第三种则是苯基的空间填充模型。

练一练 9.10   苯和苯基

苯和苯基的差别仅仅在于一个氢原子。

a. 苯和苯基都有两种共振结构，画出共振式。

提示：章节2.3介绍了共振结构。

b. 考虑到共振结构，想想为什么用一个六边形内加圆的符号能更准确地表达苯和苯基呢？

答案：

b. 两种等价的共振结构表明电子是均匀分别在环上的。所有的C—C键的键能和键长都相等。圆环表明了这个环上六根键的一致性。

你可能会想，氯乙烯、丙烯和苯乙烯的加成聚合就跟乙烯一样。但事实并非如此。为了弄明白原因，我们来看看在 n 个氯乙烯的聚合成为聚氯乙烯（PVC）的过程中发生了什么。

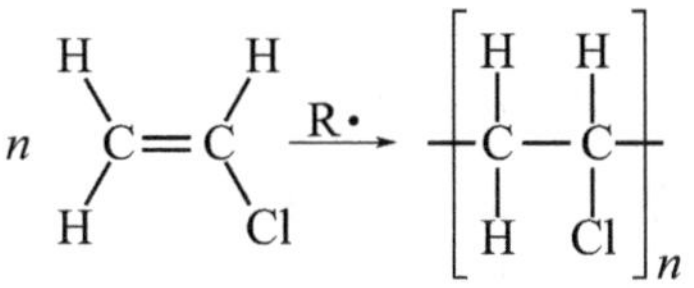

$$n \ \ce{C=C} \xrightarrow{\text{R·}} \left[\ce{C-C} \right]_n \quad\quad [9.3]$$

氯原子使分子产生了不对称性。我们随机地把带有两个氢原子的碳原子设想为"尾"，与氯原子相连的碳原子设想为"头"。

当氯乙烯分子加成到另一个分子上并连接成聚氯乙烯链时，如图9.8所示，分子出现了三种可能的朝向。

（1）头-尾连接，间隔的C原子上有一个Cl原子。

（2）头-头连接与尾-尾连接交替出现，Cl和Cl相邻。

（3）头与尾随机排列，前两种的混合。

头-尾连接是聚氯乙烯的常见产物。

在方程9.3中，在氯乙烯单体中，Cl原子可以处在连接碳原子的4个位置中的任意一个。由于分子的对称性，这4个位置都是等价的。

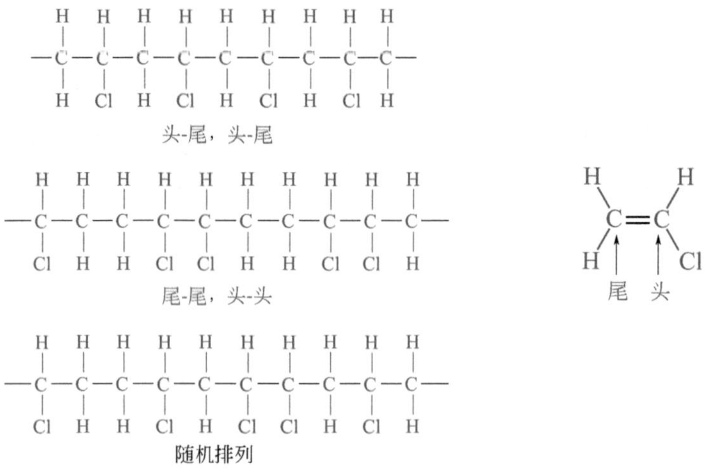

图9.8 在聚氯乙烯（PVC）中可能出现的三种单体排列

链上单体的排列是影响聚合物韧性的一个因素。每一种排列的聚氯乙烯都具有不同的性质，最规整的一种结构——头-尾重复型是硬度最高的，因为它的分子能够更加容易地排列在一起组成结晶区域。硬质聚氯乙烯用于制作排水管和下水管道、信用卡、房屋壁板、家具和各种各样的汽车部件。随机排列的聚乙烯虽然也很硬，但是相比于头-尾型的要差一些。

聚氯乙烯能够进一步被加入其中的少量**塑化剂（增塑剂）**所软化，更易弯折和形变。塑化剂的工作原理是插入到聚合物分子之间，从而破坏了它们规整的堆积。加入塑化剂软化了的聚氯乙烯经常被用在浴室的窗帘、"橡胶"靴子、橡胶软管、输血用的静脉注射袋、人造皮革（"漆皮"）以及电缆上的绝缘皮层中。由于种种原因，在塑料中加入添加剂具有争议，我们将会在9.11节中讨论。

接下来，我们考虑一下丙烯形成聚丙烯的聚合过程。同样的，由于单体的不对称性也会产生几种不同的排列方式。特别实用的一种聚丙烯排列形式是头-尾、头-尾重复排列。这种规整性提供了高度的结晶性，使得聚合物强度增加、更坚韧，并且能够耐受更高的温度。这些性质在它们的使用中被表现出来。举个例子，室内外两用的地毯是由高强度的聚丙烯纤维制成的。

就像ethylene（乙烯）被称作ethene一样，propylene（丙烯）同样也被称为propene。

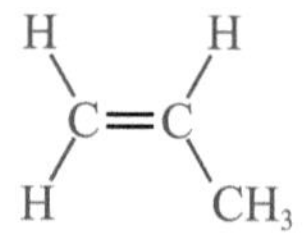

想一想9.11 "坚韧的材料"

聚丙烯对于我们来说可能没有像聚乙烯或PET那么熟悉，部分原因是许多聚丙烯产品没有标明循环再造标志。

a. 正如我们所提到的，聚丙烯能拉成纤维，所以能被用在室内外两用的地毯上。举出另外两种需要用到聚丙烯纤维的韧性的例子。

b. 虽然HDPE被用在很多食品容器中，聚丙烯也被用在人造黄油容器中。韧性不是其中的关键，那原因是什么呢？提示：参考表9.1。

最后，我们来讨论一下苯乙烯形成聚苯乙烯的聚合过程。聚苯乙烯是一种廉价且广泛使用的塑料。下面展示的是其加成聚合反应的示意图。

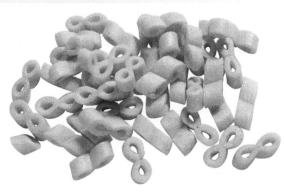

[9.4]

访问动感图像，学习更多其他加成聚合物吧！

聚苯乙烯是一种柔韧性较差的硬质塑料。与其他的六大塑料一样，它在加热的时候能够熔化（热塑性）并浇铸在模具里。透明的DVD盒和派对上用的透明塑料杯子和盘子都是由聚苯乙烯制成的。许多笔记本电脑和手机的硬质外壳也是。

如图9.9a所示，大多数商用聚苯乙烯其单体的排列是随机的。这种形式下的聚苯乙烯偏硬而脆，有时被称为通用型聚苯乙烯或是"水晶聚苯乙烯"（crystal polystyrene）。你有没有因为在派对上把塑料杯捏得太紧而使其裂开？它很可能就是聚苯乙烯制成的（图9.9b）。

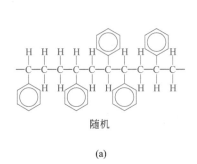

随机

(a)

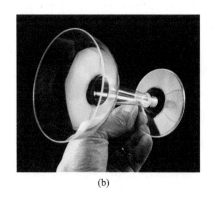

(b)

图9.9 (a) 聚苯乙烯单体的随机排列；(b) 由"水晶"聚苯乙烯制成的派对用具

我们熟悉的泡沫塑料热饮杯、装蛋纸盒、"花生"型泡沫填料都是由聚苯乙烯制成的。这类聚苯乙烯有时候也被称作可发泡型聚苯乙烯（EPS，expandable polystyrene）。它们是从小而硬的"可发泡"的聚苯乙烯珠子制备而来的。这些珠子包含了4%~7%的发泡剂（blowing agent）——一类在生产发泡塑料时所用的，通常是气体或者能够产生气体的物质。对于聚苯乙烯来说，发泡剂一般是低沸点的液体，如戊烷。当珠子被放置在模具中时，如果用蒸汽或热空气加热，戊烷就会蒸发。紧接着，气体膨胀带动了聚合物的膨胀。膨胀后的聚苯乙烯颗粒融合在一起，并由模具的形状定型。由于含有很多泡泡，这种发泡塑料不仅质轻，还是优质的隔热材料。

氯氟烃（CFC）曾是发泡剂名单中的一种。由于CFC对平流层臭氧具有破坏作用（见第2章），它的使用在1990年被淘汰。气态戊烷（C_5H_{12}）和二氧化碳成为可能的两种发泡剂替代品。陶氏化学公司（The Dow Chemical Company）开发了一种新的工艺，以纯二氧化碳作为吹塑（发泡）剂来生产用作包装材料的发泡聚苯乙烯（Styrofoam）。陶氏化学公司的100%CO_2技术完全杜绝了CFC-12作为发泡剂的使用。在此工艺中所使用的二氧化碳来自于现有的商业资源和自然资源的副产物，如水泥生产和天然气井。因此，它并没有产生额外的二氧化碳（温室气体）排放。陶氏因其开发的这种技术而获得了1996年的美国总统绿色化学挑战奖。

发泡聚苯乙烯（Styroform）是陶氏化学公司开发的聚苯乙烯泡沫的商品名。

使用CO_2来取代CFCs作为发泡剂印证了绿色化学六大核心理念之要点3——尽可能使用和产生无毒的物质。

练一练 9.12　　聚苯乙烯的可能性

展示出头-尾重复的聚苯乙烯链中的原子排列。想一想为什么更加倾向于这种排列而不是头-头重复的排列呢？

9.6　将单体缩合

单体形成聚合物！正如之前章节所说，改变单体能够带来聚合物性质的改变。为了了解不同的单体，我们首先应该回顾一下**官能团**的概念——赋予分子特殊化学性质的原子团的特定排列方式（表9.2）。举个例子，羟基（—OH）在第4章介绍生物能源乙醇的时候提到过。这个基团存在于所有被归类为醇的化合物中，包括本章中我们感兴趣的一个化合物——乙二醇(ethylene glycol)。

在第4章的生物能源和第10章的药物分子部分中都提到了官能团。

我们现在要介绍几个新的官能团，先从羧基开始。

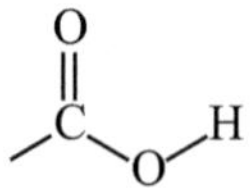

虽然羧基包含了—OH基团，但是它不是醇，相反，我们应该将—COOH看成一个整体。

表9.2　一些官能团

名　称	化学式	结构式
羟基(hydroxyl)，在醇中	—OH	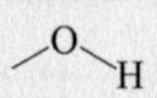
羧基(carboxylic acid)	—COOH	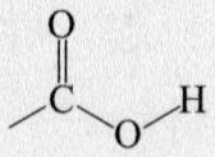

（续表）

名　称	化学式	结构式
酯基 (ester)	—COOC	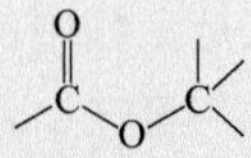
氨基 (amine)	—NH₂	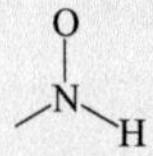
酰胺基 (amide)	—CONH₂	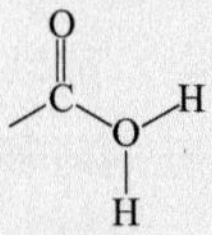

　　表9.3展示了一些在食物中（如醋和奶酪）存在的天然羧酸。如果你仔细观察表格的每一行，你会发现有些分子包含有一个以上的羧基官能团，像对苯二甲酸和己二酸。一个分子也可以有两种不同的官能团，例如最后一行的乳酸。

表 9.3　一些羧酸

名　称	结构式	相关信息
乙酸 (ethanoic acid)	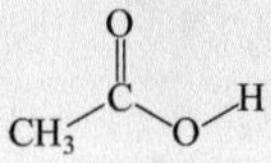	醋中天然存在的羧酸，也被称为醋酸（acetic acid）
丙酸 (propanoic acid)	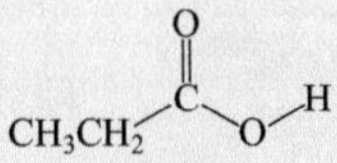	奶酪中天然存在的羧酸，尝起来十分"刺激"，也被称为propionic acid
苯甲酸 (benzoic acid)	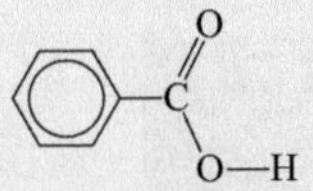	天然存在的羧酸，被用作食品防腐剂
对苯二甲酸 (terephthalic acid)	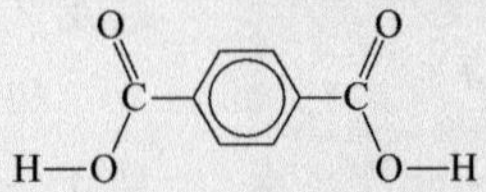	用于生产聚对苯二甲酸乙二醇酯（PET）的单体之一
己二酸 (adipic acid)	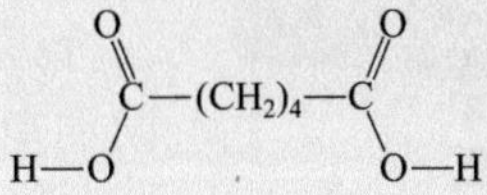	用于生产一种尼龙的单体之一
乳酸 (lactic acid)	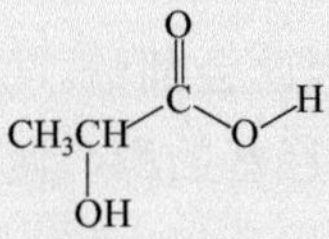	一种生物基高分子聚乳酸（PLA）的单体

　　羧酸与另外一个新的官能团酯基联系紧密。酯基可以用以下结构式来表示：

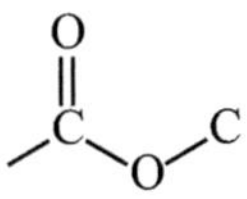

在认识了醇、羧酸和酯之后，你现在就可以准备学习聚酯——本节的主题了。

PET是聚酯中的明星分子，也可以写作PETE。两种缩写都代表聚对苯二甲酸乙二醇酯（polyethylene terephthalate ester）；全名的冗长让人们选择了使用缩写。由于PET是一种半刚性，透明且具有相当气密性的材料（图9.10），它最常见的用途是制作饮料瓶。聚酯同样也可以被拉成纤维状和层状。例如，以迈拉（Mylar）为商品名的PET塑料层，可以用来制作亮闪闪的节日气球。由于聚酯的气密性，当冲入氦气的时候，这些气球可以在空中飘浮数小时。最终，由于小的氦原子会跑出来，气球最终会因漏气而缩小。

因为polyethylene terethaphlate中没有polyethylene（聚乙烯），所以它有时候被写为poly(ethylene terethaphlate)。尽管这两个词发音一样，但后面这种写法能够减少人们阅读时的疑惑。

图9.10　PET制作的两升软饮瓶

和聚乙烯不同，PET不是通过加聚反应生成的。它是由缩聚反应（condensation polymerization）生成的，这是一种单体间通过消除（丢掉）一个小分子——通常是水——而相互连接的过程。因此缩聚反应除了生成聚合物本身外还总是生成另一种产物。很多天然聚合物如纤维素、淀粉、羊毛、丝绸和蛋白质都是通过缩聚反应形成的；而合成聚合物则包括达克纶（Dacron）、凯夫拉（Kevlar）和不同类型的尼龙（nylon）。

和聚乙烯的另一个不同点，PET不是由一个单体生成的。它是一种共聚物（copolymer）——由两种或两种以上不同的单体组合而形成的聚合物。当使用两种单体合成聚合物时，其中的麻烦或者是乐趣——取决于你如何看待它——也因此会翻倍。（形成PET的）其中一种单体——乙二醇（$HOCH_2CH_2OH$）——是一种含有两个羟基的醇，两个碳原子上各一个。另一种单体对苯二甲酸含有两个羧基，苯环的两侧各一个。所以，每一个单体都"装备"两个官能团。在表9.1中，你可以重新查看这两种单体的结构式。

为了理解共聚物是如何形成的，我们只看每个单体中的一个官能团。下面式9.5展示了这两种单体是如何连接的。用红色标记的是羧基的—OH和羟基的H原子反应产生一分子水。而用蓝色标记的是醇和酸剩下的部分通过酯键相连接。

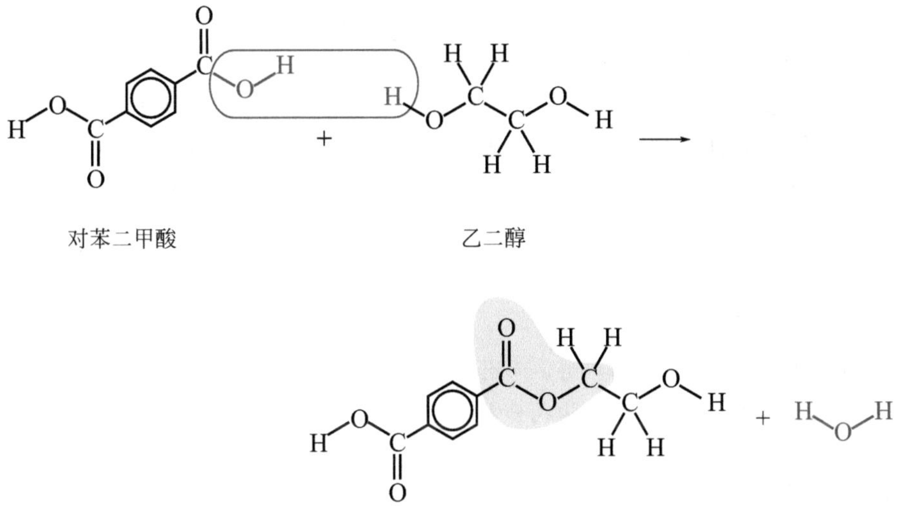

对苯二甲酸　　　　　　　乙二醇

[9.5]

　　请注意，形成的产物中有官能团来进行进一步的链增长：—COOH在左端，—OH在右端。前者能够与另一个乙二醇分子的醇官能团再反应；同样，后者可以与另一个对苯二甲酸分子的羧基再反应。每反应一次，都有一分子水脱去并形成一个酯键。这个过程如图9.11所示，发生很多次以后就会生成聚对苯二甲酸乙二醇酯。因为单体之间是通过酯键连接的，所以产物被称为聚酯。

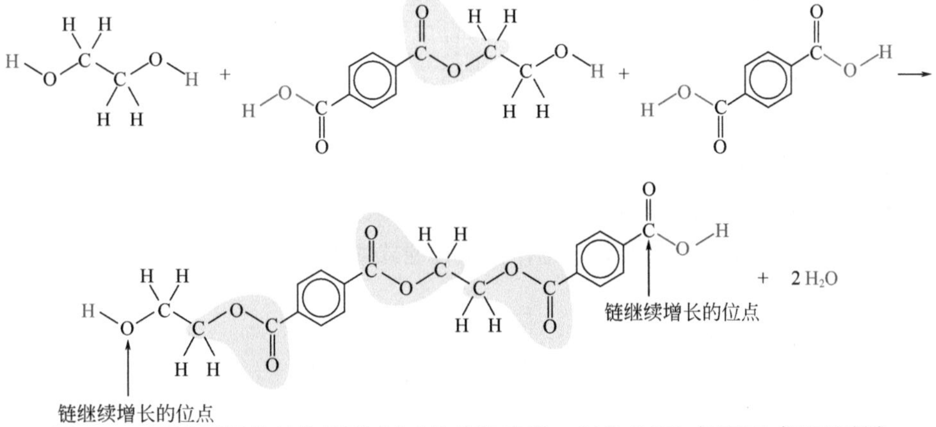

链继续增长的位点

链继续增长的位点

图9.11　两个不同的单体加到式9.5的产物中进一步合成PET（用蓝色标记酯基）

想一想 9.13　　酯和聚酯

你已经看到对苯二甲酸和乙二醇能够反应。现在考虑一下乙酸和乙醇：

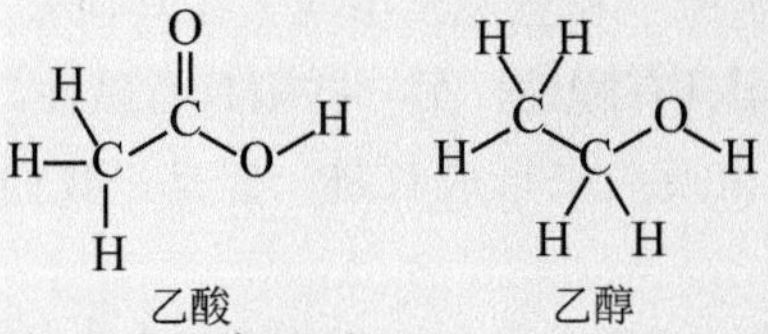

乙酸　　　　　　乙醇

a. 写出这个羧酸和醇是如何反应形成酯的。

　　提示：记住一个水分子是产物之一。

b. 乙酸和乙醇能够反应生成聚酯吗？说明理由。

PET可不是生活里唯一的聚酯。通过改变单体中碳原子的数量和类型，化学家们合成了许多其他的聚酯，其中包括达克纶（Dacron）、Polartec（译者注：一种抓绒）、福特勒尔（Fortrel）和Polarguard（译者注：常用于睡袋里的保暖纤维填充物）。聚酯适于被纺织成易洗快干的纤维。同样，聚酯可以很好地和其他纤维（例如棉花和羊毛）混合。**想一想9.14**就介绍了聚萘二甲酸乙二醇酯（polyethylene naphthalate，PEN），它比PET有更好的耐热性。

想一想9.14 从PET到PEN

在PET和PEN中醇单体都是乙二醇，而有机酸单体稍有不同。制造PEN的有机酸单体（萘酸）的结构式如右图所示：

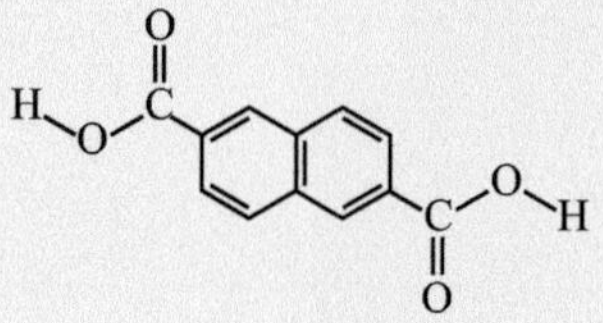

画出两分子萘二甲酸与两分子乙二醇反应的结构式。

9.7 聚酰胺：天然聚合物和尼龙

讨论缩合聚合反应时如果不包括下述两类特殊的聚合物，那将是不完整的。第一类是蛋白质，它们是存在于我们的肌肉、指甲和头发中的天然高分子；另一类是尼龙，它们是一种完美复制了天然蛋白——丝的一些特性的合成聚合物。根据化学传统基金会（Chemical Heritage Foundation）的数据，2011年全世界的工厂生产了将近8百万磅的尼龙，约占所有合成纤维的12%。

氨基酸是我们身体内构建蛋白质的单体。每个氨基酸分子包含两个官能团，一个氨基（—NH_2）和一个羧基（—COOH）。自然中存在20种天然氨基酸，其连接在中心碳原子上的基团各不相同。氨基酸的侧链用R来表示，其结构通式如下：

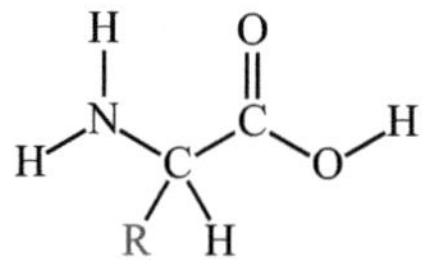

参考11.7节、12.4节和12.5节来了解更多关于氨基酸和蛋白质的知识。

化学家用R来作为分子中的占位符。在氨基酸中，R代表了20种不同的侧链。在本章早些时候，R·被用来代表像Cl·和·OH一样的自由基。

在一些氨基酸中，R仅由碳原子和氢原子组成；在其他氨基酸里R可能包含其他的原子，如氧、氮甚至硫。一些R官能团具有酸性，另一些则具有碱性。

作为单体，氨基酸通过缩聚反应来形成长链。但是，我们得注意蛋白质与缩聚物如PET之间的四个关键不同点：

（1）PET是聚酯，而蛋白质是聚酰胺，即（主链）包含酰胺键的缩聚物。

表9.2展示了酰胺键。

（2）PET通过两种单体得到，乙二醇和对苯二甲酸，它们的比例是1∶1；而蛋白质包含了最多可达20种不同的比例各异的氨基酸（单体）。

（3）在蛋白质中，每一个氨基酸都含有两个不同的官能团，—NH₂和—COOH；

（4）在PET中，其每个单体所含官能团是相同的，要么都是—OH，要么都是—COOH。

为了了解这些差异是如何起作用的，我们来看看两个氨基酸之间的反应。一个氨基酸的侧链标记为R，另一个氨基酸的侧链记为R′。

$$[9.6]$$

在这个反应中，形成了一个酰胺键并脱去了一分子水。酰胺键中含有一个C—N键，称为**肽键**（peptide bond）。这是一个氨基酸分子中的—COOH与另一个氨基酸分子中的—NH₂反应所形成的共价键，这样就可以把两个氨基酸连起来。在任何一个生命体细胞的复杂化学工厂里，这一缩合反应经过多次重复就生成了叫做蛋白质的聚合物长链。由于自然界有20种不同的氨基酸，大量不同的蛋白质可以被合成出来。一些蛋白质由数百个氨基酸形成，而另一些仅由较少的氨基酸组成。

只有在蛋白质（酰胺键）中的C—N键才被称为肽键。

化学家有时会努力复制大自然的化学。例如，一位在杜邦公司工作的杰出化学家华莱士·卡罗瑟斯（Wallace Carothers，图9.12）当时正对包括生成肽键在内的许多聚合反应进行研究。与其使用氨基酸，卡罗瑟斯试图将己二酸与己二胺互相连接。

图9.12　尼龙的发明人华莱士·卡罗瑟斯（1896—1937）

请注意己二酸在分子的两端各有一个羧基。

相似的，己二胺在两端也各有一个氨基。就像在蛋白质合成时，羧基和氨基反应消除水而形成肽键。但与蛋白合成不同的是，所得到的聚合物（也即尼龙）只含有两种单体。下面是单体如何连接的示意图。

己二酸　　　　　　己二胺　　　链继续增长的位点　　　链继续增长的位点

[9.7]

杜邦公司的管理层确认这种新聚合物很有前途，尤其是在公司的科学家掌握了尼龙抽成细丝的工艺后。这些细丝牢固且平滑，非常像蚕丝。因而，尼龙首先作为丝绸的替代品被推向世界。尼龙是最早**仿生材料**（biomimetic materials）之一。仿生材料指的是模仿生物材料的一些特定性质来用于人类的实用价值的材料。世界以光腿和打开的钱包迎接了尼龙。1940年5月15日尼龙长筒袜问世的第一天，纽约市卖出了400万双（图9.13）。但是，尽管"尼龙"在消费者中很受欢迎，它们的民用供应很快就干涸了，原因是这些新聚合物从袜类转用到降落伞、绳索、服装以及其他数百种战时用品上。到1945年第二次世界大战结束时，尼龙一再地证明了它在强度、稳定性和耐腐蚀方面优于丝制品。如今，这种聚合物在经过各种改进之后应用于衣料、运动服装、露营设备、厨房和实验室等各方面。

图9.13　1940年，当尼龙长筒袜首次进入商业市场，人们争相排队抢购尼龙长袜的场景

圆蛛的蛛丝是强度最高的生物材料之一，同样大小的蛛丝比Kevlar强度上高一个数量级。

练一练 9.15　凯夫拉（Kevlar）

凯夫拉是用来制作防弹背心的聚合物。和PET一样，它的单体之一是对苯二甲酸，而另一个单体对苯二胺则包含有两个氨基官能团。

对苯二甲酸　　　　　　　对苯二胺

画出由两个对苯二甲酸和两个对苯二胺组成的凯夫拉分子片段。

我们用Kevlar来结束缩合聚合物的部分。需要注意的是，这种材料是聚酰胺，就像蚕和蜘蛛纺成的丝。而说到蜘蛛，我们现在回过头来谈谈本章开头所说的故事。

9.8 固体废弃物的处理：4R

还记得你之前所学的，圆蛛可以循环使用网中的材料来避免资源的消耗。人类也需要通过模仿蜘蛛的这种行为，来避免资源的枯竭和生成大量的废弃物。一份由欧洲多家塑料工厂在2010年给出的报告指出："塑料太有价值了，扔掉实在可惜。"

的确，我们人类已经生产了太多塑料了！在1950年，全世界仅仅生产了不到200万吨的塑料。而这些年来，塑料的产量稳固增长，并于2012年达到全世界2.65亿吨。毫无疑问，面对塑料垃圾，我们需要一个可持续的解决方案。

你肯定有过把垃圾带到路边上的经历，也肯定看到过卡车把垃圾拖走，然后再也没有回来（至少对于你来说是的）。塑料是这些垃圾中的一部分，把塑料垃圾送去垃圾填埋场显然不是一个理想的处理方式。尽管回收利用是一个好主意，但还有其他更好的办法。下面我们将按照其必要性顺序介绍一下4R理论。

Reduce 减少材料的使用量（举例：在生产瓶子的过程中减少塑料的使用）。

Reuse 重复使用材料（举例：在杂货店重复使用自己的塑料袋）。

Recycle 回收材料（举例：不扔掉饮料瓶，回收它们）。

Recover 对于不能再回收的材料，修复其中的物质或能源部分（举例：燃烧高能量值的塑料）。

你使用和回收了多少塑料呢？在下一个环节中你会被要求记一笔账。

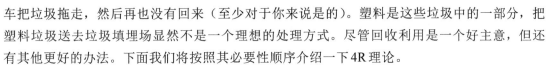

想一想 9.16 你扔掉的塑料：第一部分

记录你一周内所扔掉的或回收的塑料，包括你购买食品或其他物品的塑料包装。

a. 估计这些塑料的质量——是几克、几千克，还是更多？

b. 你扔掉的和你回收的部分，哪一部分更多？

保证这些记录随手可查，因为你将在后面回顾它。

第11章将会介绍为什么减少含糖饮料的摄取会有意义。同时，这也会减少塑料的使用。

下面针对塑料的处理，让我们开始研究4R理论中的每一条吧。

Reduce! 减少源头使用永远都是最佳选择。这就意味着使用更少的材料以及今后产生更少的废物。从源头减少能够保护自然资源，减少污染，最大限度降低废弃物中的有毒物质。如以饮料瓶为例：经过更好的设计，现在一个2 L的苏打瓶会比1970年瓶子刚问世时少用三分之一的塑料。同样的，1加仑的牛奶壶也比几十年前的轻了一些。

减少包装也是一部分。公司已经意识到，减少包装会提供更多的经济效益，例如运输和垃圾填埋的费用都会相应地减少。举个例子，一本2011年出版的名为《自然的力量》（Force of Nature）的书描述了沃尔玛减少包装的目标：他们计划到2013年，货架上的329000个商品的包装要比2008年减少5%。作者指出，公司领导人意识到了"可持续性并不仅仅是更加清洁和高效的一种方式，它同样还可以推动创新"。

谈到包装，我们需要关注一下创新。可持续包装（sustainable packaging）是一种减少环境危害和提高可持续性的包装设计。2011年可持续包装联盟（Sustainable Packing Coalition）制定了它的标准，包括以下几条：

（1）在其寿命周期范围内，对个人和集体都有益、安全和健康。

（2）使用清洁的生产技术与最佳制造工艺。

（3）能够有效地修复和利用。

也许你已经想到，高分子化学家和化学工程师是为之努力的关键人物。

Reuse! 重复使用意味着在一次使用之后并不丢弃。在超市的结账处，收银员曾经只给顾客两种选择——"用纸袋还是塑料袋？"如今，他们会问你是否带了自己的袋子。**想一想9.17** 会进一步拓展重复使用袋子的观念。

想一想 9.17　　纸袋、塑料袋……还是都不要？

　　杂货店并不是唯一的会让人们重新考虑使用塑料袋和纸袋的地方。列举出三种其他的可能性。对于每一种情况，你是否愿意改变你使用袋子的习惯以及重复使用你的袋子？

另一个例子，考虑一下如何重复使用泡沫聚苯乙烯制成的包装"花生"。尽管只是废物流中很小的一部分，但当它们在不该出现的地方出现时是一件非常麻烦的事情。它们会无处不在，包括水道、路上和田地间。因为它们只包含了质量分数为5%的聚苯乙烯，所以回收价值不高。重新使用这些"花生"是最佳选择。事实上，对于所有泡沫聚苯乙烯材料都是一样的道理。如果你在零售店或者快递公司工作过，你也许已经见识过某种店内的再利用或回收。

包装用的发泡聚苯乙烯花生在9.5节中有介绍。

Recycle! 也许你现在可以在任何地方见到可回收容器——教学楼、体育中心、机场和酒店。循环利用的理由包括以下几点：

（1）减少垃圾填埋和垃圾焚烧量。

（2）防止生产过程中对空气、水和土壤的污染。

（3）减少生产过程中温室气体的排放。

（4）保护汽油、木材、水和矿产等自然资源。

那么我们做得怎么样呢？先来说说好消息。在2010年，环境保护机构报道，平均下来，每一个美国公民每天回收1.1 lb的材料。此外，垃圾回收的百分比正在不断增加。人们放置在路边和垃圾桶中的可回收物品包括铝制易拉罐、办公室用纸、硬纸板、玻璃和塑料容器。再次，每人每天有大约0.4 lb的废品例如青草碎屑和食物残渣被用来进行堆肥，0.5 lb的废品被用于焚烧产生能量。基于这些减少，现在每人每天平均只有2.3 lb的废品送去垃圾填埋场。

相比于回收项目，焚烧和垃圾填埋产生的工作机会更少。所以增加回收利用将有利于当地的经济。

现在来说说坏消息，你将在下一章节看到，大约12%的废弃品是塑料。根据塑料种类的不同，我们的回收效率也不同，这将在下一个环节中看到。

想一想 9.18 塑料循环利用记分卡

根据EPA，下面是2010年的循环利用记分卡。耐用品包括行李箱、塑料家具和园林用水管。非耐用品包括塑料笔和安全剃刀。

塑料的使用	产生的质量/百万吨	回收的质量/百万吨
耐用品	10.65	0.40
非耐用品	6.65	可忽略
容器/包装	12.53	1.72

a. 对于每一种塑料，计算回收的废品相对于产生的废品的百分比。
b. 耐用品和非耐用品的回收率较低。对每种塑料列举三个例子并给出原因。

如果你做了计算，你会发现我们的塑料回收率惊人的低。这也许会跟你在自己社区看到的牛奶盒和塑料杯的回收情况相悖。确实，你是对的。有些塑料的回收比其他的塑料回收更为稳定。举个例子，在美国，聚乙烯牛奶容器的回收率是29%，透明PET软饮杯是28%。尽管这些数字看起来很高，但仍然有超过70%的这些容器被丢弃。

怀疑派化学家 9.19 你扔掉的塑料：第2部分

之前在**想一想9.17**中，我们要求你记录你一周内所扔掉的塑料。现在请回顾你写的内容。我们刚刚引用的年度回收利用数据是否听起来真实可靠？换句话说，你扔掉的塑料比你回收的更多吗？简单报道一下，相比于国家平均情况，你的塑料使用情况是怎么样的。记住在你的笔记中，不应该包括长时间使用的耐用品和非耐用品。

Recover! 焚烧如何？也就是说通过像燃料一样燃烧把塑料中的能量释放出来。由于六大塑料和其他的聚合物都和碳氢化合物十分相似，所以焚烧似乎是一种很好的减少垃圾填埋量的处理方法。燃烧的主要产物是二氧化碳、水和可观的能量。事实上，以一磅材料来算，塑料比煤有更多的能量。在美国，虽然塑料仅仅占废弃固体垃圾重量的12%，但它们却占了其中约30%的能量。

但是焚烧塑料也有弊端。在第1~4章中反复提到的信息——燃烧没有消灭物质，此处亦然。燃烧产生的气体可能是"眼不见"，但是最好别对它们"心不烦"。塑料燃烧会产生一种温室气体——二氧化碳。在焚烧时特别需要关注的是含氯塑料如聚氯乙烯燃烧时会释放出氯化氢。由于氯化氢（HCl）溶于水生成盐酸，这种烟囱排放物会严重造成酸雨。燃烧含氯塑料也会产生其他的有毒气体。所以，综合利益来看，包括能量在内，回收利用总是优于焚烧。

练一练 9.20　　燃烧塑料

在完全燃烧的情况下，聚丙烯产生二氧化碳和水。

a. 写出化学平衡方程式，假设平均链长为2500个单体。

b. 如果燃烧不完全，会产生其他产物。列举两种可能。

答案：

b. 不完全燃烧会产生CO和一些颗粒物（煤烟），两者都是污染物。

那些不重复使用、不回收和不修复的塑料最终会送去垃圾填埋场（"眼不见心不烦"政策）或者丢弃在环境中。两种处理方法都会造成很大问题。虽然垃圾填埋的空间还很大，但它有一定的弊端，它们占据了人口稠密区的空间资源，它们的建造和维护需要一定的成本，它们会泄露，吸引寄生虫，还会释放一种温室气体甲烷。

大部分的垃圾填埋场的塑料都并不能生物降解（其他地方也是）。大多数细菌和真菌都不具有能够破坏人造聚合物的酶。然而有一些微生物具有能够降解天然高分子如纤维素的酶。例如，在第3章中你知道了牛释放甲烷，这实际上是细菌通过在牛的瘤胃里分解纤维素来获得能量。同样在第3章中，我们也提到有机物被掩埋后自然分解产生甲烷，这也是细菌活动的结果。

理想条件下，填埋区的衬里会永久存在。然而，随着时间推移，衬里会损坏。

即使是天然聚合物在垃圾填埋场也不会完全分解。现代的废物处理设施往往是被覆盖并加以防渗衬里，以防止废物或废物的副产品渗入附近的土壤。填埋区的衬里和覆盖物造就了无氧环境，从而妨碍了垃圾的降解。其结果是许多可以被生物降解的物质在掩埋后降解缓慢或者一点都不降解。人们在开挖一个旧填埋场时发现了一张37年前的报纸仍然可以阅读（见图9.14）；一个5年前的热狗，虽然不能食用，但是仍然可以分辨出来。

图9.14　一些被掩埋的垃圾可以长期保持原状。这是一份在37年后挖出来的1952年的报纸

想一想 9.21　　掩埋场的衬里

掩埋场的衬里包括天然黏土和人造塑料。举个例子，会使用厚片状的人们高密度聚乙烯。但是即使是最好的高密度聚乙烯衬里也会破裂和损坏。

a. 根据表9.1，哪些化学物质会软化HDPE？

b. 列举五种能够破坏高密度聚乙烯衬里的物质。

答案：

b. 烹饪用油，鞋油，酒精。

鉴于天然和人造聚合物的掩埋处理所带来的问题，回收利用扮演着重要的角色。然而，与焚烧相反，聚合物的回收利用需要能量的投入。其次，如果废弃塑料脏且质量差，其回收利用所需的能量比生产同样数量的新塑料还要多。所以，回收只是几种转换废弃物方式中的一种。在下一个部分，我们将会从更广的范围讨论垃圾。

9.9　塑料的回收利用：更广范围的探讨

与其他的废弃物一样，你丢弃的塑料废弃物只是这更广范围中的一部分。在美国，EPA对城市固体废弃物（垃圾）进行了超过30年的持续统计。**城市固体废弃物（MSW）**包含了你丢弃的任何东西，例如厨余垃圾、草屑以及老旧的电器。但MSW并不囊括所有的来源，比如来自于工业、农业、矿产业和建筑业的废弃物就不包括在内。在美国，城市固体废弃物每年超过2.5亿吨。那哪一项在其中比重最大呢？从图9.15中可以看到，是废纸。来自于生物的材料如纸、木材、食物残渣和庭院废弃物构成了城市固体废弃物的主要成分。所有的这些东西都可以通过4R方法中的一种来处理。

那么城市固体废弃物中有多少是塑料呢？从图9.15中可以看出，美国公民的废弃品中有大约12%的是塑料。美国EPA报道了下列三种塑料的数据：

（1）耐用品，如塑料家具、碗和橡胶水管。

（2）非耐用品，如塑料杯、盘子、垃圾袋、笔和安全剃刀。

（3）包装材料，如饮料瓶和食品容器。

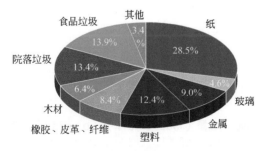

图9.15　**城市固体垃圾回收前的种类及按重量占比的组成（2.5亿吨，2010年）**

资料来源：美国环境保护署，EPA-530-F-11-005，2011年11月

在2010年，所有的这些塑料加起来大约有3100万吨，占了2.5亿吨城市固体废弃物中的12.4%。

那么我们回收了多少塑料呢？图9.16a以百万吨为单位展示了城市固体废弃物在美国回收的总量，并不仅仅是塑料的。最近几年城市固体废弃物的总回收率达到了34%（图9.16b）。

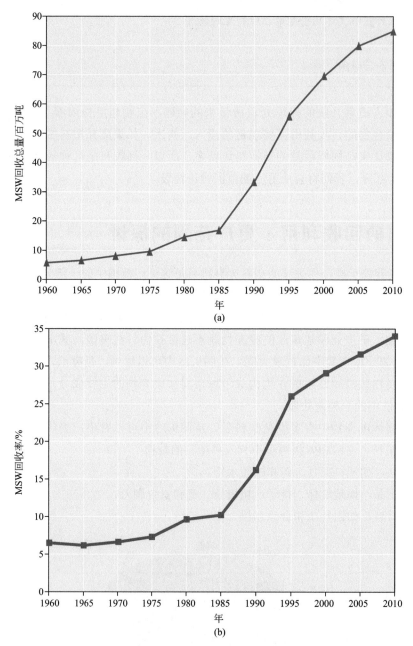

图9.16 （a）城市固体废弃物回收总量（1960-2010年）；（b）城市固体废弃物回收率（1960-2010年）
来源：美国环境保护局，EPA-530-F-11-005，2011年11月

表9.4 2010年回收的塑料瓶

塑料名称	2010年回收的总量/百万磅	回收率/%
聚对苯二甲酸乙二酯(PET)	1557.0	29.1
高密度聚乙烯（HDPE）	984.0	29.9
聚氯乙烯（PVC）	1.4	2.0
聚丙烯（PP）	35.4	18.3
低密度聚乙烯（LDPE）	1.0	1.9

资料来源：美国化学理事会（American Chemistry Council, ACC），全国塑料瓶消费后回收报告，2010。

经过比较，2010年美国只有7.6%的塑料得到回收。为什么会这么少呢？猫腻藏在细节里。一些东西比较容易被回收，其他的则只会给后勤部门带来噩梦。另外，一些塑料已经具有很好的回收市场，而其他的则没有。表9.4揭示了相比于7.4%的塑料回收率，一些已经成功地实现了高回收率的塑料瓶。

怀疑派化学家 9.22 以磅还是吨为单位回收

查看表9.4中美国化学理事会（ACC）提供的数据。

a. **参考想一想9.18**，这些数值和EPA中的数值相近吗？假设所用的吨是短吨，即2000磅＝1吨。

b. EPA报道的回收数量使用了一种计数单位（百万吨），ACC报道则使用了另一个（百万磅）。这有好几个原因。试提出一种。

答案：

a. 1557＋984＋1.4＋35.4＋1.0＝2579（百万磅）回收利用，或者1.29百万吨。这与EPA报道的1.72百万吨相接近，尤其是在考虑了ACC中没有包括聚苯乙烯的情况下。

为使回收利用能够获得成功并自我维持，很多因素应该协同考虑。这不仅涉及科学和技术，还包括经济，有时还有政治，尤其是在地方层面上。最佳的回收利用是一个封闭的回路（见图9.17），在这个回路中塑料被收集、分类，然后转化成产品供消费者购买、使用，并在其后回收利用。

为了回收利用，收集塑料是必需的。收集的方式包括：在路边收集，在当地的收集中心收集，或者通过空瓶回收议案制定的存取和退款条约收集。为了成功实现回收，在指定的地点必须要有稳定可靠的废弃塑料供应来源。

一旦收集完成，这些塑料需要运输到一个能进行分类的设备中并使其成为可销售的商品。塑料制品上带有的编码（见表9.1）可以协助这一分类过程。由于需要分类的材料数目巨大，自动分类方法已被开发了出来。经过分类后，聚合物会被熔化，熔化后的聚合物能被直接用于生产新的产品。或者，也可以让其固化，制作成小球，储存起来备用。

当各种各样的聚合物被混合起来熔化时，其产品颜色倾向于深色，它们的性质也因

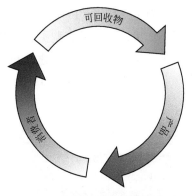

图9.17 理想的回收利用是一个永不停止的回路
图片来源：在获得国家PET容器资源协会批准后复印

混合物中各个成分的原本性质而互不相同。这些再加工的材料足以用于一般的"向下回收"(downcycle)，意即用于低档用途如停车场减速带、一次性塑料花盆、廉价的塑料。这些混合材料不如那些可均一且纯净地回收的聚合物有价值。这说明了对塑料加以分类的重要性。基于类似的理由，制造商倾向于在某一产品中使用单一聚合物，以避免分离的需要。

当有了塑料的供应（理想情况是干净且分好类的），制造商就可以开始工作了。这些制作的商品中含有不同比例的回收材料。这其中的术语使用有些混淆。**再生产品(recycled-content products)** 是指用那些原本将要被置于废品组的材料制成的产品。这包括了从废弃塑料制成的物品，或者是一些重新组装的产品，例如重新填充的塑料硒鼓。垃圾袋、装洗涤剂的瓶子以及地毯都是常见的被归为回收内容产品的塑料制品。一些操场的设施和公园的长椅也是由废弃塑料制成的。

再生产品现在还开始提供再生材料的来源信息。**消费后内容(postconsumer content)** 是指在被单独使用后可能被丢弃成为废弃品的材料。回收这些材料——公司废纸、泡沫包装和饮料瓶——是一种避免使用垃圾填埋的方式。**消费前内容(preconsumer content)** 是指在制作工序过程中产生的废弃物，例如碎渣和纸屑。消费前的布制品，例如服装工业中产生的聚酯布制品碎屑，可以回收而不是废弃。

可回收产品（recyclable product） 这个术语仅仅表示该产品能够被回收。但是这个术语具有一定的误导性，因为有些产品的回收途径可能并不存在。可回收产品并不一定包含回收的材料。

练一练 9.23　　可回收和回收的

举出三个你可能会购买并回收的物品。同样，也给出三个回收内容产品。有没有物品能够同时归属于你列举的这两类？

为了完成图9.17中的循环，被回收的物品需要能市场化并且（理想情况下）由消费者购买。如果没有产品和购买者，塑料回收的项目注定会失败。事实上，在许多城市里有关回收再生的法案还没有得以建立和执行，其原因是从供给、收集、分类、加工、制造到市场化的产业链中的某一个环节仍然处于缺失状态。

图9.18　PET饮料瓶被广泛地回收

查阅表9.4可以看到，作为一个消费者，我们比较习惯把PET饮料瓶扔进回收桶里（图9.18）。在美国，有超过10亿磅的PET被回收。由于PET相比于其他塑料来说能更好地被回收，所以我们来进一步研究它。PET软饮瓶在被熔化和再使用之前需要进行特殊的处理。这些瓶子通常会先经过分类来除去一些其他种类的塑料如PVC。如果PVC留在了熔炉中，会使最终产品质量下降。标签、瓶盖以及附着在塑料上的食物残渣必须被分离或者擦除。例如，瓶盖通常是由较硬的聚丙烯制成的。下一个练习中介绍了如何通过密度的不同来分离PET和其他的聚合物。这种方法在PET和PVC混合体系中非常有用，因为它们二者看上去非常相似。

想一想 9.24   漂浮还是下沉？

下面是PET和其他三种经常在回收桶中出现的塑料的密度值。

聚对苯二甲酸乙二醇酯	1.38~1.39 g/mL	聚丙烯	0.90~0.91 g/mL
高密度聚乙烯	0.95~0.97 g/mL	聚氯乙烯	1.18~1.65 g/mL

当我们把这些塑料扔进液体中，根据液体的密度，塑料会漂浮或者下沉。下面是几种不溶解上述四种塑料的液体在相同温度下的密度值。

甲醇	0.79 g/mL	水	1.00 g/mL
42% 乙醇/水混合物	0.92 g/mL	MgCl$_2$ 的饱和溶液	1.34 g/mL
38% 乙醇/水混合物	0.94 g/mL	ZnCl$_2$ 的饱和溶液	2.01 g/mL

对于一个混合有高密度聚乙烯、聚丙烯和聚氯乙烯的聚对苯二甲酸乙二醇酯（PET）样品，提出一种分离PET的方法。假定所有的密度值都是在同一温度下测定的。注意：1 cm^3=1 mL。

利用给定的塑料和液体的密度，开发出一个流程，把含有四种塑料碎片的混合物逐一分离开来。

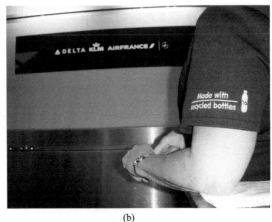

(a)   (b)

图9.19 （a）用再生PET制作的运动衫；（b）用再生PET瓶子制成的航班制服

当你回收一个PET饮料瓶的时候，它也许会以另一个饮料瓶的一部分的形式返回到生活中。然而，这些聚酯更有可能会被向下回收以生产一些低纯度的产品。举个例子，PET可以熔化然后纺织成聚酯地毯、T恤衫、绒衣（见图9.19）、床单以及慢跑鞋中的织物鞋面。五个2 L的塑料瓶再生可以制成一件T恤衫或是一件滑雪外套的保暖层；大约只需要450个这样的塑料瓶就能制作出一块9 ft×12 ft房间所需的聚酯地毯。

现在我们要提一个合乎常识的问题，这些由回收PET所制备得到的产品会经历什么？Shaw工厂因为给出了他们的答

案，他们发展了EcoWorx宽幅地毯和地毯块，并因此获得了2003年的总统绿色化学挑战奖。通过移除这些地毯背面的聚氯乙烯，这些产品变得能够100%回收。这个地毯的其他坏境利益还包括更低的VOC排放和更低的运输成本，因为这些地毯块的质量更轻了。在2012年，这种地毯包含有40%的再生材料，并会贴上"我们想让它回来"的标签。随着地毯的使用量增加，更多的地毯被回收然后再回收，这个百分比预期会继续增加。这也是从摇篮到摇篮概念（cradle-to-cradle）的另一个范例（译者注：cradle-to-cradle的字面翻译为从摇篮到摇篮，意译可以理解为：可再生、可持续、生生不息等意）；事实上，这种地毯的生产线被MBDC（McDonough Braungart Design Chemistry）授予了cradle-to-cradle银奖。

建筑师 William McDonough 和化学家 Michael Braungart 是在第0章中提到过的《从摇篮到摇篮》（Cradle-to-Cradle）一书的作者。

这个部分我们探究了回收再生的复杂性。但是要记住，回收利用并不是城市处理废品的唯一方式。塑料废弃物的问题，或者更广泛的说所有的固体垃圾的问题，目前并没有唯一或最佳的解决办法。焚烧、生物降解、再利用、回收循环和减少用量等方法都有其有利的方面，但是也都有其相应的代价。因此，也许最有效的应对手段是开发一种综合的，集上述四种手段于一体的废弃物管理系统。这样一个综合系统将会达到优化效率、节省能源和材料、降低成本与环境损害的目的。

想一想 9.25　在附近的商店里

如果人们不去购买由回收的塑料制成的产品，由于缺少利润刺激，制造商们就不会有动力去生产它们。找到五种售卖的含回收塑料的产品。

a. 指出商品中的聚合物，如果有提供回收比例的话，列出来。

b. 以消费者的视角评价这些商品，包括你是否会购买它们。

9.10　从植物到塑料

正如我们之前所说，大多数聚合物通过一种不可再生资源——石油来合成。尽管如此，有一些聚合物通过一些可再生资源得到，例如：木材、棉花、稻草、淀粉和糖。是什么使这些基于植物的聚合物与基于石油的聚合物不同呢？

（1）它们是**可堆肥**的。也就是说不论是在家用堆肥器还是工业堆肥器的条件下，它们能够通过生物分解形成对植物生长无害的分解物。

（2）一些聚合物能被分解然后转化成单体再重新合成聚合物。

（3）它们的合成需要更少的资源，产生的废品更少，比基于石油的聚合物消耗的能量更少。

（4）和石油基聚合物如特氟龙、萨冉树脂、聚氯乙烯等不同，它们不含有氯和氟。

因为这些特性，这些聚合物被认为是生态友好的（eco-friendly）。然而，使用这个术语的时候仍需谨慎。正如你所见，生物聚合物的分解不是想象的那么直截了当。此外，为了和其他聚合物做对比，生产和使用过程中产生的废品和能源消耗，以及产品的最终寿命都需要考虑在内。总之，最好的方法是减少消耗而不是转而使用任何其他种类的塑料。

尽管聚乳酸（PLA）不是唯一利用植物制作的聚合物，但它是环境友好型塑料的典范。与六大塑料一样，PLA是一种热塑型聚合物，在受热时可以软化和铸模。作为一种聚酯，PLA和PET有同样的触感和外观，它被用于制作一些和PET一样的物品，比如透明的瓶子、透明的食品包装、服装纤维和其他塑料制品（图9.20）。PLA也可以用作纸杯和碟子的外部防水涂层。

与PET不同，PLA在140 ℉（60 ℃）左右会软化。因此，如果你在大晴天将PLA制品放在车内，你回来的时候可能就会发现它已经融化了。所以除非掺杂了其他树脂来提高它的热稳定性，PLA只能在较低的温度下使用。

顾名思义，PLA是乳酸的聚合物。乳酸单体有两个官能团：一个羧基和一个羟基。下面是它的结构式。

$$HO-CH-\overset{\displaystyle O}{\underset{\displaystyle CH_3}{C}}-OH$$

乳酸在生物圈中自然存在。牛奶发酸的味道就是因为它，同时你在剧烈运动后感到的肌肉酸痛也有它的部分原因。

像PET一样，PLA是缩聚物并且在聚合链中每生成一个共价键都会释放一分子水。

图9.20 （a）PLA杯子可以是无色、透明、防水，就像PET一样；（b）PLA可以被染色，与PET相似；（c）以PLA为涂层的纸杯

练一练 9.26　PLA中的化学

我们没有展示合成PLA的过程是因为从乳酸到PLA十分复杂，不能经过简单的一步反应。尽管如此，你也应该能够写出PLA的分子式。

a. 标记出单体乳酸中的官能团。

b. 乳酸的聚合是加聚反应还是缩聚反应？请解释。

c. 在PLA中的重复单元是什么？

答案：

b. 缩聚反应。因为羧基的羟基和来自羟基的氢结合生成一分子水。

作为一种环境友好型的聚合物，PLA颇有争议。一方面是因为它是通过玉米合成的。与同样来自玉米的乙醇类似（第4章），PLA的生产会造成用于畜牧养殖的玉米的短缺。再者，来自玉米地的灌溉用水将会使水体富营养化（第12章），同时还需要对玉米做基因改造来抵抗害虫。PLA也能通过其他含有碳水化合物的作物合成。举个例子，一家荷兰的公司使用蔗糖生产PLA，而一家日本企业则使用木薯根。在美国，通过玉米粒中的淀粉来大量生成PLA，所以又把它称为"玉米塑料"。

2012年，美国的PLA主要是由Cargill的分公司NatureWorks制造的。另外还有一些PLA由荷兰的PURAC Biomaterials公司，以及日本和中国的几家制造商制造。

和石油基聚合物不同，PLA是可以分解的，但是如果没有工业堆肥所提供的热量，该过程将会十分缓慢。有多慢呢？如果堆在后院，那么需要一年左右才能完全分解。相比之下，工业堆肥只需要3~6个月。然而，至少现在许多社区还没有这样的堆肥器。值得注意的是将PLA埋在垃圾填埋池没有任何生态益处。如果你重新去看图9.14，你会发现在那里任何东西的分解都很慢。

PLA能回收再利用嘛？理论上来说是可以的，但是目前还不行。事实上，对于那些回收PET的人来说，在回收过程中如果存在PLA是一个麻烦，因为PLA和PET混合起来就像油和水一样。目前，PET的回收者首先收集以及打包PET瓶，然后再对其加工将其最终做成新的容器、填充纤维或者地毯。而如果其中的PLA含量稍微高一点儿，就需要把它从PET的回收过程中分离出来。

PLA在生物废弃物中（城市固体废弃物的一部分）只占1%。庭院废弃物和食物残渣是生物废弃物的主要组成部分。

想一想 9.27   校园中的侦探活动

大多数的大学校园里每天提供成千上万的饮食服务。非常有可能的是，你的校园餐饮从业者对于杯子、碟子、叉子、勺子、筷子和餐巾的选择有过细致的考虑。请你当个侦探，研究校园里潜在的可持续发展的措施。盘子、碟子等餐具是如何处理的？它们是否被清洗并再次使用？它们是否被丢弃？如果被丢弃，它们中有多少是用PLA制成的？都有哪些争议？请针对特定的餐具准备一页的简报，例如，热饮杯。

9.11   转移底线

在本书的开始章节中，我们介绍了转移底线的概念，它指的是在地球上人们所预期的"正常水平"一直都在随着时间的推移而变化。我们对塑料的使用就是一个很好的例子。很多健在的人仍能追溯在塑料出现之前"那时候是什么样的"。如今他们大多数两鬓苍白，而在20世纪30年代他们还只是个孩子。20世纪50年代婴儿潮时期出生的人甚至依然能记得当时收集如图9.21b中所示的玻璃瓶去兑换2美分。

以塑料笔为例，在不到50年以前，大多数人——包括在上小学的孩子——都用可再充装的钢笔写字。在木质桌子上，人们常常会在随手可及的地方放一瓶盖紧的蓝色或黑色的墨水。人们用黄色2号铅笔来做数学题，逐渐地消耗橡皮擦。那时一次性圆珠笔和中性笔还没有出现在书写的世界里。

对于塑料饮料瓶来说，直到1970年，第一个2 L（64 oz）饮料瓶才开始出现在超市货架上。早期的瓶子是由PET制成的，同时添加不透明的杯座来增强力学性能（图9.21a）。百事可乐是第一个售卖2 L软饮料的公司，而其他的饮料公司也很快开始跟进。

在塑料没有发明前，大多数饮料都是装在玻璃瓶中的。即使是在20世纪70年代晚期，牛奶仍然是在玻璃瓶里被送到千家万户的；而空的玻璃瓶也会在牛奶送到的同时被收走。那时候每瓶的规格也较小。例如，可口可乐曾经有10盎司一瓶的（图9.21b），相比之下，今天使用的铝制易拉罐一瓶12 oz（盎司），而塑料瓶则装的更多。过去的自动售货机卖瓶装饮料而不是罐装饮料，

图9.21 （a）20世纪70年代的2 L瓶，底部有瓶垫增加强度；（b）世纪60年代10 oz的玻璃瓶，可退还

并且附近就有木架来存放这些空瓶。然而，玻璃瓶并没有比塑料瓶更加"绿色"和可持续。**练一练**9.28会邀请你来探究这两种方式。

售卖铝制罐装饮料的自动售货机大约是1965年发明的。

练一练 9.28 玻璃还是塑料

a. 即使使用玻璃瓶装牛奶可能会重新成为一种时尚，在大部分地区塑料壶和塑料内包的纸盒仍然占据主导。分别列举玻璃瓶和塑料瓶的两个优点和缺点。

b. 如今，软饮要么以易拉罐形式售卖，要么装在塑料瓶中，啤酒则装在玻璃瓶中。调查并汇报至少两种原因来解释这种区别。

塑料碎片！不仅仅是我们对塑料的使用已经成为一种日常，塑料残骸的无处不在也同样变得常见——街道上，院子里，小溪中，海滩边，甚至是野外。问题在于，塑料具有持久性。一旦一小片塑料出现在局部的环境里，它并不会溶解，也不会在阳光下分解或降解——至少在人们能感知的速度下不会。取而代之的，它倾向于变成越来越小的碎片并且四处分布。这种特殊的性质使得塑料在一开始非常有用，但也意味着即使年深日久这些塑料也会一直存在。这个性质是不是很熟悉？**想一想**9.29会帮你拾起这部分记忆。

想一想 9.29   从老式的冰箱中获得教训

氟氯烃以CFCs的名字为人熟知，曾经在空调、气雾喷雾器、泡沫和医疗呼吸器中广泛使用。

　　a. 为什么CFCs不再使用了？

　　b. 一些CFCs可以在大气中存在100多年。给出解释，如何关联它们的这个性质和它们被禁用的事实。

　　c. 列举一些聚合物如HDPE、LDPE、PVC、PS与CFCs的共同性质。

　　d. 与CFCs不同，塑料不太可能被禁用，试解释原因。

　　e. 即使是这样，我们仍然不能维系目前的塑料使用。列举一些事例来支持这个观点。

　　塑料碎片！它并不仅仅是你周围能看到的这些塑料瓶和包装材料。还有那些在大自然中无处不在的——包括我们的身体内——许多看不见的从塑料中侵入环境的物质。来做做环境计算吧。聚合物中的添加物随着时间逐渐减少。为什么？因为塑化剂并不是以化学键的形式与塑料结合的。它们只是与塑料混合在一起使得其更加柔软和可塑。慢慢的，这些添加物就会泄漏到生物圈中，下一个"练一练"中会介绍一个颇具争议的塑化剂——DEHP。

练一练 9.30   认识DEHP

DEHP属于一类常见的叫做邻苯二甲酸酯的塑化剂。邻苯二甲酸酯是邻苯二甲酸——合成PET的单体对苯二甲酸的一种同分异构体——的酯化产物。

邻苯二甲酸　　　　　　　　　　　　DEHP

　　a. 解释酯的含义。

　　b. 下面是DEHP的结构式。圈出DEHP分子中的两个酯基。

　　c. 画出与邻苯二甲酸反应生成DEHP的醇的结构。

　　在**练一练9.30**中可以看到，DEHP分子中有两个接在苯环上的长的"波浪状"侧链。想象一下，当把质量比多达30%的DEHP添加到头尾重复排列的聚氯乙烯中会发生什么。由于这种排列形式的聚氯乙烯因为其分子链排列紧密而形成结晶区，所以会比较硬。然而，当加入DEHP后，规整排列的聚氯乙烯链被扰乱，聚合物变得更加柔顺。

　　为什么说这是有争议的呢？DEHP与其他的邻苯二甲酸一样，是一种可能的内分泌干扰物，它能够影响到人的激素系统——包括生殖激素和性激素。雌性激素就是这一类激素。很不幸的是，DEHP似乎与雌性激素具有相同的生物活性。DEHP也被怀疑是一种致癌物质。

　　那么为什么这种争议如此难以解决呢？虽然反对DEHP的证据在几十年来一直猛增，但是这些研究点很难联系到一起。部分原因在于它的低浓度（µg/L级）。尽管如此，在2011年，美国的食品和药物监管局还是对DEHP设定了一个允许的限额——0.006 mg/L或者说6 ppb。DEHP可能出现在瓶装水中的事实可能会让你震惊！但是记住我们之前所说的，塑料中的化合物已经进军到环境中的几乎所有地方，包括我们的身体里。

> 在下一个关于药物的章节中，我们将会探讨激素的化学结构和生物活性。

另一个很难解决争议的原因是不仅仅是一种，而是许多激素干扰物都存在于环境中。它们有些是自然产生的，其他是人为添加的。举一个后面章节会提到的例子，你可能听说过BPA——一种模拟雌性激素的化合物。BPA可以从多种源头转移到环境中，包括从塑料瓶中。

> 双酚A（BPA）从20世纪30年代起就被知道可以模仿雌激素的功能。在第10章的药物章节中，我们会进一步介绍雌激素。

第三个困难就是，在人体上测试BPA类的化合物是不人道的。虽然这类研究可以迅速解决争论，但是这是不可能也不值得的。一种回避这类问题的解决方式就是以那些已经意外暴露在BPA环境下的人作为研究对象。

尽管有这些困难，一些具有潜在危害性的物质已经被法律禁止了。举个例子，在婴儿奶嘴中禁止使用DEHP是很有意义的，因为婴儿在吮吸过程中会不断地暴露在DEHP下，并且动物实验表明BPA会影响雄性的性功能发育。类似的，DEHP和其他的相关塑化剂也被禁止在儿童玩具中使用。这些法律也是我们在第2章提到的**预警原则**（precautionary principle）的例子。这一原则强调，即使缺乏完整的科学数据，也应在对人体健康和环境产生重大的不可逆的负面影响之前即做出明智的行动。

然而，在大多数其他案例中，这些决策仍然在讨论中。从完全禁止这些化学品到完全允许它们的无差别使用，此乃两个极端情况。任何一种极端情况目前都还没有实际案例。所以，问题变成了达成关于在某一范围内允许使用的共识。美国化学会的周刊新闻杂志《化学与工程新闻》(*Chemical & Engineering News*，2011年6月6日，第13页)中的一篇关于BPA的报道对我们以及全体公民所面临的困难进行了评估：

由于这个争论仍然悬而未决，公众一直处于诸如研究、报道、声明、反声明、利益冲突、诉讼、国会听证会等各类关于BPA信息的狂轰滥炸中。争论的双方都在把他们的观点推向媒体和公众。且双方都在指控对方采用颠倒黑白的策略（spin tactics）制造关于BPA的不确定性，这与那些仍然没有结论的关于吸烟和气候改变的社会科学讨论并无二致。

我们以《从摇篮到摇篮》(Cradle-to-Cradle)书中作为本章开头的话来结束本章——"大自然没有设计的问题，人类才有"。用一种在一个世纪前做梦都不敢想象的方式，我们设计了众多无与伦比的塑料制品服务于我们的生活。但与此同时，我们未能设计出一个可以称之为从摇篮到摇篮的发展模式，从而允许这些材料能够在其产品生命周期的每个环节中都能被平稳、安全、经济地使用。

结束语

合成聚合物在现代生活中具有核心地位，但它的存在依赖于一种正在迅速耗尽的宝贵资源——原油。我们已经变得不仅依赖于合成聚合物，而且在很多情况下对其使用理所当然到浪费的地步。在此，我们再一次面对一个关于化学的核心议题，它或许能提醒我们重新审视自己的生活方式以及这种方式的可持续性。

多年来，化学家已经发明了一大批神奇的聚合物和塑料——使得我们的生活更加舒适和便捷的新材料。在很多方面，这些塑料极大地改进了它们所取代的天然聚合物。而且，如果没有合成聚合物，许多我们今天使用的产品将不可能存在：DVD、移动电话、透气的隐形眼镜、羊绒服装、肾透析设备和人造心脏。我们已经变得依赖于合成聚合物，而且其程度已经接近于无法不使用它们。

化学工业已经回馈了消费者他们所需要的产品。但是这种回馈似乎已经到了多余甚至泛滥的程度。我们必须与工业界的人士共同合作，学会如何处理塑料废弃物，并为将来节省原材料和能源。创造一个新的塑料和聚合物的世界需要的是决策者、立法者、经济学家、生产商和消费者，当然还有化学家的共同智慧和努力。这个章节告诉我们，人们正在为减少使用、重复使用、回收利用以及修复废弃物做出努力。

正如我们在之前章节中所见，万物皆有联系，就像本章开头的圆蛛的蛛网一样。在本章中，我们探究了聚合物和它们的原材料（石油，植物）之间的联系，也探究了它们与环境中的废弃物的联系。在本章的结尾，我们提到了一个出乎意料的关联，那就是渗入环境中的塑料添加剂具有与雌激素相似的药物性质。那么药物究竟是什么呢？还有哪些具有药学活性的天然的或是人工来源的化合物是在环境中发现的？这些问题将会把我们引入下一个章节。

本章概要

本章需要知道的化学原理：
- 天然聚合物和合成聚合物（9.1，9.7）。
- 聚合物和单体的结构（9.2）。
- 聚合反应（9.3，9.6）。
- 分子间作用力（9.3）。
- 分子的排列及可观测的性质（9.4）。
- 官能团和反应活性（9.5，9.6）。
- 氨基酸和蛋白质（9.7）。
- 环境的持续性和材料设计（9.8~9.11）。

学过本章后，你们应当能够：
- 举出天然聚合物、基于石油的聚合物以及基于植物的聚合物的例子（9.1，9.10）。
- 指出聚合物和对应的单体之间的关系（9.2）。
- 比较和对比加成聚合和缩合聚合（9.3，9.6）。
- 比较和对比低密度聚乙烯和高密度聚乙烯的分子结构和可观测的性质（9.4）。
- 识别并描述六大塑料的用途、性质，以及单体和聚合物的分子结构（9.4~9.6）。

- 解释塑化剂的用途，讨论其争议性（9.5，9.10，9.11）。
- 识别单体和聚合物中的官能团（9.6）。
- 命名并画出几种不同的羧酸的结构式（9.6）。
- 说明醇和羧酸是如何形成酯的（9.6）。
- 用结构式来写出聚合反应的化学方程式（9.6，9.7）。
- 解释氨基酸和蛋白质之间的关系（9.7）。
- 比较和对比尼龙和蛋白质的来源和结构（9.7）。
- 举出4R（Reduce，Reuse，Recycle，Recover）的例子（9.8）。
- 解释为什么4R中有顺序的优先性（9.8）。
- 描述再生内容产品、消费后内容和消费前内容的区别（9.9）。
- 解读这十年来塑料回收的趋势（9.9）。
- 讨论回收过程中的不同活动及它们内在的复杂性（9.9）。
- 讨论城市固体废弃物（MSW）的来源和组成（9.9）。
- 比较和对比由植物得到的高分子和由石油得到的高分子的环境友好性和缺陷（9.10）。
- 以塑料为例，举出关于基准线迁移和防范准则的例子（9.11）。
- 比较和对比塑料和氯氟烃（CFCs）在环境持久性方面出现的问题（9.11）。

习题

强调基础

1. 分别给出两个天然聚合物和合成聚合物的例子。
2. 基于你预设的可能职业，如何减少固体废弃物？给出三种可能的方式。提示：4R理论可能会有点帮助。
3. 公式9.1中方程两边都有 n。左边的 n 是系数，右边是下标。解释这个区别。
4. 在方程9.1中，解释箭头上方 $R\cdot$ 的作用。
5. 下面这些改变会如何影响聚丙烯的性质。对于每种影响，提出分子层面的解释。
   a. 增加聚合物链长。　　　　b. 将聚合物分子相互排列整齐。　　　　c. 增加聚合物支链化程度。
6. 图9.3a展示了两种聚乙烯制成的瓶子，这两种瓶子在分子层面上有什么区别？
7. 乙烯是碳氢化合物。给出两种与乙烯一样可以作为单体的碳氢化合物的名称和结构式。
8. 为什么头-尾重复的排列在聚乙烯中不可能出现。
9. 指出在一个分子量为40000的聚乙烯分子中乙烯单体 CH_2CH_2 的数量 (n)。在这个分子中碳原子的总数是多少？
10. 苯乙烯的结构在表9.1中给出。
    a. 重新画一下它的结构，显示出所有的原子。
    b. 写出苯乙烯的化学式。
    c. 计算含有5000个苯乙烯单体的聚苯乙烯分子量。
11. 如图9.8中所示，氯乙烯聚合生成聚氯乙烯时可以有几种不同排列。这里显示的是哪种排列？

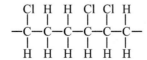

12. 氯乙烯可以按几种不同的取向连接成聚氯乙烯。以下两种结构是相同的排列吗？通过确认每种排列中

的取向来解释你的答案。提示：见图9.8。

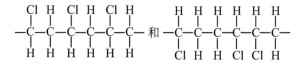

13. 丁二烯 $H_2C=CH—CH=CH_2$ 聚合可用于生产合成橡胶。它是加成聚合还是缩合聚合？

14. "六大高分子"哪种最可能用于以下应用

    a. 透明的苏打水瓶   b. 不透明的洗衣液瓶   c. 透明、光亮的浴帘

    d. 高韧度的地毯   e. 食品塑料袋   f. 牛奶瓶

    g. 花生状包装泡沫填充物（packaging "peanuts"）

15. a. 类比反应方程式9.3，写出 n 个丙烯聚合形成聚丙烯的反应式。

    b. 类比图9.8，写出一个无规排列的聚丙烯片段。

16. 许多容器是塑料制品。选择10个容器，查出回收代码（见表9.1）。在你的样本中，你最经常碰到哪个高分子？

17. 写出以下每个单体的官能团。

    a. 苯乙烯   b. 乙二醇   c. 对苯二甲酸

    d. R基为氢原子的氨基酸   e. 己二胺   f. 己二酸

18. 圈出并认出这个分子中的所有官能团。

19. Kevlar是一种叫做芳香族聚酰胺的尼龙，它含有与苯类似的环。由于它有很大的机械强度，常被用作子午线轮胎和防弹衣。在**练一练9.15**中对它进行了讨论并列出了其单体对苯二甲酸和对苯二胺的结构，指出单体和高分子中的官能团。

20. 表9.3给出了乙酸和丙酸的结构式。从这两个命名中，你可以确定命名规则。

    a. 五个碳的羧酸怎么命名。

    b. 甲酸是碳数最少的羧酸，也被称作蚁酸，是蚂蚁分泌物的成分之一，画出甲酸的结构式。

    c. 丁酸，类似丙酸，有刺激性气味。画出丁酸的结构式。

21. 丝绸是一种天然高分子。说出三种让丝绸受到青睐的特性。哪种合成高分子具有类似丝绸的结构。

22. 陶氏化学公司（The Dow Chemical Company）用二氧化碳作为生产发泡聚苯乙烯（Styrofoam）包装材料的发泡剂，该工艺获得了美国总统绿色化学挑战奖。

    a. 什么是发泡剂？

    b. 在这种工艺中何种化合物被二氧化碳所取代？为什么这种取代对环境有利？

23. 减少垃圾的方法有：（1）购买大和/或（经济型）尺寸产品；（2）避免独立包装产品。遵循这样的原则，你会减少使用哪种塑料？增多使用哪种？

    a. 自己家放在冰箱里的牛奶，购买半加仑的牛奶罐而不是两夸脱的

    b. 在宴会上招待客人的时候，购买2 L的柠檬汁而不是独立包装的

    c. 购买小包装的浓缩洗衣液

24. 可回收产品开始成为可回收材料的来源。

    a. 举出消费后内容和消费前内容的例子。

    b. 可循环产品包含回收材料吗？

注重概念

25. 画一个示意图展示以下术语的关系：天然的、合成的、聚合物、尼龙、蛋白质，必要时可加入新的术语。

26. 目前，许多2 L的软饮瓶由PET制成，瓶盖用聚丙烯制成。为什么聚丙烯适于作为瓶盖？使用聚丙烯在回收PET瓶子中会带来什么困难？

27. 玉米中的葡萄糖是许多新生物高分子材料的来源。葡萄糖也是纤维素的单体。本书中也出现过葡萄糖用于光合作用。光合作用是什么？什么物质产生了葡萄糖？

28. 高分子的性质部分取决于含有的化学元素。列举另外三个影响高分子性能的因素。

29. 许多单体包含碳碳双键。挑选一个这样的单体及对应高分子的结构式。写出单体和高分子的异同。

30. 加聚单体必须具备什么样的结构特性？请解释并给出实例。同理，缩聚单体必须具备什么样的结构特性，请解释并给出实例。

31. 这个方程式表示的是氯乙烯的聚合反应，当这个反应发生时，在分子水平Cl—C—H的键角是如何变化的？

$$ n \ \underset{H}{\overset{H}{C}} = \underset{Cl}{\overset{H}{C}} \ \xrightarrow{R\cdot} \ \left[\underset{H}{\overset{H}{C}} - \underset{Cl}{\overset{H}{C}} \right]_n $$

32. 聚丙烯腈是由单体丙烯腈 CH_2CHCN 聚合而成的。
    a. 画出这一单体的路易斯结构式。
    提示：氮原子是通过一个三键连接上的。
    b. 聚丙烯腈用来制造广泛用于生产垫子和室内装饰织物的纤维Acrilan。这种纤维燃烧时会产生一种有毒气体。用这种聚合物生产的垫子和织物在室内着火的情况下会发生什么危险？

33. 杜邦公司的化学家罗伊·普朗克特（Roy Plunkett）在气态四氟乙烯的实验中发现了特氟龙（Teflon），下面是单体结构。

$$ \underset{F}{\overset{F}{C}} = \underset{F}{\overset{F}{C}} $$

    a. 参照式9.1，写出 n 个四氟乙烯分子聚合形成特氟龙的化学反应式。
    b. 为什么这个高分子不可能形成重复的头-尾排列结构？
    c. 特氟龙是固体，而CFC-12（CCl_2F_2）是气体，但是都含有C—F键，它们有什么共同的性质？

34. 式9.1表示乙烯的聚合。根据表4.4的键能，这个反应是吸热的还是放热的？

35. 如果用四氟乙烯作为单体，那么习题34的答案会不同吗？习题33中有单体的结构式。

36. 聚乙烯的燃烧热，与氢、煤炭、辛烷（C_8H_{18}）哪个更接近？

37. 试解释回收与减少浪费之间有何不同。

38. 这里的回收标志比用在大多数塑料容器上的标准标志颜色更加丰富。
    a. 什么是PLA？
    b. 为什么中心是玉米的标志？
    c. 这个标志是绿色的，传达出这个高分子材料是"绿色的"。给出两个原因来解释为什么PLA被认为是环境友好的高分子？
    d. 对于之前的问题，给出对应你观点的信息。

39. 考虑一下由1000个乙烯分子聚合成一个长聚乙烯链。

$$ 1000 \ CH_2 = CH_2 \ \xrightarrow{R\cdot} \ \left(CH_2CH_2 \right)_{1000} $$

a. 计算这个反应过程中的能量变化。提示：利用表4.4给出的键能。

b. 为了使反应进行，是应该向聚合釜提供热量还是转移走热量？解释理由。

40. 以下是一种缩合聚酯Dacron的结构式。

Dacron由两种单体组成，一种含有两个羟基（—OH），另一种含有两个羧基（—COOH）。画出每种单体的结构式。

41. 当你试图拉伸一个塑料袋时，被拉伸的塑料片长度急剧增加而厚度变薄。当你拉伸一张纸时会有同样的现象发生吗？为什么会发生或不会发生？给出分子水平上的解释。

42. Allied-Signal 公司的高密度聚乙烯纤维Spectra可用作外科手套的衬里。其有趣之处就在于Spectra是线型高密度聚乙烯，它具有牢固性，但并不很柔韧。

a. 解释为什么低密度聚乙烯不能用于这种用途。

b. 列举Spectra另外两种可能的纺织应用。

43. 4R指的是 Reduce，Recycle，Reuse，Recover。

a. 对于每一个，请给出例子，涉及什么塑料。

b. 第五个R可能是Rethink，例如废弃塑料可能有利于公共健康。给出一个废物回收与公共健康有关的例子。

44. 所有的六大类聚合物均不溶于水，但其中有一些溶于碳氢化合物，或至少在其中会软化（见表9.1）。利用你关于分子结构和溶解性的概念来解释这一现象。

45. 把发泡聚苯乙烯（Styrofoam）的花生状包装材料浸入丙酮（多种指甲油去除剂的主要成分）里，塑料溶解了。而把丙酮蒸发后，留下了一些固体。这些固体是什么？解释这个过程发生了什么。提示：记住发泡聚苯乙烯是通过发泡剂制作而成的。

46. 现在，一些花生状包装材料由植物材料制成，而不是聚苯乙烯泡沫。

a. 淀粉是一种选择。什么是淀粉，来源是什么？

b. 举出淀粉花生状包装材料的两个优点和缺点。

c. 举出处理淀粉花生状包装材料的一个方式。

47. 基准线改变的概念是什么。基于以下信息给出两个例子：

a. 包装用的塑料物品

b. 水道中的塑料物品污染

48. DEHP是一个邻苯二甲酸酯类塑化剂。

a. 什么是塑化剂？

b. 为什么DEHP这样的塑化剂要加到PVC中？

c. DEHP已经在某些用途中被禁用了。列举两个例子并解释。

扩展延伸

49. a. 列举两个本章没有讨论到的官能团。给出包含此官能团的分子的例子。提示：可提前看第10章。

b. 找出第45题中提到的丙酮的结构式。它有什么官能团？

50. 棉花、橡胶、丝和羊毛都是天然聚合物。查阅其他资料来确认每种聚合物中的单体，指出哪些是加成聚合物，哪些是缩合聚合物。

51. 泛太平洋垃圾带由海洋表面的海洋生物体内的塑料碎片组成，包括人类在内摄入生物体内的塑料垃圾。2011年，塑料工业的资深人员为本书作者提供了一个观点：个人认为，这是一场骗局。他的观点是正确的吗？还是他被事实所误导了？请参考有力的材料证明你的观点。

52. 特氟龙的耳骨、输卵管还是心脏瓣膜？戈尔特斯（Gore-Tex）植入面部还是用于治疗疝气？一些高分子具有生物兼容性并用来代替或修复身体部位。

    a. 列举用于人体的高分子的四个特性。

    b. 其他高分子在人体外使用，但与人体保持很近的距离，例如隐形眼镜。隐形眼镜是由什么材料制成的？具有什么性质？

53. PVC是一种有争议的塑料，站在消费者的角度或乙烯工业工人的角度进行辩论。

54. 从发现Kevlar的故事获得感悟。这种聚合物最开始是考虑用于子午线轮胎，但同样也考虑了其他的应用。写一篇短文，并列出你的信息的来源。

55. 异戊二烯是一种天然橡胶——聚异戊二烯的单体，其结构式如下，碳原子进行了编号：

$$CH_2 \overset{2}{=} \underset{\underset{CH_3}{|}}{C} - \overset{3}{CH} = \overset{4}{CH_2}$$

当异戊二烯单体加成时，聚异戊二烯在碳原子2与3之间有一个碳碳双键。这个双键是如何形成的？提示：每一个双键都有四个电子。在两个单体之间形成一个新的单键时，这个单键只需要两个电子，各自分别来源于通过新键相互连接的单体。

56. 合成橡胶通常是加成聚合而成。一个重要特例就是硅橡胶，它是由二甲基硅二醇缩合聚合而成的。反应的表达式如下：

$$n \ HO - \underset{\underset{CH_3}{|}}{\overset{\overset{CH_3}{|}}{Si}} - OH \longrightarrow \left[O - \underset{\underset{CH_3}{|}}{\overset{\overset{CH_3}{|}}{Si}} - O \right]_n + n \ H_2O$$

    a. 预测这种聚合物的两种性质，并说明你的依据。

    b. Silly Putty是最常见的硅橡胶。说出它的两个性质？

    c. 列举硅橡胶的其他两种家用用途。

57. 考虑到如今个人电脑的使用数量，从垃圾堆回收键盘、显示器以及鼠标并不需要特殊的理由。

    a. 你的电脑及其附件是由什么高分子材料制成的？

    b. 回收电脑中塑料可以选择哪些方式？

58. 美国某些地区通过了关于瓶子的法令，要求处置一些或所有容器。一些杂货商、饮品公司和有瓶子相关的品牌强烈反对这些法令。相反，一些消费者和环保人士支持法令。起草一个一页纸的申明，陈述支持或反对的立场。

59. Cargill使用大豆而不是石油生产多元醇，因此获得了2007年总统绿色化学挑战奖。多元醇是什么？多元醇是如何用来生产"大豆塑料"的？

第10章 分子操控和药物设计

一种传统的药用植物，Ephedra sinca，也称为麻黄

从左至右为麻黄酊剂、茎、粉状茎及晒干的根部

药（毒）品。这个词唤出希望、解脱、恐惧、好奇、愤怒，或者只是蔑视。药物（药品）是希望被用来预防、减轻或治疗疾病的物质。药物化学是有关发现或设计具有疗效的新化学品并将它们发展成有用的药物的科学。

当代药学起源于民间传统，而药物史上也的确不乏草药和民间疗法。根据中国、印度和近东文明的记载，人们利用草药、根、浆果和树皮来缓解病痛的记录可以追溯到远古。人类知识的最古老的宝库之一，Rig-Veda（公元前4500至前1600年由印度编撰）提到具有药效的植物的运用。中国的帝王神农氏在5000多年前就编撰了一本草药集。在其中，他描述了一种用于刺激心脏的药用植物——麻黄。这种植物中含有麻黄碱，在本章的后面会再提到它。

更近期，化学家们已经设计、合成并表征大量的处方药和非处方药。今天，药物被用来帮助病人控制血糖、血压、胆固醇和过敏。在科学家寻找到彻底治愈艾滋病的手段之前，它们被用于维系艾滋病患者的生命。有效的抗癌药和强大的止痛药现在都有。其他药物甚至可以控制以前认为无法治疗的精神紊乱。

另一方面，人们很久以来都在用药物（毒品）来改变他们的感知和情绪。著名哲学家尼采（Nietzsche）的艺术创作来源于迷狂的状态。很多的作家和艺术家都发现毒品可以在他们的生活和创作中产生创造性和破坏性的力量。人们滥用药物（毒品）主要是因为有希望获得瞬时的解脱或快感，或是特别清醒状态的可能。（有观点）认为今天药物（毒品）的滥用是一种近期才出现的现象，这其实是一种普遍的误解。事实是人类历史一直记录着毒品的使用和滥用。

在讨论药物时，我们将考虑这几个问题：新药开发的想法与资源来自于何处？药物公司通过何种过程让其最终上市？为什么一种药物具有特定的效果，其分子结构的什么特征赋予了它生物活性？处方药是如何发展为非处方药的？草药的优点和缺点都有哪些，是否天然药物比合成药物更"安全"？哪种药物（毒品）被普遍滥用？本章将介绍一些基本的化学概念以回答我们提出的这些问题。在如今这种复杂的世界中，理解一些基本的化学知识会有利于我们保持健康。

想一想 10.1　　今天的药物

a. 考虑一下今天美国的现代处方药。列出你认为最经常使用的五种处方药。

b. 列出你认为最常见的五种滥用药物（毒品）。

c. 和一组学生交流一下你的列表。你和其他人列出的药物是否有些在a和b部分都出现了。

10.1　一种经典的神奇药物

在公元前四世纪，古希腊名医希波克拉底（Hippocrate），也许是历史上最有名的医生，描述了一种由柳树皮在水中煮沸而制成的"茶"。这种调和物据说对治疗发热有效。经过几百年，这个很多不同文明都常用的民间疗法最终促成了一种真正"神药"的合成，这种"神药"已经帮助了几百万人。

埃德蒙德·斯通(Edmund Stone)，一个英国牧师，是系统研究柳树皮（图10.1）的早期研究者之一。他给英国皇家学会的报告（1763年）为一系列进一步的化学和药物研究打下了基础。化学家后来从柳树皮的提取物中分离出了少量的黄色、针状的晶体物质。这种从白柳（*Salix alba*）中分离出来的物质被命名为水杨苷（Salicin）。实验证明水杨苷可以用化学方法分解为两种化合物。临床试验证明只有其中的一种可以减轻发热和发炎，并且这种活性组分在体内会被转化成酸。但是，临床试验也发现了其有不良反应。它不仅有一种难吃的味道，而且其酸性对有些人导致了强烈的胃刺激。

图10.1　白色的柳树，*Salix alba*，一种神奇药物的来源

这种酸性的活性组分被用来治疗疼痛、发热和炎症。在发现其具有强烈的不良反应后，化学家们开始改造它的化学结构，希望能够得到一种不引起胃部不适、也没有令人不悦的味道、但仍具有疗效的衍生物。第一次尝试非常简单：用一种碱（氢氧化钠或氢氧化钙）中和它，形成这种酸的盐。结果所得到的盐比母体化合物的不良反应减少。根据这一发现，化学家们正确地得出结论，分子中的酸性部分是产生不良反应的原因。所以，下一步就是找到一种结构改造的方式，在不破坏药性的同时降低它的酸性。

酸碱中和反应在6.3节中讨论。

研究这一问题的化学家之一是费利克斯·霍夫曼(Felix Hoffmann)，一家大型德国化学公司的雇员。霍夫曼对此的热情并不仅仅出于科学上的好奇心或是将其视为被分配的任务；而且他的父亲经常服用这种酸来治疗关节炎。它起作用，但经常引发恶心。年轻的霍夫曼成功地将原来的化合物转化为一种不同的物质——一种一旦进血液又被转换回活性酸的固体。这一分子改造大大减轻了恶心以及其他不良反应。一种新药就这样被发现了（1898年）。

表10.1　"神药"的不良反应

症状	频率	程度[①]
恶心、呕吐、腹痛	常见	2
胃灼热	常见	4
耳鸣	常见	5
吐血	少见	1
尿血	少见	1
皮疹、荨麻疹、瘙痒	少见	3
视力下降	少见	3
黄疸	少见	3
气短	少见	3
困倦	少见	4

① 程度分级从1：有生命危险，立即寻求紧急治疗，到5：继续服药，下次就医时告知医生。
来源：H. W. Griffith，《处方和非处方药综合指南》，1983，HP Books，Tucson，Arizona。

当人们还在对霍夫曼合成的化合物进行临床测试的时候，一家知名的药物公司就开始准备大规模地生产了。这种新药本身并不能够申请专利，因为它已经在化学文献中被描述过。但是这个公司希望能通过申请生产工艺的专利来收回投资。临床试验显示这种药不会成瘾。它被列为低毒，但一次摄入20~30 g可能会致命。在每4 h 325~650 mg的剂量下，它是非常有效的退烧药、止痛药及消炎药。临床试验数据发现的不良反应列在表10.1中。同时，人们发现这种药有抗凝血作用，在70%的使用者中，还出现了非常轻微的胃出血症状。

想一想 10.2　　神药

在美国批准一个药物的最后一步是向食品药品管理局（FDA）提交所有临床试验结果以获得产品市场化的证书。

a. 如果你是个FDA的审核员，面对表10.1中"神药"的不良反应的信息，你会投票赞成批准这种药来治疗疼痛、发热和炎症吗？

b. 如果获得批准，这种药应当被解禁为非处方药还是作为处方药来限制它的来源。写一篇报告来阐述你的立场。

可能你已经猜到了这种与柳树皮茶相关的神药的身份了。它的化学名称是2-乙酰氧基-苯甲酸，俗称乙酰水杨酸，这可能还是比较抽象。但得益于广告的强大，如果我们告诉你最初将这种药市场化的公司是（原）I. G. Fraben的拜耳（Bayer）分部，那答案就呼之欲出了（译者注：I. G. Fraben于1951年重组为拜耳、巴斯夫、赛诺菲等公司）。我们现在所讨论的这个化合物，即使是在它被发现的一个世纪之后，仍是世界上运用最广泛的药物。美国人每年大约消耗掉800亿片这种神奇的药。这就是你所知道的阿司匹林（aspirin）。

诚然，我们仅仅抽取了几个发现阿司匹林的关键时间点。阿司匹林的发展、试验和设计大多发生在18世纪和19世纪。1763年，斯通给皇家学会写信报告他的发现。1898年，费利克斯·霍夫曼对水杨酸进行修饰，制得阿司匹林。此外，当时阿司匹林的临床测试并不像我们现在叙述的那样系统。但促使阿司匹林成熟发展的事实和步骤是大体正确的。在这里，我们必须强调另一个重要的史实：阿司匹林在投入市场前并不需要获得批准；那时也并没有这样的批准规程。如果当时存在根据临床检验结果批准药物上市的政策的话，阿司匹林很可能只会是一种处方药。

想一想 10.3　　药品应当是什么样？

列出你认为药品应具有的性质，并与同学们进行比较，讨论异同点。

a. 有哪些性质是你所遗漏的，但现在认为应当列出的吗？

b. 有哪些性质是你所列出的，但现在认为应当删除的吗？

10.2　对含碳分子的研究

如果你看过《星际迷航》的话，你一定知道碳是我们星球上所有生命的基础。这种元素在自然界中是如此广泛地存在，以至于化学的一个重要分支——有机化学——专门致力于研究含碳化合物。"有机"这个名字由来已久并暗示了所研究的物质来源于生命体，但并不全面。实际上，不管源于生命还是人工合成，大部分有机化学家的研究对象是碳与相对少量的其他元素（氢、氧、氮、硫、氯、磷和溴）结合形成的化合物。但即使在这个限定下，在2700万所有已知的化合物中仍有超过1200万被认为是有机物。

为了在浩如烟海的有机化合物中确定某个化合物，我们必须准确地为其命名。为了让每一个化合物都能有一个独一无二的命名，一个名为国际纯粹与应用化学联合会（IUPAC，International Union of Pure and Applied Chemistry）的国际组织建立了一套官方的命名规则并对其定期更新。但是，其中的很多化合物，比如乙醇、糖和吗啡，很久以来都以俗名被熟知了。头疼的时候，甚至化学家自己都不会用2-乙酰氧基苯甲酸这个名字；他们只是说"给我些阿司匹林！"同样，处方会给出青霉素-G而不是3,3-二甲基-7-氧代-6-(2-苯基乙酰基)-氨基-4-硫-1-氮杂二环[3.2.0]庚烷-2-羧酸。像这样绕嘴的词是很多人以讽刺化学家为乐的重要原因。然而，化学名称对那些了解这一系统的人来说是很重要，使用它不会引起歧义。不过你不必担心，在本章中我们几乎都将使用俗名。

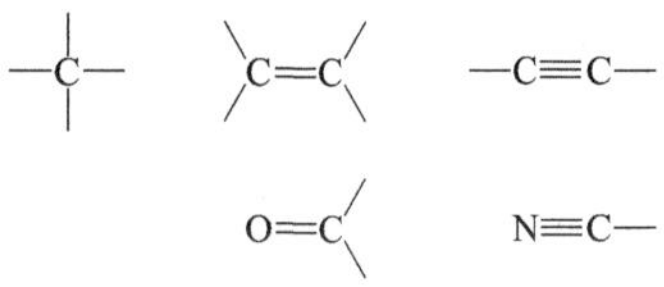

为了让你在繁多有机化合物所构建起的混乱世界中找到规律，我们需要知道几项有机分子成键的规则。我们在第2章中介绍过一项，就是八隅体规则。成键后，每一个碳原子都分享到8个电子，即八隅体。8个电子可形成4根键，每个共价键中有一对共享电子。在第4章中，我们介绍了第二个重要的规

图 10.2 碳的常见的键合方式

则：碳通常形成4根键。这4根键在碳原子周围可能出现的情况是：（a）4根单键；（b）一些单键、双键与三键的组合。这些可能的组合在图10.2中画出。

八隅体规则在2.3节中讨论。

练一练 10.4   检查一下碳元素

a. 数一数，图10.2中的每个碳原子是否遵循八隅体规则？

b. 想一想，哪一个分子中碳不形成4根键呢？（提示：这是一个我们在第1章中提到过的空气污染物）

其他元素在有机化合物中表现出不同的成键行为。氢原子总是和另一个原子以共价单键相连。氧原子的连接方式通常是（与2个原子）形成2根单键或（与1个原子）形成1根双键。氮原子可以（与3个原子）形成3根单键，也可以（与1个原子）形成1根三键，或1根单键和1根双键的组合。

相同数目和种类的原子可以以不同方式排列，这也是为什么有如此多种不同有机化合物的原因之一。异构体（isomer）是具有相同化学式（相同数目和种类的原子），但不同结构和性质的分子。在第4章中，你们已经遇到了C_8H_{18}的两种异构体，正辛烷（直链）和异辛烷（带支链）。

4.7节中也描述了异构体。

在这章中，我们以C_4H_{10}为例重新认识一下异构体的概念。和C_8H_{18}类似，我们可以画出一个直链和一个带支链的异构体。下图是它们的结构式，其中正丁烷以与实际更相符的折线形式呈现。

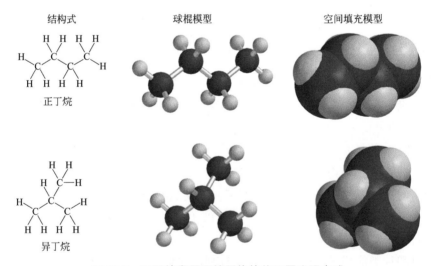

正丁烷   异丁烷

尽管这些化合物有相同的化学式，其中原子的连接方式是不同的。

正丁烷和异丁烷也可以用结构简式写出。这里给出了异丁烷三种结构简式的表示方式。

$$CH_3-CH-CH_3 \quad 或 \quad CH_3CH(CH_3)CH_3 \quad 或 \quad CH_3CH(CH_3)_2$$
$$\overset{CH_3}{|}$$

尽管当CH_3出现在链左侧的末端时应该画为$H_3C—$，但为了方便书写，我们经常写为$CH_3—$。在这里需要注意的是下一个原子是与碳原子而不是与氢原子成键。

这些结构简式理解起来需要一些技巧：—CH_3基团两侧的括号代表其被接到其左侧的碳上。注意中间CH碳原子上连接了3个—CH_3，向分子中引入了一个"支链"。

图10.3画出3种正丁烷和异丁烷的表现方式。第一列是其结构式，第二列是球棍模型。第三列是能更准确表现分子形状外观的空间填充模型。

结构式   球棍模型   空间填充模型

正丁烷

异丁烷

图10.3　正丁烷和异丁烷异构体的不同表现方式

C_4H_{10}只存在两种异构体。碳氢化合物中的原子数增加时，可能存在的异构体数也会增加。包括正辛烷和异辛烷，C_8H_{18}共有18个异构体。如果你有耐心，你可以画出75个$C_{10}H_{22}$的异构体。对某一个给定的化学式来说，异构体的数目无法通过简单的计算得到。

练一练 10.5 化合物不同表示方式之间的转化

将以下结构简式转化成结构式：

a. $CH_3CH_2CH_2CH(CH_3)_2$ b. $CH_2CH(CH_3)CH_2CH_3$

b. $CH_3CH_2C(CH_3)_3$ d. $CH_3CH(CH_2CH_3)CH_3$

答案：

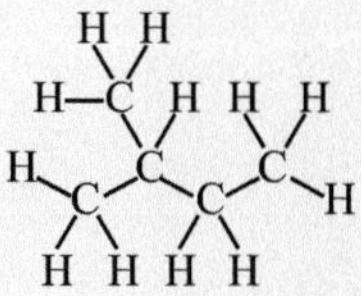

化学家们通常也使用"线–角图"（line-angle drawing，键线式）来表示分子的结构。这种简化的结构式在较大的分子的表示中非常有用。它让观者把注意力集中在碳原子的主链。一个碳原子被认为占据一个顶角位置。除非给出其他的元素符号，任何从主链延伸出的线代表一个碳原子（实际是一个—CH_3基团）。氢原子在键线式中不被表示出来，而是根据八隅体规则被默认为必须存在的。请记住每一个碳原子周围有4根键，与周围原子共享8个电子。表10.2给出了正丁烷、异丁烷和其他两种简单分子的键线式。

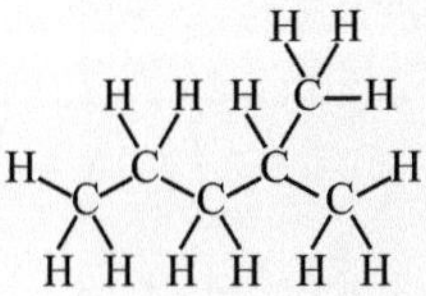

表10.2 分子的表现形式

化合物	化学式	结构式	键线式
正丁烷	C_4H_{10}	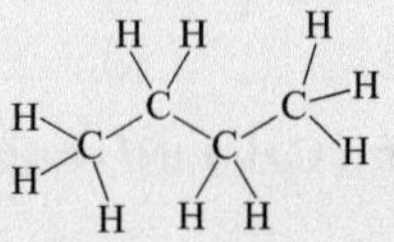	
异丁烷	C_4H_{10}	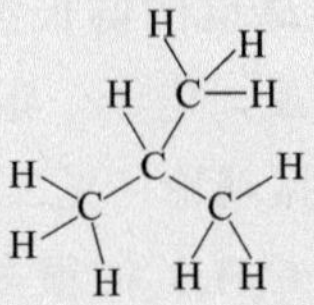	
正己烷	C_6H_{14}	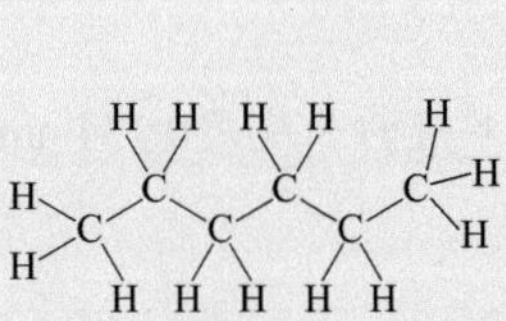	
环己烷	C_6H_{12}	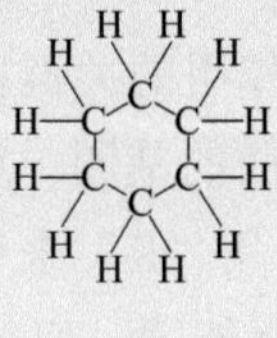	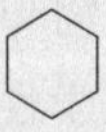

练一练 10.6　　练习键线式的绘画

画出**练一练 10.5** 中四个化合物的键线式。
答案：
a.　　　　　b.

练一练 10.7　　练习异构体

a. 正丁烷和异丁烷是异构体吗？为什么？
b. 正己烷和环己烷是异构体吗？为什么？
c. C_5H_{12}有3种异构体。请画出每一个异构体的的结构式、结构简式与键线式。

很多分子，包括阿司匹林，都含有成环的碳原子。比如表10.2中环己烷（C_6H_{12}）的结构，它的环包含6个碳原子。环通常都含有5个或6个碳原子。但在阿司匹林中的六元环是以苯（C_6H_6）而不是环己烷为基础的。苯的结构式在图10.4(a)中给出。

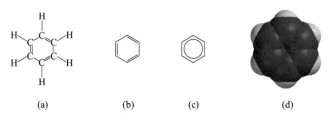

(a)　　　　　(b)　　　　　(c)　　　　　(d)

图 10.4　苯（C_6H_6）的几种表示方式

图10.4(b)是苯的键线式。尽管在这种表示方式中相邻碳原子间的化学键以交替的单、双键排列，但根据实验证据，苯中所有的碳碳键的键长都相同。考虑到碳碳单键比碳碳双键要长，苯环不可能含有交替的单、双键。相反，电子一定是在环上均一分布的。结构(c)的六边形中的圈就是代表这样一种含义。根据共振理论（见2.3节），(c)和(d)都代表电子均一分布于环上。同样的六边形结构在含有苯基（—C_6H_5）的很多分子（如苯乙烯和聚苯乙烯）中也能发现（9.5节）。

一个碳碳单键的长度是0.154 nm，双键的长度是0.134 nm，而苯中的键长是0.139 nm。

10.3　官能团

研发药物和研究其（与靶点的）相互作用的关键在于官能团。官能团是使分子产生特征性物理和化学性质的、由特定原子排列组成的基团。这些基团十分重要，我们经常在结构式中只将他们表示出来而将分子的其他部分用"R"来代表。R通常被认为包含至少一个碳或氢原子。我们在第9章里已经遇到了一些官能团。醇的通式是ROH，比如甲醇（一种由木材降解得到的醇）的化学式为CH_3OH；再如乙醇（一种由谷物和糖发酵得到的醇）的化学式为CH_3CH_3OH。连接在碳原子上的—OH基团使这个化合物成为醇。

醇有一个—OH基团以共价键与分子的其他部分相连接。这与以离子键和正离子结合的氢氧根（OH^-）不同。

类似的，羧酸基团（通常写成 $\overset{\displaystyle O}{\underset{\displaystyle}{\overset{\|}{C}}}\!\!-\!O\!-\!H$、—COOH或—$CO_2H$）让有机物具有酸的特征。在水溶液中，$H^+$离子（质子）从—COOH基团转移到一个$H_2O$分子上，形成一个水合氢离子（$H_3O^+$）。我们用通式RCOOH或—$CO_2H$来表示有机酸。比如，在乙酸（$CH_3COOH$，醋中的酸）中，R基团是甲基（—$CH_3$）。

表10.3列出在药物和其他有机化合物中常见的8个官能团。每个官能团就代表一类重要化合物。

练一练 10.8　　键线式

画出下列每个结构简式所表示化合物的键线式，并指出每个化合物中包含的官能团。

a. $CH_3CH_2CH_2COCH_3$ b. $CH_3CH_2CH(CH_3)CH_2OH$

c. $CH_3CH(NH_2)CH_2CH_3$ d. $CH_3COOCH_2CH_3$

e. CH_3CH_2CHO

答案：

a.   （酮）羟基   b.   OH（醇）羟基

表10.3　一些重要的有机官能团

官能团	通式	具体实例		
		名称	结构式	结构简式
羟基	O—H	乙醇		CH_3CH_2OH
醚	C—O—C	乙醚		CH_3—O—CH_3 或 CH_3OCH_3
醛		丙醛		CH_3CH_3—C—H 或 CH_3CH_2CHO
酮		丙酮（二甲酮）		CH_3—C—CH_3 或 CH_3COCH_3

（续表）

官能团	通式	具体实例		
		名称	结构式	结构简式
羧基	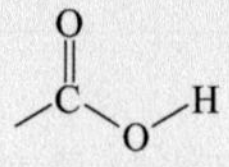 （羧基结构）	乙酸（醋酸）	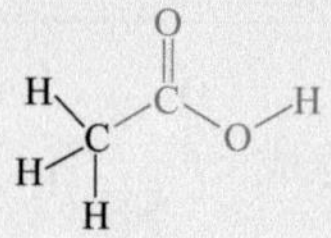 （乙酸结构式）	$CH_3-\overset{O}{\overset{\|}{C}}-OH$ 或 CH_3CO_2H 或 CH_3COOH
酯基	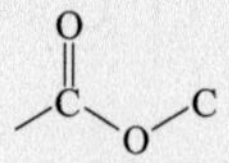 （酯基结构）	乙酸甲酯	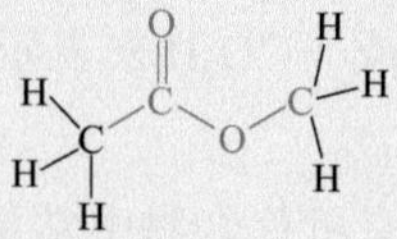 （乙酸甲酯结构式）	$CH_3-\overset{O}{\overset{\|}{C}}-OCH_3$ 或 CH_3COOCH_3
氨基	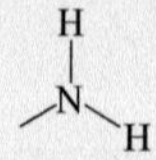 （氨基结构）	乙胺	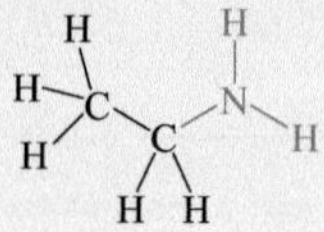 （乙胺结构式）	$CH_3CH_2NH_2$
酰胺键	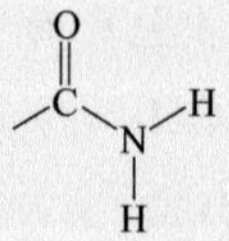 （酰胺键结构）	丙酰胺	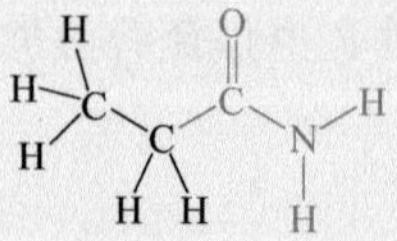 （丙酰胺结构式）	$CH_3CH_2\overset{O}{\overset{\|}{C}}-NH_2$ 或 $CH_3CH_2CONH_2$

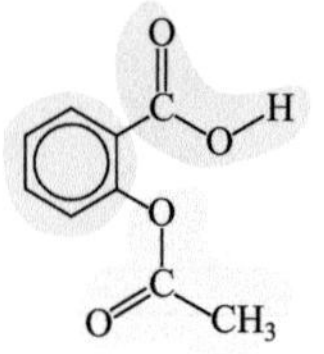

图10.5 阿司匹林的结构式

官能团是所有药物具有药性的原因。如图10.5所示，阿司匹林有3个官能团。绿色部分包含一个苯环。它的存在使阿司匹林能够溶解在细胞膜的重要组成部分——脂肪类化合物中。其他两个官能团是其产生药性的原因。蓝色区域含有一个羧基，黄色部分含有一个酯基。

费利克斯·霍夫曼通过修饰水杨酸的结构制备了阿司匹林。需要注意的是，他没有修饰分子上的羧基。水杨酸还含有一个—OH基团，Hoffmann将它通过反应式10.1与乙酸反应。产物就是乙酸和水杨酸的酯，这就是阿司匹林的名称之一的由来：乙酰水杨酸。

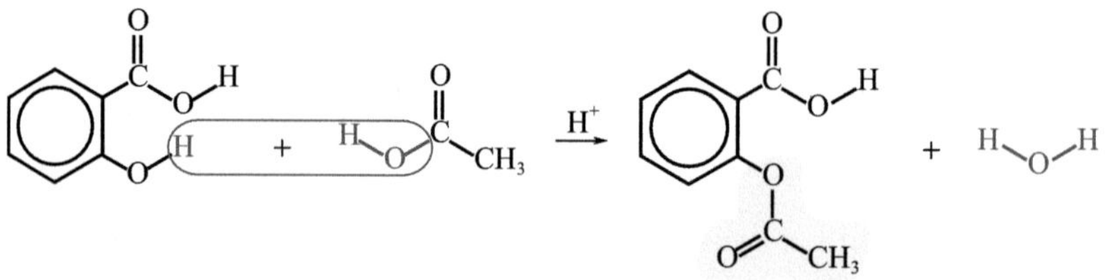

$$\text{（水杨酸）} + \text{（醋酸）} \xrightarrow{H^+} \text{（乙酰水杨酸）} + \text{（水）} \qquad [10.1]$$

水杨酸	醋酸	乙酰水杨酸	水

酯键的形成见9.6节聚合物的缩聚。

因为阿司匹林保留了水杨酸中原有的—COOH基团，它仍有部分母体化合物的不良酸性性质。但是酯基（图10.5中的黄色部分）降低了酸性基团的酸性，使得化合物的食用性更强，对胃黏膜的刺激减弱。一旦阿司匹林被吸收并到达作用位置后，反应式10.1的逆反应发生。酯分解成乙酸和水杨酸，后者就产生了退热和止痛的作用。

练一练 10.9　　酯的形成

画出以下酸和醇反应后形成的酯的结构式。

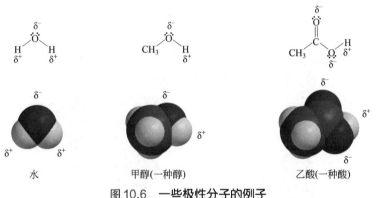

官能团影响了化合物的溶解度。溶解度是药物吸收、作用快慢和在体内停留时间的重要影响因素。溶解度的一般规则"相似相溶"不仅在试管中，在体内也同样适用。一个极性分子具有不对称的电荷分布。这意味着部分负电荷在分子的某个（或某些）部分累积，而其他的某个（或某些）部分带有正电荷。水是极性分子的极好例子。相对来说，氧原子带有少许负电荷，而氢原子带有少许正电荷。因为分子是折线型的，它有不对称的电荷分布。图10.6给出了水分子电荷分布的示意图，其中符号δ^+和δ^-代表部分电荷。含有氧和氮原子的官能团（如—OH、—COOH和—NH$_2$）通常增强分子的极性。极性的增强又增加分子在极性溶剂比如水中的溶解度，这对药物分子是有利的。

相似相溶的概念在5.9节中已介绍。

图10.6　一些极性分子的例子

相反，那些不含有此类官能团的碳氢化合物通常都是非极性的，不溶于极性溶剂。比如正辛烷（$n\text{-}C_8H_{18}$）就是一个非极性分子，它不溶于水。然而，它却能够溶解在非极性溶剂如己烷以及二氯甲烷中。基于相同的原因，具有明显非极性的药物分子倾向于在由非极性的由碳氢化合物组成的细胞膜和脂肪组织中积累。

对于具有酸性或碱性的药物，其水溶性可以通过中和为盐的方式来获得提高。例如，很多药物都含氮，因而具有碱性。当这类药物用像HCl或H_2SO_4这样的酸中和时，氮就从酸上接受了一个H^+。结果，氮带上了正电荷，并与带负电荷的氯离子（Cl^-）或硫酸氢根离子（HSO_4^-）配对成盐。在接受H^+之前，化合物是电中性的，被称为游离碱的形式。在这里，**游离碱 (free base)** 即为含有保留孤对电子的含氮分子。

想一下伪麻黄碱，一种常见的缓解（鼻部）充血堵塞的非处方感冒药：

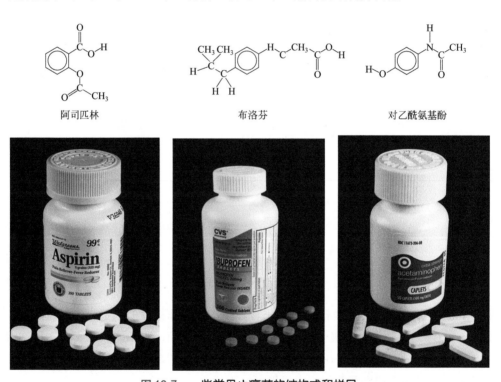

伪麻黄碱(游离碱)　　　　　　　　伪麻黄碱盐酸盐

氨基的氮原子作为碱和盐酸反应。伪麻黄碱就这样被转化为带一个正电荷的氮原子和带一个负电荷的氯离子的盐酸盐（一种离子化合物）。伪麻黄碱的盐形式更利于成药，因为它比起游离碱的形式更稳定、气味更小，而且溶于水。据估计大约一半以上的药物分子以盐的形式用药以提高它们的水溶性和稳定性，并进而延长它们的保质期。我们可以通过用碱（如NaOH）处理的方式将盐转化回游离碱形式。

具有相似生理作用的药物往往具有相似的分子结构并包含部分相同的官能团。在大约40种阿司匹林的替代药品中，布洛芬和对乙酰氨基酚（泰诺）是我们最熟悉的。图10.7给出这3种止痛药的结构式。它们都是以一个苯环为母体带有两个不同的**取代基**——替代了氢原子的原子或官能团。在**练一练**10.10中，将会比较这三个止痛药的结构异同点。

阿司匹林　　　　　　　　　　布洛芬　　　　　　　　　　对乙酰氨基酚

图10.7　一些常见止痛药的结构式和样品

练一练 10.10　止痛药的常见结构特征

观察图10.7中的结构式。请指出阿司匹林、布洛芬和对乙酰氨基酚所具有的共同结构特征和官能团。

目前商业生产布洛芬的方法是一种令人赞叹的绿色化学的应用。之前布洛芬的生产需要经

过6步，需要使用大量的溶剂，并且产生了大量的废料。通过使用一种同时也作为溶剂的催化剂，1997年美国总统绿色化学挑战奖的得主BHC公司能够仅用3步就制造出布洛芬，并且将溶剂和废料都降至最低程度。在BHC的生产过程中，基本上所有的反应物都转化为了布洛芬或另一种有用的副产物；所有未反应的原料都能够回收再利用。BHC在德克萨斯州的Bishop市专门建造了生产布洛芬的工厂，每年生产近8百万磅布洛芬，足以制造180亿200 mg的片剂。

10.4 阿司匹林是如何起作用的：功能取决于结构

为了理解阿司匹林的作用原理，你必须了解身体的化学信息传递系统。通常，我们认为体内信息传递是由游走于神经网络内的电脉冲实现的。在运动、呼吸、心跳和反射活动等系统中的确如此。然而，大部分身体内信息的传递不是通过电脉冲，而是依靠化学过程来完成的。实际上，你与母亲的第一次交流就是一个化学信号，它告诉妈妈"做好身体的准备，我要来了"。向血流中释放化学信号，使它们通过体内循环到达合适的身体细胞，这比用神经末梢将每个细胞"连接"起来要有效得多。

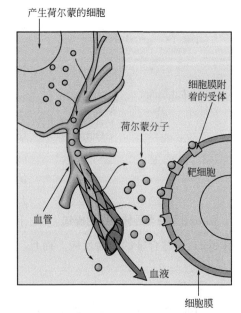

这些由身体的内分泌腺产生的化学信使被称为荷尔蒙（激素）。图10.8展示了这种化学信息传递的过程。荷尔蒙实现了繁多功能，其化学组成和结构不一而足。甲状腺素是甲状腺分泌的一种荷尔蒙，它对调节新陈代谢必不可少。调节身体转化葡萄糖（血糖）为能量的能力依赖于胰岛素。这种荷尔蒙——一个仅仅由51个氨基酸聚合而成的小蛋白质——是由胰岛分泌的。患有糖尿病的人通常需要每天注射胰岛素。另一种为人们熟知的荷尔蒙是肾上腺素，这是一种小分子，在面对危险时让身体做好"战斗或逃离"的准备。

图10.8 体内化学信息传递（荷尔蒙分子从产生它们的细胞中通过血液到达靶细胞）

12.7节描述了运用基因工程从细菌来获得人胰岛素的方法。

阿司匹林和其他药物一样，几乎总是通过改变化学信号传递系统以实现其生理活性。而由于这个系统非常复杂，一个突出的问题是它会同时用多个化合物传递不止一个信息。阿司匹林广谱的治疗功效以及不良反应是证明药物参与到多种化学信息交流网络中的清晰证据。它可以作用于脑用于退烧与止痛，可以减轻肌肉和关节的炎症，还可以降低中风与心脏病发作的风险。它甚至有可能减少结肠癌、胃癌和直肠癌的概率。

大体上，阿司匹林和其他非类固醇消炎药（non-steroidal antiinflammatory drugs, NSAIDs）的多功能性是与其能出色地阻断其他分子的活性的能力有关。研究表明阿司匹林活性的一种模式是参与阻断环氧合酶(cyclooxygenase, COX)。酶是扮演生化催化剂、影响化学反应速度的蛋白。大多数酶加速并串联反应，从而只产生一种产物（或一类相似的产物）。环氧合酶催化了从花生油烯酸（arachidonic acid）生成一系列像荷尔蒙一样的、被称为前列腺素（prostaglandins）的化合物的合成（图10.9）。

前列腺素会产生一系列影响，如造成发热和胀痛，增加疼痛受体的敏感度，抑制血管扩张，调控胃里的酸与黏液的生成，并且辅助肾功能。阿司匹林通过阻止前列腺素的产生，可减轻发热与胀痛。它还可以抑制疼痛受体而发挥止痛剂的功效。因为苯环具有高的脂溶性，阿司匹林还会被细胞膜摄取。在一些特定的细胞里，这个药物阻断引起炎症的化学信号的传递。这个机制与阿司匹林的止痛功效同样相关，并且也许可以解释为什么阿司匹林的日常性使用可以避免一些癌症。

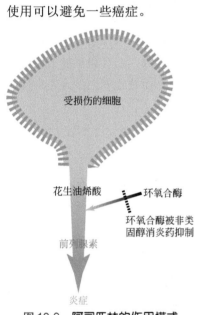

图10.9　阿司匹林的作用模式

非类固醇消炎药在不同程度上展现出与之类似的性质。比如，对乙酰氨基酚阻断COX酶，但是不影响那些特定细胞，因此它可以退烧，但几乎没有消炎作用。另一方面，布洛芬是一个更好的酶阻断剂以及特定细胞的抑制剂。而这导致布洛芬是一个比阿司匹林更好的止痛剂以及退烧药。因具有更少的极性基团，布洛芬比阿司匹林脂溶性更好。它的消炎活性是阿司匹林的5～50倍。

有趣的是，阿司匹林在这三种化合物中的特别之处在于它具有抗凝血功能。这一性质意味着规律性、低剂量地服用阿司匹林有助于防止中风和心脏病。当然，它的抗凝血特性也意味着，手术病人、溃疡患者和有凝血问题的病人不能选择其作为止痛药。阿司匹林的另一个缺点是在某些不常见的病例中，特别是在15岁以下的儿童身上，如果存在特定的病毒，它有时会引发一种被称为雷耶（Reye）氏综合征的致命反应。而且，在某些病人身上阿司匹林可能造成严重的哮喘。

想一想 10.11　　COX-2抑制剂

1992年，研究人员们发现了有两种不同类型的环氧合酶（COX-1、COX-2）。其中，COX-2是在调控炎症、疼痛和发热的前列腺素的合成中起重要作用。COX-1主要合成维持正常肾功能和保持胃黏膜完整的前列腺素。阿司匹林能够抑制这两种酶的活性，因此产生了胃疼和胃出血的不良反应。

在这个发现以后，研究人员研制出了只对COX-2（译者注：原文误写为COX-1）起作用的"超级阿司匹林"。这种减少肠胃不适的不良反应的药在市场上的出现受到了广大消费者的欢迎。它们在市场上引起了爆炸性的反响，年销售额高达数十亿美元。在互联网上查找两种该类药物的名称与信息。想一想，它们为什么在市场上销声匿迹了？

在此似乎有必要对NSAIDs再做最后几点评述。因为它是一种特定的化学物质，无论是哪家公司生产的，阿司匹林就是阿司匹林——乙酰水杨酸。确实，美国大约70%的乙酰水杨酸是由同一家生产商制造的。但是，尽管所有的阿司匹林分子是相同的，阿司匹林片剂却不

尽相同。最终的产品是各种组分的混合物，包括惰性的添加物和使之形成片剂的黏合剂。含缓冲剂的阿司匹林还包含了一些弱碱用于中和阿司匹林中的酸性。一些包衣的阿司匹林在离开胃进入肠道时仍能保持完整。制剂上的差异影响了药物摄取的速率，改变了其起效的时间，也让它们在胃中的不良反应程度不尽相同。此外，尽管质检要求很高，但仍然可以预判到各批次的阿司匹林的纯度会稍有不同。阿司匹林会逐渐发生分解，而醋的酸味标志着分解过程已经开始了。幸运的是，这些对健康都不造成严重损害，对普通民众来说阿司匹林的益处远远超过它带来的风险。

想一想 10.12　大瓶的阿司匹林

一个患有心脏疾病的朋友被医生告知要每天吃一粒阿司匹林。为节省开支，你的朋友经常买300粒大瓶装的阿司匹林。相反，你很少吃阿司匹林但却不想错过这个便宜，也买了大瓶。

a. 为什么这种"超值经济装"对你不像对你的朋友那样适用？

b. 有什么化学原理可以支持你的观点？

10.5　现代药物设计

从"柳树皮茶"到阿司匹林，以及为增强这种止痛药的益处并降低其不良反应而对它做的进一步结构修饰，体现了历史上药物设计的不同阶段。青霉素（penicillin, 盘尼西林）是另一个源于"自然"的神奇药物的例证。人们利用霉菌治疗感染已经有2500年的历史了，尽管这种治疗的效果不可预测，甚至会有毒性和不良反应。青霉素的故事要追溯到1928年英国细菌学家亚历山大·弗莱明（Alexander Fleming）的一个意外发现。他在一个含有细菌菌群的容器中发现被点青霉菌（penicillium notatum）污染的区域不生长细菌（图10.10），好奇心油然而生。他准确地推论霉菌释放出一种物质阻止了细菌生长，并且把这种具有生物活性的物质命名为青霉素。

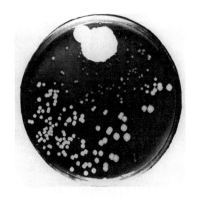

图10.10　弗莱明爵士所拍的被点青霉菌（Penicillium notatum）污染的细菌培养皿的照片，用于他1929年发表的关于青霉素的文章。图中12点方向的白色区域是点青霉菌；小的白点代表细菌生长区域

仔细地重复实验显示一系列关键且幸运的事件的发生促成了这个发现。来自邻近实验室一部分的霉菌孢子游弋到了弗莱明的实验室，并且意外地污染了葡萄球菌（细菌）的皮式培养皿（Petri dish）。接下来是一系列偶然的事件包括实验室的不卫生，一次休假以及天气的影响。弗莱明幸运地在一堆脏玻璃仪器中注意到了那些葡萄球菌被杀死的培养皿。运用以前的经验，弗莱明解释了这一现象，认识到那种由青霉菌释放出的不明物质是一种潜在的治疗感染的抗生素。"青霉素的故事"，Fleming写道，"其中具有一定的浪漫意味——无论你称其为什么——它体现了机遇、幸运、宿命、或是使命在一个人的事业中的分量"。当然，如果没有弗莱

明深刻的领悟和强大的洞察力，那么这一发现也不会问世。这个故事也印证了伟大的法国科学家路易斯·巴斯德（Louis Pasteur）一个常被误用的格言："在观察的领域里，机会只青睐那些有准备的人。"这句格言的大部分版本都忽视了"只"这个词。只有当弗莱明的头脑是做好准备的，他才能够很好地利用这一连串的偶然事件。

青霉素从培养皿中被分离出来到成为药物的过程与今天的药物研发并无二致。首先要做的是通过系统的工作把点青霉产生的活性物质从体系中分离出来。一旦确认了这种物质，下一步就需要设计巧妙的技术将它提纯和浓缩。此外，还需要实验证明青霉素在人体内的疗效。第二次世界大战推动了这一研究的进展以及一种量产青霉素新方法的研发。由于科学家成功地完成了这一研究，直接挽救了二战中数以千计的，以及从那以后数以百万计的生命（图10.11）。

图10.11　第二次世界大战时期贴在一家新建的青霉素工厂入口的标识

一开始，人们认为感染（包括肺炎、猩红热、破伤风、坏疽及梅毒）是不能被治愈的。弗莱明的发现颠覆了这一观念。青霉素的发现可能是源于偶然，但接下来几"代"此类的抗生素都经历了系统而细致的研究。为优化其疗效，减少其不良反应，研究人员对这个药做出了一些细微的改动，然后测试这些变化带来的效果。多达12种以上的青霉素现在被用于临床：青霉素-G（弗莱明所发现的最初形式，在大约20%使用者中会产生过敏反应），氨必西林(ampicillin)，苯唑西林(oxacillin)，氯唑西林(cloxacillin)，青霉素-O和阿莫西林（amoxicillin，你儿时可能用过的粉色、泡泡糖口味的调和物）。阿莫西林仍然有胶囊形式的；它常常作为广谱抗菌的处方药，并且具有较好的耐受性。

想一想 10.13　　偶然发现的药物

现代药物的发现方法主要包括在已有化合物上的一些细小的改变、计算机建模和其他一些技术。有时一个药物的不良反应也许能开辟治疗其他疾病的新方法。历史上，有很多药物被"偶然发现"的例子。请在网上检索，找出一个由异常情况发现的药物的实例。

不幸的是，青霉素良好的治疗效果导致了其过度使用。结果，"狡猾"的细菌发展出使青霉素（和其他一些抗生素）失效的机制。就如1945年弗莱明预言的那样，当下，我见证了不同类型的抗性细菌（或者将其称为"超级细菌"）的产生。细菌通过分泌出一种酶能够在青霉素起作用前破坏其结构。一些新的抗生素在杀死特定细菌时产生的效果不同，对于这些细菌所分泌的酶的耐受程度也不同。与青霉素密切相关的是对细菌的某些抗性菌株尤为有效的头孢菌素，比如头孢氨苄（cephalexin），也叫先锋霉素（Keflex）。研究人员对结构修饰的细致研究促生了一些其他重要的药物如环孢霉素（cyclosporine）——一种抑制机体排异反应的药物。它的发展使器官移植手术这样的革命性成功成为可能。

那么化学家们是如何知道哪些结构特征对药物的功能十分重要呢？现代化学疗法和药物设计的途径可以追溯到20世纪早期，当时保罗·埃利希（Paul Ehrlich）正在寻找一种含砷化合物，希望这种化合物在治愈梅毒的同时，避免对患者造成严重伤害。用他的话讲，他寻求的是一种只作用于患病部位而不影响其他部分的"神奇子弹"(magic bullet)。他系统地筛选了很多种砷类化合物的结构，同时在动物身上测试了每种新化合物的活性和毒性。最终，他得到了肿凡纳明（Salvarsan 606）（这样命名是因为这是第606个被他研究的化合物）。从那时起，药物化学家们就采用了Ehrlich的策略，细致地将化学结构与药性相关联。这样系统的筛选药物，评估其结构改变导致生物活性变化的研究方式就被称为**构效关系**（SAR，structure-activity relationship）研究。

药物大致可以分为两类：一类是在体内产生生理反应的，另一类是抑制造成感染的物质的增长。之前提到的阿司匹林属于第一类。合成的荷尔蒙和有生理活性的药物也是如此。这些化合物通常引发或阻断一个产生细胞反应的化学行为，比如神经冲动或是一种蛋白质的合成。抗生素则是阻止外来入侵物增长的范例。它们通过抑制入侵物种的某种必需的化学过程产生作用。所以，它们对细菌特别有效。

想一想 10.14　朋友还是敌人？

分别为这两大类药物制作药物清单：可以产生生理反应的药物和能杀死外来入侵物的药物。每个清单请列举三个例子，使用本节没有提到过的药物。

并不是每个药物都具备多功能性，很多只能对特定的疾病或感染起作用。这种专一性和药物的化学结构与其疗效之间的关联是一脉相承的。分子的总体形状、所含官能团的性质与所在位置都是决定其生理作用的重要因素。这种形式与功能间的对应关系可以用药物与重要生物功能分子间的相互作用来解释。尽管很多这类分子很庞大，由上百个原子组成，但每个分子通常含有一个相对较小的、在生化功能中起重要作用的活性位点或受体位点。而药物设计就是使药物与受体位点相作用来引发或者抑制这些功能。

让我们来看一个药物作用于细胞膜上的受体位点并控制膜对特定化学物质通透性的例子。在这个过程中，受体位点扮演着细胞大门的锁的作用。这把锁的钥匙可以是一个荷尔蒙或是一个药物分子。药物或荷尔蒙与受体位点结合，打开或关闭穿过细胞膜的一条通道。这条通道的开放或关闭显著影响着细胞内的化学过程。实际上，在某些条件下细胞可能被杀死，而这对生物体可能是有益的也可能是不利的。

这种锁-钥模型经常被用来描述药物和受体位点间的相互作用。就像特定的钥匙只能打开特定的锁一样，只有当药物和受体位点在分子上是匹配的，才能发挥药物的生理功能。图10.12展示了该过程。但是，如果身体中的所有过程都需要锁-钥的完美匹配，那就意味着上百万的生理功能中的每一个都需要一个独特的受体位点和一个与之匹配的特定分子片段。简单的逻辑推理即可发现，如此苛刻的要求并不是十分有效率。因此，锁-钥模型虽然是一个好的探索起点，也的确在有限的几种情况下适用，但还需要被进一步修正。

锁-钥模型是1894年由著名生物化学家埃米尔·费舍尔（Emil Fischer）首先提出的。

让我们换用一个比喻，受体位点就像是沙滩上的一个大小为9号的右脚脚印。只有一只脚能够与之完美符合，而很多脚（所有的左脚和比9号大的右脚）都不能装进去。但很多其他的右脚也可以比较好地装进到这个脚印中。受体位点和与之相结合的分子（或官能团）也是如此。一些活性位点能够接受包括药物在内的不同分子。的确，大多数药物发生作用的方式就是取代入侵物种中正常的蛋白质、荷尔蒙或其他底物。底物指的是由酶催化发生的化学反应的反应物。在酶活性的底物抑制模型中，药物分子的出现阻断了酶的必要化学反应。因此，入侵细菌的生长就受到了抑制，亦或是合成某种特定分子的通路被关闭了（图10.13）。

术语"药效团"（pharmacophore）最初由保罗·埃利希（Paul Ehrlich）在100多年前提出。埃利希是一个德国的医生与生物化学家，他因其在免疫学的工作于1908年获得诺贝尔生理与医学奖。

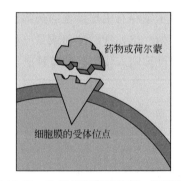

图10.12　生物相互作用的锁-钥模型

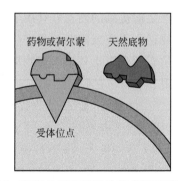

图10.13　药物分子取代受体位点的天然底物

通常而言，与受体位点匹配最好的药物疗效最高。但在某些情况下，药物分子不需要和受体位点符合得特别好。药物官能团与受体位点的结合甚至可能改变药物或受体位点的形态，或同时改变两者的形状。药物在适宜的位置恰好有合适极性的官能团，这是药物起作用的原因。因此，在药物设计中的一个重要策略是确认它的**药效团**——产生药物分子生物活性的原子或原子团的空间排列。药物化学家依据药效团合成包含该特定活性部分、但在其他非活性部分更为简单的分子。研究人员为满足受体位点的要求而量身定做分子。实际上，就像是为脚印找到与之相符的脚。

吗啡（一种麻醉药）的设计就是利用这个模型的一个典范。吗啡是一个很难合成的复杂分子。但是提供麻醉作用的药效团已经被确认（图10.14蓝色部分）。苯环的平面结构和受体的一个对应的平面区域相契合，紧接着氮原子使药物分子与位点相结合。将这一特定的部分嵌入到其他相对简单的分子比如杜冷丁（Demerol, 商品名德美罗）中，同样可以产生麻醉效果。杜冷丁比吗啡的成瘾性要弱，但药效也要弱。

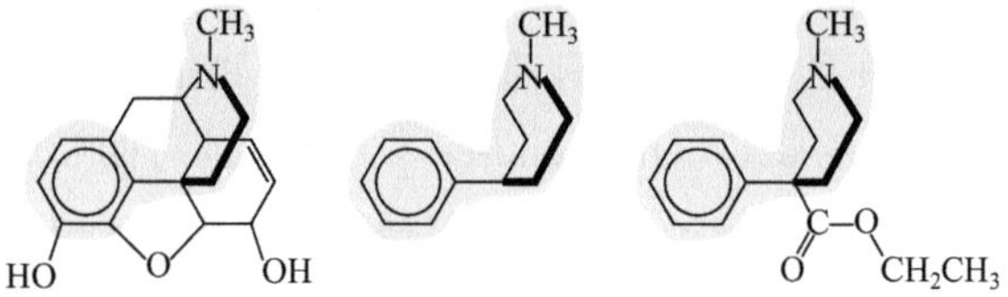

图 10.14　吗啡和杜冷丁的结构式

吗啡　　　　　活性区域　　　　　杜冷丁

重点标出的"活性区域"或药效团是分子中与受体相作用的部分。粗的黑线表示这些键在环的前方，即在纸面的上方

想一想 10.15　3D 药物

浏览3Dchem.com查找药物分子的形状。你可以旋转屏幕上的分子观察其结构。在网站中你可以找到像阿莫西林、立普妥和布洛芬这样当下热销药的结构信息。

a. 选择几种药物来观察他们的立体结构。这些表现形式与本章中的药物结构式有何不同？

b. 这种表示方式与平面表示方式相比有什么优点？相比较于"真实"分子，它们的局限性是什么？有什么缺点吗？

只有特定的官能团和药物分子的疗效有关，这一发现是药物设计的重要突破。精细的计算机图像现在被用来为潜在的药物和受体位点建模。借助于这些具有空间特征的图像，药物化学家们可以"看到"药物分子是如何与受体位点相作用的。然后计算机被用来检索与活性药物相似结构的化合物。化学家也可以在计算机模型中改造分子的结构，以观察新分子将如何发挥功效。

这些技术可以削减制备所谓"先导化合物"的成本，缩短其时间。先导化合物是指很有希望成为批准药物的药（或者是这种药的修饰物）。**组合化学**是一种最近发展起来的重要方法，它系统地生成由大量分子构建成的"化合物库"，可以在实验室中快速地筛选具有生物活性和成药潜力的化合物分子。

图 10.15　一个研究者正在使用组合合成仪

利用这一"霰弹枪"（shotgun）的途径，药物公司构建了含有庞大数目的化合物分子库。库中庞大的化合物数目增加了找到新的先导化合物的可能性。而先进的自动化技术、机器人技术以及计算机编程技术让组合化学方法日臻完善，使得没有任何一家药物公司可以对其轻视（图10.15）。

先导化合物的英文名称"lead compound"如果被以不同方式读出的话，也可以指含铅元素的化合物。

尽管组合化学需要复杂的实验过程，但让我们以它最简单的形式来理解其概念。考虑一个如图10.16所示的含有三个不同官能团的分子。当这种化合物和某个试剂（步骤1）进行反应，得到一系列产物。当加入第二种试剂以后，不难想到将有更多的化合物快速生成（步骤2）。反应产物再与另一个分子（绿色三角）进行反应，即可得到一系列的分子。就像前文所述,(尽管)不同时间节点产物的分库(splitting,译者注:分库是组合化学中一种特定的过程,把某一步的产物分为若干组,继续下一步反应)方法可以有很多种,但是简单的统计计算可以看到在短时间内就可以得到数量可观的化合物分子。这样的过程会被重复多次,每次都会筛选反应是否生成了潜在的药物。没有前景的反应产物很快就可以被筛选出去。组合化学与计算机技术相结合,可以将试错(trial-and-error)实验的时间和成本降至最低,由此加快药物设计和发展。运用传统方法,一名药物化学家每月可能制备4种先导化合物,每个耗资约7000美元。利用组合化学方法,化学家可以在相同的时间内以每个仅12美元左右的成本制备近3300种化合物。

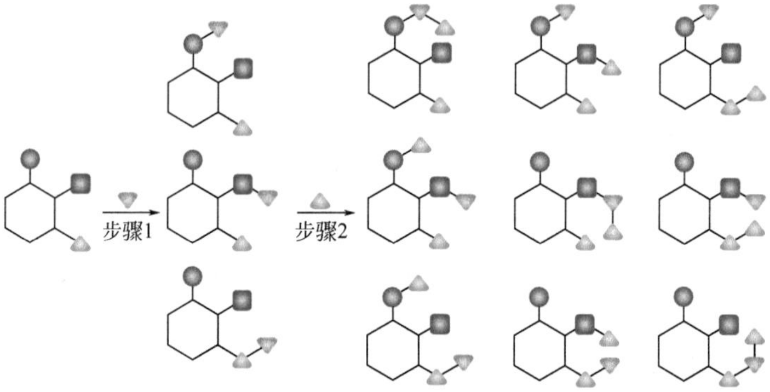

图 10.16　组合化学合成的示意图(不同颜色、不同形状的图案代表了不同的官能团)

10.6　让分子具有手性!

当药物-受体作用涉及一种常见但微妙的光学异构体或手性现象时,情况就变得更为复杂了。**手性异构体**(或称光学异构体)具有相同的化学式,但它们在分子的空间结构以及它们与偏振光的相互作用上存在差别。最常见的手性出现在连接4个不同原子或原子团的碳原子上。具有这种碳原子的化合物可以以2种互为镜像但不可重叠的不同分子形式存在。其中一个光学异构体可以让偏振光往顺时针方向旋转,这个分子被称为右旋(dextro)或者(+)构型;另一个分子可以让偏振光往逆时针方向旋转,这个分子被称为左旋(levo)或者(-)构型。

> 线偏光在一个平面内波动,(椭)圆偏光不在一个平面内波动。

对于不可重叠的镜像,你应当是很熟悉的。你无时无刻不在随身携带着它们——你的双手。伸出你的手,将你的手心向上,你能看出它们是镜像。比如,拇指在左手的左侧,右手的右侧。你的左手就像你右手在镜中的图像。但你的双手是不同的。图10.17同时演示了双手和分子的这种关系。

请注意连接到中心碳原子上的4个原子或原子基团采取了一种四面体的排列(图10.18)。这4个原子的位置对应着一个具有等同三角形的面的立体图像的角。这些分子类似左右手关系,从而产生了手性(chiral)这个术语,来自于希腊语中的手。

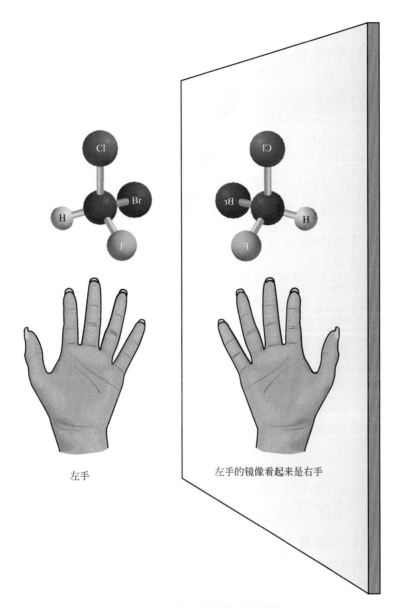

图 10.17 分子模型和手的镜像
在分子CHClFBr中，每根键连接一个不同的原子到碳上，形成一个四面体型的分子

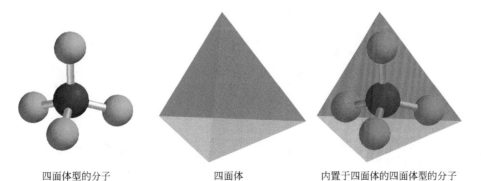

四面体型的分子　　　　　四面体　　　　内置于四面体的四面体型的分子

图 10.18 一个四面体有四个等边三角形的面

化学家常常使用楔形式表示中心的手性碳原子。图10.17中的分子可以画成右面这样的形式。在这里，H和Cl都在纸平面内。连接Br原子的虚线表示其在纸面下方，远离读者。而楔形实线指向F，表示F原子在纸面上方，指向读者。和键线式相同，中心的碳原子可以不画出来。

很多重要的生物分子，包括糖和氨基酸在内，都具有手性。这很重要，因为尽管一对光学异构体的大多数化学和物理性质几乎完全相同，它们的生物活性可能截然不同。通常，这种差异与分子和它的受体位点间必要的分子匹配有关。可能 Lewis Carroll 在写《透过镜子》时就已经有所察觉，他笔下的 Alice 曾对她的猫说："镜子中的牛奶不能喝。"

糖和氨基酸将在11.5节和11.7节中讨论。

练一练 10.16　　手性分子

使用星号标记下列分子中的手性碳，然后用楔形式画出其所有光学异构体。将手性碳放在楔形式的中心。

a. 苯丙氨酸，一种必需氨基酸

b. $CH_3CH(OH)CH_2CH_3$

2-丁醇，一种醇

c. $CHClFCH_3$

1-氟-1-氯乙烷，一种氟氯烃

d. 甲基苯丙胺（即冰毒），一种危险的街头毒品

答案：

a.

你可以用自己的手来理解手性和生物活性间的关联。你的右手只适合右手套，而不适合左手套。类似地，右旋的药物分子只和一个与之互补并可容纳它的受体位点匹配。任何一个含有连接4种不同原子或基团的碳原子的药物都会存在手性异构体，并且只有其中一个异构体与一个特定的不对称受体位点相匹配（图10.19）。

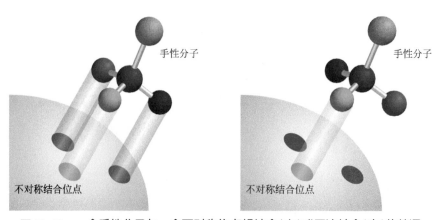

手性分子

不对称结合位点

手性分子

不对称结合位点

图10.19　一个手性分子与一个不对称位点相结合(左)或无法结合(右)的情况

商店里售卖的维生素E通常是外消旋体混合物。右旋（+）的异构体是具有药理活性的，单独购买需要高得多的价格。

由于手性造成的极端的分子专一性，药物化学家合成药物的工作变得更加复杂。一个药物分子必须包含合适的官能团，这些基团还必须以具有生物活性的构型排列。在化学反应中，通常"左"和"右"旋的光学异构体会同时被制造出来。这时的产物是一对由等量的光学异构体组成的外消旋混合物。但经常只有一种光学异构体是具有药物活性的。例如，很多麻醉药物都有光学异构体，但只有其

左美沙芬　　　右美沙芬

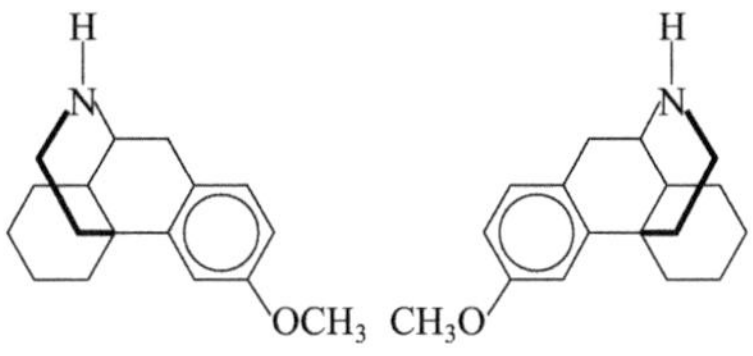

图 10.20　左旋和右旋美沙芬

中一个具有麻醉作用。在图10.20中，左美沙芬，美沙芬的左旋（levo，或-）异构体，是一种致瘾的麻醉药。相反，它的右旋（dextro，或+）异构体是一个不会致瘾的止咳药。这使得右美沙芬可用于很多非处方的咳嗽治疗，但右旋异构体必须以纯右旋的形式被合成出来或将其从混合物中与左旋异构体分离。由于光学异构体的物理性质相同，拆分异构体的工作十分困难。

右旋布洛芬　　　左旋多巴

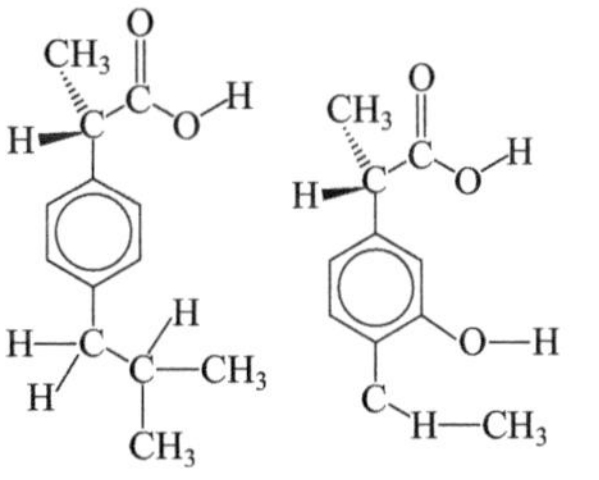

图 10.21　两种手性药物

很多其他药物也具有手性，但只有其中一种光学异构形式具有活性。这对一些抗生素和荷尔蒙，以及用于治疗多种症状（包括炎症、心血管疾病、中枢神经系统紊乱、癌症、高胆固醇水平和注意力缺乏紊乱）的某些药物都是如此。广泛使用的手性药物有布洛芬，用于器官移植的抗排异药环孢素和降脂药阿托伐他汀（立普妥，Lipitor）。布洛芬是以右旋和左旋异构体混合物的外消旋形式出售的（图10.21显示的是右旋异构体）。左旋布洛芬有止痛效果，而右旋布洛芬没有。但在体内右旋形式会被转化为左旋异构体。因此人们更倾向于服用布洛芬的外消旋混合物即达到同样效果，而不需要服用更昂贵的左旋布洛芬。

相反，萘普生——一种常用的止痛药——则是最好使用，甚至是必须只使用其中一种光学异构体的众多例子之一。一种形式的萘普生减轻疼痛；另一种则造成肝损伤。最后一个例子有关于帕金森症的治疗，刚开始用外消旋的多巴进行治疗的时候带来了厌食症、恶心呕吐等不良反应。仅使用左旋的多巴可以大大较低这些不良反应，并且只需要摄入原来药物量的一半就可以达到所需的治疗效果。

练一练 10.17　观察(+)-布洛芬和(-)-多巴

请仔细观察图10.21中给出的右旋布洛芬和左旋多巴的结构。

a. 找出每个分子中的手性碳；

b. 指出两个药中所有的官能团名称；

c. 画出左旋布洛芬和右旋多巴的结构式。

因此，制药公司都有活跃的研究项目设计开发手性"纯"药物——那些只含有益作用的

单一异构体形式的药物。尽管看起来似乎只有化学家对制造特定的单一异构体感兴趣，这实际蕴含着巨大的商机。大部分全球最畅销的处方药都是单一异构体的药物；它们每年的销售额达到500亿美元，并且毋庸置疑，它的增长势不可挡。这其中包括每年全球销售额超过10亿美元的手性"轰动"药物——立普妥、辛伐他汀、埃索美拉唑和盐酸舍曲林。

威廉·诺尔斯（Williams Knowles）、巴里·夏普莱斯（Barry Sharpless）和野依良治（Ryoji Noyori）因为开发可用于合成手性药物的新催化方法的研究工作分享了2001年诺贝尔化学奖。

立普妥是一种他汀类（statin）的手性药物，能够通过阻止肝内胆固醇的合成以降低胆固醇体内含量。它在全球年销额高达100亿美元。生产立普妥需要合成羟基腈化合物（HN），又一个手性分子。不久之前，HN还只能以外消旋体的方式得到，因此还需要进一步的拆分这两个对映体。更糟糕的是，拆分的过程需要大量的溴化氢和氰化物。先不说这些化合物所具有的毒性，这个过程还会产生大量不想得到的副产物。

让我们走进克迪科思公司（Codexis）——2006年美国总统绿色化学挑战奖的获得者。这里的化学家研发出了一种简练的HN中间体的绿色合成路线——用酶来催化反应，实现了高度特异的反应选择性。这种绿色化学的方式，提高了产率，降低了副反应及废料的生成，减少了溶剂的使用和纯化仪器的使用，更好地保障了工人的安全。立普妥的广泛使用让HN中间体的年需求量达到了200 t。这确实是一个名副其实的"总统奖"！

新兴手性药物潜藏着大量的商机，为了攫取其中利益，制药公司最近在这个领域提出了一种新策略。它们重新评估和调研了众多已经批准的以外消旋体形式存在的药物，并用它们的单一手性异构体形式重新上市，这种策略被称为"手性转换"（chiral switch）。这么做的经济驱动力是显而易见的：药物公司可以延长它们公司畅销药的专利，并在其保护下避免仿制药的竞争。从治疗效果上考虑，单一异构体可能拥有更广的安全使用范围、更低的不良反应以及与身体更清楚的相互作用方式。哌醋甲酯，商品名为利他能，是一种治疗注意力缺陷多动障碍（attention-deficit hyperactivity disorder，ADHD）的药物。最初它以外消旋体作为处方药出售，经过手性转换之后，现在以单一异构体的形式在市场上流通。据报道，经过手性转换后，它可以以一半的剂量实现原外消旋药物相同的效果，并且有更好的安全性。

想一想 10.18　手性转化

原则上，手性转化策略所使用的单一消旋体比外消旋混合物更具治疗优势。但是事实总是如此吗？利用网络寻找另一个使用了手性转化的药物（利他能之外），评价其单一消旋体相对外消旋混合物的优点。

10.7　类固醇

想一下胆固醇、避孕药和肌肉增强剂，它们在化学上有什么共同之处？令人惊讶的答案是：它们都是**类固醇（甾族化合物）**，一类具有四个碳环骨架特征的天然或人工合成的脂溶性有机物。

　　类固醇或许是用来阐述结构和功能间关系最好的一类化合物。当然，因为它们拥有包括从避孕到信心增强剂的广泛用途，类固醇的争议性也远超其他化学品。这类十分常见的天然物质包括细胞的结构成分、代谢调节剂和控制第二性征和繁殖的荷尔蒙。合成的类固醇包括节育、堕胎和强健身体的药物。表10.4列出了某些类固醇的功能。

表10.4　类固醇的功能

功　　能	例　　子
第二性征的调控	雌二醇（一种雌激素）；睾丸素（一种雄性激素）
雌性生殖周期的调控	孕酮；RU-486（"堕胎药"）
新陈代谢的调控	皮质醇；可的松衍生物
脂肪的消化	叶酸
细胞膜成分	胆固醇
刺激肌肉骨骼生长	孕三烯酮；去甲雄三烯醇酮

　　尽管类固醇拥有范围极广的生理功能，所有的类固醇都基于相同的分子骨架。所以，这些化合物也是生物体经济性的一个很好例证——使用和重复利用某些基本的结构单元来实现多种不同功能。类固醇的特征就是一个由17个碳原子组合而成的4个环结构的分子框架。类固醇的骨架如下图所展示：

　　回想一下这种表示方式（键线式），碳原子被设定为占据了环的顶角，但没有明确地画出。类固醇骨架中的3个6元碳环被标为A、B和C，5元环被标为D。尽管类固醇的核心骨架被画成了平面，实际上它具有三维的形状。数十个天然和合成类固醇都是这一主体的变形。它们中有一些只是在结构细节上稍有不同，但在生理功能上却相差甚远。这些变化是由环上关键位置增加的碳原子或官能团造成的。

　　胆固醇是一种细胞膜的主要组成成分，图10.22展现了其分子结构。其中左边的结构展示了一个胆固醇分子中包含的所有原子，右边的结构用键线式给出了其骨架的形状。

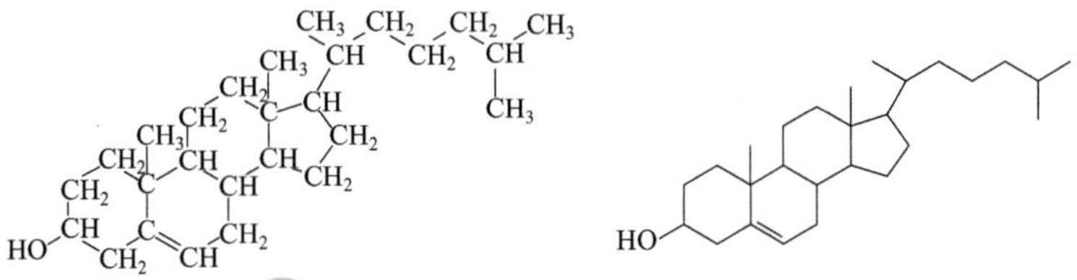

图10.22　胆固醇的两种表示方法

　　仔细观察图10.23，这些分子展示了微小的结构差异能导致多么显著改变的生理性质。雌二醇和睾丸酮之间只在其中一个环上有差别。但就是这一个碳原子和几个氢原子的差异导致了男女性别的区分吗？你心里应该有自己的判断了。

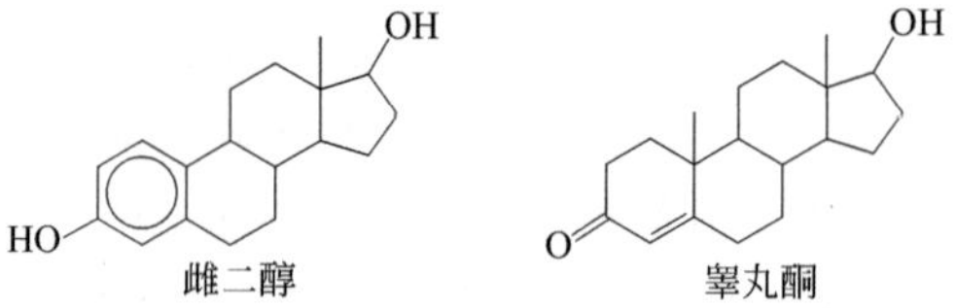

图 10.23 雌二醇和睾丸酮

一些其他常见的天然类固醇包括可的松和肾上腺酮等激素（图10.24）。你有可能使用过一些剂型的可的松用于治疗皮疹或其他轻微的皮肤疾病。肾上腺酮是由肾上腺皮质产生的，它在体内扮演调节炎症、免疫应答、压力应答和碳水化合物代谢等多种角色。类固醇类消炎药物是治疗哮喘病人的常见选择；其中可选择的一种合成类药物是强的松。

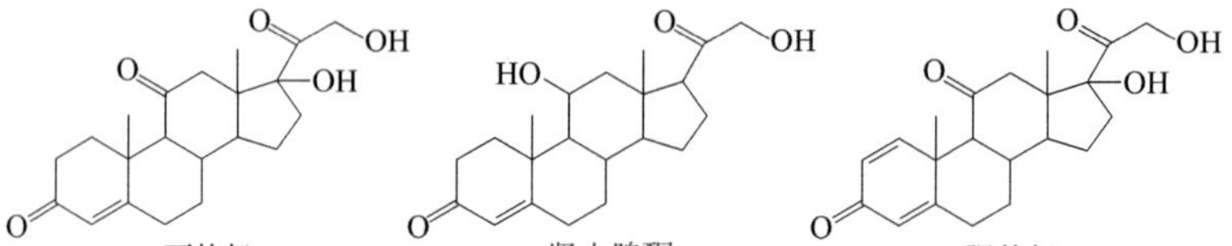

图 10.24 可的松、肾上腺酮和强的松

练一练 10.19 类固醇的结构相似性

这里有几组类固醇。他们的结构在上文或是动感图像中给出。

a. 找出以下每一对结构中的相似之处。

雌二醇和孕酮 肾上腺皮质酮和可的松 雌二醇和睾丸酮

叶酸和胆固醇 强的松和可的松

b. 写出a中任意5种类固醇的分子式。

10.8 处方药、仿制药和非处方药

在药店的柜台前，药剂师会问："你要品牌药还是仿制药？"这个场景每天在全美国上千家药店中上演。那这个顾客会怎样选择呢？尽管不是所有批准的药物都有其仿制药的形式，但对于数以百万计的美国人民来说，更加便宜的仿制药意味着能得到必要的治疗而不至于（译者注：因为品牌药价格高昂而）购买不起。

这两种药的区别很简单。某类药物的第一个原研药问世以后，它会以一个品牌名字而上市，比如说佳乐定（Xanax）——一种抗焦虑药或者说镇静剂。而**仿制药**在化学结构上和这个原研药是等价的，但它只能在原研药的专利保护期失效即20年以后才能流通于市场。通常来说，仿制药的价格会比原研药低一些，就如阿普唑仑（Alprazolam）的价格比佳乐定低。20年的专利保护期从这个药物获得专利那一刻算起，而不是从它在市场上开始销售的时刻开始算起。在一些情况下药物需要很长一段预先批准的时期，所以实际上它们在市场上销售的时间相对来说很短，甚至不超过六年。在这种情形下，药物公司基本上没有什么时间在竞争者可以生产仿制药之前收回研发的成本。然而，几乎80%的仿制药是以品牌药的等价产品生产的（图10.25）。和原研药一样，仿制药也需要通过FDA的认证。

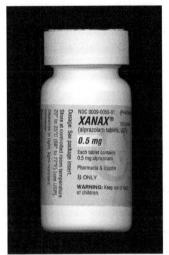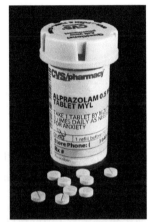

图10.25 品牌药（佳乐定）和它对应的仿制药（阿普唑仑）

1984年，国会通过了药品竞价和专利恢复法案（Drug Price Competition and Patent Restoration Act），并极大地拓展了可合法成为被仿制的药物的数量。该法案省去了仿制药重复其对应的原研药已经完成了的药效和安全测试的必要性。这样就节省了仿制药生产商相当多的时间和成本。FDA还为仿制药和原研药的相似性制订了特别的指导。根据FDA的要求，仿制药必须和原研药在剂量、安全性、药效强度、给药途径、药物质量、作用特点和治疗范围上生物等价。换句话说，他们必须以相同的速度把相同剂量的有效成分输送到病人的血管中。一旦一种仿制药被证明在生物上和原研药等价，那它就可以通过竞争把原品牌药的价格拉低。

想一想 10.20　你身边的药剂师

当谈论到仿制药的时候，站在第一线与其接触的就是药剂师了。和你的同学一起草拟两三个有关于仿制药的小问题，采访当地的药剂师，和你的同学们展示一下你的发现。注意：如果你身边有药学院，也可以采访那里药学专业的学生。

非处方（OTC）药能够使人们不必看医师就可以缓解很多令人烦恼的症状以及治好一些小病。不需要处方的药物治疗方式现在占美国使用的所有治疗方式的约60%。从痤疮治疗药物到体重控制产品，现存在超过80大类的治疗型的非处方药。表10.5包含非处方产品的几种主要类型以及它们的主要成分。根据美国现行的法律法规，包括非处方药在内的所有药物都必须经过深入、广泛且昂贵的筛选过程才能获得批准进行销售和公众使用。和处方药一样，最终非处方药需要回答的问题是"收益是否大于风险？"对于非处方药来说这一问题的答案取决于消费者是否正确使用它。因此，FDA和药物生产商必须试图平衡非处方药的安全性和功效。

回顾5.12节，讨论另一个安全问题：多余药物的处理。

表10.5 非处方药举例

止痛和消炎药	咳嗽药
aspirin 阿司匹林	guaifenesin 愈创木酚甘油醚，化痰剂
ibuprofen (Advil) 布洛芬①	dextromethorphan 右美沙芬，止咳药
naproxen (Aleve) 萘普生	benzonatate 苯左那酯，止咳药
acetaminophen (Tylenol) 对乙酰氨基酚	
抗酸药和助消化药	**抗组胺药**
aluminum and magnesium salts (Maalox) 铝镁盐	brompheniramine 溴苯那敏
calcium carbonate(Tums) 碳酸钙	chlorpheniramine 氯苯那敏（扑尔敏）
calcium and magnesium salts (Rolaids) 钙镁盐	diphenhydramine 苯海拉明

① 展示的名称为其化学名，括号中展示的是其商品名。

之前我们描述了非处方止痛药和NSAID，以及它们的作用方式。在大剂量或长期使用时，它们的不良反应包括增加胃出血的出现（阿司匹林）、肠胃不适（阿司匹林、布洛芬）、哮喘加剧（阿司匹林）和肾或肝损伤（对乙酰氨基酚）。

普通感冒产生的不良症状是由100种以上的病毒造成的。由此产生了多种不同形式的感冒药——大多由多种成分组成——来帮助患者。当病毒进攻黏膜时抗充血药能够缓解肿胀，但带来了紧张和失眠的不良反应。鼻喷剂能够缓解鼻组织肿胀，但使用超过3天后经常会适得其反，或是恢复流涕。

抗组胺药能够缓解过敏性的流鼻涕和打喷嚏，但会造成困倦和经常性的轻微头痛。因为它们常导致困倦，所以被批准的助睡眠药也经常是抗组胺药就不足为奇了。然而，儿童在服用它们之后经常产生失眠或多动。

咳嗽是除去肺中过多分泌物的自然方式。祛痰剂使痰液变稀从而容易咳出，而止咳药可以缓解症状和帮助睡眠。在大多数咳嗽制剂中两者同时出现似乎并不合理。可待因（codeine）和右美沙芬（dextromethorphan）对抑制咳嗽都有相同的好效果，但前者以其成瘾性而出名并限制了其在某些州的非处方用途。

抑酸药和其他类似的药物用于治疗烧心、消化不良和胃"酸"过多。抑酸药是一些碱性化合物，含有能够中和过多胃酸的铝、镁或钙的氢氧化物（或它们的混合物）。随着年轻和年长成年人更多地开始规律性补充膳食钙来防止骨骼老化（骨质疏松），含钙的抑酸药替代品的受欢迎程度在增加。

想一想 10.21　运用你的常识

许多人认为对于某种疾病应当针对性地使用药物，这也合乎情理。但是一些售卖OTC药剂的公司希望通过将几乎所有疗效都打包进他们的产品来增添其附加价值。在当地的药店和杂货店（或者上网搜索一些资料）核对几种感冒药的成分，尤其关注几种咳嗽药剂，你有发现在一个产品中同时使用愈创木酚甘油醚和右型美沙芬的吗？列出同时包含这两种成分的药物的名字，解释一下为什么同时包含这两种成分的产品没有道理？

过去几十年的自我护理观念的革新使得安全、有效的非处方药物更容易获得，并使很多处方药面临更大的被改划为非处方状态的压力。根据消费者健康护理产品协会，从1976年以来，约80种（处方药的）成分或低剂量处方药实现了向非处方药的转变。最近转变为非处方药的处方药包括氯雷他定（loratidine）和盐酸西替利嗪（cetirizine）[商品名开瑞坦（Claritin）和仙特明（Zyrtec），抗组胺药，分别发生于2002年和2008年]、奥美拉唑（omeprazole）[商品名洛赛克（Prilosec），抗酸药，2003年]和奥利司他（orlistat）[商品名爱丽（Alli），减肥药，2007年]。目前，超过700种非处方产品含有曾经只能由处方获得的成分。促使这种转变发生的压力很多来自于健康保险业。将广泛使用的处方药变为非处方状态大大降低了保险公司承担的费用。药物从处方药转变成非处方的条件是常见、不威胁生命以及普通消费者可以自我诊断。如果发现严重的安全问题，FDA可以将非处方药物改变回处方状态。

从药物生产商的角度，将产品由处方药转化为非处方经常使得生产商可以多几年时间在没有仿制药竞争的条件下销售产品。当产品被改划为非处方状态时销售量也会增加。对于消费者来说，因为第三方健康保险公司很少会提供非处方产品的赔付，使用非处方治疗时会增加自己钱包的支出。总体来说，处方药向非处方药的转变每年为美国民众节省了超过2000万美元。

10.9　草药

全世界越来越多的人使用草药产品来达到预防和治疗疾病的目的。草药和民间药在很多文化中大量存在。这并不令人奇怪或震惊；大自然是个非常好的化学家。一些（但不是所有）在植物和简单生物中发现的化合物都有可能对人类具有积极的生理效果。过去十年里，这些受欢迎的草药如银杏、圣约翰草、紫锥菊、人参、大蒜和卡瓦（kava kava）在美国的销量稳步增加，2010年达到50亿美元。表10.6列出了部分草药和植物及其功效。

许多人因为听说圣约翰草能够提升情绪而喝它的汁液（图10.26）。草药研究基金会通过对23个临床研究中的2000多名患者数据的研究发现：一种名为圣约翰草的植物制剂在对抗轻微和中度抑郁方面具有和标准抗抑郁药物一样的疗效。但在2001年4月，一篇发表在美国医药学会志（Journal of the Amirican Medical Association）的研究报道圣约翰草对重度抑郁没有效果。200多名重度抑郁症成年患者服用这种草药后的效果和服用安慰剂无异。这项研究由国家心理健康研究中心（National Institutes of Mental Health）和辉瑞（Pfizer）公司共同资助；而辉瑞是美国最普遍使用的抗抑郁处方药舍曲林（sertraline，Zoloft）的制造商，该药2002年销售达25亿美元。这项新研究的合作作者之一，范德比尔特大学（Vanderbilt University）的Richard Skelton博士建议对该草药在轻微抑郁方面的使用做进一步研究，说"我希望看到对轻度抑郁症患者进行研究，观察它（圣约翰草）是否对这些患者有效。如果有效的话，那是很棒的。"他不建议在得到进一步的研究结果之前使用这种草药。

表 10.6　常见草药及其功效

草药或植物	缓解的症状
缬草，西番莲	焦躁
欧亚甘草，野樱桃树皮，麝香	咳嗽
紫锥菊，大蒜，北美黄连	感冒，病毒性感冒
圣约翰草	忧郁
甘菊，薄荷，姜	恶心，消化问题
缬草，西番莲，蛇麻草，香蜂草	失眠
银杏	失忆
缬草，西番莲，卡瓦（kava kava），西伯利亚人参	紧张，压力

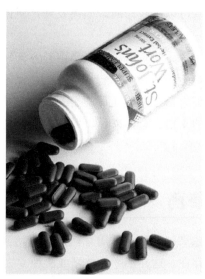

图 10.26　圣约翰草植物（贯叶连翘）及其提取物制成的片剂

麻黄（图10.27）是一种可以从中国草药麻黄及其他植物来源中提取的天然物质。尽管很久以来在传统中药中麻黄都被用来治疗某些呼吸道症状，近几年它被大力推广并用于辅助减肥、增强运动能力和提高精力。

图 10.27　（提取）麻黄的植物原料和常见的麻黄药片

一个实线表示的楔形键代表基团指向你。一个虚线表示的楔形键代表基团指离你。这些约定规则在3.3节中被首次介绍。

麻黄含有6种类似安非他明（amphitamine，苯丙胺）的生物碱，包括麻黄碱和伪麻黄碱。主要成分麻黄碱是一种支气管扩张剂（打开气路），它还刺激交感神经系统。它通过缓解空气通道处黏膜的肿胀而起到抑制痉挛效果。伪麻黄碱（Sudafed，速达菲）是解鼻充血剂并对心脏和血压的刺激作用较小。

这些草药的人工合成物被归为非处方药物管理，它们通过打开肺部气路的作用作为短期治疗流鼻涕、哮喘、支气管炎和过敏反应的抗充血剂使用。图10.28展示了3种相关的结构；通过图中展示的甲基苯丙胺（即冰毒），你可以发现麻黄类药物和那些强烈而危险的刺激物之间的结构相似性。麻黄不含有甲基苯丙胺。

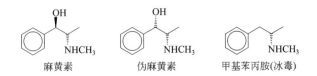

OH　　　　　　OH
麻黄素　　　　伪麻黄素　　　甲基苯丙胺(冰毒)

图10.28　麻黄素和2种相关药物的化学结构

含有麻黄的营养补充剂在2003年登上了新闻头条。麻黄的一些罕见但严重的不良反应和一些著名的运动员的死亡被联系在一起。麻黄使用者报告的副作用包括恶心和呕吐、一些精神方面的困扰比如易怒和焦虑、高血压、心率不齐，以及罕见的症状如癫痫、心脏病、中风甚至死亡。

目前并没有证据支持那些麻黄能增强运动能力的声称。并且只有初步的证据显示麻黄有助于中度、暂时性的体重降低。但是麻黄与一些不良反应甚至死亡的风险的提高却是证据确凿。自2003年起，国际奥林匹克委员会、美国职业橄榄球联盟、国家大学生运动协会、美国职棒小联盟以及美国军方都禁止了麻黄的使用。

2003年12月，FDA针对含有麻黄的营养补充剂向消费者发布了警示。该警示建议消费者立即停止购买和使用麻黄产品。2004年2月，FDA发布了一项最终裁决，宣称含有麻黄的营养补充剂具有过高的疾病和损伤风险。这项裁决有效地禁止了这些产品的销售。裁决在其发表的60天后即生效。然而，FDA的禁令并没有涉及含有麻黄的茶叶（这些被规定为食品）和由传统中医开出的传统中草药药方。

圣约翰草和麻黄的例子说明了有关草药的几个问题。它们有效吗？安全吗？精神病学家称他们的很多抑郁症病人在寻求医疗帮助前都尝试过圣约翰草。一项估计显示仅在美国就有超过1百万人尝试过或正在使用圣约翰草。无论这项估计的准确性如何，大量的美国人正在没有或几乎没有医疗指导的情况下使用草药。

FDA对草药的管理十分松散。1994年的食品补充健康和教育法案（DSHEA）将它们的归类从"食品或药品"改变为"营养补充剂"。**营养补充剂**的定义包括维生素、矿物质、氨基酸、酶及草药和其他植物性药物。很多的饮食补充剂并不显示不良后果并实际上被证实对健康有益。其他的，例如麻黄，则显现出问题。

根据食品补充健康和教育法案（DSHEA），FDA在它们市场化前对营养补充剂的安全性和有效性不进行审查。但如果它"呈现严重或不合理的损害风险",法律允许FDA禁止一种营养补充剂的销售。但当FDA寻求对某种补充剂实行管控措施时（比如对麻黄的案例），对其有害性的举证责任落到政府身上。和处方或非处方药品不同，目前还缺乏对营养补充剂制剂纯度、活性成分浓度、确定用量或给药方式的评价。此外，目前还缺乏要求对草药之间以及草药和传统药物间的相互作用进行研究。由于草药生产商在市场销售前不需要向FDA递交安全性和功效的证明，人们对于草药与其他药物间的相互作用的信息几乎一无所知。

2001年春，美国麻醉学家学会（American Society of Anesthesiologists）报告了手术患者如果在术前2周使用某种草药的话可能有非预见性出血风险的担忧。至今，仍没有正式的科学研究发表将出血与这个特定的草药相联系。根据美国麻醉学家学会主席John Neeldt博士的建议，为人熟悉的问题"你是否在服用任何药物？"应被加强为"你是否在使用任何草药疗法？"

想一想 10.22　天然的是否就意味着更安全？

"严重或过高的风险"的法律标准隐含了根据可获得的最好科学证据来计算风险-收益的意思。这意味着FDA必须根据可获得的最好科学证据确定一种产品已知和潜在的风险是否超过任何已知或预期的益处。考虑到生产商的吹嘘以及产品是在没有医疗指导的情况下被直接销售给消费者的，这种做法非常有必要。

当决定要用药时，消费者就做了一次风险-收益分析，有时候是不自觉的。这种分析中的一个元素就是感觉到的风险。你觉得大众是否认为天然药物比合成药物更安全？举例说明你的观点。

10.10　药品的滥用

在总结我们这次对药物世界的初次探索之旅前，我们有必要考察一下药物的滥用。根据国家药物使用和健康调查（NSDUH）的数据，数百万人非法使用一种或多种药物。调查显示在2010年，美国人口的8.9%——或者说约2260万的12岁及以上人口——在调查前一个月使用过非法药物。以下是这份调查结果的一些细节：

① 大麻是最常见的非法药物，有大约1740万的使用者。大麻在年轻人（18~25周岁）中的使用率尤其高，且在持续增加，从2008年的16.5%增长到了2010年的18.5%。

② 其次是处方类药物（止痛片、镇定剂、兴奋剂和镇静剂）非医疗目的的使用，有约700万使用者。同样，在18~25岁的年轻人中的滥用现象显著，在2010年滥用率达到了令人瞩目的5.9%。

③ 尽管近年来可卡因和冰毒的使用已有所减少，但仍有约150万（总人口的0.6%）可卡因的使用者。

④ 2010年，有约1060万人承认曾在服用违禁药物后驾驶机动车。在2010年中，这一比例在18~25岁的年轻人中是最高的（12.7%）。

非法药物 (illicit drug) 就是没有被法律和公众所认可的药物。

想一想 10.23　后果

无论是否非法，药物的使用都会造成后果。人们经常指责某个药物会对家庭和工作造成破坏。你会选择哪个药物？做出你的选择并在小组讨论中阐述你的观点。

虽然烟草和酒精在美国并不是非法药物，但是NSDUH中也包含了它们的使用情况：

① 12岁及以上的人群，大约四分之一的人有过酗酒经历，即在过去一个月中他们有一次或多次饮用五瓶或更多酒的经历)。

② 在18~25岁的年轻人中，酗酒比例为40.6%。

③ 大约7000万人是烟草使用者，其中包括5800万过滤香烟使用者。使用烟草的人数约占总人口数的27%。

1970年，综合药物滥用预防与控制法案（the Comprehensive Drug Abuse Prevention and Control Act）被通过成为法律。这一法律的第二条——管制物品法案（the Controlled Substances Act）——是美国尼古丁控制的法律基础。管制物品法案规范药物的生产和销售，将所有药物都置于五大类之下（表10.7）。

表10.7　药物分类

分类	当前是否有被接受的医疗用途？	滥用的潜在可能	举　　例
I 类	否	高	海洛因 D-麦角酸二乙胺（LSD） 大麻①，以印度大麻提炼的麻药 麦斯卡琳（mescaline） 摇头丸（MDMA，ecstasy）
II 类	是	高	羟考酮（oxycodone）(在奥施康定和扑热息痛中存在) 吗啡（morhine）和鸦片（opium） 美沙酮（methadone） 可卡因（cocaine，作为局部麻醉剂） 甲基安非他明
III 类	是	中	氢可酮（hydrocodone）和对乙酰氨基酚（维柯丁，vicodin） 含有可待因的乙酰氨基酚 合成代谢类固醇
IV 类	是	低	阿普唑仑（佳乐定）（alprazolam，Xanax） 丙氧芬（propoxyphene）和乙酰氨基酚（Darvocet） 地西泮（diazepam）（安定，Valium）
V 类	是	最低	止咳剂和小剂量的可待因 蒂芬诺酯（diphenoxylate）和阿托品（atropine）（止泻宁，Lomotil） 异丙嗪（promethazine）（非那更，Phenergan）

① 由于联邦和各州法律的可能差异，大麻的合法性当前仍很复杂。

想一想 10.24　不太可能被滥用？

镇定剂地西泮（安定）和阿普唑仑（佳乐定）目前被列为Ⅳ类药物，说明它们滥用的潜在可能较低。上网查找这些强效镇静剂的成瘾性的有关信息。你同意它们目前的归类吗？阐述你的理由。

图10.29　**大麻植物**

大麻是Ⅰ类药物中的一种，它是在美国最普遍使用的非法药物。它是麻类植物*Cannabis sativa*（图10.29）的叶、茎、种子和花晒干的混合物。这种药物通常是吸食的，偶尔也口服。第一例有记载的大麻使用可追溯到公元前约2737年中国的神农氏，他描述了使用这种植物来治疗疟疾、胀气和健忘症。

> *Cannabis sativa*意思是有用的（*sativa*）麻（*cannabis*）。

事实上，麻是一种学名为*Cannabis sativa*的植物。其他植物也称为麻，但*Cannabis*大麻是这些植物中最有用的。纤维是它最著名的产品，麻这个字可以代表麻类织物制成的绳子或纽带，也可以单指是制造它的植物的茎。*Cannabis sativa*中主要的精神活性药物富集在麻类植物的叶子和花蕾中，所以吸食麻绳或穿戴麻纤维织成的布料并不会使人兴奋。

在19世纪早期医生们使用大麻的提取物作为一种补药和安乐药。但在1937年，随着整个国家开始出现对大麻使用的担忧，大麻税法案禁止了它作为麻醉饮品的使用，并对其医药用途进行了管控。大麻税法案要求任何生产、销售或将大麻作为医疗用途的人进行登记并缴税，这有效禁止了其非医疗用途。尽管这一法案没有将大麻的医疗用途列为非法，但的确使其变得昂贵且不方便了。

因为被认为是一种有害、成瘾并造成精神病、精神状态恶化以及暴力行为的药物，大麻在1942年被从政府官方的药物手册《美国药典》中除名。目前关于大麻的合法地位于1970年管制物品法案通过时得以建立。

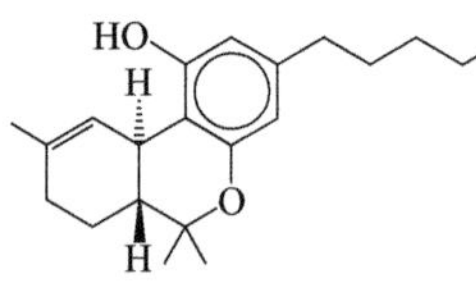

如图10.30所示，大麻中的主要精神活性化学物质为Δ^9-四氢大麻醇（THC）。THC的浓度取决于麻类植物的种植条件：温度、日照量、土壤的湿度和肥沃度。高效力的大麻品种在美国各处都有种植，其THC水平高达7%。在由植物压干的花和树脂制得的麻醉药hashish（或hash）中，THC的浓度高达12%。

图10.30　**四氢大麻醇(THC)的分子结构**

当人们抽大麻时，THC迅速穿过肺到达血液，并被血液运载到达包括大脑在内的全身各个器官。在大脑里THC与神经细胞上被称为大麻素受体的特定部位结合并影响其活性。大脑的某些部位有很多的大麻素受体；其他部位则很少或是没有。很多的大麻素受体是在脑部影响愉悦感、记忆、思维、注意力集中、感觉、时间的感知以及协调运动的部位发现的。THC通过代谢很快离开血液并被组织吸收。这种化学物质可以在身体脂肪中储存很长时间；研究表明1个剂量的大麻可能需要长达30天的时间才能被完全清除。使用大麻的短期效应包括记忆和学习能力产生问题、感知扭曲、思考和解决问题困难、失去协调性、血压降低和心率增加。

医用大麻被显示可以治疗恶心、青光眼、止痛以及刺激食欲。这种治疗可以作为其他治疗手段都失败之后的最后方法，比如对于在白血病和AIDS的治疗中、经过数周的化疗后伴随产生的、不消退的恶心和呕吐。由于很多的障碍阻挠研究者，有关大麻用途的临床研究很难进行。资助基金的缺乏，加上联邦和州政府机构所执行的复杂的法规，使得这一领域的研究困难重重。

目前关于大麻的医疗用途争论的核心在于它的收益与风险的比较。而这一争论的背后是与美国药物管控政策相关的复杂的道德和社会评判标准。支持大麻药用的人认为，使用大麻的风险远小于一些正在使用的药物，并且当其他药物都失败时，大麻也许能成功缓解不良症状。反对者则认为这是危险且没有必要的，还会导致一些其他药物也会随之被使用。

在美国，国家科学院医学研究所也参与了这一讨论。1999年，研究所发表了一篇综述，其中认为大麻"在特定情况下具有一定的适用性，例如化疗引起的恶心呕吐和艾滋病消瘦"。在2013年，有18个州和哥伦比亚特区通过了大麻合法的医疗用途，有两个州认可大麻的娱乐用途的合法性。

想一想 10.25　合法形式的THC

大麻的一种合法形式存在于一种处方药中，屈大麻酚（dronabinol，商品名Marinol）。这是THC的一种合成形式。

a. Marinol是吞食的而不是吸食的。医学研究所在1999年的报告中指出吸食是"一种原始的给药方式"。对于大麻这样的药物来说吸食有哪些不足（相较于吞食而言）？

b. 虽然原始，吸入药物在治疗恶心和呕吐时的确有关键的优势。写出其中至少一种。

奥施康定（oxycontin）是Ⅱ类药物中的一种（图10.31）。它的俗名被称为氧（oxy），它的商品名是盐酸氧考酮，一种吗啡类的麻醉剂。奥施康定片剂包含80 mg的氧考酮，并有缓释的作用。对于一些持续的急性和长期疼痛，它有很好的缓解作用。扑热息痛和复方羟可酮中也含有这种物质，但是剂量较小（5~7.5 mg每片）。

奥施康定的滥用者可以通过粉碎片剂然后吸食或将其溶于水后注射其溶液来规避它的缓释机制。这种效果跟海洛因非常相似。显然，摄取这么大量的强力麻醉剂会有强烈的后果，经常出现因过量吸食而被急救。

由于其非常易被滥用和成瘾性，奥施康定在管控物品法案中被列为Ⅱ类药物。

这个问题首先在肯塔基、弗吉尼亚、西弗吉尼亚和缅因各州的偏远地区被发现；因此才有了"山里人的海洛因"和"穷人的海洛因"的贬义俚称。但是之后它被传播到了美国的其他地区，在2002年3月一名18岁的女性成为英国第一个因奥施康定而致死的案例。

因为被据传无视了累计成山的关于该药物被滥用的报告，它的生产商普度制药（Purdue Pharma）最近被推上了火山口。为了向专业健康护理者传授这些风险，该药品生产商以一封"致尊敬的健康护理专家"的公开信的形式发布了警示。其他方式包括不再提供最强效的 160 mg 剂量形式；对墨西哥和加拿大来源的药品进行标记以帮助权威机构跟踪非法来源；向 医生发放防止造假的处方笺；针对医生以及潜在的滥用者建立教育计划，尤其集中在阿巴拉 契亚地区。

想一想 10.26　奥施康定的制剂

奥施康定片剂里的氧考酮不是游离碱，而是一种盐的制剂。什么酸被用于中和形成这种盐 的？画出这种药的盐形式的结构式。

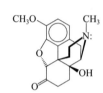
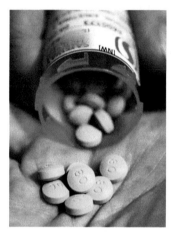

图 10.31　氧考酮的分子结构和奥施康定片剂（来源：Photo©2004, Publishers Group）

吗啡、氧考酮、羟考酮（存在于 Vicodin、Lortab 和 Lorcet）和卡待因属于同一类被称为 鸦片的药物。吗啡和可待因是从罂粟（*Papaver somniferum*）中提取出来的。其他列出的鸦片 制剂则是从吗啡合成而得到的。它们在强度上有差异，因此它们的药物分类也有差别。但是 它们都具有相同的作用方式。这些药物与一个被称为 *mu* 的化学受体结合，阻断了疼痛在脊椎 中的传递。鸦片也刺激大脑中参与快感的区域，这被称为奖赏通路（reward pathway）或内啡 肽（endorphin）通路。在一个正常的大脑中，化合物多巴胺在报偿通道中的脑细胞里游走， 产生快感。鸦片刺激产生大量的多巴胺，强化报偿信号，生成强烈的愉悦感。反复使用鸦片 会让使用者的大脑对报偿通道的过度刺激习以为常。这反过来又造成了耐受现象——即需要 更多的鸦片来获得其曾经感受到的快感。

想一想 10.27　豪斯医生！

医学博士格雷格里·豪斯是一部流行美剧里的医生；他在某几集中对维柯丁上瘾。美国广 播电视频道的新闻节目的一个采访中报道"看到剧中的豪斯医生，人们会认为这种成瘾除了影 响其医学判断外而不会造成其他后果"。

a.　调研维柯丁滥用的影响。采访这个电视剧数百万观众中的一位。他们对于豪斯医生的 印象和你所了解到的滥用维柯丁的现实状况是否相符？

b.　维柯丁和失去听觉是否有联系。说说你的发现。

以上描述的药物仅仅是当今普遍使用的滥用物质中的一小部分。被滥用的药物还有很多，包括酒精，如果过度饮用的话，它可能是所有药物中损害性最强的。就像处方药，选择使用非法药品也涉及一个风险-收益分析。所有的药物使用者在做出选择前都应当了解这些基本信息。

结束语

化学家通过修饰分子在药物王国中创造出了大量新的神奇药物，显著延长了我们的寿命并提高了我们的生活质量。在发现青霉素之前，细菌感染相当于死亡宣判。而今，借助于青霉素、磺胺类药以及其他的抗生素，绝大多数的细菌感染都可以被轻易控制。像伤寒、霍乱、肺炎这些可怕的杀手也都被基本消除了——至少在世界上的许多国家是如此。药物发现的新方法使巨大的新化合物库得以建立。在未来，当今天仍处于幻想阶段的新测试方法出现时，这些化合物可以留作后用。

但没有药物是彻底安全的，几乎任何药物都有可能被错误地使用。当FDA被要求将一种处方药转变为非处方药时，这些问题就成为了焦点。服用一种药物（仿制药或品牌药）需要在从药物所获得的收益和其产生的不良反应以及安全受限性相关的风险间做出理性的选择。因为大多数药物有广泛而严格建立的安全边界，对普通人来说它的益处远远超出它的风险。但对某些药物来说有效性和安全性之间的平衡却是不同的。一个具有严重不良反应的药物可能是另一种威胁生命的疾病的唯一治疗手段。不难理解，某些患有艾滋病或无法手术的晚期癌症患者对药物的风险和益处的看法与一个患有感冒的病人会不尽相同。而临床药物试验（结果报告）里冷冰冰的匿名统计平均数对那些病榻上的活生生的人（与深爱着他/她的亲友）来说则代表着完全不同的含义。

草药和替代药物也带来了新问题。谁应当界定它们的功效、检测它们的纯度并建立它们与其他药物之间使用的相互禁忌呢？医生必须知道他的病人正在使用的包括草药的所有药物。草药和合成药物的滥用将持续在整个社会上引发巨大问题。这些方方面面都在不停地发展着。当化学被应用于医学，科学必须为道德所引导，理性也必须因怜悯而适当折中。

本章概要

学过本章后，你们应当能够：
- 描述阿司匹林的发现、发展和生理性质（10.1）。
- 理解含碳（有机）化合物中的成键（10.2）。
- 将异构体的概念运用于有机化合物（10.2）。
- 将含碳化合物的分子式转化为结构式、结构简式和键线式（10.2）。
- 辨别官能团和含有该官能团的有机化合物的类别；画出含有各种官能团的有机分子的结构式（10.3）。
- 理解可以通过化学修饰官能团的办法改变分子的性质（10.3）。

- 预测酯化反应的产物，描述胺是如何转化为它的盐的形式的（10.3）。
- 将阿司匹林的分子结构与其他止痛剂联系起来（10.3）。
- 理解阿司匹林和其他止痛剂的作用方式（10.4）。
- 描述青霉素的发现（10.5）。
- 描述药物的锁-钥作用机制（10.5）。
- 描述组合化学合成是如何以比先前的方法更低廉的成本创造大批量的新药（10.5）。
- 理解手性（光学）异构体之间分子结构的区别（10.6）。
- 领会手性药物所带来的经济效益（10.6）。
- 识别类固醇碳骨架的结构（10.7）。
- 认识到类固醇分子结构细微的差别可能导致其生物活性的巨大改变（10.7）。
- 比较与区别品牌药和仿制药（10.8）。
- 识别一些非处方药的种类和它们的用途（10.8）。
- 了解一种药从处方药到非处方药的转化过程（10.8）。
- 描述草药的一些潜在益处和风险（10.9）。
- 说明处方药的分类（10.10）。
- 讨论使用大麻和羟考酮的生理效应和社会效应（10.10）。

习题

强调基础

1. 给出下列药物的预期疗效。有没有一种药能具有以下所有的疗效？
   a. 退烧药　　　　　　　　　b. 止痛药　　　　　　　　　c. 消炎药
2. 化学领域有很多的分支。有机化学家研究什么？
3. 画出**练一练** 10.7 中 C_5H_{12} 的 3 种异构体的结构式和键线式。
4. 画出 C_6H_{14} 的不同异构体的结构式和键线式。提示：注意不要将同一结构写两遍。
5. 想一想 C_4H_{10} 的异构体。如果将一个氢原子替换为—OH 基团的话，可以形成多少个异构体？画出每一个的结构式。
6. 指出下列化合物中出现的官能团：

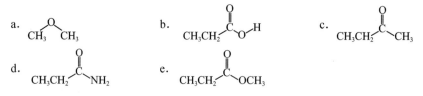

7. 画出含有下列官能团的最简单的分子。其中可能包含一个或两个碳原子。
   a. 醇　　　　　　　　　　b. 醛　　　　　　　　　　c. 酸
   d. 酯　　　　　　　　　　e. 醚　　　　　　　　　　f. 酮
8. 指出下列化合物包含的官能团。然后画出一个含有不同官能团的异构体。

   a. CH_3CH_2—OH　　　　b. $CH_3CH_2\overset{\displaystyle O}{\overset{\|}{C}}H$　　　　c. $CH_3CH_2\overset{\displaystyle O}{\overset{\|}{C}}OCH_3$

9. 组胺会造成过敏患者产生流鼻涕、红眼和其他症状。其结构式如右图。

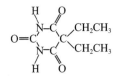

   a. 写出该化合物的分子式。

   b. 在组胺中圈出官能团氨基。

   c. 分子中的哪个（或哪些）部分使得分子具有水溶性？

10. 图10.7给出了泰诺活性成分对乙酰氨酚的结构简式。

    a. 画出对乙酰氨酚的完整结构式，展示出所有的原子和化学键。

    b. 写出该化合物的分子式。

    c. 儿童泰诺是一种调味的对乙酰氨酚的水溶液。预测一下分子的哪个（哪些）部分使对乙酰氨基酚具有水溶性。

11. 指出下列化合物包含的官能团。

    a. 巴比妥（一种镇定剂）   b. 盘尼西林G（一种抗生素）

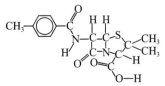

    c. 二甲基氨基苯甲酸戊酯（防晒霜中的一种成分）

12. 布洛芬在水中相对不溶但在大多数有机溶剂中易溶。根据它的结构式解释这种溶解度性质。提示：见图10.7。

13. 这是地西泮（diazepam）的结构式，它是存在于安定（Valium）中的镇定剂。从它的结构判断，你认为它更容易溶解在脂类溶剂中还是水中？为什么？

14. 画出乙酸与以下的醇反应生成的酯的结构。

    a. 正丙醇 $CH_3CH_2CH_2OH$

    b. 异丙醇 $(CH_3)_2CHOH$

    c. 叔丁醇 $(CH_3)_3COH$

15. "NSAID能对COX酶产生作用。"给出这句话中两个缩写词的含义，解读这一句话并且解释其中"作用"的具体含义。

16. 通常碳原子形成四根共价键，氮原子形成三根，氧原子形成两根，而氢原子只形成一根。利用这一信息，画出符合下列要求的化合物的结构式：

    a. 包含一个碳原子、一个氮原子和任意数量氢原子的化合物。

    b. 包含一个碳原子、一个氧原子和任意数量氢原子的化合物。

17. 如果阿司匹林是直接与前列腺素作用而不是阻断COX酶的活性，它的活性是否会更高？阐述你的理由。

18. 审视图10.16给出的组合化学合成的过程。如果从一个含有两个活性官能团的化合物出发，每步加入含有一个官能团的化合物，在两步之后你能得到多少种产物？如果第一步所加化合物本身含有两个活性官能团，又会有多少种产物生成？

19. 文中说美国每年消耗800亿片阿司匹林。如果平均每片含有500 mg的阿司匹林，这一消耗代表多少吨的阿司匹林？

20. 指出吗啡和杜冷丁分子所包含的官能团。这些分子是否能被归为一类特定的化合物（比如醇、酮或胺）？为什么？提示：参照图10.14的结构式。

21. 药效团（pharmacophore）的含义是什么？

22. 磺胺是磺胺类抗生素中最简单的一种。它似乎是通过取代细菌的一种必需营养物质对氨基苯甲酸来起抗菌作用。根据结构式来解释这种取代可能发生的原因。

23. 以下哪些化合物具有手性？

24. 以下哪些化合物具有手性？

25. 甲基苯丙胺盐酸盐是一种危险、易成瘾的强烈兴奋剂。在黑市中，也被称为"冰毒（crystal）"、"crank"和"meth"。下面的结构式为它的盐的形式。

这种药的游离碱的形式，被称为"冰（ice）"，也有被滥用。游离碱代表什么意思？药物怎样会被转化为这种形式？

26. 观察左美沙芬和右美沙芬的结构式（图10.20）。指出其中包含的所有手性碳和官能团。

27. 胆固醇、性荷尔蒙和可的松，类似的如此多样的分子都含有相同的结构元素。使用键线式表示它们共有的结构。

注重概念

28. 文中说一些依据古代文明发展的治疗方法中含有有效对抗疾病的化学物质，也包含一些无效但也无害的成分，还有一些具有潜在伤害性的成分。最近发现的物质该如何被归入这三种类型中呢？

29. 画出以下每个分子结构式并确定每个碳原子成键的数量和种类（单键、双键或三键）。
    a. H₃CCN（乙腈，被用于制造一种塑料）
    b. H₂NC(O)NH₂（尿素，一种重要的肥料）
    c. C₆H₅COOH（苯甲酸，一种食物防腐剂）

30. 比较阿司匹林、对乙酰氨基酚和布洛芬的生理学效果。在分子和细胞层面上讨论每一个化合物的不同。

31. 在**练一练**10.7中，你被要求画出C₅H₁₂的三种异构体的结构式。一个学生交上以下这组异构体，并注明找到了6种异构体（注：为展示得清楚，省略了氢原子）。请你帮助这名同学理解为什么某些答案是不正确的。

32. 苯乙烯（$C_6H_5CH=CH_2$）是第9章中介绍的聚苯乙烯的单体。其分子内含有一个苯基（C_6H_5—）。画出其结构式，表明其与苯一样具有共振式。

33. 阿司匹林是一种特定的化合物，那么评判一种牌子的阿司匹林比另一种好的依据是什么？

34. 图10.8展示的是体内的化学信息传递。写一段话来说明这幅图是如何帮助你理解化学信息传递的？

35. 想一想这种说法："药物大致可以分为两类：那些在体内产生生理反应的和那些阻止造成感染的物质增长的。"以下这些药物可归入哪一类？

    a. 阿司匹林   b. 吗啡   c. （先锋霉素）抗生素

    d. 雌激素   e. 对乙酰氨基酚 f. 青霉素

36. 结合图10.14中吗啡的结构回答问题。同样是一种具有麻醉效果的止痛剂，可待因和吗啡具有非常相似的结构，只需要把吗啡接在苯环上的—OH基团替换为—OCH_3基团。

    a. 画出可待因的结构式并标注它含有的官能团

    b. 可待因的止痛效果只有吗啡的20%左右。但可待因不像吗啡那样成瘾。这足以证明用—OCH_3取代—OH总能够在这类药物中产生这样的性质变化吗？

37. 多巴胺在大脑中天然存在。(−)-多巴被发现是治疗与帕金森症相关的颤抖和肌肉僵化的有效药物。指出(−)-多巴中的手性碳，并说明为什么(−)-多巴有效而(+)-多巴无效。

(−)-多巴

38. 维生素E经常以(+)-和(−)-异构体的外消旋形式出售。使用互联网查找问题的答案。

    a. 哪种异构体生理活性更高？

    b. 外消旋体混合物的价格与具有生理活性的单一异构体的价格差别有多大？

39. 思考一下左美沙芬（levomethorphan）是一种易致瘾的鸦片制剂，但右美沙芬（dextromethorphan）则是安全的，且常作为非处方咳嗽制剂出售。从分子的角度解释产生这种可能性的原因？

40. 使用锁-钥模型类比并描述药物及其受体位点的相互作用。想一想，你会如何使用这样的类比和你的朋友解释这一相互作用的过程。

41. 为什么举国上下启动了很多分离和合成新药的项目，但实际上其中只有很少数获得FDA的批准广泛使用？

42. 直到19世纪早期，人们相信有机化合物具有某种"生命力"，只能由生命体制造。这是生机说（vitalism）概念的基础。这种观点在19世纪晚期被摒弃。使用网络找出是什么改变了人们的这种看法。

探究延伸

43. 一个成功的发现药物的方法是将最初的药物作为原始模型，以此发展其他相似的化合物，即类似物。

文中指出在器官移植手术中使用的一种主要抗排异性药物环孢霉素（cyclosporine）就是一例通过这种方式发现的药物。调研这种药物的发现过程来证实这一说法。写一篇简短的报告来描述你的发现，并引用你的来源。

44. Dorothy Crowfoot Hodgkin 第一个确定了自然存在的青霉素化合物的结构（图10.4）。什么样的背景使她能够实现这一发现？写一篇简短的报告来描述你的发现，并引用你的来源。

45. 在苯的环状结构确定前（图10.4），对于在这一化合物中原子是如何排列的问题有很大的争议。

    a. 数出苯中C和H的外层电子数。然后画出一个可能的线型异构体的结构式。

    b. 给出a中答案的结构简式。

    c. 将你的结构与同学画出的相比较。它们是否全部相同？为什么？

46. 抗组胺药是广泛使用的治疗对组胺化合物产生过敏反应的药物。这类药物与组胺相竞争，并占据细胞中通常由组胺占据的受体位点。这是某一个抗组胺药的结构。

    a. 这个化合物的分子式是什么？

    b. 你观察到这个结构与组胺结构（习题9中有显示）存在哪些相似之处使其能够与组胺竞争？

47. 在今后几年中，FDA可能考虑解除对超过12种药物的管制，这几乎相对于过去十年中已被批准的以非处方药出售的药物数量。导致这一趋势的产品就是被广泛宣传的用于治疗烧心的药物。

    a. 在对一种药物解除管制之前必须回答哪些问题？

    b. 如果你站在FDA、制药公司或是一个消费者的角度来考虑这一需要的话，这些问题会发生变化吗？

48. 找出更多关于2006年总统绿色化学挑战奖得主设计的生产羟基乙腈（立普妥的前体）新过程的信息。这一过程与原来羟基乙腈的生产过程有何不同？根据你的调查写一篇简短的报告，并给出你的信息来源。

49. 睾丸素和雌酮最初是从动物组织里分离的。为获得5 mg的睾丸素需要1 t的牛睾丸；获得12 mg的雌酮需要4 t的猪卵巢。

    a. 假设荷尔蒙的分离是彻底的，计算一下每种类固醇在原组织中的质量百分数？

    b. 解释为什么计算结果很可能是不准确的。

50. 草药制剂在超市、药店和折扣店被广泛地出售。

    a. 什么因素会影响你决定是否购买其中一种药物？

    b. 选择一种药物，仔细阅读标签找到关于活性成分、惰性成分、预期的不良反应、建议剂量和每剂量价格的信息。

    c. 你有多大信心确信这些药的安全性和功效是有保证的？阐述你的理由。

51. 在1997年安非拉酮（bupropion）（商品名载班，Zyban）（译者注：一种口服药）问世并迅速占据50%市场前，赫比特（Harbitrol）（译者注：一种外用型戒烟贴）曾经是最成功的戒烟处方药。这两种药物治疗的途径有何不同？

52. 非处方（OTC）药能治疗消费者的一系列不同症状和病痛。它的一个优点是使用者可以不必咨询医生及支付相应开销而自行购买并进行治疗。为向这种情况提供更充分的安全范围，OTC药物经常是低剂量的。观察一下处方和非处方的止痛药比如布洛芬（美林，Motrin），以及治疗烧心的药物比如尼扎替丁（nizatidine，Axid）和法莫替丁（famotidine，Pepcid）的相关信息，看看是否如此。说说你的发现。

53. 草药和替代疗法（alterative medicine）与处方和非处方药的管理方式截然不同。需要特别关注的问题包括活性成分的确认和定量、生产过程中的质量控制，以及草药与其他处方药一起使用时的副作用。从草药生产商处寻找处理这些问题的证据，写一份报告来记录你的发现，并引用来源。

54. 生产RU-486（米非司酮，mifeprex，一种堕胎药）的美国公司Danco实验室发表了有关这种类固醇类药物的安全性声明，其中包括了其与阿司匹林安全性的比较。对RU-486进行调研，撰写一篇有关这种药物的简短的报告，包含它的结构、作用方式以及安全记录。

55. 抗生素环丙沙星盐酸盐（ciprofloxacin hydrochloride；Cipro，西普洛）治疗身体很多不同部位的细菌感染。这种药物因为用于治疗接触过吸入形式的炭疽患者而在2001年成为了新闻头条。运用网络或其他来源获得西普洛的结构。画出它的结构并指出其包含的官能团。

56. 直接面对消费者（direct-to-customer）进行处方药的推广被证实对于药物公司来说是一种成功的市场营销手段。根据药物流行趋势（PharmTrend），一个由市场调研组织Ipsos-NPD开展的基于病人层面同步发表的客户行为跟踪研究，20%的顾客表示广告促使他们打电话或者当面与医生讨论某种药物。从病人和医师的角度列出这种市场营销类型的优势和劣势。

57. 2003年FDA和美国海关边防对寄给美国消费者的外国药品货物进行了一系列抽样检查，结果显示这些货物经常含有会产生严重安全问题的、未经批准的或假冒的药品。尽管很多来源于国外的药品声称甚至貌似与FDA批准的药物相同，结果显示很多都属质量和来源不明。在检查的1153种进口药品中，其中绝大多数（1019种，占88%）由于含有未批准的药物而被认定为非法药品。许多这其中的进口药品有可能造成明显的安全问题。使用FDA网站来确定哪种药品的假冒最普遍，它们的来源国家是哪些。

58. 20世纪50年代晚期，沙利度胺（thalidomide）最先在欧洲上市。它被用作一种安眠药以及治疗怀孕期间的晨起时的恶心与呕吐。当时并不知道它造成任何不良反应。但到20世纪60年代晚期，在发现它使怀孕早期服用它的妇女生出的婴儿畸形跛行之后，这种药就被禁止了。运用网络查询信息来撰写一篇短文：描述沙利度胺的光学异构体，并解释FDA直到前段时间都未批准沙利度胺在美国使用的原因。最近FDA又批准其使用的目的何在？

59. 常规的痤疮治疗是维护性治疗。抗生素如四环素和红霉素一旦停用之后不会产生长期持续的疗效。一些患者可能对治疗痤疮的常规药物都没有反应。对这些患者的一种可能的解决途径是服用异维甲酸（isotretinoin，商品名为爱优痛，Accutane，一种维生素A的衍生物）的维生素A衍生物。但是爱优痛绝对不是首选疗法。运用网络查询使用Accutane可能伴随的严重不良反应。

第11章　营养：发人深省的粮食

　　即使你不想成为一个严格意义上的素食者，往这个方向努力仍然是个不错的选择。

　　而每个星期一天素食即是良好的开端。

Andrew A.Weil 博士,

亚利桑那大学整合医学中心主任

想象一下从此再也不吃汉堡，连拿起一块炸鸡的想法都没有，并且早餐的炒鸡蛋里也不再有培根了，这会是你最可怕的噩梦吗？对于某些人来说，成为一个素食者等同于剥夺了他们最为渴望的那些食物，当然，不包括咖啡和巧克力。

但是这实在是太常见了，我们经常采用"全部或者全不"的方法去选择吃什么。不吃冰淇淋，因为它的卡路里太高。不吃红肉，因为它不利于健康。事实上，肉也都不要吃了，因为饲养动物所需的粮食超乎你的想象；而这些粮食如果拿来供给人类的话会更为可取。不要软饮料，因为它们含有大量的糖分。对了，也不要无糖饮料，因为它们含有人工甜味剂。总之，不要，不要，什么都不要！

你的选择可以更加微妙一些。除非出于过敏、特定健康问题的考虑或者是根深蒂固的信念，你吃什么并不是一个"全部或者全不"的命题。举例说吧，一个偶尔吃点肉的人被称为"灵活素食者"。假如你成为一个灵活素食者，每周都有一天不吃肉的话，当你年纪大了之后，你还可能会有较高的生活质量。为什么？因为作为一个素食者，你会去吃更多的全麦面包、水果和蔬菜，而你的身体需要这些！同时，你摄入的饱和脂肪也会大大减少。算一算你就知道，每周一天确实有用。这意味着食物摄入量有了15%的变化。如果每周有两天吃素，你的饮食变化就超过了25%。

同时也想一想，当你改变饮食习惯，食用更少的肉类时，你就为改进这个星球的健康迈出了非常必要的一步。为什么？食品并不是只有超市里的一个价格标签，我们还可能为其付出环境上的昂贵代价。举例来说，在关于生物燃料的章节中（参看第4章），我们提到了生长和收获玉米以及其他谷物所需的能源和环境成本。而在关于水资源利用的章节中（参看第5章），我们也解释了生产食物所需要的高"水足迹"成本。

在这一章中，我们将会解释为什么你吃或者不吃的东西不仅影响你自身的健康，也同样影响着地球的健康。首先，让我们先调查一下你昨天早餐、午餐和晚餐都吃了些什么。如果你吃零食和小吃的话，顺便把它们也算进去。

关于饱和脂肪的更多内容请参看11.3节。

想一想 11.1   咬一口

这个调查让你回顾一下你的食物选择。你昨天都吃了些什么？

a. 从清晨的第一杯咖啡（或者其他任何你最早吃的东西）开始，列一个食物清单。

b. 从你的清单中，选择3种你认为最能促进你健康的食物，并指出你据以评判的标准。

c. 从你的清单中，选择3种你认为最能促进地球上土地、空气和水的健康的食品，并同时指出你的评价依据。

假如你是这个星球上拥有充足食物的幸运儿之一，你有一些很好的理由让自己吃得简单些，并改变你的饮食习惯。事实上，吃什么以及吃多少可能也是你生命过程中所做的最重要的两个决定，而其赌注是你自己的以及这个星球的健康。在下一节中，我们将看看在地球上

食物生产的大图景。

11.1　食物和星球

纵观历史，食物在人类健康和幸福生活中扮演着至关重要的角色。数百万计的人们因缺少食物忍饥挨饿，同时又有许多人因为暴饮暴食而患病死亡。战争曾因食物而起，多少国家也曾因缺乏食物而动荡不安。我们之前讨论过我们呼吸的空气和饮用的水是如何与地域性以及全球性的问题联系在一起的。现在，我们也同样讨论一下食物和它们的关系。

联合国粮农组织

为了一个没有饥饿的世界

　　在美国，水在格兰德河和科罗拉多河的上游就被分流，这就大大减少了下游的水量。

食品的大规模生产会影响这个星球上生命赖以生存的生态系统。随后在这个章节中，我们会讨论它们与能源以及气候变化之间的联系。这里，我们先考察一下食物生产、水资源利用和土地使用之间的关系。我们引用的大部分数据是由联合国粮食和农业组织（FAO）提供的。作为联合国的一部分，粮农组织是一个提供保证食品安全相关信息的政府间知识网络。

之前在第5章里，我们仔细调研了水资源的可用量和实际使用情况。粮食生产和几个与水相关的问题紧密联系在一起，这包括：

（1）因泵水灌溉而造成的蓄水层枯竭；

（2）因上游灌溉而造成的下游河流干涸；

（3）因杀虫剂和除草剂使用而造成的地下水污染；

（4）因肥料扩散而造成的水富营养化。

在你做"**想一想11.2**"活动的时候，请牢记这些与水相关的问题。

想一想 11.2　世界水资源日

　　请看图中的句子：因我们的饥饿，这个世界变得干渴。2012年3月22日，世界水资源日的主题为"水与粮食安全"。（译者注：原文为water for food security，应为 water and food security）

　　a. 以离你家很远的某个地方举例，具体说明粮食生产与水资源短缺之间的关系。

　　b. 以离你家很近的某个地方举例，具体说明粮食生产与水资源短缺之间的关系。

　　答案：

　　a. 将咸海的水分流用于灌溉就是一个例子（参看图5.14）。

　　b. 一个可能的例子是美国奥加拉拉（Ogalalla）蓄水层的枯竭（参见图5.13）。

每天你都会喝多达好几升的水，同时，为了生产你所吃的粮食，你每天还间接消耗掉不少的水。举个例子，2010年联合国教科文组织（UNESCO）的报告指出，生产餐桌上1 kg的牛肉大概要花费掉15000 L的水，而这只够做9个"巨无霸"汉堡。这并不是说牛喝掉了那么多水，而是指种植饲养牛所需的谷物需要用掉这么多的水。所以，通过改变你吃的食物，你就可以改变水的消耗。

在本章开篇处，我们建议你考虑更经常地吃素食。这种做法不仅可以在你的饮食当中提供更多的天然谷物和蔬菜，还可以减少你间接"喝"掉的水量。但在我们仔细考量素食的价值之前，再来看一下粮食和土地使用之间的关系。

我们利用土地来种植庄稼和饲养动物。这和许多问题密切相关，包括：

（1）因为开垦农耕用地而损失的森林生态系统；

（2）因为过度种植和过度放牧而造成的表层土壤侵蚀流失；

（3）因为反复种植同一种作物而丧失的生物多样性。

正如柱状图11.1a所示，生产不同食物所需要使用的土地面积不尽相同。其中一个原因是饲养动物需要不同量的谷物（如图11.1b所示）。但是，这些估算数值并不一定适用于所有的肉类和乳制品。比如，在某些地区，动物是牧草饲养的，因此谷物消耗很少，甚至没有。

如图11.1所示的估算值是基于一系列的假设条件。具体数值根据假设不同可能会高一些或者低一些。比如，这一套估值可能会偏高，因为餐桌上的食物（以千克计）只考虑了动物身上那些可以吃的部分，并不是整只动物。不管基于哪种假设，所得趋势均是明显的：除了那些牧草饲养的动物，生产牛肉需要消耗更多的谷物。下面这个活动会帮助你在分析如图11.1所示的数据的时候更有辨识能力。

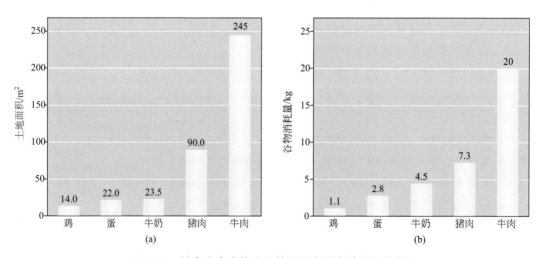

图11.1 粮食生产中的土地使用量和谷物消耗量估算
（a）生产餐桌上每千克食物所需要使用的土地面积和（b）谷物消耗量

数据来源：Feeding the World: A Challenge for the Twenty-First Century，Smil, V.，麻省理工出版社，2001

想一想 11.3 检查一下假设条件

以下这些因素将影响对于生产餐桌上每千克食物所需要的土地使用面积与谷物消耗量的估算值。检查每一个因素，看看它会使估算值偏高还是偏低？

a. 每英亩地所生产的谷物量（玉米或者大豆）。

b. 动物整个生命周期中被考虑在估算中的部分。

c. 估算时考虑的是整只动物亦或只是那些可以食用的部分。

答案：

b. 幼牛在被送往饲养场之前就已经开始被饲养了。因此，如果一头牛的生命过程被考虑进去的部分越多，其土地使用量的估算值就会越高。注意：一头牛需要的牧场面积取决于土地的质量以及农民或者牧民的做法，可能少至若干英亩，或多达30英亩以上。

如图11.2所示，肉的消耗量在全世界范围内普遍上涨。在发展中国家人民不断攀升的生活水平的强力驱动下，这个趋势预计将持续到2030年以后。

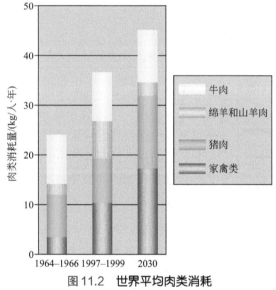

图 11.2 世界平均肉类消耗

数据来源：农业，FAO, 2012

从图11.2中可见，预计的肉类消耗量增长主要是在猪肉和家禽类，而非牛肉。

如果我们顺着这个肉类消耗量增长的途径走下去的话，几十年后，地球是否还能够哺育人类？要回答这个问题，我们需要先算一算。从图11.2中，我们可以得到2030年预计人均年肉消耗量的估值（以kg/人·年计），这样就可以将每种肉类跟与其相应的谷物需求量（图11.1）配对。

10 kg牛肉/人·年 × 20 kg谷物/kg牛肉 = 200 kg谷物/人·年

15 kg猪肉/人·年 × 7.3 kg谷物/kg猪肉 = 110 kg谷物/人·年

17 kg鸡肉/人·年 × 2.8 kg谷物/kg鸡肉 = 48 kg谷物/人·年

计算一下就可以知道，2030年的人均年消耗谷物量约为358 kg。如果我们假设2030年的世界人口为80亿（这恐怕还是低估了），这就需要每年2.9万亿千克的世界谷物生产量来生产这些肉。而2009年的世界粮食总产量大概只有2万亿千克或者20亿吨（1t = 1000 kg）。对比可知，即使使用比图11.1中更低的数据来估算谷物需求量，其生产量肯定还是不足的。虽然这些差额可能通过增加作物产量的方法来弥补，但是正如我们将在最后一节中看到的一样，这种可能性是很低的。

> 在这个计算中，我们忽略了绵羊和山羊肉生产所消耗的谷物量，因为它们非常少。

我们回到本节的主题，"我们的食物影响着这个星球的健康"，并以其来结束这一节。趋势是明显的。我们的土地和水资源都受到粮食生产的影响，而其中肉类食品的影响要大于素食。

那么解决方案是素食吗？如果答案可以这么简单就好了！是的，减少肉消耗量是有意义的，而用其他肉类食品取代牛肉也同样有意义。正如我们将看到的一样，增加某些食物的消耗量和限制一些其他食物的消耗量一样有意义。在接下来的几节内容里，我们将探讨一下食物是如何影响我们的健康。在这一章的最后，我们将再次讨论那些与粮食生产以及地球相关的问题。必须再次指出，答案并没有那么简单。

11.2　人如其食

营养成分

食用分量 1 oz
（每次28 g或每袋食用30次）

每份含量

卡路里 170	脂肪所含的卡路里 140

日营养摄入建议量[①]

总脂肪15 g	23%
饱和脂肪 1.5 g	8%
反式脂肪酸 0 g	
多不饱和脂肪 5 g	
单不饱和脂肪 8 g	
胆固醇 0 mg	0%
钠 50 mg	2%
钾 200 mg	6%
总碳水化合物 5 g	2%
膳食纤维 3 g	12%
糖 1 g	
蛋白质 6 g	

维生素A	0%
维生素C	0%
钙	4%
铁	6%

①日营养摄入建议量的值是根据每日摄入2000卡路里的饮食而定的。个体存在差异，可高可低，取决于个人的卡路里需求：

	卡路里：	2000	2500
脂肪总量	<	65 g	80 g
饱和脂肪	<	20 g	25 g
胆固醇	<	30 mg	300 mg
钠	<	2400 mg	2400 mg
总的碳水化合物		300 g	375 g
膳食纤维		25 g	30 g

图 11.3　一袋坚果包装上的营养含量标签

无论是坐下来仔细品味可口美食或是在匆忙中拿着垃圾食品狼吞虎咽，人进食都是因为需要食物提供的水、能量、原材料以及微量营养元素。是的，水！这东西太重要了，它在新陈代谢中既是反应物也是生成物，是冷热的调节剂，也是生命过程所需的无数种物质的共同溶剂。我们的身体大约60%是水。

> 第5章中已讨论了水的一些有趣性质。

但是，无论在体内或任何其他地方，水都不能作为燃料燃烧。因此，我们需要食物作为能量源来驱动各种生理过程，包括肌肉的伸缩运动、神经脉冲的产生和传送以及体内分子和离子的传输转运等等。此外，食物也提供了身体的原材料，可用以合成新的骨头、血细胞、酶和头发。最后，新陈代谢是维系生命至关重要的一整套复杂的生命过程，而食物则提供了其中非常重要的营养成分。

适当饮食不仅仅是填饱肚子的问题。即使吃到超重，你仍然有可能营养不良。**营养失调**是由于饮食结构中缺乏适当的营养成分造成的，即使食物提供的能量可能已经很充足了。**营养失调**和营养不足不同，后者指人每日能量摄入量并不足以满足新陈代谢的需要。今天，世界上的人们或者是营养失调或者是营养不足，而且越来越多的人变得超重。在

2010年，美国疾病控制和预防中心报道说，美国68%以上的成年人超重，其中一半以上的人属于肥胖。肥胖的流行是诸多因素造成的，包括吃了不对的食物、暴饮暴食以及缺乏运动等等。

想一想 11.4 一辈子吃掉的食物

据说，在一生中，你将吃掉大约是你成年体重700倍量的食物。这一说法是否大致正确？通过计算来验证一下吧。请清晰地列出你所有的假设。

提示：假设你可以活到78岁，并以现在的体重作为成年体重计算。估计一下现在每天吃的食物重量，并用这些数据来预测你一辈子吃掉的食物。

回想一下你昨天吃的东西。它们是像苹果、烤土豆或者多汁的猪排那样未经加工（或只是轻微加工），还是像苹果酱、炸薯条或者烟熏培根肉片那样经过深度加工？后者是那些从相应的天然状态通过装罐、烹调、冷冻以及添加如增稠剂和防腐剂等化学品等方法处理而来的。大部分国家的饮食中都包含许多种加工食品。

在美国，加工食品必须在其标签上列出其营养成分的信息。如图11.3所示，这些标签包含**常量营养素**——脂肪、碳水化合物和蛋白质等信息。这几乎提供了机体合成和修复所需的所有原材料和能量。钠和钾离子的含量要低得多，但这些金属离子对体内正常的电解质平衡十分重要。几种其他的离子和不同种类的维生素（参见11.8节）以一次食用所提供的营养量占每日建议量百分比的形式被列出。这些物质，无论是自然存在的还是在加工过程添加的，都是化学品。事实上，不可避免地，所有食物本身就是化学品，即使那些号称有机的或者"天然"的食品也不例外。

表11.1标明了几种常见食品中所含水、碳水化合物、脂肪和蛋白质的质量分数（100 g食物中各成分的质量）。在呈现的这几种食物中，我们能明显看出其成分的不同。但在所有食物中，下述这4种成分就几乎占据了食物所有的质量。水的含量在2%减脂牛奶中高达89%，而在花生酱中则低至1%。花生酱、牛排和鱼的蛋白质含量相近，而花生酱所含的脂肪含量在这张表中则最高。巧克力饼干的碳水化合物含量最高，因为它富含糖和精细淀粉。

表11.1 在若干食物中水、脂肪、碳水化合物和蛋白质的质量分数

食物	水/%	脂肪/%	碳水化合物/%	蛋白质/%
白面包	37	4	48	8
2% 减脂牛奶	89	2	5	3
巧克力片饼干	3	23	69	4
花生酱	1	50	19	25
牛排（牛里脊肉）	57	15	0	28
鱼（金枪鱼）	63	2	0	30
黑豆（熟）	66	<1	23	9

来源：美国农业局，农业研究服务部，Home and Garden Bulletin 72，2002年。

脂肪这个名词虽然广为使用，但是其含义还是太过狭窄。下一节将讲述脂肪和油，也称"甘油三酯"。

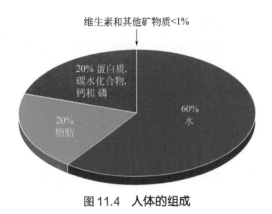

图 11.4　人体的组成

将表11.1的数据和图11.4所展示的人体的相关数据做个比较。在某种程度上来说，人如其食。人体成分比起巧克力饼干来更接近牛排。人体中水和脂肪的含量比面包的更高，蛋白质含量则比牛奶的高。从这些数据，我们可以计算出一个150 lb（68 kg）的人含有约90 lb（41 kg）的水和大约30 lb（14 kg）的脂肪。剩下的30 lb（14 kg）几乎都由各种蛋白质和碳水化合物以及骨头里的钙和磷组成。其他的矿物质和维生素加在一起不到1 lb（453.6 g）。这说明少量的矿物质和维生素就可以较长时间地维持生命运转。这点将在11.8节中继续讨论。

在下面五个小节中，我们将依次看一看每一种常量营养素，包括脂肪、碳水化合物和蛋白质。你会发现，每一种都有其独特之处。

11.3　脂肪和油

你很可能和冰淇淋、黄油以及奶酪打过交道，并从中知道脂肪可以赋予食物令人愉悦的风味和口感。总的来说，脂肪是很油、很滑、很软、低熔点、不溶于水的固体。融化后，它就漂浮在水的表面。酸奶油、霜状白糖和大部分酥皮点心里富含脂肪（和卡路里）。大部分脂肪都来源于动物，尽管其中肉的脂肪含量会有所不同。

你可能也知道油，比如那些从玉米和大豆中得到的油。你也可能看过在你的花生酱表面有一层花生油。你还可能很喜欢吃蘸着橄榄油的面包。或者，你也可能用菜籽油作为起酥油做过一条坚果面包。大部分油都来源于植物。它们呈现出很多动物脂肪的特征，但是在室温下，它们是以液态形式存在的。

正如我们在第4章讨论生物柴油时指出的，组成脂肪和油的分子具有同样的结构特征。它们都是甘油三酯，也就是含有三个酯键的分子。它们是三分子脂肪酸和一分子甘油酯化得到的。脂肪是室温下呈固态的甘油三酯，而油是室温下呈液态的甘油三酯。反过来讲，所有的甘油三酯都是油脂。油脂是一类不仅包括甘油三酯，还包括胆固醇和其他类固醇等相关化合物的物质。图11.5展示了油脂的家谱。

回顾4.4节中关于碳氢化合物以及9.6节中关于羧酸化合物的知识。

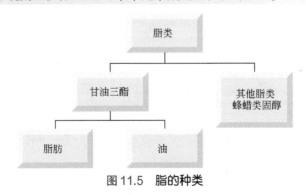

图 11.5　脂的种类

在上一段中，我们引入了几个新的名词，这里将一一介绍。首先是脂肪酸这一类有趣的化合物。图11.6中可以看到脂肪酸的一个例子——硬脂酸。就像所有的脂肪酸一样，硬脂酸有两个重要的结构特点。首先是含有偶数个碳原子的一条长碳氢链，其碳原子数包括链端的羧酸基团（—COOH）在内通常是12~24个。这条碳氢链赋予了脂肪和油油腻的特性。其次是在链端的羧酸基团—COOH。它是其名字脂肪酸中"酸"的由来。

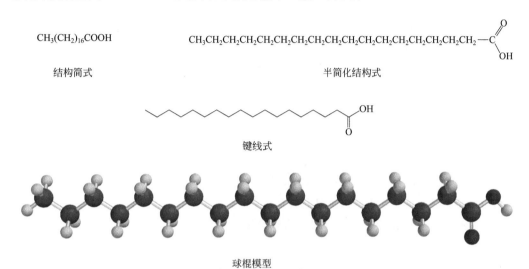

图11.6　硬脂酸（一种脂肪酸）的表示形式

在10.2节中我们介绍了键线式。

接下来我们介绍甘油。之前在第4章介绍生物柴油的时候，我们曾简要提到这种醇。甘油是一种黏稠的、糖浆状的液体，有时它被加入到肥皂或护手霜中。下面的结构式（图11.7）表明它是一种含有3个羟基（—OH）基团的醇类化合物。

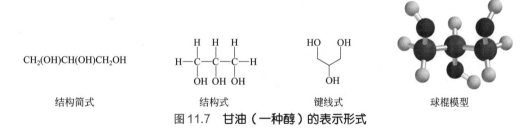

图11.7　甘油（一种醇）的表示形式

在这里，我们感兴趣的是甘油分子中的3个—OH基团，每一个都可以和一个脂肪酸分子反应形成酯键，结果就生成了甘油三酯。

$$3 \text{ 脂肪酸} + 1 \text{ 甘油} \longrightarrow 1 \text{ 甘油三酯} + 3 \text{ 水} \qquad [11.1]$$

比如，3个硬脂酸和1个甘油分子相结合形成1个三酯或甘油三硬脂酸酯。在反应方程式11.2中用红色高亮显示了甘油三硬脂酸酯中的3个酯键官能团。

在9.6节中我们介绍了可以形成聚酯的类似反应。

$$3\ CH_3(CH_2)_{16}C\overset{O}{\underset{O-H}{C}} + H-O-C\cdots \longrightarrow \cdots + 3\ H_2O$$

[11.2]

　　反应方程式11.2中显示的过程是形成大部分动物脂肪和植物油的基础。在大部分情况下，这些过程都是酶催化的。我们体内几乎所有的脂肪酸都是以甘油三酯的形式储存和转运的。

 练一练 11.5　　甘油三酯的形成

　　就像硬脂酸一样，棕榈酸也是动物脂肪的一个组成部分。
　　a. 画出棕榈酸 $CH_3(CH_2)_{14}COOH$ 的键线式结构。
　　b. 说出在这两种脂肪酸中具有酸性的官能团的名字。
答案：
　　a.

$$\text{（键线式结构：长链羧酸，末端为 }-\overset{O}{\underset{}{C}}-OH\text{）}$$

　　b. 羧酸基团，—COOH
　　参看动感图像！了解更多的表示形式

　　最后，我们需要仔细区分名词"脂肪"和"油"。就像我们之前提到的，脂肪是室温下为固体的甘油三酯，而油则是室温下为液体的甘油三酯。为什么有这些不同呢？一个特定的脂肪或油的性质取决于包含在甘油三酯中的脂肪酸的性质，其中，脂肪酸是否含有一个或者多个碳碳双键（C=C）至关重要。

　　如果碳氢链的碳原子间只含有碳碳单键而没有碳碳双键，这个脂肪酸就被称为是**饱和脂肪酸**。在这种情况下，这个碳氢链就含有了碳链结构所能够包含的最多数目的氢原子。这就是硬脂酸的情况。如果分子中碳原子间含有一个或多个碳碳双键，这个脂肪酸就是**不饱和脂肪酸**。

　　不饱和脂肪酸包括单不饱和的和多不饱和的。举例来说，油酸的每个分子中含有1个碳碳双键，为**单不饱和脂肪酸**。对比之下，亚油酸（每个分子中含有2个碳碳双键）和亚麻酸（每个分子中含有3个碳碳双键）都是典型的多不饱和酸。那些每个分子中含有多于一个碳碳双键的脂肪酸被称为**多不饱和脂肪酸**。在图11.8中，每一种不饱和脂肪酸都含有相同的碳原子数——18，但是它们碳碳双键的数目和位置都不尽相同。在"**练一练11.6**"的活动中，你有机会研究一下不同的不饱和脂肪酸。

$$CH_3(CH_2)_7CH=CH(CH_2)_7COOH$$

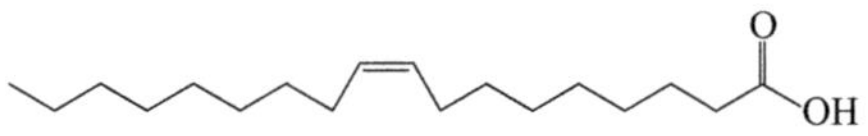

油酸，一种单不饱和脂肪酸

$$CH_3(CH_2)_4CH=CHCH_2CH=CH(CH_2)_7COOH$$

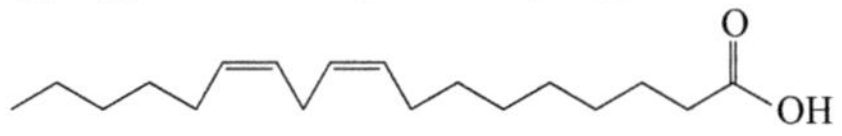

亚油酸，一种多不饱和脂肪酸

$$CH_3CH_2CH=CHCH_2CH=CHCH_2CH=CH(CH_2)_7COOH$$

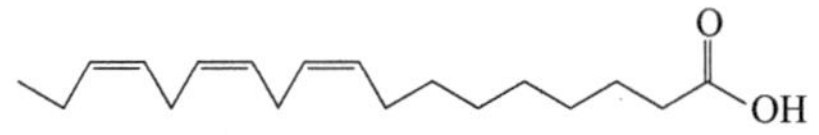

亚麻酸，一种多不饱和脂肪酸

图11.8　不饱和脂肪酸的几个例子

练一练 11.6　　不饱和脂肪酸和甘油三酯

a. 油酸、亚油酸和亚麻酸的什么结构特点决定了它们是不饱和脂肪酸？

b. 月桂酸，$CH_3(CH_2)_{10}COOH$，是棕榈油的一个成分。请画出月桂酸的键线式结构，并指出它属于饱和脂肪酸还是不饱和脂肪酸？

答案：

a. 油酸、亚油酸和亚麻酸都至少含有一个碳碳双键。

b. 它是一个饱和脂肪酸。

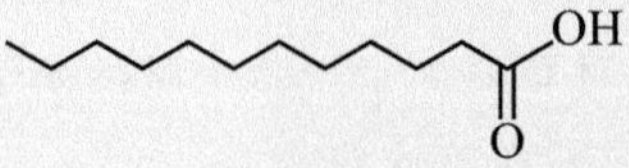

　　一个甘油三酸酯中的3个脂肪酸可以是都相同的，可以是两个相同、第3个不同，或者可以是3个都不相同的。而且，一个甘油三酸酯中的脂肪酸可以有不同的不饱和度。它们在分子中排列的顺序也可以是不一样的。所有这些因素决定了我们在动植物中发现的油脂的多样性。固态或者半固态的动物脂肪，比如猪油和牛油，倾向于含有更多的饱和脂肪。相比而言，橄榄油、红花籽油和其他的植物油多半是由不饱和脂肪酸组成的。

表11.2　比较不同的脂肪酸

名　　称	每个分子中的碳原子数	每个分子中的碳碳双键数目	熔点/℃
饱和脂肪酸			
羊蜡酸	10	0	32
月桂酸	12	0	44
肉豆蔻酸	14	0	54
软脂酸	16	0	63
硬脂酸	18	0	70

（续表）

名　　称	每个分子中的碳原子数	每个分子中的碳碳双键数目	熔点/℃
不饱和脂肪酸			
油酸	18	1	16
亚油酸	18	2	-5
亚麻酸	18	3	-11

　　表11.2指出了在给定的一组脂肪酸里的一些变化趋势。比如，在饱和脂肪酸中，熔点随着每个分子中碳原子数目（以及分子量）的增加而提高。相反，在含有相同碳原子数目的一组不饱和脂肪酸中，碳碳双键数目的增加会降低熔点。所以，当比较含有18个碳原子数的不饱和脂肪酸时可以发现，饱和的硬脂酸（没有碳碳双键）在70 ℃融化，油酸（每分子含一个碳碳双键）的熔点为16 ℃，而亚油酸（每分子含有2个碳碳双键）的熔点则降至-5 ℃。这个趋势在所有含有脂肪酸的甘油三酯里都成立。这也可以解释为什么富含饱和脂肪酸的动物脂肪在室温和体温时是固体（正常的体温是37 ℃，室温大概是20 ℃），而那些富含不饱和脂肪酸的甘油三酯则是液体。

　　硬脂酸在体温下是固体，而油酸和亚油酸则是液体。

练一练 11.7　　碳氢化合物、甘油三酯和生物柴油

　　a. 请比较辛烷分子和脂类分子（脂肪或油）。列出两个的不同。

　　b. 请比较生物柴油分子和脂类分子（脂肪或油）。提示：参见第4章。

答案：

　　a. 一分子辛烷含有的碳原子数目要少于一分子脂类分子。辛烷分子既不含有酯键，也不含有碳碳双键。而脂类分子则可能含有这些基团。

　　你可能已经猜到了，脂肪和油的区别不仅仅在于它们的物理性质，更在于它们影响你健康的方式。我们将在下一节中讨论这个话题。

11.4　脂肪、油和你的饮食

　　因为脂肪比其他任何营养物都含有更多的热量，所以人们更倾向于关注饮食中的脂肪。但是脂肪远远不止是一种燃料。脂肪改善了我们享用食物的乐趣，增进口感，并加强了某些风味。几乎所有的甜点加点生奶油都要好吃多了！脂肪对于生命也是不可或缺的。它们为保持体内热量提供保温层，并帮助缓冲对于内部脏器的冲击。而且甘油三酯和其他包括胆固醇在内的脂类是细胞膜和神经鞘的主要成分，我们的大脑也富含脂类。

　　幸运的是，我们的身体可以摄入的食物中得到原材料并进一步合成几乎所有的脂肪酸。亚油酸和亚麻酸是两个例外。这两种脂肪酸只能从饮食中摄取，我们的身体无法生产它们。一般来讲，这并不是问题。因为许多食物，包括植物油、鱼和多叶蔬菜，都含有亚油酸和亚麻酸。

　　图11.9显示出我们食用的一些油的组成成分中令人惊讶的不同之处。比如，亚麻籽油含

有特别多的α-亚麻酸（简称ALA），这是一种正在被研究的，而且被认为能够促进人体健康的多不饱和脂肪酸。棕榈仁油和椰子油比玉米油和菜籽油含有更多的饱和脂肪。具有讽刺意味的是，用于一些非乳奶精的椰子油含有87%的饱和脂肪，这远远大于它所取代的奶油中的饱和脂肪含量。事实上，椰子油比纯的黄油含有更多的饱和脂肪。对于椰子油和棕榈油高饱和度的担忧可以解释为什么食品标签上有时会印有"不含热带油"的声明。

固态的椰子油也被称为椰子乳脂。它在室温附近下会融化变成油。

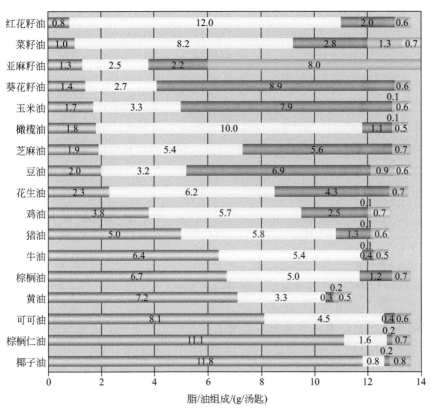

脂/油组成/(g/汤匙)

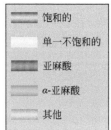

图 11.9 饱和脂肪和不饱和脂肪

来源：公共利益科学中心发布的Nutrition Action Health Letter, 2005, 32(10), 8

想一想 11.8   食用油的化学

a. 看看这张来自某名牌食用油的标签。其主要成分可能是红花籽油，菜籽油，还是大豆油？请解释。

b. 该品牌的食用油含有一个不一样的组分，维生素E。你认为它可能是油本身的一部分，还是一种添加剂呢？

提示：回顾11.8节。

营养成分
每次食用分量1 大勺(15 mL)
每瓶食用分量大约63次

每份含量	
卡路里 120	脂肪所含的卡路里 120

	日营养摄入建议量
全脂肪 14 g	21%
饱和脂肪 1 g	6%
反式脂肪酸 0 g	
多不饱和脂肪 11 g	
单不饱和脂肪 2 g	
胆固醇 0 g	0%
钠 0 g	0%
总碳水化合物 0 g	
蛋白质 0 g	
维生素 E	20%

不是膳食纤维，糖，维生素A，维生素C，钙和铁的重要来源

日营养摄入建议量的值是根据每日摄入2000卡路里的饮食而定的

　　然而，油的高不饱和度也有一个缺点。你可能已经注意到油放置一段时间后会慢慢产生微微的腐败气味。这是由于碳碳双键比碳碳单键更容易和空气中的氧气反应。你闻到的"异味"极有可能就是这种油和氧气反应导致的。因此，有时也会对油进行部分氢化处理，增加它的饱和度。这也改善了含有这种油的食品的保存期限。

　　氢化是提高油或者脂肪不饱和度的一种方法。它指的是在金属催化剂的存在下，氢气加成到 C=C 双键上，将其转化为 C—C 单键的过程，其具体细节如反应方程式 11.3a 所示。

$$\underset{\text{—C=C—}}{\overset{\text{H H}}{}} + H_2 \xrightarrow{\text{金属}\atop\text{催化剂}} \underset{\text{—C—C—}}{\overset{\text{H H}}{\underset{\text{H H}}{}}} \qquad [11.3a]$$

　　当油被氢化的时候，其中部分或者全部的 C=C 双键被转化成 C—C 单键，饱和度增加，其熔点也相应提高了。因此，就变成了半固体的、可涂抹的人造黄油。如果将所有的 C=C 双键转化成 C—C 单键会得到一个没有什么用途的、难以涂抹的固体。通过仔细地控制温度和压力，人们可以控制氢化的程度来生产那些具有合适的熔点、硬度适中且可以涂抹的产品。反应方程式 11.3b 展示的就是亚油酸的氢化过程。亚油酸是花生油的甘油三酯中的一种脂肪酸。

$$[11.3b]$$

　　注意在亚油酸中，只有 1 个双键被氢化了。所得到的定制脂肪和油被用于人造黄油、饼干和糖果。

　　虽然油脂的保质期和可涂抹性是非常重要的考虑因素，但它们也并非仅有的两个标准。事实上，某些油脂确实更有利于你心脏的健康。要理解为什么，我们需要更仔细地看看连接到甘油三酯的 C=C 双键上的氢原子的连接方式。在大部分天然不饱和脂肪酸里，连接在碳原子上的氢原子位于 C=C 双键的同侧。我们把这种成键形式称为顺式。

H H　　　　H　　　H
　C=C　　或　　 C=C
H₃C　CH₃

顺-2-丁烯

　　或者，氢原子也可以在 C=C 双键的对角线上彼此交叉。我们把这种成键形式称为反式。

H　CH₃　　　H
　C=C　　或
H₂C　H　　　　　H

反-2-丁烯

　　在顺式异构体中，氢原子位于双键的同一侧。在反式异构体中，氢原子位于双键相反的两侧。

举例来说，油酸和反油酸是具有相同分子式的单不饱和脂肪酸。但是它们的性质、用途和对健康的影响却完全不同。油酸是橄榄油的甘油三酯中的一个主要组分，是顺式脂肪酸。相反，反油酸是一个反式脂肪酸，出现在一些通过氢化得到的软性人造黄油里。请比较一下图11.10所示的两个结构式。

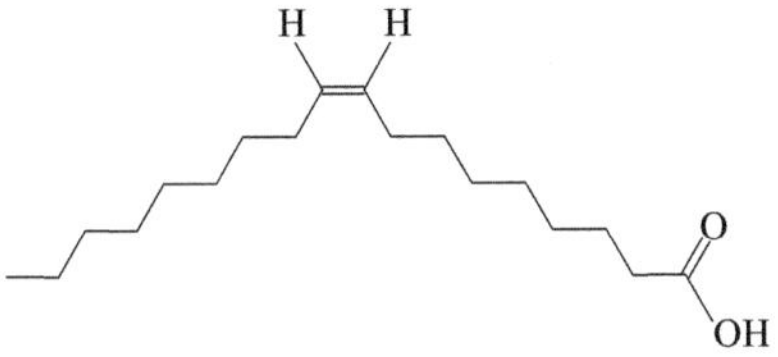

油酸，一种顺式脂肪酸 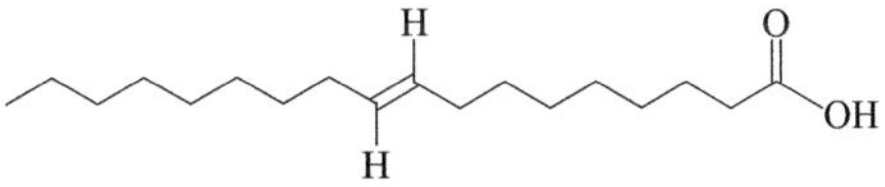　　　　　　　　　反油酸，一种反式脂肪酸

图11.10　顺式和反式脂肪酸的键线式结构式
两者都具有同样的化学式 $CH_3(CH_2)_7CH=CH(CH_2)_7COOH$

反式脂肪是含有一个或多个反式脂肪酸的甘油三酯。科学研究表明反式脂肪会提高血液中甘油三酯以及"坏的"胆固醇的含量。这个发现有些出乎意料，因为部分氢化的脂肪依然含有一些碳碳双键，而不饱和脂肪酸在健康饮食中绝对是非常有益的。然而，反式脂肪的性质类似于饱和脂肪。饱和脂肪分子的又长又直的碳氢链使得它很容易排列在一起。这是它在室温下呈固体的一个原因。天然食用油的分子中的不饱和双键的顺式构型使得它的分子链产生弯曲，因此就不能很好地堆积。这是它在室温下呈液体的一个原因。天然的油都具有这些弯曲的构型。

> LDL（低密度脂蛋白）胆固醇被认为是"坏的"，这是因为它倾向于在动脉壁上积累，进而导致心脏病发作和中风。

重温反应方程式11.3b就可以发现，氢化并不是一个简单的命题。当部分氢化发生的时候，油脂中的一部分碳碳双键会被保留下来。虽然因为油脂中天然存在的碳碳双键都是顺式的，我们预计这些双键是顺式的，但是氢化过程将其中部分顺式的碳碳双键转化成了反式的构型。为了更好地展示顺式和反式构型，我们重新画了反应方程式11.3b。

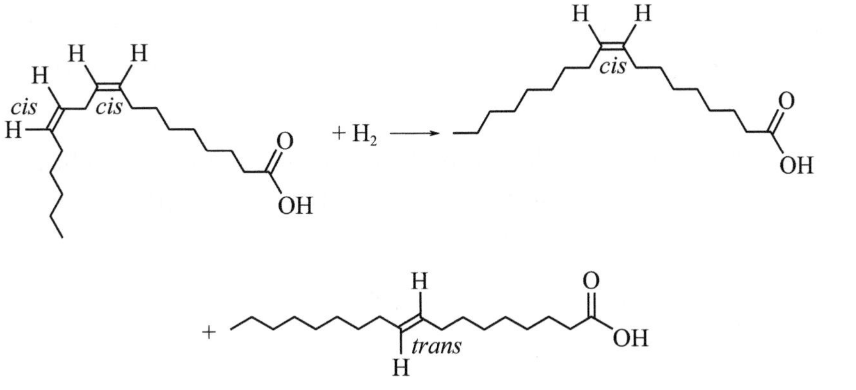

[11.3c]

反式脂肪和饱和脂肪的分子形状更为类似，因此它们在体内的行为也很相近。

人造黄油中含有哪些油脂呢？试试下一个活动吧。

想一想 11.9　　　人造黄油以及脂肪的成分

这个表格列出了黄油和三种人造黄油的脂肪成分。你需要找到其他的产品来回答问题c。

项　目	黄油	蓝多湖黄油(棒)	"鬼才相信不是黄油！"牌黄油（杯）	倍乐醇涂抹黄油（杯）
每次用量	1 大勺=14 g	1 大勺=14 g	1 大勺=14 g	1 大勺=14 g
总脂肪量	11 g	11 g	9 g	8 g
饱和脂肪	7 g	2 g	2 g	1 g
反式脂肪	0 g	2.5 g	0 g	0 g
多不饱和脂肪	1 g	3.5 g	3.5 g	2 g
单不饱和脂肪	3 g	2.5 g	2 g	4.5 g

a. 哪一种人造黄油具有最高百分比的饱和脂肪成分？它和黄油比起来怎么样？

b. 在黄油中，多不饱和脂肪占有多少百分比？

c. 开展一个小规模调查，列出三种不同的黄油或人造黄油的脂肪含量。

在2003年3月，丹麦成为第一个严格控制食品中含有反式脂肪酸的国家。2004年，加拿大也加入了这个行列。美国食品和药物监管局从2006年1月开始要求食品标签中必须包含反式脂肪酸的含量。虽然现在大部分医学专家都推荐消费者避开含有反式脂肪酸的产品，但是因为食品标注的方式，这可能并不容易。在美国，只要食品每份的含量少于0.5 g反式脂肪酸，食品标签上就可以标注"无反式脂肪"。因此，随着多次食用那些并不是真正零反式脂肪含量的产品，反式脂肪的含量会累积。

为了应对这个局面，制造商正在寻找反式脂肪的替代品。诸如棕榈油或椰子油的热带油由于其较高的饱和脂肪含量而不被接受。一些制造商更倾向于在食品中添加其他诸如向日葵油或亚麻籽油等多不饱和油。

食品化学家也一直致力于探索可以产生半固体脂肪，但不产生反式脂肪的氢化方法。酯交换是两种或更多种的甘油三酯的脂肪酸部分发生基团交换生成一个含有各种不同甘油三酯的混合物的过程（图11.11）。如果将低熔点的甘油三酯（油）和高熔点甘油三酯（脂肪）混在一起反应，就会得到具有中间熔点的甘油三酯的混合物，而这就是一个半固体的脂肪。

进行酯交换反应的一种方法是使用强碱作为催化剂。强碱的使用增加了工人的安全隐患，导致产率的显著降低，需要消耗大量的水，并且产生具有高生物需氧量（BOD）的废物。

在第1章中，我们在催化转化器的背景下介绍了催化剂。

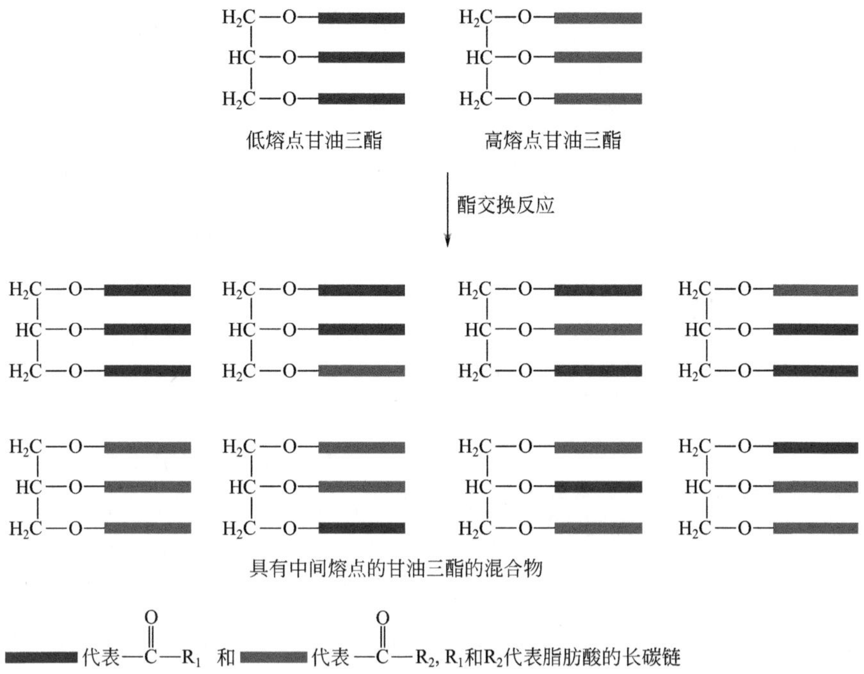

$$H_2C-O \quad\blacksquare\quad\quad H_2C-O \quad\blacksquare$$
$$HC-O \quad\blacksquare\quad\quad HC-O \quad\blacksquare$$
$$H_2C-O \quad\blacksquare\quad\quad H_2C-O \quad\blacksquare$$

低熔点甘油三酯　　　　高熔点甘油三酯

↓ 酯交换反应

具有中间熔点的甘油三酯的混合物

■■■ 代表—C—R₁ 和 ■■■ 代表—C—R₂, R₁和R₂代表脂肪酸的长碳链

图11.11　酯交换反应：置换脂类中的脂肪酸制备混合甘油三酯

来源：改自《真实世界中的绿色化学案例》第二卷，Cann, M.和Umile, T. 美国化学会，2008

幸运的是，酶也可以催化这种反应。然而，使用酶价格昂贵。这种情况直到诺维信和ADM公司合作完善了酶催化反应才有所缓解。由于这个贡献，他们在2005年分享了总统绿色化学挑战奖。他们的方法不仅具有成本效益，而且更具有环境效益，包括大大减少了水使用量和废水的生物需氧量，降低了过程中油的分解，以及避免了使用碱催化剂。

练一练 11.10　将绿色带回家

回顾在本书封二上所列的绿色化学的核心理念。使用诺维信和ADM公司发展的酯交换催化酶符合其中的那些关键思想？

这样，我们结束了关于脂肪和油的讨论。下一节，我们将讲述糖和它不那么甜的亲戚——淀粉——的甜美故事。

11.5　甜的、含淀粉的碳水化合物

糖是碳水化合物家族的甜味成员。葡萄糖和果糖是大家可能熟知的两类糖，它们天然存在于水果、蔬菜和蜂蜜中。此外，它们还是高果糖玉米糖浆的组成部分（图11.12）。

第4章介绍了淀粉是葡萄糖的一种聚合物，是另一种碳水化合物。它几乎存在于所有类型的谷物、土豆和大米中。虽然它能带来味蕾的愉悦感，但淀粉本身缺乏甜味，消化起来花费的时间也比糖要长一点。无论是甜的或者是含淀粉的碳水化合物，它们都承担着为我们的体

图11.12　高果糖玉米糖浆是果糖、葡萄糖和水的混合物（纯糖是白色结晶固体）

细胞提供能量的重要职责。

碳水化合物也被用于商业生产乙醇，以作为汽车的能源来源。第4章曾讨论到，现在每年，玉米中的淀粉都被发酵生产数以百万加仑计的乙醇。但玉米淀粉并不是独一无二的，几乎任何一种植物的糖或淀粉都可以用于发酵生产乙醇，包括酒类饮料中的乙醇。葡萄中含有许多酿造葡萄酒首选的糖；相比之下，大麦和小麦则包含了用于酿造各种啤酒的淀粉。

碳水化合物是含有碳、氢和氧的化合物，其中氢、氧元素之为2：1，与水中二者含量之比相同。这样的组成使它被命名为"碳水化合物"，意味着"碳加水"。但是碳水化合物中的氢原子和氧原子并不以水分子的形式存在。相反，这些原子是一个较大的、通常以环状结构（在淀粉和纤维素中则是由多个环形成的长链结构）存在的分子的一部分。请观察这些化合物的化学结构式，自行验证。

α-葡萄糖　　　　　　β-葡萄糖　　　　　　β-果糖
一种单糖　　　　　　一种单糖　　　　　　一种单糖

果糖和葡萄糖有相同的分子式$C_6H_{12}O_6$，但它们的化学结构却不同。这两种异构体比较容易区分：葡萄糖有一个六元环，而果糖则包含一个五元环。相比而言，如果不借助模型，我们很难区分葡萄糖的阿尔法（α）和贝塔（β）同分异构体。为了可视化葡萄糖的三维结构，我们可以想象环是与纸面相互垂直的，而环的边缘则直接面对你。这样看来，环上的氢原子和羟基基团便处于环的平面上或平面下。在α-葡萄糖中，C1上的羟基基团与C5上的羟甲基处于环的两侧。在β-葡萄糖中，这两个基团则是在环的同侧。

果糖是单糖（也就是单一的糖分子）的一种。葡萄糖也是如此。而蔗糖（普通的可食用糖）是一种双糖（二糖），由两个单糖分子连接而成的。α-葡萄糖和β-果糖之间通过一个C—O—C键相连接形成蔗糖，同时脱去一个水分子。这听起来似乎很熟悉？是的，与在第9章中描述的形成聚酯的反应类似，这是一种缩合反应。图11.13展示了形成蔗糖这种二糖分子并脱去一个水分子的化学反应过程。

典型的糖类（英文）命名以-ose结尾。

在环中的氧原子右边的碳原子序号为1。碳原子的编号沿环顺时针方向依次增加。

在9.6节和10.3节中介绍过缩合反应。

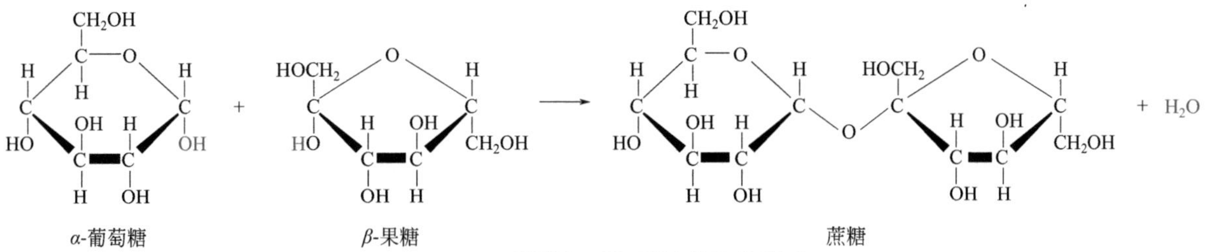

图 11.13　蔗糖（一种二糖）分子的形成

练一练 11.11　　甜的故事

这张表格比较了不同的糖的甜度和热量。甜度值参见表11.3。大卡（Cal）单位相当于1千卡（kcal）或1000卡路里（cal）。

糖	别　名	甜　度	热　量	化学结构式
葡萄糖	血糖、葡萄糖、玉米糖	最不甜	3.87 Cal/g	$C_6H_{12}O_6$
果糖	水果糖	最甜	3.87 Cal /g	$C_6H_{12}O_6$
蔗糖	食糖、砂糖	中等甜度	4.01 Cal /g	$C_{12}H_{22}O_{11}$

a.请给出这三种糖甜度不同的原因。

b.解释一下为什么这些糖每克所提供的热量几乎是相同的。

从**练一练 11.11** 可以看到，我们日常所消耗的糖类无论是在它们的化学组成、热量，还是甜味上都是极其相似的。尽管葡萄糖和果糖的甜度不同，它们的甜度值的区别也就只有2倍左右。那么，你选择吃哪种糖有什么关系吗？事实上，还有一个更好的问题。你到底吃了多少糖呢？答案很可能是"太多了"！

单糖分子还可以连接成更大的分子。**多糖**就是由数千个单糖分子通过缩合反应得到的聚合物。正如其名称所暗示的，这些大分子是由"很多个糖单元"构成的。与蔗糖的形成过程很相似（图11.13），在多糖形成过程中，单糖单体相连接形成链，并且每一个连接都伴随着一个水分子的脱除。日常生活中，我们所熟知的多糖主要有淀粉和纤维素。

人类可以通过将淀粉分解成单个葡萄糖单元来消化它；但是，我们不能消化纤维素。所以我们依赖淀粉类食物，比如土豆或面食作为碳水化合物的来源，而不能吞咽牙签。消化能力不同的原因就在于淀粉和纤维素中葡萄糖单元的连接方式存在细微的不同。如图11.14所示，比较淀粉中葡萄糖单元的 α 连接方式和纤维素中葡萄糖单元的 β 连接方式并不相同。很多哺乳动物（包括人类）的酶，都不能打断纤维素中的 β 连接。所以，我们不能以草或树为食。

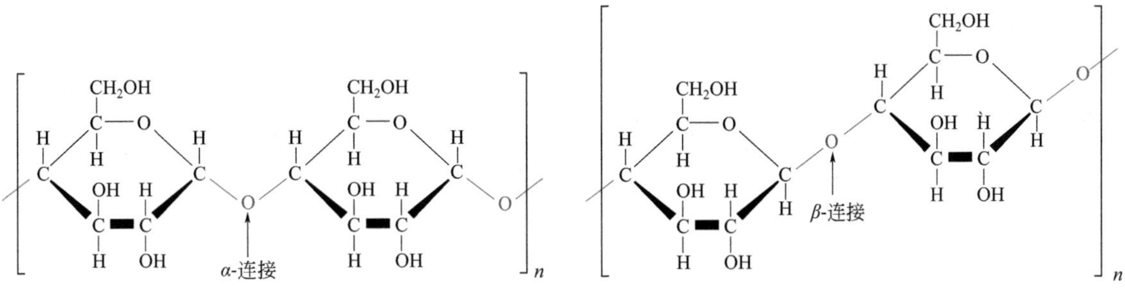

图 11.14　（a）淀粉和（b）纤维素中葡萄糖基元之间的键接方式

相比之下，牛、山羊和绵羊借助一些帮助就能够分解纤维素。它们的消化道含有能够将纤维素降解为葡萄糖单体的细菌。然后，这些动物自身的代谢系统就能起作用了。白蚁体内也含有纤维素分解菌，这就是为什么它们可以破坏木质结构的原因。

当我们的身体中存在多余的葡萄糖时，它们会在胰岛素的帮助下聚合形成糖原，并储存在我们的肌肉和肝脏中。当血糖水平低于正常水平时，糖原又可以转化成葡萄糖。糖原的分子结构与淀粉类似。但糖原中的葡萄糖链比淀粉中的要长而且多支化。糖原是至关重要的，因为它储藏了身体所需的能量。它在肌肉，特别是肝中累积，以作为体内能量的迅捷来源。

你可能知道，健康的饮食习惯是更多地从多糖，而非从仅仅味道甜的简单的糖类中获取碳水化合物。在下一节中，我们将深入讨论和甜度有关的话题。

11.6　它到底有多甜：糖和糖的替代品

你喜欢吃甜食吗？我们似乎生来就喜欢吃甜食，而且对大多数人来说，这种喜好伴随一生。甜味剂可以是糖浆，小包装的糖晶，亦或是扔到咖啡杯里的方糖或糖块。有些甜味剂是天然的，有些是人工合成的。有些很甜，有些没那么甜。有些自古沿用，有些却刚刚上市。就像我们所吃的食物一样，每一种甜味剂都会影响到人类和地球的健康。

多甜才算得上甜？表11.3中展示了一些常见天然甜味剂的相对甜度值。这些甜度值是将蔗糖的甜度定义为100，并将其他甜味剂与其进行对比所得到的数值。从该表中可以看出，很少的果糖就具有等同于一茶匙蔗糖的甜度。与此相反，达到同等甜度却需要超过6茶匙乳糖（牛奶糖）。

吃哪种糖有关系吗？答案视情况而定。正如我们前面所指出的，对于大多数人来说，问题不是吃哪种糖，而是总共摄入了太多的糖。再次重申，健康的饮食习惯是更多地从多糖化合物而非简单糖类中摄入碳水化合物。过量食用糖类将会大大增加肥胖以及相应各种并发症的风险，比如糖尿病和高血压。

让我们首先了解一下你吃多少糖。下面的**想一想**会让你对糖摄入的一个可能来源有所探究。

想一想 11.12　你喜欢的可乐或者非可乐类碳酸饮料

汽水被认为是液体糖果。这个形容恰当吗？请提出一个支持或者反对的论断。不管哪种情况，请引用涉及的糖的克数。

表11.3　近似相对甜度值

天然甜味剂					
乳糖	麦芽糖	葡萄糖	蜂蜜	蔗糖	果糖
16	32.5	74.3	97	100	173

来源：国际食品信息委员会。

蜂蜜主要是由果糖和葡萄糖组成的。甘蔗糖和甜菜糖主要是蔗糖。

人类摄入糖的一个原因是食物中本身就含有糖。表11.3所列的糖都是自然界中天然存在的。例如，果糖存在于多种水果中，乳糖存在于牛奶中。另一个摄入糖的原因是在做饭或者吃饭时人们会添加糖，或者食品公司在食物加工中添加糖。比如，你可以往咖啡里加糖或者往你的早餐麦片上撒糖。加工食品的制造商往花生酱、意大利式面酱和面包里加糖。这些食物和许多其他产品都添加了少量的糖，以改善其味道、质地或者延长保质期。根据2001—2004年全国健康和营养调查的数据显示，在美国人均每日消费约22茶匙的糖。每茶匙糖约4 g，每克4 kcal，换算一下，每天从糖中大概就摄入了350 kcal的热量。

高果糖玉米糖浆被用作很多饮料和食物的甜味剂。根据地域的不同，高果糖玉米糖浆有不同的名字。在欧洲它被称为代糖，在加拿大它被叫做葡萄糖 - 果糖。在这本书中，我们称其为HFCS糖浆。

将果糖和葡萄糖以55%和45%的比例混合后的甜度与蔗糖的甜度相当。

玉米糖浆主要含有葡萄糖。但是，如果用酶处理玉米糖浆，可以将葡萄糖转化成更甜的果糖。根据最终用途的不同，有多种混合HFCS糖浆存在。例如，一种被用于软饮料的典型混合HFCS糖浆中含有约55%的果糖，其余为葡萄糖。

食物中为什么要添加HFCS？这事实上有很多原因。2009年，玉米加工协会会长Audrae Erickson指出：HFCS糖浆由于其多种功效而被广泛用作食品添加剂。例如，它保留麸皮谷物中的水分，有助于保持早餐和能量棒潮湿，保持饮料口味的一致性，保持成分均匀分散在调味品中。 HFCS糖浆增强酸奶和腌菜的风味和水果味。 除了可以保证面包或者其他烘焙食品在烘焙过程中着上褐色之外，它还是一种可以发酵的营养甜味剂，可以延长食物的保质期。

在美国，HFCS比蔗糖价格便宜。其主要原因包括玉米种植享有政府补贴以及进口蔗糖还需要缴纳关税。

HFCS糖浆的反对者认为这种玉米甜味剂的代谢途径不同于蔗糖。然而，这似乎并不是真的。美国医学协会（AMA）认为HFCS糖浆与其他含能量的甜味剂相比，并不会导致更多的肥胖。就代谢而言，HFCS糖浆类似于蔗糖。

那么，争论的焦点在哪里呢？每天的糖消耗量，这里包括任何类型的添加糖。AMA推荐，对于一个2000 kcal的日饮食量而言，人们应该将食物中糖的添加量限制在32 g或者更少。换算一下，这就相当于每天8茶匙或者128 kcal的糖摄入量。在2009年8月，美国心脏协会发表了一篇文章，根据不同的年龄和性别，调整了糖摄入量的标准：

大多数女士每天摄入的糖量不宜超过100 kcal（约合25 g）。大多数男士每天摄入的糖量不超过150 kcal（约合37.5 g）。这相当于女士摄入糖量约为6茶匙，男士约为9茶匙。

相比之下，玉米加工协会引用美国国家医学院2002年报告，推荐每天食物中糖的添加量应不超过每天所需热量的25%。这对应于每天500 kcal的糖添加量。

糖摄入量的底线是什么？出于个人健康考虑，我们建议要适度。很可能根本无法设定一个绝对的数值。但很明显的是，对于肥胖症和糖尿病来说，糖摄入量少一些好。

要说到地球的健康，这个问题会复杂很多。与其他主要作物相比，玉米需要更多的化肥、除草剂和杀虫剂。所有这些都需要消耗化石燃料来生产。从玉米地流出的径流可能会污染河流、小溪，甚至是更远的下游。

例如，住墨西哥湾与密西西比河河口交汇处有一大片的死亡地带，这就是由于玉米化肥污染的径流所造成的（图11.15）。富含氮和磷的水流汇入海洋，会导致藻类大量繁殖。接下来，藻类过度消耗水中的氧气，就使得其他的水生生物不能生存。因此，尽管HFCS糖浆看起来比较便宜，这只是因为其价格并未包括种植玉米所付出的高昂的环境代价。

图11.15　密西西比河中褐色、富营养化的水与墨西哥湾交汇，形成了一个
"死亡地带"（取决于不同的季节，该区域的面积约为6000~7000平方英里不等）

资料来源：Nancy Rabalais，路易斯安那大学海事协会

我们以人工（合成）甜味剂，也就是糖的替代品来结束本节内容。正如你从表11.4中可以看到的，这些人工甜味剂要比天然的糖甜得多。

每克阿巴斯甜的热量与蔗糖相当，但因为它的甜度是蔗糖的200倍，所以只需1/200茶匙阿巴斯甜就可替代1茶匙的蔗糖。在美国被批准使用的五种人工甜味剂包括糖精、阿巴斯甜、蔗糖素、纽甜和安赛蜜。其他国家可能稍有差别。

那么我们到底要不要使用人工甜味剂呢？这些化合物的确为我们提供了低热量的好处。例如，在12盎司的苏打汽水中糖的热量约占140 kcal，这些热量在2000 kcal的饮食中约占7%。相比之下，同等甜度的人工甜味剂的苏打水，其热量几乎为零。尽管人们会担忧人工甜味剂对于健康的影响，研究表明目前市场上的甜味剂对大部分人来说是安全的。但是，确实有一小部分人必须避免使用阿巴斯甜，这会在下一节中描述。

想一想 11.13　化学物质

一个著名的美国医疗诊所在线发布了这个声明："人工甜味剂是一种能够提供糖的甜度却不产生相应热量的化学物质或者天然化合物。"

a. "化学物质或者天然化合物"的分类有什么问题？

b. 你会怎么改写这句话？

表11.4 近似相对甜度值

人工甜味剂				
安赛蜜	阿巴斯甜	纽甜	糖精	蔗糖素
200	200	7000~13000	300	600

来源：国际食品信息委员会。

11.7 蛋白质：同侪之首

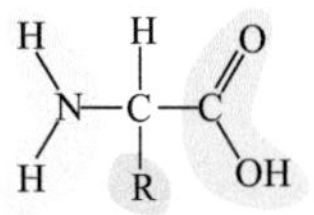

蛋白质（protein）这个词是由"protos"，希腊文的"第一"衍生来的。这个名称有些误导。生命依赖于上千种化学物质的相互作用，而不能简单地归结于任何一种或一类化合物。但是，蛋白质的确是每个活细胞必不可少的部分。它们也是毛发、皮肤和肌肉的主要成分。它们通过血液循环运输氧气、营养和矿物质。很多作为化学信使的荷尔蒙是蛋白质。大部分催化生命化学过程的酶也是蛋白质。

图 11.16 **氨基酸的一般结构**
图中氨基为黄色，羧基为绿色，R代表了可能的20种侧基

蛋白质是聚酰胺或聚多肽。它是由氨基酸单体组成的聚合物。绝大部分的蛋白质是由20个天然存在的不同氨基酸的不同组合构成的。氨基酸分子有一个共同的结构式。如图11.16所示，四种化学基团被连接到同一个碳原子上：一个羧酸基团、一个氨基、一个氢原子和一个被定义为R的侧基。

如图11.17所示，每个氨基酸的不同在于其侧链基团R的结构。例如，在最简单的氨基酸甘氨酸中，R是个氢原子。在丙氨酸中，R是个甲基基团；在天门冬氨酸（在芦笋中发现的）中，它是—CH_2COOH；在苯丙氨酸中，它是分子式为—$CH_2(C_6H_5)$的苄基基团。在20个天然氨基酸中，有两个氨基酸其R基团上带有第2个羧基官能团，有三个氨基酸其R基团含有氨基，还有另外两个氨基酸其R基团上含有硫原子。

—C_6H_5代表的是在9.5节中首次介绍过的苯基。

两个氨基酸可以通过一个氨基酸的氨基与另一个氨基酸的羧基之间的缩合反应连接在一起。比如，甘氨酸可以和丙氨酸反应，如反应方程式11.4a所示。

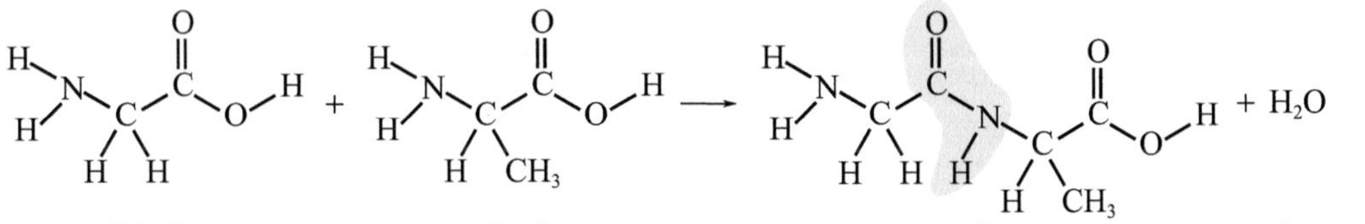

甘氨酸　　　丙氨酸　　　二肽　　　水　　　[11.4a]

注意，甘氨酸的酸性羧基与丙氨酸的氨基反应。在该过程中，两个氨基酸通过一个肽键相连接，如反应方程式11.4a中蓝色阴影区域所示。此外，还产生了一分子的水。一旦形成肽链，氨基酸就被称为氨基酸残基。

反应方程式11.4a将产物标记为二肽，也就是由两个氨基酸所形成的化合物。甘氨酸和丙氨酸可以形成两种不同的二肽。反应方程式11.4b给出了另外一种可能性。

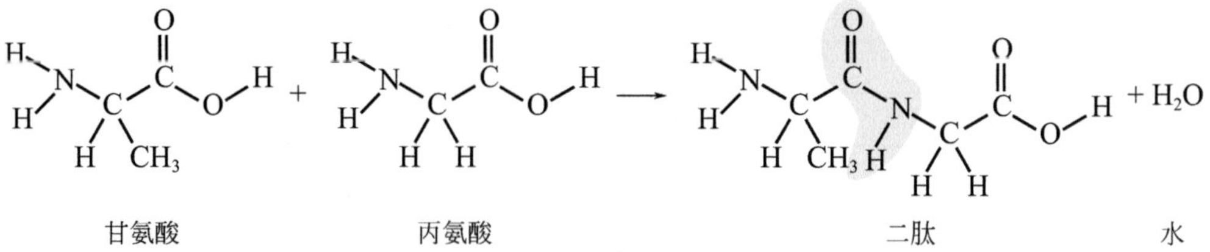

$$[11.4b]$$

甘氨酸 　　　　丙氨酸 　　　　二肽 　　　水

在这个缩合反应中，丙氨酸提供了羧基基团，而甘氨酸则提供了氨基基团。

在9.7节中，我们定义了由两种氨基酸反应所形成的肽键。我们将在第12章关于蛋白质合成的背景下进一步讨论肽键。

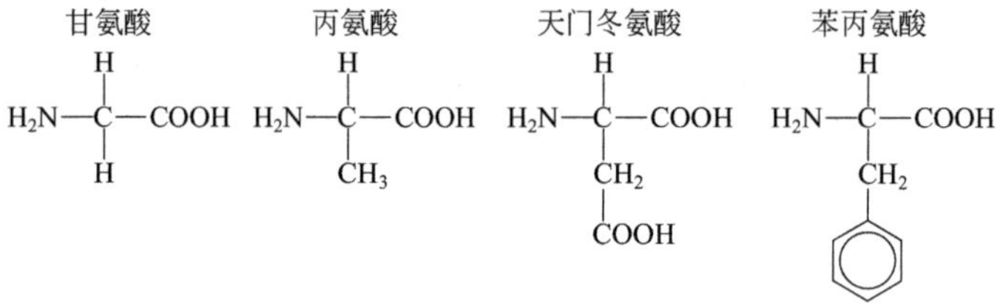

图 11.17　含有不同侧基的氨基酸举例

仔细观察，可以发现两种二肽产物是完全不一样的。在第一种二肽中，未反应的氨基在甘氨酸残基上，而未反应的羧基在丙氨酸残基上；在第二种二肽中，氨基在丙氨酸残基上，羧基则在甘氨酸残基上。

这里强调的是氨基酸残基的序列不同对其结构是有影响的。所形成的特定蛋白质不仅依赖于氨基酸的种类，也依赖于它们在蛋白质链中的序列。以正确的氨基酸序列组合形成特定的蛋白质就像用字母组成单词；如果它们的顺序不同，它们的意思就完全不同。所以，3个氨基酸组成的三肽就像一个包含字母a，e和t的三字母单词。这些字母有6种可能的组合形式。其中的3种（ate，eat和tea）组成能够识别的英文单词；其他的3个（aet，eta和tae）则不能够。类似地，有些氨基酸序列可能在生物学上是毫无意义的。

仍然限制为三字母单词，并只使用a，e和t这些字母，但允许重复字母，我们可以组成很好的单词，比如tee和tat，以及很多没有意义的组合，比如aaa和tte。实际上，包括之前确认的6个，一共有27种可能组合。正如很多单词多次使用同一个字母一样，大多数蛋白质也包含出现不止一次的特定氨基酸。

将一个蛋白质中的氨基酸排成正确顺序就像将每节车厢按正确顺序排列组合成火车。

请参见12.4节，了解关于蛋白质结构与合成的更多信息。

练一练 11.14　　制造三肽

本节的反应方程式展示了甘氨酸（Gly）和丙氨酸（Ala）可以形成两种二肽：GlyAla和AlaGly。如果允许多次使用两种氨基酸中的任意一种，另外两种二肽也可能形成：GlyGly和AlaAla。所以，一共可以组成4种不同的二肽。假设每种氨基酸可以使用1次、2次、3次或一次都不用，那么由两种不同的氨基酸可以构成8种不同的三肽。用符号Gly和Ala写出所有这8种三肽的氨基酸序列表达式。

提示：从GlyGlyGly开始。

身体通常不储存蛋白质，所以必须定期摄入含有这些营养物质的食物。作为体内氮元素的主要来源，蛋白质不断地被分解并重新合成。一个膳食平衡的健康成人体内的氮元素是平衡的。他（或她）吸收多少氮元素，就排出多少氮元素（主要以尿液中尿素的形式）。成长中的儿童、孕期妇女和正从长期衰弱的疾病或烧伤中恢复的人们存在氮的正平衡。这意味着他们摄取的氮比排出的多，因为他们正用这种元素来合成更多的蛋白质。当被分解的蛋白质比合成的更多时就存在氮的负平衡。这在饥饿状态下就会发生，此时身体的能量需求已不能由饮食来满足，肌肉就被代谢掉以维持生理功能。实际上，可以说身体正以它自己为食。

大部分的氨基酸命名都以-ine结尾。

表11.5 必需氨基酸

英文名称	中文名称	英文名称	中文名称	英文名称	中文名称
Histidine	组氨酸	Lysine	赖氨酸	Threonine	苏氨酸
Isoleucine	异亮氨酸	Methionine	蛋氨酸	Tryptophan	色氨酸
Leucine	亮氨酸	Phenylalanine	苯丙氨酸	Valine	缬氨酸

负氮平衡的另一种原因可能是饮食中不含有足够的必需氨基酸，也就是那些人体不能合成，必须从饮食中摄取的那些氨基酸。在组成我们蛋白质的20种天然氨基酸中，我们可以利用简单分子合成其中的11种，但我们必须从食物中获取另外9种。如果你的饮食中缺乏如表11.5中所示的9种必需氨基酸的任意一种的话，结果就可能造成严重的营养不良。

良好的营养因此需要足够数量及合适品质的蛋白质。牛肉、鱼、家禽和其他肉类含有各种必需氨基酸，其比例组成与人体内发现的大致相同。因此，肉类是一种全蛋白质。但是世界上大多数的人依赖于谷物或其他蔬菜而非肉类或者鱼。如果这样的饮食不足够多样化的话，可能就会缺失某种必需氨基酸。例如，墨西哥和拉丁美洲人的饮食富含玉米和玉米制品，这是一种不完全的蛋白来源，因为玉米中色氨酸这种必需氨基酸的含量很低。一个人可能通过食用足够的玉米来满足总的蛋白质需求，但即便如此仍然会因为缺乏色氨酸而营养不良。

幸运的是，对数百万素食主义者来说，仅仅食用蔬菜蛋白并不一定会导致营养不良。关键是要遵循营养学家称为**蛋白质互补性**的一个原则，将含有互补必需氨基酸成分的食物进行组合，从而使饮食能提供完整的氨基酸以便合成蛋白质。虽然有人担心这意味着素食主义者必须更为严格地遵循这个原则，但很多人可能已经不自觉地这样做了。举个花生酱三明治的例子。面包中缺乏赖氨酸和异亮氨酸，但花生酱可以提供这些氨基酸；另一方面，花生缺少蛋氨酸，而面包刚好提供这种化合物。很多国家的传统饮食都注重满足全面摄入蛋白质的需求。例如，在拉丁美洲，豆类食物是就着玉米薄饼吃的。在东南亚部分地区和日本，大豆类食物则和大米一起食用。中东的人把小麦片和鹰嘴豆组合，或是把鹰嘴豆泥（一种用芝麻和鹰嘴豆做的面糊）和皮塔饼一起吃。在印度，小扁豆和酸奶与未发酵的面包一起吃。因此，如果你遵循一个均衡的素食饮食习惯，有足够的热量摄入，你就很可能已经摄取足够的必需氨基酸了。

在本节结束之前，我们来回顾一下上一小节关于甜度的话题。你可能会惊讶地发现作为

图 11.18　阿斯巴甜的分子结构式

糖的替代品，阿斯巴甜实际上是一种二肽！阿斯巴甜主要是由天冬氨酸和苯丙氨酸组成（图 11.18）。这是研究最为广泛的食品添加剂之一。对绝大多数消费者来说，阿司巴甜是蔗糖的安全替代品。但有一部分人绝对不能使用阿司巴甜。在人造甜味剂和含有阿司巴甜的产品包装上有着明确的提醒："苯丙酮尿症患者注意：本品含有苯丙氨酸"。

这是"一个人的美食是另一个人的毒药"的一个例证。苯丙氨酸是一种必需氨基酸。它在体内转化为一种不同的氨基酸——酪氨酸。患有苯丙酮尿症这种遗传疾病的人缺乏催化这一反应的酶。所以，食入的苯丙氨酸向酪氨酸的转化被阻断了，从而使得苯丙氨酸的浓度增加。为抵消苯丙氨酸的升高，身体将它转化为苯丙酮酸，并由尿液中大量排出这种酸。苯丙酮酸被命名为一种"酮"酸是由于它的分子结构，所以这种病被称为苯丙酮尿症，或 PKU。患有这种病的人被称为苯丙酮尿症患者。

在 10.3 节中，我们展示了酮这种官能团。

过多的苯丙酮酸将造成严重的智力障碍。因此，需要利用放入尿布中的特殊试纸来测试新生儿的尿液中是否含有这种化合物。被诊断患有 PKU 的婴儿一定要严格限制饮食中的苯丙氨酸。这意味着需要避免从牛奶、肉类或其他富含蛋白质的食物中获得过多的苯丙氨酸。这种特殊的饮食也有商品供应，其组成会根据使用者的年龄进行适当调整。因为苯丙氨酸为必需氨基酸，即使是苯丙酮尿症患者也必须从食物中获得最低限量的苯丙氨酸。此外，还需要补充酪氨酸，以弥补由苯丙氨酸向酪氨酸的转化通路受阻引起的缺失。至少到青少年时期，苯丙酮尿症患者的饮食都需要限制苯丙氨酸的摄入。成年的苯丙酮尿症患者也必须限制苯丙氨酸的摄入，因此他们应减少阿司巴甜的使用。

这些讨论表明，即使是少量的物质都可能影响你的饮食。下一节我们将讲述饮食中含有的其他微量物质。

11.8　维生素：其他的必需品

是的，必需品！维生素和矿物质都是微量营养素，它们都是人体必需的、非常少量但又对生命至关重要的物质。在美国，几乎每个人都知道维生素和矿物质是重要的，如果谁忘了，还有一个欣欣向荣的数百万美元的营养补充剂行业会提醒你。不幸的是，很多富含糖和脂肪的加工食物都缺乏这些必要的微量营养素。

直到最近，我们才了解到维生素和矿物质在饮食中的作用。在漫长的岁月里，人们逐渐发现如果缺乏某种食物的话，我们就会生病。这一方面的系统研究在 20 世纪早期随着维生素"B_1"（硫胺素）的发现而开展。这一特定的代号，B_1，是收集样品的试管上的标签。而维生素（vitamin）这一通用名称的来源则是因为这种对生命很重要（vital）的化合物含有氨基官能团（amine）。由于后来发现并非所有的维生素都是胺类，人们就将字尾的"e"去掉了。

维生素是一种具有广泛生理功能的有机化合物。虽然在饮食中的需求是非常少量的，但是它却是保持身体健康、正常代谢功能以及疾病预防所必不可少的。一般来说，它们并不是身体能量的来源，尽管部分维生素可以帮助分解常量营养物质。维生素分为水溶性维生素和脂溶性维生素。比如，看看如图11.19所示的维生素A的分子结构，你会发现它几乎完全由碳原子和氢原子组成。因此，维生素A是一种非极性化合物，溶于油脂，和由石油衍生而来的碳氢化合物相似。水溶性维生素通常包含多个能够与水分子形成氢键的羟基基团。维生素C就是这样的一个例子（如图11.19）。

我们在5.2节中讨论过氢键，在5.5节中讨论过分子结构及其溶解度的关系。

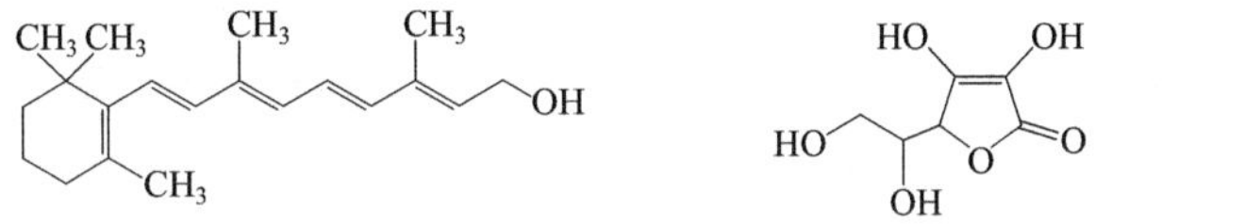

维生素A，一种脂溶性的维生素　　　维生素C，一种水溶性的维生素

图11.19　脂溶性和水溶性维生素举例

想一想 11.15　　维生素分类

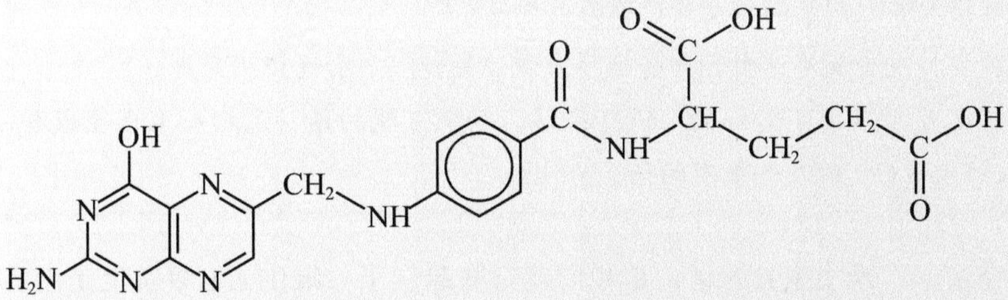

叶酸有助于预防某些类型的贫血并有助于核酸合成。这种维生素对孕妇尤为重要。你认为它会溶于脂肪组织（脂类）还是溶于血液和细胞组织（水）中？请解释你的推理。

这些维生素的溶解度对人体健康有显著的影响。因为它们的脂溶性，维生素A、D、E和K是储存在富含脂类的细胞中的，在这里它们可以按生物体的需要供给。如果摄入远远超过正常需要量的话，脂溶性维生素会累积，达到致毒的水平。比如，高剂量的维生素A可导致一些麻烦的症状如疲劳和头痛，乃至更为严重的症状如视力模糊以及肝脏损害。虽然维生素D的致毒剂量并不明显，但是过多的摄入维生素D会同样会致病，包括心脏和肾脏损害。正常的饮食不会导致如此高的维生素水平，这一般都是由于过量补充维生素造成的。

相反，水溶性维生素通常不能储存，而是通过尿液排出。因此，你必须经常吃含有这些维生素的食物。不幸的是，即使是水溶性维生素，当大量食用时，也会累积到致毒的水平，尽管这样的情况很少发生。对大多数人来说，平衡的饮食就可以提供适量的所有必要维生素和矿物质，补充维生素往往是不必要的。维生素D是一个特例，它由皮肤通过吸收太阳光合成，而非通过消化系统吸收。考虑到维生素D的这些最新研究结果，医生们开始将血液中的维生素D水平作为年度体检报告中的一个指标，以判断是否需要补充。

辅酶是与酶共同作用来提高酶活性的分子，许多水溶性维生素就是辅酶，尤其是维生素B家族的成员。烟酸在糖和脂肪代谢过程的能量转化中扮演着重要角色。体内合成烟酸需要一种必需氨基酸色氨酸。所以缺乏色氨酸的饮食可能也会造成缺乏烟酸，进而导致糙皮病，这是一种严重的表现为"4D"症状的疾病（4D包括腹泻、皮炎、痴呆和死亡，对应英文为diarrhea、dermatitis、dementia和death）。现在这种疾病在世界某些地区仍然很常见，其中包括几个非洲国家。

回顾5.9节中关于"相似相溶"原理的内容。

有些维生素是通过将某些疾病的发生与特定食物的缺乏相联系而发现的。比如，维生素C（抗坏血酸）必须从饮食中摄取，它通常是由柑橘类水果和绿色蔬菜提供的。这种维生素的供应不足会导致坏血病，也就是一种重要的结构蛋白（胶原蛋白）被分解的疾病。柑橘类水果和坏血病间的联系是在二百多年前发现的。当时，人们发现给长途航行的英国水兵吃青柠或青柠汁可以预防这种疾病（这种做法也使英国水兵被称为"limeys"）。由于诺贝尔奖获得者Linus Pauling在1970年撰写的书《维生素C和普通感冒》，维生素C一直持续为人们所关注。

想一想 11.16　大剂量的维生素C

几十年前，Linus Pauling认为大剂量的维生素C有助于预防普通感冒。那么：

a. 每日摄入多大剂量的维生素C称为大剂量？

b. 寻找支持或者反对这种预防普通感冒做法的证据。引述证据来源。

c. 对三名处于不同年龄层的人进行采访，如果可能的话，包括一名医生或护士。询问他们是否摄入维生素C，以及如果有的话，为什么。

如果不介绍一下维生素E的话，那我们就有些疏忽了。维生素E事实上是由多种脂溶性化合物而非单一化合物组成的维生素。它仅在植物中合成并且产量有所不同。其中，植物油和坚果是维生素E很好的来源。尽管如此，维生素E在食物中的分布是如此之广，以至于饮食中很难缺乏它。自1990年以来，维生素E被认为是机体抗氧化系统的一部分，它可以保护机体免受具有化学活性和破坏性的自由基的伤害。尽管人们曾经推荐摄入维生素E，但现在已经不再提倡了。皮肤制剂则是另一个问题。很多产品都含有维生素E并声称具有预防或修复皮肤损伤的功能。关于这一点，请在下面的活动中调查验证一下。

想一想 11.17　维生素E和你的皮肤

看看广告，你会发现很多护手霜和美容霜都含有维生素E。

a. 找出三种含有维生素E的护肤产品。

b. 人们认为维生素E是如何在保护皮肤的过程中发挥作用的？

c. 尽管看起来维生素E对皮肤有好处是符合逻辑的，但很难找到证据。请利用网络资源，亲自调查这一命题。

矿物质是离子或离子化合物，它们类似于维生素，具有广泛的生理功能。你熟悉的矿物质有钠和钙，但事实上，这个清单是很长的。根据需求量的不同，矿物质被分为常量、微量和痕量矿物质。

常量矿物质仍然是微量营养素。

（1）常量矿物质：钙、磷、氯、钾、硫、钠和镁

这些元素是生命体必需的，但又不像体内的氧、碳、氢、氮含量那么丰富，因此需要每日摄入约 1~2 g。

（2）微量矿物质：铁、铜和锌

机体对这些元素的需求量较少。你可能发现了铁是血红蛋白的重要组成部分，血红蛋白是在血液中运输氧气的一种蛋白。

（3）痕量矿物质：碘、氟、硒、钒、铬、锰、钴、镍、钼、硼、硅和锡

这些矿物质通常是以微克来衡量的。虽然这些痕量元素在体内的总含量极少，但这丝毫掩饰不了它们在维持机体健康中发挥的重要作用。

回顾5.6节关于离子的更多内容。

图11.20的元素周期表展示了必需的膳食矿物质。金属元素在体内是以阳离子形式存在的，比如 Ca^{2+}（钙离子）、Mg^{2+}（镁离子）、K^+（钾离子）以及 Na^+（钠离子）。非金属元素通常以阴离子形式存在，比如，氯元素是以 Cl^-（氯离子），而磷元素以磷酸根离子（PO_4^{3-}）的形式存在。

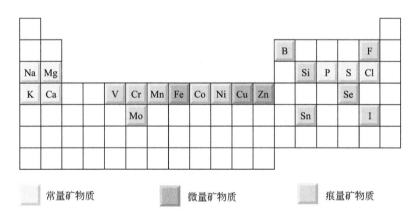

图11.20 元素周期表揭示了人类生命必需的膳食矿物质

矿物质的生理功能广泛多样。钙是体内最丰富的矿物质。它与磷和少量的氟一起组成了骨骼和牙齿的主要成分。血液凝结、肌肉收缩和神经脉冲的传导都需要钙离子（Ca^{2+}）。

拉丁文中的盐是sal（英文为salt）。在罗马时代，盐是如此贵重以至于士兵的酬劳是sal，因此它成为现代词薪酬（salary）的词根。

钠元素对生命也很重要，但并不需要像大多数人日常饮食中所摄入的那么大量。我们所食用的盐不一定来源于盐瓶中。相反，你可能通过食用调味剂、零食、快餐，甚至是腌制罐头，不知不觉地增加了盐的摄入。现在食品标签需要明确标注"钠"含量，也就是每份餐中

含有的钠离子的毫克数。例如，对于不同品牌的番茄浓汤，每份汤中钠离子的含量在700~1260 mg之间不等。而钠的每日推荐摄入量是不超过2400 mg（2.4 g）。令人最为担心的是，对于一些人群来说，食用过多的钠会引发高血压。他们可能会被医生建议限制钠的摄入量。

练一练 11.18　你饮食中的钠

比较同类食物中的钠含量，例如不同品牌的椒盐饼干、面包、冷冻比萨、色拉酱调料以及番茄浓汤。你的调查结果令你感到吃惊吗？你会因此而改变对食物的选择吗？记着1 g = 1000 mg。

在5.6节中我们已介绍过电解质。

钾是另一种必需矿物质，它通常以钾离子的形式存在。橘子、香蕉、番茄和土豆能够帮助供应我们每天2 g钾的需求量。你可能听说过，K^+和Na^+在运动饮料中被称为电解质。钾离子和钠离子是非常相近的化学元素，它们同属于元素周期表中的第1A碱金属族。它们有相似的化学性质和生理功能。在细胞内，钾离子的浓度比钠离子高得多。在细胞外的淋巴和血清中则相反。K^+和Na^+的相对浓度对心脏的规律跳动是特别重要的。使用利尿剂来控制高血压的人可能也需要补充钾来取代从尿液中排出的钾。但是，这种补充只能在医生的指导下进行，因为它具有急剧改变体内钠-钾平衡并导致心脏并发症的潜在危险。

海鲜是碘的一个丰富来源。碘的另一个来源是含碘盐。含碘食盐一般是向氯化钠（NaCl）中添加0.02%的碘化钾（KI）制得。

在大多数情况下，微量矿物质和痕量元素具有非常特定的生物功能，并被引入到相对很小数量的生物分子中。碘就是其中一个例子。体内大多数的碘都集中在甲状腺，并存在于甲状腺素中。甲状腺素是一种调节代谢的荷尔蒙。甲状腺素过量会诱发甲状腺功能亢进（或称Graves症），这是一种基本代谢被加速到一个不健康的水平的病症，就像一个赛车的引擎一样运转。相反，有时因为碘摄入不足引起甲状腺素缺乏，就会减慢代谢并造成疲倦、无力。甲状腺倾向于富集碘，从而使得利用放射性碘-131治疗甲状腺疾病和甲状腺成像诊断成为可能。**想一想11.19**让你有机会结合你所学到的关于放射性碘-131和碘元素这种痕量矿物质的知识。

想一想 11.19　放射性碘

一些个体患有甲状腺功能亢进（甲亢）。

a. 碘-131被用于治疗甲亢，解释摄入这种同位素是如何减弱甲状腺的功能的？

b. 碘-131疗法对患者有利亦有弊，请分别列举两条。

c. 在使用碘-131之后，患者体内会暂时具有放射活性。在10个半衰期后，才可认为放射性同位素完全消失，那么，对于使用I-131的病人，需要多久体内的同位素才完全消失？提示：参见表7.4。

11.9 食物中的能量

用于保持体温和运行人体内所有复杂的化学、机械和电系统所需的能量都来自于饮食中的脂肪、碳水化合物和蛋白质。正如在前面几章中指出的，能量最初以阳光的形式到达地球，然后被绿色植物吸收。在光合作用过程中，二氧化碳和水结合形成葡萄糖。因此，太阳能被储存在单糖，也就是我们熟知的葡萄糖的化学键中。

$$能量（来自于太阳）+ 6\ CO_2 + 6\ H_2O \longrightarrow C_6H_{12}O_6 + 6\ O_2 \qquad [11.5]$$

> 如果需要复习在分子水平上的能量变化，请参考4.6节。

在呼吸过程中，光合作用的结果被逆转。葡萄糖被转化为更简单的物质（最后通常是二氧化碳和水），从而释放出能量。

$$C_6H_{12}O_6 + 6\ O_2 \longrightarrow 6\ CO_2 + 6\ H_2O + 能量（来自呼吸过程） \qquad [11.6]$$

反应方程式11.5和式11.6中的能量平衡过程如图11.21所示。

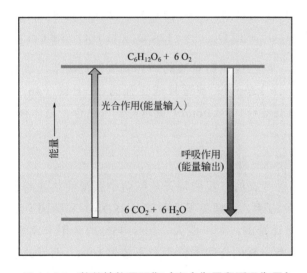

图 11.21　葡萄糖能量平衡（光合作用和呼吸作用）

表 11.6　常量营养物的平均能量含量（Cal/g）

脂肪	碳水化合物	蛋白质
9	4	4

除了具有充分的能量来源外，身体还必须具有某种方式来调节能量释放的速度。没有这种控制，你的体温将会发生强烈的波动。我们用机动车来打个比方，向油箱里扔一个点燃的火柴会一次烧光所有的燃料，甚至可能包括车。在正常的操作条件下，适量充足的燃料被运送到点火系统来为汽车提供它所需要的能量，这并不会引起不合常理的汽车及乘客的温度升高。通过这种方式，每次释放一点能量，能量的应用效率得以提高。人体也是如此。食物要通过很多很小的步骤才能最终被转化为二氧化碳和水，其中每一步都涉及酶、酶的调节剂以

及荷尔蒙等。因此，能量被缓慢地按需释放，体温也可维持在正常的范围内。表11.6给出了以大卡计的代谢一兑（1 g）脂肪、碳水化合物或蛋白质所产生的能量。

> 1饮食卡路里 = 1大卡 = 1千卡 = 1000卡

以每克食物能释放卡路里的数量计算，脂肪提供的能量是碳水化合物和蛋白质的2.5倍。这使得我们更容易理解，低脂饮食有助于减重。尽管蛋白质和碳水化合物一样产生约4 kcal/g的代谢能量，它们仍不是体内主要的能量来源。相反，它主要被用于构建皮肤、肌肉、腱、韧带、血液和酶。

> 通过月桂酸的简写结构式 $CH_3(CH_2)_{10}COOH$，可以揭示更多关于它的信息。

脂肪和碳水化合物在能量数上产生差异的原因，可以从其化学组成上明显看出。比较一下一种脂肪酸，月桂酸（$C_{12}H_{24}O_2$）与蔗糖（食糖，$C_{12}H_{22}O_{11}$）的化学式。两种化合物中每分子含有的碳原子数相同，氢原子数接近。当脂肪酸或糖燃烧时，它的碳和氢原子分别与加入的氧结合形成CO_2和H_2O。但是燃烧1 g的月桂酸（$C_{12}H_{24}O_2$）比1 g的蔗糖（$C_{12}H_{22}O_{11}$）需要更多的氧气。这从这两个反应的反应方程式就可以看出。

$$C_{12}H_{24}O_2 + 17\ O_2 \longrightarrow 12\ CO_2 + 12\ H_2O + 8.8\ Cal/g \qquad [11.7]$$

$$C_{12}H_{22}O_{11} + 12\ O_2 \longrightarrow 12\ CO_2 + 11\ H_2O + 3.8\ Cal/g \qquad [11.8]$$

用化学的语言来说，糖已经比脂肪酸的"含氧量"更高或"氧化"程度更高了。在蔗糖中，弱的C—H键（416 kJ/mol）被替换成更强的O—H键（467 kJ/mol）。结果即蔗糖只需要破坏更少的O=O双键（498 kJ/mol）就可与氧气结合，总体释放的能量要少于月桂酸的燃烧。

> 在第4章中我们讨论了含氧燃料。

鉴于很多美食中都含有脂肪，我们每天从脂肪中获得的热量超标。这一问题在**想一想11.20**的活动中有很好的阐述。根据美国农业部（USDA）和美国卫生与公共服务部（HSS）于2010年颁发的美国膳食指南，对于成人，20%~35%的食用卡路里应来源于脂肪，而且，该指南推荐来源于饱和脂肪酸的食用卡路里应不超过10%，而反式脂肪酸的消耗量应尽可能少。

表11.7　估计的热量需求（美国，单位：Cal）

年龄/岁	活动水平		
	静息	中等活跃	活跃
女性			
14~18	1800	2000	2400
19~30	2000	2000~2200	2400
31~50	1800	2000	2200
50+	1600	1800	2000~2200
男性			
14~18	2200	2400~2800	2800~3200

（续表）

年龄/岁	活动水平		
	静息	中等活跃	活跃
19~30	2400	2600~2800	3000
31~50	2200	2400~2600	2800~3000
50+	2000	2200~2400	2400~2800

静息是指只包括日常生活中简单的体力劳动的生活方式。

中度活跃是指除了日常生活中简单的体力劳动外，还包括相当于每日以3~4英里/h的速度步行1~3英里的活动水平的生活方式。

活跃是指除了日常生活中简单的体力劳动外，还包括相当于每日以3~4英里/h的速度步行3英里以上的活动水平的生活方式。

来源：美国膳食指南，美国农业部2005。

想一想 11.20 低脂肪奶酪

一种广受欢迎的低脂细丝状切达奶酪品牌宣传说它每食份仅提供1.5 g的脂肪，其中1.0 g是饱和脂肪。此外，每食份奶酪重28 g（或1/4杯），内含50 Cal热量，其中15 Cal来自于脂肪。这真是一种"低脂肪"奶酪吗？通过计算来支持你的论断。记住饮食建议来自于脂肪的卡路里约为20%~35%。

那么一个人到底需要多少能量或多少卡路里呢？答案是"这得视情况而定"。你每天的饮食提供的卡路里数应根据你的运动和活动水平、你的健康状况、性别、年龄、体型和其他因素来共同决定。表11.7中总结了美国人每日食物能量摄入的推荐值。能量的估计值是按性别和年龄的不同，活动水平的不同来分组表示的。成长中的儿童（不包括在上表中）需要更多的能量来同时为他们的高活动量提供能量，以及为肌肉和骨骼生长提供原材料。因此，儿童特别容易患上营养不良或营养不足。确实，在遭受饥荒的国家，婴儿和年幼儿童的死亡率出奇地高。

练一练 11.21 按性别和年龄计算卡路里

思考表11.7以及2010版《美国膳食指南》（可以从网上找到）中提供的信息。

a. 年纪相同的男性和女性在相同强度的活动中需要同等量的卡路里吗？阐述你的理由。

b. 同样活跃的男性或女性变老后，其所需的卡路里数会如何变化？

表11.8 常见体育活动的能量消耗

中度体育活动	消耗的能量/（kcal/h）	激烈体育运动	消耗的能量/（kcal/h）
徒步	370	跑步（8 km/h）	590
轻微的园艺/庭院劳动	330	繁重的园艺活动（除草）	440
舞蹈	330	游泳（自由泳）	510
高尔夫（走路，背杆）	330	有氧运动	480
骑行（<16 km/h）	290	自行车骑行（>16 km/h）	590
步行（<5.6 km/h）	280	慢跑（7.2 km/h）	460
举重（轻度锻炼）	220	举重（高强度训练）	440
拉伸	180	篮球（高强度的）	440

表中的数值是以体重为70 kg的人在静息条件下的基础代谢率和在活动条件下的消耗量来整体佔算的。体重高于70 kg的人，每小时消耗卡路里数将比表中数值高；相应地，体重低于70 kg的，每小时消耗卡路里数将比表中数值低。

> 每次心脏跳动所需要的能量为1 J，或者4.184 cal。

> 人的基础代谢速率约为1 kcal/kg·h。

食物中的能量到哪里去了呢？能量最先用于保持心脏跳动、肺的呼吸、大脑活动、其他主要器官工作以及维持37 ℃的体温。这些能量需求被定义为**基础代谢率（BMR）**，是指维持基本身体功能所需的最少能量值。这对应大约每千克体重每小时一大卡，但这个数值会随体型大小和年龄变化。

将其置于个人基础上，想象一个体重55 kg的20岁女性。如果她的身体最少需要1 kcal/(kg·h)，她的每日基础代谢速度为1 kcal/(kg·h)×55 kg×24 h/d，或者是1300 kcal/d。根据表11.7，对这一年龄和体重的女性的每日建议能量摄入为2200 kcal，如果她是一个中等活跃度的女性。这意味着从食物中得到的59%的能量仅用于保持她身体的运作。

> 1300 kcal/2200 kcal × 100% = 59%。

那么她体内剩余的能量到哪里去了？能量守恒原理决定了能量必然去到某处。如果她在运动和活动中"燃烧"掉剩余的卡路里，能量就不会以增加的脂肪和糖原形式进行储存。但如果多余的能量没有被消耗掉，它会以化学的形式积累。更直白地说，"越享受的人，越长胖"。

表11.8给出了一些关于我们应当多努力或通过多长时间的工作和运动才能消耗掉饮食中的卡路里的指示。在表11.9中，运动和能量以更为常见的单元，比如汉堡包、薯片以及啤酒，联系起来了。当然，将这节的知识与本章前面的关于食物中营养种类的知识相结合，你会明白，健康的饮食是不可能简单地通过消耗适量的卡路里来实现的。只包括薯片和啤酒的2000 kcal的饮食会使一个人营养不良。适当的营养不是简单的多和少的问题，而是消耗哪种食品的问题。

练一练 11.22 篮球和卡路里

一个体重为70 kg的人，一餐吃掉了2个汉堡、3oz薯片、8 oz冰激凌和12 oz啤酒，计算本餐的卡路里数以及此人需要打多长时间的篮球（剧烈型）才能"消耗"掉这一餐。

答案：约1500 kcal，约200 min。

表11.9 如果我吃了这种点心必须作多少运动？

食物	大卡	以5.6 km/h步行的时间/min	以8 km/h跑步的时间/min
苹果	125	27	13
啤酒（普通）8 oz	100	21	10
巧克力豆饼干	50	11	5
汉堡包	350	75	35
冰激凌4 oz	175	38	18
奶酪比萨饼1片	180	39	18
薯片，1 oz	108	23	11

注：表中数值以体重为70 kg的人为准，包括静息状态的基础代谢率和活动消耗。

11.10　膳食建议：质量与数量

哪种食物应该少吃，哪种食物又应该多吃？某天"专家们"这样说；第二天他们似乎又给出与之相反的意见。由于此类信息很多，你可能会困惑，或感到不知所措。

确实，膳食建议是在不断变化的。如果你是一个年轻的成年人，你的父母或者外祖父母可能会记得'四类基本食物'及'食物金字塔'。图11.22回顾了美国农业部给出的食物推荐以及相应食物的合理摄入量。两者都强调了每日摄入量的概念。

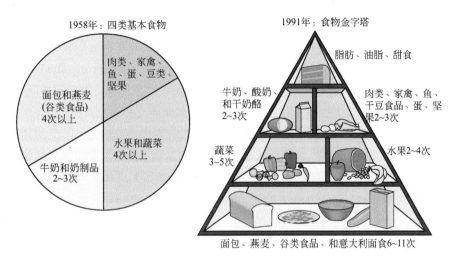

图11.22　曾经的USDA四类基本食物和饮食金字塔
来源：美国农业部

2005年，美国农业部介绍了一个新的金字塔"迈向一个更健康的你"（图11.23a），它把1991年的金字塔转向一边，增加了阶梯，命名为"我的金字塔"。到了2011年，"我的盘子"作为一个更为直接的帮助人们记住要向餐盘中放入何种食物的方式被正式推出（图11.23b）。其中的信息非常简单：每餐至少有一半应该是水果和蔬菜。营养学家的研究也支持这个主张。

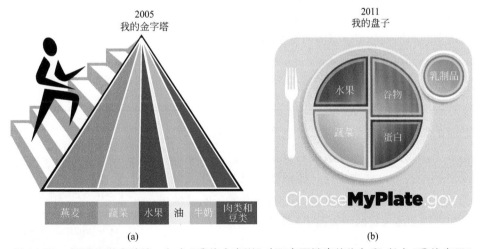

图11.23　新近的膳食建议：（a）"我的金字塔"（迈向更健康的你）和（b）"我的盘子"
来源：美国农业部

想一想 11.23　一个盘子还是一个金字塔？

当"我的盘子"计划刚刚推出时，网上的声音很多。一个批评是脂肪和油类不再像"我的金字塔"中那么明显，另一个批评是，乳制品对于成人而言并不是必需的营养物。最后，批评者注意到，"蛋白质"并不是一种食物类型，而且与谷物重复，因为谷类也提供蛋白质。你是如何认为的呢？请自主研究思考并就"我的金字塔"和"我的盘子"的优缺点开展讨论。

历史可以帮助我们理解最近兴起的饮食推荐浪潮。20世纪60年代，研究显示含饱和脂肪酸的食物能使被研究对象的血浆内胆固醇水平明显升高。此外，在蔬菜和鱼类中发现的很多不饱和脂肪酸能够降低胆固醇水平。因此，建议人们用不饱和脂肪酸替代饱和脂肪酸。这个"饱和脂肪不好"的舆论浪潮导致了不饱和蔬菜油的使用量大大增加。不幸的是，如11.4节中介绍的，在20世纪六七十年代，蔬菜油的部分氢化产生了反式脂肪，这也造成了潜在的健康风险。

其他的研究也为健康饮食提供了建议。哈佛的护士健康研究和医护人员随访研究对9万名女性和5万名男性进行了几十年的跟踪研究。研究发现，参与者患心脏病的风险受到其饮食中所消耗的脂肪类型的强烈影响。其中，食用反式脂肪，患病风险明显提高；食用饱和脂肪，患病风险只稍微增加；食用不饱和脂肪，风险反而降低。因此，总脂肪摄入量本身并不是心脏病的诱因。

虽然肥胖症的增加被归咎于饮食中的脂肪，但是自从20世纪80年代以来，美国人从脂肪中摄取的热量消耗在持续降低，而同时期肥胖率仍在不断增长。所有这些都似乎暗示了脂肪并不像曾经所认为的那样是罪魁祸首。美国人久坐不动的生活习惯以及饮食过量也是需要考虑的因素。

"碳水化合物"是造成肥胖的元凶吗？谈论碳水化合物问题的饮食书籍从禁止所有碳水化合物到区别对待"好的"和"不良的"碳水化合物的各类观点都存在。后一种论点认为"不良的"碳水化合物会造成血糖迅速升高，紧接着是血液中胰岛素的激增。胰岛素是由胰腺分泌的，指引体内细胞吸收和储存血糖的荷尔蒙。没有被马上消耗转化成能量的糖类被变成脂肪并储存在细胞中。相反地，胰高血糖素也是由胰腺分泌的、但与胰岛素作用相反的荷尔蒙：它促进细胞中储存的葡萄糖的消耗。胰高血糖素的释放在"葡萄糖激增"（比如食用"不良的"碳水化合物导致）后会降低，在食用蛋白质之后则会增加。因此，很多新式的"低糖"饮食提倡食用较多的蛋白质来消耗体内储存的热量。这种途径对健康的长期影响还有待观察。明确的是，营养和饮食都涉及繁多而复杂的化学机制！

11.11　从农场到餐桌

在前面的章节中，我们主张你所吃的食物影响了你的健康。在本节中，我们将阐述你所吃的食物是如何对地球也产生了广泛影响，并讨论食物生产、能源使用以及全球气候变化之间的关系。我们从两个紧密相关的话题开始：吃当地出产的食品和跟踪食品杂货的"食品里程数"。

"食品里程数"是指食物从产地到消耗地（也就是从农场到餐桌）的运输距离的粗略估计。因为它反映了运输过程的能量

消耗，所以也是食物可持续性的一个量度。

对于第一个话题，人们有很多理由想要选用本地食品。从藤上直接采摘番茄或者去参观当地的农贸市场可以说是一件令人非常愉快的事情。表11.10列举了其他五个选择当地食品的原因。吃当地出产的食品真的可以改变地球的健康吗？在接下来的活动中，你有机会验证表11.10中声明的准确性。

想一想 11.24   吃在当地

批评性地审阅表11.10中的每一个声明。

   a. 选择一种声明，并举一个例子来佐证它。再选择另一种声明，提出反面例子。
   b. 由于这个清单并不完整，请补充两条。
   c. 指出清单中需要移除或修正的声明，并解释原因。

至于第二个话题，人们讨论的是食物的里程数，也就是说，食物需运输多远才能到达餐桌。这取决于食物。它可以来自于从几米之遥的菜园，抑或是千山万水之外的异国他乡。大多数的食物必须经过运输。如果所有的食物都在当地种植，这会有帮助吗？不一定。例如，在当地温室中种植番茄并不比从温暖地区进口番茄更节能。必须将运输以及其他的能源消耗情况与食品生产的耗能情况相比以权衡利弊。

如果你选择当地出产的食物的主要原因是减少化石燃料的消耗，你可能会对2008年卡内基梅隆大学的一项研究很感兴趣。研究者报道说，"整个运输过程的温室气体排放仅占该产品生命周期所有温室气体排放的11%，而从产地运输至零售商仅占4%。"那么，如果大多数的温室气体排放和能量消耗与运输无关，它们又是来源于哪里呢？

为了回答这个问题，请参看图11.24中在英国食物进入零售过程的碳足迹的数据。回顾第3章中讲到的，碳足迹指的是一定时期内二氧化碳的排放量。决定一个指定食物的"碳足迹"需要一系列的假设。因此，由于研究者计算依据的假设不同，你会看到同一食物也会有不同的碳足迹数值。

表11.10   吃在当地的理由

1. 吃在当地对于促进地方经济有更多意义。在当地消费1美元对于地方经济而言，意味着2倍的收入。如果企业并不是本地所有，资金将会随着每一次交易外流。
2. 当地食物更新鲜，口感更好。当地农场的产品通常是你购买前的24小时内采摘的。这种新鲜程度不仅利于保证食物的口感，也能保证其营养价值。你吃过24小时内采摘的新鲜番茄吗？
3. 当地水果和蔬菜有更长的成熟期。因为不需要太多处理，当地生长的水果不需要经历运输过程的严苛挑战。你可以尝到熟透的、入口即化的桃子以及瓜熟蒂落的甜瓜。
4. 购买当地的食物使我们能够吃到应季的食物。因此，食物的口感最好，也更便宜。
5. 支持本地供应商也是支持负责任的土地开发。当你购买当地食品时，你的支持使得那些本地的农场和牧场主们不需要考虑其他的发展经济的手段。

来源：改编自"10个吃在当地的理由（10 Reasons to Eat Local Food）"，Jennifer Maizer, EatLocalChallenge.com。

如图11.24所示，对于食物而言，碳足迹主要来自于农场的生产过程。例如，农场的机器运转产生二氧化碳，使用肥料也会刺激土壤中的微生物产生一氧化二氮。农场的动物生产甲烷。除了食物生产外，该图亦指出食物在其他的区域贡献的碳足迹还包括：

① 运输（9%） 相对较少，除非是航空运输。

② 包装（7%） 主要来源于包装袋的处理。

③ 加工和冷藏（5%） 很多小因素，包括制冷剂（全部是温室气体）的泄漏，也有贡献。尽管没有囊括在图11.24中，食物浪费也会增加它们的碳足迹，在一些国家甚至高达所购买食物的25%。

很明显，在到达餐桌的过程中，一些食物会比其他食物产生更高的碳足迹。看看图11.25，你可能已经注意到牛排和奶酪是其中具有最高碳足迹的食物。为什么？回顾图11.1，在牛肉的生产过程中，除非牛只吃草，否则就需要消耗谷物。这些都与温室气体的排放相关。你可能也会注意到，番茄和胡萝卜的排放值较低。但是，如果这些商品是被运输过来而不是从院子里长出来的，这些数值就会增加。类似地，番茄如果是种植在温室中，其碳足迹就会更高。

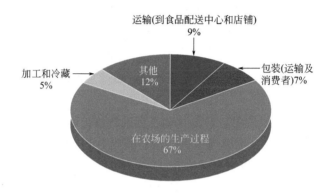

图11.24 英国食物到达零售前所产生的碳排放量
资料来源：香蕉有多坏？万物的碳足迹，灰石出版社，Mike Berners Lee，2011

大多数的碳足迹是基于一年的时间框架。

一氧化二氮（N_2O）是氮循环的一部分（见图6.18），它的来源与化肥和农家肥的使用有关。每年每头奶牛消化道内约产生200 lb的甲烷。

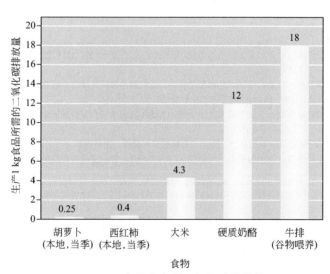

图11.25 食品生产中二氧化碳的排放
资料来源：香蕉有多坏？万物的碳足迹，灰石出版社，Mike Berners Lee，2011

二氧化碳的对等物，CO_2e，包括所有温室气体，而不只是二氧化碳。例如，在导致温室效应能力方面，1 kg的甲烷相当于21 kg的二氧化碳。

在本节结束前，我们回到本章开始提到的议题：素食。根据前面提到的卡耐基-梅隆大学关于食物里程的研究结果，如果每一个星期有一天选择素食，就相当于一年少驾驶了约1920 km的路程。相比之下，如果每一天都选择当地的食品，这相当于每年少开车1600 km。在下面的练习活动中，你可以将这些数字和具体二氧化碳的排放量联系起来。

练一练 11.25 本地生产和二氧化碳排放

在之前章节的一个练习活动中（见3.18节），我们注意到，每加仑汽油在汽车发动机中完全燃烧时，将以二氧化碳的形式排放出约4.4 lb的碳（约2000 g）。

 a. 这相当于多少磅的二氧化碳？

 b. 如果你通过吃当地出产的食物，每年节省了1600 km里程，这大约相当于少排放了多少磅的二氧化碳？列出你所做的任何假设。

基于我们所知道的关于食物里程和吃当地食品的知识，哪些举措在降低食物的碳足迹方面富有意义？正如我们在本节开始时所说的，碳足迹是基于一定假设的。因此，特定物品的碳足迹数值会取决于所作的假设而有所不同。在决定吃什么食物的时候，你需要知道哪些假设与你的特定情况有关。但即使如此，我们也可以提供一些具有普遍意义的建议，这很有可能帮助降低你的食物碳足迹：

① 吃什么，买什么，不要浪费；

② 少吃肉类和奶制品；

③ 吃当季的食品，最大限度地减少温室的使用和空运；

④ 避免过度包装食品；

⑤ 最大限度地回收包装；

⑥ 帮助商店减少浪费，购买快要过期的食物，小心处理食物，购买减价商品；

⑦ 购买畸形或瑕疵的水果和蔬菜；

⑧ 有效地加热食物。

在这一节中，我们已经研究了如何减少食物的碳足迹。然而，我们仍然面临着不断增长的人口所带来的食品问题。我们将在本章的最后一节中阐述这个问题。

11.12 消除饥饿

在遥远的过去，我们的祖先本是饥饿的采集者，每一天都在寻找他们的下一顿美餐。大约在10000年前，人类学会了种植庄稼和驯养动物，从而开启了农业革命。当时，整个地球的人口估计只有400万，这大约只相当于洛杉矶今天的人口。

在之后的8000年里，全球人口增长到17000万人，是目前美国人口规模的一半左右。到公元1000年，世界人口已经增长到了31000万，直至200年前的人口最终超过了10亿。今天，世界人口超过70亿，在未来的40年内将可能上升到90亿。显然，我们需要更多的粮食来养活这庞大的群体。

> 1798年，托马斯马尔萨斯发表了《人口论》。
>
> 1978年，保罗·欧立希撰写了《人口炸弹》一书。

托马斯·马尔萨斯（1766—1834）以及昆虫学家保罗·欧立希（生于1932）预测，地球上的实际人口数量会超过粮食生产能够保障的人口数量。在马尔萨斯发表《人口论》之后的第一个100年里，地球的人口增长了60%，达到16亿。在之后的又一个100年（20世纪），人口爆炸式增长了44亿。联合国粮农组织调研估计，我们已经设法增加了世界粮食供应，成功满足了超过约80%人口的需求。即便如此，余下的人口还基本都面临着营养不良的困扰。

> 喂养人需要的不仅仅是足够的食物。获得优质的食品取决于它的价格以及人们是否有足够的资金来购买它。食品的利用还取决于是否有一个安全的环境，包括安全的饮用水。

由于人口持续增长，必须大量生产粮食以满足需求。过去，粮食增长在很大程度上是依赖如下两种方法：种植更大面积的作物和提高单位面积的作物产量。这样的增加能继续满足我们的粮食供应吗？诚然，两种方法都已没有太大的增长空间。几乎所有的农用土地现在都处在使用状态。据联合国粮农组织估计，可耕地面积到2050年仅有望增加5%。此外，由于受沙漠化、土壤养分流失、水土流失和城市发展等因素的影响，许多地区的农田面积实际上反而正在萎缩。

20世纪40年代，我们看到了绿色革命的开始。在随后的几十年里，由于使用化肥和农药、灌溉、机械化、双种植以及高产作物品种的出现，每亩玉米、水稻和小麦的农业生产力增加了一倍多。这造福了全世界数十亿人。

尽管绿色革命取得了成功，但它也带来了经济、环境和社会成本。比如，生产作物需要水和能源，正如我们在两个前面的章节中讨论的那样。绿色革命的其他环境成本来自使用氮肥，如氨、尿素或硝酸盐，所有这些都是"活性氮"。在下一个活动中，我们将补充一些关于氮的化学知识。

> 回顾5.3节，我们知道，在世界上许多地方，农业用水占总用水的70%。

> 回顾第6章，氮气（N_2）是化学惰性的。相反，氨是氮的一种活性形式。参见6.9节。

练一练 11.26 重温氮化学

众所周知，农业依赖于氮循环。为了方便阅读，我们将它从第6章中转载到这里，如图11.26所示。

a. 氨（NH_3）往往以无水氨的形式喷到土壤里。氨在水中溶解性很好。请解释其原因。提示：参看第5章。

b. 混合氨和水会得到碱性的溶液。请结合铵离子（NH_4^+），解释其原因。提示：参考第6章。

c. 根据图11.26，可以直接被植物吸收利用是哪种化学形式的氮？

d. 土壤中的微生物可以使氮元素在不同的化学形式之间相互转化。在铵离子被植物吸收之前存在另外一种化学形式。它是什么？

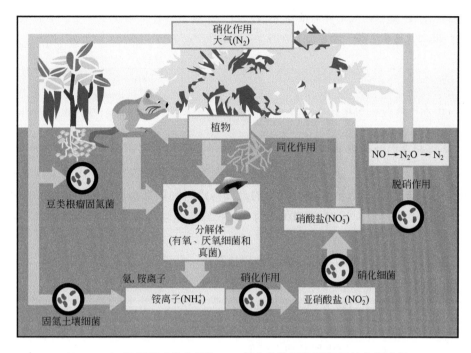

图11.26 氮循环（简化版）——氮在生物圈循环经历的化学途径

诚然，肥料能够提高作物的产量，尤其是当其作用于贫瘠的土壤，效果更为明显。然而，从图11.26中可以看到，土壤中的细菌将氮转化成其他种类的活性氮，这些活性氮会通过空气、水和土壤传递迁移。由于含有硝酸根离子或铵离子的化合物具有非常好的水溶性，大量的这些离子最终会保留在水中，并将促进其他植物生长。例如，从遥远的蒙大纳、明尼苏达和宾夕法尼亚开始，密西西比河流域农场使用的大量肥料导致的径流，最终造成了墨西哥湾的藻类大量繁殖（参考图11.15）。这些将直接影响密西西比河流域居民的生计，包括墨西哥湾地区的渔业。虽然这些意外后果可以通过减少肥料用量以及仔细控制施肥时机得到一定程度的控制，但目前我们仍没法成功完全避免这样的环境灾害。

回顾表5.9中关于硝酸盐溶解度的知识。

虽然在提高作物产量方面不可或缺，合成杀虫剂的使用导致了绿色革命的另一个环境成本。就像氮肥一样，杀虫剂也直接影响我们的身体健康和地球的健康。使用杀虫剂可以避免数百万磅的农作物被田间害虫吞噬，但与此同时，这些化学物质在杀死害虫时也同时杀死有益的昆虫。许多永久性农药将作为一个化学混合物持续残留在自然环境中，其可能导致的后果我们还不得而知。更环保的，亦即只针对特定生物体或能激发植物自身防御机制的农药正在被开发出来。

溴甲烷是一种非常有效的土壤消毒剂和熏蒸消毒剂。它可以杀死各种各样的昆虫，而且特别适用于处理用于草莓和西红柿生长的土壤。然而，由于其毒性和破坏臭氧层的能力，在2005年的蒙特利尔协议规定下，除了一些专门的用途外，溴甲烷已被禁止使用。

截至2012年，溴甲烷被允许的某些专门应用（关键性例外）局限于那些没有任何好的替代物的作物应用上，包括草莓和西红柿。

练一练 11.27　　溴甲烷与臭氧空洞

请画出溴甲烷的结构式。你认为它为什么会破坏臭氧层？提示：回顾**练一练2.24**。

寻找那些对我们的健康和自然环境毒害作用小的杀虫剂是对绿色化学家们的一大挑战。超敏蛋白是一种天然存在的蛋白质，它能够在一些功能上替代溴甲烷。因为发现将超敏蛋白喷洒在植物的茎部和叶子上可以激发植物的天然防疫机制以抵御由细菌、真菌和线虫引起的疾病，EDEN生物科技公司赢得了2001年的"总统绿色化学挑战奖"。超敏蛋白的优点包括以下几个方面：

① 不直接杀死害虫，所以害虫不会发展出抗药性；

② 是一种基因工程改造过的实验室大肠杆菌菌株发酵的产物；

③ 源于可再生材料，且废弃物可生物降解；

④ 根据美国环境保护局的分类，它具有最低的潜在危害；

⑤ 用作农药时，其使用浓度比其他农药低；

⑥ 在阳光和微生物作用下可迅速分解。

基因工程是下一章的主题。

一份美国国家环境保护局的情况说明书中写道：预期超敏蛋白对人类健康或环境没有任何不利影响，它的使用必然会大幅减少有毒农药的使用，尤其是杀菌剂和土壤熏蒸剂，如溴甲烷。

虽然超敏蛋白具有许多优点，它也并不是完美的解决方案。在使用效果上，不同植物对它的响应存在差异；此外，每隔几周，就需要再次喷洒超敏蛋白。再者，因为它刚问世不久，随着时间的推移，也许会发现一些意想不到的后果。

在我们结束关于食品生产的讨论之前，让我们简要回顾一下第4章中生物燃料这个话题。**想一想4.20**中的数据表明，在2000—2010年间，美国的乙醇生产大幅增加。而且，该乙醇生产几乎完全来源于粮食作物。近年来（2007—2011年），根据美国农业部的消息，玉米生产已经达到120亿到130亿蒲式耳。假设每蒲式耳玉米粒有56 lb，这相当于每年将生产并消耗7000亿磅或35000万吨玉米。从下面的练习活动中你可以看到发展从非食用生物质（纤维素）生产乙醇的工艺的紧迫性。

练一练 11.28　　食物还是燃料？

a. 利用**想一想4.20**提供的数据和刚刚讨论的数据，计算一下最近几年，我们用于生产乙醇的玉米作物的百分比是多少？假设从1 t（2000 lb）的玉米可以生产100 gal的乙醇。

b. 2007年，美国的能源独立和安全法案规定了截至2022年要360亿加仑生物燃料的生产任务。如果这个目标是仅通过从玉米生产乙醇来实现，将需要多少万吨的玉米？

> **答案：**
>
> a. 假设每年的乙醇产量为130亿加仑（数据参考**想一想4.20**），计算如下
>
> $$13000000000 \text{ gal乙醇} \times \frac{2000 \text{ lb玉米}}{100 \text{ gal乙醇}} \times \frac{1 \text{ t玉米}}{2000 \text{ lb玉米}} = 13000 \text{ 万吨玉米}。这是现今$$
>
> 35000万吨年产量的37%。
>
> b. 使用a中计算得到的利用与生产乙醇的玉米比例，生产360亿加仑的乙醇将需要3亿6000万吨的玉米，这基本上相当于美国所有可食用玉米的总产量。

我们回到之前提过的一个关于"是否少吃肉类便可意味着节省出更多的食物？"的问题来结束这一小节。确实，少吃肉在能源、土地和水的使用方面都有好处。适量食用富含饱和脂肪的牛肉（连同多吃水果、蔬菜和全麦）也是推荐的饮食之一。但那些研究该问题的人对此是持怀疑态度的。国际食物政策研究所的Mark Rosegrant在2010年《科学》杂志关于食品安全的一期专访中指出，"考虑到所有的优点和缺点，他确信减少肉类消费最终确实可能有助于改善全球粮食安全，但这只是一个很小的贡献。"

即便如此，许多人的小贡献加起来，也会带来很大的收益。我们每个人应该采取什么样的行动呢？本章的最后一个活动以非常简单的方式给出了一些个人建议。

想一想 11.29 《保卫食物》

在《保卫食物》一书里，Michael Pollan给出了一条简单的建议：吃好，吃少，多吃素。

a. 列举这条建议与你的健康相联系的两种方式。

b. 列举这条建议与地球健康相联系的两种方式。

c. 该提议有缺点吗？如果有的话，是哪些？请利用文中提供的诸如热量和营养方面的数据来支持你的观点。

我们将何去何从？有些人寄希望于转基因作物，认为这将掀起第二次绿色革命，但世界上许多地区的人们反对转基因食品。在下一章，也就是最后一章中，我们将着重阐释基因和基因工程中的化学问题。

结束语

尽管我们每个人的口味不同，但我们的生理需求大都一致。我们需要碳水化合物和脂肪作为主要的能量来源，需要脂肪用于细胞膜的合成以及润滑作用，需要蛋白质用于构筑肌肉并产生催化生命神奇化学反应的酶，需要维生素和矿物质以使这些化学反应顺利进行。

我们吃什么和吃多少不仅影响我们自己的健康，也影响到地球的健康。在这一章中，我们看到了我们的食物选择导致的一些人类健康和环境的问题。一些食物，包括大多数肉类，需要使用不成比例的水、谷物、燃料和土地来生产。一些作物包括玉米的生产，不仅影响着当地的土地，还影响到其沿河流域的生态系统。

满足我们这个星球上所有人的饮食需求是我们这个时代最伟大的挑战之一。化学知识使我们能够提出和更好地回答所提出的问题。当然，要想构筑一个更加和谐、繁荣和健康的世界，仅仅靠化学知识是不够的。由经济、社会、宗教和政治团体的智慧所决定的个人和群体的选择，亦将有助于引领前进的道路。

本章概要

学过本章之后，你们应当能够：

- 描述食物生产与土地、水和能源的使用，以及气候变化问题之间的联系（11.1~11.12）。
- 质疑任何评估背后的假设，如对于生产不同类型的食物所需土地的评估（11.1）。
- 区分营养不良和营养不足（11.2）。
- 描述什么样的食物是"被加工过的"（11.2）。
- 描述水、碳水化合物、脂肪和蛋白质在人体内和在一些常见食物中的分布（11.2）。
- 指出饱和脂肪、不饱和脂肪和胆固醇的来源并陈述它们在饮食中的重要性（11.3，11.4）。
- 说明脂肪酸和甘油是如何结合起来形成甘油三酯的（11.3）。
- 知道为什么要对油进行氢化以及氢化和反式脂肪之间的联系（11.4）。
- 描述与酯交换反应相关的绿色化学的要义（11.4）。
- 阐述糖、淀粉和纤维素的不同（11.5）。
- 绘制氨基酸的结构通式，说明氨基酸如何结合形成蛋白质（11.6）。
- 讨论必需氨基酸的重要性和它们在饮食方面的意义（11.6）。
- 解释蛋白质的互补原理（11.6）。
- 描述苯丙酮尿症的症状和病因（11.7）。
- 讨论维生素和矿物质对人类健康的影响（11.8）。
- 解释碳水化合物、脂肪和蛋白质作为能量来源为什么存在差异（11.9）。
- 认识和使用基础代谢率（11.9）。
- 知道获取最新饮食建议的适当渠道（11.10）。
- 分别讨论利用"食物里程数"以及"吃在当地"原则指导你饮食的利弊（11.11）。
- 描述减少食物碳足迹的方法，并指出这些方法背后的假设（11.11）。
- 描述少吃肉对你的健康、这个星球的健康以及食品安全的可能贡献（11.12）。

习题

强调基础

1. 本章的一个主题是，你吃什么不仅影响你的健康，而且影响地球的健康。请举两个例子来阐述这个主题。
2. 选择一个你可能想要从事的职业。列举该行业可以对健康的食物选择产生积极影响的两种方式。
3. 指出食品生产和水质之间的至少两个联系，再指出食品生产和水的使用之间的至少两个联系。
4. 素食主义者不一定非得全素。相反，少吃点肉就是很有意义的了。给出两个理由来支持这个论点。

5. 一般而言，相比于生产如玉米和大豆之类的谷物，生产牛肉、鸡肉和猪肉等需要更多的水和土地。请给出两个原因。

6. 虽然生产肉类比起生产谷物来讲一般需要更多的土地和水，但也并不总是这样。解释为什么。

7. 合理的饮食不仅仅是填饱肚子。解释营养不良和营养不足的区别。

8. 什么是加工食品？举五个例子，包括你吃的那些。

9. 常量营养素为你的身体提供能量和原料来源。
   a. 指出常量营养素的三种不同类型。
   b. 常量营养素在能量含量方面有什么区别？提示：参见表11.6。

10. 虽然水不被认为是一种营养素，但它显然是保持健康必不可少的。说出水在我们身体中扮演的三个角色。提示：回顾第5章。

11. 思考下图：

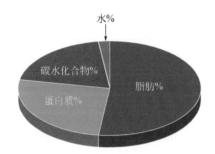

根据给出的蛋白质、碳水化合物、水和脂肪的相对百分比，这幅图更可能代表牛排、花生酱、还是巧克力豆饼干？解释你的选择。

12. 对于表11.1中列出的常见食物：
   a. 确认哪些食物是碳水化合物的最好来源，并将它们按碳水化合物百分比序列降序排列。
   b. 确认哪些食物是蛋白质的最好来源，并将它们按蛋白质百分比降序排列。
   c. 如果你在控制食物中的脂肪摄入，哪些食物是你应当避免的？

13. 本地一家餐馆的"经理特价"是一块18盎司的牛排。使用表11.1中的数据计算在这块牛排中蛋白质、脂肪和水的含量。

14. 虽然脂肪和脂肪酸是相关的，但它们在分子大小、官能团以及在饮食中的作用方面都是不同的。详细阐述这些差异。

15. 从可观察的性质（不管是纯的或是在食物中的）以及分子结构层面列举食用脂肪和油的相似性和差异。

16. 不饱和脂肪和饱和脂肪都是甘油三酯。解释它们在化学结构上以及在你的饮食中角色的不同之处。

17. 在图11.9中，分别指出下列哪一种脂肪或油每勺含有的质量数（以克计）最多：
   a. 多不饱和脂肪　b. 单不饱和脂肪酸　c. 全不饱和脂肪　d. 饱和脂肪

18. 反式脂肪在化学结构上与其他脂肪有什么区别？在健康裨益方面又有何区别？

19. 指出可能含有如下这些碳水化合物的食物。
   a. 乳糖　b. 果糖　c. 蔗糖　d. 淀粉

20. 解释每一个术语，并给出一个例子。
   a. 单糖　b. 双糖　c. 多糖

21. 淀粉和纤维素都是多糖。这两种化合物在化学结构上有何相似之处？在被消化能力上又有何不同？

22. 果糖（$C_6H_{12}O_6$）是碳水化合物的一个典型例子。
   a. 重写果糖的化学式以表明碳水化合物可以被认为是"碳加水"。
   b. 画出果糖的任意一个异构体的化学结构式。
   c. 你认为不同的果糖异构体会和果糖具有相同的甜度吗？请解释原因。

23. 果糖和葡萄糖有着共同的化学式$C_6H_{12}O_6$。它们的结构式有何不同？

24. 化学名，特别是对于有机化合物而言，可以提供它们所包含的分子结构的信息。氨基酸的名字提示了它分子结构的什么信息？

25. 蛋白质是一种有时也被称为聚酰胺的聚合物。同样，尼龙也是一种聚酰胺。酰胺官能团是什么？请从以下几个方面对比蛋白质和尼龙：
    a. 单体上的官能团。
    b. 不同蛋白质的多样性与不同尼龙的多样性。

26. 类似于反应方程式11.4a，说明甘氨酸和苯丙氨酸如何反应形成二肽。

27. 一些氨基酸被称为"必需氨基酸"，请解释为什么。

28. 为什么苯丙酮尿症病人能够饮用添加蔗糖素的饮料但应该避免那些含阿斯巴甜的饮料？

29. 解释这个元素周期表上阴影元素的营养意义。

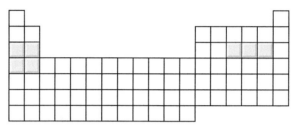

30. 近年来，用来增加食物产量的方法主要有哪两种？

31. 氮在肥料中以活性氮的形式存在。解释活性氮的含义。它是以哪些化学形式在肥料中存在呢？请举一个惰性氮的例子。

专注概念

32. 香肠比萨含有常量营养素和微量营养素。试各举出两个例子。吃香肠比萨饼符合"我的盘子"所提出的膳食指南吗？

33. 向一位朋友解释为什么广为宣传的所谓"全部有机、无化学品"的饮食是不可能的。

34. 判断以下说法是正确的、在特定条件下正确、还是错的。解释你的原因。
    a. 植物油的饱和脂肪含量比动物脂肪低。
    b. 暴露在空气中足够长的时间后，脂肪和油都会腐败。
    c. 我们的饮食没有必要包含脂肪，因为我们的身体能够利用我们食用的其他物质来生产脂肪。

35. 一个软黄油流行品牌的广告列出其中一种成分为"部分氢化大豆油"。解释"部分氢化"的概念。为什么必须告知消费者是部分氢化大豆油，而非简单的大豆油？

36. 一个著名的医学诊所指出反式脂肪酸是"双重麻烦"，解释其背后的原理。

37. 解释为什么酯交换是氢化反应的有用替代品？

38. 虽然酯交换的过程可以替代氢化，这个工艺仍然具有一些缺点。这直到人们开发出一个绿色化学的方案才被解决。
    a. 缺点是什么？
    b. 人们开发出了什么样的解决方案？
    c. 这个解决方案符合了绿色化学的哪些关键想法？提示：参见内封面的清单。

39. 有些人喜欢用奶精而不是奶油或牛奶。一些（但不是所有）非乳制奶精使用椰子油衍生物代替乳脂奶油。如果一个人试图减少饮食中的饱和脂肪乳制品的摄入，食用这些奶精是明智之举吗？解释其原因。

40. 乳酸的结构简式如下：$CH_3CH(OH)COOH$。
    a. 绘制乳酸的化学结构式，展示所有的化学键和原子。
    b. 如果将乳酸看成一种脂肪酸，那它是饱和的还是不饱和的？
    c. 乳酸是脂肪酸吗？请解释原因。

41. 一位想为她的家人提供健康营养食物的母亲对牛奶做了以下两个评论。评价每一种观点的准确性。

a. "牛奶中含有大量的糖。正因为如此，我不经常给家人喝牛奶。"

b. 不同类型的牛奶——全奶、2%减脂牛奶和脱脂——含有不同数量的糖。你需要仔细看看标签，以确保得到你所想要的。

42. 低热量和零热量的脂肪替代品（"假脂肪"，如Olean）和糖替代品（如蔗糖素和阿斯巴甜）已经被开发出来，为什么零热量的蛋白质替代品没有被开发？即使如此，一些蛋白质替代品依然存在。哪一类人可能会选择它们？

43. 你的朋友想降低食品成本，并了解到花生酱是一种很好的蛋白质来源。在将吃花生酱作为主要的食物蛋白源之前，你的朋友应该考虑其他哪些因素？提示：参见表11.1。

44. 这里是一份快餐的组成。请通过计算确定其是否符合"8%~10%的总热量应该来自饱和脂肪"的饮食指南要求。

成分	芝士汉堡	炸薯条	混合饮料
卡路里/kcal	330	540	360
脂肪中获得的卡路里/kcal	130	230	80
总脂肪/g	14	26	9
饱和脂肪/g	6	4.5	6
胆固醇/mg	45	0	40
钠/mg	830	350	250
碳水化合物/g	38	68	60
糖/g	7	0	54
蛋白质/g	15	8	11

45. 美国的饮食在很大程度上依赖于面包和其他小麦制品。一片全麦面包（36 g）含有约1.5 g的脂肪（0 g饱和脂肪）、17 g的碳水化合物（约1 g糖）和3 g的蛋白质。

a. 计算一片面包的总热量。

b. 计算其中来自脂肪的热量所占的比例。

c. 你认为面包是一种很有营养的食物吗？解释你的推理。

46. 描述农业与化石燃料使用之间的三种联系。

47. 乙醇是一种生物燃料。

a. 它源于脂肪、碳水化合物还是蛋白质？

b. 列举两种现用于生产车用乙醇的食品。

c. 从这些食物中生产乙醇的加工工艺是什么？

d. 描述目前关于乙醇生产的一个争议。

48. 生物柴油是另一种生物燃料。请针对生物柴油回答第47题中提出的同样的问题。

探究延伸

49. 重新审视第0章提出的可持续发展的定义。选择食品生产中的任何一个挑战，讨论它在现在和将来是如何与持续满足世界的食品需求紧密联系起来的？

50. 本章（连同第4章）提供了自2012年以来的乙醇生产数据。利用互联网的资源更新这些信息，特别是关于乙醇生产原料，所需能量以及乙醇生产是如何达到三重底线（TBL）的要求。提示：回顾第0章中关于如何运用三重底线来评估经济、环境和社会效益的知识。

51. 估算你从软饮料中摄入糖的年平均量，列出你所用的假设。如果包括你加入到诸如咖啡和茶之类饮料中的糖，这个值会增加多少？

52. 这里是关于不同食物含糖量的信息。

食　　品	糖/g	卡路里/kcal	每份含量
欧托滋天然薄荷糖	2	10	三片（2 g）
薄脆姜饼	9	120	4块（28 g）
番茄酱	3	15	1汤勺（13 g）
德尔蒙菠萝杯	13	50	1杯（113 g）
乐倍软饮	40	150	1.5杯
法国香草咖啡伴侣	5	40	1汤勺（15 g）
女主人牌奶油夹心海绵蛋糕	14	150	1.5 oz
救生员牌冬青圈型薄荷硬糖	15	60	4 片（16 g）
纯果乐家常纯鲜榨橙汁	22	110	8 oz（1 杯）
士力架巧克力棒	29	200	2.1 oz
新奇士橙汁汽水	52	190	1.5杯
珍麦脆饼干	4	130	13 片（29 g）

　　a．检查此列表，就每份含量而言，哪一种食物含有最高的糖/热量比值（g/kcal）？

　　b．这些食物中的糖含量哪一个可能会让你大吃一惊？

　　c．你预测乐倍软饮中糖的类型与新奇士橙汁汽水中的一样吗？橙汁中糖的类型和菠萝杯的一样吗？请解释原因。

　　d．每份救生员牌冬青圈型薄荷硬糖含有16 g总碳水化合物，其中含有15 g的糖。另外1 g碳水化合物可能是什么？

53. 善品糖含有复方三氯蔗糖。使用互联网的资源来回答这些问题。

　　a．一袋善品糖含有多少卡路里？

　　b．善品糖的宣传口号是"由糖所制，所以味道如糖"。它是一个有用的陈述还是误导性广告？解释你的观点。

54. 基于10.5节中讨论的锁-钥模型，解释为什么患有乳糖不耐症的人可以消化糖，如蔗糖和麦芽糖，但不能消化乳糖。利用互联网的资源找到乳糖的化学结构。

55. 下图是维生素K的一种结构式。

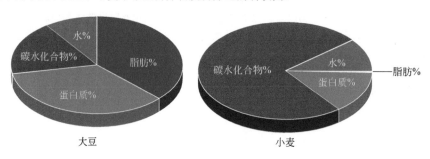

　　a．你认为它是水溶性的还是脂溶性的？请解释原因。

　　b．维生素K在你的身体中扮演什么样的角色？

　　c．很少有人缺乏维生素K。请给出一个理由。

56. 比较以下两个关于大豆和小麦中常量营养物质百分比的饼状图。

大豆　　　　　　　　　　　小麦

a. 解释为什么世界卫生组织帮助发展了基于大豆而非小麦的食物以发放给世界上蛋白质严重缺乏的地区？

b. 提出一些文化层面的原因来解释为什么在世界某些地区，大豆可能比小麦更受青睐？

57. 大自然蕴藏着诸多惊喜！牛油果是一种热带水果，事实上，它是一种高脂肪含量的水果。然而，这种脂肪不同于在椰子油或棕榈油中发现的类型。牛油果中脂肪的主要类型是什么？相比于热带油（椰子和棕榈），这种脂肪对你的健康有何影响？

58. 假如一个组织想评选"年度非天然食品或饮料"。列出你心目中的核心评价标准。结合你自己的经验，建议两个可能的候选产品，并解释你的选择理由。

59. 如果说你的食物是从另一个地区由一辆柴油发动的卡车运来的。列举该运输过程中的三种可能排放物（这取决于所安装的污染控制装置）和一种一直存在的排放物。

60. 有观点认为气候变化和粮食安全是我们今天面临的"两大挑战"。列出这两大挑战之间的两种联系。

第12章 基因工程与遗传化学

集艺术、科学及娱乐于一身的DNA雕塑，柏克莱加州大学劳伦斯科学展厅

　　"没有一个科学分支会像遗传学一样引起这样尖锐、微妙却又有趣的道德困境……是遗传学让我们回想起我们不仅对这个世界及他人负有责任，也应对未来人类会成为什么样子负责。这也是第一次我们不仅仅可以决定孰生孰死，也可以决定所有的这些在未来的样子。"

Justine Burley 和 John Harris 编

《遗传伦理学手册》，2002

你是否曾想过在未来的某一天你的食物会变得更加可口，更加营养？或者种植谷物会更加容易，产率也会变高？想象这样一个世界，在这个世界中，田野能够生产更好的生物燃料，农场可以创造我们需要的药物和疫苗，细菌能够净化污水。

遗传学家也许有能力去创造这个乌托邦。基因工程的拥护者认为运用遗传学知识，可以解决饥饿问题，生产廉价药物，以及美化环境。但是值得因此冒险去篡改基因吗？它也可能会引起超级病菌、更具抵抗力的杂草以及生物多样性的急剧降低等问题。我们的行动也许会使我们离乌托邦更远。

某种程度上，关于基因工程的争议源于其所涉及的科学的复杂性。如果说一个细胞是复杂的，那么整个有机体会更加复杂，而整个生态系统的复杂性则无以复加了。如果我们对一个种子进行了微观的基因修改，我们可能会解决一个问题，甚至是一个全球性的问题。但是那个小小的变化也可能会对整个生态系统造成额外的不可预知的影响。所以最根本的问题是我们无法预测我们的行为可能会引起的后果，尤其是在基因领域。

此外关于基因工程的争议也源于社会和伦理的考虑。我们人类有责任理智行事，为了我们自己，也是为了后代。一个合理的判断能否去做的前提是"不会造成伤害"。但是我们的需求很大，社会问题又甚是紧迫，因此，我们必须同时考虑不作为是否会造成更多的伤害。你对于基因工程或者更具体些，转基因食品，是如何看待的呢？在接下来的想一想中探索并记录你的观点。

想一想 12.1　　你对于转基因食品的看法

不管以什么方式，你都可能已经听说过转基因食品。即使你不怎么了解，你应该仍然能够回答下面的问题。

a. 如果要你选择转基因食物和非转基因食物，你会倾向于哪一个呢？请解释原因。

b. 如果有的话，什么情况会使你重新考虑你的立场？至少列出两个。保存你的答案，并在本章最后再次回顾。

这一章是关于生命的化学。我们能不能，或者说，应不应该利用这种化学？如果可以，应该应用到什么程度，并且需要什么防范措施？必须再次指出，我们提出了好的问题，但是并没有简单的、马上令人满意的答案。

12.1　**更强更好的玉米**？

地球是一个湿润的星球，海洋、河流、湖泊以及冰川覆盖了这个星球70%的表面，剩下不足三分之一的面积则是森林、草地、沙漠、山川以及土地。最新的卫星数据表明这块土地的40%用于耕种。为什么我们要把森林和草地变成农田？在很大程度上，这样做是因为我们需要去供养这个饥饿的星球。

关于我们这个湿润的星球的讨论，请看第5章。在18世纪，少于10%的土地用于农业种植。大约7000年前，玉米首次在美洲种植。

比如说，我们种植植物，像小麦、玉米、大豆、马铃薯以及稻米。这一节，我们重点讨论玉米。许多人都会直接或间接地消耗大量的玉米——直接是指食用玉米糖浆、玉米餐或者玉米淀粉等食物；间接是指食用玉米饲养的动物。此外，玉米也是一种重要的用于生产非食用物品（如生物乙醇和生物基塑料）的商品。在寻求更好更简便地种植玉米的过程中，科学家们尝试对其基因进行了编辑。对于大豆、番茄、马铃薯、棉花以及木瓜也一样。它们都因为这样或那样的原因而以转基因的形式存在。在这里，我们讨论对玉米进行基因修饰背后存在的需求。

观察图12.1a，这片玉米田绝不仅是简单的玉米田，尽管看起来并无二致。实际上，玉米田是一个小型的、不平衡的生态系统。对玉米而言，玉米田是它的家，土壤中含有营养物质，其上有阳光照耀，同时有很多的水分。对杂草而言，玉米田是一片肥沃的可以去占据的土地，杂草快速生长，摄取营养物质，一些甚至会阻挡阳光。对昆虫而言，玉米地是一个不错的家，可以孵育幼虫，也可以享受美味（图12.1b）。许多昆虫已经进化到可以利用我们种植的玉米田。

(a)   (b)

图12.1　(a)一大片并不像它看起来那么简单的玉米田；(b)一只忙碌工作中的欧洲玉米螟

如果想要玉米植株苗壮成长，农民必须花费时间、精力、金钱以及肥料去积极培育，并且保护它们免于昆虫和杂草的伤害。然而在这个过程中，他们也会无意中破坏当地的甚至水流域内的生态系统。 例如，考虑一下当农民为控制昆虫和杂草而喷洒杀虫剂和除草剂时发生的事情吧。使用农药不仅昂贵，而且在选择和使用时如不十分小心，这些化学物质可能会对植物乃至附近的生态系统有所伤害。综合考虑其昂贵的费用、繁琐的种植以及同时伴随的环境风险，很难认为种植玉米是正确的，但是它利润很高。它可以作为食物、动物饲料或者生物燃料被卖掉。其广泛的用途使我们基本上不可能停止种植玉米。很明显，如果能够更加简便环保地种植玉米，我们每个人都会从中受益的。

　　回顾绿色化学的核心思想：设计材料时最好能使之在用完之后降解为无害物质。许多杀虫剂并不能满足这一标准。

之前章节中关于玉米的知识你还记得吗？接下来的活动也许会帮助你唤起记忆。

练一练 12.2   玉米化学

a. 正如第4章所提到的，玉米粒中的淀粉是一种碳水化合物，纤维素是玉米叶子的部分组成成分。解释淀粉、葡萄糖、碳水化合物以及纤维素之间的关系。

b. 正如第11章所提到的，玉米油是一种甘油三酯，其具有很高的不饱和度。解释脂肪、油脂、不饱和的、饱和的、甘油三酯之间的关系。

如果你可以给农民提供一包能够耐受昆虫和杂草的玉米种子将会怎么样呢？事实上，这可以做到。对玉米种子进行两处常规的基因编辑就可以使玉米植株能够抵抗类似欧洲玉米螟或者西方玉米根虫的昆虫，以及像是甘草膦这样的除草剂。这种玉米植株能够产生它自己的杀虫剂，这使得农民可以少喷洒些杀虫剂。同时这种玉米植株能够耐受一种常见的除草剂，这意味着农民可以只喷洒这种除草剂而不必喷洒其他的，这样就可以减少水域中毒素的积累。

如何使玉米植株耐受除草剂或者产生它自己的杀虫剂呢？我们可以通过"教"它产生一些新的化学物质来实现。在玉米植株的每一个细胞中有一套完整的指令指示如何生长和繁殖，如果你愿意的话可以将其称之为指导手册。这个指导手册从一代传递到下一代，并且在大部分情况下完全一样。这个指导手册便是基因组，是遗传生物信息的主要途径，这一生物信息是建立和维护一个有机体所必需的。

基因组被分成许多短的片段，这些片段分别去指导细胞中相应特定反应、化学物质以及事件的发生。这些特定的片段便是遗传的基元——基因，用于编码蛋白质生产信息的基因组短片段。基因的变化会导致相应的可遗传的性质发生改变。对于一个玉米植株而言，其编码颜色信息的基因发生改变可能会使玉米粒的颜色由亮黄色变为白色。但是基因的小小改变并不足以使玉米植株生产豌豆（而非玉米），甚至也不能产生一种新的化学物质，像是杀虫剂。我们需要更大一些的改变。

最常见的玉米植株B73，其基因组中含有超过32000种基因。这个数目超过人类DNA中含有的基因数目。研究人员花费了四年的时间分类记录了大量的信息，这使得我们也许能够理解那些有益特质（比如高产、抗病和抗旱能力等）背后的基因。

我们真正需要做的是在玉米植株的基因组中插入一套全新的指令（即基因）。这并不是要我们自己去创造这些指令，而是可以从别的已经含有我们想要的指令的有机体中寻找而得。对于欧洲玉米螟（图12.1b）和西方玉米根虫，我们已经找到了一种对这些昆虫有毒而对人体无害的蛋白质。这种蛋白质在自然界中存在，并甚至可以用于有机农业。一种小型的有机体，被称为苏云金杆菌的土壤细菌中就含有产生这种蛋白质的指令。从这个细菌中取出基因，然后将其插入到玉米中，我们便可以得到能够产生杀虫蛋白质的玉米植株。

苏云金杆菌常被称为Bt，它们可以产生苏云金杆菌毒素，这是一大类各种各样的对不同昆虫有毒害作用的蛋白质。

　　a. 我们刚才使用了术语杀虫蛋白质，什么是蛋白质？描述蛋白质分子的特点。提示：你可以在9.7节和11.7节回顾蛋白质的知识。

　　b. 什么是碳水化合物？玉米主要是由碳水化合物组成。从分子层面上描述碳水化合物。

　　玉米植株、细菌以及玉米田的复杂性远远超出了你的想象。当我们对一些东西进行基因修改时具体是怎么做的呢？下一节中我们将讨论这个话题。

12.2　编码生命信息的化学物质

　　在过去的每一秒中，玉米植株都会发生数百万次化学反应。一些反应是降解物质，另一些则是合成这些物质。一些反应传递化学信号，另一些则是处理这些信号。一些反应释放能量，而另一些则使用能量。这些错综复杂的化学反应的核心是一种非常独特的化学物质。

　　我们对这种特殊化学物质的要求很高。在细胞生长和分裂时，这种物质必须能够精确无误地复制自己。它在其所处的环境中必须保持稳定。这种物质必须能够整理并安全无虞地存储大量的信息。而这些信息是与情景紧密相关的。有些反应需要一直进行，而另一些反应会根据特定的信号开始或者停止。简而言之，我们需要一个以化学物质形式表现的高级数据库。

　　上面所描述的化学物质便是**脱氧核糖核酸**，即DNA，一种在所有物种中都有的承载遗传信息的生物高分子。DNA是生命的模板，它包含了一株完整玉米植株的全部生物化学信息。DNA容易复制，能够传递信息，以及在细胞中对反馈做出反应。

　　同玉米植株一样，你特定的生命信息也是记录在这样一个紧密缠绕的DNA线团之中。如果将其解开，每个细胞中的DNA大约有2 m长。如果将你的全部的数百万亿个细胞中的DNA头尾相接在一起的话，这个DNA条带可以在太阳和地球之间绕600个来回！但是随后你会发现，这个天文数字相比于这个神奇分子的最惊人的特点来说真真是小巫见大巫。

　　人体内的细胞估计有50万亿到100万亿个，而人体内细菌的数目约是人类细胞数的10倍。

　　无论DNA链是长是短，它们都是由三种基本的化学单元组成：含氮碱基、脱氧核糖和磷酸基团，其结构如图12.2所示。

　　DNA含有四种含氮碱基，每一种都和其他的碱基稍微有一些差别。大一些的碱基，即腺嘌呤（A）和鸟嘌呤（G），含有一个彼此融合在一起的五元环和六元环。小一些的碱基，即胞嘧啶（C）和胸腺嘧啶（T），仅含有一个六元环。值得注意的是，所有这些化合物的环结构中都含有氮元素，这也是为什么它们被称为"含氮碱基"。这些碱基也含有氧原子，它们可

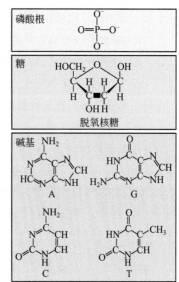

图12.2　DNA组成单元

以参与形成氢键。我们在**练一练 12.4**中会有所描述。

回顾 6.2 节重温我们的第一个含氮碱基——氨。

练一练 12.4   小却重要的差别

环的大小和数量的不同并不是含氮碱基之间的唯一差别。让我们更进一步去了解一下这四个碱基。

a. 画出每个碱基的路易斯结构式，务必将氮原子和氧原子上的孤对电子标示出来。

b. 指出可以参与形成氢键的氢原子。

c. 确定其他的可以参与形成氢键的非氢原子。

提示：回顾 5.2 节中关于氢键的信息。

答案：

对于碱基胸腺嘧啶（见图 12.2），

a. 路易斯结构式显示其两个氮原子和两个氧原子上都有孤对电子。

b. 与氮原子连接的两个氢原子都可以参与形成氢键。

c. 氧原子和氮原子都可以参与形成氢键。参看图 12.7。

DNA 分子的另一组成基元是脱氧核糖分子。不同于含氮碱基，DNA 中只含有一种糖类分子——脱氧核糖。脱氧核糖是一类单糖，其化学式为 $C_5H_{10}O_4$（见图 12.2）。接下来的想一想活动可以让你对脱氧核糖有更多的了解。

单糖在 11.5 节中有所介绍。

想一想 12.5   化学中的表亲：核糖和脱氧核糖

核糖与脱氧核糖具有相近的化学结构，其是存在于核糖核酸(RNA)中的一种单糖。比较脱氧核糖(见图 12.2)和核糖的化学结构：

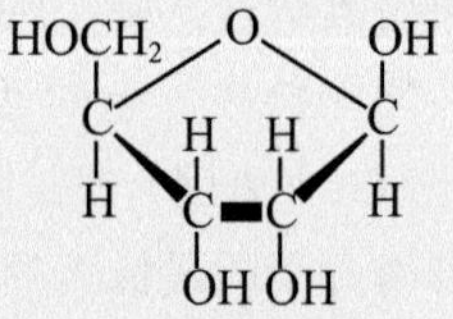

a. 写出两种糖的化学式。

b. 这两种糖的结构式有何不同？

c. 正如 11.5 节中所述，碳水化合物是指化学式为 $C_nH_{2n}O_n$ 的一类化合物，那么核糖和脱氧核糖符合这种形式吗？

d. 在这两种单糖分子中，哪些原子含有孤对电子，可以参与形成氢键？提示：回顾 5.2 节中关于氢键的信息。

除了含氮碱基和糖外，DNA 分子中还含有磷酸根基团，更准确地说是 DNA 中连接有磷酸根离子。然而，根据不同的 pH，磷酸根可能会以 HPO_4^{2-} 或者 $H_2PO_4^-$ 的形式存在，如果磷酸基团中的三个氧原子都与 H^+ 配对，则变成 H_3PO_4，即磷酸。这些氢离子使核酸呈现酸性。

磷酸根离子已经在第 5 章中介绍过了。右图是磷酸根的一种共振结构式。

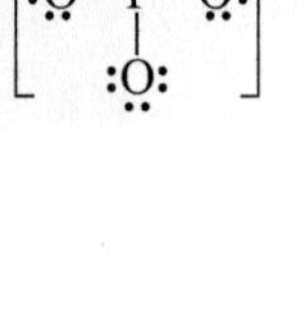

所有的这三个基本组成单元，含氮碱基、糖以及磷酸根基团，在DNA结构中都扮演着重要的角色。三个基元结合便会得到形成DNA这一聚合物的单体，亦称为**核苷酸**。它是碱基、脱氧核糖和磷酸基团从共价键连的产物。比如说，图12.3中展示的是以称为腺嘌呤磷酸盐的核苷酸，从图中可以看出，脱氧核糖既和磷酸基团连接又和碱基(腺嘌呤)连接。其他三种DNA含氮碱基——鸟嘌呤、胞嘧啶、胸腺嘧啶，也会形成相似的核苷酸。

> 回顾第9章，高分子是由小的单体组成的大分子。

值得注意的是从图12.3中可以看出脱氧核糖环上的一个羟基依旧能够参与反应，它会与另一个核苷酸中的磷酸基团发生缩合反应，从而将两个核苷酸连接起来，以此类推，最终得到以糖-磷酸基团交替连接为骨架的长链结构，即DNA。DNA分子通常由成千上万个核苷酸组成，这使得一个DNA单链分子的分子量高达数百万。

核苷酸（单体）连接形成DNA是一个典型的缩聚反应。随着单体越来越多的加入，高分子链慢慢增长，同时单体的每次加入都会脱去一个水分子。图12.4显示的是四个核苷酸以上述方式连接形成的DNA片段，其中插入的示意图展示了DNA作为由核苷酸单体形成的聚合物的特性。

> 其他缩聚反应的例子参见9.6节和9.7节。

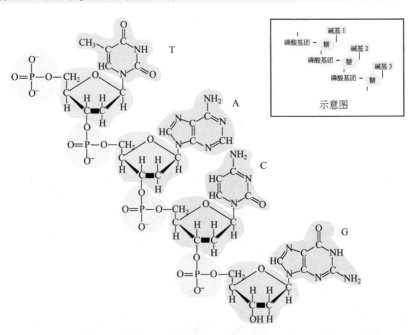

图12.3 由磷酸基团、脱氧核糖和腺嘌呤(碱基)组成的核苷酸单体

图12.4 一个DNA片段的化学结构图和示意图(右上插图)，磷酸基团将彼此邻近的脱氧核糖连接起来
四个碱基胸腺嘧啶(T)、鸟嘌呤(A)、胞嘧啶(C)、鸟嘌呤(G)分别与一个脱氧核糖连接

练一练 12.6 另一种核苷酸

参考图12.3，画出含胞嘧啶的核苷酸的结构式。

12.3　DNA 双螺旋结构

DNA 是一个美妙的分子。如果看本章开篇的图片，你会看到一个雕塑家对 DNA 结构的演绎，其中 DNA 由两条银色的条带优雅而又简洁地螺旋弯曲得到。隐藏在 DNA 分子简单结构之中的是一套强大的对信息进行化学编码的体系。DNA 分子结构，包括核苷酸单体的化学键连方式和分子链的结合方式，都对其功能有所贡献。要了解 DNA 如何执行其功能，我们需要首先了解 DNA 的结构。

为了看到 DNA 的形状和亚微观结构，科学家们利用了 X 射线衍射技术。这个技术通过帮助我们看到分子的化学形状革新了我们对分子结构和化学的理解。X 射线衍射是一种结构分析方法，当晶体受一束 X 射线照射时会产生一个反映晶体中原子位置的衍射图像。X 射线光子与晶体中原子的电子相互作用并被衍射或者散射，重要的是 X 射线只会在特定的角度被散射，而这个角度与原子之间的距离相关，所以这个信息可以被用来确定各种各样的晶体材料的结构。DNA 纤维的 X 射线衍射图案于 1952 年末由英国的晶体学家 Rosalind Franklin 获得。

回顾 2.4 节在电磁波谱图中找到 X 射线。

James Watson 和 Francis Crick（见图 12.5）结合 Franklin 获得的 DNA X 射线衍射数据和之前的关于 DNA 的化学和生物分析创建了 DNA 的结构模型。Franklin 所得到的 DNA X 射线衍射图案表明其分子中原子是重复螺旋状排列的，就像是一个松散的螺旋弹簧。此外，X 射线图案还显示了 DNA 分子具有间距为 0.34 nm 的重复排列。Watson-Crick 模型通过将 DNA 单链缠绕成双螺旋结构解释了这个重复现象，如图 12.6，这种双螺旋结构是由两条单链围绕一个中心轴缠绕而成，碱基对平行排列并垂直于中心轴，且碱基对之间的距离为 0.34 nm，这与衍射图案中计算得到的数据吻合。此外，Franklin 得到的数据表明 DNA 结构中存在第二重重复排列，且其重复单元之间的距离为 3.4 nm。Watson 和 Crick 认为这是 10 个碱基对组成的一个完整的螺旋的长度。

(a)　　　　　(b)　　　　　(c)　　　　　(d)

图 12.5　James Watson(a), Francis Crick(b) 和 Maurice Wilkins(c) 因为对理解 DNA 结构的贡献共享了 1962 年的诺贝尔生理医学奖；尽管 Rosalind Franklin(d) 获得的晶体数据在此发现中至关重要，但是她在 1958 年去世未能获得 1962 年的诺贝尔奖

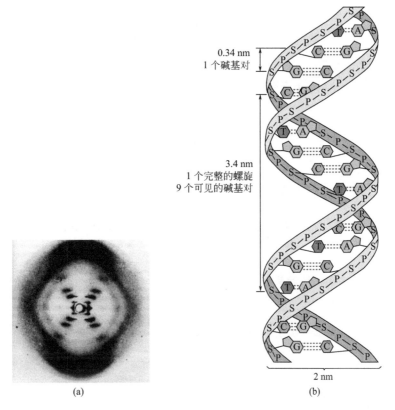

图12.6 (a) Rosalind Franklin获得的含水DNA纤维的X射线衍射图，中心的十字交叉表明是螺旋结构，顶端和底部的暗弧是源于碱基对的堆叠；(b) DNA模型，P为磷酸基团，S为糖，以及碱基A，T，C，G。在DNA中糖和磷酸基团交替排列形成主链，四个碱基连接在主链上

　　英文单词中的字母是有方向性的，比如说ward（病房）和draw（画）含有相同的字母和顺序，但是因为排列方向不同而含义不同。DNA分子也是如此，其碱基便同英文字母一样，比如TAC和CAT含有不同的意义。DNA主链骨架的化学结构确定了其方向性。仔细观察DNA骨架中交替排列的磷酸基团和脱氧核糖（如图12.4），可以发现脱氧核糖的环直接与其下边的磷酸基团连接，但是与上边的磷酸基团是通过一个碳原子连接的，这种化学键类型的不同使得这两个方向不同于彼此。因此当DNA双螺旋结构中的两条单链结合在一起时，一条链的方向必须与另一条链相反。

　　早期的化学分析表明DNA中含氮碱基是成对出现的，无论何种情况，A的百分比一定与T相同（表12.1）。类似的，G的含量也一定会与C相同。DNA结构模型也确认了这一点。鸟嘌呤(A)和胸腺嘧啶碱基(T)完全匹配，如同拼图碎片。仔细观察会发现这两个碱基是通过两个氢键连接的（如图12.7）。类似地，胞嘧啶(C)和鸟嘌呤(G)是通过三重氢键连接的。碱基配对是DNA结构和大部分功能的分子基础。这里再强调一下：A和T配对，G和C配对。

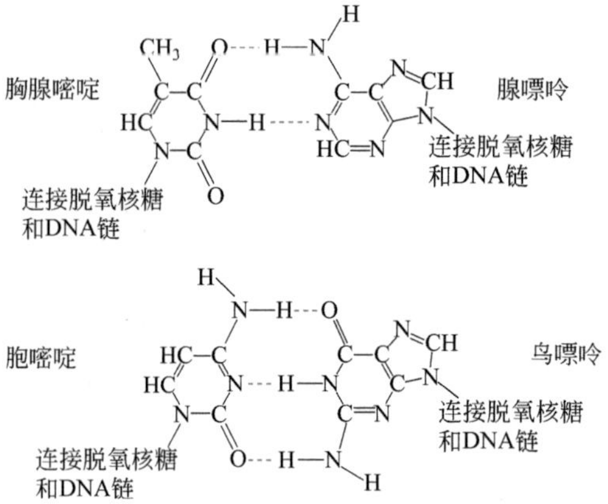

图 12.7 DNA中腺嘌呤和胸腺嘧啶以及胞嘧啶和鸟嘌呤的碱基配对
化学键用黑色实线表示，氢键用红色虚线表示

回文是个例外，它正向读和反向读都是一样的。例如RACECAR，无论从哪个方向读都是一样的。

碱基配对规律在被奥地利化学家Erwin Chargaff发现后被命名为查格夫法则。

表 12.1 不同物种中DNA的碱基百分比组成

科学名	常用名	腺嘌呤	胸腺嘧啶	鸟嘌呤	胞嘧啶
智人	人类	31.0	31.5	19.1	18.4
黑腹果蝇	果蝇	27.3	27.6	22.5	22.5
玉蜀黍	玉米	25.6	25.3	24.5	24.6
粗糙脉孢菌	霉菌	23.0	23.3	27.1	26.6
大肠杆菌	细菌	24.6	24.3	25.5	25.6
枯草芽孢杆菌	细菌	28.4	29.0	21.0	21.6

来源：I. Edward Alcamo,《DNA技术：令人称奇的技能》，第二版 ©2000 McGraw-Hill教育公司。

练一练 12.7　互补碱基序列

腺嘌呤和胸腺嘧啶互补配对，胞嘧啶和鸟嘌呤互补配对。在这两种情况下，当碱基配对的时候会形成氢键。用一个字母表示，请给出和以下碱基序列互补的碱基序列：

　　a. ATACCTGC　b. GATCCTA

答案：

　　a. TATGGACG　b. CTAGGAT

DNA结构及其核苷酸的互补配对引起了另一种重要的发现。一条DNA单链包含了形成其配对单链所需的所有信息！因此一条DNA单链便可以指导其配对单链的形成。**复制**是细胞繁殖的过程，在繁殖时细胞必须将遗传信息复制并传递给子代。人们对此已经有了很好的了解。图12.8将说明这一过程。

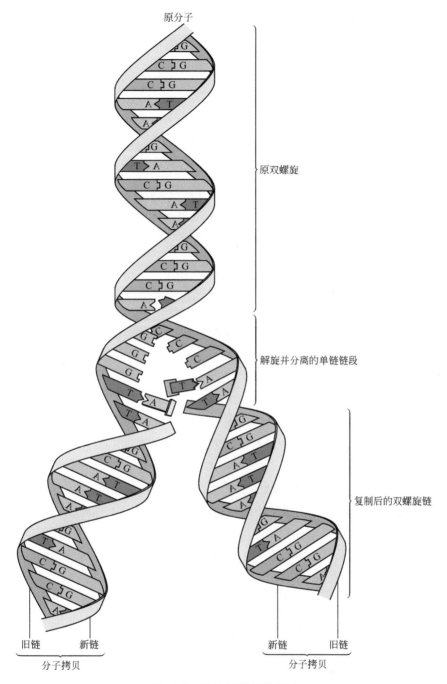

原分子

原双螺旋

解旋并分离的单链链段

复制后的双螺旋链

旧链　新链

分子拷贝

新链　旧链

分子拷贝

图12.8　DNA复制的示意图

原本的DNA双螺旋（图中的上半部）部分解旋，两个互补的部分分离（中部）。每条链都作为模板来合成一条互补链（下半部）。结果是两条完整的、完全相同的DNA分子。参看动感图像!

　　在细胞分裂前，部分双螺旋快速解旋。如图12.8的中间部分所示，这就导致一个DNA的链分离区域的出现。细胞中单个的核苷酸有选择性地与作为模板的这两条单链以氢键相结合：A和T、T和A、C和G、G和C互相配对。被固定之后，这些核苷酸在酶（生物催化剂）的作用下被键接在一起。通过这种机理，原DNA的每条链都产生出与其自身互补的一份拷贝。原本的模板链和新合成的互补链形成了与最初的分子完全相同的新分子。类似地，原分子中另一条分离链与它的互补链互相缠结，形成另一个复制分子。因此原来只有一个双螺旋，现在得到了两个完全相同的拷贝。

回顾10.4节复习酶。

想一想 12.8　　一个美妙的分子

重温这一章开篇时的照片。它展示了一个人们可以攀爬的DNA雕塑。作为一件艺术品，它体现了DNA分子优于其他分子的一些特点。

a. 列举这个DNA雕塑的三个缺点。它省略了什么化学细节？丢失了什么信息？

b. 现在列出三大优点。它突出显示了什么信息？保留了什么信息？

c. 从校园里或者互联网上找到另一版本的DNA的艺术再现，并再次回答问题a和b。注明你的来源。

想一想 12.9　　DNA序列修复

回忆12.2节，DNA必须被复制而且是完美地复制。复制后，酶通过扫描整条DNA链来识别和纠正碱基互配中的错误。

A T G C C A T G A A
T A C G G T A T T T

a. 圈出这组DNA链中碱基配对的错误之处。

b. 你认为错配的链相比于正确配对的链是更加稳定还是更加不稳定？解释你的理由。

在大多数生物体中，新复制的DNA链并不会保持伸展的双螺旋结构，而是进一步发生卷曲和缠绕。这不仅节省了空间，还进一步组织和保护了遗传信息。当需要特定的存储信息时，又可以通过精心调整卷曲使得该DNA的一小部分可以被访问。这个完整的遗传信息集被打包成染色体，它是一种存在于细胞核中的，由DNA和特定蛋白质形成的棒状紧密线圈。

练一练 12.10　　你的DNA卷曲了吗？

在DNA的双螺旋结构中，碱基对之间的距离为0.34 nm。

a. 计算人类第11号染色体延伸成双螺旋时的长度为多少厘米（cm）。提示：第11号染色体由135000000个碱基对组成。

b. 在细胞分裂前可以最清楚地看见染色体。在这种紧凑状态下，第11号染色体的最长轴约4 μm。哪些因素导致了DNA的进一步压缩？提示：1 μm 是 1×10^{-6} m。

c. 解释为什么这种程度的凝聚是必要的。提示：一个典型的人类细胞的直径只有10 μm。

答案：

a. $$\frac{0.34 \text{ nm}}{1 \text{ 碱基对}} \times \frac{1 \text{ m}}{1 \times 10^{9} \text{ nm}} \times \frac{1 \times 10^{2} \text{ cm}}{1 \text{ m}} \times \frac{1.35 \times 10^{8} \text{ 碱基对}}{11 \text{ 号染色体}} = \frac{4.6 \text{ cm}}{11 \text{ 号染色体}}$$

细胞每次分裂增殖时，全套染色体都必须解开并且进行完美的复制，使得每个新细胞都含有一套完全相同的染色体。某些类型的细胞，如在皮肤上和癌性肿瘤中的细胞，比其他细胞分裂更快。这些细胞更可能富集和传递那些受到电离辐射、自由基或化学试剂损伤的DNA信息。

回顾第7章关于电离辐射和第2章关于自由基的内容。

12.4　破解化学密码

还记得在你的细胞里每一分钟发生的那些所有复杂的化学过程吗——DNA分子组织了大量的相关信息。每一个玉米细胞中重复的数十亿个碱基对提供了产生一个玉米植株的蓝图。碱基对排列成特定的序列并分组，其中有一些则成为基因去编码蛋白质的产生。DNA中也存储了其他的信息，但是我们对于生物体如何利用这些信息还知之甚少。

尽管信息是在DNA中储存的，但它是以其他更小的分子形式来表达的。最为人熟知的就是蛋白质。蛋白质在体内随处可见：在皮肤、肌肉、毛发、血液和调控生命化学的千万种酶中都存在。通过指导蛋白质的合成，DNA主宰了生物体的许多特征。

11.7节我们以食物为背景定义了蛋白质。9.7节则将蛋白质描述为聚合物（多肽或聚酰胺）。

蛋白质是由氨基酸相连接形成的大分子。回想一下，蛋白质中最常见的20种氨基酸可以用我们在第11章展示过的结构通式表示。

回顾第11章中的图11.16，了解更多关于氨基酸通式的知识。

胺或氨基是—NH_2，羧酸基团是—COOH，而R则代表20种氨基酸中各不相同的侧基。在缩合反应中，一个氨基酸的—COOH和另一个氨基酸的—NH_2反应。这个过程中会形成一个肽键并生成一分子H_2O。当许多氨基酸连接在一起后就得到了一种蛋白质，即蛋白质是由氨基酸单体聚合而成的聚合物。我们也可以将蛋白质描述为由氨基酸残基组成的长链。氨基酸残基是用于描述已被引入肽链的氨基酸的术语。

DNA核苷酸序列中的信息经由代码转换成蛋白质中特定的氨基酸序列。代码不可能是碱基和氨基酸之间简单的一对一的关系。DNA中只有四种碱基。如果一种碱基对应一个氨基酸，DNA只能够编码四种氨基酸。但是蛋白质里有20种氨基酸。因此，DNA代码中至少包含20种不同的"密码子"，这些密码子各代表一种不同的氨基酸。而且这些密码子必须仅由四个字母—A、T、C和G，或者更准确地说，对应于这些字母的碱基组成。

遗传信息的分子代码的发现可能是有史以来密码学（研究编制密码和破译密码的技术科学）中最令人惊奇的例子。

简单的统计分析能够帮助我们确定这些密码子的最短长度。对于一个已知大小的字母表中，可以用字母数的 n 次方来表示具有给定长度的密码子的数目，其中 n 代表每个密码子里的字母数。

$$密码子 = （字母）^n$$

例如，用四个字母可以组成 4^2 即 16 个不同的双字母密码子。因此，如果成对地读取 DNA 碱基（类似于每个密码子两个字母），则只能够编码 16 个氨基酸，不足以使每个密码子都唯一对应 20 种氨基酸中的一种。所以我们重新计算并假设密码子是由三个相连的碱基对组成，或者如果你更愿意这样想，我们在使用三个字母的单词。现在三个碱基对组合的数目为 4^3，即 $4 \times 4 \times 4 = 64$ 个不同的组合。这个容量就足以胜任这份工作了。

练一练 12.11   四碱基密码

假设 DNA 密码子由四个，而不是三个连续的碱基对组成，可以有多少种不同的组合？

答案：$4 \times 4 \times 4 \times 4 = 4^4 = 256$ 种不同的四碱基序列

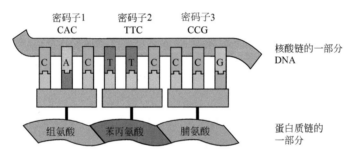

图 12.9   含有三个密码子的 9 碱基核酸序列

核苷酸三联体是将信息从 DNA 传递到蛋白质的基础。每个分组，即每个密码子，是三个相邻的核苷酸组成的序列，它可以指导一个特定氨基酸的插入，或者给出开始或结束蛋白质合成的信号。如果你用 A、T、C 和 G 这些字母来玩拼字游戏，你会得到 64 种不同的三字母组合。有几个会是有意义的，例如 CAT（猫），TAG（标签），和 ACT（表演）。大多数像 AGC、TCT 和 GGG 是没有任何意义的，至少在英语里是如此。大自然做得比这好得多：所有 64 种可能的三元密码子中有 61 种代表了特定的氨基酸。因此，DNA 分子中 CAC 这个密码子序列代表着组氨酸这个氨基酸分子被引入到蛋白质中，TTC 代表苯丙氨酸，而 CCG 代表脯氨酸。三种不代表任何氨基酸的三碱基序列则是结束蛋白质链合成的信号。图 12.9 举例说明了一个 9 碱基的核酸片断以及它如何编码三个氨基酸。

我们的计算表明三个字母的分组是覆盖 20 个氨基酸所必需的最小长度，但并没有说明这 64 个密码子是怎么发挥作用的。这个代码体系是有冗余的。许多氨基酸具有一个以上的密码子。例如，亮氨酸、丝氨酸和精氨酸都具有 6 个密码子。此外，三个不同的密码子指示蛋白质合成"停止"。而另一方面，两种氨基酸（色氨酸和甲硫氨酸）和启动蛋白合成的信号只对应于一个密码子。

练一练 12.12　重复密码子

遗传密码中多个密码子代表同一个氨基酸具有哪些优势？

所有生命中的遗传密码都是一样的。除了少数例外，指示生物体成为人、细菌或者大树的指令都写在这一套相同的由64个密码子所组成的分子语言中。在遗传密码中，我们有一个罗塞塔石去翻译来自任何生物体的基因序列。你可能不容易马上领会这句话的重要性。回顾最初关于转基因玉米的例子，罗塞塔石就意味着苏云金杆菌毒素的基因序列，既可以在原来的细菌里产生杀虫蛋白，也可以在玉米植株中产生同样的蛋白。

罗塞塔石（Rosetta Stone）上标记有多种不同的语言，这些标记帮助解码了古埃及象形文字。

12.5　蛋白质：从组成到功能

蛋白质是聚合物。无可否认，它并不怎么像装着你最喜爱的软饮料的透明聚合物材料PET。同样，它们与用来制造地毯的坚韧的聚丙烯似乎也没有太多的共同之处。尽管如此，蛋白质仍是由小分子构建而成的大分子。

更明确地说，蛋白质是聚酰胺。就像尼龙一样，它们是通过羧酸和胺的化学反应制备的。但和尼龙不同的是，蛋白质是由20种不同的氨基酸单体构建而成的。将蛋白质与尼龙比较，你可能会认为蛋白质是长链结构而非复杂的三维分子。这种想法太过简单了。蛋白质存在于复杂的细胞环境中。它就像一个混乱的首饰盒中的项链，并不会保持延伸和整齐的状态。但它又和珠宝不一样，它会折叠成一个独特的，而且常常是非常特定的三维结构。虽然最终的形状看起来可能也很乱，但这就是蛋白质在生物体中进行化学反应所必需的。在第9章中，我们将蛋白质作为聚合物来讨论。在第11章中，我们将蛋白质作为营养物质来讨论。在这本章中我们将讨论蛋白质的功能和它们的三维结构。

练一练 12.13　汉堡包和尼龙有哪些相似之处？

花些时间来更新一下你对于这两种聚酰胺的认识：运动球衣中的尼龙和汉堡包中的蛋白质。

a. 尼龙和蛋白质有什么共同的官能团？

b. 尼龙通常是由两种类型的单体合成的；与之不同，蛋白质是由一种类型的单体合成的。每种单体中各含有哪些官能团？

c. 尼龙和蛋白质是加成聚合物还是缩合聚合物？

答案：

b. 通常，尼龙是由含两个羧酸的单体和含两个氨基的单体反应而成，参见反应方程式9.7。相反地，蛋白质是由含有一个羧酸和一个氨基的单体（氨基酸）反应而成。

我们从蛋白质的一级结构开始来讨论蛋白质的构型。一级结构是指组成每种蛋白质的独特的氨基酸序列（图12.10）。一级结构是蛋白质首要和最基本的标识符。列出氨基酸序列可以贯穿整个高分子的长度。如果已知一个短蛋白质包含3个缬氨酸（val）、2个谷氨酸（glu）和1个组氨酸（his），你可以知道该蛋白的大小和其他一些细节，但这并不足以指认蛋白质和探讨其形状与功能。氨基酸排列的顺序非常重要。例如，val-glu-val-his-glu-val 和 val-val-val-his-glu-glu 是不同的蛋白，并且它们的表现也完全不同！

回想一下，每个氨基酸都具有侧链基团。这些侧链之间可以相互作用，也可以与蛋白质周围或内部的分子相互作用。侧链可以相互吸引并"锁定"在一起，这样就使蛋白质保持了特定的整体构型。氨基酸的成分和序列定义了这些侧链如何以及在何处形成连接。每一个氨基酸都会发挥作用；只改变其中一个就可能改变其构型，并最终影响到蛋白质的功能。

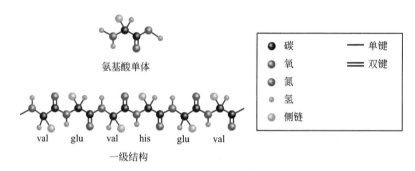

图12.10　蛋白质的一级结构示意图

幸运的是，你不需要记住全部的20种氨基酸。我们将侧链分为了两类：极性（无论是带电的或中性的）或非极性。就像石油和水，非极性和极性侧链之间倾向于彼此分离。在蛋白质的典型环境（水）中，极性侧链分散在水中，非极性侧链则埋在蛋白质内部，以避免与水之间不利的相互作用，促进侧链之间彼此吸引的色散力。

回顾5.1节了解更多关于极性和非极性分子的知识。9.4节讲述塑料时讨论了非极性基团之间的色散力。

极性侧链可以引发更多类型的相互作用：离子键或氢键。含有酸性或碱性基团（如羧酸或胺）的侧链往往成为带电离子，并吸引相反电荷以形成离子键。不带电荷但呈极性的侧链通常包含羟基或酰胺。这样的侧链可以形成氢键。

在5.2节首次提到了蛋白质中氢键形成的重要性。

一种特殊氨基酸的侧链上含有巯基（—SH）。在蛋白质中，巯基发挥着重要并且高度特异性的功能。巯基可以与第二个巯基反应形成硫原子之间的二硫键（S—S）。这些强的化学键将蛋白质的两个不同区域共价连接在一起。所有的这些倾向——非极性侧链聚集在一起，极性基团形成离子键或氢键，巯基形成二硫键——使每一个氨基酸序列都有一个独特的标签。

我们将通过研究蛋白质的二级结构来继续我们的讨论。蛋白质的二级结构就是一段蛋白链的折叠模式。通过特定键角和相邻氨基酸之间的相互作用，许多蛋白链会形成规则的、重复的结构，当然不是全部的蛋白链都如此。最常见的两种结构是 α-螺旋——一种螺旋链，和 β-折叠——一种带有轻微曲折结构的互相平行的伸展链。

两种二级结构的形成与否依赖于蛋白质骨架形成分子内氢键的倾向。图12.11用虚线表示出了骨架上氧原子和酰胺基的N—H之间所形成的氢键。这些氢键的数量和规整间距能够协同地拉近蛋白质链并使之对齐，以此稳定二级结构。蛋白质能否形成二级结构以及形成哪种二级结构，可以由一级结构做粗略的预测。有些侧链趋于形成β-折叠，有些趋于形成α-螺旋，而还有些倾向于形成无序链。

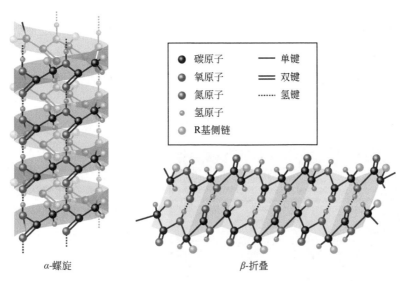

图 12.11　蛋白质的二级结构示意图
（两种最主要的二级结构是α-螺旋和β-折叠）

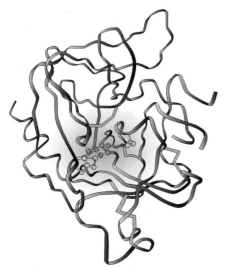

图 12.12　胰凝乳蛋白酶的三级结构及其活性位点示意图

"飘带"部分代表了氨基酸主链；中间带颜色的部分是活性位点，酶化学即在这里发生

蛋白质是大的三维分子，但一级和二级结构都相对平面。我们需要对其三维的分子形状，即三级结构，有一个更加全局的描述。三级结构是通过序列中相距甚远，但空间中彼此接近的氨基酸之间的相互作用所形成的整体分子构型。如果你将蛋白质想象成一个混乱的带有饰物的魅力手链，二级结构可能是链本身的扭结，而三级结构则是由搭扣处的埃菲尔铁塔挂饰与手链中部的自由女神像挂饰之间接触而形成的。整体折叠导致稳定性的净增加，而这种折叠结构通过氢键、离子键、二硫键、侧链之间以及侧链与水之间的亲水或疏水相互作用得以维持。

仅利用20个氨基酸，蛋白质可以形成各种各样的构型并行使多种功能。它们的三维构型是与其功能相匹配的。酶可以催化化学反应。酶的空间构型必须形成活性位点，即催化区域，这个活性位点通常是一个裂缝，只与特定的反应底物结合并加速反应（图12.12）。酶是最常讨论的蛋白质类型，但是也存在许多其他的例子。一些蛋白质与DNA结合以保护DNA或传递信号。在这里，构型同样要与功能相适应。当这些蛋白质折叠后，带正电的侧链吸引并结合带负电荷的DNA。另一种蛋白质可以穿过细胞膜输运材料。它通过形成穿越细胞外层的通道，实现在保证其他化学品不能穿透细胞的前提下跨膜传输特定的化学物质。

蛋白质一级结构中的细微变化可以对它的性质产生非常深远的影响。注意描述中的词"可以"。有时，一个氨基酸的改变会使蛋白质的形状和功能都不发生变化。例如，一个非极性的亮氨酸可以被替换成一个也是非极性的缬氨酸，只是少了一个甲基。这样，蛋白质的稳定性可能稍差些，但总体上是相同的。但是，将谷氨酸（其中侧链通常是带负电的）错误地变为非极性的缬氨酸，就会出现镰刀型红细胞贫血症。

镰状细胞病影响着相当多的人口，仅在美国就有超过70000人，并且预计平均减少40年寿命。

血红蛋白是运输氧气的血蛋白。将一级结构中一个特定的谷氨酸变为缬氨酸后得到了血

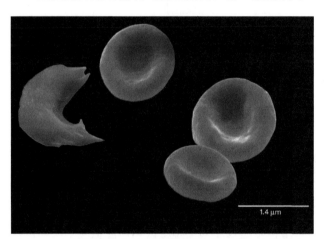

图12.13　从扫描型电子显微镜中看到的正常红细胞和扭曲成镰刀或月牙形的红细胞图像

红蛋白的一个变种，叫血红蛋白S，并造成镰刀型细胞贫血症。这一替换使得血红素在低氧浓度下变成了异常的形状，迫使红细胞扭曲成刚性镰刀或月牙状（图12.13）。因为这些细胞失去了正常的可变形性，使得其无法通过脾或其他器官上毛细管的微小开口。一部分这种镰刀型的细胞就被破坏掉而造成贫血。另一些镰刀型细胞会非常严重地堵塞器官而造成供血不足。

毛细血管是血液循环系统中最小的血管，大约只有一个红细胞的宽度。

想一想 12.14　组成决定功能

在镰刀型红细胞贫血症中，血红蛋白序列中的谷氨酸残基被替换为了缬氨酸残基。

缬氨酸　　　　　　谷氨酸

a. 描述缬氨酸和谷氨酸之间的结构差异。

b. 预测这两种氨基酸在水中的溶解性。

c. 解释这些差异为何会引起镰刀型细胞贫血症中的细胞变形。

12.6　基因工程的进程

　　我们在本章开篇的时候谈到了乌托邦的思想；具体而言，我们梦想有一个完美的玉米种子，既可以抵抗除草剂又可以抵抗害虫。而这个梦想有可能通过基因工程来实现。我们提出这样一个问题："当我们对某种东西进行基因修饰时，我们到底改变了什么？"

　　现在，希望你已经知道了答案。我们修饰的是细胞中的DNA。如果我们改变基因，由这些基因合成的蛋白质就会改变。最终，我们改变了细胞的化学。随着细胞的生长和增殖，我们将得到被不同的DNA赋予了新性状的植株。

　　纵观历史，人类其实早已操纵过基因。这可能让你大吃一惊，因为你可能会认为我们最近才具备修改基因的能力。但想想我们如何是栽培植物的。我们倾向于种植那些具有特定性状的植株，譬如更好的口感或外观。其他的我们就摒弃了。为了产生具有新的和独特性状的品系，我们将不同品系进行杂交。这个过程花费了很多年，但是最终我们"驯化"了植物，创造出如今养活我们的农作物。我们的庄稼与其野生的祖先相去甚远，以致我们很难将它们认出来。

　　玉米是一个很好的例子。正如我们之前提到的，玉米原产于美洲。该地区的原住民改造了类蜀黍植物的基因（见图12.14）。不同于现在的玉米在植株中部产生玉米棒子的结果方式，这种植物的果实结在茎秆的顶部。改良培育这种类蜀黍植物为我们提供了更为丰富和更具有营养的食品。

　　改良植物是一个基因修饰的过程。即使没有理解其中的化学，我们也能选择具有特定DNA序列的植物，并摒弃其他的。随着时间的推移——慢慢地——我们推动了DNA的改变，允许一个样本的DNA被保留、传播和遗传。那些有利于其生存的但却不能被你看到、尝到、闻到或感觉到的性状常常会丢失。生长快速但是长势不好的植物也被丢弃了。具有深而坚韧根系的植物由于很难耕种同样也被丢弃了。类似地，暂时不需要的抗病性也被丢失了。现代农作物，就像本章开始时提到的玉米地里的植株，如果没有人类的培育，它们已无法生存。

图12.14　图中位于现代玉米穗下方的是其早期的祖先——类蜀黍

大自然也会进行基因改造。例如，所有土地中都有细菌，植物或多或少都容易受到不同菌株的感染。假设土地中出现了一种新的高度致命的细菌，这种细菌或许是基因突变，就是基因组中发生了一个很小的随机变化而产生的。随着时间的推移，该区域大部分的野生谷物都受到了这种新的致病菌株的感染，除了某种特定的植物，其含有的细胞化学能够抵抗这种新的进攻。突然间，之前并不那么重要的一个基因就成了生存的关键。这种植株能够抵抗其他植株所不能抵抗的细菌。这种植物就会不断传播，基因也被遗传下去。

对植物的压力也可以以其他形式呈现，比如持续三年的干旱或疯长的杂草。但是整个选择过程是相同的。大自然通常会选择更能自给自足的植物；而人们倾向于选择外观和味道更好的植物。在这两种情况下，结果都是植物的基因组发生了改变。无论是在野外还是人类农业中，选择育种的过程都是一个长期的、缓慢的、多半随机的对基因库的修饰过程。无论自然选择还是人工选择，这都不属于基因工程。正如我们所知道的，基因工程是对生物体DNA的直接操纵。

> 虽然这两个术语常常可以互换，我们用"基因工程"来描述DNA修饰技术及过程，而用"基因修饰"来特别讨论食物产品。

最容易操纵的生物体是小的单细胞细菌。除了染色体之外，这些细菌还含有质粒，即环状DNA。科学家们可以轻松地通过删除、更改和替换质粒，在细菌中创造新的化学过程。他们利用特定的酶在特定位点将质粒切开，然后从另一个生物体中拷贝出一段有潜在应用的DNA，并将其插入到细菌的质粒环中，结果得到了一种新的跨种属的DNA质粒，即载体。载体是一种经过修饰用于携带DNA进入细菌宿主的质粒（图12.15）。一旦进入细胞，细菌的化学将主宰其作用。细菌生长迅速并不断产生新的细胞。不久后，科学家就拥有了数百万的"客体"基因及其蛋白质产物。

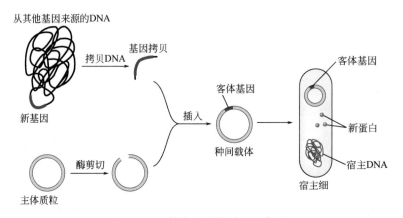

图 12.15 **基因工程的过程示意图**

当我们顺着进化阶梯从细菌到植物时，外源DNA的插入就会变得有些棘手。高等生物更善于保护自己免受外源DNA干扰。例如，植物有厚厚的细胞壁。另一个原因是很多生物体有相应的化学机制去检测和破坏外源DNA。 即使如此，科学家也已经找到了绕过这种防御的方法。其中一种是利用某种特殊的土壤细菌，其具有感染植物的能力。这种细菌能建立与植物细胞的联系，在此过程中，将其自身的DNA转移到植物的基因组中。该细菌基因会诱导产生大的异常增长点（图12.16）。你在各种各样的花草树木，包括苹果树、玫瑰花丛、还有一些蔬菜植物中都可能看到这些异常生长（肿瘤）。

根癌土壤杆菌常用来转化植株，特别是在商品种子行业。

科学家们能够使细菌的基因丧失功能，而利用这种细菌去插入我们感兴趣的不同基因。如果这种基因是来自于土壤中苏云金芽孢杆菌（或Bt）的可产生苏云金芽孢杆菌毒素的特定序列，那么该植物就获得了自己产生这种毒素的能力。在本章的前面，我们描述了这种基因转移过程是如何创造了能够抵抗昆虫的玉米植物。不仅仅有能够产生苏云金杆菌毒素的Bt玉米，还有Bt棉花、Bt土豆、Bt水稻，它们都可以产生对害虫的抗性。

培育出能够产生苏云金杆菌毒素的农作物不过是基因工程种种可能性中的一个例子。不是所有通过基因工程产生的作物都是进行了不

图12.16 菊花上的冠瘿瘤（放射土壤杆菌）

同物种间基因转移的转基因生物。基因工程可以用来实现与选择育种一样的目的，但是速度更快，且可控性更高。假设你有一株生长良好、口感极佳且适于烹调的水稻植株，但是它却会被当地的一种植物病毒侵染。这时候，你发现了附近的一种野生型水稻近亲能够抵抗这种病毒。不同于选择育种，你可以从野生型中寻找到并复制出抗病毒基因，然后拼接转入你那本不具有抗病性但是其他性状都很完美的作物中。从技术层面讲，这个过程和转基因是一样的，但是本例中基因转移只发生在水稻基因中。

图12.17 抗病毒的转基因水稻

转基因水稻已经在非洲撒哈拉以南地区被广泛种植，用以对抗在当地肆虐的黄色斑驳病毒（图12.17）。而其中抗性基因的来源可能会使你惊讶，因为它们就来自于病毒自身。其结果就是转基因植物具有了一小部分病毒的基因。但是这样的基因来源会使人不免担心，特别是有人认为病毒蛋白会使人过敏。而更可取的基因来源正在被开发出来。有科学家正在通过探索一些水稻突变体抗病毒的原因来寻找新的基因来源。

很可能你有一个期待的性状，却没有相应的基因来源。在这种情况下，不论是传统的选择育种还是基因转移的方式就都不奏效了。因为这两种方式都不能创造新的性状。尽管理论上你可以等待随着随机突变和漫长的自然选择而进化出这种性状，但是很有可能你不会有这样的耐心。为了加快进化的速度，科学家使用化学试剂或离子射线来加速种子的随机突变。种植后，大部分种子不再生长，一些和原来没有变化，而只有一部分显示出独特的新的性状。

一旦需要的性状出现，科学家就可以通过选择育种来改善具有这个性状的作物，或者通过基因工程的手段来分离得到对应于该性状的基因，并将其转入到不同的植株中去。

练一练 12.15　离子射线

离子射线是科学家和健康专业人员通用的名词。我们在第7章的时候介绍了这个名词，在这里来复习一下。

a. 什么是离子？试举两例。提示：见5.6节。

b. 一些离子有未配对的电子，试举两例。提示：见1.11节和2.8节。

c. 射线如何产生带有未成对电子的离子？提示：见7.6节，"核辐射和你"。

d. 这些离子或自由基如何导致DNA的随机突变？

在这章节的前面部分，我们指出了作为人类，我们有责任更为理智地作为，这是为了我们这一代，也是为了将来的后代。我们也提到我们的需求是巨大的，社会问题也日益严重，并提问我们的不作为是否可能会导致更多的坏处。基因工程的巨大力量令人心生恐惧。你可能不自觉地对转基因生物这个想法感到担忧。下一节会讲述目前和预期中基因工程对化学工业的促进作用。之后，我们将深入探讨潜在的风险。

12.7　通过基因工程来实现绿色化学合成

具有抵抗害虫和除草剂的抗性并不是基因修饰的唯一目的。科学家也修饰了玉米、大豆和小麦的基因，使得它们具有抗病性，提高对于盐、高温或者干旱的耐受性，也更有营养。农民和其他人都从中受益。科学家还设计了能够从受污染的土壤中吸收有毒金属的植物，能够用来高效生产生物燃料的大豆，以及能够检测和处理放射性污染的细菌等等。本节中我们感兴趣的是基因工程能够向大宗化学品产业中引入绿色化学的理念。

合成所需要的化学品的过程可能要用到有毒的化学试剂、大量溶剂和较高的温度。尽管这个过程会生产出许多有用的化学品，但它们也会产生大量的废物，其量有时甚至高达产物的100倍。一种解决途径是使用酶，也就是之前表述过的生物催化。酶这些生物机器一样可以实现那些在烧瓶或烧杯里发生的化学反应，但是要更快、更安全，产生更少的有毒物质，同时只需要更低的温度和造成更少的废料。酶的另一个优势就是可以被反复利用。废料最少化，试剂可重复利用，低毒，这符合绿色化学的标准。

通过基因工程，科学家利用酶来创造新的药物或者更高效地制备现有的药物。这些编码药物的基因被引入细胞体内，用于合成目标药物。这种基因工程的应用是目前发展最快的方向，同时也是最早的应用之一。

以生产人胰岛素为例。胰岛素是由51个氨基酸组成的很小的蛋白，但是其化学合成却很不简单。胰岛素供应不足以调控血糖水平会导致糖尿病。如果没有得到有效治疗，这种疾病可能会导致肾衰竭、心血管问题、失明，甚至死亡。幸运的是，糖尿病患者可以通过平衡膳食、运动和注射胰岛素（一种基因工程产物）来控制病情。

在1982年以前，所有用于糖尿病治疗的胰岛素都是由屠宰场的牛和猪的胰腺中分离出来的。但后来发现牲畜产生出的胰岛素和人类的胰岛素不完全相同。牛胰岛素和人类激素的区别在于51个氨基酸中有三个不同；猪和人类胰岛素只有一个氨基酸不同。尽管这些差别是微小的，但却非常重要。比如，某些患者可能会发展出对抗异源胰岛素的抗体，并对其产生排斥作用。

简言之，人类需要人胰岛素。尽管胰岛素已经可以在实验室中合成，但这一过程对工业化大批量生产而言太过复杂，造价太高。幸运的是，从1982年起，大肠杆菌这种常见的细菌被用来制造人胰岛素了。编码人胰岛素的基因被导入了质粒中。质粒又被导入了大肠杆菌中。这就是我们今天所依赖的更为稳定和经济的人胰岛素来源。

现在，培养带有天然或人为改造基因的细菌是生产小分子药物的其中一步。如果编码药物的基因已经存在的话，这个过程会十分简单。然而有时候会需要用到一些特别的技巧，就如在阿托伐他汀（图12.18）的合成中，人们迟迟没有发现用于特定反应步骤的酶，因此必须通过进化的方式来获得。科学家们通过创造一个新的环境来迫使其中的细菌必须进化出新的性状来得以生存，从而模拟自然选择的过程来进行筛选。这个过程被称为"定向进化"。具体说来，科学家先将大量随机突变的DNA序列导入到细菌中，在特定条件下，比如只提供一种特定的化学品作为营养源，经过多代的培育，就可能获得一种新的酶。

"定向进化"也可以利用细菌，而使用酶对DNA进行选择、突变和扩增的操作来实现。

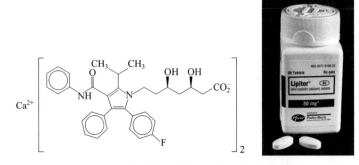

图12.18 阿托伐他汀是立普妥的有效成分
它的合成需要酶来产生必要的基元。这个降胆固醇药物是由辉瑞公司生产的。在其
专利过期之前，它的年销售额超过100亿美元

基因工程改造的生物甚至可以生产塑料。大多数高分子是在大型化工厂合成，整个过程需要消耗大量的化学试剂和能量。而且，这些化学试剂往往是石油的衍生品。Metabolix公司的科学家通过基因工程来解决这个问题。这些生物体能够利用玉米、甘蔗、菜籽油等可再生原料生产单体，然后催化其聚合反应。一个实例就是聚羟基丁酸酯（PHB）。这种生物塑料就像聚丙烯一样，可以被加工成用于制作杯子的塑料用具和涂料，非常类似于聚丙烯（PP）。然而，不同于聚丙烯的是，聚羟基丁酸酯是生物可降解的。这个过程使用低毒的材料，非常高效，并降低了温室气体的排放。

回顾第9章中关于塑料产品的生产、使用及其结果的综述。
因其富具创新性和可持续性的生物塑料技术，Metabolix公司的科学家和工程师们获得了

2005年的美国总统绿色化学挑战奖。

想一想 12.16   藻类-新的生物燃料

基因工程改造的植物和其他生物体在寻找可持续性的替代燃料方面已经变得越来越重要。请通过互联网探索一下藻类作为燃料或其他产品来源的应用（图12.19）。

a. 写出两种可以从藻类生产的生物燃料。

b. 列举藻类作为生物燃料优于玉米的三个地方。提示：回顾4.9节和4.10节。

c. 藻类还能用于制造什么产品？列举两种并说明其应用。

d. 基因工程改造的藻类可能使生物燃料的生产变得更好。试举出基因工程可能解决的两个问题。

在本节讨论的最后，我们重温本章开始时提到的一句话"……我们的农场可以生产药物和疫苗……"这不再是一个不切实际的梦想，因为我们的转基因植物可以生产以上两种产品。例如，用于抵抗肠道病毒感染的疫苗已经可以在土豆和香蕉中生产。而抗癌的抗体也可以在小麦中表达。一些治疗HIV/AIDS的多肽药物也已经可以在番茄中表达。通常，大多数的疫苗需要冷藏以及特殊的处理，此外还需要专业人员来进行管理。在一些国家，医疗人员甚至负担不起接种疫苗用的针头，而重复利用针头则带来感染的可能性。通过基因工程制备的在食物中的疫苗可能无法很好地控制剂量，但是却很容易管理和运输。不同于生产粮食的庄稼，这些作物有望生产低成本、容易获取的疫苗。因此，这些转基因植物农田可以和好的公共卫生政策相辅相成、齐头并进。

图12.19   发展可用于制造新型生物燃料的海藻菌株

这项技术仍旧在发展，但它已经带来已经很明显而丰厚的好处。相比于传统的方法，一个基因工程改造的酶、微生物，或者庄稼可以在降低废料和副产物的同时，生产高纯度的产物。基因工程途径增加了产量，减少了生产步骤，而且常常不再需要那么消耗劳力、能源和资源的纯化过程。它们避免了有毒和腐蚀性化学品的使用，提高了环境友好度和工作者的整体安全系数。

说完这些，我们仍然用前一节的方式来结束这一节。我们有责任更为理智地作为，这是为了我们这一代，也是为了将来我们的后代。科技发展的巨大前景和社会的紧要需求可能会导致仓促的决定。基于基因工程的解决方案具有巨大的，甚至可能不可接受的风险。在下一节中，我们将探讨其潜在的威胁。

12.8　新的弗兰肯斯坦

在玛丽·雪莱的科幻小说中，科学怪人弗兰肯斯坦博士创造了一个拥有其他人身体中最完美部分的人。然而，他随后失去了对自己创造的这个人的控制。现在，我们又是否是新的弗兰肯斯坦博士呢？在这个基因工程的时代，很多人问过这个问题。

最近几年，人们一致团结起来反对转基因（GM）食品（图12.20）。这种抗议遍及全世界，包括德国、澳大利亚、西班牙、英国和美国等国。你曾经见过弗兰肯食物这个名词吗？**想一想12.17**给你探索这个名词意义的机会，借此你可以了解到更多对转基因食品的反对意见。

图12.20　**绿色和平组织在曼谷的一次抗议中倾倒木瓜**

想一想 12.17　　弗兰肯食品

a. 解释名词弗兰肯食品。

b. 通过网络查找人们反对转基因食品的背景。指出反转基因食品的国家、被禁止的食品种类和反对的原因。

c. 总结人们反对转基因食品的三个论点。

就像上面的**"想一想"**活动所揭示的，人们对转基因食品持有多种反对意见。以下我们列举了一些观点。

转基因植物将会进入野生环境中。考虑一下本章开头处提及的转基因玉米。这种转基因玉米可能通过种子、花粉的意外释放，或者和附近的野生杂草近亲杂交，传入到野生环境中。如果野生的杂交体携带新的基因，这可能导致新的具有抗性的超级杂草种群的产生。尽管很多国家禁止在其野生近亲的附近培育转基因作物，这种规定仍不能阻止非法种植及其他的偶然生长等情况。例如，墨西哥的玉米地里已经发现了转基因玉米，这一区域有不同类型的原产玉米和它们的野生近亲。

回应：尽管理论上不是不可能的，但基因转移到自然界中并传递下去的可能性微乎其微。这种情况存在一个天然的障碍，因为转基因植物和它们与野生型的杂交体在与野生型的竞争中远远处于下风。虽然杂交体有可能会含有具有优势的抗性基因，但它同时也接受了其他不利的基因（比如浅根系系统，无法竞争有限的水源）。在实验中，杂交体难以在野外生存。另外，一些转基因植物是不育的，它们无法通过杂交传播自己的基因。

转基因作物威胁了生态平衡。在实验室实验中，转基因作物的花粉危害到了除目标害虫以外的毛毛虫和其他昆虫。对一般昆虫种群的危害将会因为鸟类对这种有毒和受到污染的昆虫的捕食而蔓延到整个食物链。广谱的杀虫剂也可能会危害到对于授粉和土壤恢复至关重要的昆虫种群。尽管实验室中试验使用的花粉量比实际情况要多，但是在农田中，转基因植物暴露在花粉下的时间要长得多，甚至会持续好几代。这种长时间的威胁还未可知。

回应：理想情况下，转基因作物会减少农药的使用。如果基因编辑的性状选择得当，那么就只有目标害虫会受到伤害，而对其他昆虫的影响是很小的。昆虫多样性会因为选择性杀死其中一小部分而变得更好更健康。另外，高级的基因工程甚至可以控制目的基因的表达时间和在植物中的表达部位。如果杀虫剂只在叶子中产生，那么和花粉有关的昆虫受到的伤害的风险就会很小。最后，当我们谈到对生态平衡的危害时，我们也必须考虑到我们赖以理解周围环境的标准也是在不断变化的。

转基因作物将会迫使害虫进化。在转基因植物周围的生态系统中，目标杂草、昆虫、细菌在不停地运动、死亡和进化。如果这些物种进化了，转基因植物将会失去对它们的抵抗力。历史上，我们应对这种问题的方式就是在该作物现存的突变种中寻找到具有相应天然抗性的植株，进而通过选择杂交的方式创造一个新的更具竞争力的杂交体。当我们所依赖的作物突变体为数不多时，我们就不再有可以利用的基因多样性了。

回应：尽管在实验室中，昆虫很容易进化出一些新的抗性性状，但实际情况中，仅有为数不多的报道。美国和欧盟的监管机构要求在转基因作物旁边种植一些传统的没有基因编辑毒素和抗性性状的作物。这种混合种植方式意在阻止昆虫通过进化发展出抗性，因为对作物的抗性不再是一个生存的要求。当转基因作物更为普遍时，科学家需要进一步探索需要种植多少非转基因作物，才能减少产生新抗性昆虫的风险。

以上的争论与辩驳都集中于种植转基因作物对局部环境造成的影响。我们也需要考虑与人相关的更为广泛的争议。举例来说，一些人可能会对转基因食品过敏，其原因可能是未知来源的一种已知过敏原，也可能是物质的一种新的组合。作为另一个例子，我们不得不考虑购买转基因作物种子的花费给小规模农户带来的负担。农民需要每年购买新种子。传统种子的储藏和杂交方式对于转基因作物来说是不可能的，因为很多转基因植物要么是专利保护的，要么本身常常就是不育的。

其他更为广泛的争论是关于动物和商业运作的。举例来说，我们需要考虑很多非人类消耗的转基因作物的传播，这包括仅被批准用于动物饲养的玉米，专门用来生产过剩的油以制作燃料的大豆，以及能够表达抗炎症蛋白的药用烟草。我们可能需要对它们实行更为严格的管控，因为它们食用起来并不安全。最后，我们需要考虑新兴的转基因家畜。在这种寿命远长于几个月的生物体中使用转基因技术会使得我们的管控变得更为复杂。

近期转基因家畜的例子包括生长得更快更大的鲑鱼和向环境释放更少磷质的猪。

认真考虑一下，这里没有一个风险是值得去冒的。在本章开始的时候，我们描绘了基因工程的乌托邦。我们还将其讨论为第二次"绿色革命"。基因工程已经发展和传播长达几十年了。然而，即使是在食物价格迅速攀升和饥荒蔓延的时候，基因工程并没带来我们所希望的第二次"绿色革命"。也许它根本做不到。一些人认为基因工程并不能做比传统的杂交育种等方法更多的事情，投入研究的钱全部因此浪费并且给环境带来了过分的危机。另一些人则指出基因工程已经取得了诸多成绩，但是当前的政策阻碍了真正的进步和发展。

回顾11.12节中对农业发展中的第一次"绿色革命"的充分论述。

想一想 12.18 重新审视你对转基因食品的看法

正如之前所说的，让我们重新回到本章开篇提到的问题。

  a. 如果要你选择转基因食物和非转基因食物，你会倾向于哪一种呢？请解释原因。

  b. 不论你喜欢哪一种，现在请你对另一方提出争论。

对于新科学的飞速应用表达关切或是类似于犬儒主义的态度都是合理的。任何只试图解决短时期内问题而不考虑未来的决定都是充满危险的。对于任何问题，忽视或是严重阻碍一项有前途的技术发展，特别是因为无知或恐惧的话，也一样会葬送未来。正如很多争议一样，我们很容易找到极端的观点，但是，却很难找到中间的位置。我们希望这些讨论能够带给你一些答案，同时更重要的是，启发你来思考新的问题。

结束语

本书的最后一章，就像前面很多章一样，是以一个矛盾来结束的：我们该如何平衡现代科学与技术的巨大好处和伴随它们的似乎不可避免的诸多风险？不管是支持还是反对基因工程的人们都很容易引用预防原则。本质上，基因工程是与诸多潜在的不可逆的全球性问题作斗争的工具。即便如此，如果我们失去对这个工具的控制，其不可预料的后果可能远远要比这门科学本身更为复杂而影响深远。

在整个章节中，作者偶尔带着学者的偏见，透过迷蒙的水晶球放眼未来。科学的本质让我们无法自信地预言明天的科学家们将会有什么样的新发现。同样，我们也无从知晓这些新发现的应用，不管是好是坏，这种不确定性是这个行业的乐趣之一。确实，化学家在致力于更好地理解种种假象之下原子及其错综复杂的组合的本质时，一定要学会接受不确定性，甚至是乐在其中，在此基础上发展起来。

这个星球上所有的人们至少也必须学会容忍一定程度的不确定性，并愿意承受合理的风险，特别是考虑到生命本身就是一种生物学上的、理智的和感性的冒险。诚然，我们都在寻求利益的最大化，但我们必须认识到有时应当为社会的利益放弃个人的利益。我们生活在各种大背景中，这包括家庭的和朋友的，乡镇的和城市的，我们的州，我们的国家，我们特别的星球。我们对所有这些都负有责任。你，本书的读者，将会参与创造未来的图景。我们祝你好运。

本章概要

学过本章之后，你们应当能够：

- 将玉米种植的复杂性作为启发基因工程灵感的一个例子进行讨论（12.1）。
- 理解细胞通过一系列复杂的化学反应来实现其功能（12.2）。
- 讨论脱氧核糖核酸（DNA）作为存储有关细胞内各种化学反应信息的结构（12.2）。
- 描述DNA的组成，它是由含氮碱基、脱氧核糖和磷酸基团形成的聚合物（12.2）。
- 解释支持DNA双螺旋结构和碱基配对原则的相关证据（12.3）。
- 理解DNA复制的结构基础（12.3）。
- 解释基因如何以3个碱基对应的密码子来进行编码（12.4）。
- 理解生物体中密码子与氨基酸的关系（12.4）。
- 讨论蛋白质的一级、二级和三级结构（12.5）。
- 了解氨基酸侧链的一般性质（12.5）。
- 将氨基酸的性质和蛋白质结构形成过程中的相互作用联系起来（12.5）。
- 举例讨论蛋白质序列的小小改变可能会导致疾病的发生（12.5）。
- 理解DNA重组过程中的重要步骤（12.6）。
- 阐述转基因生物的含义，并举出例子（12.6）。
- 给出自然选择、选择育种和基因工程的简单例子（12.6）。
- 举例讨论基因工程如何改变了化学工业（12.7）。
- 分析转基因生物与转基因食品带来的争议（12.8）。
- 探讨关于转基因技术的谨慎合理应用的话题（12.8）。

习题

强调基础

1. 本章的主题是DNA控制着地球上每个生物体内的化学过程。说出三个你所具备的由DNA决定的性状。
2. 说出由于基因工程的兴起而改变的三种工业。
3. 本章第一节的题目为"更强和更好的玉米？"。
   a. 指出三种可以让玉米"更强和更好"的方法。
   b. 为什么题目的最后带有问号？在你的解释中，请用到基因组。

4. 基因组和基因之间的区别是什么？

5. 考虑图12.2中的结构式。

    a. 腺嘌呤分子中有什么官能团？

    b. 脱氧核糖分子中有什么官能团？

    c. 根据你从11.5节中学到的，为什么脱氧核糖是糖类而腺嘌呤不是？

6. a. 核酸中一定会含有哪三个部分？

    b. 这三部分是通过什么化学键连接起来的？

7. DNA中包括四种碱基：腺嘌呤，胞嘧啶，鸟嘌呤和胸腺嘧啶。说出这四种碱基中的两种相似之处。指出每种碱基的一个独特之处。

8. 圈出并命名以下核苷酸中的官能团。同时标出糖、碱基和磷酸基团。

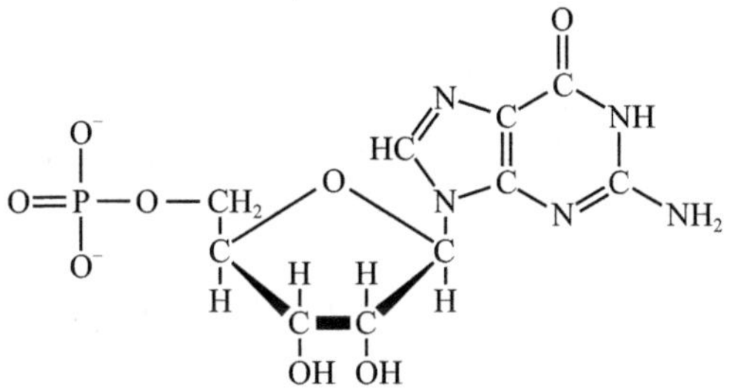

9. 比较图12.14中的DNA片段和问题8中的核苷酸。指出该核苷酸中用于反应生成类似于DNA的聚合物的两个部分的名称？

10. DNA中的每个字母代表什么？参照图12.4，DNA的名字强调了其分子中的什么部分？没有反映什么部分？

11. 下图是胸腺嘧啶在DNA中存在的结构式。

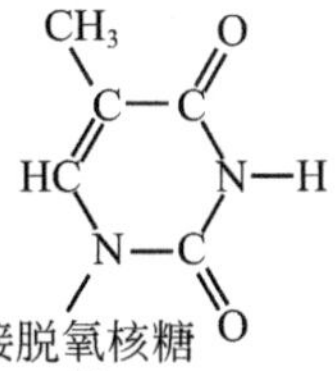

连接脱氧核糖
和DNA链

    a. 标出其中可以与水形成氢键的H原子。

    b. 利用电负性的不同解释为什么只有它们可以形成氢键。

12. 解释为什么碱基序列ATG不同于GTA？

13. 给出一个短的DNA序列：TATCTAG，

    a. 写出该DNA序列的互补序列。

    b. 在两个序列间通过划线的方式来表现出碱基间氢键的数目。

14. 什么是密码子？它在基因编码中起到什么作用？

15. 64种密码子中只有61种用于编码氨基酸，其他三种有什么作用？

16. 什么是基因？它和DNA的关系是什么？

17. 氨基酸是构建蛋白质的单体？

    a. 画出氨基酸的一般结构式。

    b. 指出你刚画出的结构式中的官能团。

18. 氨基酸可以被分为极性和非极性两种。极性氨基酸可以被分为酸性、碱性或者中性。

    a. 画出各种极性氨基酸的一个具体例子？

    b. 详细表述每一种氨基酸。它们的侧基中一般会有什么官能团？

19. 给出两个非极性氨基酸的例子。解释它们为什么是非极性的。

20. 什么是蛋白质的一级、二级和三级结构。

21. 解释为什么蛋白质一级结构的错误会导致镰刀型细胞贫血症。

22. 列举转基因作物相比于传统作物的两个优势和劣势。

23. 说明选择性育种和基因工程的一个相似性和一个差别。

专注概念

24. 解释本章开篇的一句话"基因学家也许有能力创造一个乌托邦"。

25. 图12.4显示了一个DNA片段。

    a. 核苷酸的哪个部分形成了DNA聚合物的主链？

    b. 核苷酸的哪个部分是挂在DNA聚合物主链上的？

    c. 在本章开始的雕塑和图12.6的结构中，DNA的主链是怎样被表现出来的？

26. 比较图12.4中两种DNA片段的表示形式。分别讨论两种方式的一个优点和一个缺点。

27. 利用图12.7来帮助解释为什么腺嘌呤和胞嘧啶不能形成稳定的碱基配对。指出另外一种也不能形成稳定配对的碱基对。解释原因。

28. 利用图12.7解释为什么胸腺嘧啶-腺嘌呤碱基对不如鸟嘌呤-胞嘧啶碱基对稳定。

29. 离子射线会损害DNA。这种有害辐射会破坏主链或者核苷酸内的共价键，进而导致一条或多条DNA链受到破坏。相比于双链损害，细胞更容易修复DNA双螺旋中的单链损害。请解释原因。

30. 紫外灯具有杀菌的效果。两个胸腺嘧啶基团会吸收紫外线反应生成新的共价键，或称交联。

    a. 指出一条DNA单链中的两个胸腺嘧啶发生交联所造成的潜在后果。

    b. 指出两条互补DNA链中的两个胸腺嘧啶发生交联所造成的潜在后果。

31. 很多化合物可以损伤DNA和有效杀死细菌。为什么它们一般都不用于杀菌药物？

32. 在DNA复制的过程中，碱基序列有时会发生错误，但并不是所有的这些错误都会导致表达该DNA所编码的蛋白质时引入错误的氨基酸。请解释为什么碱基突变并不一定会引起氨基酸的突变。

33. 有一些疾病是因为特定酶中的某个氨基酸改变导致的。例如，家族性的肌萎缩侧索硬化症（FALS），一种遗传性的Lou Gehrig疾病，就是由于过氧化物歧化酶中的一个氨基酸被替换导致的。

    a. 对于任何蛋白，在基因编码过程中，需要多少碱基对来编码一个氨基酸？如果想将一个氨基酸替换，最少需要改变多少碱基对？

    b. 一种可遗传性的过氧化物歧化酶突变体是其中的一个甘氨酸变为丙氨酸。请使用可靠的网络资源或从你的图书馆中找到氨基酸编码的密码子表，列出这两种氨基酸的密码子，并指出最少需要改变几对碱基对以实现突变。

34. 几乎所有的生物体都采用这四种碱基和密码子进行编码。解释一下为什么相互一致的密码子对于基因工程不可或缺？

35. 克隆是对一个细胞或生物体的精确复制，通常是将成熟细胞的细胞核转移到无核的卵细胞中完成的。

    a. 解释为什么成熟细胞的细胞核可以被用于创造一个相同的生物复制体？

    b. 解释为什么卵细胞不能有细胞核？

    c. 指出这个过程与基因工程的两种不同之处。

36. 两种药物，人胰岛素和生长激素，都是通过基因工程从细菌中产生的。列举两个它们不像转基因植物那样引起公众关注的原因。

37. 用图表展示六个不同国家中基因修饰作物或转基因作物的相对种植量。请在图中标注数据来源。

38. 考虑一下将混合基因作为一种改进大自然的方式的想法。

    a. 描述一下转基因生物是什么意思？

    b. 为什么通过基因工程改造植物基因组成的方法优于传统的选择育种？

拓展训练

39. 在本章第一节，我们的关注点集中于玉米的基因工程。根据其他章节中所讨论到的环境和种群的预计变化，指出三种本章中没有提及的、你认为可以赋予玉米或其他常见作物的特性。讨论每一种特性的优点和缺点。

40. 考虑图12.2所示脱氧核苷酸的结构式。画出一个它的异构体，确保它仍能和碱基、磷酸基团一起形成核苷酸。仔细比较这两个异构体的异同。

41. 在所有对发现DNA结构做出重要贡献的人中，Rosalind Franklin并没有被授予1962年表彰阐明DNA结构工作的诺贝尔奖。她哪方面的背景和经验使她能够做出这么重要的贡献？谈谈为什么她没能得到足够的认可和荣誉。总结一下你的发现，并引用信息来源。

42. a. 什么是X射线？提示：回顾第2章和第7章。

    b. 如何用X射线衍射来测定晶体结构？

    c. X射线衍射最早的研究对象是简单的盐类，如氯化钠。而对于核酸和蛋白质的X射线衍射研究则要晚得多。说出两个原因。

43. 引起镰刀型红细胞贫血症的基因特征在非洲人、非裔美国人和地中海民族中较为常见。通过互联网，提出一个可能的原因，解释为什么镰刀型红细胞贫血症的基因在进化过程中没有被淘汰。

44. 蛋白质可能要尝试一系列可能的构型和相互作用，才能最终得到正确的折叠结构。探索一下斯坦福大学开发分配的称为"folding@home"的计算机模拟程序。它可以在你的家用计算机或者游戏控制台上运行。计算机模拟是如何重现这个自然过程呢？最后，研究该程序得到的一个实际模拟结果，并据此写一个简短的报告。

45. 列出授予基因修饰植物和种子专利的两个好处和两个坏处。

46. 克隆还是配种？伤心的狗主人可能会认为克隆他们失去的心爱的狗狗这个想法非常令人难以拒绝。但即使如此，很多专业育犬员和相关组织却都不建议这么做。英国育犬协会的发言人Phil Buckley声称，"狗的克隆相悖于育犬协会致力于以各种方法促进犬类总体进步的目标"。解释为什么克隆不能促进狗的品种改善。

47. 转基因植株并没有在所有的国家被广泛接受。

    a. 在欧盟，有两种转基因植物被禁止。将它们和被允许销售的两种转基因植物进行比较。讨论它们的不同和被禁止或允许销售的原因。

    b. 列出一份时间表，描述在美国转基因作物使用的迅速增长或随后的趋平过程中（或两者兼有）的五个关键事件。简要解释你为什么选择它们。

48. 思考文中描述的政府对种植转基因作物的各种管制。建议两个其他的你认为应该增加的对于生产药物的转基因作物的限制，并说明一条具体的原因，解释为什么你认为这些额外的预防措施是必要的。

49. 科幻小说之所以成功的一个重要原因，就是它是以确定的科学原理为基础开始，对其加以扩展、详述，并给予润色修饰。侏罗纪公园就始于已知的DNA复制和操纵技术，然后扩展成对史前生物的制造。现在轮到你了。从本节中选择一个科学原理，然后基于此写一个一到二页的故事提纲。一定要将你使用的化学概念和其他伪科学内容区分开来。

50. 基因疗法涉及重组DNA技术的应用。通过互联网来了解该项技术的相关信息。写一个一到二页关于基因疗法的报告，包括用它来治疗特定疾病的例子和相关患者的反应。

51. 找到文中未讨论到的一种转基因生物。描述创造这种转基因生物的动机，其基因来源和基因修饰的一般方法。

52. 假设你是政府的负责人，你管辖的地方刚经历了一年的干旱，而且干旱似乎要持续下去，有发生严重饥荒的风险。其他国家向你提供了一种转基因玉米。列举出接受这种作物的两个好处和坏处，并决定是否接受它。

附 录 1

量度转换表
公制前缀、转换因子和常数

公制前缀

前缀	符号	值	科学计数法
皮	p	$1/10^{12}$ 或 0.000000000001	10^{-12}
纳	n	$1/10^{9}$ 或 0.000000001	10^{-9}
微	μ	$1/10^{6}$ 或 0.000001	10^{-6}
毫	m	1/1000 或 0.001	10^{-3}
厘	c	1/100 或 0.01	10^{-2}
分	d	1/10 或 0.1	10^{-1}
十	da	10	10^{1}
百	h	100	10^{2}
千	k	1000	10^{3}
兆	M	1000000	10^{6}
吉	G	1000000000	10^{9}
太	T	1000000000000	10^{12}

长度

1厘米（cm）= 0.394英寸（in）

1米（m）= 39.4英寸（in）= 3.28英尺（ft）
　　　　 = 1.08码（yd）

1公里（km）= 0.621英里（mi）

1英寸（in）= 2.54厘米（cm）= 0.0833英尺（ft）

1英尺（ft）= 30.5厘米（cm）= 0.305米（m）
　　　　 = 12英寸（in）

1码（yd）= 91.44厘米（cm）= 0.9144米（m）
　　　　 = 3英尺（ft）= 36英寸（in）

1英里（mi）= 1.61千米（km）

体积

1立方厘米（cm^3）= 1毫升（mL）

1升（L）= 1000毫升（mL）
　　　 = 1000立方厘米（cm^3）
　　　 = 1.057夸脱（qt）

1夸脱（qt）= 0.946升（L）

1加仑（gal）= 4夸脱（qt）= 3.78升（L）

质量

1克（g）= 0.0352盎司（oz）= 0.00220磅（lb）

1千克（kg）= 1000克（g）= 2.20磅（lb）

1磅（lb）= 454克（g）= 0.454千克（kg）

1公吨（t）= 1000千克（kg）= 2200磅（lb）
　　　　 = 1长吨（t）= 1.10吨（T）

1吨（T）= 909千克（kg）= 2000磅（lb）
　　　 = 1短吨（T）= 0.909公吨（t）

时间

1年（a）= 365.24天（d）

1天（d）= 24小时（h）

1小时（h）= 60分（min）

1分（min）= 60秒（s）

能量

1焦耳（J）= 0.239卡（cal）

1卡（cal）= 4.184焦耳（J）

1艾焦（EJ）= 10^{18}焦耳（J）

1千卡（kcal）= 1食卡（Cal）= 4184焦耳（J）
　　　　　 = 4.184千焦（kJ）

1千瓦时（kW·h）= 3600000焦耳（J）
　　　　　　 = 3.60×10^{6} J

常数

光速（c）= 3.00×10^{8} 米每秒（m/s）

Planck常数（h）= 6.63×10^{-34} 焦秒（J·s）

Avogadro常数 N_A = 6.02×10^{23}

原子质量单位（u）= 1道尔顿（Da）
　　　　　　 = 1.66×10^{-24} 克（g）

附录 2

指数的幂

科学（或指数）计数法提供了一种紧凑和方便的方法，用于写出非常大的和非常小的数字，即用10的正幂和负幂来表示。正指数用于表示大数。幂记为上标，表示有多少个10相乘。例如：

$$10^1 = 10$$
$$10^2 = 10 \times 10 = 100$$
$$10^3 = 10 \times 10 \times 10 = 1000$$

请注意，正指数等于1和小数点之间的零的个数。因此，10^6对应于1后面接6个零或1000000。同样的规则也适用于10^0（等于1）。十亿（1000000000）可写为10^9。

当10的指数为负数时，它所表示的数字总小于1。这是因为负指数意味着倒数，即1/10的正指数。例如：

$$10^{-1} = 1/10^1 = 1/10 = 0.1$$
$$10^{-2} = 1/10^2 = 1/100 = 0.01$$
$$10^{-3} = 1/10^3 = 1/1000 = 0.001$$

依此类推，负指数越大，该数的数值越小。负指数总是等于小数点与1之间的零的个数加1。因此，1×10^{-4}等于0.0001。反之，0.000001按照科学计数法应为1×10^{-6}。

当然，化学中所用的大多数量和常数都不是10的简单整数幂。例如，阿伏伽德罗常数为6.02×10^{23}，或6.02乘以一个1后面有23个零的数。写出来就是$6.02 \times 100000000000000000000000$，或602000000000000000000000。下面回过头来看很小的数字，二氧化碳吸收的红外辐射波长为4.257×10^{-6} m。这个数量等于4.257×0.000001 m，或0.000004257 m。

练一练附录2.1

用科学计数法表示下列数字。
a. 10000   b. 430   c. 9876.54
d. 0.000001   e. 0.007   f. 0.05339

答案：
a. 1×10^4 b. 4.3×10^2 c. 9.87654×10^3
d. 1×10^{-6} e. 7×10^{-3} f. 5.339×10^{-2}

练一练附录2.2

用常规小数点表示法表示下列数字。
a. 1×10^6 b. 3.123×10^6 c. 25×10^5
d. 1×10^{-5} e. 6.023×10^{-7} f. 1.723×10^{-16}

答案：
a. 1000000
b. 3123000
c. 2500000
d. 0.00001
e. 0.0000006023
f. 0.0000000000000001723

附 录 3

打破僵局

你可能在数学课上遇到过对数并想知道以后你是否还会用到它。事实上，对数（或简写为"log"）在许多科学领域是非常有用的，其核心理念就是使非常大范围的数字处理起来变得相当容易，例如，从0.0001依次呈10次方增长至1000000的数字。

有可能你是在无意中遇到过对数标度，如表示地震级别的Richter（里氏）震级就是这样一个例子。依据其定义，6级地震的强度10倍于5级地震，8级地震的强度则100倍于6级地震❶。另一个例子就是分贝（dB）单位，每提高10个单位表示声级增大10倍，因此两人相距1 m进行普通交谈的声音（60 dB）比同样距离的轻音乐（50 dB）要大10倍，而嘈杂的音乐（70 dB）及非常吵闹的音乐（80 dB）则比普通交谈的声音要分别大上10倍和100倍。

使用袖珍计算器做一些简单的练习不失为学习对数的好方法。当然你需要一台能"做"对数的计算器，最好是有"科学记数法"的功能。从10的对数开始，简单地输入10后按"log"键，答案应为1。接着再计算100及1000的对数，将答案写下来，你看到了什么规律？（如果你能想到100和1000可分别写作10^2和10^3，规律则可能会更明显）。先预测一下10000的对数，再用计算器进行检查。接下来继续尝试计算0.1或10^{-1}以及0.01（10^{-2}）的对数。同样先预测0.001的对数，再进行检查。

到现在为止，一直都还不错，但我们只考虑了10的整数幂，其实能得到任意数的对数将会更有用。让我们再一次求助于你的袖珍计算器，尝试计算20和200的对数，再计算50（$5×10^1$）及500（$5×10^2$）的对数，并预测$5×10^3$或5000的对数结果。现在难度再增加一点：计算0.05的对数。最后，尝试计算2473和0.000404的对数。以上三种情形的答案似乎都差不多？请记住，计算器乐意提供数字的个数将多过数字本身的含义，因此你需对这些数字做一些合理的取舍。

第6章引入了pH这一概念，它是描述物质酸度的一种定量方法。pH值是以物质的量浓度（mol/L）为单位的浓度的负对数，它就是对数关系的一种特殊情形。方程$pH=-\lg[H^+]$给出了其中的数学关系，其中物质的量浓度以方括号表示，负号则显示出一

种反向的关系，因为pH随浓度降低而升高。我们用该方程来计算一份氢离子浓度为0.000546 mol/L的饮料的pH，首先设立数学方程，将氢离子浓度代入：

$$pH = -\lg[H^+] = -\lg(5.46×10^{-4}\,mol/L)$$

接下来，我们将H^+浓度值输入计算器，按"log"键，再按"正/负"键改变符号，计算器给出饮料的pH为3.26（如果你未预置数字的位数，计算器可能显示3.262807357，但根据常识你应修约该数字）。以同样过程可计算一份氢离子浓度为$2.20×10^{-7}$ mol/L的牛奶的pH。

既然我们能将氢离子浓度转换为pH，但又如何反向进行呢？即如何将pH转换为氢离子浓度？如果计算器上有"10^x"键，它就可以帮你计算（另一种情形下可能会用到两个键：先按"Inv"，再按"log"）。为展示计算过程，假定你想知道pH 7.40的人血中的氢离子浓度，计算过程如下所示：输入7.40，用"正/负"键将符号改为负，再按"10^x"键（或遵循适合你的计算器的一些步骤），计算器将会显示出氢离子浓度为$3.98×10^{-8}$ mol/L。现在按同样过程计算一份pH 3.6的酸雨样品中氢离子的浓度。

练一练附录3.1

计算下列样品的pH：
a. 自来水，$[H^+] = 1.0×10^{-6}$ mol/L
b. 镁乳，$[H^+] = 3.2×10^{-11}$ mol/L
c. 柠檬汁，$[H^+] = 5.0×10^{-3}$ mol/L
d. 唾液，$[H^+] = 2.0×10^{-7}$ mol/L
答案：
a. 6.0   b. 10.5   c. 2.3   d. 6.7

练一练附录3.2

计算下列样品的H^+浓度：
a. 番茄汁，pH = 4.5
b. 酸雾，pH = 3.3
c. 醋，pH = 2.5
d. 血液，pH = 7.6
答案：
a. $3.2×10^{-5}$ mol/L b. $5.0×10^{-4}$ mol/L
c. $3.2×10^{-3}$ mol/L d. $2.5×10^{-8}$ mol/L

---

❶ 原文有误。根据里氏分级定义，地震释放的地震波能量E与震级M的关系（能量以尔格计）为：$\lg E = 11.8+1.5M$。可见不同震级地震的能量相差很大，震级每增大1级，地震的能量就增大$10^{1.5}≈31.6$倍。——译者注

附录4

"练一练"问题选答

（正文中未给出答案部分）

第0章

0.3 c. 在互联网上搜索"铝罐回收"找到一些惊人的统计。你可能希望探索的网站包括 Earth 911 和铝业协会。

0.5 a. 2012年，美国的人口约为3.15亿。

c. 数学计算，25亿公顷除以120亿公顷，大约为0.21，占生物生产性土地面积的21%。为了参考，美国人口约占全球人口的4.5%。

第1章

1.7 b. 的确如此。根据表1.2判断，由于 $PM_{2.5}$ 的浓度限制比 PM_{10} 定的更低，因此 $PM_{2.5}$ 肯定比 PM_{10} 具有更严重的健康危险。

1.8 a. $\dfrac{44\ \mu g\ SO_2}{0.625\ m^3} = \dfrac{70\ \mu g\ SO_2}{1\ m^3}$

她不会超过每小时 $210\ mg/m^3$ 的限制标准。

b. 在保持呼吸频率的情况下，她也不会超过3 h $1300\ mg/m^3$ 的限制标准。

1.9 预防空气污染的实例有：(1) 不焚烧树叶（会产生烟雾和颗粒物），而是采用堆肥或其他降解方式；(2) 使用低硫煤而不是高硫煤，在使用高硫煤时安装洗气罐除去 SO_2，或尽量节约用煤；(3) 选择不会产生污染的交通方式，如骑自行车或步行。

1.11 a. 氢（H_2）和氦（He）是单质。

b. 空气中的其他物质包括氮（N_2，单质）、氧（O_2，单质）、氩（Ar，单质）、二氧化碳（CO_2，化合物）和水蒸气（H_2O，化合物）。

c. 氢（0.54 ppm 或0.000054%），氦（5 ppm 或0.0005%），甲烷（17 ppm 或0.0017%）。

1.13 b. SO_2，二氧化硫；SO_3，三氧化硫。

1.14 a. 乙醇（ethanol）中的乙（eth-）表明该化学式中有两个C原子。

c. 丙醇（propanol）中的丙（prop-）表明在这个化学式中有三个C原子。

1.15 b. 配平方程：$N_2 + 2\,O_2 \rightarrow 2\,NO_2$

1.17 化学方程式1.7两边各有16个C、26个H和34个O。

1.19 汽车尾气中有：O_2、N_2、CO_2、CO、H_2O、NO、烟灰（颗粒物）以及VOCs。尾气中也含有微量的 Ar，甚至极微量的 He，不过一般忽略这些气体，因为它们是惰性气体且浓度极低。

1.20 b. $CuS + O_2 \longrightarrow Cu + SO_2$

1.21 a. 其他汽油动力机械或车辆有：部分割草机、鼓风机、铲车、链锯、清雪机和发电机。

b. 一个实例是草坪和园林设备，如割草机和鼓风机。美国环境保护署在2012年制订削减排放计划。规定降低燃油挥发和尾气污染物。对于后者，必须使用排放控制技术，就像目前的大型机械那样。

1.27 a. 颗粒物浓度为 $1193\ mg/m^3$，超过了国家环境空气质量标准中 PM_{10} 和 $PM_{2.5}$ 的标准。

b. 呼吸这个水平的微粒对任何人都是有害的。首要危险是心血管系统，一旦吸入，颗粒可进入血液，引起或加重心脏病。

1.28 可产生污染物的室内活动包括：烧香、抽烟、油炸食物（特别是锅里有火焰的时候）、使用有故障的炉子或加热器、粉刷油漆（除低VOC涂料以外）、使用某些清洁产品如氨或清洁剂、使用气溶胶发胶和染发剂、使用家具抛光剂、使用喷雾杀虫剂，以及其他活动。

1.30 新型成膜剂满足以下绿色化学理念：预防废物产生（即不让VOCs挥发到空气中）、使用可再生原料（蔬菜油）、使用在产品使用寿命结束后可降解的原料。新型底漆满足的绿色化学理念有：预防废物产生（即不让VOCs挥发到空气中）、节能（即不用热能烤漆）。

1.32 b. 不会，那不会更有帮助。多出的数字没有提供有意义的信息，因为测量计并不具备这样的测量精度。作为类比，将20元平均分给7个人。计算器会显示每人应分2.857142857元，但实际上不可能按照这个数字分配，而且也没有低于1分的硬币。

第2章

2.2 b. 在平流层里，每十亿个空气分子和原子中所包含的臭氧分子数最高是12000个（参见本题之前的段落）。

  c. EPA 8小时限值是0.075 ppm，等价于75 ppb，或每十亿个平流层空气分子和原子中有75个臭氧分子（见表1.2）。

2.4 c. 17个质子，17个电子
     d. 24个质子，24个电子

2.5 c. 5A族；5个外层电子
     d. 8A族；8个外层电子

2.6 b. 铍（Be）、镁（Mg）、钙（Ca）、锶（Sr）、钡（Ba）、镭（Ra）都有两个外层电子，同属2A族。

2.7 c. 53个质子，78个中子

2.8 b. 2个Br原子 $:\ddot{Br}\cdot \times$ 7个外层电子 = 14个外层电子

    Br_2的路易斯结构式为：$:\ddot{Br}\ :\ddot{Br}:$ 或 $:\ddot{Br}—\ddot{Br}:$

2.9 b. 1个C原子 $\cdot\dot{C}\cdot \times$ 4个外层电子 = 4个外层电子

    2个Cl原子 $:\ddot{Cl}\cdot \times$ 7个外层电子 = 14个外层电子

    2个F原子 $:\ddot{F}\cdot \times$ 7个外层电子 = 14个外层电子

    CCl_2F_2的路易斯结构式为：

2.10 b. 1个S原子 $(\cdot\dot{S}\cdot) \times$ 6个外层电子 = 6个外层电子

    2个O原子 $(\cdot\ddot{O}\cdot) \times$ 6个外层电子 = 12个外层电子

    合计 = 18个外层电子

    SO_2路易斯结构式的两个共振式为：

2.12 b. 无线电波的平均波长为 10^1 m，而X射线的波长约为 10^{-9} m，因此无线电波的波长约为后者的 10^{10} 倍。

$$O + O_2 \longrightarrow O_3$$

2.16 a. O 与 O_2 形成 O_3。
    b. 大气中的氧分子在紫外光作用下裂解得到O原子。
    c. 在平流层中，O_3 的分解有几个机理，都是Chapman循环的一部分。其中一个机理是分解为 O_2 和 O。

$$O_2 \longrightarrow 2O$$
$$O_3 \longrightarrow O_2 + O$$

    另一个是 O_3 与 O 化合得到两个 O_2 分子。

$$O_3 + O \longrightarrow 2O_2$$

2.23 a. 1个H原子H· × 1个外层电子 = 1个外层电子

    1个O原子 $\ddot{\ddot{O}}\cdot \times$ 6个外层电子 = 6个外层电子

    合计 = 7个外层电子

    ·OH自由基的路易斯结构式为：

$$\cdot\ddot{O}:H \ 或 \ \cdot\ddot{O}—H$$

2.23 b. 1个N原子 $\cdot\ddot{N}\cdot \times$ 5个外层电子 = 5个外层电子

    1个O原子 $\cdot\ddot{O}\cdot \times$ 6个外层电子 = 6个外层电子

    合计 = 11个外层电子

    ·NO自由基的路易斯结构式为：

$$\dot{N}=\ddot{O}$$

    c. 2个N原子 $\cdot\ddot{N}\cdot \times$ 5个外层电子 = 10个外层电子

    1个O原子 $\cdot\ddot{O}\cdot \times$ 6个外层电子 = 6个外层电子

    合计 = 16个外层电子

    N_2O的一个可能路易斯结构式为：

$$:N\equiv N—\ddot{\ddot{O}}:$$

2.24 a. 溴的化学方程式为

$$2\ Br\cdot + 2\ O_3 \longrightarrow 2\ BrO\cdot + 2\ O_2$$
$$Br\cdot + O_3 \longrightarrow BrO\cdot + O_2$$

2.28 a. 二氧化硫（SO_2）主要引起人体呼吸道不适。SO_2 可与肺部的水蒸气反应生成酸。

2.29 a. 哈龙-1301和HFC-23的化学式分别为 $CBrF_3$ 和 CHF_3。由于哈龙-1301含溴，因此可以预料它会破坏臭氧层。由于HFC-23既不含溴也不含氯，因此它不会破坏臭氧层。

第3章

3.2 b. 红外、可见、紫外。

3.3 a. 来自太阳的能量有25%从大气中反射，6%从地表反射，9%从地面发射，60%从大气中发射出去。这些百分比合计达到100%。
    b. 入射辐射的23%直接被大气吸收，地球辐射出较长波长的热能后又有37%被大气吸收。这些值加起来是60%，即大气排放的总能量。
    c. 颜色区分太阳和地球发出的光的波长。黄色表示所有入射波长的混合物，蓝色表示较短波长（较高能量）的紫外辐射，红色表示较长波长（较低能量）的红外辐射。

3.5 a. 大气中 CO_2 的浓度1962年为318 ppm，2012年为393 ppm，所以增加了

$$\frac{393 \text{ ppm} - 318 \text{ ppm}}{318 \text{ ppm}} \times 100\% = 23.6\%$$

b. 在给定的年度内，大气中 CO_2 的浓度变化为 6~7 ppm。

3.8　b. 总外层电子：4+2×7 +2×7 = 32。其中有 8 个分布在中心 C 原子周围形成 4 根单键，每个 Cl 原子与 C 原子以单键相连，每个 F 原子与 C 原子也以单键相连。其余 24 个外层电子在 Cl 原子或 F 原子上形成孤对电子。CCl_2F_2 分子呈四面体形，与 CH_4 和 CCl_4 分子的形状一样。

路易斯结构　　　　分子的形状

c. 总外层电子数为 8。这 8 个电子都在中心 S 原子周围，形成 2 根单键，单键链接每个 H 原子。H_2S 分子是弯曲形的，像 H_2O 分子。

路易斯结构　　　　分子的形状

3.9　SO_2 总外层电子数 = 6 + 2×6 = 18。其中 8 个电子分布在中心 S 原子周围，形成 1 根单键和 2 根双键，还有 1 个孤电子对。其余 10 个外层电子是在氧原子上的非键电子对。就像 O_3 分子，SO_2 分子是弯曲形的，只有 1 种共振结构。

路易斯结构　　　　分子的形状

3.11　a. 将碳添加到大气中的过程包括海洋排放、呼吸、化石燃料的燃烧和砍伐森林。

b. 光合作用、海洋吸收以及造林是从大气中移除碳的过程。

c. 最大的两个碳库是化石燃料和碳酸盐矿。

d. 碳循环受人类活动影响最大的部分是燃烧化石燃料和森林砍伐。额外的人为大气二氧化碳也增加了二氧化碳在海洋中被吸收的速率。

3.12　a. N 的原子序数是 7，原子量是 14.01。

b. 一个中性的 N-14 原子有 7 个质子、7 个中子和 7 个电子。

c. 一个中性的 N-15 原子有 7 个质子、8 个中子和 7 个电子。只有中子的数量不同。

d. N-14 是最丰富的天然同位素，原子量是 14.01。

3.14　b. 5×10^{12} 个 N 原子 $\times \dfrac{2.34 \times 10^{-23} \text{ g N}}{1 \text{ 个 N 原子}}$

$= 1.17 \times 10^{-10}$ g N

c. 6×10^{15} 个 N 原子 $\times \dfrac{2.34 \times 10^{-23} \text{ g N}}{1 \text{ 个 N 原子}}$

$= 1.40 \times 10^{-7}$ g N

3.15　b. 1 mol N_2O = 44.0 g N_2O。

c. 1 mol CCl_3F = 137.4 g CCl_3F。

3.16　c. N 在 N_2O 中的百分含量 = 14.01 g/mol × 2 ÷ 16.00 g/mol = 63.6%

3.17　b. 练一练 3.16 已知 S 对 SO_2 的质量比。

$$142 \times 10^6 \text{ t } SO_2 \times \frac{32.1 \times 10^6 \text{ t S}}{64.1 \times 10^6 \text{ t } SO_2} = 7.11 \times 10^7 \text{ t S}$$

3.19　CO_2 : $\dfrac{396 \text{ ppm} - 270 \text{ ppm}}{270 \text{ ppm}} \times 100\% = 47\%$

CH_4 : $\dfrac{1.816 \text{ ppm} - 0.70 \text{ ppm}}{0.70 \text{ ppm}} \times 100\% = 159\%$

N_2O : $\dfrac{0.324 \text{ ppm} - 0.275 \text{ ppm}}{0.275 \text{ ppm}} \times 100\% = 18\%$

$CH_4 > CO_2 > N_2O$

3.23　红外线、可见光和紫外线是撞击地球的主要太阳辐射。可见光占比最大。

3.25　b. 温室气体浓度的增加和地球反射率的变化是准确再现 20 世纪温度数据所需的附加势。

3.30　$(5 \times 10^6 \text{ t}/6 \times 10^9 \text{ t}) \times 100\% = 0.08\%$。

3.31　a. 19 t $CO_2 \times \dfrac{2000 \text{ lb } CO_2}{1 \text{ t } CO_2} \times \dfrac{1 \text{ 棵树}}{25 \text{ lb } CO_2}$

= 1520 棵树

若每棵树吸收 50 lb CO_2，则答案为 760 棵。

b. 用每棵树吸收 50 lb CO_2 计算：12×10^9 棵 $\times \dfrac{50 \text{ lb } CO_2}{1 \text{ 棵}} \times \dfrac{1 \text{ t } CO_2}{2000 \text{ lb } CO_2} = 3.0 \times 10^8 \text{ t } CO_2$。

$\dfrac{3.0 \times 10^8 \text{ t } CO_2}{6.0 \times 10^9 \text{ t } CO_2} \times 100\% = 5.0\%$。

第4章

4.3　在堆肥过程中所产生的化合物之一是水。该过程还散发出能将水从液体转化为气体的热量。在凉爽的天气，水汽可能会与寒冷的空气接触，凝结而形成"蒸汽"。注意：你能看到的"蒸汽"实际上是冷凝的水蒸气，例如在雾中或云中形成的水蒸气。水汽本身是不可见的。

4.4　b. 煤燃烧时，12 g C 产生 44g CO_2。A 厂每天燃烧 4.4×10^8 g 煤，产生 1.6×10^9 g CO_2。B 厂每天燃烧 3.6×10^8 g 煤，产生 1.3×10^9 g CO_2。因此，B 厂比 A 厂每天少排放 3.0×10^8 g CO_2。

4.9　a. 煤中含有少量的硫，在燃烧过程中硫与氧结合生成二氧化硫。火山是大气中二氧化硫的天然来源。

b. 尽管煤确实含有少量的氮，在煤燃烧过程中氮与氧结合生成NO，但是大部分NO是在高温下（煤燃烧产生高温）由空气中的N_2和O_2反应形成的。NO的其他来源包括发动机尾气、闪电和粮仓。

4.11 a. $1500 \text{ kJ} \times \dfrac{1 \text{ g CH}_4}{50.1 \text{ kJ}} \times \dfrac{1 \text{ mol CH}_4}{16 \text{ g CH}_4} \times \dfrac{1 \text{ mol CO}_2}{1 \text{ mol CH}_4}$

$\times \dfrac{44 \text{ g CO}_2}{1 \text{ mol CO}_2} = 82 \text{ g CO}_2$

b. 产自马里兰州的烟煤，燃烧每克释放30.7 kJ热量。当产生1500 kJ热量时放出150 g CO_2。

4.17 根据2.3节，臭氧的共振形式为：

$$\ddot{\underset{..}{O}}{=}\overset{..}{\underset{.}{O}}{-}\ddot{\underset{..}{O}}: \quad \longleftrightarrow \quad :\ddot{\underset{..}{O}}{-}\overset{..}{\underset{.}{O}}{=}\ddot{\underset{..}{O}}$$

氧的路易斯结构为：

$$\ddot{\underset{..}{O}}::\ddot{\underset{..}{O}} \text{ 或 } \ddot{\underset{..}{O}}{=}\ddot{\underset{..}{O}}$$

O_3的键能介于O—O单键（146 kJ/mol）和O=O双键（498 kJ/mol）之间，即小于O_2中O=O双键的键能（498 kJ/mol）。能量与波长成反比。因此，O_2需要较短波长的辐射来打破其化学键。

4.18 a. 一对可能的产品是C_8H_{18}和C_8H_{16}，它们的结构式是：

（结构式图）

c. 通式是C_nH_{2n}，其中n是整数。

4.22 a. 甲醇和乙醇的结构式如下：

（结构式图）

甲醇　　　　　乙醇

4.24 a. $C_2H_5OH + 3 O_2 \longrightarrow 2 CO_2 + 3 H_2O$

（注意：该化学方程式示于图4.16）

b. $2 C_{19}H_{38}O_2 + 55 O_2 \longrightarrow 38 CO_2 + 38 H_2O$

（提示：首先配平C和H原子）

第5章

5.3 b. O—H键的极性较大。O原子吸引电子对的能力更强。

c. O—S键的极性较大。O原子吸引电子对的能力更强。

b. Cl—C键的极性较大。Cl原子吸引电子对的

能力更强。

5.5 a. 虚线表示氢键，即一种存在于同高电负性原子（F、N或O）键合的H原子与邻近分子中高电负性原子之间的弱相互作用。

b. 水分子中的H原子都可标记为δ^+，与此类似，O原子可标记为δ^-。水分子的排列是有取向性的，其结果是异相电荷靠得很近。

c. 因为是存在于两分子之间，所以这里的氢键是分子间作用力。

5.12 a. 1.6×10^{-2} ppm；16 ppb

b. 不符合，汞浓度是限定值2 ppb的八倍。

5.13 a. 8×10^{-8} mol/L

b. 溶质的物质的量分别是0.75 mol 和0.075 mol。

c. 后者更浓。将其转换为物质的量浓度，前者为2.0 mol/L，而后者为3.0 mol/L。

d. 不是，该溶液仅含有0.25 mol溶质。

5.14 a. Li、K可形成阳离子；S、N可形成阴离子。

b. Mg^{2+}，路易斯结构：$\cdot \dot{Mg} \cdot$和Mg^{2+}

　　　　　　　原子　　离子

O^{2-}，路易斯结构：$\ddot{\underset{..}{O}}\cdot$和$[\ddot{\underset{..}{O}}\colon]^{2-}$

　　　　　　　原子　　离子

Al^{3+}，路易斯结构：$\cdot\dot{Al}\cdot$和Al^{3+}

　　　　　　　原子　　离子

5.15 a. CaS，硫化钙

b. KF，氟化钾

c. 从图5.19可知，Mn能形成两种离子：Mn^{2+}和Mn^{4+}，而O能形成氧离子（O^{2-}），因此可能的化学式是：MnO，氧化锰(Ⅱ)和MnO_2，氧化锰(Ⅳ)或二氧化锰。

d. $AlCl_3$，氯化铝

5.16 c. $Al(C_2H_3O_2)_3$　　　　d. K_2CO_3

5.17 c. 碳酸氢钠或重碳酸钠

d. 碳酸钙　　　　e. 磷酸镁

5.18 a. NaClO　　　　　　b. $MgCO_3$

c. NH_4NO_3

5.20 b. 可溶。所有钠盐都是可溶的。

c. 不溶。大多数硫化物都是不溶的（除了1A族或NH_4^+）。

d. 不溶。大多数氢氧化物都是不溶的（除了1A族和NH_4^+）。

5.21 所有的氧原子应标记为δ^-，只有那些与氧原子相连的氢原子才能标记为δ^+。因为C—H键是非极性的，所以与碳原子键合的氢原子并不带有部分正电荷。与氧原子键合的碳原子略显正电。

5.22 C—C键是非极性的。因为C和H的电负性差

很小，所以C—H键也是非极性的。

5.26 a. 20 ppb（20 μg/L）的样品中的铅浓度要高于0.003 mg/L（3 μg/L或3 ppb）的样品。

b. 与目前可接受的铅量（15 ppb）相比，前者超标，后者符合要求。

5.28 a. SO_4^{2-}、OH^-、Ca^{2+}和Al^{3+}。

b. 硫酸钙（$CaSO_4$）、氢氧化钙（$Ca(OH)_2$）、硫酸铝（$Al_2(SO_4)_3$）和氢氧化铝（$Al(OH)_3$）。

c. 次氯酸钠（NaClO）和次氯酸钙（$Ca(ClO)_2$）。

5.29 a. 可能包括$CHCl_3$、$CHBr_3$、$CHBrCl_2$和$CHBr_2Cl$。它们的路易斯结构与如下所示的$CHClF_2$的结构类似。

$$H-\overset{\overset{\displaystyle :\ddot{F}:}{|}}{\underset{\underset{\displaystyle :\ddot{Cl}:}{|}}{C}}-\ddot{F}:$$

b. THM不含氟原子。

5.35 以下是绿色化学核心理念中的另外三条：（1）最好是阻止废物而不是在它产生后再对其进行处理或清洗；（2）最好是减少生产过程中的材料消耗；（4）最好是使用尽可能少的能源。

第6章

6.1 a. 可能包括盐酸、硫酸、醋酸、硝酸、磷酸、乳酸和柠檬酸。

b. 有以下几种可能：做化学实验时用过这些酸；听说过肌肉中乳酸的积聚；见过列在饮料成分表中的磷酸或柠檬酸。

6.2 a. $HI(aq) \longrightarrow H^+(aq) + I^-(aq)$

b. $HNO_3(aq) \longrightarrow H^+(aq) + NO_3^-(aq)$

6.4 a. $KOH(s) \xrightarrow{H_2O} K^+(aq) + OH^-(aq)$

b. $LiOH(s) \xrightarrow{H_2O} Li^+(aq) + OH^-(aq)$

c. $Ca(OH)_2(s) \xrightarrow{H_2O} Ca^{2+}(aq) + 2OH^-(aq)$

6.5 a. $HNO_3(aq) + KOH(aq) \longrightarrow KNO_3(aq) + H_2O(l)$

$H^+(aq) + NO_3^-(aq) + K^+(aq) + OH^-(aq) \longrightarrow K^+(aq) + NO_3^-(aq) + H_2O(l)$

$H^+(aq) + OH^-(aq) \longrightarrow H_2O(l)$

b. $HCl(aq) + NH_4OH(aq) \longrightarrow NH_4Cl(aq) + H_2O(l)$

$H^+(aq) + Cl^-(aq) + NH_4^+(aq) + OH^-(aq) \longrightarrow NH_4^+(aq) + Cl^-(aq) + H_2O(l)$

$H^+(aq) + OH^-(aq) \longrightarrow H_2O(l)$

6.6 b. $[H^+][OH^-] = 1\times10^{-14}$，解得$[H^+] = 1\times10^{-8}$ mol/L。溶液呈碱性，因为$[OH^-] > [H^+]$。

c. $[H^+][OH^-] = 1\times10^{-14}$，解得$[OH^-] = 1\times10^{-4}$ mol/L。溶液呈碱性，因为$[OH^-] > [H^+]$。

6.7 a. 氢氧化钾离解时，每个钾离子伴随有1个氢氧根离子的释放。该碱溶液中OH^-浓度远远大于H^+浓度，$OH^-(aq) = K^+(aq) > H^+(aq)$

b. 硝酸离解时，每个硝酸根离子伴随有1个氢离子的释放。该酸溶液中H^+浓度远远大于OH^-浓度，$H^+(aq) = NO_3^-(aq) > OH^-(aq)$

c. 硫酸离解时，每个硫酸根离子伴随有2个氢离子的释放。该酸溶液中H^+浓度远远大于OH^-浓度，$H^+(aq) > SO_4^{2-}(aq) > OH^-(aq)$

6.9 a. 尽管pH值仅相差1，湖水样的酸度比雨水样要强10倍，相同体积下其H^+浓度要多出10倍。

b. 尽管pH值仅相差3，自来水样的酸度比海水样要强1000倍，相同体积下其H^+浓度要多出1000倍。

6.13 $H_2SO_3(aq) \rightarrow H^+(aq) + HSO_3^-(aq)$

$HSO_3^-(aq) \rightarrow H^+(aq) + SO_3^{2-}(aq)$

$H_2SO_3(aq) \rightarrow 2H^+(aq) + SO_3^{2-}(aq)$

6.14 c. $1.68\times10^4 \text{ t S} \times \dfrac{64 \text{ t } SO^2}{32 \text{ t S}} = 3.36\times10^4 \text{ t } SO_2$

d. SO_3能与水反应生成硫酸：

$SO_3(g) + H_2O(l) \rightarrow H_2SO_4(aq)$

6.15 打断1 mol 氮原子间的三键需要946 kJ的能量，这是表4.4中最高的键能之一。

6.16 一氧化氮（NO）是产生于机动车内燃机中的一种气体，正如你在第1章中看到的那样，它一旦作为尾气排放就会在大气中生成NO_2。

$$N_2 + O_2 \xrightarrow{高温} 2NO$$
$$2NO + O_2 \rightarrow 2NO_2$$

NO也能与臭氧反应生成二氧化氮。

$$NO(g) + O_3(g) \rightarrow NO_2(g) + O_2(g)$$

二氧化氮（NO_2）是一种棕色的有毒气体，人吸入后会对肺造成伤害就是其反应活性的表象之一。若NO_2是惰性的，它也就不会对人的健康产生危害。氨（NH_3）是一种你可能在"家用氨水"中碰到过的气体，其反应活性表象之一就是它是一种优良的清洁剂。另外，氨也是一种能与酸迅速反应的碱。

6.17 SO_2在实际排放量及降低百分率两个方面都要比NO_x减少得更多，其中最可能的原因就在于EPA酸雨计划中的限额交易机制。

6.18 a. 铁（Fe），金属   b. 铝（Al），金属

c. 氟（F），非金属   d. 钙（Ca），金属

e. 锌（Zn），金属   f. 氧（O），非金属

6.19 $4Fe(s) + 2O_2(g) + 8H^+(aq) \longrightarrow 4Fe^{2+}(aq) + 4H_2O(l)$

$4Fe^{2+}(aq) + O_2(g) + 4H_2O(l) \longrightarrow 2Fe_2O_3(s) + 8H^+(aq)$

$$4\ Fe(s) + 3\ O_2(g) \longrightarrow 2\ Fe_2O_3(s)$$

6.20 a. Fe 是铁的金属形态。

c. Fe^{2+} 和 Fe^{2+} 已分别失去了 2 个和 4 个价电子。

6.21 a. $MgCO_3(s) + 2\ H^+(aq) \longrightarrow$
$$Mg^{2+}(aq) + CO_2(g) + H_2O(l)$$

b. 碳酸氢钠可溶于水。5.8 节并没有明确给出这方面的信息，但是任何有过在烹饪中使用小苏打（即碳酸氢钠）的经验都表明它的确溶于水。

6.22 $CaCO_3(s) + H_2SO_4(aq) \longrightarrow$
$$CaSO_4(s) + CO_2(g) + H_2O(l)$$

6.25 $S(s) + O_2(g) \longrightarrow SO_2(g)$
$$2\ SO_2(g) + O_2(g) \longrightarrow 2\ SO_3(g)$$
$$SO_3(g) + H_2O(l) \longrightarrow H_2SO_4(aq)$$

6.26 a. $H_2SO_4(aq) + NH_4OH(aq) \longrightarrow$
$$NH_4HSO_4(aq) + H_2O(l)$$

b. $H_2SO_4(aq) + 2\ NH_4OH(aq) \longrightarrow$
$$(NH_4)_2SO_4(aq) + 2\ H_2O(l)$$

6.28 b. 因为碳酸氢根离子是与酸（即氢离子）反应，所以它的作用是碱。

第7章

7.5 U-234 有 92 个质子和 142 个中子，而 U-238 有 92 个质子和 146 个中子。

7.6 b. $^{1}_{0}n + ^{235}_{92}U \longrightarrow ^{137}_{52}Te + ^{97}_{40}Zr + 2\ n$

7.7 对无烟煤（anthracite coal）：

$$9.0 \times 10^{10}\,kJ \times \frac{1\ g\ 无烟煤}{30.5\ kJ} \times \frac{1\ kg}{1000\ g}$$
$$= 3.0 \times 10^6\ kg\ 无烟煤$$

类似地，计算出其他品级煤的等效质量。烟煤 2.9×10^6 kg；次烟煤 3.83×10^6 kg；褐煤 5.6×10^6 kg；泥炭 6.9×10^6 kg。

7.8 $^{241}_{95}Am \longrightarrow ^{237}_{93}Np + ^{4}_{2}He$
$^{9}_{4}Be + ^{4}_{2}He \longrightarrow ^{12}_{6}Np + ^{1}_{0}n + ^{0}_{0}\gamma$

7.9 在发生地震等紧急情况时，应将燃料棒插入以备关闭，从而减缓反应堆堆芯中的核裂变反应。

7.10 云是水汽冷凝的微小液滴。人们有时把这称为"蒸汽"，但从技术上讲这是不正确的。蒸汽（水汽）凝结之前是不可见的。云不包含任何核裂变产物。

7.12 c. "辐射"是指 UV 辐射，即电磁波谱的一个区域。

d. "辐射"是指由铀核发射的核辐射（α 粒子）。

7.13 b. $^{239}_{94}Pu \longrightarrow ^{235}_{92}U + ^{4}_{2}He$

7.14 a. ：Ï·   :Ï:Ï: [:Ï:Ï:]⁻
原子   分子   离子

b. 这里碘原子是反应活性最强的，因为它有一个未成对电子，也就是说，它是一个自由基。

7.15 a. 1 mol 氢气为 –249 kJ，1 g 氢气的能量变化为 –125 kJ，二者均释放能量。

b. 从图 4.16 中可以看出，1 克甲烷燃烧时释能 –50.1 kJ。与 a 中的计算值进行比较，1 克氢气释放的能量是甲烷的 2.5 倍！

7.18 b. $^{222}_{86}Rn \longrightarrow ^{218}_{84}Po + ^{4}_{2}He$

c. Po-218 和其他氡的衰变产物都是固体。这些物质可能会滞留在肺部，变为另一种产物而继续放出辐射。核辐射微弱致癌，所以虽然暴露可能导致癌症，但并不总是致癌。

7.21 $\dfrac{3.5 \times 10^{14}\ C\text{-}14\ 原子}{3.0 \times 10^{26}\ 所有碳原子} \times 100\%$
$= 1.17 \times 10^{-10}\%$ C-14

7.23 a. 另一个同位素是 U-238。也存在微量的 U-234。

b. U-238 在核反应堆的条件下是不裂变的。

c. 这些其他放射性同位素是裂变产物。U-235 以多种不同的方式分裂，故产生多种放射性同位素。

7.25 经过 10 个半衰期后，起始物仅余 0.0975%。

半衰期数	衰变的量 /%	剩余的量 /%
0	0	100
1	50	50
2	75	25
3	87.5	12.5
4	93.75	6.25
5	97.88	3.12
6	98.44	1.56
7	99.22	0.78
8	99.61	0.39
9	99.805	0.195
10	99.9025	0.0975

7.26 36.9 年（3 个半衰期）后，原有氚的 12.5% 将保留下来。

7.27 a. 镭是铀-238 的天然衰变系列中的一种产物，铀-238 是铀的同位素中天然丰度最高的。因此，如果岩石和土壤中存在铀，也会存在镭。

b. 需要五个半衰期（5×3.8 d = 19 d），放射性水平由 16 pCi 下降至 0.5 pCi。

c. 氡将会继续进入你的地下室，因为你家土壤和岩石中的铀不断产生它。参见 a。

第8章

8.2 方程 c 和 e 是还原半反应，因其获得电子，电子出现在方程式中反应物一侧。方程 b 和 d 是氧化的半反应，因为失去电子，电子出现在产物一侧。

8.3 a. 从原子种类和数量的角度来看，每个方程都是平衡的。

b. 从电荷的角度来看，各方程都是平衡的，但是方程任意一侧的总电荷并不一定是零，只要两侧电荷相等。

c. 电子在整个电池反应中不显示，而是在半反应中出现。

8.4 a. $Zn \longrightarrow Zn^{2+} + 2e^-$

b. $Cu^{2+} + 2e^- \longrightarrow Cu$

c. 要实现可充电，产物应保持在反应物附近而不是分散开。在如上这种电池中，所形成的离子可移动，分散到整个溶液中而不是停留在电极附近。

8.6 b. 金属铅 Pb(s) 失去两个电子变成铅离子 Pb^{2+}(aq)。金属铅被氧化。

c. 电池放电是反应方程式 8.12 的正向反应。如 b 中所示，金属铅 Pb(s) 被氧化变成铅离子 Pb^{2+}(aq)。

8.7 a. 金属是电和热的良导体，它们有闪亮的光泽。相反，非金属的导电和导热性差，没有光泽。参见 1.6 节。与非金属相比，金属具有较低的电负性值。这可以解释为什么金属倾向于失去电子形成阳离子（而非金属倾向于获得电子形成阴离子）。有关电负性的更多信息，请参阅第 5 章。

c. $CdS(s) + O_2(g) \longrightarrow Cd(s) + SO_2(g)$

CdS 中的镉离子（Cd^{2+}）获得 2 个电子，被还原成 Cd(s)。

d. 从矿石冶炼中释放出的二氧化硫也是空气污染的根源之一。由于这种污染物对呼吸道的严重刺激作用，EPA 监测 SO_2 的浓度，作为环境空气质量标准的一部分。

8.15 b. 反应是吸热的。断开化学键需要额外的能量，而化学键的形成释放能量。

c. 尽管二者大致相等（118.2 kJ 和 116.5 kJ），但请记住，表 4.4 给出的是平均键能，而不是与这些化合物中的键对应的键能（二氧化碳除外）。

8.18 a. 磷掺杂形成 n- 型半导体。磷属 V A 族，每个原子比硅原子多一个电子。

b. 硼掺杂形成 p- 型半导体。硼属 Ⅲ A 族，每个原子比硅原子少一个电子。

8.19 b. 用途包括为建筑物或商业活动的照明、供暖或其他需求提供电力。例如，PV 已用于产生足够的电力来满足小型酿酒厂的电力需求。

c. 用途包括提供家用的部分或全部电力。目前，一些拥有光伏系统的家庭甚至可以把电卖回电力公司。光伏系统在发生风暴而使电力受损的地方也可以用作备用电力。

8.22 a. 具有热交换流体系统的太阳能集热器将取代燃烧器/锅炉系统。

b. 基于收集太阳能的分布式发电的优点包括：（1）分布式发电系统不需要冷凝器，不会产生热污染；（2）适用于电力线路无法达到的地方。

传统的集中发电的优点在于：（1）规模效率——为众多用户提供集中的能源服务；（2）用户不需要安装发电设备。

第9章

9.3 a.

b.

9.4 由 HDPE 制成的物品有珠光洗发水瓶，色彩艳丽的洗涤剂瓶子，不透明的或者半透明的牛奶壶以及可挤压的胶水瓶等。HDPE 做成的容器常常用于盛放肥皂或一些不油腻的食物。相反，LDPE 常常用作塑料包装或是塑料袋。HDPE 和 LDPE 区别在可塑性上。LDPE 更加柔软以及更容易拉伸。还有一个差别是 HDPE 常常是不透光或半透明的，而 LDPE 在某些状态时则是透明的。

9.10

苯

苯基

9.12

由于苯环间应该尽可能相互远离以减小互相的排斥，所以头-尾的排列方式更加有利。若是以头-头、尾-尾的方式排列，则会出现苯环落在直接相邻的两个碳原子上。

9.15

9.20　a. 丙烯是 $H_2C=CHCH_3$ 或 C_3H_6

$$2500\ C_3H_6 + 11250\ O_2 \longrightarrow 7500\ CO_2 + 7500\ H_2O$$

9.23　通常你会买的的可回收物品包括很多塑料容器和壶、装在铝罐里的饮料以及报纸。包含回收成分的物品包括纸制品（纸巾、毛巾和卫生纸等）以及塑料制品（一些户外野餐桌、公园长椅、木材甚至铁路枕木等）。理论上来说，任何包含消费后废料的产品都能够回收。然而在现实中，这取决于当地的回收设施。

9.26　a.

c. 下面是一种表示聚合物（重复单元）的方式。

9.28　a. 玻璃瓶的优点有可以重复使用、样式精美以及相对便宜。缺点是它们比较笨重且易碎。塑料瓶的优点是轻便、可回收、便宜且不易碎。缺点是它们是基于石油（一种不可再生资源）的产品且最终会增加垃圾

场的负担。

b. 当使用玻璃瓶不安全时（例如体育活动），啤酒有时候会装在塑料瓶里面卖，但消费者接受度较低。透明的PET塑料瓶有一定的透气性，而这会导致透过的氧气与啤酒发生化学反应并改变它的味道。

9.30　a. 酯基是一种官能团，即具有某些性质的原子特殊排列。我们在第4章和表9.2中已经介绍了酯基。下图是酯基的结构式。

b.

DEHP

c.

第10章

10.4　a. 图10.2中每个碳原子周围有8个电子（4根键），因此它们遵守了八隅体规则。

b. 一氧化碳，CO。在这个分子中碳原子仅有3根键。

10.5　c.　　　　　d.

10.6　c.　　　　　d.

10.7　a. 是的，正丁烷和异丁烷是同分异构体。他们有相同的分子式C_4H_{10}，不同的结构。

b. 正己烷（C_6H_{14}）和环己烷（C_6H_{12}）不是同分异构体。它们的分子式不同，结构也不同。

c.

结构式	结构简式和键线式
	$CH_3CH_2CH_2CH_2CH_3$

结构式	结构简式和键线式
	$CH_3CH(CH_3)CH_2CH_3$
	$C(CH_3)_4$

(+)-多巴　　　(−)-布洛芬

b. 布洛芬还有一个苯环、一个羧基。多巴有一个苯环、两个羟基、一个氨基以及一个羧基。

c. 结构在a中给出。

译者注：此处多巴的结构是错误的，少了一个亚甲基，正确的结构式如下：

10.8　c. NH_2　　d. O　　e. H

胺　　　　酯　　　　醛

10.9　a.

b.

10.10　三个分子都含有一个苯环，苯环上都连有可以和水形成氢键的官能团。阿司匹林和布洛芬都有一个羧基。

10.16　b. OH　　H OH　　HO

c. *CHClFCH₃　　Cl F　　F Cl
　　　　　　　H CH₃　　H CH₃

d. HNCH₃　　CH₃NH H

H HNCH₃

10.17　a. 结构中的手性碳都标注了星号。注意：下面画出的结构式是问题c的答案——对映异构体具有相同的手性碳原子。

10.19　a.

雌二醇	孕酮
D环上有—OH	D环外有C=O
C和D并环碳上有—CH₃	A环上有C=O和C=C
	CD和AB并环碳上都有—CH₃

雌二醇	睾丸酮
D环上有—OH	D环上有—OH
C和D并环碳上有—CH₃	CD和AB并环碳上都有—CH₃
	A环有C=O和C=C

叶酸	胆固醇
A、B、C环上有—OH	A环上有—OH
D环侧链有羧基	A环上有双键
CD和AB并环碳上都有—CH₃	CD和AB并环碳上都有—CH₃

肾上腺皮质酮	可的松
A环有C=O和C=C	A环有C=O和C=C
C环上有—OH	C和D环上均有C=O
D环侧链有—OH	D环和D环侧链上均有—OH
CD和AB并环碳上都有—CH₃	CD和AB并环碳上都有—CH₃

强的松	可的松
A环有C=O和两个C=C	A环有C=O和C=C
C环上有—OH	C环和D侧链上均有C=O
D环侧链有—OH	D环和D环侧链上均有—OH
CD和AB并环碳上都有—CH₃	CD和AB并环碳上都有—CH₃

b. 雌二酮 $C_{18}H_{24}O_2$ 　　睾丸酮 $C_{19}H_{28}O_2$
孕酮 $C_{21}H_{30}O_2$ 　　叶酸 $C_{24}H_{40}O_5$
强的松 $C_{21}H_{26}O_5$ 　　皮质酮 $C_{21}H_{30}O_4$
可的松 $C_{21}H_{28}O_5$ 　　胆固醇 $C_{27}H_{46}O$

10.26 盐酸（HCl水溶液）被用来与氧考酮形成盐酸盐。下图是该盐的结构式。N原子上不再有游离碱所特征的孤对电子。

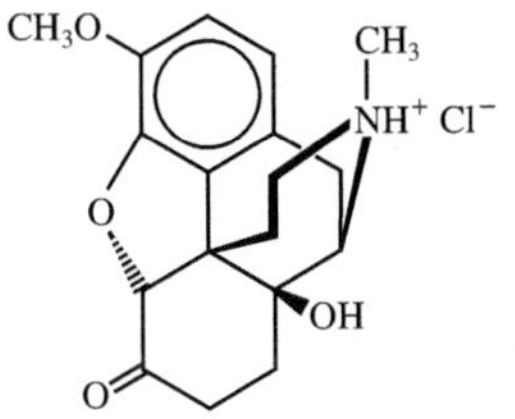

第11章

11.7 b. 生物柴油是脂肪酸甲酯。油脂是甘油三酯，即丙三醇三酯。

11.10 酯交换过程使得食物生产者可以使用不含反式脂肪酸的油脂生产食物。这满足绿色化学的第三条核心理念：最好使用并产生无毒的物质。

11.11 a. 甜度与分子结构（和形状）相关。因为糖具有不同的结构，它们会以不同的方式与舌中受体相互作用，导致得到不同的甜度感受。

b. 尽管这些糖具有不同的化学结构，但它们的化学组成基本上是一样的。果糖和葡萄糖具有相同的结构式，蔗糖与之几乎相同。由于具有相同的化学式，这些糖在代谢过程（或燃烧）中释放的能量相同。

11.14 甘氨酸-甘氨酸-甘氨酸，
甘氨酸-甘氨酸-丙氨酸，
甘氨酸-丙氨酸-甘氨酸，
甘氨酸-丙氨酸-甘氨酸，
丙氨酸-甘氨酸-甘氨酸，
丙氨酸-丙氨酸-甘氨酸，
丙氨酸-甘氨酸-甘氨酸，
丙氨酸-甘氨酸-甘氨酸，
丙氨酸-甘氨酸-丙氨酸

11.18 加工食品通常盐"重"，即每份量含钠超出日常所需。对于一些人而言，这个口味很正常。但对其他人而言，则会非常咸。比如说，一罐汤可以是每份有 800 mg 或更多的钠盐。低盐指含有少量钠盐，但仍然含有一些盐。

11.21 a. 不，男性比女性需要更多的卡路里。

b. 男性和女性从青少年时期成长至20多岁时，他们需要更多的卡路里。等到了30岁以后，所需的卡路里减少。

11.25 a. $2000 \text{ g C} \times \dfrac{1 \text{ mol CO}_2}{12 \text{ g C}} \times \dfrac{44 \text{ g CO}_2}{1 \text{ mol CO}_2} \times$
$\dfrac{1 \text{ lb CO}_2}{454 \text{ g CO}_2} = 16 \text{ lb}$（每加仑汽油 CO_2 的排放量）

b. 假设你的车每加仑汽油能跑30英里，1000英里则需燃烧33加仑汽油。
$33 \text{ gal} \times 16 \text{ lb CO}_2/\text{gal} = 530 \text{ lb CO}_2$

11.26 a. 在第5章中，我们知道"相似相溶原理"。在这个例子中，氨和水分子都是极性分子。具有相同极性的物质彼此间具有较好的溶解性。

b. 如下所示为氨气溶解在水中的化学方程式（参见第6章，化学方程式6.5a）：
$$NH_3(g) \xrightarrow{H_2O} NH_3(aq)$$
少量的氢氧根离子会在氨溶解过程中释放（如化学方程式6.5b所示）：
$$NH_3(aq) + H_2O(l) \xrightarrow{\text{仅有很少量}} NH_4^+(aq) + OH^-(aq)$$

c. 从图11.26可知，硝酸根离子被植物所吸收。

d. 从图11.26可知，铵离子（NH_4^+）首先由微生物转化为亚硝酸根离子（NO_4^+），进而转化为硝酸根离子（NO_3^-），硝酸根离子可以被植物吸收利用，如下图所示（参见第6章）：

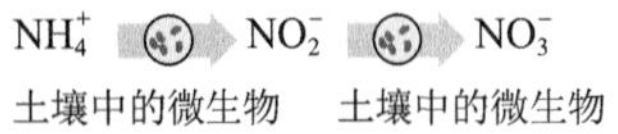

NH_4^+ NO_2^- NO_3^-
土壤中的微生物　　土壤中的微生物

11.27 甲基溴的结构式如下：

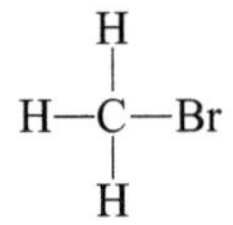

甲基溴中含有一个C—Br键。该键在平流层的紫外光照下可发生断裂，释放出溴原子，而溴原子会与臭氧反应，进而破坏臭氧层。

第12章

12.2 a. 碳水化合物是其他三项的总称。葡萄糖是单糖或简单碳水化合物。纤维素和淀粉都是多糖或复合碳水化合物，实际上，这两者是基于同一种单体-葡萄糖的不同结构的聚合物。

b. 甘油三酯是包括脂肪和油在内的一类分子。脂肪由于含有更多的饱和脂肪酸而在室温下呈固态；油则由于含有更多的不饱和脂肪酸而在室温下呈液态。

12.3 a. 蛋白质是由氨基酸（小分子单体）形成的

大分子（聚合物）。蛋白质的分子特征包括其组成、特定形状以及生物功能。

b. 碳水化合物是指仅由C、H、O按比例CH_2O组成的一类分子。许多碳水化合物，如淀粉和纤维素，是由小分子（糖单体）组成的大分子（聚合物）。

12.6

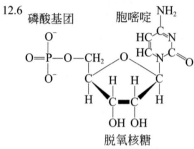

磷酸基团　胞嘧啶　脱氧核糖

12.7　b. CTAGGAT

12.10　b. 染色体必须被压缩1000多倍才能从4.6 cm（$4.6×10^{-2}$ m）长的伸展的双螺旋结构变为近4 μm（$4×10^{-6}$ m）长。

c. 为了适应细胞内的有序排列，这种程度的压缩是必要的。

12.12　如果几个密码子代表一种氨基酸，则单个碱基的变化就不大可能导致基因编码的氨基酸序列发生变化。密码子的冗余使其更为稳定。

12.13　a. 尼龙和蛋白质（如肉中的蛋白质）都含有酰胺基团。

c. 尼龙和蛋白质都是缩聚高分子。在它们的形成过程中会释放小分子（所有蛋白质和部分尼龙都是如此）。

12.15　a. 离子是指带正电荷或负电荷的原子或基团，比如氢氧根离子（OH^-）和钠离子（Na^+）。

b. ·OH和H·是具有未成对电子的例子。

c. 当足够高能量的辐射与分子发生碰撞时，它会击出一个电子，产生一个含有未成对电子的离子。

d. 在一些情况下，由电离辐射产生的离子因含有未成对电子而具有较高的反应性。比如，当水分子离子化时便会产生这种情况（参见第7章）。这些活性物种可以在任意位置破坏DNA链，使其发生随机突变。

附录5
习题答案
（每章末蓝色标号习题的答案）

第0章

9　这两种图示的相似性是，都包括相同的元素：经济、社会和环境。两者都将这3种元素描绘为重叠。但这3个元素的重叠情况有所不同。就这个问题所示的图形而言，环境包含了经济和社会。有人会认为这是至关重要的，因为没有环境，其他两个元素都不可能存在。但是，其他人则表示环境、经济和社会同等重要，如图0.1所示（三者具有相同的面积）。

13　当你乘坐公共汽车时，你的脚印会减少，因为你的脚不会踩到人行道。此外，你的生态足迹较低，因为你在使用公共交通工具，而不是你自己的车辆。当然，如果你平时走路而不坐公共汽车，那么你只是在第一层意义上"减少你的脚印"。

22　例如，作为一名教师，你可以与你学校的学生和管理人员合作，节约能源（不使用时关闭计算机）或少产生废物（把咖啡渣和食物残渣收集）。作为一个园丁，你可能想咨询当地社区的有经验的园艺人。例如，防止肥料进入湖泊和河流的一种方法是通过用雨桶收集雨水来减少草坪和园林的流失。这些水可以在土壤干燥时释放出来，减少了对市政供水系统的需要。

第1章

1　a. $\dfrac{0.5\text{ L}}{1\text{ 次呼吸}} \times \dfrac{15\text{ 次呼吸}}{1\text{ min}} \times \dfrac{60\text{ min}}{1\text{ h}} \times 8\text{ h} = 3600\text{ L}$

　　b. 可减少污染的做法包括：少烧东西（木材、植物、烹调油、汽油、香料），使用污染少的产品（低排放涂料），使用不用马达的设备和工具（手持割草机）、打蛋器、扫帚、耙子。

3　a. $Rn < CO < CO_2 < Ar < O_2 < N_2$

　　b. CO 和 CO_2

5　氡，与其他惰性气体一样，无色、无味、化学惰性。但氡有放射性，而其他惰性气体元素没有。

6　a. $0.9 \times \dfrac{\text{百万分之}1000000}{100\%} = \text{百万分之}9000$
　　（小数点向右移动4位）

7　a. 化合物（一种化合物的两个分子，由两种不同元素组成）

b. 混合物（两种单质，各有两个原子）

c. 混合物（三种不同物质，两种单质和一种化合物）

d. 单质（同种元素的4个原子）

10　a. 85000 g　　b. 210000000 gal

11　a. 2.2×10^{-4} g/m³　　b. 不，因为CO没有气味

13　a. 1A族和7A族

　　b. 1A：锂，钠，钾，铷，铯，钫；7A：氟，氯，溴，碘，砹

16　a. CH_4 的化学式表明有分子中两种原子（C和H）。一个甲烷分子含有1个碳原子和4个氢原子。与此相似，SO_2 表明分子中有两种原子（S和O）。一个二氧化硫分子含有1个硫原子和2个氧原子。化学式 O_3 表示只有一种原子。一个臭氧分子含有3个氧原子。

　　b. CH_4（甲烷），SO_2（二氧化硫），O_3（臭氧）

18　a. $N_2(g) + O_2(g) \rightarrow 2\,NO(g)$（高温）

　　b. $O_3(g) \rightarrow O_2(g) + O(g)$（在紫外光下）

　　c. $2\,S(s) + 3\,O_2(g) \rightarrow 2\,SO_3(g)$

24　a. 铂（Pt），钯（Pd），铑（Rh）

　　b. 这些元素同属8B族。铂在钯的下面，铑在钯的左边。

　　c. 这些金属在尾气温度下是固体，因此具有很高的熔点。在催化尾气CO转化为 CO_2 的过程中，这些金属不会发生永久的化学变化。

26　希洛海滩的照片中有一堵墙，推测是由人工兴建（使用燃料运送石料）。如果石料是水泥，水泥的干燥过程中会向空气中释放气体。修剪整齐的草坪暗示使用了割草机，由于面积不小，因此割草机或许是有动力的。植物或许施用了杀虫剂或除草剂，可以挥发进入空气。机场照片更容易。喷气发动机和跑道上的车辆都使用燃油，因此会留下空气足迹。遗洒的汽油可挥发进入空气。机场上的薄雾很可能是车辆和工业排放的结果。

31　a. 一般而言，尾气会通过排气管进入大气，而不会进入车厢内部。尾管与车厢之间没有直接的通道。但是，如果如果尾管向外排放的路径被堵，比如被雪埋没，尾气可渗透进入车厢内部。

b. CO无色、无臭、无味

34 CO被称为"沉默杀手"是因为人无法感知这种无色、无臭、无味的气体。这个称号不适用于O_3和SO_2等污染物，因为它们都有特征气味，在达到有害水平之前就会被感知到。

37 高高在上的臭氧是"好的"，因为它与以保护我们免于遭受有害太阳紫外辐射。身边的臭氧是"坏的"，因为臭氧可伤害呼吸系统、植被和橡胶等材料。

38 a. 老人、儿童以及患有呼吸疾病如哮喘、肺气肿的人群最易受到臭氧的影响。

b. 三天

c. 臭氧的反应性较高，在空气中的维持时间较短。由于夜晚太阳落山后没有臭氧生成，因此晚间臭氧浓度下降。

d. 答案是开放的。可能那些天是阴天、下雨或刮风。也有可能是这几天开车的人减少，或有工厂没有开工。

e. 佐治亚州亚特兰大市12月的臭氧水平较低，是因为在冬季白天较短。

40 a. 15 ppm相当于0.0015%，2%相当于20000 ppm。15 ppm是20000的1/1300倍。

47 ppm水平的CO是有害的，而仪器可以轻易检测到这种浓度的CO。相对而言，氡的浓度要低得多，相当于10^{-20}级别。多数氡检测包都需要一段时间来获得空气样本，因为需要富集到可以读数的浓度。

第2章

3 a. 是的，这超过了10 ppb的检测下限。

$$\frac{0.118 份 O_3}{1.000000 份空气} = \frac{118 份 O_3}{1.000000000 份空气} = 118 \text{ ppb}$$

b. 是的，这大大超过了10 ppb的检测下限。

$$\frac{25 份 O_3}{1.000000 份空气} = \frac{25000 份 O_3}{1.000000000 份空气} = 25000 \text{ ppb}$$

8 a. 中性氧原子有8个质子和8个电子

b. 中性氮原子有7个质子和7个电子

10 a. 氦，He b. 钾，K c. 铜，Cu

11 c. 92个质子，146个中子，92个电子

f. 88个质子，138个中子，88个电子

12 c. $^{222}_{86}Rn$

13 a. $\cdot Ca \cdot$ b. $\cdot \ddot{N} \cdot$ c. $: \ddot{Cl} \cdot$ d. He:

14 b. 有2(1) + 2(6) = 14个外层电子。

路易斯结构为

H:Ö:Ö:H 或 H—Ö—Ö—H

c. 有2(1) + 6 = 8个外层电子。路易斯结构为

H:Ş:H 或 H—Ş—H

16 a. 波1的波长比波2长

b. 波1的频率比波2低

c. 两个波的速率相同

19 按照光子能量增加的顺序：

无线电波 < 红外光 < 可见光 < 伽玛射线

21 a. 按照波长增加的顺序：

UV-C < UV-B < UV-A

b. 按照能量上升的顺序：

UV-A < UV-B < UV-C

c. 按照生物伤害上升的顺序：

UV-A < UV-B < UV-C

25 a. 甲烷，CH_4 乙烷，C_2H_6

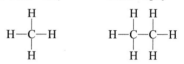

b. 有三种基于甲烷的CFCs，分别是：$CClF_3$，CCl_3F，CCl_2F_2。

26 a. Cl·有7个外层电子，其路易斯结构为$: \ddot{Cl} \cdot$

·NO_2有5 + 2(6) = 17个外层电子，其路易斯结构为$\ddot{O}::\ddot{N}:\ddot{O}:$ 或 $\ddot{O}=\ddot{N}—\ddot{O}:$

ClO·有7 + 6 = 13个外层电子，其路易斯结构为$: \ddot{Cl}:\ddot{O} \cdot$ 或 $: \ddot{Cl}—\ddot{O} \cdot$

·OH有6 + 1 = 7个外层电子，路易斯结构为$\cdot \ddot{O}:H$ 或 $\cdot \ddot{O}—H$

b. 它们都有未成对电子。

29 这句话说明，一方面，地表臭氧是有害大气污染物；另一方面，平流层臭氧由于能吸收有害的UV-B因此是有益的。

31 a. 能量最高的部分是UV-C。

b. 平流层的大气稀薄，UV-C可将氧分子O_2分解为两个氧原子O。后者与其他氧分子反应生成臭氧O_3。参加Chapman循环。如果没有UV-C（不会抵达地表），臭氧层就不会形成。

41 尽管UV-C能伤害动植物，但是在它抵达地表之前就已经被大气完全吸收了。

44 Cl·是一系列反应的催化剂，使平流层O_3分子反应，最终生成O_2分子。由于在这个过程中Cl·没有消耗，因此它可以持续催化分解O_3。

52 O_2、O_3和N_2都有偶价电子数。而N_3有15个价电子。具有奇数电子的分子不能满足八隅体规则，具有较高的反应性。

53 a. 90 + 12 = 102。该化合物含有1个碳原子、0个氢原子和2个氟原子。CFC-12的化学式为CCl_2F_2。

b. CCl_4含有1个碳原子、0个氢原子和0个氟原

子，因此，CCl_4 的代码数为100或90 + 10，名称为CFC-10。

c. 是的，"90"法对HCFCs同样成立。90 + 22 = 112，因此HCFC-22由1个碳原子、1个氢原子和2个氟原子组成，化学式为 $CHClF_2$。

d. 该方法不适用于哈龙类化合物，因为没有规定溴的标记方法。

第3章

4　a. $6 CO_2 + 6 H_2O \longrightarrow C_6H_{12}O_6 + 6 O_2$

b. 反应式两边每种元素的原子数相同：C = 6，O = 18，H = 12。

c. 反应式两边的分子数不等。左边有12个分子，而右边只有7个。葡萄糖分子中含有24个原子！

6　a. 剩余的太阳能量被大气吸收或反射。

7　a. 2013年，大气中 CO_2 的浓度约为400 ppm；但是，2万年之前，CO_2 浓度只有约190 ppm。追溯到12万年之前，CO_2 浓度约为270 ppm，仍低于目前水平的40%左右。

b. 目前平均气温略高于1950—1980年的平均气温。2万年前的平均气温大约低15 ℉ 然而，12万年前，平均气温只比现在高出大约6 ℉。

c. 尽管平均气温与二氧化碳浓度之间似乎存在相关性，但该图并未证明其他因素的因果关系。

11　a. H—$\ddot{S}$—H　弯曲形

b. $:\ddot{C}l$—$\ddot{O}$—$\ddot{C}l:$　弯曲形

c. $:\ddot{N}$—N=$\ddot{O}$ 或 $:N≡N$—$\ddot{O}:$ 或 $:\ddot{N}$—N≡O:　直线形

13　a. 3(1) + 4 + 6 + 1 = 14 外层电子。路易斯结构如下：

$$H—\overset{\overset{\displaystyle H}{|}}{\underset{\underset{\displaystyle H}{|}}{C}}—\ddot{O}—H$$

b. C原子无孤对电子，周围的原子呈四面体形排布。H—C—H键角约为109.5°。

c. 氧原子周围有4个电子对，其中2对是成键电子对，2对是非键电子对。非键电子对之间的排斥以及它们对成键电子对的排斥导致H—O—C键角小于109.5°。

15　3种振动方式对温室效应都有贡献。在每一种振动中，当化学键伸缩或弯曲时原子都移动，因而电荷改变。与直线形的 CO_2 分子不同，水分子是弯曲形的，其极性随着这些振动方式改变。

16　a. $E = h\nu = \dfrac{hc}{\lambda}$

$$= \dfrac{(6.63 \times 10^{-34} \text{ J} \cdot \text{s}) \times (3.00 \times 10^8 \text{ m} \cdot \text{s}^{-1})}{4.26 \text{ μm} \times \dfrac{1 \text{ m}}{10^6 \text{ μm}}}$$

$$= 4.67 \times 10^{-20} \text{ J}$$

$E = h\nu = \dfrac{hc}{\lambda}$

$$= \dfrac{(6.63 \times 10^{-34} \text{ J} \cdot \text{s}) \times (3.00 \times 10^8 \text{ m} \cdot \text{s}^{-1})}{15.00 \text{ μm} \times \dfrac{1 \text{ m}}{10^6 \text{ μm}}}$$

$$= 1.33 \times 10^{-20} \text{ J}$$

19　a. $C_6H_{12}O_6 \longrightarrow 3 CO_2 + 3 CH_4$

b. 一天中：

$$1.0 \text{ mg } C_6H_{12}O_6 \times \dfrac{1 \text{ g}}{1000 \text{ mg}} \times \dfrac{1 \text{ mol } C_6H_{12}O_6}{180 \text{ g } C_6H_{12}O}$$

$$\times \dfrac{3 \text{ mol } CO_2}{1 \text{ mol } C_6H_{12}O_6} \times \dfrac{44 \text{ g } CO_2}{1 \text{ mol } CO}$$

$$= 7.3 \times 10^{-4} \text{ g } CO_2$$

一年中：

$$7.3 \times 10^{-4} \text{g } CO_2/天 \times 365天/年 = 0.27 \text{ g } CO_2/年$$

21　a. Ag-107 的中性银原子有47个质子，60个中子，47个电子。

b. Ag-109 的中性银原子有47个质子，62个中子，47个电子。只有中子数有变化。

24　a. $2 \times 1.0 \text{ g/mol} + 16.0 \text{ g/mol} = 18.0 \text{ g/mol}$

b. $12.0 \text{ g/mol} + 2 \times 19.0 \text{ g/mol} + 2 \times 35.5 \text{ g/mol}$ $= 121.0 \text{ g/mol}$

28　另外的性质包括：物质的（估计的）大气寿命和其吸收红外辐射的能力。

33　科学家用几种方法估算地球过去的温度。例如，他们可以分析冰芯中氘-氢的比例，重新确定遥远的过去的温度。他们也可以分析钻出的海洋岩芯中存在的微生物的数量和类型。另一个相关的证据是，随着时间的推移，沉积物颗粒中磁场的变化。

39　a. $C_2H_5OH + 3 O_2 \longrightarrow 3 H_2O + 2 CO_2$

b. $2 \text{ mol } CO_2$

c. $30 \text{ mol } O_2$

44　$73 \times 10^6 \text{ t } CH_4 \times \dfrac{12 \text{ t C}}{16 \text{ t } CH_4} = 5.5 \times 10^7 \text{ t C}$。

第4章

2　a. CO_2

b. 二氧化硫是空气污染物。虽然煤中硫的含量低，但大量燃烧煤，就会将大量的二氧化硫释放到空气中。

c. 高温下空气中的氮和氧反应生成一氧化氮。

$$N_2O_2 \longrightarrow 2\,NO$$

d. 详情请重温第1章。来自EPA网站的消息："颗粒暴露可导致各种健康影响。例如，许多研究将颗粒水平与增加住院和看急诊相关联，甚至导致心脏或肺部疾病死亡。健康问题都与长期和短期的颗粒暴露有关。长期接触，例如在颗粒物含量高的地区居住多年的人所经历的，与肺功能降低、慢性支气管炎发展甚至早亡等问题有关。"

9 a. 典型的发电厂每年燃烧150万吨煤。设释放的Hg为x吨。

若Hg的含量为50 ppb，则

$$x = \frac{1.5\times10^6\times50}{10^9} = 0.30$$

若Hg的含量为200 ppb，则

$$x = \frac{1.5\times10^6\times200}{10^9} = 0.30$$

即，假设汞的浓度范围为50~200 ppb，则该发电厂每年释放0.075~0.30 t汞。

10 碳氢化合物在许多方面是相似的。它们都只包含碳元素和氢元素。而且，它们都是易燃的。燃烧时会产生二氧化碳、一氧化碳和/或烟灰加水蒸气。它们都不溶于水。碳氢化合物在许多方面有所不同，包括它们所含的碳原子数和氢原子数。它们的沸点或熔点也不同。某些碳氢化合物是饱和的，而另一些是不饱和的。

13 a.   b.

14 戊烷应该是液体，因为室温（20 ℃）低于其沸点（36 ℃），但高于其熔点（−130 ℃）。由于室温低于其熔点（66 ℃），因此三十烷在室温下应该是固态。丙烷应该是气体，因为室温高于其沸点（−42 ℃）。

16 a. $2\,C_2H_6 + 7\,O_2 \longrightarrow 4\,CO_2 + 6\,H_2O$

b.

$$2\,H\!-\!\overset{H}{\underset{H}{C}}\!-\!\overset{H}{\underset{H}{C}}\!-\!H + 7\,\ddot{O}\!=\!\ddot{O} \longrightarrow$$

$$4\,\ddot{O}\!=\!C\!=\!\ddot{O} + 6\ \overset{\ddot{\ }}{\underset{}{H}}\overset{O}{H}$$

c. $1.0\ \text{mol}\ C_2H_6 \times \dfrac{30\ \text{g}\ C_2H_6}{1\ \text{mol}\ C_2H_6} \times \dfrac{52.0\ \text{kJ}}{1\ \text{g}\ C_2H_6} = 1560\ \text{kJ}$

21 a. 反应中断裂的化学键：

1 mol N≡N 三键 = 1×(946 kJ) = 946 kJ

3 mol H—H 单键 = 3×(436 kJ) = 1308 kJ

破坏化学键吸收的总能量 = 2254 kJ

产物中形成的化学键：

6 mol N—H 单键 = 6×(391 kJ) = 2346 kJ

形成化学键释放出的总能量 = 2346 kJ

净能量变化为 (+2254 kJ) + (2346 kJ) = 92 kJ

总能量变化是负的，反应放热。

24 a. 它们都不是异构体。化学式都不同。

b. 乙烯没有其他可能的异构体。

c. 另一个异构体是可能的，虽然它不是在这本教科书中遇到的任何的物质。其结构式是：$CH_3\!-\!O\!-\!CH_3$。

26 1.11节描述了汽车中的催化转化剂。2.9节描述了氯自由基对臭氧的催化破坏。

33 a. 生物柴油的来源是甘油三酯（脂肪或油）。而乙醇的来源通常是纤维素、淀粉或糖。

b. 生物柴油是由一步反应生产的（酯交换）。相反，生产乙醇通过发酵，这需要几个步骤，随后蒸馏分离乙醇。

c. 在完全燃烧时，都会产生二氧化碳和水。

d. 乙醇和水以任何比例混合（如调酒师知道的，任何比例）。相反，生物柴油不溶于水。这种差异是重要的，因为乙醇必须小心地与汽油混合，以免将任何水引入到燃料混合物中。

43 皇家飞镖是一个王牌、国王、女王、杰克，一套十个相同的东西。这是一个非常不可能的手牌（约650000五张牌中的一张）。它展现更高的有序度（低熵），并且比简单的高牌手（高熵）更有价值。熵最小的手胜！

46 a. 破坏C—F键需要485 kJ/mol，C—Cl键需要327 kJ/mol，而C—Br单键需要285 kJ/mol。C—Br键是最弱的。因此，当哈龙-1211吸收紫外辐射时，可能形成溴原子并与臭氧反应。

b.

最容易破坏的键

在这个分子中，C—Cl键具有最低的键能，因此是最容易断裂的。

第5章

5 b. N与C，3.0−2 = 2.5；O与S，3.5−2.5 = 1.0；N与H，3.0−2.1 = 0.9；S与F，4.0−2.5 = 1.5。

c. N原子吸引电子对的能力比C原子强；O原子吸引电子对的能力比S原子强；N原子吸引电子对的能力比H原子强；

F原子吸引电子对的能力比S原子强。

6　d. 氨分子的路易斯结构式：H—N̈—H。
　　　　　　　　　　　　　　　|
　　　　　　　　　　　　　　　H

　　e. 每个N—H键均为极性键。N和H的电负性差为3.0-2.1=0.9。

　　f. 氨分子呈三角锥形结构，这种结构再加上呈极性的N—H键，使得氨分子呈极性。

8　c. 非金属如C、H、O、S和Cl。非金属的电负性值通常比金属要大。

13　e. 微溶。橙汁浓缩液因含有果肉等固态物质而微溶于水。

　　f. 易溶。请注意，氨是一种气体。如果你曾见有关氨与水的课堂演示（如"氨气喷泉"），你应该知道氨几乎能在瞬间溶于水，它可与水以任意比例互溶。

　　d. 易溶。洗衣服时清洗剂会溶于水（或至少应该溶解——有时候固态洗衣粉会结成块状）。

16　c. 为满足八隅体规则，氯原子得到1个电子形成带-1价电荷的氯离子，它们的路易斯结构式分别是 :C̈l· 和 [:C̈l:]⁻。

　　d. 为满足八隅体规则，钡原子失去2个电子形成带+2价电荷的钡离子，它们的路易斯结构式分别是 ·Ba· 和 [Ba]²⁺。

17　e. NaBr，溴化钠。

　　d. Al₂O₃，三氧化二铝。

18　a. Ca(HCO₃)₂

　　b. CaCO₃

19　a. 醋酸钾

　　e. 次氯酸钙

24　d. 因为溶液导电，灯泡会亮。根据表5.9可知，CaCl₂是一种能释放离子（Ca²⁺和Cl⁻）的可溶盐，这些离子能够导电。

　　e. 溶液不导电。虽然乙醇（C₂H₅OH）可溶于水，但它是一种共价化合物，并不会释放离子。

27　Mg²⁺和NO₃⁻的浓度分别为2.5 mol/L和5.0 mol/L。

28　c. 欲配制2 L 1.50 mol/L KOH，称取168 g KOH置于2 L容量瓶中，加蒸馏水（或去离子水）至刻度线即可。注意：若没有2 L容量瓶，需要称取84 g KOH置于1 L容量瓶中，再重复一次即可。

　　d. 欲配制1 L 0.050 mol/L NaBr，需称取5.2 g NaBr置于1 L容量瓶中，其余过程同上。

30　生产100 g巧克力棒需1700 L水，其中包括可可和糖（使巧克力变甜）的生长及其加工所需的水。1品脱啤酒则需140 L水，这主要用于麦芽的生长与加工。上述均为水足迹网络给出的全球平均值（http://www.waterfootprint.org）。

35　d. 元素的电负性通常同一周期（直到8A族）从左至右、同一族从下至上依次升高，因此预期2号元素的电负性最高。

　　e. 给其他元素按电负性的高低来进行排序并不简单。1、3号元素属同一族，依据它们的相对位置，预期1号元素的电负性比3号高。4号元素的电负性可能比1、3号高，但低于2号。然而，因为4号与其他元素都不是在同一周期，所以这种预测不很确定。下面是从文献中查到的这些元素的电负性值（表5.1未列出），1~4号元素的电负性值分别为0.8、2.4、0.7和1.9。这些值证实了它们的电负性顺序从高至低依次为2>4>1>3。

38　NH₃同水一样也是极性分子，它含有极性N—H键，呈三角锥形的几何结构。因此，尽管其摩尔质量不高，但为了克服液态NH₃分子间力（氢键），仍然需要足够的能量。

39　a. H₂中的两个氢原子以共价单键的形式相连接。

　　b. 氢键是一种分子间力，是存在于某分子的H原子与另一个分子的电负性原子之间的吸引力（或者在某些情况下，是在同一分子内部的H原子与另一区域的电负性原子之间）。

42　对于给定的污染物，MCLG（目标值）与MCL（法定值）通常是相同的。但是考虑到为达到由MCLG设定的健康目标而面临的实际困难，MCLG与MCL也可能不同。例如，致癌物的MCLG就设为零（假定与它们的任何接触都会有致癌风险）。

44　a. NO₃⁻（硝酸根离子）和NO₂⁻（亚硝酸根离子）。

　　b. 在生物体中，用于产生能量的葡萄糖的代谢（"燃烧"）需要氧。

　　c. 硝酸根离子很稳定，它在水中作为溶质加热时并不会蒸发或分解。

第6章

1　c. 大气中的二氧化碳浓度在2013年的测定数据约为400 ppm。

　　d. 大气中的二氧化碳浓度在逐年增加是因为人类使用化石燃料以及砍伐可吸收CO₂的森林。

　　e. CO₂的路易斯结构式为 Ö=C=Ö。

　　f. 不会，因为根据"相似相溶"原理，二氧化碳是非极性化合物，而主要成分为水和氯化钠的海水是极性溶液。即便溶解，二氧化碳也只是在海水中微溶而生成 H_2CO_3。

4 人为排放如二氧化碳、氮氧化物和二氧化硫等，均由人类活动产生。

6 d. 答案包括硝酸（HNO_3）、盐酸（HCl）、硫酸（H_2SO_4）、亚硫酸（H_2SO_3）、磷酸（H_3PO_4）、碳酸（H_2CO_3）和氢溴酸（HBr）等。

   e. 一般情况下，酸有酸味，可将石蕊试纸变红（酸遇其他指示剂能发生特征性的颜色变化），对铁、铝等金属有腐蚀性，与碳酸盐混合产生二氧化碳（"嘶嘶声"）。若酸的浓度不够的话，上述性质很可能观察不到。

7 a. $HBr\,(aq) \rightarrow H^+\,(aq) + Br^-\,(aq)$

   b. $H_2SO_3\,(aq) \rightarrow H^+\,(aq) + HSO_3^-\,(aq)$

8 a. 答案包括氢氧化钠（$NaOH$）、氢氧化钾（KOH）、氢氧化铵（NH_4OH）、氢氧化镁（$Mg(OH)_2$）和氢氧化钙（$Ca(OH)_2$）等。

   b. 一般情况下，碱有苦味，可将石蕊试纸变蓝（碱遇其他指示剂能发生特征性的颜色变化），其水溶液还有一种滑腻腻的感觉，对皮肤有腐蚀性。

9 a. $KOH(s) \rightarrow K^+(aq) + OH^-(aq)$

12 a. $KOH(aq) + HNO_3\,(aq) \rightarrow KNO_3(aq) + H_2O(l)$

13 d. pH=6 的溶液中 $[H^+]$ 是 pH=8 的溶液的 100 倍。

   d. $[OH^-] = 1 \times 10^{-2}$ mol/L 的溶液中，$[H^+] = 1 \times 10^{-12}$ mol/L；$[OH^-]=1 \times 10^{-3}$ mol/L 的溶液中，$[H^+] = 1 \times 10^{-11}$ mol/L。因此，第二份溶液（$[OH^-] = 1 \times 10^{-3}$ mol/L）中 $[H^+]$ 要高 1 个数量级。

17 $S(s) + O_2\,(g) \rightarrow SO_2\,(g)$

21 二氧化硫与碳酸钙的反应方程式如下：
$$CaCO_3\,(s) + SO_2\,(g) + H_2O(l) \rightarrow Ca^{2+}(aq) + HCO_3^-\,(aq) + HSO_3^-(aq)$$
该问题的解答需要用到 SO_2 和 $CaCO_3$ 的摩尔质量，注意无需将吨转换为克，克/摩尔、千克/千摩尔以及吨/吨摩尔均为相同值。

26 c. 将可乐（pH=2.7）与酸雨（平均 pH=4.0）相比较，会发现饮料的酸度比酸雨要强约 10 倍。若酸雨 pH=5.5，则饮料的酸度要强 1000 倍。

29 c. 写成 $HC_2H_3O_2$ 的好处是有利于与其他酸的格式相统一，也就是首先写出酸性的 H 原子；而写成 CH_3COOH 的好处是能够更好地显示出分子结构中原子的成键情况。

31 a. $[H_2O] > [Na^+] = [OH^-] > [H^+]$

32 a. 内燃机（如喷气发动机）会直接排放 CO、CO_2 和 NO，若燃料中含有少量的硫，也会排放 SO_2 和 SO_3。

33 燃料燃烧（主要是煤）对 SO_2 排放贡献巨大，虽然它对 NO_x 排放贡献较小，但数量也相当可观。与此相反，交通运输对 SO_2 排放贡献较小，而对 NO_x 排放则贡献巨大。只要有高温，空气中的 N_2 和 O_2 就会反应生成一氧化氮，因此汽车发动机和发电厂均为 NO_x 排放的巨大贡献者。

39 a. 实验室中测得的 pH 值比现场略偏高表明从采样到测量时样品酸度略下降。

   b. 一种可能是现场样品中含有天然存在且不稳定的酸，因为发生分解而使得酸度降低；另一种可能就是在从采样到分析的这段时间内，样品中的某些酸与其他分子或者样品容器发生了反应。

第7章

1 碳原子可以有不同的中子数目（如 C-12 和 C-13）和电子数目（碳离子确实存在，但本文中我们不讨论它们）。所有的碳原子在质子、中子和电子的数目上均不同于所有铀原子。碳原子与铀原子的化学性质也不同。

3 a. 94 个质子

   b. Np（镎）、Pu（钚）

4 a. C-14 有 6 个质子和 8 个中子。

10 需要中子引发 U-235 的核裂变过程：
$$^1_0n + ^{235}_{92}U \longrightarrow [^{236}_{92}U] \longrightarrow ^{141}_{56}Ba + ^{92}_{36}Kr + 3^1_0n$$
裂变产物包括两个或三个中子，因而可引发更多的裂变反应。以这种方式，可以建立起自持的链式反应——反应的产物可引发另一个反应的进行。

12 A 是控制棒单元，B 是堆芯冷却水出口，C 是控制棒，D 是堆芯冷却水入口，E 是燃料棒。

15 a. $^1_0n + ^{10}_5B \longrightarrow [^{11}_5B] \longrightarrow ^4_2He + ^7_3Li$

   b. 硼可用于控制棒中，因为它是一个很好的中子吸收剂。

17 a. $^{239}_{94}Pu \longrightarrow ^{235}_{92}Pu + ^4_2He$

   $^{131}_{53}I \longrightarrow ^{131}_{54}Xe + ^{\ 0}_{-1}e + ^0_0\gamma$

   b. 一定形态诸如粉末或灰尘状的钚可被吸入。如果钚颗粒滞留于肺部，它们发出的电离辐射（α 粒子）会损伤肺细胞。衰变产物也是放射性的，会损伤组织。

   c. 碘积聚在甲状腺中。

   d. 在经过大约 10 个半衰期之后，样品衰减到非常低的水平。Pu-239 的半衰期约为 24000 年，因此降至背低的时间跨度为数十万年。I-131 的半衰期为 8.5 天，10 个半衰期为 85 天或约 3 个月。I-131 样品在数月内便衰减到较低的水平。

21 对于此类问题，建个图表很有帮助。

半衰期数	衰变的量%	剩余的量%
0	0	100
1	50	50
2	75	25
3	87.5	12.5
4	93.75	6.25
5	97.88	3.12
6	98.44	1.56

26 铀-238和铀-235的天然丰度分别为99.3%和0.7%。U-235可以在诱导下发生核裂变，因此适合用作核电站和核武器的燃料。由于U-235天然丰度较低，因此获取大量U-235非常困难。此外，将U-235与U-238分离也是极为困难的。如果U-235容易获得，会有更多的国家将触及核武器。

34 参见习题21。经过7个半衰期后，99%（这是一个合理的近似）的样品已经衰变"消失"。但实际上放射性并没有消失，仍有0.78%放射性样品存在。因此，如果你开始使用了大量的放射性物质（例如2000 lb），那么经过7个半衰期后，你仍然有大约10 lb残留！

49 a. 反应物质量的总和为5.02838 g，产物的总质量为5.00878 g，差值是0.0196 g。

b. 利用爱因斯坦方程 $E = mc^2$，一定要注意单位。光速是 3.00×10^8 米/秒 (m/s)，若能量以焦耳 (J) 为单位，质量必须用千克 (kg)，需要将克转换为千克。你需要的换算系数为 $1\ J = 1\ kg \times m^2 / s^2$。

嗷！这是计算。

$$E = 0.0196\ g \times \frac{1\ kg}{10^3\ g} \times [\frac{3.00 \times 10^8\ m}{s}]^2 \times \frac{1\ J}{kg \cdot m^2/s^2}$$

$$E = 1.76 \times 10^{12}\ J$$

第8章

1 a. 氧化是原子、离子或分子失去一个或多个电子的过程。还原是原子、离子或分子获得一个或多个电子的过程。

b. 电子从失电子物质转移到得电子物质上。

3 氧化锌中，Zn(s) 被氧化成 Zn^{2+}，$O_2(g)$ 被还原为 O^{2-}。

4 原电池（galvanic cell）是一种将化学反应释放的能量转化为电能的电化学单元。图8.5示出的碱性电池，就是一个原电池的例子。电池组 (battery) 则由多个原电池连接而成。铅酸蓄电池即为一例，它由数个原电池组成。注意：电池组通常与电池（原电池）混用。

译者注：这里主要是区分英文中的"cell"和"battery"，前者指"电池（单元）"，即单个电池，"单元"多省略，后者指"电池组"。汉语中也常混用，均称电池。

6 a. 阳极是 Zn(s)，氧化半反应如下：

$$Zn(s) \longrightarrow Zn^{2+}(aq) + 2e^-$$

b. 阴极是 Ag(s)，还原半反应为：

$$Ag^{2+}(aq) + 2e^- \longrightarrow Ag(s)$$

11 a. 电解质使电流形成回路。它提供了一个离子输运的媒介，从而使得电荷转移得以进行。

b. KOH(aq)（以糊状形式）

c. 浓硫酸

13 它表示还原半反应。O_2 转化为 H_2O 需要供给电子。

17 氧化半反应：

$$CH_4(g) + 8\ OH^-(aq) \longrightarrow CO_2(g) + 6\ H_2O(l) + 8\ e^-$$

还原半反应：

$$2\ O_2(g) + 4\ H_2O(l) + 8\ e^- \longrightarrow 8\ OH^-(aq)$$

总反应：

$$CH_4(g) + 2\ O_2(g) \longrightarrow CO_2(g) + 2\ H_2O(l)$$

23 每个 Si 原子周围有8个电子，但是中心的原子（掺入半导体的那个原子）被9个电子包围。硅在4A族，每个硅有4个外层电子。因此图中的中心原子必须有5个外层电子。这与5A族中的元素如砷一致，因此这是一种n-型半导体。

25 本章所述的每一个电化学过程中，能量都是通过电子转移产生的。因为阳极和阴极在空间上物理分开，化学反应（例如在原电池，电池和燃料电池中发生的那些反应）产生可以做工的电子。在光伏电池中，电子转移也可以由光照引发。

29 主要区别在于利用不同的化学反应产生电力。另外，铅酸蓄电池将化学能转换成电能的过程是可逆的。反应物或产物没有离开"蓄"电池，且反应物可在充电循环期间重新生成。燃料电池也把化学能转换成电能，但是此反应是不可逆的。只有不断补充燃料和氧化剂时，燃料电池才能继续运行，这就是它被归类为"流动"电池的原因。

40 a. 燃料的转化：

$$C_8H_{18}(l) + 4\ O_2(g) \longrightarrow 9\ H_2(g) + 8\ CO(g)$$

燃料电池反应：

$$CO(g) + H_2O(g) \xrightarrow{\text{催化剂}} CO_2(g) + H_2(g)$$

b. 这种类型的燃料电池运行方便，因为它使用液体燃料汽油而不是氢气。目前，大多数国家都有加油的基础设施。但是，液体燃料仍然基于石油，不可再生。它燃烧时也产生温室气体二氧化碳。因此，尽管在不久的将来这种燃料电池可能会有用武之地，但其远景并不乐观。

第9章

1　天然高分子有棉、丝绸、橡胶、羊毛和DNA等。合成高分子包括凯夫拉、聚氯乙烯（PVC）、达克纶（Dacron）、聚乙烯、聚丙烯及聚对苯二甲酸乙二醇酯。

3　在化学方程式的左边 n 是一个系数，代表的是参与反应生成聚合物的单体分子数。而化学方程式右边 n 是下标，表示的是聚合物中重复单元的数目。

6　左边的瓶子很可能是由低密度聚乙烯（LDPE）制成的；而右边的则是高密度聚乙烯（HDPE）。从LDPE和HDPE的分子结构出发可以解释它们性质上的差异。LDPE是一种更加支化的分子，这会削弱其分子间的相互吸引力并使它更加柔软也更容易变形。而HDPE支化程度较小，其分子更容易相互靠近，分子间作用力相对较强。

9　乙烯单体的摩尔质量是28 g/mol。计算聚合物中的重复单元数只需要用分子量40000除以单体的分子量28即可。结果是1428个单体。由于一个乙烯分子包含两个碳原子，计算一条聚合物中的碳原子数仅需用1428乘2得到结果——2856个碳原子。四舍五入之后大约是3000个碳原子。

11　这里展示的是聚氯乙烯三个重复单元之间尾-尾和头-头的排列。

20　a. 戊酸　b.　c.

22　a. 发泡剂是用来制造泡沫塑料的一种气体（或是能够产生气体的物质）。例如，发泡剂可以将聚苯乙烯（PS）做成泡沫聚苯乙烯（Styrofoam）。

　　b. 二氧化碳可以取代原先作为发泡剂的CFC或HCFC。尽管二氧化碳是一种温室气体，但是仍比CFC和HCFC更合适；后两者既会破坏臭氧层，又是潜在的温室气体。

28　影响聚合物性质的因素除了单体的化学组成，还有聚合物的链长（重复单元的数目）、链的三维排布，链支化程度以及链内单元的取向。

30　对于加成聚合，单体必须含有C=C双键，例如丙烯加成聚合成聚丙烯。尽管一些单体含有苯环（例如苯乙烯），在发生加成聚合反应时苯环上的双键不会参加反应。对于缩合聚合，单体必须含有两个官能团，单体间通过官能团反应消除一个小分子（例如醇和羧酸反应消除水分子）。比如PET是乙二醇和对苯二甲酸的缩合聚合物。

31　在氯乙烯中，每一个碳原子连着三根键（两根单键和一根双键）。这三根键形成一个等边三角形，Cl—C—H 的键角大约120°。在聚氯乙烯中，不再有双键，每一个碳原子通过四根单键和其他原子相连。四根键指向四面体的四个角，键角大约是109°。

32　a. 下面是单体的路易斯结构式：

b. 当Acrilan纤维燃烧时，会产生剧毒的氢氰酸气体。

38　a. PLA（polylactic acid）指代聚乳酸（一种聚合物）。

　　b. PLA的单体是乳酸。在美国，乳酸是从玉米提取出来的。

　　c. 理由：（1）玉米是一种可再生资源；（2）聚乳酸可以用于堆肥；（3）PLA的生产不需要石油。

　　d.（1）尽管玉米是一种可再生资源，在种植过程中仍存在一些对环境的伤害，包括：土壤退化、肥料和杀虫剂对附近水源的污染。（2）尽管聚乳酸可以堆肥，但是该过程需要工业化的堆肥器，在普通的垃圾场中聚乳酸几乎不降解。（3）尽管生成聚乳酸并不需要使用，在玉米的生长和运输中不可避免地需要汽油等燃料。

44　六大聚合物大多是水溶性差的大分子（事实上是巨型分子）。它们中大多数（包括HDPE、LDPE、PS、PP）属于烃类，不溶于极性溶剂中（例如水）。在第5章中这种规律被概括为"相似相溶"。然而，一些聚合物（包括HDPE和LDPE）会在烃类或者氯代烃中软化，原因是这类非极性溶剂分子会和非极性的聚合物链发生相互作用。

第10章

1　a. 退烧药可以用来缓解发烧症状。
　　b. 止痛药可以用来缓解疼痛。
　　c. 消炎药可以用来缓解炎症，即烧伤、外伤、感染引起的水肿和疼痛。

2　有机化学家研究含碳化合物的化学。

3　结构简式为：$CH_3CH_2CH_2CH_2CH_3$ [或$CH_3(CH_2)_3CH_3$]、$CH_3CH_2CH(CH_3)CH_3$ 和 $CH_3C(CH_3)_2CH_3$。下面是它们的键线式：

5　化学式C_4H_9OH存在着4种含—OH的同分异构体。下面是它们的结构式（省略了氢原子）

6　a. 包含的官能团是 ，是一个醚。

b. 包含的官能团是 ，是一个羧酸。

c. 包含的官能团是 ，是一个酮。

d. 包含的官能团是 ，是一个酰胺。

e. 包含的官能团是 ，是一个酯。

7　醇、醛和羧酸可以只含一个碳原子。其他官能团的化合物均需要一个以上的碳原子。

　a. 醇，最简单的醇是甲醇CH_3OH。

　b. 醛，最简单的醛是甲醛（俗名蚁醛），CH_2O。

　c. 酯。最简单的酯有两个碳：$HCOOCH_3$。被称作甲酸甲酯，或蚁酸甲酯。（这些化合物的命名可能超出了现阶段所学的范围。）

8　a. 这个化合物是一个醇（乙醇）。它具有不同官能团的一个同分异构体是醚。

　b. 这个化合物是一个醛（丙醛）。它具有不同官能团的一个同分异构体是酮。

　c. 这个化合物是一个酯（甲酸丙酯）。它具有不同官能团的一个同分异构体是羧酸。

10　a. 乙酰氨基酚的结构式如下：

　b. 它的化学式是$C_8H_9NO_2$

11　a. 有两个酰胺官能团。

14　a. 正丙醇，$CH_3CH_2CH_2OH$

　b. 异丙醇，$(CH_3)_2CHOH$

　c. 叔丁醇，$(CH_3)_3COH$

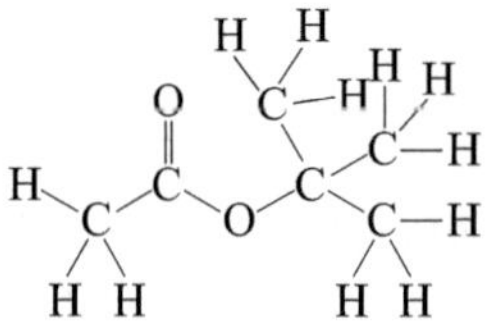

16 a. H—C≡H:

17 阿司匹林如果直接和前列腺素作用的话不会更加有效。如果直接与前列腺素作用那么所需阿司匹林的分子数直接与前列腺素的分子数相关。由于COX酶的功能是加速合成前列腺素，当一个阿司匹林阻断COX酶的活性时，可以抑制许多前列腺素分子的合成。

18 如果从2个活性官能团出发，经过两步之后将获得4种不同的产物。如果起始的分子本身有两个活性的官能团，那么经过两步之后将获得8种不同的产物（假设第二步加入的试剂只含有一个反应官能团）。

21 药效团是药物分子中具有生物活性的、有一定空间排列的原子或者原子团。

22 磺胺在分子的形状和官能团的位置和对氨基苯甲酸相似。由于两者的相似性，磺胺在一些重要生命过程中会取代对氨基苯甲酸，而丧失了这种关键营养素的细菌就会死亡。

23 a. 这个化合物没有手性。中心的碳原子上连有两个相同的—CH₃。
　 b. 这个化合物存在手性。中心的碳原子上所连的四个基团完全不同。
　 c. 这个化合物存在手性。中心的碳原子上所连的四个基团完全不同。
　 d. 这个化合物没有手性。中心的碳原子上连有两个相同的—CH₃。

25 游离碱指的是含氮分子中，N上仍有一对孤对电子。如果使用碱（例如氢氧根，OH⁻）处理甲基苯丙胺盐酸盐，N上的氢原子将会被脱除，使孤对电子游离出来。

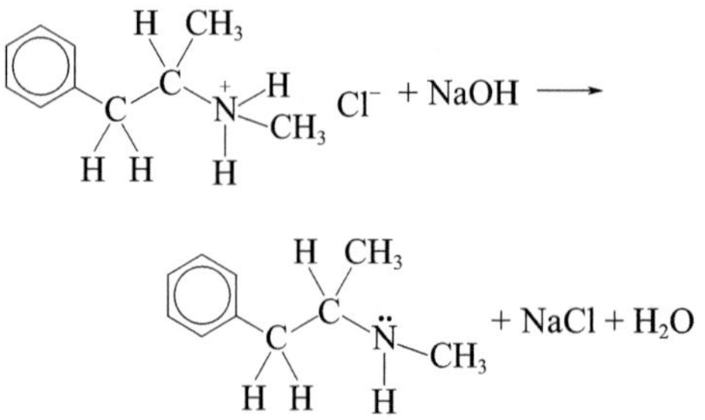

27

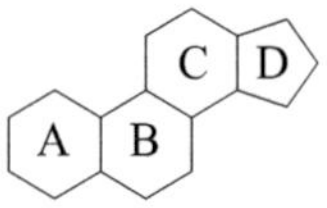

29 a. 四根单键，一根三键

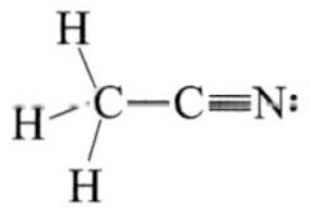

b. 六根单键，一根双键

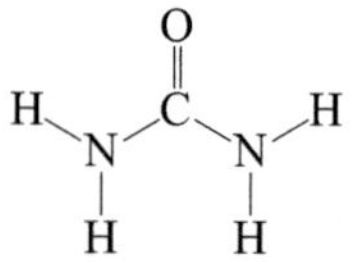

31 这里展示的只有3种同分异构体，因为一些结构是重复的。1号和5号只是画法不同，实际上是同一种异构体。2、3、4号也是不同画法的同一个异构体。6号是一个和之前的化合物都不相同的异构体。

32

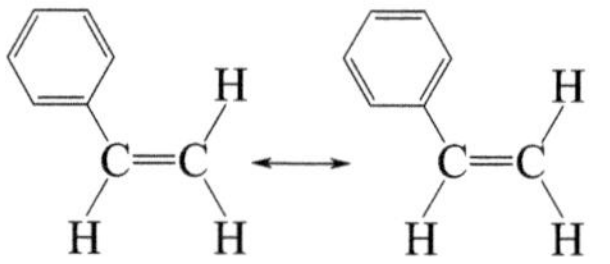

35 a. 阿司匹林在体内产生生理反应。
　 b. 吗啡在体内产生生理反应。
　 c. 抗生素杀死引起感染的细菌或抑制其生长。
　 e. 安非他命属于在体内产生生理反应的药物。
　 译者注：题干中e问的是乙酰氨基酚。

37 (−)-多巴分子是有效的药物，这是因为它可以和其受体结合而起作用，而其无法完全重合的镜像分子(+)-多巴无法与该受体结合。下面是左旋多巴的结构式，手性碳标注了星号。注意到带星号的碳原子与四个不同的基团相连。

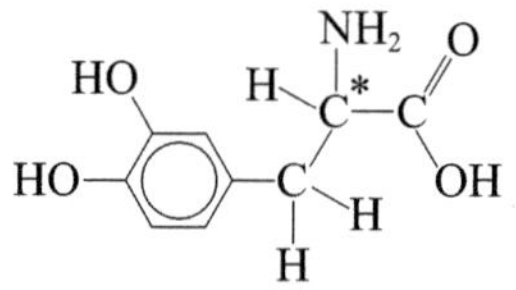

39 手性分子和不对称的结合位点的结合是十分特异的。(−)-美沙芬与受体结合更加紧密，从而有麻醉效果；而(+)-美沙芬不能够很好地结合，因此其效力要弱很多。因为右美沙芬活性较小，因此被加入了非处方药。消费者按照标签指示使用含有这个有效成分的非处方药被认为是安全的。

45 a.有6个碳，一个碳4个电子，6个氢，一个氢1个电子。一共30个电子。下面是苯可能的线型异构体。
　 结构式

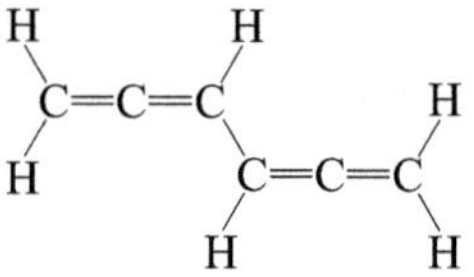

　　b. 结构简式：CH_2=C=CH—CH=C=CH_2。

　　c. 首先检查画出的结构是否具有C_6H_6的分子式，每个C原子是否连着四根键。如果这些条件都满足，含有双键的结构应只在C—C键的位置不同。有的同学可能画出一些包含碳碳三键的结构；画出的结构会很不相同。

第11章

4 有几种可能的答案。比如：（1）一种"全部或者全不"的饮食习惯没有留下任何中间立场。比如对于一点肉都不吃的人，如果在选择食物时不够谨慎，缺乏肉类就会导致营养失衡，使你失去保持健康所需的某些蛋白质类型；（2）这种严格的饮食习惯不允许你选择某些肉类，如那些当地饲养的事实上对土地影响很小的动物，或是那些在狩猎季节被杀的以防止过度繁殖的特定动物（如鹿）；（3）一个不太严格的饮食习惯更可能成功地坚持一辈子，这样反而减少了对某些肉类的消耗。

6 有些农民会在不适宜种植农作物的土地上牧养动物。此外，在某些地区，人们会在后院养一些禽类，如鸡，来获得鸡蛋和肉。这些禽类可以吃昆虫而非谷物。它们也可以用厨房中剩余的各类食物喂食（可以在互联网上搜寻相关信息）。猪是杂食动物，几乎什么东西都可以吃。这些动物也可以自己觅食，如果有的话，也会吃些残羹剩饭。

11 圆饼图显示它含有的碳水化合物要比牛排中的多，而蛋白质含量则比巧克力曲奇饼中的多。从所给出的选项来看，圆饼图所代表的很可能是花生酱（参看表11.1以确认）。

14 脂肪酸比脂肪分子小，大约小三分之一（这取决于特定的脂肪酸和脂肪分子）。其大小不同的原因在于脂肪是甘油三酯，由丙三醇和三个脂肪酸合成得到。脂肪酸含有羧基，而脂肪分子含有酯基。在饮食中，你从多种动物食品或植物食品中摄入脂肪。而相对而言，你的食物中一般不含有脂肪酸，因为它们无论是单独食用还是和其他食物一起吃都不太有吸引力。

15 **相似性**：从外观特征来看，油和脂肪均有感觉油腻，不溶于水，能够增加食物口感。两者均会变质，尽管油变质的速度快于脂肪。在分子层次，油和脂肪都是甘油三酯，即三酯类化合物。这些分子的结构特点是存在长的、非极性的碳氢链。

不同点：就外观特征而言，在室温下，脂肪是固体，油是液体。在分子层次，油比脂肪更不饱和，也因此，它们的分子比脂肪具有更多的弯曲。

21 淀粉和纤维素都是以葡萄糖作为单体形成的聚合物，但是葡萄糖单体的连接方式不同。人体内含有可以降解淀粉的酶，然而却不含有消化纤维素的酶。也就是说，我们可以从土豆中获取营养，却不能指望从纸张中获得营养。

24 氨基酸中的"氨基"表示其分子中存在氨基官能团。"酸"表明其分子中存在酸性官能团，此处是指羧基。

31 活性氮是指在生物圈中能够相对较快的循环，并可以通过多种途径相互转化的氮元素的化学种类。活性氮存在的形式包括植物可吸收利用的肥料（硝酸根离子和铵离子）。大气中的氮气（N_2）是氮元素的不活泼形式。参见6.9节了解更多关于氮循环的信息。

36 反式脂肪会增加"不好"的胆固醇，且同时降低"有益胆固醇"。本质上说，它是一个双重危害。

40 a. 乳酸结构式如下：

　　b. 如果将其看成一类脂肪酸，由于其烃链中碳原子之间仅为单键，乳酸应该是饱和脂肪酸。

　　c. 不，乳酸并不是脂肪酸。尽管其含有脂肪酸的特征基团羧基，它并没有长的烷烃链（12~24个C原子长）。乳酸同时也含有一个羟基（—OH），而脂肪酸中没有。

41 a. 牛奶中含有二糖乳糖，其为全脂牛奶提供了约40%的卡路里。同时，牛奶中也含有重要的营养成分，包括蛋白质、钙以及维生素D。

　　b. 你着实应该仔细阅读食物标签。在这个例子中，妈妈是错的。全脂牛奶、2%减脂牛奶和脱脂牛奶，都含有等量的碳水化合物（糖）。妈妈把糖和脂肪含量弄混了。全脂牛奶含有约3.3%的脂肪，2%减脂牛奶含2%的脂肪，脱脂牛奶不含脂肪。

第12章

1 个体DNA决定的性状包括头发和眼睛的颜色、指纹以及耳垂的形状（附着或悬挂）。其他答案亦可。一些性状如体型是由基因和外界环境以及饮食共同作用的结果。

4 基因组是由细胞中所有的遗传信息组成的，而基因是编码单个蛋白质的，属于基因组的一小部分。

6　a. 一个核苷酸是由一个含氮碱基、一分子糖和一个磷酸基团相连而成的。

　　b. 共价键将各组分连接在一起。

8

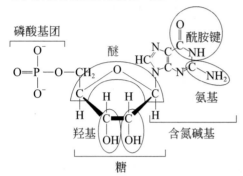

10　DNA是脱氧核糖核酸的简写。其中D强调脱氧核糖（deoxyribose sugar），A表示酸性的磷酸基团(acidic nature of the phosphate groups)，N则表明DNA是一种核苷酸链（a chain of nucleotides）。这个名字并没有强调对碱基而言重要的氨基，也没有强调DNA是聚合物的性质（相比较聚酰胺或聚酯而言）。

13　a. 互补碱基序列是：ATAGATC

　　b. 正确答案应该是A和T之间有两条线，C和G之间有三条线。

$$
\begin{array}{c}
\text{T A T C T A G}\\
||\ |\ |\ |||\ |\ ||\\
\text{A T A G A T C}
\end{array}
$$

14　每个密码子由三个核苷酸序列组成，其对应在蛋白质合成中的某个特定氨基酸，或蛋白质合成的起始或终止。所有密码子合起来构成了将DNA序列翻译为蛋白质氨基酸序列的代码。

17　a. 下图所示为氨基酸结构通式。其中R表示侧链，其在20种常见氨基酸中各不相同。

　　b. 其中官能团是—COOH（羧基）和—NH₂（氨基）。

21　人血红蛋白氨基酸组成的微小变化就会导致镰状细胞性贫血。在血红蛋白S链的序列中，一个非极性的缬氨酸取代了一个特定的带电谷氨酸。这个变化看起来对于蛋白质一级结构无伤大雅，但却严重地影响了蛋白质的形状。由于非极性的缬氨酸不能同谷氨酸一样与水分子或其他极性基团相互作用，故而蛋白质三级结构必须发生改变去适应侧链的变化。蛋白质形状发生改变，进而导致镰刀状红细胞（在特定条件下）以及一系列健康问题。

23　选择性育种和基因工程都是培育具有特定目标性状植物的技术。选择性育种培育得到的植物会具有母本的混合特征，而基因工程则只将特定的性状引入到植物中。此外，选择性育种需要母本足够相似才能繁殖后代，而基因工程则可以从大量的生物体中获取性状。

25　a. 磷酸基团和糖结合形成DNA分子链的骨架。参见图12.4左侧。

　　b. 含氮碱基悬挂在骨架上，彼此之间没有连接。参见图12.4右侧。

　　c. 图12.6中用带状结构表示骨架，其中S和P表示交替连接的糖分子和磷酸基团。含氮碱基用悬挂在两条带上的彩色六边形表示。本章最开始的雕塑用银质卷曲结构代表骨架，并没有区分糖分子和磷酸基团。在螺旋之间的碱基对用不同的塑料色块表示，一种颜色代表一种碱基。

27　图12.7清楚地表明碱基对之间通过氢键相互作用"配对"的重要性。腺嘌呤和胸腺嘧啶通过形成两个氢键相互配对，其中一个氢键由胸腺嘧啶中的O原子和腺嘌呤中的N—H形成，另一个由胸腺嘧啶的N—H和腺嘌呤中的N原子形成。胞嘧啶和鸟嘌呤则通过形成三个氢键相互配对。这里，配对是不同的。腺嘌呤和胞嘧啶由于形成氢键的原子位置不匹配不能形成氢键，故而不能有效地相互配对，胸腺嘧啶和鸟嘌呤同理。

29　DNA的两条链互补，这意味着知道其中一条链的序列便可得出另一条链的序列。如果其中一条链发生断裂，修复酶可以依据另一条链来正确取代任何丢失的核苷酸，进而修复骨架。如果两条链都发生断裂，修复信息就丢失了，DNA的正确序列将会永久改变。

31　用于杀菌的DNA破坏剂也会损伤到其他物种的DNA，包括人类。该类药剂存在的风险超过了其潜在的好处。

35　a. 细胞核包含了创造生物体所需的所有遗传信息。表皮细胞和神经细胞含有相同的所有遗传信息，尽管其中一些并没有实际用到。

　　b. 卵细胞必须将其自身的核物质移除，否则，表达的可能是卵细胞自身的遗传物质，而非移入的细胞核中的基因。

　　c. 这种克隆方法相比基因工程的不同之处在于：（1）在克隆中宿主的遗传物质完全被移除，而在基因工程中，它只是发生了改变；（2）克隆转入了所有的基因，而基因工程只转入了一小部分。

38 a. 转基因生物体是指基因组中含有一个或多
    个其他物种基因的动植物。

   b. 传统的选择性育种混合了母本基因，并且需
    要经过多代培养才能得到想要的性状。因
    为它们不能针对单个性状，所以结果常常
    不可预料。

42 a. 在电磁波谱中，X射线能量高，波长短，与
    γ射线类似。

   b. 一束X射线打向未知物，未知物原子核散射
    X射线，检测器监测散射的X射线的强度和
    模式。如果物质中原子有序排列，则衍射
    的X射线可用于计算原子之间的距离。

   c. 其中一个原因是盐类（如氯化钠）容易形成
    晶体。相对而言，核酸和蛋白质比较大而

不容易形成晶体。另一个原因是即便核酸
和蛋白质得到晶体，其X射线衍射图案也太
过复杂，难以解析。

46 有了精心挑选的父母，经养殖便可以得到更健
   壮、问题更少的小狗，而克隆只能得到完全一
   样的小狗。除了近亲繁殖，培育产生的小狗会
   具有来自父母的独特的混合性状，进而为改良
   品种提供机会。相反，克隆只能产生具有相同
   基因特征的完全一样的小狗。

名词解释

（条目后面的数字表示在文中出现的页码）

阿尔法（α）粒子　核辐射的一种。阿尔法粒子是从原子核发射出的带正电的粒子。它由两个质子和两个中子组成（即He原子的原子核），由于没有电子环绕而带有+2的电荷。317

阿伏伽德罗常数　12 g ^{12}C 的原子数目，6.02×10^{23}。134

氨基酸　人体用来构建蛋白质的单体。每一个氨基酸包含两个官能团：一个氨基（—NH_2）和一个羧基（—COOH）。410

氨基酸残基　参与到肽链或蛋白质链中的氨基酸。501和541

八隅体规则　一种将电子排布在原子周围以使得其中每个原子具有8个电子稳定结构的通用规则。氢分子是一个例外。76和174

百分数（%）　百分之一，例如，15%即100份中的15份。20和228

百万分数（ppm）　百万分之一浓度，1 ppm的浓度比1%（百分之一）还低10000倍。ppm的化学计量表示方法在我国已废除。22和229

半导体　通常条件下导电性较差但在一定的条件如暴露在阳光下导电性提高的材料。377

半反应　表示反应物失去或者得到电子的一种化学方程式。355

半衰期（$t_{1/2}$）　放射性水平降至其初始值一半所需的时间。334

饱和脂肪酸　一种在碳原子之间只含有碳碳单键的脂肪酸。488

曝量　接触污染物的量。25

贝克勒尔（Bq）　度量放射性的国际单位，相当于每秒衰变一次（α，β或γ）。329

贝塔（β）粒子　核辐射的一种。β粒子是从原子核发射出的高速运动的电子。317

背底辐射　特定位置的平均辐射水平。它可以源于天然，也可能是人工放射源。325

比热　使1 g某物质的温度升高1℃所需要的热量。219

必需氨基酸　蛋白质合成所需的、但必须从饮食中获得的那些氨基酸，因为人体不能合成它们。503

表面活性剂　一种同时含有极性和非极性基团，能帮助不同类别的分子溶解的分子。241

波长　波的相邻峰的距离。79

玻璃化　将乏燃料元素或其他混合废物包融在陶瓷或玻璃中的过程。340

不饱和脂肪酸　一种在碳氢链上碳原子之间包含一个或多个碳碳双键的脂肪酸。488

不可再生资源　供应有限的资源，或消耗比生产更快的资源。4

掺杂　有目的地在纯硅中添加少量其他元素以改变其半导体性能的过程。379

查普曼（Chapman）循环　提出的第一组用于描述平流层臭氧稳态过程的化学反应。84

常量矿物质　生命体必需的元素(比如Ca, P, Cl, K, S, Na和Mg)，但又不像体内的氧、碳、氢、氮含量那么丰富的元素总称。507

常量营养素　提供身体修复和合成所必需的所有能量和大部分原材料的营养物质，比如脂肪、碳水化合物和蛋白质。485

成膜剂　用于软化、分散乳胶颗粒且使之形成连续均匀膜的化学添加剂。54

城市固体废弃物(MSW)　任何你扔到垃圾桶中的垃圾，包括食物残渣、碎草屑和旧家电等。MSW不包括工业、农业、矿业或建筑工地等产生的废料。417

臭氧层　平流层中具有最大臭氧浓度的区域。68

初级冷却剂　核反应堆中与燃料棒和控制棒直接接触并带走热量的液体。参见次级冷却剂。315

醇　一个或多个与其碳原子键合的—OH基（羟基）取代的烃。4.9

次级冷却剂 核反应堆中，不与反应堆直接接触的蒸汽发生器中的水。参见初级冷却剂。315

次级污染物 两种或两种以上污染物之间发生化学反应所产生的污染物。49

从摇篮到坟墓 一种分析物品生命周期的方法，从原材料开始，到最终处置的地方结束（想必是在地球上）。8

从摇篮到摇篮 使用一种物品的生命周期结束与其他物品的生命周期开始时相吻合的物品的再生方法。8

催化重整 一种分子中的原子重新排列的过程，通常以线型分子开始，生成具有更多分支的分子。187

催化裂解 在较低温度下使用催化剂将较大的烃分子裂解成较小的烃分子的过程。187

大城市 超过一千万人口居住的城市地区，如北京、东京、纽约、墨西哥城、孟买等。32

代际正义 是每一代的义务，以对遵循它的人们都是公平和公正的方式相继进行的行动。162

单不饱和脂肪酸 一种在碳氢链上碳原子之间只有一个不饱和双键的脂肪酸。488

单键 两个（一对）原子间共享一对电子的共价键。75

单糖 由一个糖单元组成的糖，比如果糖或葡萄糖。496

单体 用来合成聚合物的小分子（mono指"一"，meros指"单元"）。394

蛋白质 由氨基酸单体构成的聚酰胺或多肽聚合物。501

蛋白质互补 通过结合补充不同必需氨基酸的食物，使总膳食提供完整的、充足的蛋白质合成所需的氨基酸。503

氮循环 氮在生物圈运动的一系列化学过程。283

低放废物(LLW) 放射性物质含量低于高放废物的核废料，特别注意，不包括乏燃料。338

底物 参加酶催化反应的物质。452

地表水 分布于湖泊、河流和溪流中的淡水。220

电磁波谱 一组连续的从短波长、高能量的X射线和伽玛射线到长波长、低能量的无线电波的一组连续波。80

电导仪 一种以信号显示电路导通与否的装置。231

电负性 化学键中原子对电子吸引能力的一种标度。216

电极 电化学池中作为化学反应场所的电子导体（阳极和阴极）。356

电解 通过施加电压足够的直流电使化学反应发生的过程。例如，水电解为H_2和O_2。373

电解池 将电能转化为化学能的一种电化学装置。373

电解质 水溶液中可导电的溶质。231

电离辐射 X射线和核辐射的统称，这些辐射可以将电子从其照射的原子和分子中击出。来自太空的宇宙射线也是电离辐射。324

电流（current） 电子流过电路的速率。359

电流（electricity） 由势能差驱动而使电子从一个区域向另一个区域移动而形成的电子流。356

电压 两个电极之间的电化学电位差。356

电子 一种质量远远小于质子或中子的、具有与质子电荷大小相同、符号相反的负电荷的亚原子粒子。71

淀粉 玉米和小麦等许多谷物中存在的糖类。淀粉是以葡萄糖为单体的天然高分子。193和394

动能 运动的能量。164

毒性 物质的内在健康危害。25

对流层 紧邻地表的大气区域。30

多不饱和脂肪酸 一种在碳氢链上碳原子之间含有多个不饱和双键的脂肪酸。488

多糖 由成千上万个单糖单元组成的缩聚物，如淀粉和纤维素。497

多原子离子 两个或多个原子通过共价键合在一起而形成的总体带正电荷或负电荷的离子。235

惰性气体 8A族惰性元素，它们的化学反应极少。34

二级结构 蛋白质链段的折叠模式。545

二肽 一种由两个氨基酸组成的化合物。501

发泡剂 一种用来制造泡沫塑料的气体（或是能够产生气体的物质）。405

乏燃料（SNF） 核反应堆用于发电后留存燃料棒中的放射性物质。338

反射率 衡量表面反射程度的指标，即从表面反射的电磁辐射相对于入射到其上的辐射量的比率。143

反渗透 利用压力强制溶剂（如水）从高浓度溶液区穿过半渗透膜至低浓度溶液区的过程。251

反式脂肪 由一种或多种反式脂肪酸组成的甘油三酯。493

反硝化作用 将硝酸根离子转化为氮气的过程。282

仿生材料 通过模仿复制生物体材料特定性质，用于人类应用的材料。412

仿制药 和原研药在化学上相同，但是在其药物专利保护（20年）结束之前不能在市场上流通。460

放热 用于描述伴随着热量释放的任何化学或物理变化的术语。182

放射性 某些元素的自发辐射。317

放射性衰变系列 放射性衰变的特征路径：从放射性同位素开始，经过一系列步骤最终变为稳定同位素。319

非电解质 在水溶液中不能导电的溶质。231

非极性共价键 电子对由原子间平等或几乎平等共享的共价键。216

非金属 一类导电和导热能力不好的元素，如硫、氯和氧。非金属没有共通的特征外观。34

分布式发电 在现场原位发电（例如，燃料电池），可避免长程输送线路导致的能量损失。371

分子 两个或多个原子通过化学键按照一定空间排布结合在一起。35

分子间作用力 发生在分子之间的相互作用力。217和398

风险评估 评价科学数据并按照一定规则预测某一事件发生概率的方法。25

辐射病 由于大剂量辐射造成的病症，早期症状为贫血、恶心、不适和易感染。325

辐射能 不同波长电磁波的全部能量之和，其中每种电磁辐射具有各自的能量。80

辐射势 影响地球输入和输出辐射平衡的因素（包括自然因素和人为因素）。142

辅酶 与酶共同作用来提高酶的活性的分子。506

伽伐尼电池 一种将自发化学反应释放的能量转化为电能的电化学电池。355

伽马(γ)射线 核辐射的一种。伽马射线从放射性核中发出，没有电荷也没有质量。它是一种短波高能光子。317

高放废物（HLW） 具有高放射性水平的核废料，由于涉及放射性半衰期长的同位素，要求基本上与生物圈永久隔离。337

公地悲剧 一种资源共有共用但却无人负责的情况。结果资源有可能被过度使用从而对所有人的利益造成损害。50

共价键 一类两个原子之间共享电子的化学键。75

共聚物 由两种或两种以上单体聚合而成的聚合物。408

共振式 表达分子中假想的极端电子排布形式的路易斯结构。78

构效关系研究 系统地改造药物分子，并对其对活性产生的影响进行评估的研究。450

固氮菌 能将氮从空气中转移出来并将其转化为氨的细菌。282

官能团 能展示分子特征性质的原子特征性排列。193、406和442

光伏电池（PV） 将光能直接转换成电能的装置，有时也被称作太阳能电池。377

光合作用 绿色植物（包括藻类）和某些细菌获取太阳能并将二氧化碳和水转化为葡萄糖和氧气的过程。82和165

光子 一个将光看作有能量但没有质量的粒子的概念。82

哈龙 含氯或氟（或二者都有，但不含氢）同时含溴的惰性、无毒化合物。93

还原 化学物质获得电子的过程。355

海洋酸化 因大气中二氧化碳浓度的增加而导致海洋pH降低的现象。271

核 每个原子的微小但高度致密的核心，其中有质子和中子。71

核苷酸 由一个碱基、一个脱氧核糖分子和一个磷酸基共价结合而成的化合物。535

核裂变　大的原子核分裂成较小的原子核并释放能量的过程。309

核燃料循环　关于核燃料使用与处置的一种构想：涉及从铀矿开采、加工、用作反应堆燃料到最后废物处理的所有不同的过程。333

痕量矿物质　在人体中通常以微克级存在的元素，如 I、F、Se、V、Cr、Mn、Co、Ni、Mo、B、Si 和 Sn。507

红外辐射　电磁波谱的一个区域，与红光相邻但波长更长。81

呼吸　代谢食物产生二氧化碳和水同时释放能量推动人体内化学反应的过程。19

化合物　一类由两种或两种以上元素组成的、具有固定和特征化学组成的物质。32

化石燃料　来自史前生物残体的可燃物质。最常见的例子是煤炭，石油和天然气。118

化学反应　反应物转变为产物的过程。38

化学方程式　一种用化学式表示化学反应的表达方式。38

化学符号　元素的单字母或双字母缩写。32

化学式　表示化合物元素组成的符号形式。35

环境空气　我们周围的大气，常指室外空气。25

缓冲剂　在核反应堆中减缓中子速度从而使中子更有效地引发裂变的物质。315

挥发性　用于说明一种物质易于进入气相，即易于蒸发。46

挥发性有机物(VOCs)　易于挥发的含碳化合物。44

混合动力电动汽车（HEVs）　一种由传统汽油发动机和电池驱动的电子马达组合推进的车辆。365

混合物　两种或两种以上纯物质按照各种含量比例的物理混合。19

活化能　引发一个化学反应所需的（最低）能量。190

活性氮　在生物圈中循环并快速相互转化的含氮化合物。281

基础代谢率　每天维持生命和身体功能所需消耗的最低能量。512

基因　基因组中编码合成蛋白质所需信息的短 DNA 片段。532

基因工程　在生物体中直接操控和改造 DNA 的技术手段。547

基因组　建立和维持生物体所需要的生物信息的主要遗传途径。532

激素　由体内内分泌腺产生的化学信号分子。447

极地平流云（PSCs）　一种由少量水蒸气在平流层形成的微小冰晶云。97

极性共价键　指共价键中的电子对共享是不平等的，它们更多地靠向高电负性的原子。216

加工食品　通过罐装、烹饪、冷冻或添加增稠剂或防腐剂等化学品的方法从自然状态改变了的食品。485

加聚反应　在聚合过程中，单体加成到增长的聚合物链上。得到的聚合物包含单体的所有原子，不产生其他产物。395

碱　在水溶液中可产生氢氧根离子（OH^-）的化合物。265

键能　打破特定的化学键必须吸收的（最低）能量。184

键线式　在表现较大分子时最有效的简化表现方式。441

焦耳(J)　能量单位。167

结构式　分子中原子间连接方式的表示，这里指路易斯结构式。75

结晶区　在聚合物（材料）中，长链聚合物分子以规则的形式紧密的排列在一起的区域。401

金属　一类具有良好导电、导热性质的元素，又称半金属。34

精简结构式　其中一些化学键未显示的结构式，但要理解为含有适当数量的键（也称结构简式注）。175

居里（Ci）　样品放射性的量度，近似等于 1 g 镭的放射活性。329

聚合物　由小分子（单体）组成的长链大分子或原子通过共价键连接起来的大分子链。394

聚酰胺　包含酰胺官能团的缩合聚合物。410

卡路里（cal）　将 1 g 水的温度升高 1 ℃所需的热量。167

科学计数法　将数字写作一个数字与 10 的幂或指数的乘积的一种书写系统。26

可持续包装 设计和使用可降低环境破坏，全面提高可持续性的包装材料。414

可持续性 "满足当前的需要，但不以未来人类满足自身需要的能力为代价"（摘自《我们共同的未来》，1987年联合国报告）。4 和 31

可堆肥的 在生活堆肥或工业堆肥的条件下，材料可以生物降解并且对植物生长不产生毒性的性质。422

可回收产品 由废弃物材料制造出来的产品。420

可再生资源 随着时间的推移，补充比被消耗更快的资源。4

控制棒 核反应堆中由优质的中子吸收剂（如镉或硼）组成的棒，放入反应堆中特定位置以控制吸收中子量的多少。315

矿物质 像维生素一样具有广泛的生理功能的离子或离子化合物。507

拉德（rad） 辐射单位，"辐射吸收剂量"的简称；度量组织中积累的辐射能量，每组织吸收0.01焦耳的辐射能量定义为1拉德。326

雷姆（rem） 辐射单位，"伦琴当量人"的简称；对人体组织造成损害的辐射剂量的量度。通过拉德乘以Q因子计算得到。326

类固醇 一类含有相同排列方式的四个环碳骨架的脂溶性物质，自然界中存在，也可人工合成。458

类金属 周期表中介于金属和非金属之间的元素，如铜、铁或镁。34

离子 因得失1个或多个电子而荷电的原子或原子团。232

离子化合物 由一定比例的离子组成且呈规则几何结构排列的化合物。232

离子键 带相反电荷的离子因相互吸引而形成的化学键。232

链反应 一种指代反应类型的术语，通常指该反应所得产物中的一种可作为反应物，由此使得反应得以自持发生。311

量热计 用于实验测量燃烧反应中释放的热量的装置。181

量子化 由很多分立的台阶组成的不连续的能量分布。82

临界质量 维持链反应所需的可裂变燃料的量。311

卤素 性质活泼的7A族非金属元素，如氟(F)、氯(Cl)、溴(Br)和碘(I)。34

路易斯（Lewis）结构 有关原子或分子外部电子的表达方式。75

绿色化学 减少或消除有害物质的使用和产生的化学与化工设计。11 和 31

氯氟烃(CFCs) 一类含有元素氯、氟和碳（但不含氢）的化合物。92

酶 具有生化反应催化剂功能的蛋白质，影响化学反应的速率。447

密度 单位体积的质量。218

密码子 由三个相邻的核苷酸组成的序列，在蛋白质合成时，它或者调控特定氨基酸的插入，或者指示蛋白质合成的开始或者结束。542

摩尔 一个阿伏加德罗数量的物质对象。135

摩尔质量 阿伏加德罗常数（或1 mol）物质的质量——无论是什么粒子。136

n-型半导体 有自由移动负电荷(电子)的半导体。377

纳米（nm） 1米（m）的十亿分之一。80

纳米技术 一个与创造原子和分子（纳米，介于1 nm至100 nm之间，1 nm = 1×10^{-9} m）尺度材料有关的学科分支。35

内分泌干扰物 影响人体激素系统（包括生殖和发育的激素）的化合物。426

浓度 溶质的量与溶液的量之比。228

浓缩铀 通常指用于核燃料反应堆或核武器的铀，其中铀-235的比例高于其约0.7%的天然丰度。330

pH 一个通常介于0与14之间以指示溶液酸度（或碱度）的数字。268

PM_{10} 平均直径等于或小于10 mm的颗粒物。24

$PM_{2.5}$ PM_{10}的一个子集，包含平均直径小于2.5 mm的颗粒物，有时被称为细粒。24

ppb 十亿分之一，或者是百万分之一的千分之一。27 和 229

ppm 百万分之一，或者是百分之一的千分之一。22和229

p-型半导体 有自由移动的正电荷或空穴的半导体。377

贫铀 天然所含的铀-235被提取后，几乎全部由U-238（约99.8%）组成的铀，绰号DU。332

频率 每秒钟通过某一固定点的波的个数。79

气候 描述几十年来（而不是几天）的区域温度、湿度、风、降雨和降雪的术语，与天气的含义不同。146

气候减缓 采取任何行动来永久消除或减少气候变化对人类生命、财产或环境的长期风险和危害。151

气候适应 系统适应气候变化（包括气候变异和极端事件）、缓和潜在损害、利用机会或应对后果的能力。152

气溶胶 液体或固体颗粒，可以悬浮在空气中而不沉降。44

气体扩散 促使不同分子量的气体通过一系列渗透膜的过程。331

强碱 在水中能完全离解的碱。265

强酸 在水中能完全离解的酸。263

切换式混合动力电动汽车（PHEV） 一种在日常短途行驶时采用可充电电池驱动电子马达，而在行驶较长距离时切换到发动机的车辆。366

氢氟烃（HFCs） 一种含有氢、氟和碳（且没有其他元素）的化合物。103

氢化 在金属催化剂存在的条件下，氢气加成到C=C双键上，将其转换成C—C单键的过程。492

氢键 一种存在于同高电负性原子（O、N或F）键合的H原子与邻近O、N或F原子之间的静电吸引力，邻近原子可以是另一个分子中的原子，也可以是同一分子中不同部分的邻近原子。217

氢氯氟烃（HCFCs） 一类还有氢、氯、氟和碳的化合物。101

取代基 替代分子中氢原子的原子或官能团。446

全球变暖 用来描述温室效应增强而导致的全球平均温度增加的流行术语。117

全球变暖潜能值（GWP） 表示大气气体分子对全球变暖的相对贡献的数字。138

全球大气寿命 表征加入大气中的气体被去除所需的时间，也被称为"周转时间"。138

全球气候变化 该术语有时与全球变暖交替使用，是指随着时间的推移天气的变化。115~155

燃料电池 一种电化学电池，无须燃烧可以将燃料的化学能直接转化为电能。368

燃烧 燃料与氧气快速反应并以热和光的形式释放能量的化学过程。38和163

燃烧热 一定量的物质在氧气中燃烧时释放的热量。181

染色体 人细胞核内的棒状的、由相互缠绕的DNA分子和特别的蛋白组成的紧密结构。540

热 从较热的物体流向较冷的物体的动能。180

热力学第二定律 一个可用多种形式陈述的规律，包括宇宙的熵不断增加。168

热力学第一定律 也称能量守恒定律，指出能量既不能创造也不能被破坏。165

热裂解 通过加热至高温将大分子烃分解成小分子烃的过程。187

热塑性聚合物 可以通过加热融化不断重新塑形的塑料。401

人为的影响 由工业、运输、采矿和农业等人类活动引起或产生的。117

容量瓶 一类玻璃仪器，当加入溶液至瓶颈刻线时，溶液体积为一个精确值。230

溶剂 一种物质，通常是一种能够溶解一种或多种纯物质的液体。228

溶液 包含一种溶剂和一种或多种溶质的均匀（成分一致）混合物。228

溶质 溶解在溶剂中的固体、液体或气体。228

弱碱 在水溶液中只能发生小部分离解的碱。266

弱酸 在水溶液中只能发生小部分离解的酸。265

三重底线 以经济、社会和环境效益为基础的使企业成功的三项措施。6和294

三级结构 由氨基酸之间的相互作用所决定蛋白质的整体分子形状，这些氨基酸在序列上相隔很远，但在空间上却很接近。545

三键 由三对共享电子组成的共价键。78

三卤甲烷(THMs) 由氯或溴与饮用水中的有机物质反应生成的化合物，如$CHCl_3$（氯仿）、$CHBr_3$（溴仿）、$CHBrCl_2$（溴二氯甲烷）和$CHBr_2Cl$（二溴氯甲烷）。248

色散力 因电子云偏移造成负电荷分布不均匀所导致的分子间吸引力。398

熵 衡量一个给定过程中能量分散多少的量度。168

渗透 指水从低浓度溶液区穿过半渗透膜至高浓度溶液区的过程。251

生态足迹 估算支持特定生活水平或生活方式所必需的生物生产性空间（土地和水）量的一种手段。9

生物放大 指某些持久化学品的浓度随食物链等级依次提高而增加的现象。242

生物燃料 一种源自生物资源（如树木、草、动物粪便或农作物）的可再生燃料的通称。191

生物需氧量（BOD） 微生物分解水中有机废物所消耗的溶解氧的量的量度，较低的BOD值是优良水质的一个指标。249

十亿分数（ppb） 十亿分之一，或百万分之一的千分之一。27和229

势能 储存于物质中的能量或位置的能量。163

手性（光学）异构体 拥有相同化学式，但分子空间结构不同，且与平面偏振光有不同相互作用的分子。454

双键 含有两对共享电子的共价键。78

双螺旋 由两条线性链围着中心轴彼此缠绕旋转的一种螺旋结构。536

双糖 由两个单糖单元通过糖苷键结合形成的"二糖"，如蔗糖。496

双原子分子 含有两个原子的分子。35

水溶液 以水作为溶剂的溶液。228

水足迹 用于生产特定商品或提供服务所消耗淡水量的估计值。222

四面体 具有4个等边三角形、4个顶角的几何形状，有时称三角锥。124

酸 在水溶液中能释放氢离子（H^+）的化合物。263

酸沉降 一种含义比酸雨更广的术语，它包括如雨、雪、雾及类云的微水滴悬浮物的湿沉降及酸性物质的"干"沉降。276

酸雨 pH低于5的雨。273

酸中和容量 湖泊或其他水体抵御pH降低的能力。295

缩聚反应 单体形成聚合物的过程中脱去（消除）一个小分子（例如水）的聚合反应类型。408

肽键 连接两个氨基酸时，其中一个氨基酸的—COOH与另一个的—NH_2反应生成的共价键。411

碳捕集与封存（CCS） 从其他燃烧产物中分离CO_2并将其存储（隔离）在各种地质位置的过程。151

碳水化合物 含有碳、氢和氧的一种化合物。氢和氧的比例与在水中的比例一致，为2∶1。496

碳中和 释放到大气中的二氧化碳与通过光合作用去除的二氧化碳以及封存、碳补偿或某些其他过程除去的二氧化碳达到平衡。201

碳足迹 给定时间内（通常一年）二氧化碳和其他温室气体排放量的估计值。150

天气 包括每日高温和低温、毛毛雨和暴雨、暴风雪和热浪，以及秋天的微风和炎热夏天的季风，所有这些持续时间都相对较短。146

烃 只由氢元素和碳元素组成的化合物。37和174

同分异构体 具有相同化学式，不同化学结构和性质的分子。188和439

同位素 相同元素（相同质子数）但具有不同中子数的两种或多种原子形式。74

脱盐作用 去除咸水中的氯化钠和其他矿物质的任何过程。250

脱氧核糖核酸(DNA) 在所有物种中承载遗传信息的生物大分子。533

外层（价）电子 最高能级上的电子，有助于解释很多化学性质。73

外消旋体 一种化合物等量光学异构体的混合物。457

烷烃 碳原子之间只形成单键的碳氢化合物。175

微克（μg） 10^{-6}克，或1克的一百万分之一。26

微量矿物质 身体所需量较少的营养物质，如铁、铜、锌。507

微量营养素 如维生素和矿物质之类的物质，虽然只需要很少的量，但仍然是人体产生酶、激素和其他生长和发育所需物质所必不可少的。507

微米（μm） 10^{-6}米（m）。24

维生素 一种具有多种生理功能的有机化合物，对于维持良好的健康、代谢功能和预防疾病至关重要。504

温度 物质中原子和/或分子的平均动能的量度。180

温室气体 能够吸收和发射红外辐射，从而使大气变暖的气体。包括水蒸气、二氧化碳、甲烷、一氧化二氮、臭氧和氯氟烃，等等。104和117

温室效应 大气捕获大部分（约80%）由地球发出的红外辐射的自然过程。117

稳态 动态体系达到平衡，其中主要物质的浓度没有净变化。84

无定形区 在聚合物（材料）中，长链聚合物分子以随机、无序的方式较疏松堆积的区域。401

物质的量浓度（mol/L） 一种浓度单位，其定义为1升溶液中溶质的摩尔数。230

物质和质量守恒定律 在化学反应中，物质和质量保持恒定。39

X射线衍射 一种分析技术，它利用X射线打过晶体，从而产生能揭示原子在晶体中位置的图案。536

西弗特（Sv） 度量辐射剂量的单位，需要考虑吸收剂量对人体组织发生的损伤。1 Sv = 100 rem。326

吸热 一个用于吸收能量的任何化学或物理变化的术语。183

吸湿性 指易从大气中吸水且能保留的物质。292

细胞复制 细胞繁殖的过程，在这个过程中细胞必须将其遗传信息拷贝并传给后代。538

先导化合物 是指很有希望被批准的药物（或者是该药物的修改版）。453

纤维素 由C、H和O组成的天然化合物，可提供植物、灌木和树木的结构刚性。纤维素是葡萄糖的天然聚合物。192和394

纤维素乙醇 由任何含有纤维素的植物（通常是玉米秸秆、柳枝稷、木屑）和人类不可食用的其他物质产生的乙醇。195

消费后物质 消费者使用产品后产生的废料。420

消费前物质 在制造过程中产生的废料，比如边角料和剪裁料。420

硝化作用 将土壤中的氨转化为硝酸根离子的过程。282

新陈代谢 维持生命所必需的整套复杂的化学过程。484

厌氧菌 无需使用分子氧即可发挥功能的厌氧细菌。139

阳极 发生氧化反应的电极。356

阳离子 带正电的离子。232

氧化 化学物质失去电子的过程。355

氧化汽油 石油衍生烃与添加的含氧化合物如MTBE、乙醇或甲醇的混合物。189

药效团 药物分子中具有生物活性的、有一定空间排列的原子或者原子团。452

一级结构 组成每个蛋白质的氨基酸的独特序列。544

异构体 具有相同的化学式，但具有不同的结构和性质的分子。188和439

阴极 发生还原反应的电极。阴极接收阳极所产生的电子。356

阴离子 带负电的离子。232

饮用水 适于安全饮用及做饭的水。220

营养补充剂 指维他命、矿物质、氨基酸、酶、草药和其他植物制剂。465

营养失调 这是由于饮食中缺乏适当的营养所引起的，即使食物的能量含量充足也可能发生。484

营养不足 一个人每天的热量摄取不足以满足代谢需要的情况。484

游离碱 氮上仍有一对孤对电子的含氮分子。445

有机化合物 一种总是含有碳、几乎总是含有氢以及可能含有多种其他元素（如氧和氮）的化合物。46

有机化学 专门研究含碳化合物的化学分支。439

有效平流层氯 一种关于平流层中含氯和含溴气体的度量。99

有效数字 一个准确表示已知实验值精度的数字。56

余氯 指经氯化处理后的水中残留的含氯化合物，包括次氯酸（$HClO$）、次氯酸根离子（ClO^-）及溶解的氯元素（Cl_2）。247

预警原则 当科学研究尚缺乏完备的数据，在其对人类健康或环境产生显著甚至不可挽回的副作用之前而推崇（预防）行动的准则。68、204和427

元素 这个世界上的一百多种纯物质之一，其中每种物质都只有同一种元素。元素之间可形成化合物。32

原子 元素可以稳定、独立存在的最小单位。35

原子序数 一个元素中质子的数目。72

原子质量 与12克^{12}C 具有相等数目的原子所具有的质量（克）。133

载体 一段用于携带DNA回到细菌宿主中的修饰过的质粒。548

增强的温室效应 在这个过程中，大气中的气体捕获并返回地球辐射的80%以上的热能。117

增塑剂（塑化剂） 少量加入在聚合物材料中以使其更柔软易加工的化合物。404

增殖反应堆 一种能产生比其消耗的核燃料（通常为U-235）更多裂变燃料（通常为Pu-239）的核反应堆。339

蒸馏 一种将溶液加热至沸点，再将蒸气冷凝并收集的分离过程。176和250

脂质 一大类化合物，它不仅包括所有的甘油三酯，还包括如胆固醇和其他类固醇在内的相关化合物。197

酯交换 任何两种以上的甘油三酯中的脂肪酸彼此相互交换形成一个不同甘油三酯的混合物的过程。494

质粒 环状DNA。548

质量数 一个原子中质子与中子数目之和。74

质子 一种带有正电荷、质量与中子接近的亚原子粒子。71

致癌 可诱发癌症。52

中和反应 酸中的H^+与碱中的OH^-结合生成水分子的化学反应。267

中性溶液 具相同浓度的H^+与OH^-的溶液，它既不是酸也不是碱。267

中子 一种具有电中性且与质子质量几乎相同的亚原子粒子。71

周期表 一种根据性质相似性排列元素的古老方法。33

转基因 一种由跨物种的基因转移所产生的生物体。549

转移底线 指人们期望在我们这个星球上"正常"的想法随着时间的推移而变化，特别是在生态系统方面。2、31和424

紫外辐射 与可见光谱的紫端相邻的电磁波谱区域，波长短于紫色光。81

自由基 高反应性化学物种，每种都有一个或两个未成对电子。91

族 按照元素共通的重要性质组织起来的周期表中的一个竖列，从左到右编号表示。34

组合化学 系统地构建庞大数量分子"文库"，用以在实验室中快速筛选出拥有生物活性并可能成为新药的化合物。453

最高污染水平目标值（MCLG） 不会给人的健康带来已知或预期的负面影响的饮用水污染物浓度最高值。243

最高污染物水平值（MCL） 以ppm或ppb为单位的污染物浓度的法定限定值。243